LEHRBUCH UND ATLAS
DER
SPALTLAMPENMIKROSKOPIE
DES LEBENDEN AUGES

MIT ANLEITUNG ZUR TECHNIK UND METHODIK
DER UNTERSUCHUNG

VON

Dr. ALFRED VOGT
O. Ö. PROFESSOR UND DIREKTOR DER
UNIVERSITÄTS-AUGENKLINIK ZÜRICH

IN DREI TEILEN

ZUGLEICH ZWEITE AUFLAGE DES
„ATLAS DER SPALTLAMPENMIKROSKOPIE"

ERSTER TEIL
TECHNIK UND METHODIK
HORNHAUT UND VORDERKAMMER

MIT 692 ZUM GRÖSSTEN TEIL FARBIGEN ABBILDUNGEN
AUF 83 TAFELN

SPRINGER-VERLAG BERLIN
HEIDELBERG GMBH
1930

ISBN 978-3-540-01130-9   ISBN 978-3-642-92497-2 (eBook)
DOI 10.1007/978-3-642-92497-2

ALLE RECHTE, INSBESONDERE DAS DER ÜBERSETZUNG
IN FREMDE SPRACHEN, VORBEHALTEN.
COPYRIGHT 1930 BY Springer-Verlag Berlin Heidelberg 1930
Ursprünglich erschienen bei JULIUS SPRINGER IN BERLIN 1930
Softcover reprint of the hardcover 2nd edition 1930

ALLVAR GULLSTRAND †

GEWIDMET

Vorwort.

Die erste Auflage meines Atlas der Spaltlampenmikroskopie (1921) war schon wenige Monate nach Erscheinen vergriffen und bald waren auch die fremdsprachigen Übersetzungen nicht mehr erhältlich. Dem Drängen von Kollegen und des Verlages nachgebend, hatte ich mich zunächst zur Herausgabe einer zweiten Auflage entschlossen, wiewohl ähnliche Werke inzwischen auch von anderer Seite veröffentlicht worden sind. Das methodische und kasuistische Material hat sich aber in den verflossenen neun Jahren derart vervielfacht, daß mir die Herausgabe eines *„Lehrbuch und Atlas der Spaltlampenmikroskopie"* gerechtfertigt erschien.

Eine große Zahl der Befunde des Atlas sind in dieses Lehrbuch aufgenommen worden, ebenso die von mir seit 1920 veröffentlichten Spaltlampenbefunde, vielfach unter Verwendung des damals von mir eingeführten dünnen optischen Schnittes. Auch die Ergebnisse der Literatur sind, so gut wie möglich, berücksichtigt worden. Ich bitte um Nachsicht, wenn der eine oder andere Autor übersehen worden sein sollte.

Die zahllosen neuen Befunde in Hornhaut, Iris, Linse und Glaskörper, ihre exakte Differenzierbarkeit und die Möglichkeit, sie an großem Material relativ rasch zu vergleichen und zu sichten, gewährleisten einen ungeahnten Einblick in das *biologische Geschehen*. Diesem Einblick hat der Verfasser hin und wieder Ausdruck verliehen, in der Erkenntnis, daß nirgends in der Medizin die körperlichen Lebensvorgänge so unmittelbar und klar zutage liegen, wie im Lichte des Spaltlampenmikroskops. Manche Erscheinungen, die bisher auf unzulängliche mechanistisch-hypothetische Art gedeutet wurden, erwiesen sich auf dem neuen Wege als vitale Besonderheiten, als Variationen des Idioplasmas.

War zur Zeit des Erscheinens des Atlas (1921) die Spaltlampenmikroskopie noch die Methode Einzelner, so wurde sie inzwischen Gemeingut der Großzahl der Ophthalmologen aller Länder. Allerdings verhehlt eine Durchsicht der Literatur dem Kenner keineswegs, daß die Überwindung der technischen Schwierigkeiten mit dieser allgemeinen Verbreitung der Methode noch nicht Schritt hält. Die Bedeutung und das Prinzip des „optischen Schnittes" sind noch vielfach nicht erfaßt, und es darf als eine Hauptaufgabe dieses Lehrbuches gelten, ihm zum Durchbruch zu verhelfen. So ist, hoffen wir, die Einsicht nicht mehr ferne, *daß die Spaltlampenmikroskopie ebensosehr zum Rüstzeug des Augenarztes gehört, wie der Augenspiegel*.

Die Mehrzahl der neuen noch nicht veröffentlichten Abbildungen dieses Buches stellte unter meiner Kontrolle Herr Kunstmaler BREGENZER her. Herr Oberarzt Dr. KARL REHSTEINER war mir bei der Zusammenstellung der Literatur behilflich, bei der Korrektur die Herren Dr. SCHLÄPFER, Dr. WIESLI, Frl. Dr. L. PETER und Frl. Dr. ROHNER.

Seit Erscheinen meines Atlas der Spaltlampenmikroskopie haben sich zahlreiche Autoren, von denen ich einige meine Schüler nennen darf, durch Abhalten von Kursen und durch Herausgabe von Lehrbüchern und Atlanten um die Methode verdient gemacht. Ich nenne außer frühesten Autoren, wie ERGGELET und KOEPPE, insbesondere F. ED. KOBY, MEESMANN, CORDS, in England H. BUTLER und

B. Graves, in Belgien und Frankreich Gallemaerts, Jeandelize, Bretagne u. a., in Spanien Loppez La Carrère, in Amerika von der Heydt. Ihnen ist die Ophthalmologie zu besonderem Danke verpflichtet.

Die Fülle des neuen Materials machte eine Dreiteilung des Stoffes notwendig. Als *erster Abschnitt* erscheinen selbständig die *Einführung in die Technik und Methodik* und die Kapitel *Cornea und Vorderkammer*. Als zweiter Abschnitt *Linse und Zonula*. Als dritter *Iris und Glaskörper, Conjunctiva und Lider*, sowie das Kapitel „*Optische Täuschungen und Trugbilder*".

In den letzten Jahren sind in verschiedenen Ländern Spaltlampenmikroskope *besonderer Konstruktion* erschienen, so in der Schweiz, in Frankreich, Spanien und Amerika. Da sie im Prinzip nicht oder nicht erheblich von dem ursprünglichen Zeissschen Modell abweichen und jedenfalls keine anerkannten Vorteile vor letzterem aufweisen, habe ich darauf verzichtet, sie zu schildern. Wer sich dafür interessiert, findet eine übersichtliche Zusammenstellung z. B. in dem Atlas von Meesmann oder in dem kürzlich erschienenen von Lopez La Carrère.

Im Abschnitt „Apparatur" bin ich auf den Bau des — schon lange vor der Spaltlampe im Gebrauch befindlichen — Zeiss-Czapskischen Binokularmikroskops nicht eingetreten.

Wiederholt sind, besonders im Abschnitt Cornea, ophthalmometrische Brechwerte notiert. Dabei ist den Graden der Achsenstellung das internationale Schema (Tabo) zugrunde gelegt.

Unter Wassermannscher Reaktion ist, sofern nichts Besonderes bemerkt wird, diejenige des Blutes verstanden.

Mit „Vergrößerung" ist immer lineare Vergrößerung gemeint.

Zürich, im Januar 1930.

A. Vogt.

Inhaltsverzeichnis.

Allgemeiner Teil.
Apparatur, Technik und Methodik.

	Seite
A. Einleitung	1
B. Apparatur und Prinzip der Lampe	3
I. Apparatur	3
II. Prinzip der Lampe	4

Abbildung in der Spalte S. 4. — Abbildung auf der Beleuchtungslinse S. 4. — Homogenität der fokalen Strecke S. 5. — Albedo der verschiedenen Lichtquellen S. 5. — Vorzüge der Nitralampe vor der Bogenlampe S. 6. — Kleintransformator S. 7. — Verschmälerung der Spalte S. 7. — Geeignetste Blende der Beleuchtungslinse S. 7. — Geeignetste Brennweite der Beleuchtungslinse S. 7. — Vorzüge des Kreuzschlittens S. 7. — Wahl der Okulare und Objektive S. 8. — Meßokular S. 8. — Vergrößerung durch die vorderen Augenmedien S. 9. — Winkelmesser S. 9.

	Seite
C. Methodik und Technik	10
I. Die Beobachtung im fokalen (direkten, incidenten) Licht. Der optische Schnitt und die Tiefenlokalisation	11
a) Opazität und Fluorescenz	11
b) Opazität und optischer Schnitt	13
c) Der prismatische Schnitt und die Tiefenlokalisation. Die Bedeutung der Fokussierung	15
d) Die Verdünnung des prismatischen Schnittes auf 20 Mikra und weniger	17
e) Einzelheiten im breiten prismatischen Schnitt	19
II. Die Beobachtung im regredienten (durchfallenden) Licht (Dunkelfeldbelichtung)	21
a) Die Vakuolen des vorderen Hornhautepithels	23
b) Die Vakuolen und Prominenzen der Hornhautrückfläche	24
c) Zusammenfassung der Erscheinungen der Betauung	26
d) Die Blutzirkulation im regredienten Licht	26
e) Iris und Linse und Conjunctiva im regredienten Licht	27
III. Beobachtung der Spiegelbilder und der Spiegelbezirke. Die Spiegelmikroskopie	27
a) Allgemeines	27
b) Die Hornhautspiegelbezirke	30
c) Die Spiegelbezirke der Linse	35
d) Reflexlinien durch Faltung der spiegelnden Grenzflächen im Bereiche der Cornea und Linsenkapsel	36
IV. Beobachtung bei indirekter seitlicher Belichtung	38
V. Ratschläge bei der Anschaffung des Nitraspaltlampenmikroskops	39
VI. Einstellung und Gebrauchsanweisung des Spaltlampenmikroskops	40
a) Nitraspaltlampe	40
b) Mikrobogenspaltlampe	41
VII. Erlernung der Technik	42
VIII. Sichtung des Materials	43
a) Die Umgrenzung des Normalen	43
b) Die Trennung degenerativer und entzündlicher Erscheinungen	44

Inhaltsverzeichnis.

Spezieller Teil.

Erster Abschnitt.

Die normale Hornhaut, ihre senilen und pathologischen Veränderungen.

I. Normale Cornea und normaler Limbus im optischen Schnitt 47
   a) Breiter und verschmälerter prismatischer Schnitt 47
   b) Die normalen Hornhautbildchen. 49
   c) Normale Hornhautspiegelbezirke 49
   d) Senile und präsenile Veränderungen im Endothelspiegel 52
   e) Normales Hornhautparenchym 53
   f) Abgrenzung von Epithel und BOWMANscher Membran 54
   g) Hornhautnerven 55
   h) Darstellung der Limbus- und Hornhautnerven mittels Intravitalfärbung durch Methylenblau 59
   i) Normaler Hornhautlimbus 60
   k) Physiologische Auflagerungen der normalen Hornhautrückfläche 64

II. Senil veränderte Cornea 65
   a) Gerontoxon (Arcus senilis) 65
       Arcus senilis S. 65. — Arcus praesenilis S. 67. — Proveziertes Gerontoxon S. 68. — Einwärtsknickung des Gerontoxons S. 69. — Arcus juvenilis S. 70. — Liniengeflecht im Gerontoxon S. 70.
   b) Senile Randfurche der Hornhaut (Sulcus marginalis corneae senilis) 72
   c) Die superfizielle senile Hornhautlinie (Linea corneae senilis) 73
      1. Die scheinbar spontane senile Hornhautlinie 73
      2. Die drei Haupttypen der Linie 76
      3. Die provozierte Linie bei Jugendlichen 78
      4. Anatomischer Befund bei seniler Hornhautpigmentlinie 81
      5. Wie entstehen horizontale Brüche der Membrana Bowmani? 83
   d) Senile und präsenile Veränderungen im Bereiche der Membrana Descemeti und der Hornhautrückfläche 84
      1. Übersicht über die verschiedenen Typen der Pigmentierung der Hornhautrückfläche 84
      2. Senile, juvenile und myopische Pigmentierung der Hornhautrückfläche ... 85
      3. Farbe des Pigments 86
      4. Lokalisierung und Differentialdiagnose der Pigmentierung der Hornhautrückfläche 87
      5. Pigmentpunkte der Hornhautrückfläche bei Kindern 88
      6. Die herdweisen, unregelmäßigen, bis ring- und netzförmigen Pigmentierungen der Hornhautrückfläche 88
      7. Die Pigmentspindel und ihre Übergänge 89
      8. Die Cornea guttata senilis und praesenilis 99
      8a. Der erste anatomische Befund bei Cornea guttata 102
      9. Beziehungen der Cornea guttata zur FUCHSschen Epitheldystrophie 103
      10. Die Cornea farinata. (Die senile und präsenile Mehlbestäubung der Cornearückfläche) 106

III. Hornhautdegenerationen verschiedenen Ursprungs 107
   a) Dystrophia epithelialis FUCHS 107
   b) Glatte, konkavbogig begrenzte Trübungsfläche im Bereiche der Membrana Bowmani 109
   c) Konkavbogig begrenzte weiße superfizielle Narbenfläche 110
   d) Bandförmige superfizielle Hornhautdegeneration 111
   e) Seltene sekundäre netzförmige Trübungen der Gegend der Membrana Bowmani nach vieljähriger Iridocyclitis 113
   f) Vortäuschung einer Bandtrübung durch Kalkverätzung 114
   g) Der weiße Limbusgürtel 114
   h) Vakuolenartige Einlagerungen in die superfiziellen Hornhautschichten 116
   i) Schwer deutbare Spalten bei inveteriertem Glaukom 117
   k) Stationäre, durch Druckentlastung nicht verschwindende, zum Teil polymorphe Vakuolen bei Glaukoma absolutum 118

	Seite
l) Weiße ephemere Trübungsflächen der Gegend der Membrana Bowmani	119
m) Senile Fleckung in der Gegend der Membrana Bowmani	120
n) An die knötchenförmige Hornhautdegeneration erinnernde Krankheitsbilder	121
o) Knötchenförmige Hornhautdegeneration (GROENOUW)	122
p) Degeneratio parenchymatosa crystallinea	125
q) Die Hornhaut bei Keratokonus	131

Die Keratokonusstreifen und -Spaltlinien S. 131. — Die Keratokonuspigmentlinie S. 132. — Die Vererbung des Keratokonus S. 133. — Hornhautrückfläche bei Keratokonus S. 135. — Den Keratokonus begleitende Allgemeinstörungen S. 135. — Der Descemetiriß bei Keratokonus S. 137. — Mutmaßliche Entstehung der Keratokonusspaltlinien S. 139. — Der Astigmatismus rectus bei Keratokonus S. 141.

	Seite
r) Stationäre vakuolenähnliche Gebilde der Hornhautrückfläche	141
s) Tiefliegender Krokodilchagrin (als Alterserscheinung?)	142
IV. Die Augenveränderungen bei Pseudosklerose	144
Imprägnierung der Membrana Descemeti mit Silber, des Linsenkapselepithels mit Kupfer	144
a) Der Descemetipigmentring bei Pseudosklerose und der Nachweis von Silber als Substrat desselben. Die Sonnenblumenkatarakt bei Pseudosklerose und und der Nachweis von Kupfer als Substrat desselben	144
Bemerkungen zur Genese der Farbenerscheinungen des Descemetipigmentrings	156
b) Resultat der chemischen Untersuchung der Descemeti, der Leber, Nieren und Milz bei einem klinisch genau untersuchten Fall von Pseudosklerose	157
c) Der olivbraungelbe Descemetipigmentring bei Pseudosklerose	158
d) Der Sonnenblumenstar (Kupferkatarakt) bei Pseudosklerose	159
e) Andere Formen von Argyrosis der Membrana Descemeti	162
V. Entzündliche Veränderungen der Hornhaut und ihre Folgezustände	165
a) Fluorescein zur Verdeutlichung von entzündlichen Hornhautherden	165
b) Entzündliche Veränderungen des Epithels und des Oberflächenparenchyms	165
1. Epithelödem	165
2. Keratitis epithelialis	167
Keratitis epithelialis vesiculosa disseminata (superficialis punctata)	168
Keratitis epithelialis diffusa	170
Keratitis epithelialis marmorata	171
Fädchenkeratitis (Keratitis epithelialis filamentosa)	172
Keratitis epithelialis bei Iridocyclitis	172
3. Epithelblasen und ihre Veränderungen	173
4. PAULsche Buckel	174
5. Herpes simplex corneae	174
6. Keratitis parenchymatosa metaherpetica incipiens	176
7. Mycosis fungoides corneae	177
c) Entzündung und Narbenbildung des Parenchyms	178
1. Der Nachweis von Dickenänderungen der Hornhaut	178
2. Optische Schnitte und Tiefenlokalisation in Hornhautnarben	180
3. Beginn der Keratitis parenchymatosa luetica	180
4. Exzessive Limbusverdickung bei Keratitis parenchymatosa	184
5. Tiefe Gefäße der Hornhautrückfläche bei Keratitis parenchymatosa	184
6. Gefäße bei abgelaufener Hornhauttuberkulose	187
7. Gesonderte Trübungsschichten des Hornhautparenchyms während und nach Keratitis parenchymatosa	187
8. Lucide Schichten über alten Narben nach Hornhautulceration	188
9. Verbiegung, Verdünnung und Verdickung der Hornhaut nach Keratitis	189
10. Narben bei Acne corneae	190
11. Keratitis profunda luetica purulenta	190
12. Keratitis parenchymatosa avasculosa	191
13. Keratitis parenchymatosa metaherpetica und Narben nach solcher	192
14. Keratitis tuberosa superficialis. Oberflächliche Hornhautvorwölbungen durch flachbuckelige Keratitis disseminata chronica (tuberosa superficialis)	193

Inhaltsverzeichnis.

	Seite
15. Akute Parenchymverdickung durch Descemetiriß bei Keratokonus	194
16. Hinterer Ringreflex bei umschriebener Parenchymverdickung	194
17. Parenchymerkrankungen bei Herpes zoster ophthalmicus. Hornhautveränderungen bei Herpes zoster ophthalmicus	195
18. Kalkartige und kreidige Veränderungen	196
19. Hornhautfistel	197
20. Regenerationsfähigkeit der Cornea	197
21. Sekundäre Narbenveränderungen der Hornhaut	198

Narbenpigmentierung S. 199. — Cystoide Veränderung S. 199. — Krystallinische Einlagerungen S. 199. — Fuchssche Aufhellungsstreifen S. 199. — Kohlensaurer Kalk S. 200.

d) Entzündliche Veränderungen und Auflagerungen der Hornhautrückfläche (Descemetigegend) 201
   1. Formänderungen des Endothelspiegels 201
   2. Präcipitate der Hornhautrückfläche 202
      α) Herdweise und diffuse Tröpfchenteppiche 202

Physiologische und pathologische Einzelzellen der Cornearückfläche S. 202. — Beschlagszellen von Lüssi S. 202. — Vertikale Beschlagslinie von Türk, Erggelet S. 203. — Die multiplen vertikalen Lymphocytensäulen S. 205.

      β) Übergänge der Tröpfchenlinien und Teppiche zu Konglobationen . . . 205
      γ) Präcipitate und Betauung. Spiegelbezirk 206
      δ) Zur Kenntnis der ersten objektiven Veränderungen bei beginnender sympathischer Ophthalmie 207
      ε) Die metasympathische Ophthalmie 212

Grobe Ring- und Radbeschläge S. 214.

      ζ) Andere Beschlagformen 215

Beschläge bei Heterochromiecyclitis S. 215.

      η) Sekundäre Beschlagsveränderungen und Veränderungen in der Umgebung der Beschläge 215

Schwer deutbarer Befund S. 218.

      ϑ) Eiterzellenteppich 218
      ι) Farbe der Beschläge 219
      ϰ) „Linsenpräcipitate" der Hornhaut 219
      λ) Über die wellenförmige periphere Descemetipigmentlinie 220
      μ) Anlockung der Beschläge durch Keratitis 221
      ν) Linsenkapselfetzen der Hornhautrückfläche 222
      ξ) Beobachtungen über Präcipitatgenese 222

Verbindungslinien S. 225, Kettenbeschläge S. 226.

      o) Über latente Iridocyclitis 226
      π) Beziehungen der Präcipitatbildung zu tiefer Hornhautvascularisation . . 227
      ϱ) Spezifische und unspezifische Beschläge 229
   3. Trübe Exsudatflächen und andere entzündliche flächenhafte Veränderungen der Hornhautrückfläche 230

e) Descemetifalten entzündlicher und traumatischer Genese 232
   1. Reflexlinien von Descemetifalten 232
   2. Descemetifalten nach Operationen und Perforationen und bei Keratitis . . . 232
   3. Mikrophotographien von Faltenreflexen 237

VI. Verletzungen der Hornhaut und ihre Folgezustände 238
  a) Kontusionsveränderungen der Hornhaut 238
     1. Ringförmige traumatische Hornhauttrübung 238
     2. Risse der M. Bowmani 241
  b) Glassplitter in der Hornhaut 242
  c) Frische und geschlossene Hornhautepitheldefekte. Epithelschädigungen durch Ultraviolett 242
     1. Epithelschädigungen durch Ultraviolett 242
     2. Artifizielle Epithelschädigungen 243

Inhaltsverzeichnis. XI

Seite

    d) Die rezidivierende Hornhauterosion 244
    e) Optischer Hornhautschnitt bei Quetschung der Hornhautoberfläche 248
    f) Verbiegungen und Zerreißungen der Cornearückfläche verschiedener Genese . . 248
        1. Verbiegung durch Kontusion 248
        2. Descemetiaufrollung 249
        3. Narbenverkrümmung der Rückfläche durch Perforation 249
        4. Descemetirisse durch die Geburtszange 250
        5. Descemetiriß durch Quetschung 250
        6. Die kryptogene Hornhautperforation 250
    g) Siderosis corneae 254
        1. Xenogene Siderosis corneae 254
        2. Hämatogene Siderosis corneae 255
    h) Verkupferung der Hornhaut (Chalkosis corneae) 255
    i) Raupenhaare der Hornhaut 256
    k) Radiumschädigung 257
    l) Neuroparalytische Epithelschädigung 257
VII. Nichttraumatische Descemetirisse 258
    a) Descemetirisse bei Hydrophthalmus 258
    b) Descemetirisse bei Keratokonus 259
VIII. Glasleisten der Hornhautrückfläche 260
    a) Glasleisten als Anlagerungen 260
    b) Glasleisten als persistente Descemetifalten 261
    c) Symmetrische Glasleisten unbekannter Ursache 261
IX. Erythrocytensäulen der Hornhautrückfläche 262
X. Nicht deutbare Hornhautbefunde 263
    a) Weiße Faserlinien im tiefen Parenchym 263
    b) Feine Glaslinien in der Gegend der Membrana Bowmani 264
    c) Grauweiße Parenchymfleckchen 265
XI. Pathologische und senile Limbusveränderungen 266

Zweiter Abschnitt.

Die normale und pathologische Vorderkammer.

1. Die Ermittlung der räumlichen Beschaffenheit 270
    Konfigurationsänderung der Hornhautrückfläche bei unregelmäßiger partieller und totaler Vorderkammeraufhebung 272
2. Die Untersuchung des normalen und krankhaften Kammerwassers 275
    a) Physiologisches 275
    b) Das Kammerwasser bei entzündlichem Prozeß 276
        Erhöhte Opazität S. 276. — Ausflockungen S. 277. — Pathologische Zellelemente der Vorderkammer S. 278. — Entzündliche Exsudationen stationärer und ephemerer Art verschiedenster Genese S. 280.
    c) Vorderkammerwasserveränderungen durch Contusio bulbi und perforierende Verletzungen 288
        Fibrin in der Vorderkammer nach Kontusion und Perforation S. 288. — Raupenhaar in der Vorderkammer S. 291. — Cilie in der Vorderkammer S. 291. — Operativer Glaskörperprolaps in die Vorderkammer S. 292. — Traumatischer Glaskörperprolaps in die Vorderkammer S. 292. — Corpus mobile S. 293.

Literatur 295

Sachverzeichnis 304

Berichtigung.

Seite 3, Zeile 20 von oben soll heißen: Lampentubus 9, statt Lampentubus Tu.
Seite 4, Zeile 14 von oben soll heißen: (7 Abb. 3) statt (7 Abb. 4).
Seite 9, mittlerer Abschnitt: die hier erwähnten Bezeichnungen St, a, T, fehlen in der zugehörigen Abb. 13 auf Tafel 5.
Seite 22, dritter Abschnitt, letzte Zeile, soll heißen: Abb. 28 statt Abb. 38.
Seite 43, Zeile 6 von oben soll heißen: die angeborenen und senilen, statt die senilen.
Seite 44, Zeile 9 von unten soll heißen: als an irgendeinem Organ statt als etwa auf anatomischem Wege.
Seite 47, Zeile 12 von oben: Der Stern hinter Limbus sollte in der folgenden Zeile, hinter Schnitt, stehen.
Seite 62, Zeile 6 von oben soll heißen: Abb. 71 statt Abb. 60a.
Seite 77, Zeile 7 von unten soll heißen: 114 statt 114a.
Seite 78, Zeile 10 von oben soll heißen: zwei statt drei.
Seite 83, zu Abb. 130: Die Bezeichnungen R und R' sind in der zugehörigen Abbildung 130, Tafel 19, weggelassen.
Seite 96, Zeile 21 von oben soll heißen: wahrscheinlich, statt unwahrscheinlich.
Seite 96, Fußnote, soll heißen: S. 92 .... Elise Ben. statt S. 213 .... Elise Ber.
Seite 105, Zeile 11 von oben soll heißen: Abb. 158 statt Abb. 58.
Seite 107, Fußnote, soll heißen: 103 statt 102.
Seite 109, Zeile 6 von oben soll heißen: 163 statt 160.
Seite 111, Zeile 7 von oben soll heißen: Mo. statt Jo.
Seite 112, Zeile 6 von unten soll heißen: 183 statt 183b.
Seite 113, Zeile 7 von oben soll heißen: 183 statt 183a.
Seite 115, Mitte, soll heißen: 189 statt 190.
Seite 119, Zeile 14 von unten soll heißen: 205 statt 203.
Seite 123, Zeile 8 von unten ist zu ergänzen: (Abb. 227 rechte Hornhaut).
Seite 163, Zeile 12 von unten soll heißen: Subal statt Subel.
Seite 197, Zeile 1 oben soll heißen: Parallelgefäße statt Parällelgefäße.
Seite 198, Zeile 11 von oben soll heißen: Abb. 419 statt Skizze b.
Seite 259, Zeile 8 von oben soll heißen: fokalen (rechts) statt fokalen (links).
Seite 259, Zeile 8 von oben, zweitletztes Wort soll heißen: (links) statt (rechts).
Seite 267, Zeile 19 von unten soll heißen: 614 statt 613, und in der folgenden Zeile: 613 statt 614.
Seite 285, Zeile 16 von unten, letztes Wort soll heißen: unteren statt hinteren.
Seite 286, Fußnote, soll heißen: Status statt Statuts.
Seite 289, Zeile 18 von unten, lies: (Abb. 668a) statt (Abb. 667) (Abb. 667 betrifft einen zweiten, ähnlichen Fall.)

Tafel 20, Abb. 139 soll heißen: d statt a (vgl. Text S. 94).
Tafel 26, Abb. 189, rechts oben soll stehen: G' statt G. (vgl. Text S. 115).
Tafel 36, Abb. 271, soll heißen: temporal statt tempor.
Tafel 44, Abb. 353: Die im Text Seite 181 erwähnten Bezeichnungen T und L fehlen in der Abbildung.
Tafel 44, Abb. 360: unten sind die Buchstaben h und d zu vertauschen (vgl. Text S. 184 unten).
Tafel 45, Abb. 369: Die im Text S. 187 erwähnten Bezeichnungen T T' fehlen in der Abbildung.
Tafel 45, Abb. 372: oben soll es heißen P statt F (vgl. Text S. 188, Zeile 9 von oben).
Tafel 49, Abb. 409b: rechts soll stehen i' statt i (vgl. Text S. 195).
Tafel 53, Abb. 444: Buchstabe h sollte weiter links stehen (Kante fh).
Tafel 55, Abb. 472: Die im Text S. 218 erwähnten Bezeichnungen f und h sind in der Abbildung weggelassen.
Tafel 71: Abb. 600 soll heißen 602, und Abb. 602 soll heißen 600.
Tafel 74, Abb. 625: der im Text erwähnte Buchstabe R fehlt in der Abbildung.
Tafel 76, Abb. 644: rechts unten soll H statt G stehen.
Tafel 76, Abb. 649: oben fehlt der im Text erwähnte Buchstabe F.
Tafel 77, Abb. 655: links oben fehlt der im Text erwähnte Buchstabe e.

Vogt, Spaltlampenmikroskopie. 2. Aufl.   Verlag von Julius Springer, Berlin.

Allgemeiner Teil.
Apparatur, Technik und Methodik.
A. Einleitung.

Die GULLSTRANDsche[1])[128)] Spaltlampe in Verbindung mit dem Hornhautmikroskop hat unserer klinischen Diagnostik eine neue Richtung gegeben. Sie hat in ihrer verfeinerten heutigen Form, insbesondere durch Einführung des *„optischen Schnittes"*, eine Art „Histologie des lebenden Auges" geschaffen.

Bisher nur anatomisch bekannte normale und pathologische Verhältnisse deckt sie am lebenden Auge auf. Ja sie zeigt uns nicht nur anatomisch Bekanntes, sondern sie läßt gerade dadurch, daß sie das *lebende intakte* Organ zum Objekt hat, Befunde erheben, welche der anatomischen Untersuchung bis jetzt nicht zugänglich gewesen waren, teils weil sie zufolge ihrer Zartheit dem Fixationsprozeß zum Opfer fielen, teils auch, weil sie sich durch Farbstoffe nicht differenzieren ließen.

So fehlt uns bis heute der *anatomische* Nachweis der physiologischen Reste der hinteren fetalen Gefäßmembran, des physiologischen Restes der Arteria hyaloidea und des Canalis hyaloideus, der verschiedenen Typen des Glaskörpergerüstes, der optischen Diskontinuitätszonen der Linse usw.

Noch weit größer ist die Fülle jener Befunde, die uns zwar durch anatomische Untersuchung bekannt waren, deren *klinische* Beobachtung uns aber bisher verschlossen blieb. Spaltlampe und Hornhautmikroskop lassen uns z. B. zum erstenmal das lebende Endothel der hinteren *Hornhaut*wand sehen. Jede einzelne Endothelzelle auf der Descemeti, jeder ihr pathologischerweise aufgelagerte Lymphocyt tritt zutage. Die normalen Nervenfasern der Hornhaut sind bis in ihre feinsten Zweige zu verfolgen. An den Membranae Descemeti und Bowmani beobachten wir pathologische Faltungen, die sich durch charakteristische Reflexe kundgeben. Im Randschlingennetz und in neugebildeten Blutgefäßen der Cornea sehen wir die einzelnen Blutkörperchen rollen. Das Ödem des Epithels der Hornhaut gibt sich durch das Bild der Betauung kund. Eine Reihe bisher nicht bekannter oder dunkler Krankheitsbilder der Hornhaut hat die Spaltlampe entdecken lassen oder aufgeklärt.

Noch fruchtbarer als für die Hornhaut ist die Methode für die Erforschung der *Linse* geworden. Durch das Sichtbarwerden der Vorder- und Hinterfläche der Linse und der inneren Diskontinuitätszonen und Intervalle der letzteren wird zum erstenmal eine Topographie des Linseninnern geschaffen. Durch den von mir 1918 eingeführten prismatischen Schnitt und den durch Büschelverschmälerung gegebenen „optischen Schnitt" werden Veränderungen innerhalb der Linse streng lokalisierbar.

Die *Physiologie* der jugendlichen und der alternden Linse schöpft somit aus der neuen Methode ungeahnte Bereicherung. Wir sehen das Linsenepithel und die vordere und hintere Chagrinierung in ihrem lebenden Zustande. *Die Maxima der innern Reflexion der Linse,* die Diskontinuitätsflächen, von denen wir bisher auf Grund der Kernbildchen unzureichende und unrichtige Vorstellungen hatten, und die wir zum Teil gar nicht kannten, treten unmittelbar vor unser Auge und lassen sich nach Zahl, Form, Anordnung und Lichtstärke mit dem Büschel der Lampe „abtasten". Die Reliefbildung der Alterskernoberfläche wird entdeckt, die embryonalen Nähte und das von ihnen eingeschlossene zentrale Intervall treten in Erscheinung und lassen sich in der Jugend wie im höchsten Alter nachweisen.

Es ist klar, daß eine solche topographische Methode auch die *Pathologie* der Linse befruchtet. Wir erkennen so recht, auf welch unentwickelter Stufe unsere Kenntnisse von der Genese und Morphologie des Altersstars sich bisher befunden hatten. Eine Fülle unbekannter klinischer Erscheinungen bei der Starbildung tut sich auf. Wir lernen die subkapsuläre Vakuolenfläche kennen, die Faltungen der Kapsel bei beginnender Schrumpfung, die so häufigen, meist übersehenen Typen des Kernstars, die periphere konzentrische Schichttrübung, die verschiedenen Formen der kranzförmigen Katarakt, den optischen Schnitt und die Genese von Wasserspalten und Speichen, das charakteristische Bild der lamellären Zerklüftung, der schalenförmigen hinteren Katarakt, der vorderen corticalen Nahtpunktierung usw.

Die Spaltlampenmikroskopie lehrt uns die erworbenen von den zahlreichen Formen der angeborenen Linsentrübungen scheiden, sie gibt ferner zum erstenmal scharfe klinische Handhaben zur Differentialdiagnose von Cataracta complicata und Cataracta senilis.

Und erst der *Glaskörper!* Wir kannten dieses brechende Medium, wie erwähnt, bisher seiner Struktur nach nicht, ebensowenig wie wir von den physiologischen Resten der Membrana vasculosa lentis, der Vasa hyaloidea (KÖLLIKER) und der Arteria hyaloidea etwas wußten.

Die Spaltlampe erschließt uns das Glaskörpergerüst in seiner lebenden vielgestaltigen Form. Bald finden wir ein lichtstarkes wogendes Faltengerüstwerk, bald beschränkt sich letzteres auf spärliche Fasern, Streifen oder Membranen bestimmter Gestalt, oder es bestehen die mannigfaltigsten Übergangsbilder. Noch bunter ist das Bild der vielen *pathologischen* Veränderungen des Glaskörpers: Zerfall des Gerüstes, senile und krankhafte Verdickung und Verdichtung, Einlagerungen von Krystallen, von Blut, Lymphocyten, Pigment usw. werden der unmittelbaren Betrachtung zugänglich.

Berücksichtigen wir, daß bei der anatomisch-histologischen Untersuchung gerade Linse und Glaskörper durch die Fixierungs- und Härtungsmethoden so enorme Veränderungen erleiden, daß das Kunstprodukt die Verhältnisse verwischt, daß wir ferner feinere Linsenveränderungen histologisch überhaupt nicht nachzuweisen imstande sind, so darf in diagnostischer Hinsicht die Spaltlampenmikroskopie von Linse und Glaskörper in ihrer heutigen Vervollkommnung als der anatomischen Untersuchung überlegen gelten.

Natürlich wird durch eine *klinische* Methode, wie die Spaltlampenmikroskopie, die *histologisch-anatomische Untersuchung* nicht ersetzt. Im Gegenteil, letzterer erwachsen durch die große Zahl neuer klinischer Befunde entsprechend viele neue Aufgaben. Das Ziel unserer Wissenschaft bleibt wie bisher die gegenseitige Ergänzung und Befruchtung von klinischer und anatomischer Forschung.

Wenn wir sagen, daß durch die Spaltlampenmikroskopie in ihrer heutigen verfeinerten Form die Ophthalmologie in ein neues Stadium der Entwicklung getreten ist, so wird uns darin jeder beipflichten, der eingeweiht ist. Für die Tätigkeit des praktischen Augenarztes, speziell auch für diejenige auf dem Gebiete der *Unfall-*

Abb. 1, 3, 4.   Tafel 1.

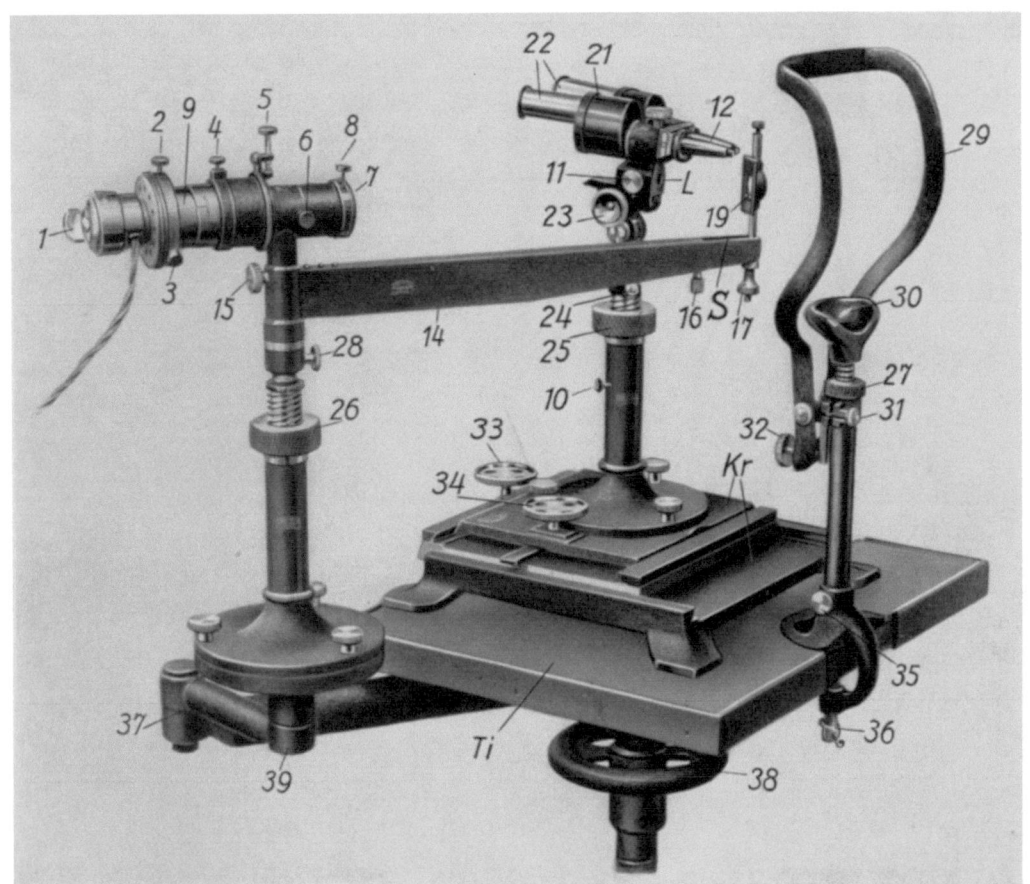

1

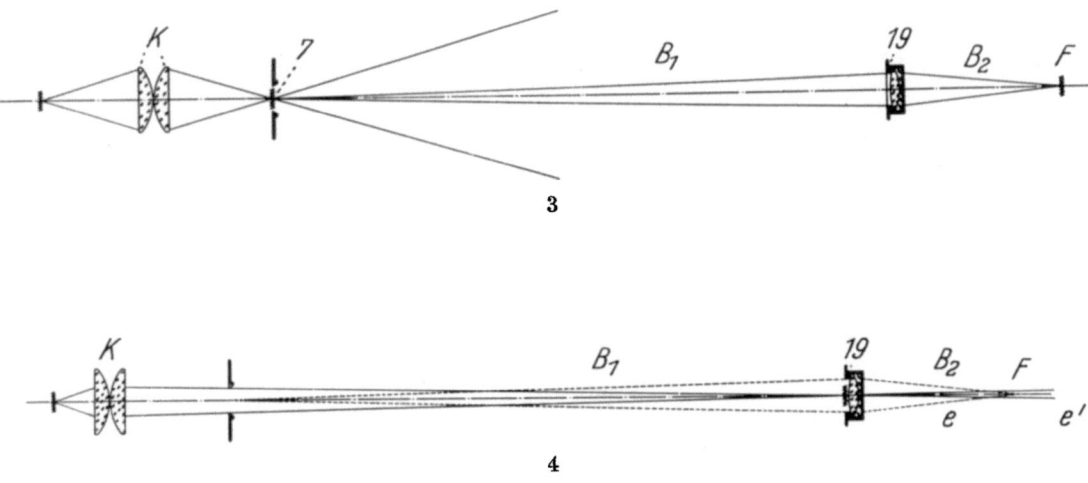

3

4

Vogt, Spaltlampenmikroskopie. 2. Aufl.   Verlag von Julius Springer, Berlin.

ophthalmologie, ist die durch die Spaltlampe mögliche Differential- und Frühdiagnose von ebenso einschneidender Bedeutung wie für die Forschung*.

B. Apparatur und Prinzip der Lampe.
I. Apparatur.

Abb. 1 zeigt Nitraspaltlampe und Mikroskop, montiert auf dem vertikal verschieblichen Objekttisch. Textabb. 2 veranschaulicht den Gebrauch.

In Abb. 1 ist Ti der Objekttisch, das Rad 38 dient zur Höhenverstellung des Tisches, 30 Kinnstütze, 29 Stirnstütze, 31 Schraube zur Lockerung der Stirnstütze, 27 Schraube zur vertikalen Verschiebung der Stirnstütze, 32 Schraube zur Stellungsänderung der Stirnstütze in horizontaler Richtung, 35 und 36 Fixierschrauben der Stirnstütze, Kr Kreuzschlitten des Mikroskops, 33 und 23 Schrauben zur Tiefeneinstellung des Mikroskops (gewöhnlich wird Schraube 33 benützt), 34 Schraube zur Seitenverschiebung des Mikroskops, 10 Schraube zur Lockerung der Vertikalachse des Mikroskops, 11 Hebel zur Lockerung der Horizontalachse des Mikroskops, Ring 25 dient zur Änderung der Höhenstellung des Mikroskops, 12 Doppelobjektiv, 22 Okulare, L Loch zur Einführung des Stiftes des Winkelmessers, 37 schwenkbarer Doppelarm, 26 Ring zur Höhenverschiebung der Lampe, 28 Fixierschraube des Lampenstativs, 15 Schraube zur Fixierung des Beleuchtungsarmes, 1—8 Lampengehäuse mit Tubus, in dem die Lampe eingeschlossen ist (Abb. 5, L). 2 und 3 Schrauben zur Verschiebung der Lampe, 4 Fixierschraube des Lampentubus Tu, 4—7 Tubus mit Linsensystem und Spalte 7 (vgl. den Längsschnitt Textabb. 5, L Lampe, K Kollektorsystem, 7 Spalte), 5 Schraube zur Seitenverschiebung der Spalte (steht realiter seitlich), 6 Fixierschraube des um die Horizontalachse drehbaren Tubus (z. B. zwecks Querstellung von Lampenfaden und Spalte), 8 Schraube zur Öffnung und Verengerung der Spalte, vor der Spalte die (in der Abbildung nicht sichtbare) drehbare Blende 20 in Abb. 5 mit Spalte und runder Öffnung (man achte vor Gebrauch der Lampe auf die richtige Stellung dieser Blende!), 14 Spaltlampenarm, drehbar um seine Längsachse durch Lockerung der Fixierschraube 15, 19 verschmälerte Beleuchtungslinse (Kondensorlinse) des Verfassers, verschieblich mittels Schraube 16 im Schlitz S, auf der Rückfläche der Beleuchtungslinse die rechteckige Blende**, 17 Linsenhalter, mit Schraube zur Höhenverstellung der Beleuchtungslinse.

Abb. 2 zeigt die Lampe im Gebrauch, Stellung der Lampe *links* vom Untersuchten. Diese Stellung dient gewöhnlich der Untersuchung des *linken* Auges; jedoch kann das Büschel über den Nasenrücken des Untersuchten hinweg auch auf das rechte Auge geworfen werden. Der Beobachter hält mit seiner rechten Hand den Beleuchtungsarm 14; mit der linken Hand besorgt er die Tiefeneinstellung des Mikroskops an der Schraube 33, nachdem durch Benützung von 25 und 34 das Mikroskop in die richtige Höhen- und Seitenstellung gebracht worden war.

Bei Lampenstellung *rechts* vom Untersuchten hält umgekehrt die *linke* Hand des Beobachters den Spaltlampenarm 14, die rechte reguliert die Schraube 33.

---

* Vor einigen Jahren hat KOEPPE eine Apparatur angegeben, die einen Teil des lebenden *Augenhintergrundes* (Papillen-Maculagegend) der Spaltlampenbelichtung und der Mikroskopie zugänglich macht. In der nachstehenden Darstellung ist diese Methode, deren praktische Bedeutung weniger erheblich ist, nicht berücksichtigt. Aus dem gleichen Grunde ist auch auf die Darstellung der Kammerwinkelmikroskopie, sowie der Ultramikroskopie verzichtet worden.

** Diese Blende siehe Abb. 11 und 12.

Weniger zweckmäßig ist es, die Hilfsschraube 23 (statt 33) für gewöhnlich zu benützen, da 23 von 34 zu weit entfernt ist, Tiefen- und Seiteneinstellung (34) jedoch abwechselnd während der Untersuchung benützt werden müssen. Man gewöhne sich somit von Anfang an daran, 33 zur Tiefeneinstellung zu benützen und 23 nur gelegentlich zur Ergänzung zu verwenden.

Für Beobachter und Untersuchten sind Sitze mit Höhenverstellung unerläßlich.

II. Prinzip der Lampe.

Das Prinzip der Spaltlampenbeleuchtung kann als die extreme Ausnützung des Prinzips der fokalen Beleuchtung bezeichnet werden.

Dieses Prinzip wird durch die Spaltlampe insofern maximal ausgenützt, als das Bild einer spezifisch hellen Lichtquelle, des Nitrafadens oder des Kraters der Bogenlampe (ursprünglich des Nernststäbchens, GULLSTRAND[1]), nicht direkt im Auge, sondern mittels des im Gehäuse 4—7 (Abb. 1) eingebauten Kollektorsystems K (Abb. 3—5) zunächst in einer Spalte (7 Abb. 4) abgebildet wird. (Ursprüngliche Abbildungsweise, GULLSTRAND.) Dadurch wird zerstreutes Licht, das der Heizkörper, das Gehäuse usw. liefern, und das einen störenden Hof bildet, wegfiltriert: die Spaltbacken fangen es auf; in der Spalte selber liegt einzig das Fadenbild. *Dieses letztere ist nun die sekundäre Lichtquelle*, die im Auge des Untersuchten durch die Beleuchtungslinse (Kondensorlinse) 19 (Abb. 1) abgebildet wird (Abb. 3). Das hoffrei gewordene Lichtbüschel B 1 Abb. 3 wird nämlich mit der asphärischen Beleuchtungslinse 19 gefaßt, nachdem es eine hinter letzterer angebrachte rechteckige Blende passender Größe passiert hat, und in das Auge geworfen (Lichtbüschel B 2, fokale Strecke F). Abb. 6 gibt die photographische Aufnahme dieses Büschels, das in eine Fluoresceinlösung geworfen wurde, wieder. *Die dichteste (fokale) Strecke F des Büschels B 2 ist es, welche wir auf den zu untersuchenden Medienabschnitt einzurichten haben.* Wir nennen diese Einstellung des fokalen Büschelbildes im folgenden „Fokussieren". Benützen wir eine rechteckige Spalte (7), so kann der Querschnitt der genannten Büschelpartie als rechteckig bezeichnet werden und für kurze Strecken kann die Büschelform als rechteckig-prismatisch gelten (vgl. Abb. 22, 35). Ist dagegen die Öffnung ein *rundes Loch* (VOGT[158]), so ist der fokale Büschelabschnitt angenähert *zylindrisch* („Lochbüschel", im Gegensatz zum Spaltbüschel), Abb. 37.

1919 habe ich[76]) insofern eine Modifikation der GULLSTRANDschen Apparatur eingeführt, als ich den Nernstfaden nicht mehr in der Spaltöffnung, *sondern in der Blende der Kondensorlinse* (19, Abb. 1) *abbildete**.

Dadurch wird ein Teil sonst verlorengehenden Lichtes für die Abbildung gewonnen; das Fadenbild wird heller. Außerdem gewinnt das Büschel an Schärfe und Homogenität. Der Strahlengang ist in Abb. 4 veranschaulicht. F ist jetzt nicht, wie in Abb. 3 das Bild des Fadens, sondern dasjenige der homogen beleuchteten Öffnung der Kollektorlinse. Dadurch wird es möglich, Inhomogenitäten der Lichtquelle (z. B. des Nitrafadens, des Bogenlichtkraters) aus der Fokalstrecke F zu eliminieren.

Diese Modifikation ist darauf von HENKER[148]), sodann von STREULI[149]) und F. W. SCHNYDER[150]) auf die Nitralampe übertragen worden**. Die spezifische Helligkeit des Nitrafadens ist nach von mir angestellten vergleichenden Untersuchungen eine etwa dreimal größere, und das Licht ist entsprechend seiner höheren Temperatur weißer als dasjenige des Nernstfadens. Dafür ist aber das Nitralicht

---

* Sog. KÖHLERsches Beleuchtungsprinzip. Blende mit Fadenbild Abb. 11 und 12.
** Zutreffend ist der Strahlengang von F. W. SCHNYDER[150]) dargestellt.

Abb. 2, 5. Tafel 2.

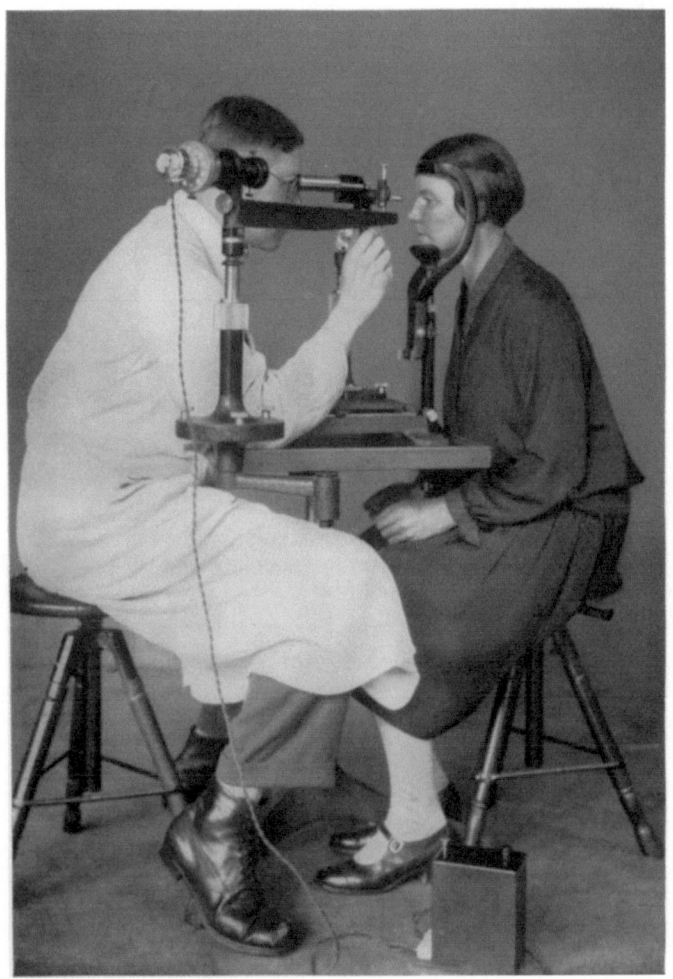

2

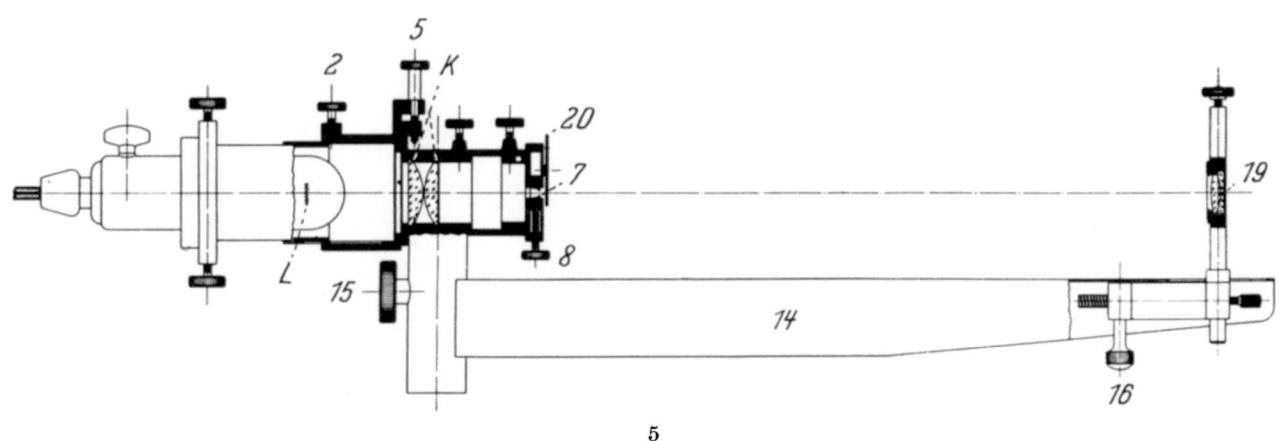

5

Vogt, Spaltlampenmikroskopie. 2. Aufl. Verlag von Julius Springer, Berlin.

viel weniger homogen; seine farbigen Säume und Streifen stören vielmehr in hohem Maße. *Aber gerade diese Nachteile werden durch die genannte neue Abbildungsweise beseitigt.* Die spezifisch hellere, billigere und bequemer zu handhabende Nitralampe bedeutet infolgedessen einen wesentlichen Fortschritt in der Technik der Spaltlampenmikroskopie*.

Die Technik der neuen, soviel ich sehe, jetzt von allen Autoren übernommenen Beleuchtungsweise ist folgende: Nach Lockerung der Schraube 4 (Abb. 1) wird der Faden der Lampe vertikal gestellt und sodann durch Drehung der Schraube 5 das Lichtbüschel auf die Blende der Beleuchtungslinse 19 gerichtet. Letztere nimmt etwa die Mitte des Schlitzes S ein. Nun wird der Tubus (4—7) so verschoben, daß auf die Blende der Linse 19, die man mit einem weißen Papier bedeckt, der Spiralfaden der Glühlampe mit seinen farbigen Säumen möglichst scharf projiziert wird, Abb. 11. Dieses Fadenbild soll vertikal stehen und die Blendenöffnung der Linse 19 ganz ausfüllen (s. Abb. 11). Füllt sie die letztere oben oder unten nicht vollständig (Abb. 12), so ist die Beleuchtungslinse 19 nach unten oder oben zu verschieben, oder aber die Stellung des Fadens durch Drehen der Schrauben 2, 3, 5 zu ändern.

Bei dieser Abbildungsweise liegt also nicht mehr, wie bei der von GULLSTRAND angegebenen, das Fadenbild in der Spalte, sondern letzteres wird dadurch, daß der Glühfaden zwischen doppelte und einfache Brennweite des Kollektorsystems gebracht wird, vergrößert auf die Beleuchtungslinse 19 projiziert. Nicht mehr das Fadenbild ist sekundäre Lichtquelle, wie bei der ursprünglichen Methode, sondern, wie erwähnt, die gleichmäßig erleuchtete Öffnung des Kollektorsystems K** (vgl. Abb. 4).

Dadurch sind alle Inhomogenitäten des Fadenbildes im Bereiche der fokalen Strecke F ausgeschaltet. Keineswegs sind sie es aber im extrafokalen Bereiche e und e', Abb. 4 (wie man sich leicht durch Hinhalten eines Schirmes überzeugen kann). Will man also etwa zu Übersichtszwecken ein *breiteres* Büschel (d. h. die Strecke e und e') verwenden, so wird man die farbigen Stellen als durch die Lichtquelle bedingt zu berücksichtigen haben. Den extrafokalen Bezirk bekommen wir dagegen homogen, wenn wir auf ursprüngliche Art in der Spalte 7 abbilden, wozu die Lampe L (Abb. 5) so weit zurückzuziehen ist, daß Bildschärfe in der Spalte 7 erreicht ist.

Von praktischer Wichtigkeit ist die *Weiße* (Albedo) des Lichtes. Diese geht parallel der spezifischen Helligkeit. Nur ein hinreichend spezifisch helles Licht gestattet die

---

* Spezifisch weniger hell als die Nitralampe ist nach Messungen von HARTINGER[151]) (Z. ophthalm. Opt. 11, 9, 1923), die von GULLSTRAND[152]) als Ersatz für die Nernstlampe empfohlene Pointolitelampe.

** Gröbere Verunreinigungen dieses Systems beliebiger Art (Trübungen, Auflagerungen, Staub!) machen sich dementsprechend in einer Störung der Reinheit der Bildstrecke F geltend. Vor allem treten störende parallele (schwarze) *Schattenlinien* auf (s. Abb. 7a). Aber auch die Schärfe der Büschelgrenzen leidet. (Man kann solche Störungen künstlich durch Anbringen von Heftpflasterstreifen u. ä. auf der Lampenkuppe oder Kollektorlinse hervorrufen.) Zeigt die in unmittelbarer Nähe liegende *Glashülle der Lampe* stärkere Schlieren, so verschlechtern solche, wie F. W. SCHNYDER fand, das Bild. Man prüfe die Lampen auf derartige Fehler! Auch grobe Unreinigkeiten der distalen Kollektorlinsenfläche rufen Störungen der Büschelschärfe hervor.

Alle diese Störungen sind jedoch nach meinen Untersuchungen sehr unbedeutend im Vergleich zu denjenigen, welche *Verunreinigungen der Spalte* durch Staub, Baumwollfäserchen u. ä. hervorrufen. *Die Feinheit und Intaktheit der Spalte ist für einen tadellosen optischen Schnitt Bedingung.* Man reinige die Spalte sorgfältig mittels feinem Hirschleder!

Von ebenso großer Wichtigkeit ist die *Stellung der Beleuchtungslinse* (19, Abb. 1). Die Ebene dieser Linse stehe senkrecht zur Strahlenrichtung, da Schrägstellung Astigmatismus schiefer Büschel bewirkt (verwaschenes Bild Abb. 7b). Dieses Moment, auf das bisher ebenfalls nicht geachtet wurde, ist für die Erreichung eines tadellosen optischen Schnittes Bedingung. „Die Achse der Linse soll den Spalt schneiden" (GULLSTRAND[128]), S. 91).

Unterscheidung farbiger, besonders gelblicher Töne, wie sie uns unter pathologischen Bedingungen in Hornhaut und Linse entgegentreten. Das Nernstlicht z. B. ist derart gelb, daß in ihm die gelbe senile Hornhautlinie für gewöhnlich vollkommen unsichtbar ist, während sie im Nitralicht und noch besser im *Bogenlicht* lebhaft zutage tritt.

An „Weiße" (Albedo) übertrifft das Bogenlicht bei weitem alle bis jetzt erwähnten Lichtquellen[*]. Wir nehmen in diesem Licht nicht nur Farbtöne feinster Art viel sicherer wahr, als in jedem anderen Lichte, sondern wir sehen manche Feinheiten einzig im Bogenlicht — ich nenne nur die ersten Kapselveränderungen bei Glasmacher- und Gießerstar, die der Lamellenablösung vorausgehen, dann die Veränderungen in der Umgebung der Alterspigmentlinie der Hornhaut, feinste physiologische Auflagerungen im Bereiche der Hinterkapsel, die Opazitäten in den scheinbar optischleeren Interstitien des Glaskörpergerüstes. —

Die Firma C. Zeiß hat 1918—1920 auf meine Veranlassung mehrere *Mikrobogenspaltlampenmodelle* konstruiert. Das von mir verwendete ist in Abb. 8 und 9 dargestellt[**]. Die Gebrauchsanweisung ist S. 41 erörtert.

Für gewisse Untersuchungen (der Hornhaut, der Linsenkapsel, des Glaskörpers s. u.) ist die Mikrobogenspaltlampe unerläßlich. Einer allgemeinen Verwendung steht jedoch ihre größere Umständlichkeit im Wege. Abgesehen davon, daß sie *Gleichstrom* erfordert (Wechselstrom liefert ein schlechtes Bild und relativ geringe Lichtstärke) und daß dieser nicht allen Kollegen zur Verfügung steht, haften ihr eine Reihe von Unzukömmlichkeiten an, wie kurze Brenndauer der Kohlen, öftere Kontrolle der Kohlenstellung, mehr oder weniger komplizierte Ein- und Ausschaltung des heißgewordenen Gehäuses, Kohlenauswechslung bei heißgewordenen Elektroden, Störungen in der Apparatur, wie Anlaufen und Beschädigung der dem Krater sehr nahen Kollektorlinse, *Beängstigung lichtempfindlicher Patienten* usw. Auch ist zu bedenken, daß Bogenlicht, wahllos verwendet, für das Auge vielleicht nicht ganz indifferent ist[***].

Benützt man allerdings ein *verschmälertes* Büschel (optischer Schnitt s. u.) und belichtet man *dieselbe* Stelle bloß wenige Minuten, so besteht die Gefahr einer Schädigung nicht. Von uns mehrere Stunden ununterbrochen fortgesetzte Bestrahlung von lebenden Kaninchenaugen mit dem Büschel einer Mikrobogenspaltlampe riefen höchstens leichte Hornhautepithelschädigungen hervor.

Trotzdem rate ich dem Anfänger, der nicht Enttäuschungen erleben will, zunächst von der Anschaffung einer Mikrobogenspaltlampe ab. Aber auch die Methode des praktischen Augenarztes bleibt die *außerordentlich viel bequemere und leichter zu handhabende Nitraspaltlampe* mit ihrer über 100 Stunden langen Brenndauer.

Sowohl Nitralampe als auch Bogenlampe zeitigen *dann* unzulängliche Resultate, wenn ihre Belastung eine ungenügende ist. Die heute gebräuchliche Nitralampe ist mit 8 Volt zu belasten, und es ist die Belastung durch ein Voltmeter gelegentlich zu kontrollieren. Bei beispielsweise 7 Volt Spannung sind Weiße und Intensität des Lichtes für manche Untersuchungen unzureichend. Ist die Lampe an ein Leitungs-

---

[*] Wie mir vergleichende Messungen ergaben, verhält sich die spezifische Helligkeit des Nernstbüschels zu der des Nitrabüschels etwa wie 1:2,4. Letzteres wiederum wird vom Bogenlampenbüschel um mehr als das Zehnfache übertroffen. Über die Methodik derartiger Vergleiche s. A. Vogt[153]).

Hartinger[151]) gelangte später zu ähnlichen Ergebnissen.

[**] Auch andere Autoren (Birkhäuser[154]), Streuli[155]), Schnyder[156]) haben sich Mikrobogenspaltlampen bauen lassen.

[***] Vgl. meine Versuche [92]) [93]) [158]) über Starerzeugung durch konzentriertes Bogenlicht-Ultrarot.

Abb. 6—8.   Tafel 3.

6

7a

7b

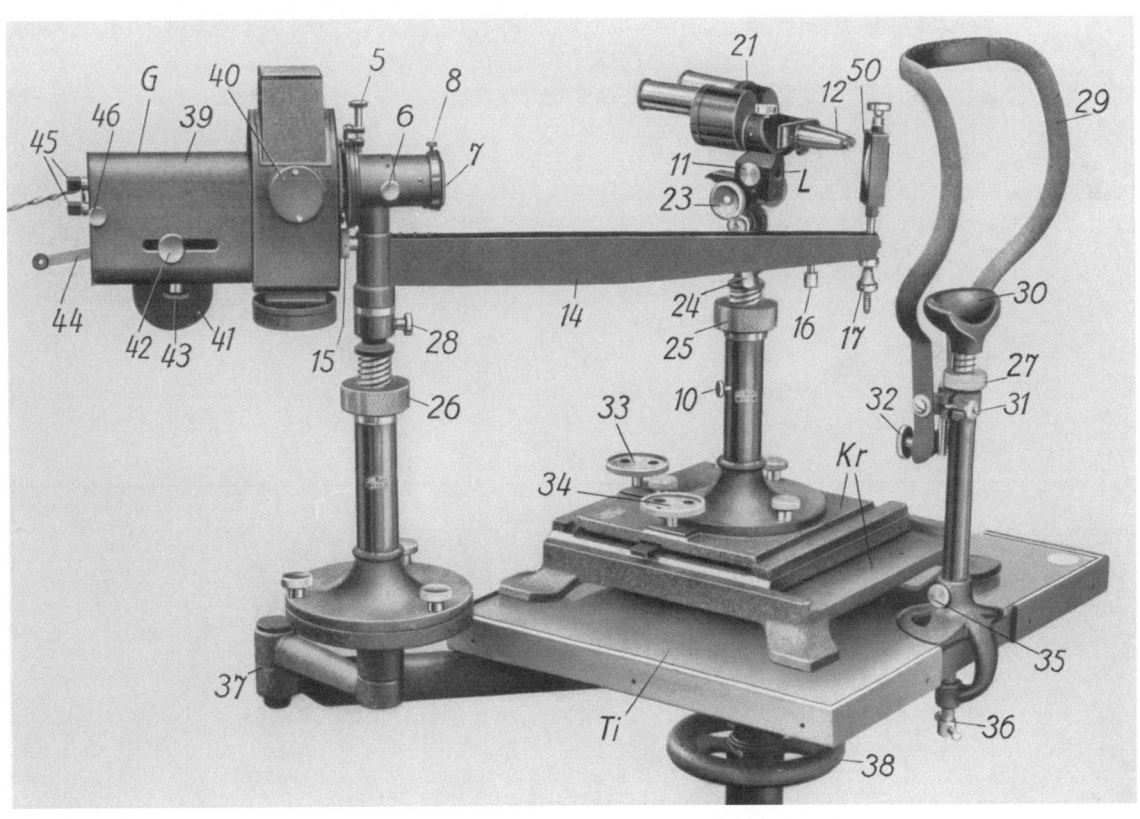

Vogt, Spaltlampenmikroskopie. 2. Aufl.   8   Verlag von Julius Springer, Berlin.

netz höherer Spannung geschaltet, so verwende man zur Reduktion der Spannung einen kleinen Transformator (als praktisch hat sich uns der „*Kleintransformator für die Spaltlampe*" erwiesen, bezogen durch die Firma C. Zeiss in Jena).

Weniger ökonomisch und auch sonst weniger praktisch ist die Vorschaltung eines Widerstandes.

Nitralampen, deren Faden durch allzulangen Gebrauch verbogen und deren Hülle geschwärzt ist, sind für feinere Untersuchungen nicht mehr verwendbar. Der verbogene und gelockerte Faden verschlechtert den optischen Schnitt. Auf die Störungen der Bildschärfe, welche durch Schlieren und Trübungen der Kuppe der Lampenhülle entstehen, ist schon oben hingewiesen worden (s. ferner den Abschnitt „fokale Belichtung").

Zu im Abschnitt „Methodik" zu erörternden Zwecken, vor allem zur Herstellung des „optischen Schnittes" ist eine *Verschmälerung der Spalte* auf $^1/_3$ mm und weniger unerläßlich (VOGT[157])[158]) 1918).

Abgesehen davon, daß im Dunkelraume untersucht wird, ist für feinste Beobachtungen, besonders des Glaskörpers, auch noch eine gewisse Dunkeladaptation günstig. Völlige Verdunkelung des Raumes ist jedoch überflüssig.

Die ursprünglich von der Firma Zeiß gelieferte *Blende* der Beleuchtungslinse (19, Abb. 1) ergab ein weniger sauberes Bild, als die von mir angegebene von 10:16 mm Seite. Die *Beleuchtungslinse* (19) habe ich mir verschmälern lassen[26]), Abb. 11, so daß sie nicht mehr, wie beim früheren Modell, bei spitzeren Einfallswinkeln mit der Mikroskopfassung in Konflikt gerät. Durch diese Änderung ist ein wesentlich größerer Abschnitt des Glaskörpers und der hinteren Linsenfläche übersehbar, als mit ursprünglicher kreisrunder Linse*.

Von Wichtigkeit für die *Qualität des optischen Schnittes* (s. u.) ist ferner die *Stärke der Beleuchtungslinse*. Die von der Firma Zeiß ursprünglich gelieferte Linse von etwa 7 cm Brennweite gibt eine *zu kurze fokale Strecke* (s. Abb. 10). Da aber nur diese letztere für den Schnitt in Frage kommt, wird die Übersicht zu klein. Als am geeignetsten hat sich mir eine Brennweite von 10 cm erwiesen (s. die fokale Strecke Abb. 6). (Der Besteller wird gut tun, ausdrücklich eine Beleuchtungslinse von dieser Brennweite = 10 cm zu verlangen. Linsen mit größerer oder kleinerer Brennweite liefern schlechte Schnitte. Man vergleiche die ideale Strecke Abb. 6 mit der ungenügenden Abb. 10.)

Zur bequemen Verschiebung der Beleuchtungslinse in vertikaler Richtung hat ARRUGA[159]) einen Linsenhalter angegeben. Wer ihn benützt, wird darüber zu wachen haben, daß er die Linse nicht ganz oder teilweise aus dem Fadenbild (Abb. 12) herausdreht. Sicherer ist es, die Höhenstellung der Lampe durch Drehen von Schraube 26 zu besorgen.

Abirrendes Licht kann man durch einen Schirm von schwarzem Stoff oder weichem schwarzem Papier abhalten. Es hat sich jedoch die Anwendung eines Abblendungsrohres (KOEPPE[3]) als überflüssig erwiesen, ebenso die von KOEPPE angegebene Vorrichtung zur Einschaltung farbiger Gläser.

Es ist seinerzeit darüber diskutiert worden, ob die *Kreuzschlittenmontierung* (Abb. 1, Kreuzschlitten Kr) der manuellen Verschiebung des Mikroskops vorzuziehen sei. Ich habe beide Methoden längere Zeit erprobt und bin zu der Überzeugung gelangt, *daß der Kreuzschlitten der manuellen Verschiebung bedeutend überlegen ist.* Nicht nur bleibt bei seiner Verwendung das Mikroskop fixer, sondern er bietet bei der Scharfeinstellung gegenüber der manuellen Verschiebung ähnliche Vorteile, wie beim gewöhnlichen Mikroskop die Mikrometerschraube gegenüber der ursprünglich

---

* Da die letztere, wie ich sehe, immer noch gelegentlich geliefert wird, verlange man ausdrücklich meine verschmälerte Linse mit der angegebenen Blendengröße.

ebenfalls manuellen Tubusverschiebung, die mit Recht heute allgemein verlassen ist. Durch die Verwendung des Kreuzschlittens wird die Abstufung der mikroskopischen Einstellung wesentlich verfeinert.

Kinn- und Stirnstütze sind bei einem so beweglichen Objekt, wie es der Kopf des Patienten repräsentiert, unerläßlich.

Um die Schwierigkeit der mikroskopischen Untersuchung eines lebenden Objekts zu verringern, lasse man während der Beobachtung unruhige Patienten mit dem freien Auge eine verschiebliche Marke, z. B. ein schwach leuchtendes Lämpchen, ein weißes Papier oder ähnliches, das am Apparat oder noch besser an einer Wand des Dunkelraumes angebracht ist, fixieren.

Als Mikroskop-Okulare verwenden wir Nr. 2, 4, 5, als Objektive Nr. F 55, A 2 und A 3. Mit Okular 6 und Objektiv A 3 erzielen wir zwar eine 108fache Linearvergrößerung, doch kommen die physiologischen Kopf- und Bulbusschwankungen* so erheblich in Betracht, daß die Beobachtung bei derartigen Vergrößerungen unsicher wird. Wie wir weiter unten im Abschnitt „optische Täuschungen" erörtern, birgt der Gebrauch solcher Vergrößerungen bei lebendem Objekt Gefahren und hat schon zur Erhebung unhaltbarer Befunde geführt. Die stärkste von uns verwendete lineare Vergrößerung ist die 86fache (Ok. 5, Obj. a 3), *die regelmäßig benützte dagegen die 24fache (Ok. 2, Obj. A 2). Wir haben unsere meisten Beobachtungen bei der letzteren Vergrößerung angestellt.* Zu Übersichtszwecken eignet sich die 10fache lineare Vergrößerung (Ok. 2, Obj. F 55).

Besonders der Anfänger vergißt erfahrungsgemäß leicht, daß er ein Mikroskop vor sich hat und stürzt sich gleich auf stärkere Vergrößerungen, wodurch er in Gefahr gerät, Wichtiges zu übersehen. Dies besonders, wenn nicht systematisch zunächst Hornhaut und Vorderkammer, erst dann die tieferen Teile durchmustert werden.

Zu messenden Untersuchungen ist das *Meßokular* sehr geeignet. Bisher hatte man es vorgezogen (z. B. KOEPPE), die Maße durch Vergleichung zu *schätzen*, wobei man als Grundlage solcher Schätzungen z. B. die Breite der Irispigmentkrause, Gefäßdurchmesser u. ä. benützte. Eine derartige ungenaue Methode ist zu verwerfen und muß zu Irrtümern führen. Ich bin daher zur Verwendung des Meßokulars geschritten[158]), nachdem dieses schon lange vor der Zeit der Spaltlampe von STARGARDT[115]) (1902) angewendet und dann wohl allgemein wieder in Vergessenheit geraten war. Es hat sich mir, besonders für schwächere (10—37fache) Vergrößerungen ausgezeichnet bewährt. Wir sind nun imstande, Fremdkörper, Hornhauttrübungen bzw. Infiltrate, Vakuolen, Wasserspalten, Linsentrübungen, Präcipitate, Gefäßdurchmesser, den Pupillarsaum, den Sphincter, die Spiegelbilder usw. auf das exakteste zu messen *und messend zu verfolgen,* ein Vorteil, der für die klinische wie auch für die rein wissenschaftliche Beobachtung nicht hoch genug eingeschätzt werden kann**.

Zur Ermittlung des Wertes einer Teilstrichbreite des Meßokulars für das verwendete Objektiv benütze man eine gewöhnliche Zeißsche Blutkörperchenzählkammer, die man im regredienten Lichte betrachtet (dies geschieht z. B. dadurch, daß man die Zählkammer auf ein weißes Papier klebt).

---

* BARTELS[160] bestreitet, daß es physiologische Bulbusschwankungen gebe. Man kann sich aber von denselben schon bei 24facher Linearvergrößerung überzeugen, wenn man eine markierte Stelle des Unterlidrandes mit einem Limbusgefäß vergleicht.

** Wir können z. B. die *Größenänderung* von Infiltraten, Präcipitaten, Gefäßlängen und -dicken, Vakuolen, Linsentrübungen, Tuberkelknötchen der Iris usw. messend kontrollieren.

Abb. 9—12. Tafel 4.

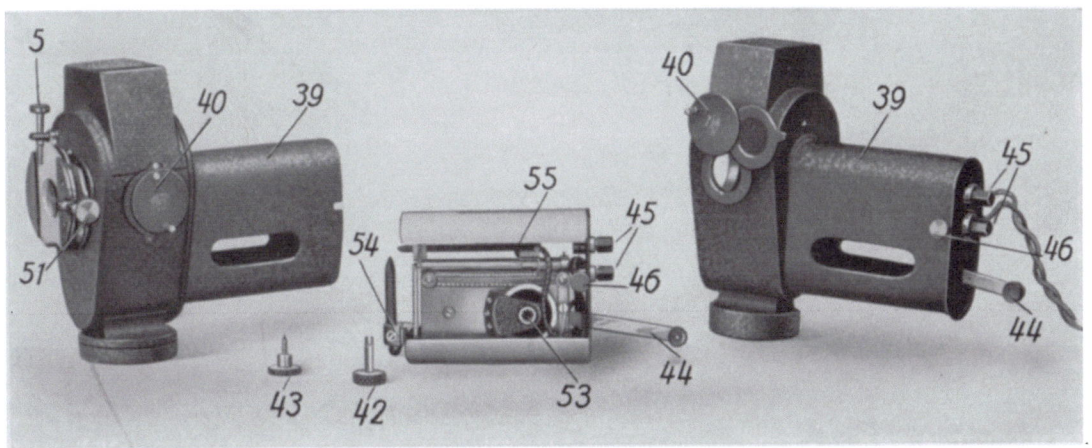

9

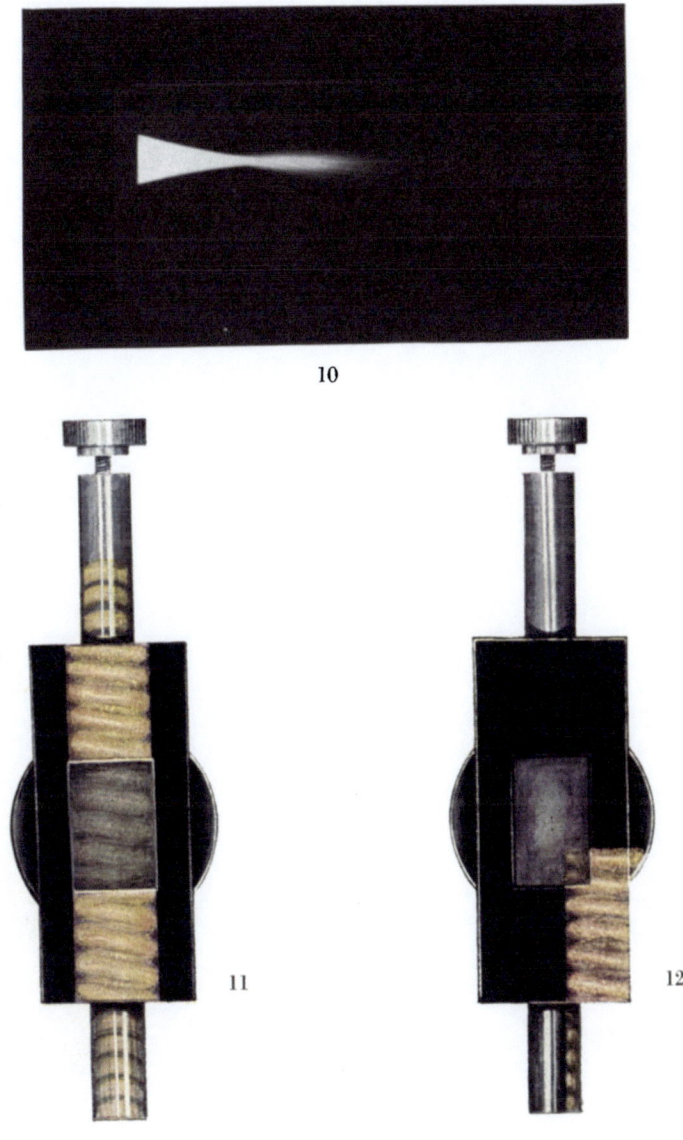

10

11   12

Vogt, Spaltlampenmikroskopie. 2. Aufl. Verlag von Julius Springer, Berlin.

Messende Untersuchungen über die *Vergrößerungen,* welche die *vorderen Augenmedien* bedingen, haben mir ergeben[158]), daß im Gebiete der Pupille bzw. der axialen Irispartien, die durch den Scheitelabschnitt der Cornea bei mittlerer Kammertiefe und Hornhautkrümmung gegebene lineare Vergrößerung eine $1^1/_{12}$—$1^2/_{12}$fache, also eine ziemlich unbedeutende ist. Im Bereiche des hinteren Linsenpols und dicht dahinter ist die lineare Vergrößerung unter normalen Verhältnissen jedenfalls kleiner als $1^1/_2$ fach.

Zu derartigen Messungen ließ ich mir eine auf 0,5 mm graduierte Nadel durch die Firma James Jaquet (Basel) herstellen. Die Nadel wurde derart durch die Vorderkammer frischer menschlicher Bulbi gestochen, daß die Nadel im Niveau der Irisvorderfläche lag (Kammerwasser floß keines ab). Es wurde die Nadel ferner in ähnlicher Weise so durch den Glaskörper parallel zum Äquator geführt, daß sie den hinteren Linsenpol eben berührte oder doch in nächster Nähe hinter ihm lag. (Die Lage wurde mit der Spaltlampe präzisiert.) Vor und nach der Messung wurde der Krümmungsradius der betreffenden Hornhäute bestimmt. Da durch die Eintrocknung das Hornhautepithel leidet, ist die Ophthalmometrie nur dadurch möglich, daß unmittelbar vor der Messung RINGERsche Lösung oder eine ähnliche Flüssigkeit aufgetropft wird. In einer Anzahl von Fällen mußte das defekt gewordene Epithel in toto weggewischt werden.

Gewisse Untersuchungen erfordern einen *Winkelmesser* zur Bestimmung des Winkels, den die Beleuchtungsrichtung mit der mittleren Mikroskopachse bildet. Ich habe mir[158]) zu solchen Untersuchungen den in Abb. 13 wiedergegebenen Winkelmesser herstellen lassen. St ist der Stift, der in eine entsprechende Öffnung L (Abb. 1) unter dem Mikroskop eingeschoben wird, so daß das Lineal a wagrecht steht. Mittels Schraube wird der Stift St fixiert. Das verschiebliche Lineal a ist mit einem Metalltransporteur T verbunden. Der Transporteurhalbmesser wird an dem Beleuchtungsarm der Spaltlampe angelegt, worauf der Winkel zwischen Einfallsrichtung und Mittelachse des Binokularmikroskops abgelesen werden kann. Genauigkeit etwa $1/_2$ Grad.

Die Möglichkeit, genauere Winkelmessungen vorzunehmen, setzt uns z. B. in den Stand, eine und dieselbe Erscheinung zu verschiedenen Zeiten unter denselben Bedingungen zu studieren.

Ferner wird dadurch eine Schätzung der relativen Hornhaut- und besonders der Linsendicke sowie der Vorderkammertiefe ermöglicht. Gerade der axiale Durchmesser der Linse, wie auch des Linsenkerns ist individuell wechselnd, besonders im Alter. Es ist aber manchmal z. B. vor Operationen sklerotischer Linsen von praktischem Werte, den Linsendurchmesser annähernd zu kennen. Abb. 15 zeigt eine sehr dicke, Abb. 14 eine gewöhnliche Linse. Im ersteren Falle ist die Verdickung vielleicht durch Flüssigkeitsaufnahme entstanden.

Man kann dadurch einigermaßen brauchbare Vergleichswerte erhalten, daß man den Untersuchten in die Lichtquelle blicken und das Büschel durch die Linsenachse treten läßt, worauf man unter einem bestimmten konstant zu wählenden Winkel beobachtet (Abb. 16). Dadurch, daß wir die Distanz x durch Mikrometrie ermitteln, läßt sich die Länge von a, d. h. der Linsenachse ungefähr feststellen, da $a = \dfrac{x}{\sin \gamma}$.

Recht wertvoll war mir diese Meßmethode bei der Ermittlung der relativen Abstände der Alterskernfläche von der Kapsel und ihrer stetigen Änderung im Alter (vgl. VOGT[161]), GALLATI[162]).

Die Ablenkung durch Hornhautoberfläche und Linse ist nicht berücksichtigt. Eine Serie von Messungen hat uns aber gezeigt, daß die gefundenen Zahlen als *Vergleichswerte* brauchbar sind.

C. Methodik und Technik.

Die Spaltlampe gestattet viererlei verschiedene *Belichtungsmethoden*, von denen jede wieder eine besondere *Beobachtungsart* ermöglicht:

1. Die *fokale (direkte seitliche, incidente)* Belichtung. Sie gestattet die Beobachtung im fokalen Licht. Der fokale Abschnitt des Büschels (F, Abb. 4) wird auf den zu beobachtenden Gewebsteil gerichtet. Hierbei werfen die beobachteten Gewebsteilchen das Licht meist diffus zurück. Die Beobachtung geschieht also meist im diffus reflektierten Licht. Diese Beobachtungsmethode bezeichnen wir im folgenden als Beobachtung im *fokalen* oder *direkten* Licht.

2. Die indirekte Belichtung oder *Durchleuchtung* (verwandt der „Dunkelfeldbeleuchtung"). Sie ermöglicht die *Beobachtung im regredienten* Licht*. Der Gewebsteil, den wir bei dieser Belichtung beobachten, erhält nicht direktes Licht der Lichtquelle, sondern solches, das zuerst andere Gewebsteile traf, und von diesen nun, meist unregelmäßig, diffus, zurückgestrahlt wird. In dem folgenden sprechen wir daher von Beobachtung im regredienten (durchfallenden) Licht. Dabei verstehen wir unter „*Irislicht*" das von der Iris zurückgeworfene, unter „*Linsenlicht*" das von der Linse zurückgeworfene Licht. So z. B. beobachten wir Teile der *Hornhaut* im „Irislicht" oder im „Linsenlicht", je nachdem das Licht von der Iris oder von der Linse stammt (s. Abb. 17). Das Mikroskop ist dabei auf Teile der *Hornhaut* eingestellt, nicht aber das fokale Lichtbüschel. Dieses wird vielmehr auf entsprechende dahinter gelegene Teile der Iris oder der Linse gerichtet (Abb. 17).

Die beobachteten Hornhautteile liegen somit im „Dunkelfeld", denn sie erhalten kein direktes, sondern lediglich von der bestrahlten Iris oder Linse her regredientes, somit indirektes Licht. Ähnlich kann man Teile der *Iris* im Linsenlicht beobachten oder vordere Linsenteile im hinteren Linsenlicht usw.

3. Die *direkte Belichtung spiegelnder Grenzflächen*, welche neben der Beobachtung im fokal-diffusen auch diejenige im Lichte der *Spiegelbezirke* erlaubt (in dem folgenden als „*Beobachtung im Spiegelbezirke*" bezeichnet). Diese neueste durch mich [55)163)] 1919 eingeführte Methode ist nur im Bereiche spiegelnder Flächen verwendbar. Sie stellt einerseits einen Spezialfall der fokalen Beleuchtung (Methode 1), anderseits einen solchen der Beobachtung im regredienten Licht dar (Methode 2).

4. Die *indirekt-seitliche Belichtung*, bei welcher einfach oder mehrfach reflektiertes Licht *am seitlichen Rande* beobachteter Bezirke wirksam wird. Die Beobachtung derart belichteter Bezirke nennen wir „*Beobachtung bei indirekter seitlicher Belichtung*".

---

* Diese Belichtungsmethoden sind mit Ausnahme der Untersuchung im Spiegelbezirk schon von der gewöhnlichen fokalen Beleuchtung, von der ophthalmoskopischen Durchleuchtung und von der Mikroskopie her bekannt. An der Spaltlampe können sie am selben Instrument benützt und wegen der scharfen Abgrenzung des Lichtbüschels genauer als sonst auseinandergehalten werden. Ich wähle den Ausdruck „*regredientes Licht*" im Gegensatz zum incidenten, weil sich weder in der deutschen, noch in anderen mir zugänglichen Sprachen ein Ausdruck finden läßt, um diese Belichtungsweise unzweideutig und einheitlich zu bezeichnen. In der vorliegenden Auflage ist also unter „regredientem" Licht das vom Fundus oder von Linse und Iris ins Beobachterauge reflektierte Licht verstanden, das zur Beobachtung eines *vor* der reflektierenden Stelle gelegenen Mediums Verwendung findet.

Von wie grundsätzlicher Bedeutung eine differenzierte Beleuchtungsmethodik gerade für das Gebiet der Spaltlampenmikroskopie ist, wie sich sofort Unsicherheiten und Gefahren einstellen, wenn die Kenntnis der optischen Vorgänge, durch welche uns die verschiedenen Bilder vermittelt werden, fehlt, ist aus einer kritischen Betrachtung des Verfassers über vor Einführung dieser Methodik erhobene Spaltlampenbefunde (VOGT: Klin. Mbl. Augenheilk. 65, 358, 1920) ersichtlich.

Abb. 13—20. Tafel 5.

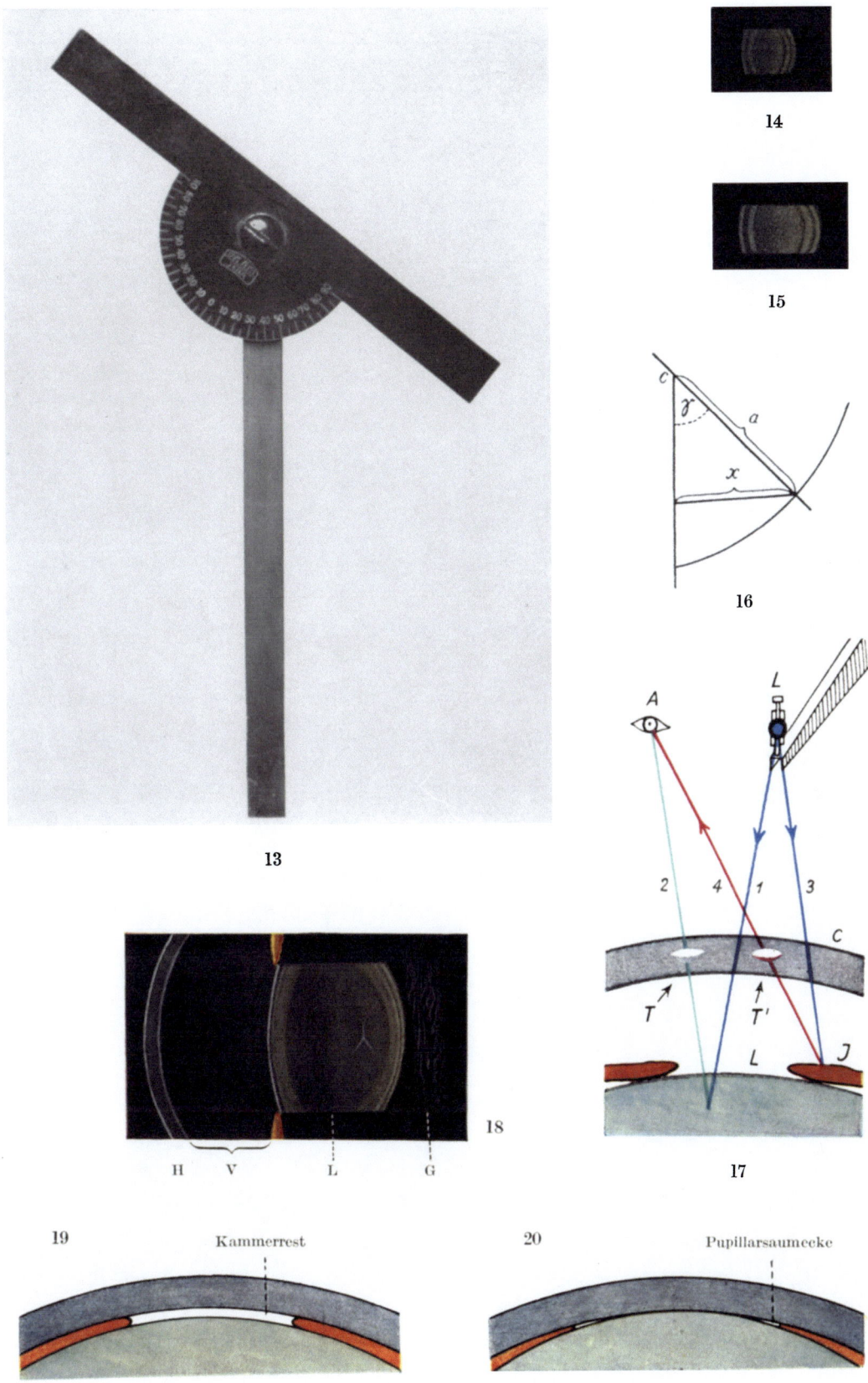

Vogt, Spaltlampenmikroskopie. 2. Aufl. Verlag von Julius Springer, Berlin.

Im allgemeinen werfen wir bei dieser Belichtungsweise das fokale Lichtbüschel *neben* die zu untersuchende Stelle und beobachten die Wirkung dieses gleichzeitig von der Seite und von hinten die untersuchte Stelle durchstrahlenden Lichts. Wir haben es also mit einem Spezialfall der „Beobachtung im regredienten Licht" (Methode 2) zu tun. Auch die sog. *Dunkelfeldbeleuchtung* der Mikroskopie ist indirekt-seitliche Belichtung. Bei ihr ist dafür gesorgt, daß das direkte oder gespiegelte Lichtbüschel nicht in die Richtung des Beobachterauges fällt, sondern daß womöglich die zu untersuchenden Objekte von einer oder von verschiedenen *Seiten* her beleuchtet sind.

Methode 1 (fokale Beleuchtung und Beobachtung im fokalen Licht) ist die wichtigste, ursprünglich allein verwendete. Durch die Kombination dieser Beleuchtung mit der stereoskopischen Betrachtung erhalten wir plastische Bilder in *natürlicher Form und Farbe*. Sie allein erlaubt die Beobachtung im *optischen Schnitt* und damit die exakte *Tiefenlokalisation*. Sie ist somit in zweifacher Hinsicht den übrigen Methoden überlegen.

Die zweite Methode (Durchleuchtung, Beobachtung im regredienten Licht) verwenden wir für das Studium der sog. Betauung, für die Beobachtung der Blutzirkulation, die Durchleuchtung von Lücken des Irispigmentblattes, für den Nachweis von Gefäßen oder Fremdkörpern innerhalb Hornhauttrübungen usw.

Die technisch relativ schwierige dritte Methode (Beobachtung im Spiegelbezirk) ergab sich mir[55)163)] 1918 beim Studium des Hornhautendothels und des Linsenkapselepithels. Diese beiden Gebilde waren nämlich vorher nicht gesehen worden und konnten nur mittels dieser dritten Methode sichtbar gemacht werden. Jede einzelne Endothelzelle, z. B. des Hornhautendothels[55)], wird in ihrer scharfen sechseckigen Begrenzung sichtbar. An der Linse treten die einzelnen Epithelkonturen, die vordere und die hintere Chagrinierung (mit der hinteren Faseroberfläche[158]) und ihre Veränderungen zutage. Die von mir mit dieser Methode nachgewiesene Spiegelung der optischen Grenzzonen der einzelnen Linsenschichten beweist die Natur der letzteren als optische Diskontinuitätszonen. Die Methode ist ferner, wenn auch weniger als die Methode 1, für die Lokalisation von Bedeutung.

Die praktisch unwichtigste Methode ist die vierte (Beobachtung bei indirektseitlicher Belichtung). Sie steht der zweiten am nächsten und scheint bisher wenig angewendet worden zu sein. Sie ist aber (wie auch bei der Ophthalmoskopie!) oft von Nutzen, z. B. bei der Beobachtung der Betauung der Hornhaut und gewisser Linsenveränderungen (namentlich der subkapsulären Vakuolenbildung), sowie zur Untersuchung von Iris und Lederhaut auf Fremdkörper und Blutungen.

Wir werden nun die vier hier aufgezählten Belichtungsmethoden und die zugehörigen Beobachtungsarten einzeln auf ihre Anwendbarkeit und ihre praktische Bedeutung prüfen, unter Bezugnahme auf charakteristische Abbildungen.

I. Die Beobachtung im fokalen (direkten, incidenten) Licht. Der optische Schnitt und die Tiefenlokalisation.

a) Opazität und Fluorescenz.

Schon HELMHOLTZ beobachtete vor mehr als 60 Jahren in Hornhaut und Linse bei stärkerer fokaler Belichtung eine *innere Reflexion*. Wie die meisten organischen und viele anorganische durchsichtige Medien sind auch Hornhaut und Linse in gewissem Grade *opak,* also nicht „optisch leer", d. h. nicht vollkommen durchsichtig.

Die einzelnen Gewebsteilchen besitzen nämlich eine verschiedene Brechbarkeit, die Medien sind optisch inhomogen. Manche spätere Beobachter haben das bestätigt, unter anderen GULLSTRAND.

Im Sinne von STOKES[7]) können wir das bei Belichtung aus einem Medium austretende diffuse Licht trennen in reflektiertes bzw. abgebeugtes Licht und in Fluorescenzlicht (STOKES spricht von „wahrer" und „falscher" innerer Dispersion, unter der wahren versteht er die Fluorescenz *. Der Physiker SPRING[8]) hat nachgewiesen, daß es „optisch leere" Flüssigkeiten in der Natur nicht gibt. Immer sind sie durch Teilchen anderer Brechung verunreinigt. Dagegen gelang es SPRING, eine optisch leere Flüssigkeit auf folgende Weise herzustellen: „Durch eine U-förmige Röhre, die mit Wasser gefüllt ist und Quarzpulver suspendiert enthält, wurde ein elektrischer Strom geschickt, der bewirkte, daß die Suspension sich an der Kathode ansammelte, während an der Anode die Flüssigkeit vollkommen klar wurde. Ein durchgesandter Lichtstrahl war von der Seite her nicht mehr sichtbar, ein Beweis dafür, daß die Flüssigkeit in der Tat optisch leer war" **.

Waren die Erscheinungen der Opazität und der Fluorescenz in der bisherigen Ophthalmologie so gut wie bedeutungslos, so werden sie in der Spaltlampenmikroskopie von grundlegender Wichtigkeit. Denn auch hier betrachten wir, ähnlich wie das SPRING in dem eben genannten Versuch getan hat, ein scharf umschriebenes Strahlenbüschel, das einen dunklen Raum durchdringt, von der Seite. Erinnern wir uns an ein Sonnenstrahlenbündel, das durch die Lücke des Fensterladens ins Dunkelzimmer tritt. Die Stäubchen der Luft sehen wir in dem Büschel tanzen, Gebilde kleinster Größenordnung, von denen wir im hellsten aber diffusen Tageslicht auch nicht die Spur sehen (Tyndallphänomen). Die Luft mit ihren Unreinigkeiten wird also durch diese letzteren gewissermaßen opak, sie ist nicht mehr „optisch leer", und wir können zufolge dieser Staubgebilde, die das Licht absplittern und zurückwerfen, den Gang der Strahlen, der sonst unsichtbar wäre, genau verfolgen. Unsere Netzhaut, die sich gemäß Versuchsanordnung selbst im Dunkeln befindet, vermag unter diesen günstigen physiologischen und optischen Bedingungen jedes einzelne Lichtpünktchen wahrzunehmen. Ähnlich wie jenes Sonnenstrahlenbüschel die Luft, so durchdringt das scharf begrenzte Lichtbüschel der Spaltlampe die zu untersuchenden brechenden Medien des Auges, Hornhaut, Vorderkammer, Linse und Glaskörper, und ähnlich wie dort, betrachten wir das Büschel von der Seite. Und siehe, was wir bisher für klar, durchsichtig, optisch leer hielten, ist opak. Die *Hornhaut* (Abb. 18 H) leuchtet, wo sie vom Büschel durchsetzt wird, in der ganzen Dicke auf. Wir sehen also, was bisher nicht möglich gewesen war, nicht nur die Hornhautvorderfläche, sondern vor allem auch die Hornhaut*rückfläche* klar und deutlich vor uns. Das *Kammerwasser* ist optisch leerer als die Hornhaut, das Büschel scheint hier unterbrochen zu sein, man sieht es nur unter gewissen Bedingungen (s. u.). Weit opaker ist dagegen die *Linse*

---

* Die meisten Körper, mit Ausnahme etwa von Porzellan, fluorescieren, d. h. sie sind imstande, Licht bestimmter Wellenlänge, das sie trifft, in solches anderer (meist größerer) Wellenlänge zu verwandeln. Das verwandelte Licht zeigt ein kontinuierliches Spektrum. Schon HELMHOLTZ war die besonders starke Fluorescenz der menschlichen Linse bekannt. Bestrahlt man sie mit Ultraviolett oder z. B. mit Uviollicht, so erscheint schon die jugendliche Linse opak weiß, sie hat das Aussehen einer Totalkatarakt. (Ausführliches über die Fluorescenz der menschlichen Linse s. bei A. VOGT[10]).)

Das Fluorescenzlicht, speziell dasjenige der Linse, kann man durch Verwendung von Bogenlicht, welches man durch ein Uviolglas (der Firma Schott u. Gen., Jena), oder durch eine Lösung von Kupferoxydammoniak gehen läßt, oder noch besser mit Hilfe von annähernd reinem Ultraviolett (U.V.-Filter von LEHMANN) veranschaulichen.

** Zitiert nach A. WINKELMANN, im Handbuch der Physik. 2. Aufl. 1906. Optik S. 788.

(s. Abb. 18 L), ihre Begrenzung und Form ist wieder zufolge ihrer Opazität genau sichtbar und durch Wandernlassen des Büschels abtastbar — die Linse ist also bei dieser Methode gewissermaßen ein trübes Medium! Was wir bis jetzt niemals sahen, die Linsenvorder- und -rückfläche, tritt klar und deutlich zutage. Optisch verhältnismäßig leer, aber doch noch sichtbar ist schließlich der *Glaskörper*.

Für die Erscheinung der Opazität aller dieser Medien ist die Fluorescenz von weit geringerer Bedeutung als diejenige der „inneren Reflexion".

Wenn ich nämlich die fluorescenzerregenden Strahlen mit Hilfe eines gelben Glases ausschaltete[9)][10)], so wurde dadurch das bei fokaler Belichtung von Linse, Hornhaut und Glaskörper ausgehende Licht nur wenig abgeschwächt. Es besteht daher zur Hauptsache aus reflektiertem bzw. dispergiertem und abgebeugtem Licht.

Diese beiden Erscheinungen der „inneren Reflexion" (im weiteren Sinne) und der Fluorescenz haben nichts Ungewöhnliches an sich, sondern sie lassen sich unter geeigneten Versuchsbedingungen bei allen organischen Körpern (auch bei fast allen anorganischen) in mehr oder weniger hoher Intensität nachweisen. In der Ophthalmologie hat aber eine Zeitlang besonders die Fluorescenz eine gewisse Berühmtheit erlangt, weil einzelne Autoren, vor allem SCHANZ und STOCKHAUSEN[164)] die fluorescenzerregenden Lichtstrahlen für die Entstehung von zahlreichen Augenkrankheiten, wie Altersstar, Erythropsie, Retinitis, senile Maculaerkrankung usw. verantwortlich machen wollten.

Wir nehmen die Erscheinungen der Opazität und besonders der Fluorescenz nur dann wahr, wenn wir in einem Raume von geringerer Helligkeit circumscript belichten. Sie gelangen um so lebhafter zu unserer Wahrnehmung, je schärfer begrenzt und je intensiver das belichtende Büschel, je dunkler gleichzeitig der umgebende Raum ist.

Die *Opazität der Hornhaut* nimmt nach vergleichenden Untersuchungen, die ich bei Kindern und bei Greisen anstellte, mit fortschreitendem Alter zu. Dasselbe gilt noch in höherem Maße von der *Linse*. Mit zunehmender Gelbfärbung der letzteren steigt nicht nur ihre Opazität, sondern auch ihre Fluorescenz (VOGT[10)]).

Wir besitzen keine messende Methode, um diese Zunahme der Opazität zu verfolgen. Am ehesten ist eine Vergleichsschätzung möglich, wenn wir Personen sehr verschiedenen Alters benützen und die beiden Vergleichsfälle so nebeneinander aufstellen, daß die Augen *gleichzeitig* von zwei verschiedenen, mit gleicher spezifischer Helligkeit brennenden Spaltlampen unter gleichen Winkeln durchleuchtet und beobachtet werden, wobei stark verschmälerte Büschel von gleicher Dicke zu verwenden sind. Durch Auswechseln und Vertauschen der Fälle wird eine Art Simultanvergleich möglich und grobe Irrtümer, die beim Sukzessivvergleich unvermeidlich sind, werden ausgeschaltet. Es läßt sich auf diese Weise zeigen, daß die Opazität besonders der Linse schon beim Erwachsenen größer ist als beim Kinde, und daß ihre Zunahme mit fortschreitendem Alter individuell variiert *.

b) Opazität und optischer Schnitt.

Abb. 18 zeigt, wie die brechenden Medien überall da aufleuchten, wo der fokale Teil des Spaltbüschels sie durchdringt. Die durchleuchteten Partien, speziell von Hornhaut und Linse sind also nur noch durchscheinend, nicht mehr durchsichtig.

---

* KOEPPE[165)] fand als Ursache der sog. Kriegshemeralopie erhöhte Opazität der Linse. Abgesehen davon, daß Steigerung der Linsenopazität keine Hemeralopie hervorruft, hält die von ihm verwendete Beobachtungsweise der Kritik nicht stand.

Stellen *erhöhter* Reflexion treten lebhafter hervor. So sehen wir z. B. Linsentrübungen geringster Dichte, die bei gewöhnlicher fokaler Beleuchtung oder im regredienten Licht unsichtbar sind, scharf hervortreten.

Lassen wir den fokalen Lichtbüschelabschnitt in sagittaler Richtung durch die Medien dringen, so entsteht ein optischer Sagittalschnitt (Abb. 18), der zum Meridionalschnitt wird, wenn er in den optischen Mittelpunkt fällt. Wir können also im optischen Sinne von *Gewebsschnitten, optischen Schnitten* sprechen. Die Vorderkammer (V) schaltet sich als „optisch leeres", dunkles Intervall zwischen Hornhaut (H) und Linse (L) (Abb. 18). Bewegen wir jetzt den Beleuchtungsarm vorsichtig hin und her, so tasten wir die Vorderkammer an beliebiger Stelle optisch ab. Wir können so das Lichtbüschel Punkt für Punkt durch die verschiedenen Teile der Kammer und der übrigen Medien treten lassen. Wir können so, wie schon GULLSTRAND fand, die Kammer*tiefe* abschätzen, wir können die Form und Dicke der Linse abtasten, wir vermögen z. B. schon makroskopisch zu demonstrieren, daß die vordere Linsenfläche wesentlich flacher ist als die hintere, und schon makroskopisch vermögen wir in der normalen Linse Maxima und Minima der inneren Linsenreflexion zu erkennen. Bedingung ist dabei stets, daß wir lediglich den *fokalen* Büschelbezirk zur Abtastung verwenden.

Es gibt Fälle von sehr flacher Vorderkammer (nach Staroperation, nach Glaukomoperation, Perforatio bulbi), in denen man im Zweifel ist, ob die Kammer ganz oder stellenweise vorhanden ist, oder ob sie fehlt. Hier gibt uns das Spaltlampenmikroskop einwandfreien Aufschluß, und zwar am sichersten bei Verwendung des schmalen fokalen Büschels (dünner optischer Schnitt, s. u.). Bei sog. aufgehobener Vorderkammer fand ich auf diese Weise regelmäßig, daß die Kammer über der ganzen Irisfläche aufgehoben war, daß sie aber im *Pupillarbereich* existierte (Abb. 19), indem ein kammerwasserhaltiges, optisch leeres Interstitium zwischen Hornhauthinterfläche und Linsenvorderfläche sich nachweisen ließ. Dessen sagittale Dicke entsprach etwa der Irisdicke im Bereiche des Pupillarsaums (Abb. 19). Bestand gleichzeitig Glaukom, so konnte in der Pupille die Linse an die Hornhaut gepreßt sein, doch war auch dann noch manchmal eine kammerwasserhaltige Lücke in dem Dreieck am Rande der Pupille vorhanden (Abb. 20)*. Erholte sich die Kammer wieder, so konnte ich verfolgen, wie sukzessive zunächst über dem Sphincter, dann meist in der Peripherie, schließlich auch in der Krausengegend das Kammerwasserinterstitium wieder auftrat. Kammerreste können also gelegentlich in der Peripherie noch bestehen, während im Krausengebiet die Kammer aufgehoben ist. In ähnlicher Weise kann bei vorgebuckelter Iris, bei Iristuberkeln usw. das Vorhandensein oder Fehlen eines Spatiums zwischen dem Scheitel der Prominenz und der Corneahinterfläche festgestellt werden, oder wir vermögen, was bisher ebenfalls unmöglich war, bei peripherer vorderer Synechie deren axiale Grenzen genau zu ermitteln. Derartige Befunde können vor operativen Eingriffen von Wert sein. Dieselbe Genauigkeit und Sicherheit bietet der optische Schnitt zum Nachweis der *Hinterkammer*, soweit diese bei Iriskolobomen sichtbar wird. Auch hier läßt sich exakt feststellen, ob und wie weit die Kammer vorhanden oder aufgehoben ist.

Die „optische Leere" der Vorderkammer ist, wie ich nachweisen konnte, nur eine scheinbare. Läßt man nämlich den fokalen Bezirk des Büschels (B, Abb. 21) so durch die Vorderkammer treten**, daß nur ein Teil derselben durchstrahlt wird

---

* „Pupillarsaumecke", vide S. 271.
** Demonstriert an den Spaltlampenkursen in Zürich 1923 und 1924 und mitgeteilt Schweiz. med. Wschr. **1923**, Nr 43. BASIL GRAVES hat diesen Versuch später unter seinem Namen veröffentlicht.

(in Abb. 21 ist L der nicht durchstrahlte, O der durchstrahlte Vorderkammerabschnitt), so ist im Bereiche von O die Opazität unschwer erkennbar, vorausgesetzt, daß streng fokussiert ist. Die opake Partie O schneidet dann in scharfer Grenzlinie G gegen die nicht durchstrahlte Partie L ab. C Hornhaut, J Iris, Li Linse.

Natürlich ist dieser Unterschied noch außerordentlich viel deutlicher unter pathologischen Bedingungen. Flüchtige Gerinnsel, wenige Minuten bis eine halbe Stunde nach Kontusionen, glitzernder Blutstaub nach Verletzungen, massenhafte weiße Punkte bei infektiöser Iritis, homogene Opazität bei toxischer Iritis, z. B. Iritis diabetica und Iritis nach Netzhautablösung zeichnen die Vorderkammer unter pathologischer Bedingung aus und der Erfahrene wird mir wohl darin beipflichten, daß wir von diesen klinischen Bildern vor der Zeit der Spaltlampe überhaupt nichts wußten.

c) Der prismatische Schnitt und die Tiefenlokalisation. Die Bedeutung der Fokussierung.

Vor der Zeit der Spaltlampenmikroskopie gründete sich die Tiefenlokalisation auf *indirekte Methoden*, wie die parallaktische Verschiebung und den Schlagschatten. So suchte man die Tiefenlage eines Hornhautinfiltrates durch dessen Parallaxe mit Oberflächenstaub, mit dem Limbus usw. zu ermitteln, eine Methode, die nicht nur sehr mühsam war, sondern auch nur relative Werte liefern konnte. Eine absolute Tiefenlokalisation war ausgeschlossen. Wie unsicher man in dieser Hinsicht auf dem Gebiet der Linse war, geht daraus hervor, daß man mit Hilfe des Irisschlagschattens zu entscheiden versuchte, ob eine Linsentrübung der Tiefe oder aber der oberflächlichen Rinde angehörte. Die tatsächliche Lage in bezug auf Kapsel und Kern konnte man auf diese Weise nicht ermitteln, sondern höchstens relative Lageverhältnisse grober Trübungen. Der Versuch C. v. Hess[20]), Wasserspalten der Rinde mit Hilfe des vorderen Linsenchagrins der Lage nach zu bestimmen, mußte schon daran scheitern, daß sich an der Helligkeit des Chagrins auch tiefe Schichten beteiligen (vgl. den Abschnitt Linse). Die normale Linse war *überhaupt nicht sichtbar*, und C. v. Hess[20]) selbst empfahl noch 1911 zu ihrem Nachweis eine indirekte Methode, nämlich die der Linsenbildchen.

Mittels des optischen Schnittes werden Linse und Hornhaut zu opaken Gebilden, deren Grenzen scharf umrissen sind, und die sich, wie auch die Hornhaut, in beliebige optische Schnitte zerlegen lassen. Letztere gewähren uns eine Tiefenlokalisation von einer Exaktheit, wie sie nicht einmal durch die anatomisch-histologische Untersuchung erreicht werden kann. Denn diese arbeitet am veränderten, gehärteten Organ, während der optische Schnitt das lebende Gewebe zerlegt.

Die Spaltlampenmikroskopie hatte in den ersten Jahren des Bestehens die Bedeutung des strengen optischen Schnittes noch nicht voll erfaßt. Die ersten Jahre, bis 1918, bringen noch Flächenbilder, die, wenn sie auch bereits verfeinerte Befunde darstellen, den „optischen Schnitt" nicht kennen und sich in nichts von früheren klinischen Bildern unterscheiden. Die Autoren (z. B. Koeppe) begnügten sich mit der Betrachtung des durch das Büschel gegebenen opaken Bezirks.

Voraussetzung für den optischen Schnitt war zunächst die *strenge Fokussierung**. Ich konnte 1918 zeigen, daß für eine exakte Tiefenlokalisation theoretisch nur

---

* Die ersten durch Fokussierung gewonnenen „prismatischen Schnitte" veröffentlichte ich 1920 in Graefes Arch. 101, H. 2/3, 137.

Die Methode war jedoch von mir, wie aus einer Mitteilung in den Klin. Mbl. Augenheilk. 63, 401 (1919), ferner Münch. med. Wschr. 1919, Nr 48, 1369 hervorgeht, schon früher angewendet worden.

eine einzige Fläche in Betracht kommt, deren Darstellung von der Fokussierung abhängt*.

Wählen wir zur Darstellung dieser Fläche die Hornhaut (Abb. 22, 24a).

Die Mikroskopachse bilde mit der Beleuchtungrichtung einen mittleren Winkel (etwa 40—45 Grad).

Werfen wir die dichteste Stelle des vollen Büschels (Spalte maximal geöffnet) etwas schräg durch die Hornhaut des geradeaus blickenden, z. B. rechten Auges, bei temporaler Stellung der Lichtquelle, so hat die erleuchtete Gewebspartie, *sofern wir genau fokussieren*, prismatische Form. Ich habe das so gewonnene optische Gebilde (Abb. 22), das für eine genauere Lokalisation Bedingung ist, als *„prismatischen Schnitt"* bezeichnet (Abb. 22—24). Vorn ist dieses Prisma von der *Eintrittsfläche* a b c d, nach der Vorderkammer von der *Austrittsfläche* e f g h des Lichtes begrenzt. Wir können die drei Kanten a c, b d, f h deutlich, dagegen nur undeutlich die vierte Kante e g unterscheiden, weil sie durch das opake Gewebe verschleiert ist. Am wichtigsten, für den Anfänger freilich etwas schwierig, ist die Beobachtung der Kante b d, welche die Eintrittsfläche nasal begrenzt. Mangelhafte Fokussierung erschwert deren Sichtbarkeit.

Ein Tropfen $1^0/_0$iges *Fluoresceinkali*, in den Bindehautsack gegeben, färbt a b c d und erleichtert die Darstellung sehr wesentlich. Die Kante b d tritt nun an der gesunden wie an der kranken Hornhaut, besonders nach dem Lidschlag, mit großer Schärfe hervor (Abb. 24a und b).

Diese Kante begrenzt das wichtigste Feld b d f h (in der Abb. 22 schraffiert), das einen idealen *optischen Schnitt* durch die Hornhaut darstellt und der Beobachtung bequem zugänglich ist.

Der Untersuchende stelle daher abwechselnd die Kanten b d und f h scharf ein.

Für die *Tiefenlokalisation* ist nun zunächst der binokulare Sehakt von Bedeutung, wie er durch das Binokularmikroskop gewährleistet ist, wenn er auch feinere Feststellungen nicht gestattet, ja auch zu Täuschungen Anlaß geben kann.

Wertvoller zur Ermittlung der Tiefenlage als das binokular-stereoskopische Sehen ist die genannte *optische Schnittfläche* b d f h. Wir lassen das Büschel und damit diese Schnittfläche über die zu untersuchende Partie *wandern*, wobei die Lage einer zu bestimmenden Veränderung dadurch, daß wir sie *in der Schnittfläche* b d f h *auftauchen bzw. verschwinden lassen,* wie an einem Gewebsschnitt ermittelt werden kann.

Haben wir z. B. die Lage einer Trübung im tiefen Parenchym zu bestimmen, so bringen wir das Lichtbüschel zuerst temporal der Trübung**. Sodann wird es der letzteren genähert, *bis sie eben in die Schnittfläche eintaucht,* also belichtet wird (Abb. 23a). Damit ist die Lage der Trübung bestimmt. Natürlich kann man auch umgekehrt die Trübung aus dem prismatischen Büschel in die Schnittfläche treten lassen. Die Lage der Trübung in der Schnittfläche b d f h ist dann durch den Punkt gegeben, in welchem sie aus dem prismatischen Büschel austritt. (In Abb. 23a und b ist die Lage bestimmt durch die Distanz x y bzw. durch das Verhältnis von x y zu x z.)

Wir können nun mikrometrisch das Verhältnis der Abstände der Trübung x von y und z ermitteln, womit festgestellt ist, ob die Trübung im oberflächlichen, im mittleren oder tiefen Parenchym liegt. Würde sie in b d(y) zuerst auftauchen,

---

* In bezug auf die Technik zur Erzielung eines einwandfrei reinen Schnittes und die Vermeidung der Störungen desselben sei auf den Abschnitt „Die Verschmälerung des prismatischen Schnittes" verwiesen.

** Obige Stellung der Lichtquelle temporal vom untersuchten Auge vorausgesetzt.

Abb. 21—26. Tafel 6.

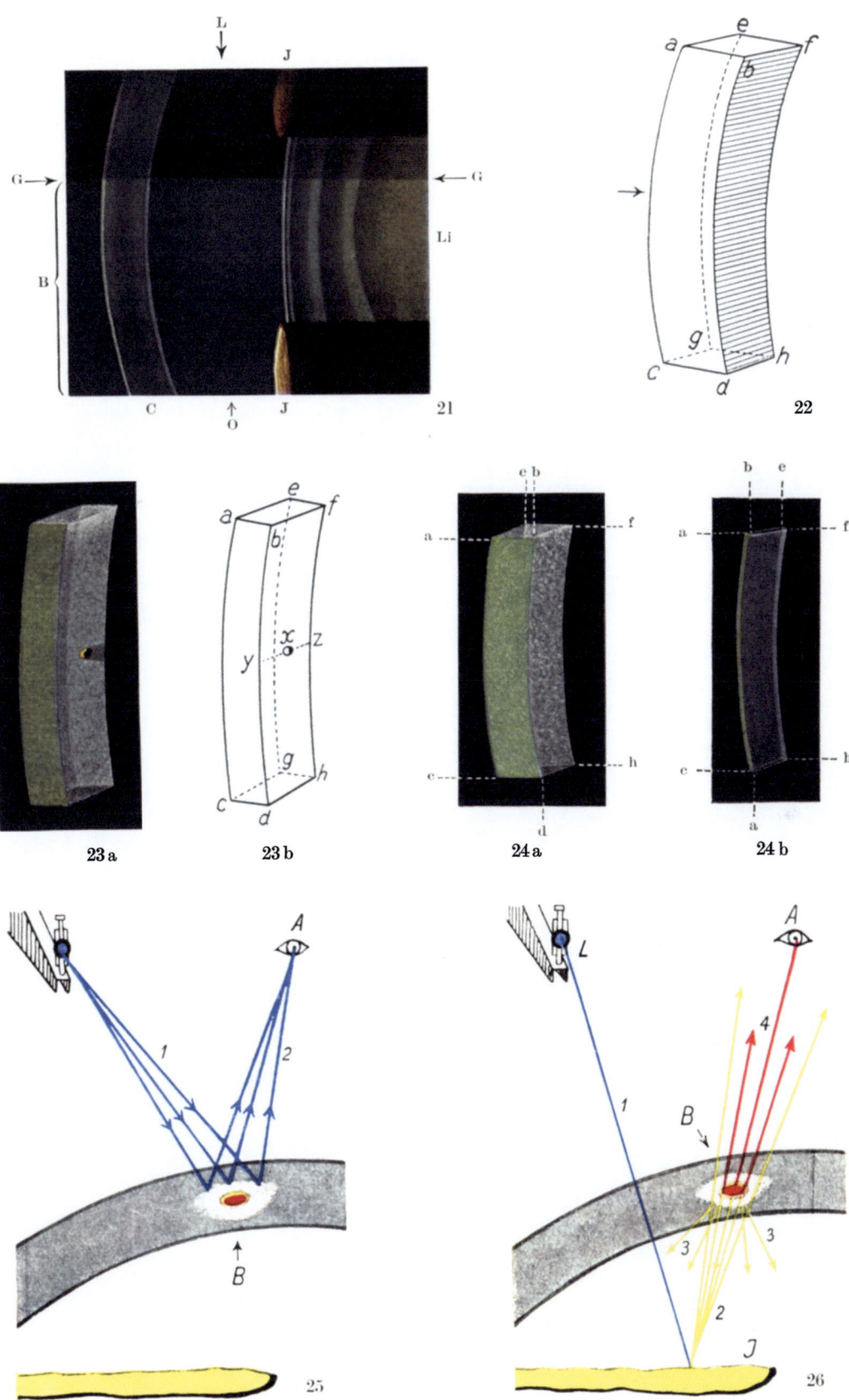

21

22

23 a 23 b 24 a 24 b

25 26

Vogt, Spaltlampenmikroskopie. 2. Aufl. Verlag von Julius Springer, Berlin.

so wäre ihr Sitz an der Hornhautvorderfläche erwiesen, würde sie in f h(z) zuerst gesehen, so läge sie in der Hornhauthinterfläche.

Auf die Kanten b d und f h ist sowohl das Mikroskop gesondert einzustellen, als auch das Büschel gesondert zu fokussieren. (Letzteres namentlich bei ungenügender Brennweite der Beleuchtungslinse [19, Abb. 1], s. o., S. 7.)

Vor mir waren prismatischer Schnitt und die genannte, ihn nach vorn begrenzende Kante b d nicht bekannt. Es wurde vielmehr nur das *Gesamtbüschel* als „optischer Schnitt" aufgefaßt. Es ist aber klar, daß für eine exakte Lokalisation nur die genannte Schnittfläche in Frage kommen kann, und daß sie von der Eintrittsfläche (a b c d) scharf zu scheiden ist. Monokulare Beobachtung dieser Schnittfläche ist zwar ausreichend, binokulare jedoch bequemer.

Daß nur genaue *Fokussierung* diese Methode auszunützen gestattet, ist besonders zu beachten.

Diese ist ganz allgemein für die Spaltlampenmikroskopie Bedingung und von Anfang an zu üben. Die meisten Feinheiten — ich nenne nur die physiologischen Zellbeschläge, die Mehlbestäubung, das Endothelmosaik, die subkapsuläre Vakuolenbildung — entgehen demjenigen, der die Fokussierung nicht übt.

Die Austrittsfläche e f g h, also die Hinterfläche des Prismas, reflektiert bei pathologischen Veränderungen, z. B. iridocyclitischen Beschlägen und insbesondere nach Keratitis parenchymatosa, dann auch in der *Peripherie* der normalen, besonders senilen Hornhaut, relativ stark. Sie kann dann im diffusen Lichte ebenso opak oder opaker erscheinen, wie die Eintrittsfläche a b c d. Ihre temporale Endkante e g ist in diesen Fällen ohne weiteres zu sehen.

Beschläge erscheinen naturgemäß um so unschärfer, je mehr sie gegen Kante e g liegen, am deutlichsten sind sie im Bereiche von f h, weil sie hier nicht wie in e g, von einer beleuchteten opaken Schicht überlagert sind (vgl. Abb. 444*).

Noch wesentlich erleichtert und verfeinert wird die Tiefenlokalisation dadurch, daß wir der Fokussierung die nun zu besprechende *Büschelverschmälerung* hinzufügen.

d) Die Verdünnung des prismatischen Schnittes auf 20 Mikra und weniger.

Die schon mehrfach erwähnte *Büschelverschmälerung* erzielte ich (1918) durch Verengerung der Spalte (7, Abb. 1) auf $1/2$ mm und weniger. Erst durch diese Verschmälerung erreichte ich eine Schnittdicke, welche histologischen Schnitten gleichkommt. Zu dieser Verdünnung des Schnittes eignet sich das Nernstlicht wegen seiner zu geringen spezifischen Helligkeit weniger gut als das Nitra- und Bogenlicht. Der

---

* Eine andere Art der Tiefenlokalisation hat sich mir noch dadurch ergeben, daß ich zwar zunächst das Spaltbüschel in der eben geschilderten Weise verwendete, sodann aber zur Kontrolle von Einzelheiten eine kreisförmige Blende an Stelle der Spalte schaltete und auf diese Weise die *Methode des zylindrischen Lochbüschels* schuf. Schaltet man nämlich statt der Spalte eines der neben ihr angebrachten Löcher vor (am besten dasjenige von 1 mm Lumen), so wird der fokale Büschelteil angenähert zylindrisch. Das Büschel kann nun etwa mit dem zylindrischen Gesteinskern eines Bohrloches verglichen werden. Von der Seite her übersieht man bequem die etagenförmig übereinander geordneten „herausgestanzten" Schichtstücke („Lochbüschel" im Gegensatz zum „Spaltbüschel").

Nitralicht und *Bogenlicht* sind (bei Abbildung der Lichtquelle in der oben S. 4 geschilderten Weise auf der Beleuchtungslinse) auch hier dem Nernstlicht vorzuziehen. Abb. 37 zeigt das Lochbüschel, wie es die Hornhaut durchsetzt. Vorn und hinten ist es durch weiße Kreisflächen von etwa 0,25 mm Durchmesser scharf begrenzt, V = Hornhautvorderfläche, H = Hornhauthinterfläche. Durch Spaltverengerung kann der Zylinder seitlich abgeplattet werden. „Lochschnitte" haben gegenüber den „Spaltschnitten" den nicht zu unterschätzenden Nachteil der geringeren Übersichtlichkeit.

Schnitt wird durch die Verschmälerung übersichtlicher, die Tiefenlokalisation wird exakter, sowohl die Kanten a c und b d als auch e g und f h rücken derart nahe zusammen (Abb. 24 b), daß ihre Distanz mehr oder weniger vernachlässigt werden kann, Abb. 36. Mit anderen Worten, wir nähern uns dem idealen optischen Schnitt. Trotzdem werden wir für Feinuntersuchungen die genannten Kanten des Prismas zu berücksichtigen haben. An der Hornhautvorderfläche werden wir a c und b d mittels Fluoresceinlösung, an der Linsenvorderfläche mittels Einstellung der Chagrinierung auf ihre Schärfe prüfen.

Manche Feinheiten lassen sich nur mittels dieses verfeinerten optischen Schnittes sicher und übersichtlich erkennen. So die physiologische Verdickung der Cornea nach ihrer Peripherie hin, beginnende Verdünnungen der Hornhaut bei Keratokonus incipiens, Rarefikationen des Parenchyms nach Keratitis, Verdickungen der Hornhaut im Bereiche von Infiltraten und bei Keratitis parenchymatosa, speziell auch die diagnostisch so wichtigen Verdickungen bei beginnender Keratitis disciformis et metaherpetica. Auch die Lokalisierung von Hornhautnerven und von Hornhautblutgefäßen nach Keratitis gewinnt an Anschaulichkeit durch die Büschelverschmälerung außerordentlich. Sie allein ermöglicht die Abgrenzung des Hornhautepithels von der BOWMANschen Membran, den direkten Nachweis von Vertiefungen und Prominenzen der Hornhautrückfläche (z. B. bei der so enorm häufigen Descemetifaltung, bei Perforatio corneae usw.). Ohne exakte Büschelverschmälerung ist die praktisch wichtige Differentialdiagnose der *Perforatio corneae* gegenüber nicht perforierenden Verletzungen nicht möglich. Daß sie ferner den Nachweis von Vorderkammerresten nach Kammeraufhebung in idealer Weise gestattet, ist schon weiter oben geschildert worden.

Auch die *Linse* profitiert vom verschmälerten Büschel. Die verschiedenen, vorher nicht bekannten Diskontinuitätszonen der Linse ermittelte ich zwar vornehmlich mittels des breiten prismatischen Schnittes. Für Feinuntersuchungen, insbesondere zur Ermittlung der vorderen und hinteren „Abspaltungsfläche" ist jedoch auch hier das verschmälerte Büschel von Vorteil.

So war ich zu der jetzt überall eingebürgerten Bezeichnung „Abspaltungsfläche" in der irrigen Annahme gelangt, diese zweite vordere und hintere Diskontinuitätszone sei vielfach nur peripher selbständig, axial sei sie dagegen mit der Oberflächenzone verwachsen. Erst die extreme Büschelverschmälerung belehrte mich, daß diese zweite Fläche überall selbständig, und daß also der Name Abspaltungsfläche nicht berechtigt ist. Besser würden wir sie als zweite vordere und hintere Diskontinuitätszone bezeichnen.

Bietet somit der dünne Schnitt einerseits große Vorteile in der sagittalen Übersicht, so gewährt er in frontaler Richtung eine weniger gute Orientierung, als das breite prismatische Büschel.

Für die *Schärfe der Kanten des dünnen Schnittes* und für die Feinheit des Schnittes überhaupt ist die exakte Stellung der Beleuchtungslinse (Kondensorlinse, 19, Abb. 1) *senkrecht zum Strahlengang* Bedingung. „Die Achse der Linse soll den Spalt schneiden" (GULLSTRAND), sonst wird der Vorteil der aplanatischen Abbildung vereitelt*. Die stärker gekrümmte Fläche der Linse soll dem Licht zugekehrt sein.

Steht die Linse schief zum Strahlengang, so zeigt der Schnitt einen *seitlichen Hof,* wie ihn Abb 7b wiedergibt (zufolge Astigmatismus schiefer Büschel, s. Fußnote S. 5). Steht die Lampe rechts vom Beobachter und die Linse 19 nach rechts abge-

---

* Die herstellende Firma wird künftig dafür besorgt sein müssen, daß diese Linse um die sagittale Achse *nicht* drehbar ist.

dreht, so sitzt dieser Hof mehr rechts vom optischen Schnitt, ist sie links abgedreht, so sitzt er mehr links. Von einem reinen optischen Schnitt und von Feinlokalisation kann dann meist nicht die Rede sein.

Auch Vorder- und Rückfläche der Beleuchtungslinse 19 sollen sauber sein. Verunreinigungen durch Staub, Fingerabdrücke usw. erhöhen die Lichtstärke des Blendenbildes (Abb. 40).

Bei einwandfreien optischen Bedingungen konnte ich mit Leichtigkeit Schnittdicken durch Hornhaut und Linse von 10 Mikra erzielen.

Weniger wichtig sind, wie schon oben erwähnt, Sauberkeit der Kollektorlinsenflächen und der Lampenglaskuppe, sowie Schlierenfreiheit der letzteren. Von großer Bedeutung dagegen *Staubfreiheit der Spaltenränder.* Wie ein Schnitt bei *unreiner Spalte* aussieht, zeigt Abb. 7a (drei Haare sind durch die Spalte gespannt), der reine Schnitt ist in Abb. 21 zu sehen. Die Reinigung der Spalte vollziehe man mit feinstem Hirschleder und hüte sich vor Berührung der Spaltenränder mit harten Gegenständen. Dauernde Deformationen der Spalte und damit des Schnittes könnten die Folge sein*.

e) Einzelheiten im breiten prismatischen Schnitt.

Für gewöhnlich benützen wir zur Beobachtung im fokalen Lichte einen Winkel der mittleren Mikroskopachse zur Beleuchtungsrichtung von etwa 35—50°, gerade Blickrichtung des Patienten vorausgesetzt.

Veränderungen der Medien erscheinen im fokalen Nitra- und Bogenlicht in natürlicher Farbe. Diejenigen der Linse und des Glaskörpers werden durch die gelbe Lackfarbe entsprechend beeinflußt (im Alter demgemäß durchschnittlich stärker als in der Jugend).

Präcipitate z. B. erscheinen grau bis weißgrau; wenn sie dagegen Pigment enthalten, entsprechend braun bis rotbraun**. Noch kleinste Zellklümpchen, ja einzelne Zellen sind bei stärkeren Vergrößerungen erkennbar (Lymphocyten, rote Blutkörperchen), wenn sie auch weniger scharf zutage treten, als bei Anwendung von Methode 3 (Spiegelbezirkeinstellung). Linsentrübungen erscheinen, wenn sie sehr dünn sind, zufolge Diffraktion bläulich bis grünlichbläulich, z. B. zeigt die kranzförmige Katarakt oft derartige Töne (Cataracta coerulea, viridis u. ä.), im regredienten Lichte dagegen braun bis braungelb.

Über das Zustandekommen des grünlichen Tones vgl. Vogt[9]). Mit Hilfe einer Emulsion läßt sich die optische Genese dieser „physikalischen" Farben instruktiv veranschaulichen[9])***.

Dichtere Linsentrübungen erscheinen dagegen weiß (im regredienten Licht schwarz).

Rote Einzelblutkörperchen zeigen eine blaßgelbliche, glänzende (nicht wie Koeppe[167] angibt, ziegelrote), Pigmentpartikel eine bräunlichrote bis ziegelrote Farbe (vgl. die Pigmentpartikel des Glaskörpergerüstes im Kapitel Glaskörper).

---

* Bei der hier dargelegten Wichtigkeit tadelloser, paralleler *Spaltenränder* wird auf die *Herstellung der letzteren* künftig besondere Sorgfalt zu legen sein. Bei bisherigen Modellen kommt es vor, daß die Parallelität der Ränder keine exakte ist, wie man das am besten bei maximaler Verengerung erkennt. Solche Modelle sind zurückzuweisen, da sie schlechte optische Schnitte liefern, also gerade im wichtigsten Punkt der Spaltlampenmikroskopie versagen.

** Der Ton des Pigmentes geht um so mehr nach Rot, je spezifisch heller die Lichtquelle ist.

*** Trotzdem sind gewisse Farbenerscheinungen nicht aufgeklärt. So die rote Farbe gewisser Linsentrübungen im fokalen Licht (z. B. bei vorderer Nahtpunktierung). — Daß leuchtend rote Färbung von trüben Medien durch reflektiertes Funduslicht auftreten kann, läßt sich experimentell zeigen (s. Vogt[166]).

Durch ihre Reflexion machen sich schon elementare Pigmentpartikel bemerkbar, deren Durchmesser kaum ein Mikron beträgt. Derartigen Pigmentstaub findet man z. B. im Senium oder nach Traumen an der hinteren Corneawand, im Glaskörper usw. (Man kann sich die Elemente des retinalen Irispigments veranschaulichen, indem man das Pigment eines frischen Irisstückchens auf einem Objektträger verstreicht und mikroskopisch im fokalen Lichte betrachtet.)

Im regredienten Lichte sind bei der angewendeten Vergrößerung derartige Pigmentelemente kaum mehr erkennbar. Im fokalen Lichte der Spaltlampe dagegen treten sie als leuchtende Pünktchen lichtstark aus dunkler Umgebung zutage, den Stäubchen vergleichbar, die ein Büschel Sonnenstrahlen im dunklen Raume erhellt.

In bezug auf die *Größenordnung* derartig feiner Elemente gibt uns die Spaltlampenmikroskopie *keinen* Aufschluß und wir müssen uns hüten, aus der scheinbaren Schlüsse auf die tatsächliche Größe zu ziehen. Wir würden hierdurch, wie sich experimentell zeigen läßt, Täuschungen verfallen[11]).

Je größer die *Inhomogenität eines Mediums,* um so intensiver seine Opazität bei Spaltlampenbelichtung. Bei Keratitis parenchymatosa beispielweise ist diese Opazität so hochgradig, daß Einzelheiten tieferer Teile durch das diffuse Licht der oberflächlichen verhüllt werden. Schon oben haben wir mittels Abb. 22 und Abb. 444 veranschaulicht, daß im Bereiche der belichteten Corneahinterfläche Trübungen um so unschärfer werden, je weiter sie von der Kante f h entfernt sind. Bei Keratitis parenchymatosa kann z. B. die Inhomogenität der Hornhaut in der Umgebung von neugebildeten Blutgefäßen derart gesteigert sein, daß letztere im fokalen Licht vollkommen unsichtbar sind, während sie im regredienten Licht samt ihrem rollenden Inhalt noch in Erscheinung treten (vgl. z. B. Abb. 68, 361). Die optische Erklärung für diese differente Wirkung des fokalen und des regredienten Lichts liegt darin, daß einerseits von dem von vorne her ins Gewebe fallenden Licht ein wesentlicher Teil in unser Auge A reflektiert wird (Abb. 25, 1 einfallendes Licht, 2 von der Oberfläche der Trübung reflektiertes Licht. B Blutgefäß innerhalb weißer Hornhauttrübung) und, besonders was den kurzwelligeren Teil betrifft, durch Beugung diffus zerstreut wird, so daß die dadurch gegebene Opazität der oberflächlichen Teile den Einblick in die Tiefe verwehrt. Deshalb vermag das Auge A das innerhalb der Trübung liegende Blutgefäß B nicht zu sehen. Andererseits ist das von der Iris J Abb. 26 zurückgeworfene Licht relativ langwellig (1 incidentes Licht, 2 regredientes Licht, A Beobachterauge), passiert also Trübungen besser, und was noch wesentlicher ist, das bei der Rückkehr durch die Hornhaut zurückgeworfene Licht 3 (Abb. 26) stört unser Auge nicht, da es rückwärts, in der Richtung der Iris zerstreut wird. Der durch das Blutgefäß B rotgefärbte Strahl 4 gelangt also ziemlich unbehindert in unser Auge.

Wieder weil sie durch opakes Gewebe verhüllt werden, sind schon im normalen Auge die *Limbusgefäßschlingen* im regredienten Lichte deutlich, im fokalen verschleiert (z. B. Abb. 608).

Umgekehrt bilden relativ *homogene* Medien für die Beobachtung im fokalen Licht wesentlich günstigere Bedingungen als für diejenige im regredienten Licht. So erblicken wir in der wenig veränderten Hornhaut im fokalen Licht die charakteristische feine Vertikallinierung bei Keratokonus (Abb. 274), es treten die Hornhautnerven besonders lichtstark zutage (Abb. 51, 52, 57), Risse der Descemeti werden sichtbar usw. Im regredienten Licht dagegen können wir von diesen Dingen meist wenig oder nichts sehen.

In der normalen *Linse* zeigt uns das fokale Licht die *Diskontinuitätsflächen,* von denen wir im regredienten Licht keine Spur erkennen. Dasselbe gilt von den

Embryonalnähten mit anschließender Faserung, von den zahlreichen Resten der vorderen und hinteren Gefäßmembran, im Glaskörper vom Gerüstwerk, von den embryonalen Gefäßresten usw.

Fragen wir uns, aus welchen optischen Gründen Objekte, wie die *Nervenfasern*, die im fokalen Licht ausgezeichnet sichtbar sind, im regredienten Licht ganz oder nahezu ganz untergehen, warum man ferner von dem so lichtstarken Linsenchagrin, von der Hornhaut- und Kapseloberfläche, vom Endothel der Rückfläche im regredienten Licht nichts sieht, so kann die Antwort nur die sein, daß zum Sichtbarwerden im regredienten Licht eine intensive optische Inhomogenität nötig ist, die zu diffuser innerer Reflexion und zu unregelmäßiger Brechung Anlaß gibt, wie sie Vakuolen oder Gefäßwände tatsächlich bedingen. Gleichmäßig brechende Flächen können im regredienten Licht nicht gesehen werden. Wäre die Hornhaut geknickt oder die Linsenkapsel gefaltet, so würden Faltung und Knickung der Oberfläche im regredienten Licht zutage treten. Die Nervenfaser besitzt im Gegensatz zum Blutgefäß keine optisch inhomogene Wand, es kommt für ihr Sichtbarwerden durch Brechung fast lediglich ihre Oberfläche in Betracht. Das mag der Grund sein, warum nur stärkere Nervenfasern im regredienten Licht erkannt werden.

Um zu *Orientierungszwecken* eine *Übersicht* zu gewinnen, verwende man nicht den fokalen, sondern einen *breiteren* Büschelabschnitt und benütze eine schwächere Vergrößerung (Ok. 2, Obj. F 55 gibt 10fache Linearvergrößerung). Durch Verschiebung der Beleuchtungslinse kann das beleuchtete Feld rasch beliebig vergrößert werden. Die Homogenität des Feldes hängt hierbei von der Art der Abbildung der Lichtquelle ab. Findet die Abbildung in der oben empfohlenen Weise auf der Beleuchtungslinse statt (19, Abb. 1, vgl. Abb. 11), so sind die extrafokalen Büschelbezirke inhomogen (von farbigen Zonen durchsetzt). Geschieht dagegen die Abbildung (nach der ursprünglichen Vorschrift!) in der Spalte, so machen sich die störenden Farben naturgemäß nur im fokalen Bezirk bemerkbar, während die extrafokalen Büschelteile relativ homogen sind.

Soll somit der extrafokale Abschnitt homogen weiß erscheinen, so verschiebe man den Tubus, der die Lampe L trägt (Abb. 5) so weit rückwärts, bis auf einem dicht vor die Spalte (7, Abb. 1) gehaltenen weißen Papier die Spiralen des Fadens scharf abgebildet erscheinen. Die fokale Strecke F (Abb. 3) ist dann inhomogen, farbig, die extrafokale dagegen in weiter Ausdehnung homogen weiß*.

II. Die Beobachtung im regredienten (durchfallenden) Licht. (Dunkelfeldbelichtung.)

Daß manche Feinheiten ausschließlich nur im regredienten Licht sichtbar sind, ist schon oben erwähnt und durch Abb. 25 u. 26 illustriert worden. Abb. 25 u. 26 geben die optische Erklärung. Das von der Iris oder Linse zurückgeworfene Licht gelangt zufolge seiner relativen Langwelligkeit ziemlich ungehindert auch durch trübe Medien, die sich im fokalen Lichte nicht mehr genügend durchmustern lassen. Vor allem auch stört uns das beim Eintritt von rückwärts in die Hornhaut (2) und beim Durchtritt durch dieselbe nach hinten zurückgeworfene Licht 3, Abb. 26 nicht mehr. Also stört gerade jenes Licht nicht, das uns bei Beobachtung im fokalen Licht (Abb. 25) am meisten belästigte, das unerwünscht zurückgeworfene. Wir erhalten

---

* Bei neueren Lampenmodellen ist der Tubus zur hinreichenden Rückwärtsverschiebung zu kurz.

daher im regredienten Licht von einer Reihe von Veränderungen klare Bilder, die im fokalen Licht unsichtbar sind. Die Hornhaut kann im fokalen Licht, makroskopisch und mikroskopisch, vollkommen opak und undurchsichtig sein. Trotzdem gelingt es unter Umständen, im streng regredienten Licht Pupille und Iris sichtbar zu machen, was für operative Eingriffe bei totaler Hornhauttrübung von Bedeutung sein kann.

Die *Farbe,* in der die beobachtete Partie im regredienten Licht erscheint, hängt von der Farbe der reflektierenden Iris bzw. Linse ab. Ist z. B. die Iris braun, so zeigt sich die Hornhautveränderung ebenfalls auf braunem Grunde (z. B. Abb. 201, 360, 444, 540, 567 u. a.).

Aus dem homogen-glasigen Gewebe der Hornhaut treten jene Partien hervor, die entweder das regrediente Licht zurückhalten, wie Beschläge, Infiltrate, Gefäße, Fremdkörper, oder aber aus seiner Bahn mehr oder weniger unregelmäßig ablenken. Letzteres geschieht vor allem durch Vakuolen, aber auch durch isolierte Zellen der Hornhautrückfläche, welche als Protoplasmaklümpchen ähnlich wie Vakuolen wirken. Derart brechende Wirkungen haben auch Risse der Descemeti (z. B. Abb. 582), besonders wenn die Rißränder aufgerollt sind, ebenso fibrinöse oder leistenförmige Auflagerungen der Hornhautrückfläche (z. B. Abb. 589, 591, 593a). Auch die Wände von Gefäßen, seien diese bluthaltig oder nicht, können, weil von anderem Index als die Umgebung, als glasige oder graue Linien in Erscheinung treten. Vakuolen und ähnliche klare Gebilde besonderer Brechung sind *dann* am deutlichsten (z. B. Abb. 146, 155, 462), wenn sie gegenüber dem (belichteten) Pupillarsaum, d. h. gegenüber der Partie, wo dunkle Pupille und hellbelichtete Iris schroff zusammenstoßen, betrachtet werden („optische Grenzzone"*). Licht und Schatten in der Vakuole treten sich dann im Kontrast gegenüber, das Licht entstammt der belichteten Iris, die dunkle Partie der dunklen Pupille, wodurch ein lebhafter Kontrast entsteht, der uns die Vakuole sichtbar macht. Ihr Sichtbarwerden verdankt somit die Vakuole der *Brechung.* Vgl. die Photographie Abb. 38, Hintergrund helldunkel.

Ein erheblicher Nachteil der Beobachtung im regredienten Licht gegenüber derjenigen im fokalen liegt darin, daß das regrediente Licht *keine Tiefenlokalisation gestattet.* Einen „optischen Schnitt" bildet das regrediente Licht eben nicht, es tritt vielmehr diffus, ungeordnet nach vorn. Man ist sich daher oft nicht im Klaren darüber, in welcher Tiefe die Befunde liegen, besonders wenn sie sehr fein und gleichmäßig sind, ob im vorderen Epithel oder im Parenchym bzw. auf der Hornhautrückfläche. Anhaltspunkte für die Lage gibt die *Bildschärfe* bei stärkerer (z. B. 37facher) Vergrößerung: Ist die Bildschärfe besser bei Einstellung auf die Hornhautvorderfläche, so ist die Veränderung hier zu suchen, im umgekehrten Falle liegt sie im Bereiche der Rückfläche. Durch *Über*einstellung kann die Sicherheit etwas erhöht werden. Zu diesem Zwecke stellen wir, wenn wir die Veränderung auf der Corneavorderfläche vermuten, nicht auf letztere, sondern auf einen hypothetischen Punkt *vor* derselben ein, sodann nicht auf die Hornhautrückfläche, sondern auf einen Punkt *hinter* derselben. Zur Orientierung benützen wir zufällige Unreinigkeiten, wie Flüssigkeitströpfchen, Staub, Pigmentpunkte der genannten Flächen. Wird die Veränderung undeutlich bei Übereinstellung nach vorn, nicht aber umgekehrt, so liegt sie weiter rückwärts usw. (Wir werden sehen, daß in dieser Hinsicht besondere Schwierigkeiten die sog. Mehlbestäubung der Hornhaut bietet.) Natürlich stellt diese Methode der Übereinstellung nicht mehr als einen Notbehelf dar. Günstiger sind jene Fälle, in denen die Vakuole bzw. die Zelle auch im *fokalen* Licht darstellbar ist. Dies gilt für manche Vakuolen, aber auch für Lymphocyten der Hornhautrückfläche. Auf

---
* Derartige Grenzzonen bestehen auch gegenüber *Iriskrypten.*

letztere Weise lassen sich z. B. die physiologischen und pathologischen Tröpfchenbeschläge der Hornhautrückfläche exakt lokalisieren. Bedingung ist dabei tadellose Fokussierung.

Das regrediente Licht eignet sich nach dem Gesagten in erster Linie zur Wahrnehmung von *Tropfen- und Tröpfchenbildungen* verschiedenster Art und Größen, sowohl in der Hornhaut, als in der Linse. Da auch die isolierte *Einzelzelle* ein Tröpfchen (aus Protoplasma) darstellt, so ist auch sie unter passenden Bedingungen in diesem Lichte sichtbar. In ähnlicher Weise erzeugen, wie ich gefunden habe, die nicht seltenen *Descemetiwarzen* im regredienten Licht den optischen Eindruck von Tropfen. Sie können anscheinend im Senium den größten Teil der Hornhautrückfläche als grober stationärer Tropfenteppich überziehen.

Besonders oft in der Linse, manchmal auch im Hornhautepithel, liegt dicht um die Vakuole eine mehr oder weniger opake, allerfeinste *Trübungshülle* (z. B. Abb. 27a). Deshalb erscheinen Vakuolen im fokalen Licht oft nicht als Tropfen, wohl aber als weiße Trübungsherde (vgl. die Bilder von Wasserspalten mit Myelintröpfchen im Abschnitt Linse). Subkapsuläre Vakuolenflächen der Linse erscheinen daher im fokalen Licht als aus weißen Punkten zusammengesetzte Trübungsflächen. Im regredienten Licht sehen wir dieses von der Trübungshülle (Abb. 27a) der Vakuole zurückgeworfene Licht (Abb. 27b) aus oben erwähnten optischen Gründen nicht, wohl aber bricht die Vakuole selbst zufolge ihres differenten Brechungsindex das Licht, so daß der Tropfen im regredienten Licht auf reinem homogenem Grunde erscheint.

Es empfiehlt sich zur Beobachtung von Vakuolen das Licht steil einfallen zu lassen. So wird z. B. die subkapsuläre Vakuolenfläche der Linse wesentlich deutlicher bei steiler als bei schräger oder gar bei streifender Incidenz des Lichtes, weil im letzteren Falle das zum Beobachterauge gelangende regrediente Licht zu schwach ist, um die Vakuolen genügend zu markieren. Der Beobachter gelangt nämlich bei steilem Einfall eher in die Hauptausfallsrichtung, als bei flacher Incidenz.

Als diagnostisch wichtige Tropfenbildungen, die vornehmlich oder ausschließlich im regredienten Licht sichtbar sind, erwähne ich

a) Die Vakuolen des vorderen Hornhautepithels
(vordere Vakuolenfläche oder *vordere Betauung*; s. Abb. 312, 313).

Sie zeichnet das glaukomatöse Auge im Anfalle aus und ist meist schon bei einer Tension von 40—50 mm Hg, ja manchmal schon bei 30—35 mm Hg (SCHIÖTZ 1924) wahrnehmbar. Oft sind dann nur *vereinzelte* kleine Vakuolen zu sehen, die aber ein zuverlässiges objektives Symptom des Glaukoms darstellen. In dichterer Zahl verleihen diese Ödemtröpfchen der Hornhaut das bekannte makroskopische rauchgraue Aussehen. Dieses ist auf die oben erwähnte ödematöse Trübung der Vakuolenumgebung und auf die multiplen Reflexionen des Lichtes an den Grenzen der Vakuolen zurückzuführen. Dadurch ferner, daß die einzelnen Epithelzellen zufolge der vakuolären Aufquellung unregelmäßig über die Oberfläche der Hornhaut hervortreten, entstehen jene mikroskopischen Unebenheiten der Hornhautoberfläche, welche dem Hornhautspiegelbild das matte, unscharfe, am Rande gestichelte Aussehen verleihen, das für solche Augen während des Anfalles charakteristisch ist.

Die einzelnen Glaukomvakuolen sind meist kreisrund, von wechselnder Größe (durchschnittlich 10—40 Mikra und weniger) und verschwinden fast momentan mit der (operativen) Entleerung der Vorderkammer. Sie sind also ein Ausdruck des Stauungsödems.

Die ungleiche Größe dieser Vakuolen ist charakteristisch und unterscheidet sie ohne weiteres von den physiologischen und pathologischen Zelltröpfchen der Hornhautrückfläche.

Diese Vakuolenfläche ist die Ursache des *Regenbogenfarbensehens,* einer Beugungserscheinung. Man kann diese Beugung am gesunden Auge nachahmen dadurch, daß man eine fein betaute Glasplatte *dicht* vor die Hornhaut hält. Man ahmt damit lediglich die Vakuolenfläche der glaukomatösen Hornhaut nach (bekanntlich gelingt der Versuch auch mit Lycopodiumstaub*.

In inverterierten Glaukomfällen, insbesondere bei Glaukoma absolutum mit dauernd hohem Druck, werden die Vakuolen stationär und vergrößern sich durch Konfluenz. Es können auf diese Weise Dauervakuolen von 1 mm und mehr Durchmesser und von verschiedener Form (s. Abb. 200, 201) zustande kommen (Epithelblasen, Keratitis bullosa), die unter Umständen nach Herabsetzung des Druckes persistieren.

Epithelvakuolen feinerer Art finden sich ferner über Infiltraten, besonders bei Keratitis parenchymatosa und erzeugen daselbst ebenfalls Epithelstichelung.

b) Die Vakuolen und Prominenzen der Hornhautrückfläche
(hinterer Tröpfchenteppich, hintere Betauung).

Während ich im Atlas 1921 noch von der Möglichkeit eines Ödems des Endothels sprach, erscheint mir heute, nach vielfachen Nachprüfungen, die Nachweisbarkeit eines derartigen Endothelödems fraglich. (Es sei denn, man wolle die Unebenheiten und Ausbuckelungen des Endothelteppichs nach Perforationen und operativen Vorderkammereröffnungen [z. B. Abb. 434] auf ein Ödem zurückführen.) Der Tröpfchenteppich, der (meist bei frischer Iritis) im Bereiche der Hornhautrückfläche auftritt, besteht vielmehr aus dicht nebeneinander gelagerten *Lymphocyten* (s. Abb. 442, 443).

Physiologischerweise finden sich solche Tröpfchen im Kammerwasser und schlagen sich besonders bei Jugendlichen auf der Hornhautrückfläche gegenüber dem Pupillarsaum nieder (Abb. 78) in Form der von LÜSSI an meiner Klinik gefundenen Tröpfchengruppe und Tröpfchenlinie, die aus Lymphocyten besteht (LÜSSIsche Tröpfchenlinie). Diese physiologische Tröpfchenlinie verlängert und verbreitert sich bei Hornhautfremdkörpern oder Infiltraten innerhalb Minuten und Stunden zu der TÜRKschen *Tröpfchenlinie und -fläche* (Abb. 437).

Die *pathologischen* Tröpfchen des Kammerwassers können sich innerhalb weniger Stunden zu Beschlägen ballen. Oft besteht der pathologische Tröpfchenteppich gleichzeitig neben Beschlägen (Abb. 438). Immer finden wir in derartigen Fällen Vermehrung der Zellen des Kammerwassers. Diagnostisch wichtig ist, daß die Tröpfchen (Lymphocyten oder Leukocyten) im *fokalen* Licht als weiße Pünktchen imponieren. Sie unterscheiden sich hierdurch, wie durch ihre Kleinheit, von den Descemetiwarzen.

Feiner und von gelblicher, leicht glitzernder Farbe sind die *Erythrocyten.* Sie bilden, wie die Lymphocyten, Teppiche oder „Zirkulationssäulen" (derartige Säulen stehen oft mehrere parallel nebeneinander, s. Abb. 440, 595). Den gleichen gelblichen, etwas glitzernden Erythrocytenstaub finden wir dann gleichzeitig im Kammerwasser suspendiert, die physiologische Zirkulation des letzteren mitmachend.

---

* Die Behauptung KOEPPES (Klin. M. f. Aghk. **65**, 562—564 1920), daß die Farbenringe durch „Trübung des Glaskörpergerüstwerks" entstehen, entbehrt insofern der sachlichen Grundlage, als eine solche Trübung unbekannt ist.

Wer das Aussehen von *Einzelerythrocyten* im Kammerwasser studieren will, mache folgenden Versuch: In eine planparallele Glaskammer kommt physiologische Kochsalz- oder Ringerlösung, in diese ein Tropfen frischen Blutes. Die Kammer wird an der Stirnstütze mit Heftpflaster befestigt. Man überzeugt sich bei 24facher Linearvergrößerung (Ok. 2, Obj. A_2) von dem glitzerigen Aussehen und der gelblichen Farbe frischer Erythrocyten, die auch hier am deutlichsten im regredienten Licht sind. Die rote Farbe kommt erst bei größerer Dichte zustande.

Noch bequemer konnte ich die Erythrocyten unmittelbar nach einer blutigen Operation (z. B. der Chalazionoperation) sehen. Die Erythrocyten schwimmen dann auf der Hornhautvorderfläche und können dort im frischesten Zustande studiert werden*.

Bei länger bestehender *Iridocyclitis* finden wir im regredienten Licht verstreute, oft sehr polymorphe feinste Einzelbeschläge, welche schon von KOEPPE als Hantel-, Keulen- und Faserbeschläge beschrieben wurden (s. Abb. 459). Sie können gleichzeitig neben Präcipitaten bestehen und sind oft mit Pigmentstaub gemischt. Ob diese unregelmäßigen Beschlagformen Zellprodukte oder fibrinöse Niederschläge darstellen, ist einstweilen nicht entschieden.

Häufig und diagnostisch wichtig sind die *tropfigen Descemetiwarzen* des Seniums und Präseniums, die gelegentlich ebenfalls kontinuierliche Teppiche bilden (*Cornea guttata*, s. Abb. 145, 146, 158 usw.). Sie sind von mir 1920 beschrieben und abgebildet und seither von einer Reihe von Autoren beobachtet worden. Daß das Substrat dieser Gebilde tatsächlich Descemetiwarzen sind, wurde von mir kürzlich histologisch festgestellt (Abb. 147 a—d). Diese tropfigen Gebilde sind um das Vielfache größer und weniger distinkt als die Lymphocyten und erscheinen im Gegensatz zu letzteren im fokalen Licht nicht als weiße Punkte, wohl aber oft als spiegelnde Halbkügelchen. Sie können gelegentlich die Sehschärfe herabsetzen, besonders wenn sie, was nicht selten der Fall ist, mit Pigmentstaub überdeckt sind.

Im Spiegelbezirk erscheinen diese Warzen als schwarze Aussparungen** (Abb. 144). In der Peripherie der Hornhaut kommen sie im Alter bei jedermann verstreut vor und sind dort meist nur mittels Spiegelbezirk zu entdecken (histologisch als HASSAL-HENLEsche Warzen bekannt). Treten sie axial gehäuft auf, so können sie in seltenen Fällen zu Parenchymtrübungen und Verdickungen Anstoß geben und vielleicht nach Jahr und Tag schließlich zum Bilde der FUCHSschen Epitheldystrophie führen (vgl. den Abschnitt Hornhaut).

Schon *physiologischerweise* ist eine feine, unregelmäßige Art „Betauung" im Bereiche des Randschlingennetzes und im benachbarten Parenchym von mir gefunden worden (Abb. 68, 69). Sie wird am deutlichsten, wenn das Licht von der entgegengesetzten Seite in den Kammerwinkel geworfen wird. Eine ähnliche feine Form der Betauung fand ich stets über Hornhautnarben. Die Betauung ist also keineswegs ein Zeichen bestehender Entzündung, wie man ursprünglich meinte.

Auch Medikamente, wie Cocain, Holocain vermögen Epithelveränderungen hervorzurufen, die manchmal im regredienten Licht ein an Betauung erinnerndes Bild ergeben.

---

* Zur Aufstellung einer Reihe von unhaltbaren neuen Krankheitsbildern des Glaskörpers führte KOEPPE seine Annahme (Graefes Arch. 96, 205), die Einzelerythrocyten seien ziegelrot Er verwechselt sie mit Pigmentpunkten (vgl. VOGT, Klin. Mbl. Augenheilk. 65, 369 [1920]).

** Man darf nicht erwarten, daß man feine Störungen des Spiegelbezirks immer auch *anatomisch* wird nachweisen können. Genügen doch zu den genannten Störungen *minimale* Niveauänderungen, die histologisch nicht sichtbar zu sein brauchen. Es brauchen daher feine Unebenheiten der Descemeti, z. B. Warzenbildungen, histologisch nicht nachweisbar zu sein.

c) Zusammenfassung der Erscheinungen der Betauung.

Die vorstehende Zusammenstellung ergibt das Resultat, daß *„Betauung" kein einheitlicher Begriff ist, sondern ein klinisches Symptom von variablem anatomischem Substrat*. Beschlagen oder betaut nennen wir eine Glasplatte, auf der sich aus der Luft Wasser in Tropfenform niedergeschlagen hat.

Abb. 28. Wassertropfen auf einer Glasplatte im regredienten Licht, Hintergrund hell neben dunkel.

Tröpfchenflächen auf oder in der Hornhaut erzeugen ein diesem Beschlag ähnliches optisches Bild. Stets ist die Tröpfchenfläche am deutlichsten im regredienten Licht. Der „Betauung" können, wie wir sahen, die verschiedenartigsten Dinge zugrunde liegen. Im Stadium des Glaukomanfalls sind es Tröpfchen im Hornhautepithel, welche (im regredienten Licht) das Bild hervorrufen. Bei dichter schwerer Beschlagbildung der Hornhautrückfläche (z. B. bei gewissen Formen von sympathischer Ophthalmie), dann bei Keratitis parenchymatosa zeigt das Epithel das Bild einer gleichmäßigen Betauung, doch sind in diesen Fällen die Tröpfchen meist dichter, viel kleiner und gleichmäßiger als bei Glaukom. Wieder das Bild einer mehr oder weniger gleichmäßigen und feinen Betauung erzeugt der Leukocytenteppich der Hornhautrückfläche, der oft von Präcipitaten begleitet ist. Ganz verschiedenartig wieder ist die Betauung, die man kurze Zeit nach operativer Vorderkammereröffnung oder nach perforierenden Traumen findet: buckelförmige Unebenheiten und Verbiegungen der Endothelfläche liegen ihr zugrunde, wie einwandfrei der Spiegelbezirk lehrt (z. B. Abb. 434).

Im Gegensatz zu diesen *ephemeren* Betauungsformen hat die grobtropfige Betauung bei Cornea guttata als *stationär* zu gelten. Ihr liegen Ausbuckelungen des Endothelteppichs, zufolge Descemetiwarzenbildung, zugrunde. Ihr Bild sowohl im regredienten Licht (Abb. 158) als auch im Spiegelbezirk (Abb. 144) ist so charakteristisch, daß eine Verwechslung mit anderen Betauungsformen ausschließbar ist.

Wieder einen besonderen Charakter hat die ebenfalls stationäre zarte Erscheinung der *physiologischen* Betauung im Bereiche und in der Nähe des Randschlingennetzes. Tröpfchen sind hier nicht immer scharf zu erkennen, ebensowenig wie bei der (ebenfalls stationären) Epithelbetauung über Hornhautnarben oder nach Keratitis parenchymatosa.

Aber auch rein weiße Trübungsflecken der Hornhaut, z. B. solche bei beginnender Verkalkung der M. Bowmani, können im regredienten Licht tropfenähnliche Gebilde verschiedener Form erkennen lassen, etwa ähnlich wie dies die Abb. 471 darstellt.

d) Die Blutzirkulation im regredienten Licht.

Weitere wertvolle Dienste leistet das regrediente Licht bei der Beobachtung der *Blutzirkulation* in den limbären und conjunctivalen Gefäßen, sowie in neugebildeten Gefäßen der Hornhaut*. Dabei ist zu beachten, daß die Zirkulation nur dann sichtbar wird, wenn die Blutsäule inhomogen ist, also Lücken oder doch unregelmäßige Konturen aufweist (Abb. 68). Ist dagegen das Gefäß strotzend gefüllt, so ist von der Zirkulation meist nichts zu sehen, da solche Blutsäulen dann überall homogen erscheinen. Daraus auf eine (entzündliche) „Stase" zu schließen, wie das RICKER und REGENDANZ[182]) taten, geht unseres Erachtens nicht an**. Diese

---

* Diese letzteren sind häufig im regredienten Licht besser nachweisbar als im incidenten.

** RICKER und REGENDANZ[182] bauen auf ihre vermeintliche Feststellung eine neue Entzündungstheorie auf.

Autoren haben übersehen, daß die optische Diskontinuität der Blutsäule für ihre Sichtbarkeit Bedingung ist (vgl. die Dissertation A. LEHNER[181]) [1923] aus meiner Klinik).

e) Iris, Linse und Conjunctiva im regredienten Licht.

Von theoretischer und praktischer Bedeutung ist das regrediente Licht zum Nachweis der pupillaren und disseminierten *Altersatrophie des retinalen Irisblattes.* Zu ihrem Nachweis wird das fokale Büschel in die Linse (Linsenlicht) geworfen (ähnliche Zwecke verfolgten schon früher die „diapupillare Durchleuchtung" von STÄHLI sowie die diasklerale Durchleuchtung RÜBELS). In solchem „Linsenlicht" ist ein Zerfall des pupillaren Pigmentsaums bei vielen Personen schon im Präsenium nachweisbar. Der Pupillarsaum schwindet zunächst herdweise, später oft in toto. Das pigmentblattfreie Irisstroma läßt dann das Linsenlicht fast ungehindert durch.

Bei Irissuggillationen (z. B. nach Contusio bulbi) ist die Suggillation oft einzig im regredienten (bzw. indirekt seitlichen) Licht nachweisbar. Die blutdurchtränkte Stelle leuchtet nämlich blutrot auf, wenn das Büschel unmittelbar *neben* sie geworfen wird. Dagegen ist bei fokaler Belichtung der suggillierten Partie keine Blutfarbe sichtbar (die optische Erklärung gibt Abb. 25).

An der Linse ist das regrediente Licht wichtig zur Feststellung der vorderen subcapsulären Vakuolenfläche. Letztere ist nur in diesem Licht zu sehen. Die Tröpfchen liegen wahrscheinlich hauptsächlich unter dem Epithel. Steiler Lichteinfall ist zum Nachweis der Vakuolen wichtig. Auch in den *Wasserspalten* (d. h. den Kluftbildungen zwischen den Fasern und in den Nähten) treten die Vakuolen im regredienten Licht (bzw. im indirekten seitlichen Licht) besonders gut zutage, jedenfalls besser als im fokalen Büschel. Im letzteren erscheinen sie vielfach nicht als Tröpfchen, sondern als weiße Punkte (vgl. den Abschnitt Linse). Es besteht also ein ähnliches optisches Verhalten, wie bei der iridocyclitischen Betauung der Hornhautrückfläche.

An Linse wie an Hornhaut können im regredienten Licht eingelagerte Krystalle sichtbar werden, namentlich solche von Cholesterin, die im fokalen Licht verschwinden, weil sie durch die Opazität der Umgebung verschleiert werden.

Endlich sind die Gefäße der Conjunctiva, Filtrationscysten und deren Einlagerungen und Veränderungen im regredienten gewöhnlich besser als im incidenten Lichte zu sehen. Außer wasserklarer Flüssigkeit beobachtet man in Filtrationscysten aus dem Augeninnern ausgetretene Pigmentbröckel und Pigmentstaub (ERGGELET[102]), oft auch im Filtrationskanal steckende Stückchen und Zipfel der Uvea oder anderer Gewebsteile, z. B. der Linsenkapsel.

III. Beobachtung der Spiegelbilder und der Spiegelbezirke. Die Spiegelmikroskopie.

a) Allgemeines.

Als ich im Jahre 1918 gelegentlich des Studiums der Hornhautrückfläche dazu überging, das Mikroskop bei 24—37facher Linearvergrößerung auf die spiegelnde Partie dieser Fläche scharf einzustellen, machte ich zu meiner Überraschung die Beobachtung, daß in diesem spiegelnden Gebiet das *Endothel* in seiner 6eckigen Form völlig klar und scharf, so scharf wie im histologischen Präparat sichtbar war, während es vorher als unsichtbar gegolten hatte. Als „*Beobachtung im Spiegelbezirk*" übertrug ich diese neue Beobachtungsweise auch auf die übrigen optischen Grenzflächen des Auges, wodurch ich unter anderem auch das Kapselepithel der Linse sehen konnte (letzteres besser im Mikrobogenlicht als im Nitralicht).

Vorher hatte man es unterlassen, eine Trennung der optischen Wirkungen, welche den *Grenzflächen* der Augenmedien zukommen, von denjenigen, welche als *diffuse Reflexionen* zu gelten haben, vorzunehmen.

Die systematische Trennung ergab folgendes:

Die unter 1 besprochene Methode der fokalen *Belichtung* liefert im allgemeinen diffuses Licht, die einzelnen Gewebsteilchen werfen das Licht nach verschiedenen Richtungen. *Nur im Bereiche der optischen Grenzflächen entstehen neben dem diffusen Licht auch noch die Spiegelbilder.* Mit dem Spiegelbild nicht identisch ist aber die das Bild erzeugende Fläche p p' (Abb. 29) selber. Die spiegelnde Partie dieser Fläche, d. h. diejenige Partie, die bei der gewählten Beleuchtungs- und Beobachterrichtung spiegelt, nannte ich Spiegelbezirk. In Abb. 29 sendet die Lichtquelle L Strahlen zu dem Hohlspiegel p p', aus denen wir zunächst den Strahl 1 herausgreifen. Nach dem Reflexionsgesetz wird er in der Richtung 2 reflektiert und kann daher von dem Auge A' wahrgenommen werden, für welches das Bild B' der Lichtquelle in der Richtung des Strahls 2, also des Punktes S liegt. Punkt S ist somit die spiegelnde Stelle, die ich als „Spiegelbezirk" bezeichne. Will man diese Stelle S *mikroskopisch* untersuchen, so wird man das Mikroskop zweckmäßig zuerst auf das Bild B' einstellen, sodann das Mikroskop in der Richtung des Strahls 2 vorschieben, bis die Stelle S des Spiegels scharf eingestellt ist.

Wandert jetzt das Auge A' nach A, also nach links, so wandert, wie aus Abb. 29 ersichtlich, auch der Spiegelbezirk. Der Strahl 5, den jetzt das Auge nach dem Reflexionsgesetz erhält, wird bei T reflektiert, der Spiegelbezirk ist also in umgekehrter Richtung gewandert als das Auge, nämlich nach rechts. Wir werden jetzt, wenn wir den Spiegelbezirk T untersuchen wollen, das Mikroskop wieder zunächst auf das Bild (B), dann auf die Stelle T einstellen.

Der Spiegelbezirk wandert somit wie das Spiegelbild mit Änderung der Beobachtung- und Beleuchtungsrichtung. *Aus letzterem Grunde besitzt jede Hälfte des Binokularmikroskops ihren eigenen Spiegelbezirk.* Die Spiegelbilder und die sie erzeugenden *Spiegelbezirke* sind es, welche wir hier genauer betrachten wollen.

Die Spiegelbilder sind bisher gewiß von manchen Beobachtern mehr als lästige Reflexe empfunden worden, welche man auszuschalten suchte. Und doch hatten schon TSCHERNING[143]) (1898) und später HESS[45]) (1904) lange vor der Erfindung der Spaltlampe mit der Entdeckung der vorderen Chagrinierung der Linse nichts anderes getan, als den Spiegelbezirk der vorderen Linsenfläche der Beobachtung unterzogen. Denn das vordere Linsenbild als solches zeigt keine Chagrinierung. Sie wird erst sichtbar, wenn wir auf die *Linsenvorderfläche* einstellen. Andererseits ist sie niemals außerhalb des spiegelnden Bezirks zu sehen, i. e. des das Linsenbild erzeugenden Bezirks der Linsenvorderfläche *.

Experimentell können wir die Unterscheidung von Spiegelbild und Spiegelbezirk der optischen Grenzflächen, also der Hornhautvorder- und -hinterfläche, der

---

* *Geschichtlich* ist zu erwähnen, daß der Linsenchagrin (also der vordere Linsenspiegelbezirk!) zuerst von TSCHERNING[169]) 1898, dann von C. HESS (1904) gesehen worden ist, daß ferner STÄHLI[170]) die Hornhautvorderfläche „im Reflex" untersuchte. KOEPPE[3]) gibt an, die Linsenrückfläche „im Reflex" gesehen zu haben. An die Beziehungen dieser Erscheinungen zum Spiegelbild und damit an das Wesen des Spiegelbezirkes hat aber vor mir niemand gedacht.

Historisch unzutreffend ist in Bezug auf den Spiegelbezirk die Darstellung von MEESMANN[171]) in seinem Atlas S. 35, sowie ähnlich lautende Angaben französischer und deutscher Autoren.

Abb. 27—32. Tafel 7.

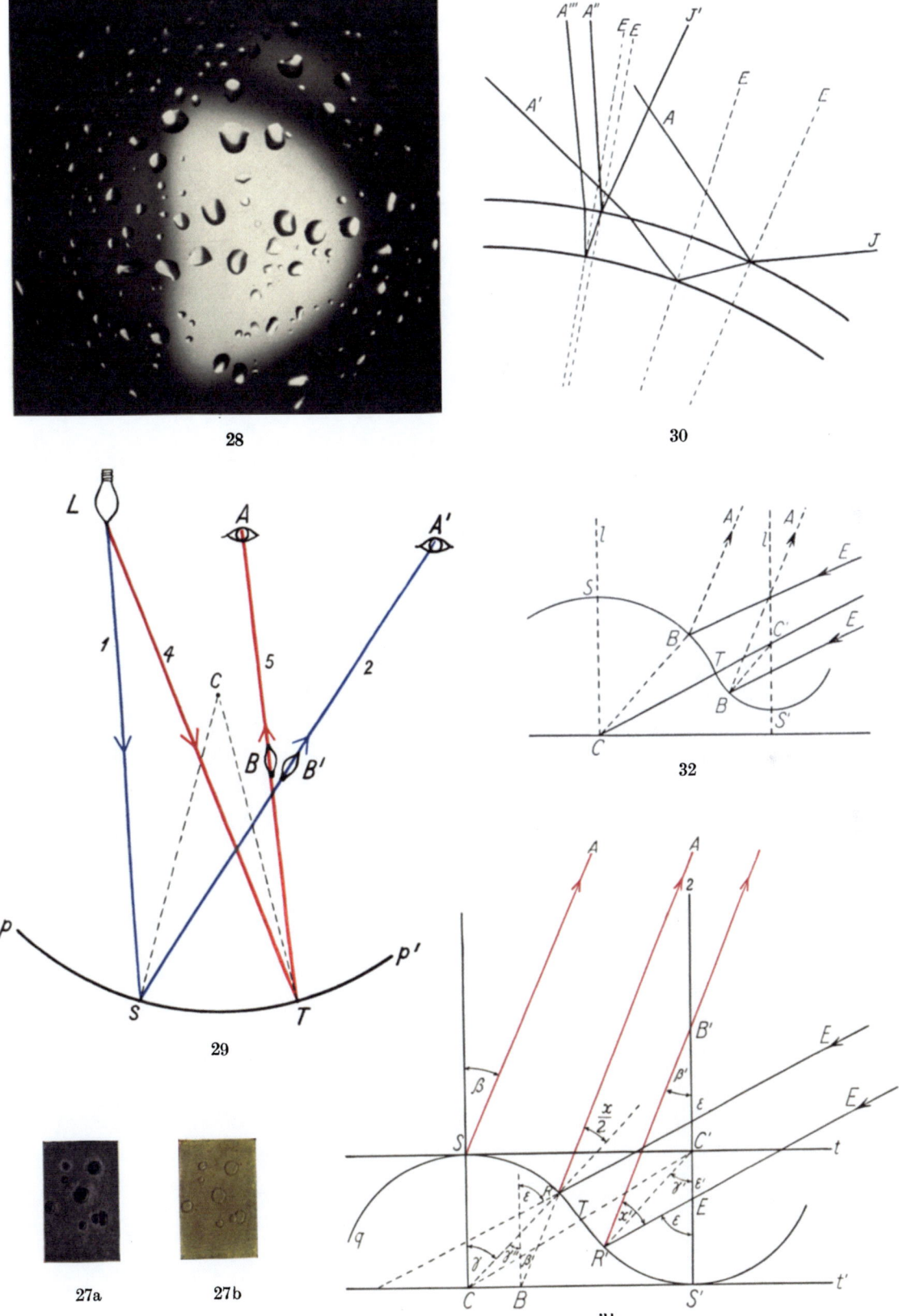

28

30

29

27a 27b

31

32

Vogt, Spaltlampenmikroskopie. 2. Aufl. Verlag von Julius Springer, Berlin.

Linsenvorder- und hinterfläche an jeder beliebigen Glaslinse studieren. Haben wir das Cornealmikroskop beispielsweise auf das Bild einer konkaven Spiegelfläche gerichtet, so finden wir den zugehörigen Spiegelbezirk, indem wir auf den spiegelnden Teil der Fläche selber bzw. deren Unreinigkeiten einstellen.

An Spaltlampe und Cornealmikroskop gestaltet sich die Beobachtung folgendermaßen:

Wir stellen vorerst das gewünschte Spiegelbild ein (Abb. 38, Nernstlicht). Die von uns benützte Blende der asphärischen Beleuchtungslinse (19, Abb. 1) erzeugt Spiegelbilder von vertikalrechteckiger Form. (Bei Benützung der Nitralampe und Abbildung in der Beleuchtungslinse enthält das Bild den Nitrafaden; Abb. 39a u. b.)

Die Einstellung der Spiegelbilder ist für die verschiedenen Flächen nicht gleich leicht. Am einfachsten ist diejenige der lichtstarken scharf begrenzten Bilder, nämlich des vorderen Hornhaut- und hinteren Linsenbildes. Sie sind ohne weiteres zu sehen. Durch ihre Helligkeit sind sie bekanntlich bei den gebräuchlichen ophthalmoskopischen Untersuchungsmethoden besonders störend.

Das *vordere Linsenbild* ist dagegen zufolge seiner Lage hinter der Linse und zufolge seiner unscharfen Begrenzung weniger leicht zu beobachten und einzustellen, noch mehr gilt dies von dem *hinteren Hornhautbild*. Es ist notwendig, das letztere auf nachher zu besprechendem Wege aus dem Bereiche des viel helleren vorderen Hornhautbildes abzurücken.

Haben wir (bei etwa 24facher Vergrößerung) auf ein Spiegelbild eingestellt und dasselbe in die Mitte des Gesichtsfeldes gebracht, so wird zum Zwecke der Beobachtung des Spiegelbezirks notwendig, das Mikroskop statt auf das Bild, auf den spiegelnden Teil der Grenzfläche einzustellen. Dies geschieht einfach dadurch, daß wir den Tubus entsprechend verschieben, bis die Einzelheiten der Fläche scharf sichtbar sind (z. B. an der Hornhautoberfläche die corpusculären Elemente der Tränenflüssigkeit, an der Linsenvorder- und -hinterfläche die Chagrinierung usw.). Das Spiegelbild wird dadurch zwar unscharf, die spiegelnde Fläche kann aber jetzt in dem intensiven gespiegelten Lichte studiert werden. Der „Spiegelbezirk" ist damit eingestellt[14]).

Dadurch, daß wir nun entweder die Beobachtungsrichtung oder die Einfallsrichtung oder beide zugleich ändern, können wir den Spiegelbezirk beliebig *wandern lassen*. Haben wir z. B. den Spiegelbezirk des hinteren Linsenpols vor uns und wollen wir ersteren auf eine unterhalb des Pols gelegene Stelle der Kapsel treten lassen, so kann dies dadurch geschehen, daß der Untersuchte abwärts blickt, wollen wir den Bezirk nasal wandern lassen, so blicke der Untersuchte nasal usw.

Die entgegengesetzte Blickänderung werden wir eintreten lassen bei Untersuchung nach *vorn konvexer* Grenzflächen, z. B. der Hornhautflächen oder der vorderen Linsenfläche. Der Spiegelbezirk verschiebt sich hier umgekehrt wie an der Linsenhinterfläche.

Bei den schwachen und mittleren Vergrößerungen nimmt der Spiegelbezirk stets nur einen *Teil* des Gesichtsfeldes ein. Am ausgedehntesten ist derjenige der

---

Meinem Schüler F. ED. KOBY, der sich erst mehrere Jahre nach mir mit dem Spiegelbezirk befaßt hat, wird hier eine Priorität zugeschrieben, die er selber nie beansprucht hat.

Es sei darauf hingewiesen, daß die neuerdings von FISCHER[172]) gebrachten Beobachtungen „im Hornhautreflex" prinzipiell nichts Neues darstellen, sondern ausschließlich den schon in der ersten Auflage meines Atlas erörterten vorderen Hornhautspiegelbezirk betreffen, und mit dessen Erscheinungen identisch sind. — Man hüte sich übrigens davor, die pathognomonische Bedeutung des vorderen Hornhautspiegelbezirkes zu überschätzen, da die Zahl der Fehlerquellen bei einem frei zutage liegenden Organteil keine geringe ist.

Linsenvorderfläche, am kleinsten derjenige der Linsenhinterfläche, entsprechend den Werten der zugehörigen Krümmungsradien*.

Man beachte z. B. die geringere Größe des (gelbgefärbten) hinteren Hornhautbildes (Abb. 38b, 39b) gegenüber der des vorderen. Die scheinbare Größe ist mittels Okularmikrometer bequem und exakt meßbar.

Die *Umgebung* des Spiegelbezirks erscheint in dem *viel weniger intensiven diffusen* Licht, das das betreffende Medium gemäß seiner Inhomogenität aussendet, bzw. zufolge Fluorescenz abgibt (vgl. Abb. 41, D, D′ diffuses Licht, Sp, Sp′ Spiegelbezirk).

Unreinigkeiten bzw. Unregelmäßigkeiten der spiegelnden Fläche erscheinen im Spiegelbezirk dunkel, bzw. schwarz auf hellem Grunde, Prominenzen der Umgebung heben sich umgekehrt zufolge der diffusen Reflexion hell aus dunklerem Grunde ab.

Die Ränder des Spiegelbezirks sind im Gegensatz zu denen der Spiegelbilder (Abb. 38, 39) mehr oder weniger unscharf und die Ecken des Blendenbildes erscheinen abgerundet (Abb. 41). Auch sind die Spiegelbezirke größer als die zugehörigen Bilder.

Die, wie erwähnt, innerhalb des Spiegelbezirks schwarz auf hellem Grunde erscheinenden Auflagerungen bzw. Unebenheiten verhalten sich vergleichsweise wie Auflagerungen oder Unebenheiten eines Spiegelbelages.

Es treten infolgedessen im Bereiche des Spiegelbezirks noch Veränderungen von einer Feinheit zutage, die im diffusen Licht unsichtbar sind.

Nicht zu unterschätzen ist der Wert der Spiegelbezirke für die *Lokalisation* von Gebilden, die in unmittelbarer Nähe der spiegelnden Fläche ihren Sitz haben. Ist der Spiegelbezirk im Bereiche derartiger Gebilde intakt, so liegen sie hinter demselben, ohne mit ihm in Kontakt zu stehen. Denn würden sie ihn berühren (wie z. B. Präcipitate der hinteren Hornhaut- oder Linsenwand), so müßte die Berührungsstelle eine Störung in der Spiegelung hervorrufen. Sind daher derartige Trübungen im Spiegelbezirk als fixe dunkle Stellen zu sehen, so liegen sie entweder *in* oder *vor* demselben.

Welches ist die *praktische Bedeutung* der Spiegelbezirke?

Diese sei im folgenden kurz erörtert, zunächst an Hand der Spiegelbezirke von *Hornhautvorder- und -hinterfläche*, anschließend derjenigen von *Linsenvorder- und -hinterfläche* und schließlich der durch *Faltung* dieser spiegelnden Grenzflächen erzeugten „Faltenreflexlinien".

Es kann diese Darstellung hier nur kursorisch geschehen und wir verweisen in bezug auf Einzelheiten auf unsere bezüglichen Originalmitteilungen.

b) Die Hornhautspiegelbezirke.

An der *Hornhaut* ist der vordere Spiegelbezirk praktisch von geringerer Wichtigkeit als der hintere. Doch ist auch er des Studiums wert. Bei *Epithelödem* (sog. Stichelung der Hornhautoberfläche) zeigt er z. B. eine Menge feiner Höckerbildungen und anderer Unebenheiten. Der Rand des Bezirks erscheint bogig ausgezackt und geht durch Lichtinseln in die diffus beleuchtete Umgebung über (Abb. 311). (Die Höckerung verschwindet vorübergehend durch Lidschlag.) *Schon allerfeinste Unebenheiten der Hornhaut, die auf keinem anderen Wege sichtbar sind, läßt dieser Spiegelbezirk erkennen.* Der Stichelung entspricht im regredienten Licht eine vordere Betauung (schon oben wurde aber erwähnt, daß letztere auch ohne Stichelung vorkommt).

---

* Schon bei gleichem Krümmungsradius der vorderen und hinteren Linsenfläche müßte das Bild der Hinterfläche erheblich kleiner erscheinen.

Im Bereiche des vorderen Hornhautspiegelbezirks treten ferner die bunten Interferenzfarben zutage, welche die Flüssigkeitsschicht hervorruft, die die Hornhautoberfläche überdeckt, besonders wenn sie Sekret der MEIBOMschen Drüsen oder Salben enthält.

Corpusculäre Elemente dieser Flüssigkeitsschicht heben sich als dunkle Punkte ab, oft ähnlich wie im entoptischen Bilde.

Eine feinste, bisweilen streckenweise sichtbare Felderung dieses Bezirks könnte man auf den ersten Blick auf die Grenzen des Oberflächenepithels beziehen*, doch zeigten uns stärkere Vergrößerungen, daß diese Felderung durch die oberflächliche Flüssigkeitsschicht, bzw. ihre corpusculären Elemente, entsteht und mit ihr verschieblich ist.

Von besonders hohem pathologischen Interesse ist das *hintere Hornhautbild*. HELMHOLTZ noch hatte sich vergebens bemüht, es zu sehen. BLIX** gelang sein Nachweis durch Verwendung einer möglichst kleinen hellen Lichtquelle. Im Spiegelbezirk dieses Bildes vermochte ich (s. o.) an der Spaltlampe das lebende Endothel der Hornhaut zu sehen.

Die spiegelnde Fläche ist hier die *Grenzfläche* des Endothels gegen das Kammerwasser.

Im Spiegelbezirk dieser Grenzflächen erscheinen die Endothelgrenzen vollkommen scharf, wie an einem anatomischen Präparat, (vgl. Abb. 41 Sp', Abb. 43). Die Zellen sind von sechseckiger Form und mit wenigen Ausnahmen von gleichmäßiger Größe, so daß ein wabenartiges Mosaik entsteht. Die Farbe dieses Mosaiks ist bei Nernstlicht gelblich (vgl. die Farbe des hinteren Hornhautbildes [Abb. 38b], bei Nitra- und Bogenlicht entsprechend mehr gelbweiß [Abb. 39b]). Die Zellkonturen treten als scharfe dunkle Linien hervor, Kittlinien vergleichbar. Kerne sind nicht zu sehen. Doch ist manchmal im mittleren Bereich einer Zelle eine dunklere Stelle zu sehen, die vielleicht einer Prominenz entspricht. F. W. SCHNYDER sah solche Stellen besonders deutlich an (enucleierten) Pferdeaugen.

Bei 24facher Vergrößerung sind die Endothelzellen eben unterscheidbar. Bequem sichtbar sind sie bei 37—68facher Vergrößerung.

Beachtenswert und für das Wesen des Bildes als Reflexionsphänomen wichtig ist die Tatsache, daß die Zellgrenzen nur bei ganz bestimmter Tiefeneinstellung des Mikroskops deutlich sind, ein Umstand, der die Beobachtung dem Anfänger etwas erschwert. Der genannte Umstand beweist, daß die Zeichnung *nicht eine Beugungserscheinung* ist. Der bei unscharfer Einstellung sichtbare *Chagrin* des hinteren Hornhautbildes darf nicht mit der Endothelzeichnung verwechselt werden.

Der Anfänger übe sich in der Einstellung des Endothels zunächst an frischen Tieraugen (Schwein, Rind, Pferd). Die Pferdehornhaut zeigt besonders große und polymorphe Zellen, s. Abb. 44. Schon wenige Stunden nach der Enucleation leidet die Schärfe der Zellgrenzen.

Wie Abb. 41 zeigt, liegt der Endothelbezirk, i. e. der jeweilen sichtbare hintere Spiegelbezirk innerhalb des Lichtstreifens D' (Fläche e f g h, Abb. 41), den das Lichtbüschel an der hinteren Hornhautfläche zufolge diffuser Reflexion hervorruft.

Im Alter sind die Endothelgrenzen durchschnittlich weniger scharf als in der Jugend. Durch Gerontoxon und andere Trübungen wird die Zeichnung verdeckt. Öfters fand ich in sonst normalen Augen älterer Leute statt der regelmäßigen Wabenzeichnung eine mehr amorph gekörnte Fläche, aus der die Zellgrenzen nur noch

---

* STÄHLI hat bei Azolampenbelichtung eine derartige feine Felderung gesehen und als Epithelfelderung angesprochen (Klin. Mbl. Augenheilk. 54, 686).

** BLIX: oftalmometrisca studier. Upsala Läkareförenings Förhandlingar XV (1880).

unscharf hervortreten (z. B. Abb. 46); man beachte die vereinzelten höckerigen Prominenzen*.

Das Sichtbarwerden des Hornhautendothels ist sowohl von theoretischer als auch von praktischer Bedeutung.

Feinste Veränderungen desselben, Ödem, Defekte usw. werden mittels der neuen Methode erkannt, während sie auf keinem anderen klinischen Wege wahrnehmbar sind. Auf und zwischen dem Endothel sieht man bei Beschlägen *jede einzelne Zelle* aufsitzen. Die Zellen erscheinen *schwarz* auf hellem Grunde, wie man das nach dem oben Gesagten erwarten muß. Denn sie stellen eine Unterbrechung bzw. Veränderung des Spiegelbelages dar (Abb. 41 unten, Abb. 47 usw.). Abb. 446 zeigt ein Stück des Beschlagfeldes bei schleichender Iridocyclitis. Wir finden bei Iridocyclitis derartige Zellen oft in großer Zahl, wo sie bei gewöhnlicher Spaltlampenuntersuchung nicht wahrnehmbar sind. Wie die Zellen, so erscheinen auch die Präcipitate schwarz auf hellem Grunde (Abb. 446). Die Präcipitate sind meist von einem etwas helleren Endothelzellensaum umkränzt (Abb. 446 oben**).

Die Einzelzellen sind oft zu kettenähnlichen Reihen oder zu Häufchen geordnet (Abb. 446), so daß die Anordnung manchmal an diejenige gewisser Bakterien erinnert.

Bei Betauung der Hornhauthinterfläche (s. o.) sind die Endothelgrenzen mehr oder weniger *unscharf*, ja sie können ganz verschwinden.

Die *Form* des normalen Endothelspiegels ist bei Vertikalspalte und normal gewölbter Hornhauthinterfläche ein vertikales Oval (Abb. 41). Unregelmäßig ist die Form bei irregulärem Astigmatismus, insbesondere bei Keratokonus und bei Narbenbildung des tiefen Parenchyms.

Überhaupt lehrt das hintere Hornhautbild, daß der irreguläre Astigmatismus der Hornhauthinterfläche häufig ist und beträchtliche Grade erreichen kann.

Auch feinste Vorwölbungen der Hornhauthinterfläche machen sich — Durchsichtigkeit der Cornea vorausgesetzt — im hinteren Spiegelbezirk geltend, so *Faltungen der Descemeti*, ringförmige *Verdickungen*, z. B. bei traumatischer ringförmiger Hornhauttrübung" (Abb. 519, 520), circumscripte Verdickungen der Hornhaut durch Keratitis disciformis, *perforierende Narben* usw. An derartigen Unebenheiten der hinteren Hornhautwand entstehen Spiegelungen, *in deren Bereich das Hornhautendothel erkennbar ist*. Z. B. stellt Abb. 553 den Endothelreflex mit seinem zierlichen Mosaik in der Nähe einer Perforationsnarbe dar (Eisensplitterperforation vor drei Jahren).

Welches Aussehen zeigen die schon in Abschnitt Betauung erwähnten warzigen Prominenzen der Hornhautrückfläche im Spiegelbezirk?

In der Hornhautperipherie finden wir im Spiegelbezirk schon *normalerweise* circumscripte Unebenheiten der Hornhauthinterfläche. Ja ich konnte in allen gesunden Augen eine leichte wellige bis flachgrubige Unebenheit des Endothelmosaik beobachten, die auf einer entsprechenden Krümmungsunregelmäßigkeit der Endothelhinterfläche beruhen muß (vgl. Abb. 41, 43).

Diese Unregelmäßigkeiten sind am Rande des Bezirks stets deutlicher. Ich fand sie ferner durchschnittlich im Alter stärker als in der Jugend.

Diesen klinischen Befunden entsprechend gibt GREEFF in seiner „pathologischen Anatomie des Auges"[17]) an, daß die DESCEMETsche Membran nicht eine so voll-

---

* *Anatomisch* hebt SALZMANN[16]) besonders das Unscharfwerden in der Peripherie, im Bereich der HENLEschen Warzen hervor.

** An Präcipitaten, die am *Rande* des Endothelspiegels liegen, kann man sich überzeugen, daß diese hellere Färbung durch eine Krümmungsänderung der Endoberfläche in nächster Umgebung des Präcipitats zustande kommt (vgl. Abb. 446, oben).

kommen gleichmäßige Oberfläche wie die Linsenkapsel, sondern leichte wellige Unebenheiten zeigt.

Wie z. B. Abb. 46, 48 veranschaulichen, kann im *Alter* die Endothelzeichnung ein mehr *amorphes* Aussehen gewinnen. Die einzelnen Zellgrenzen sind nicht mehr deutlich, die Unebenheiten sind zahlreicher. Manchmal trägt zu dieser Verwischung des Bildes auch eine geringere Durchsichtigkeit des Hornhautgewebes bei.

Vereinzelt fand ich dagegen auch noch im 6. und 7. Jahrzehnt die Endothelgrenzen auffallend scharf.

Die im Alter häufiger werdenden *kleinen rundlichen Prominenzen nach der Vorderkammer zu* (Abb. 47) erscheinen je nach dem Einfallswinkel schwarz, oder aber lassen das Endothel im Grunde der Prominenz eben noch erkennen. Dadurch unterscheiden sich diese Prominenzen von zelligen Auflagerungen. (In dem Falle der Abb. 49 mit stationärem Keratokonus erscheint das Endothel gleichzeitig etwas amorph körnig.) Es ist also hier der hintere Hornhautspiegelbezirk für die Differenzierung der verschiedenen Formen von Betauung von Wichtigkeit.

Die Prominenzen stehen oft dichter, oft lockerer, haben einen Durchmesser von etwa 20—100 Mikra und entsprechen wahrscheinlich den zuerst von HASSAL[18]) gefundenen, genauer von HENLE[19]) beschriebenen Warzen der Descemeti, die besonders peripher und im Alter reichlicher vorhanden sind*.

Einen besonderen Typus dieser Prominenzen repräsentiert die klinisch wichtige Cornea guttata (VOGT[173]). Bei dieser degenerativen Hornhautveränderung finden sich die Prominenzen im *axialen* Hornhautgebiet (vgl. Abb. 150, 155 Beobachtung im regredienten Licht, Abb. 144 Spiegelbezirk).

Die Beobachtbarkeit des Endothels wird uns künftig auch gestatten, *Abhebungen* desselben nachzuweisen. In Abb. 490 sind unregelmäßig wabenartige, scharf begrenzte Defekte im Spiegelbezirk zu sehen, die zunächst an Abhebung denken lassen, die jedoch wahrscheinlich auf Unebenheiten der Endothelrückfläche zu beziehen sind. Bei passender Einstellung zeigen nämlich auch die mittleren Partien dieser dunklen Stellen Endothelreflexion. Die Endothelzeichnung ist in diesem Falle undeutlich (18jähriges Mädchen, mit seit drei Jahren bestehender, offenbar auf Tuberkulose beruhender Keratitis parenchymatosa links, die jetzt ausgeheilt ist. Die unebenen Stellen finden sich in dem oberen, relativ klaren Hornhautabschnitt). Scheinbare Bläschen im Endothelspiegel haben SCHNYDER[174]) und später wir, KNÜSEL[175]) u. a. beobachtet (Abb. 278—281)**. Es handelt sich dabei um stationäre Gebilde, nicht, wie anfänglich angenommen wurde, um „Herpes posterior".

Bei unscharfer Einstellung des Endothels, insbesondere bei *schwacher* (10- bis 24facher) Vergrößerung beobachtet man, wie oben kurz erwähnt, jene chagrinlederartige Zeichnung, wie sie ähnlich das Linsenepithel unter gleichen Bedingungen aufweist. Es sind angenähert rautenförmige *Felder*, die bald als Erhebungen, bald als Vertiefungen imponieren und einen Durchmesser von etwa 100 Mikra aufweisen. Diese Felder darf man nicht, wie das beim Linsenchagrin durch C. v. HESS[176]) geschah, als die Zellen selber auffassen. Die letzteren sind um das Vielfache kleiner.

---

* Bei Erwachsenen sind die Gebilde in der Peripherie der Cornearückfläche fast regelmäßig zu finden. Ihre Zahl nimmt mit fortschreitendem Alter zu.

** Als „Keratitis bullosa interna" beschrieb KOEPPE[177]) angeblich häufige Gebilde, die hinter Epithelblasen liegen sollten und schon durch die gewöhnliche Spaltbüschelbelichtung zum Verschwinden gebracht werden. KOEPPE hat hier, wie im Kapitel „optische Täuschungen" gezeigt werden soll, Schatten- und Brechungsphänomene beobachtet, denen keine reelle Veränderung der als krank angesprochenen Stellen zugrunde liegt.

Unter pathologischen Bedingungen, z. B. nach Vorderkammereröffnung, seltener bei Iridocyclitis, kann die Endothelfläche *vorübergehende* unregelmäßige dichtstehende *Buckelbildungen* zeigen, vgl. Abb. 434. — Die Natur dieser Buckelbildungen, denen eine Endothelveränderung zugrunde liegt, ist noch nicht ermittelt.

Mit diesen wenigen orientierenden Mitteilungen über die gesunde und kranke Beschaffenheit des lebenden Endothels hoffe ich eine Anregung zu eingehenderem Studium dieses ebenso wichtigen als leicht lädierbaren und veränderlichen Gebildes gegeben zu haben.

Ich erwähne noch, daß ich das Hornhautendothel auch am *Kaninchenauge* sehen konnte. Ja, ich habe es sogar an diesem Auge früher beobachtet als am menschlichen. Die Beobachtung des Kaninchenendothels geschieht am besten bei verschmälertem Büschel.

Für die Physiologie und experimentelle Pathologie wird die Möglichkeit, das lebende Hornhautendothel unmittelbar zu sehen, von gewisser Bedeutung sein.

Zur *Untersuchungstechnik* sei folgendes bemerkt. Damit vorderes und hinteres Hornhautbild möglichst auseinander rücken, ist ein großer Einfallswinkel nötig (vgl. Abb. 30).

Abb. 30. Zur Technik der Beobachtung des hinteren Hornhautspiegelbezirkes. E Einfallslot (Radius), J, J' einfallendes, A A' A'' A''' ausfallendes Licht. Die Abbildung illustriert, daß nur bei großem Einfallwinkel der hintere Spiegelbezirk derart aus der Richtung des vorderen abgerückt wird, daß ihn der letztere nicht verdeckt. Es ist derselbe Radius für die hintere, wie für die vordere Hornhautfläche gewählt.

Aus der Abbildung ist ersichtlich, daß bei kleinem Einfallwinkel vorderes und hinteres Hornhautbild zu nahe zusammenrücken. Die vermehrte Krümmungsdifferenz von vorderer und hinterer Hornhautfläche nach dem Limbus hin gestattet in dieser Gegend ebenfalls eine bessere Sonderung der Bilder (GULLSTRAND[128]) und dementsprechend, wie von uns gezeigt wurde, auch der Spiegelbezirke. Erleichternd wirkt ferner *Spaltenverengerung*.

Der Anfänger untersucht bei temporaler Lampenstellung am besten zunächst das Endothel des temporalen äußersten Abschnittes. Er läßt das zu untersuchende Auge bei gerader Kopfhaltung etwas nasal blicken, so zwar, daß das *vordere* Hornhautbild immer noch in dem ungefähr in die Richtung A A' gebrachten Mikroskop sichtbar wird. Das Licht fällt entsprechend flach auf den temporalen Hornhautabschnitt. Wir sehen dann schon makroskopisch nasal von dem vorderen Hornhautbild das viel lichtschwächere gelbliche hintere Bild. Wir stellen nun mit dem Mikroskop zunächst dieses, dann den zugehörigen Spiegelbezirk ein. *Letzterer liegt innerhalb der Austrittsfläche* e f g h (Abb. 22; vgl. auch Abb. 41) und erscheint bei schwacher Vergrößerung (10—24facher) als eine grobhöckerige unregelmäßige Fläche (s. o.). Bei 37—86facher Vergrößerung erkennen wir darin das zarte und ebenmäßige Mosaik des Endothels (Abb. 43).

Das Endothel erscheint um so deutlicher und in seinen Grenzen um so schärfer, je klarer das vor ihm liegende Hornhautgewebe ist. Der Anfänger untersuche daher zuerst *Jugendliche*. Schon etwa vom 3. Jahrzehnt an setzt allmählich eine Zunahme der Opazität des peripheren Hornhautparenchyms ein, deren höchster Grad in der senilen Degeneration der Cornea, i. e. in der Gerontoxonbildung zu erblicken ist.

Bei einiger Übung und bei Verwendung einer Fixiermarke ist diese Einstellung des Endothelbezirkes eine sehr einfache und leichte. Der Radius der zu untersuchenden Hornhautpartie soll den Winkel zwischen Ein- und Ausfallrichtung (Beobachterrichtung) halbieren. Das Absuchen der verschiedenen Hornhautabschnitte geschieht durch entsprechende Änderung der Blickrichtung und der Kopfhaltung des Untersuchten, sowie Drehung des Mikroskops um die Horizontalachse.

Ohne jede besondere Einstellung ist das Endothelmosaik bei irregulärem Astigmatismus der Hornhautrückfläche zu sehen, z. B. bei Keratokonus im Bereiche der Kegelspitze oder im Bereiche von perforierenden Hornhautnarben.

c) Die Spiegelbezirke der Linse.

Schon erwähnt wurde, daß der Spiegelbezirk des vorderen Linsenbildes die vordere Chagrinierung zu beobachten gestattet. Er erlaubt auch, innerhalb dieser Chagrinierung die Linsenepithelfelderung zu erkennen, ebenso die Faserung der Rindenoberfläche. Das Epithel ist mit Nitralampe und Bogenlampe deutlicher als mit Nernstlampe.

Nichts ist leichter, als an der Spaltlampe den vorderen Linsenspiegelbezirk einzustellen. Bei gerader Kopfhaltung des Untersuchten und z. B. temporaler Stellung der Lampe lassen wir das Auge etwas temporal wenden, so, daß dessen Blickrichtung den Winkel zwischen Beleuchtungsarm und Mikroskopachse ungefähr halbiert. Die letztere findet sich nun in der Hauptausfallsrichtung des von einer beleuchteten Partie der Linsenvorderfläche reflektierten Lichtes. Es ist leicht, diese Stelle der Linsenvorderfläche durch Hin- und Herbewegen des Leuchtarms zu finden, und wir können dadurch, daß wir die Blickrichtung des Untersuchten wechseln lassen, die Chagrinierung der ganzen Linsenvorderfläche absuchen. Unter sonst gleichen Bedingungen ist das gleichzeitig übersehbare Feld um so größer, je größer der Krümmungsradius der Linsenvorderfläche ist. Dementsprechend fand ich das Feld beim Kaninchen wesentlich kleiner als beim Menschen.

Wendet man schwache Vergrößerungen an, so besteht der Chagrin aus einer rautenähnlichen Felderung, wie wir unter ähnlichen Bedingungen eine solche am Hornhautendothel fanden [15] [21]. Das Epithel können wir erst bei 37 facher und stärkerer Vergrößerung deutlich wahrnehmen, doch treten die einzelnen Zellen nie so scharf zutage, wie die des Endothels. Leichter sind die Einzelzellen bei Jugendlichen zu sehen als im Alter.

Endlich werden in dem vorderen Linsenspiegelbezirk mit Leichtigkeit die Linsenfaserzeichnung der Rindenvorderfläche und die Nahtzeichnung sichtbar (s. Kapitel Linse). Diese beiden Erscheinungen tragen wesentlich zu dem Bilde der ,,vorderen Chagrinierung" bei. Entsprechend der verschiedenen Krümmung der Epithelvorder- und -hinterfläche, bzw. Rindenvorderfläche* fallen Spiegelbezirk der Epithelfelderung und der Faserung nicht immer genau zusammen. Infolgedessen gelingt es, die Epithelfelderung von der Faserzeichnung zu trennen (s. Kapitel Linse).

Daß der auf der Linsenkapsel schleifende Pupillarsaum eine gewisse, wenn auch minimale Impression der Linsenvorderfläche erzeugt, läßt sich bei manchen, besonders jugendlichen Personen, daran erkennen, daß ein gürtelförmiger Chagrinstreifen konzentrisch zum Pupillarsaum und diesem unmittelbar folgend, erhältlich ist.

Als pathologische Veränderungen des vorderen Chagrins erwähnen wir die *subkapsuläre Vakuolenfläche* [21] (Flüssigkeitskugeln bilden sich sowohl im Epithel als auch dicht unter demselben, besonders reichlich im Endstadium der Katarakt), und die ihrem Wesen nach noch nicht abgeklärten *Chagrinkugeln* [22] [23], die vornehmlich im Greisenauge zu finden sind.

---

* Diese verschiedene Krümmung kommt durch die Zunahme der Epithelhöhe nach der Peripherie hin zustande.

Ferner ist von uns das „*Farbenschillern des vorderen* (und hinteren) *Linsenspiegelbezirkes*" beschrieben worden, eine Interferenzfarbenerscheinung, welche als ein Symptom gewisser Kataraktformen, wie auch der alternden Linse gelten kann[24]).

Bei Cataracta traumatica scheint das Farbenschillern nach meinen Beobachtungen namentlich dann lebhaft zu sein, wenn die Kapsel nicht verletzt ist (also bei reiner Kontusionskatarakt), oder wenn sie sich nach der Verletzung wieder geschlossen hat.

Würde man sich vorstellen, daß das Farbenschillern durch eine dünne Schicht von etwa 0,2 Mikra zustandekommt (Farben dünner Blättchen), so könnte man annehmen, daß bei Verletzung der Kapsel diese Schicht nicht retiniert wird, wodurch das Fehlen des Farbenschillerns bei verletzter Kapsel erklärt wäre.

Daß dieses Phänomen des Farbenschillerns bei Anwesenheit eines *Kupfersplitters* im Auge ganz enorm sich steigert, ist als diagnostisch wichtiges Symptom zu werten (PURTSCHER sen.[178]).

Außerhalb des vorderen Spiegelbezirkes ist weder von der Chagrinierung noch von den genannten Veränderungen etwas zu sehen.

Vom Verfasser[14]) ist auch auf einen *hinteren Spiegelbezirk der Linse* aufmerksam gemacht worden. Dieser letztere läßt ebenfalls eine Chagrinierung erkennen (s. Kapitel Linse). Axial besteht diese mehr aus unregelmäßigen länglichen Feldchen und schlangenähnlichen Linien, peripheriewärts tritt die Faserung der *Linsenhinterfläche* scharf zutage. (Im Alter beobachtete ich bisweilen axial und paraxial eine grobe Felderung). Beschläge der hinteren Linsenwand und andere Auflagerungen heben sich, ähnlich wie wir es an der Hornhauthinterwand sahen, schwarz aus heller Umgebung ab.

Das (ebenfalls von mir beschriebene)[26]) oft sehr lebhafte Phänomen des *hinteren Farbenschillerns* kommt vornehmlich im Bereich des hinteren Pols vor und zeichnet namentlich die *Cataracta complicata* aus. In geringerer Ausprägung finden wir es auch an der normalen alternden Linse und bei Altersstar. Besonders lebhaft ist es auch wieder bei Vorhandensein von Kupfer im Auge.

Ein ähnliches Farbenschillern fand ich häufig auch bei beliebigen Formen von *Nachstar* (s. Kapitel Linse).

Im Linsenbereiche konnten wir schließlich noch die *Spiegelbezirke der Diskontinuitätsflächen* (s. Kapitel Linse) nachweisen[27]). In diesen treten Linsenfaser- und Nahtzeichnung, eine Reliefbildung im Alter, besondere Formen der Vakuolenbildung usw. zutage. Diese letzteren Bildungen sind oft auch im *diffusen* Lichte zu sehen.

Die Spiegelbezirke der Diskontinuitätsflächen der Linse sind theoretisch von Wichtigkeit. Erst diese Spiegelbezirke liefern nämlich den einwandfreien Beweis dafür, daß die betreffende Fläche die Grenze bildet zwischen zwei Medien von verschiedenem Index.

d) Reflexlinien durch Faltung der spiegelnden Grenzflächen im Bereiche der Cornea und der Linsenkapsel.

Durch die Faltenbildung der BOWMANschen Membran und der Hornhauthinterfläche, sowie der Linsenkapsel entstehen Reflexlinien besonderer Form und Anordnung, welche mit Spaltlampe und Cornealmikroskop sichtbar werden, und welche von mir[28]) nach ihrem optischen Verhalten genauer studiert sind*.

Als Resultat dieser Untersuchungen sei folgendes erwähnt:

Eine regelmäßige wellenförmige, alternierend aus gleichen und geraden Konvex- und Konkavkreiszylinderspiegeln zusammengesetzte Fläche, deren Spiegelscheitel je

---
* Ausführliche Darstellung s. in der Originalmitteilung, VOGT[28]).

in einer Ebene liegen, zeigt bei parallelem zur Zylinderachse senkrechtem Lichteinfall und bei hinreichender Beobachtungsdistanz zur Zylinderachse parallele Reflexlinien, deren Lage von dem Verhältnis zwischen Beobachterrichtung und Einfallrichtung abhängt (Abb. 31 gibt Zylinderspiegel von gleichen, Abb. 32 solche von verschiedenen Krümmungsradien wieder).

Ändert sich die Summe von ε und β (d. h. des Winkels, den das einfallende Licht mit dem Lot auf die gemeinsame Tangentialebene bildet, und des Winkels der Beobachterrichtung mit diesem Lot, welche beiden Winkel rechts und links vom Lot entgegengesetztes Vorzeichen haben), so verschieben sich alle Reflexlinien um einen entsprechenden, für alle gleichen Betrag.

Außer für den speziellen Fall, daß $\frac{\varepsilon + \beta}{2} = 0$, erscheinen je zwei Linien zu *Doppellinien* zusammengerückt. Die Distanzen dieser beiden Linien von der zwischen ihnen gelegenen Grenze der beiden Spiegel verhalten sich wie die Krümmungsradien. Der Abstand der Linien von den Spiegelscheiteln kann durch den halben Zentriwinkel ausgedrückt werden, welcher gleich ist $\frac{\varepsilon + \beta}{2}$.

γ max = der halbe Öffnungswinkel des Spiegels, ist erreicht, wenn die beiden Linien im Berührungspunkte der beiden Spiegel verschmelzen. Wird $\frac{\varepsilon + \beta}{2}$ kleiner, so rücken die beiden Linien auseinander. Ist $\frac{\varepsilon + \beta}{2} = 0$, so ist die Distanz aller Linien dieselbe. Bei entgegengesetztem Werte dagegen rücken bisher voneinander entfernte Linienpaare zusammen, um, wenn der entgegengesetzte Maximalwert von $\frac{\varepsilon + \beta}{2}$ erreicht ist, wieder an der Grenze beider Spiegel zu verschmelzen.

Werden die Wellen (bei konstantem Krümmungsradius) flacher, wird somit γ max, der halbe Öffnungswinkel der Spiegel, kleiner, so vermindert sich der Maximalwert von $\frac{\varepsilon + \beta}{2}$ im gleichen Maße, und damit der Spielraum, innerhalb dessen die Linien der Zylinderspiegel sichtbar sind.

Die Konvergenz der Doppellinien an den Faltenenden ist durch die Abnahme der Öffnungswinkel der beiden Spiegel bedingt (Ausführliches siehe VOGT [26]).

Der absolute Betrag der Linienverschiebung bei Änderung von $\frac{\varepsilon + \beta}{2}$ ist um so größer (die Linien wandern um so rascher), je größer der Krümmungsradius. Mit letzterem wächst auch die Breite der Reflexstreifen.

Matte Falten lassen die Reflexlinien entsprechend dem Grade der diffusen Reflexion zugunsten der letzteren zurücktreten.

Dieses hier dargestellte optische Verhalten der Reflexlinien läßt sich an künstlich erzeugten Falten glatter Flächen *experimentell* demonstrieren (Abb. 509).

Von den Medien des Auges, welche unter pathologischen Bedingungen Reflexlinien wellenförmig gekrümmter Grenzflächen aufweisen, sind als praktisch wichtigste die Hornhaut und die Netzhaut hervorzuheben.

Erstere zeigt bei Phthisis bulbi, Keratitis parenchymatosa (besonders disciformis) und bei Perforation operativer und nichtoperativer Natur Faltungen der Descemeti, die klinisch das Bild tiefliegender Trübungsstreifen ergeben.

Diese Trübungsstreifen weisen bei Spaltlampenuntersuchung die hier geschilderten Reflexlinien auf (Abb. 501, 502 usw.), welche die Descemetifalten (wie auch Falten der BOWMANschen Membran) scharf von anderen ähnlichen Bildungen (Gefäßstreifen, Trübungsstreifen im Verlauf der Nervenbahnen, Descemetirisse, Parenchymspalten usw.) unterscheiden lassen.

Die Untersuchung mit GULLSTRANDscher Spaltlampe stellt also eine neue Methode dar, die Descemetifalten mit Leichtigkeit und Sicherheit nachzuweisen.

Unsere Beobachtungen zeigen ferner, daß die Descemeti eine Membran mit großer Neigung zur Faltenbildung darstellt, wobei diese letztere als eine der häufigsten Erscheinungen bei tiefergehender Keratitis und bei operativer Bulbuseröffnung gelten kann. *Fast immer sind die Descemetifalten der Ausdruck verminderter Tension, niemals fand ich bei Anwesenheit von Descemetifalten die Tension erhöht.*

Bei Phthisis bulbi und besonders bei Keratitis parenchymatosa zeigen sich unregelmäßige Faltenformen, bei Perforation (z. B. bei Staroperation) sind sie regelmäßig und stehen zur Wunde radiär (Abb. 502).

Falten mit typischen Reflexlinien beobachteten wir in der *vorderen Linsenkapsel* regelmäßig bei schrumpfender Katarakt. Sie können das einzige Symptom der Starschrumpfung darstellen.

Je nach Genese zeigt der Querschnitt aller hier aufgezählten Falten verschiedenen Typus.

Die Reflexlinien zeigen das für die Reflexion einer spiegelnden, zylindrischwellenförmigen Fläche typische Verhalten, wie wir das an einer regelmäßigen derartigen Fläche abgeleitet und experimentell veranschaulicht haben (Abb. 509).

IV. Beobachtung bei indirekter seitlicher Belichtung.

Diese Belichtungsweise stellt lediglich eine Modifikation der oben geschilderten Untersuchung im regredienten Licht dar. Sie fand dementsprechend bereits dort mehrfach Erwähnung. Immerhin unterscheidet sie sich von jener Beleuchtungsweise dadurch, daß incidente und regrediente Strahlung *dicht nebeneinander* sind, wodurch nicht nur eine Belichtung der Teilchen von hinten, sondern auch von der Seite und oft gleichzeitig von vorn zustandekommt. Da hierdurch das Bild wesentlich beeinflußt werden kann, rechtfertigt sich die Trennung dieser Beleuchtung „a latere" von derjenigen „a tergo", id est der reinen Regredienz.

Wenn wir auf der *Netzhaut* das helle Bild einer Lichtquelle entwerfen, z. B. des Kraters einer Bogenlampe oder des weißglühenden Nernstfadens, so streut dieses Bild in die *angrenzende* Netzhaut Licht aus, welches wieder an den einzelnen Teilchen des Gewebes oder der (unebenen) Oberfläche diffuse Reflexionen verschiedener Intensität und verschiedener Hauptrichtung erzeugt. Wir können auf diese Weise z. B. an der Netzhaut über das Relief der Oberfläche Aufschluß erhalten, wie das besonders gut die zentrische Ophthalmoskopie von GULLSTRAND und die Ophthalmoskopie im rotfreien Licht gestatten.

In ganz ähnlicher Weise ergibt auch das Büschel der Spaltlampe in Hornhaut, Linse und Glaskörper Gelegenheit zur Beobachtung der „indirekten seitlichen Belichtung".

Je nach der Richtung des Lichtes zu der Oberfläche des getroffenen Teilchens erscheint dieses mehr von der Seite, mehr von vorn oder aber von hinten belichtet (im letzteren Fall beobachten wir das Teilchen im *regredienten* Licht, also, wenn es dieses nicht durchläßt, im Schatten, und es hat, was die ophthalmoskopische Beobachtung der Netzhaut betrifft, bereits HAAB auf diese letztere Möglichkeit hingewiesen).

Die indirekte seitliche Belichtung nützen wir an der Spaltlampe dadurch aus, daß wir sowohl bei Beobachtung im fokalen (incidenten) Licht (s. Methode 1) als auch im *regredienten* Licht (s. Methode 2) das Mikroskop auf die *Grenzen* des beleuchteten Abschnittes einstellen. Dadurch treten z. B. Vakuolenbildungen im Bereich der vorderen und hinteren Linsenfläche (subkapsuläre Vakuolenzone) als auch der vorderen und hinteren Hornhautfläche viel deutlicher hervor als auf anderem Wege.

Betrachtet man Beschläge, bzw. einzelne Zellen, unter Bedingungen, welche eine *indirekte seitliche* Belichtung gestatten (s. u.), so nehmen sie plastische Form an, wobei sie, je nach Belichtung, den Eindruck von Prominenzen oder aber von Vertiefungen hervorrufen.

Wenn man z. B. bei rückwärts gerichteten Prominenzen der hinteren Hornhautwand die Stellung der Lampe nicht berücksichtigen würde, so könnte man statt Prominenzen Krater, Vertiefungen in das Hornhautgewebe vor sich zu haben glauben. (Diese Täuschung ist in der Tat vorgekommen, vgl. den Abschnitt Trugbilder.) In Wirklichkeit handelt es sich um das Bild kleiner Konkavspiegel, welche auf der der Lichtquelle abgewendeten Seite hell erscheinen. Der Lichteffekt beweist, daß die Gebilde nach der Vorderkammer prominieren, dem Beobachter also die konkave Seite zuwenden.

Eine spezielle praktisch wichtige Art der indirekt-seitlichen Beleuchtung ist die *Dunkelfeldbeleuchtung,* wie sie z. B. im Ultramikroskop Anwendung findet. Das Lichtbüschel der Lampe wird zum Zwecke der Dunkelfeldbeleuchtung *außerhalb* des Gesichtsfeldes gebracht. Das letztere ist also im allgemeinen dunkel, nur die zu untersuchenden Objekte erhalten reflektiertes oder abgebeugtes Licht. Um so deutlicher treten in dem dunklen Felde diese Objekte, z. B. in klaren Medien Trübungen verschiedener Art als belichtete Stellen hervor. Ähnlich wie ein Planet oder Trabant, z. B. unser Mond, bei Tage schlecht sichtbar oder unsichtbar ist, trotzdem er von der Sonne Licht erhält, so gilt das auch von den genannten Objekten: Sie sind unsichtbar im Tageslicht, treten aber in Erscheinung, sobald die Lichtquelle aus dem Gesichtsfeld herausgetreten ist.

V. Ratschläge bei der Anschaffung des Nitraspaltlampenmikroskops.

Der Augenarzt verlange die auf verstellbarem Tisch mit schwenkbarem Doppelarm montierte Nitraspaltlampe, kombiniert mit Zeißschem binokularem Cornealmikroskop auf Kreuzschlitten, mit durch Schraube verschiebbarer Kinnstütze und freibeweglicher fixierbarer Stirnstütze. Der Beleuchtungsarm trage die schmale Beleuchtungslinse nach VOGT von 10 cm Brennweite. Überflüssig ist das Abblendungsrohr, überflüssig die Vorrichtung zur Einschaltung farbiger Gläser. Zweimal Okular 2, das eine ist Meßokular, Objektiv F 55, Objektiv A 2. Nur für besondere Zwecke sind nötig: Objektiv A_3 und Okularpaar 4, eventuell 5, VOGTscher Winkelmesser, eventuell Linsenhalter von ARRUGA. Als überflüssig hat sich dem Verfasser die 1919 von ihm angegebene und von der Firma Zeiß in den Handel gebrachte Kugelgelenkeinschaltung am schwenkbaren Doppelarm erwiesen, welche im Verein mit der Drehbarkeit des Beobachtungsarmes und des Lampentubus nicht nur Drehbarkeit des Schnittes um die Horizontale, sondern auch um die Vertikalachse ermöglicht.

Man bestelle Nitralampen mit *schlierenfreier Kuppe der Glashülle* und man erinnere sich beim Gebrauche daran, daß die Brenndauer etwa 100 Stunden beträgt. Erscheint schon vorher die Lampe geschwärzt oder das Bild der Spirale (Abb. 11 normaler Faden) gelockert, so ist eine neue Lampe einzusetzen. Zweckmäßiger als ein Leitungswiderstand ist der S. 7 genannte *Transformator.* Nach Montierung der Apparatur unterlasse man nicht die Kontrolle der Spannung mittels Mikrovoltmeter (8 Volt), welche Kontrolle später zu wiederholen ist.

Nicht zu empfehlen ist nach meiner Erfahrung das Zeißsche „kombinierte Spaltlampenophthalmoskop", das gleichzeitig auch noch die Untersuchung im VOGTschen rotfreien Licht und die stereoskopische Ophthalmoskopie nach GULLSTRAND ermöglichen soll. Die kombinierte Apparatur weist zahlreiche Unvollkommenheiten auf, die sie praktisch unbrauchbar machen.

VI. Einstellung und Gebrauchsanweisung des Spaltlampenmikroskops.

Die Einstellung der Nitraspaltlampe und der Mikrobogenlampe werden zweckmäßig gesondert geschildert.

a) Nitraspaltlampe.

Die Lampe wird justiert. Die Spalte (7 in Abb. 1) stehe vertikal (Schraube 4) und sei durch die Blende (20 Abb. 5) nicht verdeckt, sie stehe maximal offen (sie wird geöffnet oder geschlossen mittels Schraube 8*. Jetzt wird die Schraube 4 gelockert. Der die Lampe enthaltende Tubus kann jetzt verschoben werden. Die Lampe wird angezündet (Schalter 1) und der Tubus so gedreht, daß der Glühfaden vertikal steht. Diese vertikale Stellung kontrolliert man mittels eines weißen Papiers, das man dicht hinter die Beleuchtungslinse 19 schaltet (Abb. 11). Auf diesem Papier erscheint das umgekehrte vergrößerte Bild der Fadenspirale mit ihren farbigen Säumen. Dadurch, daß man den Lampentubus in der Längsrichtung verschiebt, trachtet man nun ein möglichst scharfes Bild der Fadenspirale zu erhalten. Ist diese Schärfe erreicht, so wird durch Anziehen der Schraube 4 der Tubus wieder fixiert. Nun wird, wieder unter Vorschalten des Papiers, durch Drehen der Schrauben 2 und 3, sowie 5 (die in Wirklichkeit seitlich steht) dafür gesorgt, daß das Fadenbild mit seinem mittleren Abschnitt genau in die Mitte der Blende der Linse 19 fällt (Abb. 11). Die Beleuchtungslinse 19 (Kondensorlinse mit Blende), die mit Schraube 16 sich verschiebt, befinde sich bei dieser Justierung in der Mitte des Schlitzes S** und etwa in der Höhe des Spaltes 7 (letztere Stellung beziehe man nach Lockerung der Fixierschraube 18 bzw. 17).

Der auf dem vertikal verschieblichen Stuhl*** sitzende Patient setzt das Kinn fest auf die Kinnstütze (Textabb. 2) und lehnt die Stirne an den Bogen der Stirnstütze 29. Zu diesem Zwecke sind Stuhl und Kinnstütze, sowie Tisch Ti in passende Höhe zu bringen, welche je nach der Rumpflänge und Kopfhöhe des Patienten variiert. Der Stuhl des Beobachters sei daher ebenfalls vertikal verschieblich. Besteht bequeme Stellung sowohl des zu Untersuchenden als des Beobachters, so wird durch

---

* Man weise Lampen, bei denen die Schraube *unten*, statt oben angebracht ist, zurück.

** Dieser Schlitz sollte in künftigen Modellen 2—3 cm länger gewählt werden, unter gleichzeitiger Verlängerung des Armes (14) um 1 cm. Durch diese Verlängerung wird die Einstellung, speziell auf der gekreuzten Seite, erleichtert.

*** Zu empfehlen sind nicht Drehstühle, sondern die viel rascher zu handhabenden Stühle mit Federfixierung. In der Klinik benützen wir solche der Firma Girsberger, Oberdorfstraße 24, Zürich.

Unpraktisch und zeitraubend ist ferner die von der Firma Zeiß neuerdings eingeführte Fixierbarkeit der Kinnstütze mittels Fixierschraube an Stelle der Verstellbarkeit durch Mutter 25 (Abb. 1).

Drehen des Ringes 25 das Mikroskop in Augenhöhe des zu Untersuchenden gebracht und durch Drehen der Schrauben 33 und 34 des Kreuzschlittens eingestellt. Schraube 10 wird vorübergehend zur genaueren Einstellung gelockert. Durch Drehen von Schraube 26 am Lampenstativ bringt man den Beleuchtungsarm 14 in passende Höhe. Sodann wird der Beleuchtungsarm 14 in eine mittlere Winkelstellung (40–50°) gedreht, wobei mit beiden Händen die Gelenke 37 und 39 bedient werden. Das Lichtbüschel ist jetzt auf das zu untersuchende Auge gerichtet. Die Höhenstellung ist noch durch Drehen von 26 zu präzisieren, wobei die eine Hand des Beobachters den Beleuchtungsarm hält.

Nun beginnt die Fokussierung durch Drehen der Schraube 16 und durch Annäherung oder Entfernung der Lampe (Änderungen der Gelenkstellungen 37 und 39. Die Feinfokussierung in dem zu untersuchenden Gewebe (Hornhaut, Linse, Glaskörper) wird im Mikroskop bei 24facher Linearvergrößerung (Ok. 2, Obj. A_2) kontrolliert. *Die Kanten des prismatischen Schnittes sollen scharf in Erscheinung treten.*

b) Mikrobogenspaltlampe.

Wir erörtern die Anwendung des von uns benützten Modells (Abb. 8 u. 9).

Die Gebrauchsanweisung unserer Mikrobogenspaltlampe ist folgende: Vor Einschaltung des Gleichstroms wird das Gehäuse G herausgezogen (Abb. 9), die Kohlen werden nach dem Elektrodenträger mittels Schlitten (Schraube 42) möglichst vorgeschoben und mittels Hebel 44 zur annähernden Berührung gebracht. Nach Aufsetzen des Gehäuses wird der Gleichstrom eingeschaltet, die obere (wagrechte) Kohle soll den (an der größeren Helligkeit erkennbaren) Krater bilden (im gegenteiligen Falle ist der Steckkontakt verkehrt eingesetzt). Durch das Fenster 40 wird die Kohlenstellung kontrolliert und wenn nötig durch Verstellung des Hebels 44 reguliert. (Diese Regulierung ist der selbsttätigen Uhrvorrichtung, die meist schlecht funktioniert, vorzuziehen). Abb. 33: richtige Stellung der Kohlen, Abb. 34a und b: falsche Stellung der Kohlen.

Die Spalte 7 muß verengerbar sein, was bei der Bestellung der Lampe ausdrücklich zu verlangen ist, da eine nicht verengerbare Spalte den Hauptzweck der Methode nicht erreicht. Die Vorrichtung zur Verengerung muß ferner *hitzebeständig* sein, sonst wird sie bald unbrauchbar. Auch hier soll die Schraube zur Verengerung oben, nicht unten stehen.

Durch Drehen der Schraube 5, sowie darauf der (in der Abb. 8 nicht sichtbaren) Seitenschraube 5 der Abb. 5 wird jetzt der Krater auf die Blende der Beobachtungslinse 50 gerichtet. *Schärfe* dieses Kraterbildes auf der Blende wird durch Verschiebung des Schlittens nach Lockerung der Schraube erreicht. (Die Lampe muß so gebaut sein, daß diese Verschiebung bis zur vollen Schärfe des Kraterbildes auf der Blende der Beleuchtungslinse geschehen kann, sonst ist die Lampe zurückzuweisen!) Ist das Kraterbild scharf und sitzt es in der Blende, stehen ferner die Kohlen richtig (Abb. 33), so ist die Lampe gebrauchsfertig. Um den zu Untersuchenden mit der Lichtfülle nicht zu erschrecken und zu überblenden, empfiehlt sich zunächst Spaltenverengerung auf 1 mm oder weniger. Der Lichteinfall sei, um Maculaschädigungen auszuschließen, möglichst schräg. Der zu Untersuchende wird gewarnt, in die Lichtquelle zu blicken.

Eine Homogenität des fokalen Büschelquerschnittes erzielen wir hier vor allem wieder mit der oben erwähnten, von mir eingeführten Abbildungsweise, also mit der Projizierung des Kraters der Bogenlampe auf die Blende der Beleuchtungslinse 19 (Abb. 1).

VII. Erlernung der Technik.

Die Spaltlampenmikroskopie ist wesentlich leichter an der Nitraspaltlampe zu erlernen, als an der komplizierter zu handhabenden Mikrobogenspaltlampe.

Der Anfänger übe die Fokussierung zunächst an Objektträgern, die er mittels Heftpflasterstreifen an der Stirnstütze fixiert, sodann an frischen, mittels eines Hackens aufgehängten Schweins- und Rindsaugen. Erst dann gehe er zu der erheblich schwierigeren Anwendung am lebenden Objekt über. *Grundsätzlich beobachte er nie bei schlecht oder gar bei nicht fokussiertem Büschel.*

Für den Anfänger am mühsamsten ist die durch beide Hände vorzunehmende gleichzeitige *Richtung* des Büschels und dessen *Fokussierung* auf die Gewebsstelle, bei synchroner *Einstellung des Mikroskops* auf das nie ganz ruhende Objekt. Ständig müssen die *beiden* Hände arbeiten, korrigieren, regulieren. Schon vor Jahren und kürzlich wieder suchte man dieser Schwierigkeit dadurch zu begegnen, *daß man Lampe und Mikroskop in fixe Verbindung bringen wollte, derart, daß die mikroskopische Einstellung stets mit dem Fokus des Büschels koinzidierte.* Jeder jedoch, der die geschilderten Beleuchtungsmethoden aufmerksam studiert, wird einsehen, daß eine derartige feste Verbindung ganz einfach undenkbar ist, will man nicht auf die Anwendung der verschiedenen Beleuchtungsmethoden und damit auf ein Hauptprinzip der Spaltlampenmikroskopie verzichten. Oder wie soll ich überhaupt noch im regredienten Licht, im Spiegelbezirk oder im indirekt-seitlichen Licht untersuchen können, wenn mein Mikroskop *zwangsweise* nur gerade auf den Fokus des Büschels gerichtet und eingestellt ist? Nicht einmal der optische Schnitt wäre in seinen verschiedenen Teilen mehr absuchbar. Es hieße somit das Prinzip des Spaltlampenmikroskops zerstören, wollte man jene fixe Verbindung schaffen.

Gewiß stellt die Technik der Spaltlampenmikroskopie Anforderungen, die vielleicht etwa denen der Ophthalmoskopie vergleichbar sind. Mit ihrer Eroberung geht aber Hand in Hand der Einblick in eine neue biologische Welt. Der Beobachter lernt Befunde schon physiologischer Art beurteilen, von denen er bisher nichts wußte: Die Beschaffenheit des Randschlingennetzes in der Jugend und im Alter, die Variationen des Palisadensystems und der Limbuspigmentierungen, die physiologischen Pigmentstäubchen und Lymphocyten der Hornhautrückfläche, die Pünktchen des Kammerwassers, den Pupillarpigmentsaum in seinen zahlreichen Varianten, die physiologischen Reste auf der Krause und auf der Vorderkapsel, den Sphincter iridis, die Varianten der senilen Pupillarpigmentdestruktion, die mannigfaltigen angeborenen und senilen Hornhaut- und Linsenveränderungen, die Reste der hinteren Tunica vasculosa und der Arteria hyaloidea, die Varianten und Zerfallserscheinungen des Glaskörpergerüstes usw., und die Mannigfaltigkeit neuer *pathologischer* Befunde ist unerschöpflich.

In dieser Welt neuer Erscheinungen lernt er allmählich Physiologisches vom Pathologischen trennen. Er erhält vor allem auch einen Einblick in jenes unaufhaltsame biologische Geschehen, das wir als präsenilen und senilen Zerfall bezeichnen und deren erste zarte Anfänge sich am Spaltlampenmikroskop schon in verhältnismäßig jungen Jahren kundgeben.

Ist einmal der Anfänger durch Übung so weit, daß die verschiedenen Schraubeneinstellungen des Mikroskopes und der Lampe *synchron und reflektorisch*, ohne Überlegung, erfolgen, so bedeutet die Spaltlampenmikroskopie nicht mehr eine Erschwerung und Komplizierung der Untersuchungstechnik, sondern im Vergleich zu den früheren, viel mühsameren und viel weniger genauen Methoden *eine außerordentliche Erleichte-*

rung und Abkürzung. Aber vielmonatige und jahrelange tagtägliche Übung ist, wie bei der Ophthalmoskopie, Bedingung zur Erreichung dieser Meisterschaft.

VIII. Sichtung des Materials.
a) Die Umgrenzung des Normalen.

An die *normalen* Befunde reihen sich in den einzelnen Abschnitten dieses Buches jeweilen die senilen Veränderungen. Ihnen schließen sich andere degenerative, z. T. nicht deutbare, z. T. vielleicht ebenfalls senile Befunde an. Es folgen die *entzündlichen* Erscheinungen und schließlich die *Verletzungen*.

Einer scharfen derartigen Gliederung bieten sich verschiedene Schwierigkeiten, die schon bei der Differenzierung *normaler* und *seniler* Merkmale zu Tage treten. Als *normal* gilt, *was der Mehrzahl aller Individuen eigen ist*. Bei näherem Zusehen erkennen wir aber, daß diese Definition nicht ohne Einschränkung gilt. Eine dreistrahlige vordere Linsennaht z. B., oder eine bestimmte Hornhautkrümmung, oder eine fast ausnahmslos helle Irisfarbe zeichnet das neugeborene Auge aus, also die große Minderzahl der Augen, und doch haben alle die drei Merkmale als normal zu gelten. *Sie sind es in Wirklichkeit für eine bestimmte Altersstufe.* In analoger Weise wird man die stärker opake Hornhaut des 50- oder 60jährigen, seine stärker entwickelte Pinguecula, seine stärker sklerosierte und gelber gefärbte Linse nicht als pathologisch hinstellen dürfen, denn die Überzahl der Personen auch *dieses Alters* teilt diese Merkmale.

Wir erkennen somit, daß die genannte Definition des Normalen immer nur für bestimmte Altersstufen zutrifft. Mit fortschreitender Entwicklung und fortschreitendem Alter ändert sich das morphologische Bild, im selben Alter ist es für die Mehrzahl der Individuen dasselbe. Keine Linse und kein Glaskörper eines *70jährigen* ist noch klar, die übergroße Mehrzahl der Linsen dieses Alters weist Trübungen verschiedenen Grades auf. Dasselbe gilt für die Hornhaut (Gerontoxon). Wir dürfen somit sagen, daß Linsen-, Glaskörper- und Hornhauttrübungen *für das betreffende hohe Alter* als normal zu gelten haben.

Wir sehen, die Definition von „normal" bedarf einer Einschränkung: Normal ist, was der großen Mehrzahl der Individuen *einer bestimmten Altersstufe* zukommt.

Aber auch diese Definition ruft Widersprüchen. Ist denn eine ausnahmsweise *klare* Hornhaut oder eine ausnahmsweise *klare* Linse eines 70- oder 80jährigen nicht mehr normal? Nach der Definition des Begriffes „normal" müßte ein solcher Zustand als abnormal gelten. Der Widerspruch ist ein scheinbarer, sobald wir uns erinnern, daß wir *biologische Merkmale* vor uns haben. Solche Merkmale unterliegen dem Gesetze der *Variation*. Vergleichen wir eine große Zahl von Linsen jenes Alters, so zeigen sie verschiedene Trübungsgrade. Von der klaren oder fast klaren Linse finden wir alle Übergänge bis zur Totaltrübung. Unter allen diesen Varianten sind mittelgradige Trübungen die häufigsten, die klare und die total trübe Linse sind Extreme. Die klare Linse des 70jährigen ist also lediglich die eine extreme Variante eines biologischen Merkmals.

Diese biologische Betrachtungsweise läßt uns also den Begriff „normal" weiter fassen. Normal ist nicht mehr ein einziger, eng begrenzter Zustand, *sondern als normal haben die Varianten des Merkmals der betreffenden Altersstufe zu gelten*.

So konsequent aber diese biologische Auffassung erscheinen mag, so darf man sich nicht verhehlen, daß sie sich mit den landläufigen Vorstellungen von „normal" und „krankhaft" nicht deckt. Normal und krankhaft beziehen sich nach allgemeinem

Sprachgebrauch auf die *Funktion*. Leidet die Sehschärfe z. B. zufolge mangelhafter Durchsichtigkeit der Linse, so gilt dieser Zustand als krankhaft. Niemand zögert, beliebige senile Merkmale, die zu Funktionsstörungen führen, als pathologisch aufzufassen. Die biologische Auffassung deckt sich also keineswegs mit derjenigen der Praxis. Wo der Biologe lediglich *graduelle* Unterschiede einer und derselben Variante erblickt, differenziert die Praxis nach der Funktionsstörung. Ein „Altersstar" mit Sehstörung ist eine Krankheit, wiewohl er lediglich die extreme Variante einer bei alten Leuten regelmäßig vorkommenden Linsenveränderung darstellt.

Wer schließlich vom reinmorphologischen Standpunkte aus geneigt wäre, nur solche brechende Medien als „normal" zu bezeichnen, die *frei sind von jeder Trübung*, würde die Unhaltbarkeit auch dieser Definition erkennen. Die Spaltlampenmikroskopie läßt nämlich in jedem Alter kaum eine Hornhaut oder Linse frei von Trübungen erscheinen. Regelmäßig entdeckt die sorgfältige Untersuchung mehr oder weniger starke Veränderungen, insbesondere in der Linse. Eine „normale" Linse im morphologischen Sinne wäre also eine extreme Rarität. Sie würde sich in den geläufigen Begriff des Normalen nicht einfügen. Wir umgehen diese Tatsache auch hier am besten mittels der biologischen Betrachtungsweise: Die Trübungen sind Varianten eines biologischen Merkmals. Eine Untersuchung an größerem phänotypischem Material müßte einen häufigsten Mittelwert dieser „physiologischen" Trübungen ergeben.

Man wird auf Grund der hier mitgeteilten Tatsachen in vielen Fällen, je nach dem Standpunkt, den man einnimmt, eine und dieselbe Veränderung das eine Mal als normal, das andere Mal als pathologisch auffassen können.

Insbesondere zwischen „normal" und „senil" bestehen fließende Übergänge und eine scharfe Trennung war im Nachfolgenden, speziell in den Abschnitten Hornhaut, Linse und Glaskörper nicht immer durchführbar.

b) Die Trennung degenerativer und entzündlicher Erscheinungen.

Schwierigkeiten wieder anderer Art bestehen für die Scheidung senil-degenerativer Merkmale gegenüber den durch Entzündungsvorgänge oder toxische Wirkung bedingten. So kann z. B. ein primär degenerativer Prozeß von entzündlichen Reaktionen gefolgt sein. Doch kann das Auge als dasjenige Organ gelten, an dem die Unterscheidung in erster Linie möglich ist. Denn die vitalen Vorgänge lassen sich hier in ihrer Entwicklung müheloser und unmittelbarer, von Etappe zu Etappe fortschreitend, verfolgen, als etwa auf anatomischem Wege.

Unter den degenerativen Vorgängen stehen an Häufigkeit und Buntheit die *senilen und präsenilen Merkmale* voran. Sie sind in der Mehrzahl der Fälle durch die *Keimesanlage* bedingt, also vererbt. Als Beispiele hebe ich wegen ihrer Dignität die senile und präsenile *Maculadegeneration** und die *Cataracta senilis et praesenilis** hervor. Ebenfalls vererbt sind Gerontoxon, Pinguecula**, *wie auch umgekehrt das lange Verschontbleiben von senilem Zerfall (also auch die lange Lebensdauer) als exquisites Erbmerkmal zu gelten hat.* Beim einen Individuum treten senile Zerfallerscheinungen früher auf, beim anderen erst später, beim einen sind sie voll aus-

---

* Vgl. z. B. A. Vogt: „Vererbung in der Augenheilkunde", Münch. med. Wschr. Nr 1, 1 (1919). Ferner A. Vogt: „Der Altersstar, seine Heredität und seine Stellung zu exogener Krankheit und Senium", Z. Augenheilk. **40**, 123 (1918). A. Vogt: „Neuere Ergebnisse der Vererbungsforschung in der Medizin", Verh. d. schweiz. naturforsch. Ges. II. Teil, 58 (1925). Garfunkel: „Die Erblichkeit der Cataracta senilis", Arch. Klaus-Stiftg **2**, 71 (1926). (Orell-Füßh, Zürich.)

**) Vgl. aus meiner Klinik Vögeli: „Über die Altersveränderungen usw.", Inaug.-Diss., Zürich 1923.

gebildet, beim anderen — trotz vielleicht hohen Alters — sind sie erst angedeutet oder sie fehlen noch ganz.

Diesem rein degenerativen, senilen Geschehen, wie es am sichtbarsten am Integument, an den senilen und präsenilen Runzeln der Haut, am senilen und präsenilen Ergrauen der Haare, am senilen Haarausfall zu Tage tritt (als extreme Variante eines biologischen Merkmals gegenüber dem langen *Verschontbleiben* von diesen Altersveränderungen), begegnen wir am Auge im Gerontoxon, in der Brüchigkeit und Zerreißlichkeit der Conjunctiva, in den Descemetiwarzen, in der Depigmentierung des Pupillarpigmentsaums, dem Zerfall des retinalen Irispigmentblattes, der Rigidität der Pupille, den Trübungen der Linse, der Destruktion des Glaskörpergerüstes, den senilen Veränderungen des Opticus und der Retina, den Warzen der Glaslamelle usw. In diesen Merkmalen wird niemand den senilen, *primär degenerativen* Charakter verkennen, um so weniger, als die Heredität solcher Merkmale nachweisbar ist. Niemand, der nicht metaphysische Wege vorzieht, wird etwa das Gerontoxon oder die senile Atrophie des Sphincter pupillae als entzündliche oder toxische Wirkungen hinstellen wollen.

Komplizierter liegen dagegen die Verhältnisse dort, wo es sich um *reaktive* Auswirkungen primärer Zerfallserscheinungen handelt. Bekannt ist die Empfindlichkeit des *Pigmentepithels*, das auf alle möglichen Reize, vor allem auch auf degenerative Veränderungen der anliegenden Aderhautgefäße mit Wanderungen und Wucherungen zu antworten pflegt. So bedingt die senile Sklerose und Obliteration der maculären Choriocapillaris Störungen des Pigmentepithels, die durch Wegfall oder Änderung der Ernährungsflüssigkeit verständlich werden. Analogen Veränderungen ruft auch die im Alter so häufige *periphere* Atrophie jener Gefäßhaut, wie sie klinisch und histologisch eingehend von KUHNT geschildert worden ist. Das Versagen der Tunica nutrix ist hier die Ursache der reaktiven Vorgänge, die sich ophthalmoskopisch und auch histologisch nicht mehr sicher von entzündlichen und toxischen Prozessen trennen lassen, und es ist verständlich, daß dieselben (wie übrigens die myopischen Prozesse) früher vielfach als entzündlich-infektiös oder toxisch angesehen wurden. Und doch ist der rein degenerative Charakter hier nicht weniger klar als bei analogen Veränderungen im Gehirn (Reaktionen nach arteriosklerotischem Gefäßverschluß, nach Apoplexien usw.).

Eine besondere Stellung nehmen die reaktiven Erscheinungen ein, welche durch abgelagerte nicht organisierte Fremdstoffe hervorgerufen werden.

Wenn wir, wie hier im Abschnitt „Hornhaut" gezeigt werden wird, nach Einlagerung oder Ausscheidung von gewebsfremden Substanzen, wie Krystallen in das Hornhautgewebe, zunächst Reaktionslosigkeit (z. B. Fall Abb. 239) feststellen, später aber in einzelnen Fällen angelockte Gefäße finden, die zu den Krystallherden hinziehen (z. B. Fall Abb. 256) oder gar Reizungen der benachbarten Uvea auftreten (Fall Abb. 241, 242), so liegt auch hierin kein Grund für die Annahme eines primär entzündlichen Charakters des Krankheitsbildes.

Es überrascht demnach nicht, daß der Resorption solcher Krystallmassen die Rückbildung der Gefäße auf dem Fuße folgt. Eine Stoffwechselstörung, sei dieselbe allgemeiner oder rein lokaler Art, hat (nehmen wir an, auf toxischem Wege) zur Anlockung der Gefäße geführt, und wir lassen uns von dem klinischen Bilde leiten, wenn wir hier, trotz vorhandener Entzündung, eine primär-entzündliche Ursache ausschließen*.

---

* Der degenerative, nicht entzündliche Charakter auch der geschlechtsgebunden vererbten (Leberschen) Opticusatrophie wurde kürzlich durch den ersten bei diesem Leiden erhobenen histologischen Befund (Oberarzt Dr. K. REHSTEINER) festgestellt.

Spezieller Teil.

Erster Abschnitt.

Die normale Hornhaut, ihre senilen und pathologischen Veränderungen.

Die nachfolgende Darstellung der normalen und kranken Hornhaut macht keineswegs Anspruch, dieses vielgestaltige Gebiet auch nur annähernd zu erschöpfen. Es bleibt hier der Spaltlampenmikroskopie noch ein weites Feld offen.

Die bunte Mannigfaltigkeit der Pathologie eines so kleinen und scheinbar so einfachen Organteiles, wie der Hornhaut, wirkt überraschend. Das Rätsel dieser Buntheit liegt aber in der ungeheuren Dignität dieses Organs, durch dessen Schaffung die Natur ein kompliziertes optisches Problem in ingeniöser Weise löste. *Die erbliche Konstanz unserer Hornhautbrechkraft ist das Ergebnis einer endlosen Evolution.* Wie viele differente Gene mußten entwickelt und erblich verknüpft werden, um diese Konstanz zu garantieren! Heute schon kennen wir als solche Erbgene die Hornhautgröße*, die Wölbungsgröße (der Krümmungsradius vererbt sich bis auf Bruchteile eines Millimeters, eine Exaktheit, die um so staunenswerter ist, als es sich um weiches organisches Gewebe handelt!), ferner die Krümmungsbeziehungen der Einzelmeridiane zueinander. Die Keratokonusstammbäume weisen darauf hin, daß auch Elastizität und Gewebsfestigkeit erblich fixiert sind, ebenso wie die Faktoren, welche die *Lucidität* dieses der Außenwelt exponierten Gewebes garantieren, auf Erbanlage beruhen müssen (erbliche Trübungen bei GROENOUWscher Krankheit usf.). Die Kompliziertheit dieses erblichen Geschehens geht noch weiter, wenn wir der Harmonie gedenken, die trotz der Variationen der optischen Konstanten des Auges, vor allem derjenigen der Hornhautbrechkraft, durchschnittlich immer wieder zu Emmetropie führt. Es kann diese Harmonie doch wohl nur auf genetischen Beziehungen dieser Konstanten untereinander beruhen. Erinnern wir uns, daß Beziehungen ähnlicher Art sogar zwischen Hornhautbrechkraft und Netzhautanlage gefordert werden müssen, wie die Stammbäume von Albinismus solum bulbi und von heterotypischem Konus es unzweifelhaft dartun.

Der Dignität der Hornhautfunktion entspricht somit ein ebenso vielgestaltiges als streng geregeltes Erbgeschehen. *Darin liegt aber der Schlüssel für die erwähnte Buntheit pathologischer Störungen,* wie sie uns heute vor allem das Spaltlampenmikroskop aufdeckt und klären hilft. Denn je mannigfaltiger die erblichen Bedingungen organischen Werdens, um so mannigfaltiger auch die Möglichkeiten von *Störungen.* Veranschaulichen wir uns dies an irgendeinem kunstvollen Mechanismus, etwa einer Taschenuhr. Deren Störungsmöglichkeiten sind aus rein mechanischen Gründen

---

* Vgl. z. B. die Studien von Frl. Dr. ROSA PETER aus meiner Klinik: Über die Corneagröße und ihre Vererbung. Graefes Arch. **115**, 29 (1924).

vielgestaltiger und verwickelter als etwa diejenigen einer Sand- oder Sonnenuhr. Jenen komplizierten Mechanismus der Uhr können wir der hochdifferenzierten erblichen Bedingtheit der Cornea an die Seite stellen: Die Störungsmöglichkeiten sind auch hier zahlreicher und verwickelter als etwa bei der organisatorisch und funktionell viel niedriger stehenden Aderhaut, die eben lediglich nutritiven Zwecken dient, und deren Pathologie entsprechend eintönig ist, oder bei der Sclera mit ihren ebenfalls monotonen Krankheitsbildern, oder gar bei bloßem Binde- oder Fettgewebe.

Erblicken wir daher in der Bedeutung der Funktion die Ursache des großartigen entwicklungsgeschichtlichen Aufwandes, in der Kompliziertheit des letzteren dagegen die Grundlage der Mannigfaltigkeit der pathologischen Störungen.

I. Normale Cornea und normaler Limbus* im optischen Schnitt.

a) Breiter und verschmälerter prismatischer Schnitt.

Abb. 35. Schematische Darstellung des Büscheldurchtritts durch die normale Cornea, Tiefenlokalisation in der Cornea (vgl. S. 13—21).

a b c d Hornhautvorderfläche (Eintrittsfläche), b d „vordere Kante", die besonders scharf nach Eintropfen von etwas Fluoresceinlösung hervortritt (Abb. 24a, 24b). b f d h die für die Lokalisation wichtige Schnittfläche, Kante e g in pathologischen Fällen deutlicher**. e f g h Hornhauthinterfläche (Austrittsfläche). In dieser erscheinen z. B. die Präcipitate. Diese sind im Bereiche von a e c g nicht zu sehen. Von f h nach e g hin werden sie allmählich unschärfer (vgl. z. B. Abb. 444), infolge Überlagerung durch dickere belichtete Partien.

Die Tiefenlokalisation einer beliebigen Hornhautstelle geschieht durch Eintretenlassen derselben in die Schnittfläche b f d h***. Steht z. B. die Lampe temporal (Abb. 35, rechtes Auge), so bringe man die Schnittfläche b f d h (und damit das ganze Lichtbüschel) temporal von der zu bestimmenden Stelle. Der letzteren wird nun b f d h sorgfältig genähert, bis die Stelle eben gerade in der Schnittfläche (b f d h) sichtbar wird. (Braun belichtete Stelle des Fremdkörpers F K in Abb. 23a und b. Die Lage des Fremdkörpers ist die Hornhautmitte, da die erst belichtete Partie desselben gleich weit von b d wie von f h entfernt ist.) Dadurch ist die Lage innerhalb der Schnittfläche b f d h und daher auch innerhalb der Hornhaut bestimmt (vgl. Text, S. 16, 17). In ähnlicher Weise läßt sich in der *Linse* lokalisieren.

Auf die Kanten b d und f h ist das Lichtbüschel besonders zu regulieren und das Mikroskop gesondert einzustellen. Für die Lokalisation wählen wir sodann eine

---

* Die Lichtrichtung ist, soweit dies zum Verständnis nötig erscheint, in den Abbildungen durch einen Pfeil angedeutet.

** Nämlich bei Trübung der hintersten Hornhautschicht, z. B. bei Keratitis parenchymatosa und nach derselben. Häufig jedoch ist die Kante e g auch in normalen Fällen sichtbar, besonders *in der Hornhautperipherie*. Ferner als senile und präsenile Erscheinung (s. auch S. 17). Durch Büschelverschmälerung wird die Kante e g auch im intakten Gewebe deutlicher, besonders im Mikrobogenlicht.

*** Diese braucht an sich nicht sichtbar zu sein, wenn nur b d und f h deutlich sind, b f d h ist dann die durch diese beiden Kanten gelegte Ebene. Der Eintritt der betrachteten Hornhautstelle in die Schnittfläche ist an der Belichtung kenntlich (Abb. 23a).

mittlere Einstellung. Gewöhnlich verwenden wir zur *Tiefenlokalisation* die 24fache Vergrößerung (Ok. 2, Obj. a2). Wesentlich erleichtert wird die Übersicht durch Spaltenverengerung (Abb. 24b, Abb. 36).

Abb. 24a. Der normale prismatische Hornhautschnitt nach Fluoresceineinträufelung.

(Spalte ähnlich weit wie in Abb. 35). a b c d Hornhautvorderfläche, b f d h Seitenfläche (Lokalisationsfläche), e f h (g nicht sichtbar) Hornhautrückfläche. Schnittdicke etwa 0,7 mm. 25fach vergrößert.

Abb. 24b. Abb. 36. Stark verschmälertes Büschel (dünner optischer Schnitt).

Mikrobogenspaltlampe, Krater auf der Blende der Beleuchtungslinse abgebildet (vgl. S. 4). Das Büschel ist in Abb. 24b auf etwa 40, in Abb. 36 auf 20 Mikra verschmälert. Gebiet des unteren Limbus. Die Kanten a c, b d und f h (Abb. 35) sind trotzdem sichtbar. (Es ist wieder etwas Fluorescein in den Bindehautsack geträufelt.) Man beachte in Abb. 36 die kurzen gelben Striche, die den Nervenschnitten entsprechen. *Vorn läßt sich deutlich das Epithel (grün) vom Parenchym scheiden.* Zwischen dem grünen Streifen der Oberfläche und dem Parenchym, bzw. der BOWMANschen Membran besteht ein dunkles Intervall (Epithel), das limbuswärts dicker wird (Abb. 36). *Ebenso nimmt die Gesamtdicke der Cornea nach dem Limbus hin zu* (Abb. 36). Im untersten Teil des Schnittes sieht man Limbusgefäße.

Normale und pathologische Veränderungen im Epithel, Parenchym oder an der Cornearückfläche sind mittels dieses schmalen Büschels besonders exakt, ähnlich wie im histologischen Schnittpräparat, lokalisierbar. Schon ohne Meßokular läßt sich abschätzen, ob eine Veränderung im vorderen Viertel, im zweiten Viertel, in der Mitte, im dritten oder im hintersten Viertel liegt (Abb. 23a und b, Abb. 36). Voraussetzung ist natürlich strenge Fokussierung. Über die Bedingung der letzteren siehe Text S. 13—17.

Faltungen der Hornhautrückfläche imponieren als Vertiefungen oder Prominenzen. Bei und nach Keratitis erkennt man *Dickenvariationen* der Hornhaut unmittelbar. Ebenso sicher können durch diesen dünnen optischen Schnitt Nerven oder Gefäße des Parenchyms lokalisiert werden, oder Veränderungen der Vorderkammer, die entweder mit der Cornea verbunden oder durch mehr oder weniger breite Räume von ihr getrennt sein können.

Ohne weiteres ist die Hornhaut*verdünnung* bei Keratokonus oder bei Narbenbildungen nach Ulcerationen zu sehen, oder die Hornhaut*verdickung* bei Keratitis demonstrierbar (z. B. Abb. 377 und 400).

Bei zu flacher Incidenz des Büschels oder bei schiefer (nicht radiärer) Richtung des Mikroskops zur untersuchten Hornhautstelle kann sich die Brechung störend geltend machen und Verdünnungen vortäuschen.

Die Kombination mit dem Okular-Mikrometer (s. S. 8) liefert zahlenmäßige relative Maßwerte.

Geschichtlich ist zu bemerken, daß dieser „dünne optische Schnitt" erst durch die 1918 und 1919 eingeführte Fokussierung und Büschelverschmälerung möglich wurde (vgl. S. 15).

Im folgenden nenne ich ihn „optischen Schnitt". Seine vollkommene Beherrschung ist Bedingung für jede genauere Untersuchung von Hornhaut, Vorderkammer und Linse.

Ohne diesen Schnitt ergeben sich leicht lokalisatorische Irrtümer, insbesondere bei Verwendung der binokularen Stereoskopie. Aus der früheren Spaltlampenliteratur nenne ich nur die Lokalisierung der „Keratokonuslinien" auf die Hornhautrückfläche, statt ins Parenchym, diejenige der Descemetifalten ins Parenchym, statt auf die Rückfläche, die Lokalisierung von Pigment der Rückfläche ins Parenchym, von solchem der Linsenkapsel in die Linse usf.

Abb. 37. Lochbüschel, Schnitt durch die Hornhaut, V Vorderfläche, H Rückfläche, vgl. S. 17.

b) Die normalen Hornhautbildchen.

Abb. 38 und 39. Die normalen Hornhautbildchen bei Verwendung der Nernstlampe Abb. 38 und Nitralampe Abb. 39 (vgl. S. 27).

Abb. 38. Nernstlampe. Links das (scharf eingestellte) weißliche, vordere, rechts das lichtschwache olivgelbe hintere, dem kleineren Krümmungsradius entsprechend kleinere Hornhautbild eines normalen Auges bei Verwendung der Nernstlampe und GULLSTRANDscher Abbildung in der Spalte. Das vordere Bild zeigt am Rande leichte chromatische Aberration. Ok. 2, Obj. a2.

Man beachte die scharfen, regelmäßigen *Grenzen* dieser Bilder. Nur gröbere Unebenheiten kommen in ihnen zum Ausdruck, im Gegensatz zu den „Spiegelbezirken" (Abb. 41), welche schon feinste Niveauunregelmäßigkeiten der Grenzflächen anzeigen (vgl. S. 30). Man erhält diese virtuellen Bilder scharf, wenn man das Mikroskop auf die Gegend der Irisvorderfläche oder des Pupillensaumes einstellt.

Abb. 39. Die normalen Hornhautbildchen bei Verwendung der Nitralampe mit Abbildung des Fadens in der Blende der Beleuchtungslinse (vgl. Abb. 11). Abb. 39a vorderes, Abb. 39b hinteres Hornhautbild.

Die Bilder unterscheiden sich von denen bei ursprünglicher Nernstlampenbelichtung durch ihre größere Weiße (Albedo) und durch Sichtbarwerden des Fadens. Ihre Umgrenzung ist rechteckig, entsprechend der Blendenform der Beleuchtungslinse.

Abb. 40. Das lichtschwache Bild der Blendenöffnung der Beleuchtungslinse.

Dieses ziemlich lichtschwache, leicht farbige Bild bleibt auch dann im Gesichtsfeld, wenn das lichtstarke Fadenbild daraus eliminiert ist. Man stelle zuerst das letztere ein und verschiebe dann die Lichtquelle so weit, bis es dem lichtschwachen Blendenbild Platz gemacht hat.

Die feinen, farbigen, meist violetten bis roten Pünktchen dieses Bildes kommen durch Unreinigkeiten der Rückfläche der Beleuchtungslinse zustande. Wischt man diese Unreinigkeiten weg, so verschwinden auch die farbigen Pünktchen.

c) Normale Hornhautspiegelbezirke.

Abb. 41. Normaler, vorderer (Sp) und hinterer (Sp') Spiegelbezirk der Hornhaut (Die Definition des Spiegelbezirks s. S. 27—35) bei 18jährigem Mädchen.

Beide Bezirke innerhalb des prismatischen Schnittes, also der Zone diffuser Reflexion (D D'), der vordere innerhalb a b c d, der hintere innerhalb e f g h (Abb. 35, 41). Ok. 4, Obj. a3.

Nachdem die Spiegelbilder (Abb. 39) im Gesichtsfelde aufgetaucht sind, stellen wir zur Beobachtung des vorderen Spiegelbezirks in der Richtung des vorderen

Spiegelbildes auf die Hornhautvorderfläche ein*. Es erscheint dann Sp im Bereiche des Streifens D. An der Grenze a c des letzteren Streifens schneidet Sp ab.

Seine Ränder sind bogig und nicht völlig scharf, die Ecken etwas abgerundet. Im Bereiche der oberflächlichen Flüssigkeit sieht man schwarze Punkte und Ringelchen, die verschieblich sind. Es sind die corpusculären Elemente der Tränenflüssigkeit. Umringt sind sie häufig (besonders nach Eintropfen oder Reiben der Lider, wodurch Sekret ausgedrückt wird, oder nach Einstreichen von Salben usw.) von Farbenringen (Interferenzfarben, Abb. 41).

Außerdem sieht man in Sp stellenweise eine feine weiße Felderung dargestellt, welche nicht dem Epithel angehört, wie man zunächst meinen könnte, sondern mit der Flüssigkeit verschieblich ist (vgl. S. 31).

Stellen wir nun etwas tiefer, auf den *hinteren* Spiegelbezirk (Sp') ein. Dieser zeigt das *lebende Endothel* (VOGT)**. Das Mosaik dieses Endothels besteht aus meist sechseckigen Zellen, die im Nernstlicht olivgelb, im Nitralicht und Bogenlicht mehr weiß sind, mit Stich ins Gelbliche (vgl. S. 31, 32).

Die Grenzen des hinteren Hornhautspiegelbezirks sind wesentlich weniger scharf als die des vorderen. Namentlich peripheriewärts tritt eine bei jedermann sichtbare, flachgrubige bis wellige Unebenheit hervor, die sich im Alter oder in pathologischen Fällen steigern kann.

Die Endothelzellgrenzen sind von *schärfstem Kontur* (vgl. S. 31 f.). Es handelt sich also keineswegs etwa um ein *Diffraktionsbild*. Die Zellgrenzen sind vielmehr so scharf und exakt wie im histologischen Argentum nitricum-Präparat, so daß ein Bild vorliegt, das sich von dem Gitterbild etwa des vorderen Linsenchagrins vollkommen unterscheidet. Jede polygonale Einzelendothelzelle ist unterscheidbar (Abb. 43)***.

Dementsprechend ist die Endothelzeichnung des hinteren Hornhautspiegels nur bei bestimmter scharfer Tiefeneinstellung des Mikroskops sichtbar, woraus dem Anfänger Schwierigkeiten der Beobachtung entstehen. (Umgekehrt wäre ein Diffraktionsbild auch bei ungenauer Einstellung erhältlich.) Gerät der Beobachter aus der genauen Einstellung heraus, so sieht er die Zellgrenzen nicht mehr, er hat vielmehr bloß noch eine Felderung vor sich, welche lebhaft an die Felderung des vorderen Linsenchagrins erinnert.

Ferner konnte ich zeigen, daß *Defokussierung der Lichtquelle* die Deutlichkeit der Endothelzeichnung nicht stört, worin ebenfalls ein Beweis liegt, daß das Sichtbarwerden der Endothelgrenzen nicht auf Diffraktion, sondern auf der regulären *Reflexion* im Bereiche der optischen Grenzfläche zwischen Hornhaut und Kammerwasser beruht.

Daß dem so ist, konnte ich auch noch auf andere Art zeigen: Betrachtet man die exzidierte *frische* Hornhaut des Menschen oder eines Säugers an der Spaltlampe von der *Rückfläche,* so sehen die Endothelzellen genau gleich aus wie beim Lebenden.

Die Buchstaben a bis h beziehen sich auf die Grenzen des diffus beleuchteten Hornhautbezirks (vgl. Abb. 35).

---

* Bei einiger Übung ist die vorherige Einstellung der Spiegelbilder nicht mehr nötig.

** Ich sah die Endothelzeichnung zuerst am Kaninchenauge, dann beim Menschen im Bereiche der Keratokonusspitze, wo sie wegen des rasch wechselnden Krümmungsradius besonders leicht einstellbar ist.

*** Im unteren Teil des Endothelspiegels (Abb. 41) sind mehrere schwarze Punkte (zur Veranschaulichung von iridocyclitischen Einzelzellen) und 2 rundliche schwarze Flecke (HENLEsche Warzen) eingezeichnet.

Abb. 33—45. Tafel 8.

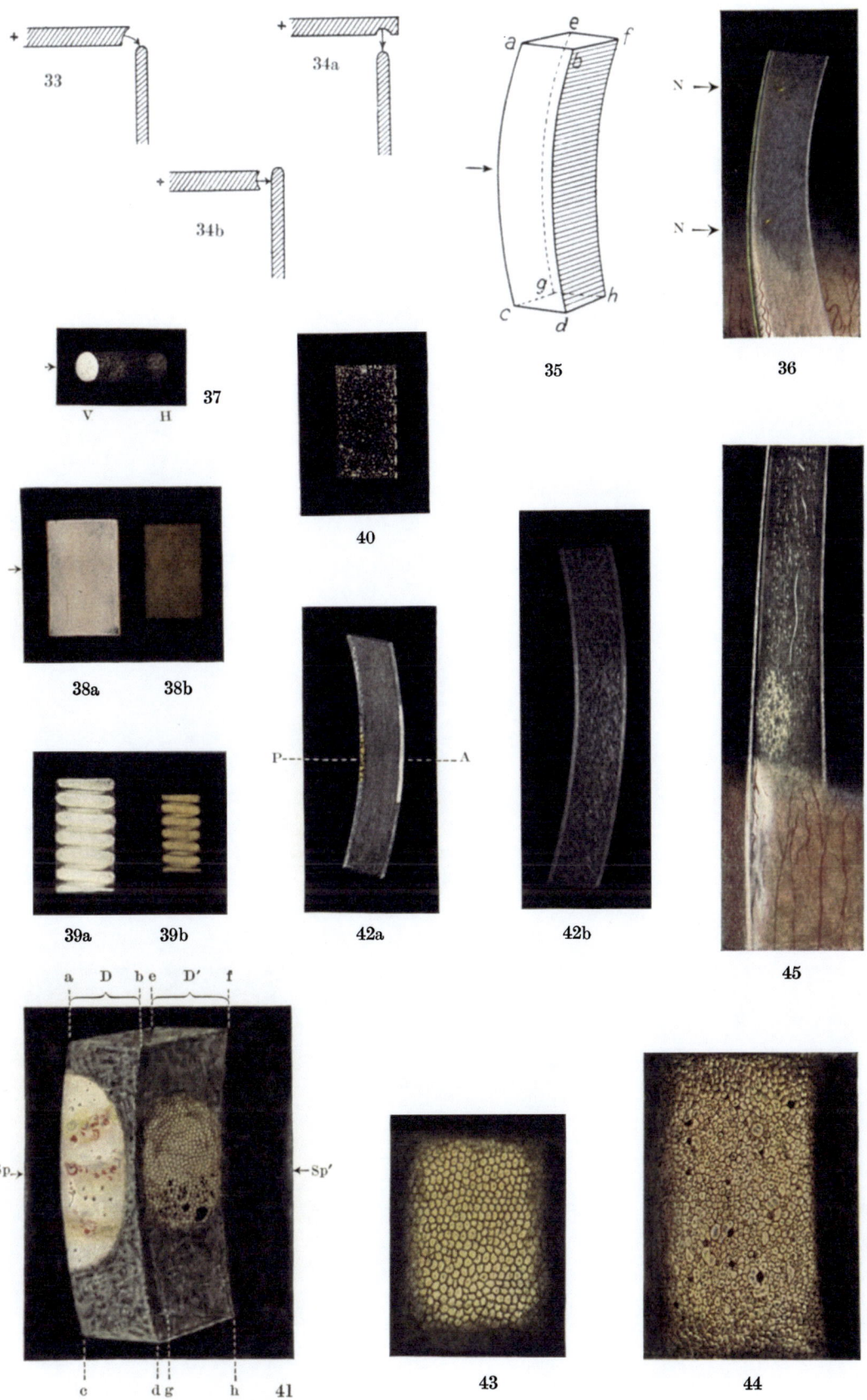

Vogt, Spaltlampenmikroskopie. 2. Aufl. Verlag von Julius Springer, Berlin.

Die corpusculären Elemente im vorderen Hornhautspiegelbezirk (in Sp Abb. 41).

Im vorderen Hornhautspiegelbezirk treten die corpusculären Verunreinigungen der Corneacapillarflüssigkeitsschicht besonders prägnant zutage. Durch Einstreichen von Salbe können sie enorm vermehrt werden, so daß sie das Sehvermögen herabsetzen. Aber auch nach Umstülpen des Oberlids, nach Auspressen der Lidränder oder nach Entfernung eines Chalazions usw. sind diese Elemente so zahlreich, daß sie zufolge irregulärer Reflexion, Beugung und Brechung des Lichtes dem Patienten das Bild verschleiern.

In größerer Zahl sind sie ein nicht unwichtiges *objektives Zeichen der akuten und chronischen Conjunctivitis*.

Die unregelmäßige Lichtbrechung verursachen sie dadurch, daß jedes Element zur Achse eines Flüssigkeitskegels wird, der sich zufolge Adhäsion bildet und der zu unregelmäßiger Brechung Anlaß gibt. — Die Farbensäume und Ringe dürften Interferenzfarben dünnster Fettschichten sein.

Abb. 42a. Vorderer und hinterer Hornhautspiegelbezirk bei verschmälertem Büschel.

Im verschmälerten Büschel sind das hintere Hornhautbild und *besonders der hintere Hornhautspiegelbezirk bequemer darstellbar als im breiten Büschel*. Die Übersichtlichkeit ist aber entsprechend geringer (vgl. Abb. 41 mit 42a). A vorderer, P hinterer Hornhautspiegelbezirk, dieser mit Endothelfelderung.

Abb. 43. Der hintere Hornhautspiegel bei stärkerer Vergrößerung. (Ok. 5, Obj. A 3).

Man beachte die scharfen Konturen der Einzelzellen, sowie eine gewisse Polymorphie derselben. Bestimmte Zellformen fand ich beim selben Individuum an selber Stelle bei wiederholter Untersuchung immer wieder, ein Beweis dafür, daß sich das Endothel beim selben Individuum normalerweise wenig verändert.

In manchen Zellen kann man, besonders bei Verwendung von gutem Nitralicht und Bogenlicht, ein dunkles zentrales Fleckchen sehen (Abb. 43, 44), das ich als Ausdruck einer vom Kern hervorgerufenen Unebenheit der Zellrückfläche auffasse. Bei verschiedenen Personen ist diese dunkle Stelle verschieden deutlich (vgl. S. 31).

Abb. 44. Hornhautendothel des frisch enucleierten Pferdeauges (älteres Tier).

Beobachtung im hinteren Hornhautspiegelbezirk (Ok. 4, Obj. A 3). Man beachte die außerordentlich ungleiche Größe der Zellen. Neben Zellen gleichmäßiger mittlerer Größe und sechseckiger Form finden sich wesentlich größere („Riesenzellen") eingestreut. Der bläuliche Schatten im Zentrum der Zellflächen entspricht wohl dem *Kern* und könnte auch hier dadurch entstehen, daß der letztere eine lokale Niveauänderung der Reflexionsfläche (Prominenz?) und dadurch eine Änderung der Spiegelung hervorruft. In den Riesenzellen sieht man mehrere solche Kernstellen. — Die verstreuten dunkelbraunen Flecke entsprechen ausgefallenen Zellen bzw. Vertiefungen oder Erhebungen im Spiegel, die naturgemäß dunkel erscheinen müssen.

Der Anfänger übe sich in der Beobachtung des Spiegelbezirks ganz besonders an frischen Schweins-, Rinds- und Pferdeaugen. An nicht ganz frischen Augen sind die Zellgrenzen nicht mehr sichtbar.

Abb. 45 vide Text S. 70.

d) Senile und präsenile Veränderungen des Hornhautendothels.

Abb. 46. Ausgesprochen amorphes Endothel bei der 49jährigen Frau E.

R. S. = 1 E, L. S. = 1 E, totale Canities praesenilis. Augen anscheinend ohne Besonderheit, kein deutliches Gerontoxon, Tension normal.

Man beachte die zerstreuten, höckerige Prominenzen vortäuschenden Stellen.

Abb. 47. Senile und präsenile rundliche Niveauunregelmäßigkeiten des hinteren Hornhautspiegels bei einem 55jährigen Mann Sch. Periphere Hornhautpartie (HASSAL-HENLEsche Warzen). Ok. 4, Obj. A 3.

Die Descemetiwarzen HASSALS und HENLES, d. h. die ihnen entsprechenden Unebenheiten des Endothelspiegels, sind klinisch ebenfalls erst mittels des hinteren Spiegelbezirks aufgefunden worden (VOGT, 1919). Sie sind im Bereiche der hinteren Hornhautspiegelung bei Personen des mittleren und höheren Alters sehr bequem darstellbar. Sie imponieren als dunkle runde Lücken, d. h. als Störungen des Spiegels. (KOEPPE, dem der hintere Hornhautspiegel noch nicht bekannt war, hatte ähnliche Gebilde gesehen und sie umgekehrt als *Vertiefungen*, i. e. Gruben im Gewebe, beschrieben.) Für das höhere Alter sind diese rundlichen bis ovalen Spiegeldefekte typisch*. Die Löcher hatten im abgebildeten Fall 0,07—0,08 mm Durchmesser. Die Endothelzeichnung war sehr scharf.

Abb. 48. Lochähnliche Bildungen (HASSAL-HENLEsche Warzen) wie im vorigen Falle bei der 68jährigen Frau S.

Der Ausdruck „Grube" darf nicht mißverstanden werden, indem es sich keineswegs um eine Grube in das Gewebe handelt, sondern lediglich um eine *nach hinten* gerichtete, von vornher als Grube imponierende Prominenz der spiegelnden Fläche. Die „Gruben" sind wahrscheinlich identisch mit der Oberfläche der warzenähnlichen, nach hinten gerichteten Descemetiverdickung, der das Endothel bald fehlt, bald unvollständig oder in verdünnter Form aufsitzt (vgl. HASSAL, HENLE, SALZMANN u. a.). — In Abb. 48 sind die Warzen mehrfach konfluiert, das Endothel ist völlig amorph. Ok. 2, Obj. a 3.

Abb. 49. Amorph aussehendes Endothel im Bereich der Kegelspitze eines stationären Keratokonus (35jährige Frau S.).

Der Spiegelbezirk zeigt hauptsächlich runde dunkle Grubenbildungen, die heller umsäumt sind und in deren Grund man durch leichte Änderung des Lichteinfalls das Endothel sichtbar machen kann. Dadurch unterscheiden sich die Gruben von Auflagerungen, mit denen sie das Gemeinsame haben, daß sie dorsalwärts gerichteten Prominenzen entsprechen. Es handelt sich um HENLEsche Warzen.

---

* Die minimalen Unebenheiten der Endothelrückfläche brauchen histologisch nicht nachweisbar zu sein. Über den Reichtum an warzenartigen Unebenheiten der M. Descemeti vgl. besonders auch HEINRICH MÜLLER (1856), Gesammelte Schriften, Leipzig 1872. Siehe ferner HANS VIRCHOW: Mikroskopische Anatomie der Hornhaut. Handbuch Graefe-Saemisch 2. Aufl., Bd. 1. 1905. Kap. II, S. 236.

Daß der hintere Hornhautspiegelbezirk im Bereiche der Keratokonusspitze, wie auch im Bereiche von perforierenden Hornhautnarben besonders leicht einstellbar ist, hängt mit der unregelmäßigen Krümmung und dem damit gegebenen fortlaufenden Wechsel des Krümmungsradius zusammen. Mit diesem Wechsel erhöhen sich die Möglichkeiten der Sichtbarkeit.

e) Normales Hornhautparenchym.

Das Prisma Abb. 41 stellt wie dasjenige Abb. 24a und 36 normales Hornhautgewebe im fokalen Licht dar. Man erkennt ohne weiteres eine feine Marmorierung, indem (bei der gewählten Einfallsrichtung) länglich horizontale unscharfe hellere Flecken verschiedener Größe in einem gleichmäßig dunkelblaugrauen Grund eingelagert sind. Es gibt somit keine Stelle der gesunden Hornhaut, welche „optisch leer" ist. Jedoch reflektieren die einzelnen Teilchen das Licht in verschieden starkem Grade.

Dieses ist verständlich, wenn man einerseits annimmt, daß die Hornhautsubstanz von Flüssigkeit durchtränkt ist, welche nicht genau den gleichen Brechungsindex hat, wie die Substanz selber (ändern wir diesen Brechungsindex *wesentlich,* z. B. indem wir physiologische Kochsalzlösung, Wasser oder gar Luft in das Hornhautgewebe spritzen, so entsteht sofort eine dichte weiße Trübung, d. h. vollkommene Undurchsichtigkeit).

Andererseits sind offenbar auch die festen Elemente, welche die Substanz der Cornea zusammensetzen (Epithel, Hornhautkörperchen und Lamellen) von hinreichend verschiedener physikalisch-chemischer Beschaffenheit, um eine Differenz in ihrem Brechungsindex zu gewährleisten. Vielleicht ist die helle Fleckung (Abb. 50) durch die fixen Hornhautkörperchen veranlaßt, während man die Schichtung, die durch die Lamellen bedingt ist (wie wir sie z. B. bei der Darstellung der BOWMANschen Röhrchen beobachten) nicht wahrnehmen kann.

Die *Weiße* (Albedo) des Gewebes hängt von der spezifischen Helligkeit der Lichtquelle ab. Aber auch bei derselben Lichtquelle fand ich die Weiße der Substanz abhängig *von ihrer Distanz vom vorderen Spiegelbezirk.* Nähert man sich nämlich dem letzteren, so nimmt die Albedo zu, und zwar sowohl diejenige der Vorder- und Rückfläche, als auch diejenige des Parenchyms (s. Abb. 42b). Infolgedessen ist die Albedo eines und desselben optischen Schnittes eine ungleichmäßige. Sie ist am größten in der Nähe des vorderen Spiegelbezirks und nimmt von da sukzessive nach oben und unten ab (Abb. 42b).

Die Kenntnis dieser Erscheinung ist durchaus notwendig, da der Ungeübte erfahrungsgemäß dazu gelangen kann, im Bereiche der größten Albedo eine krankhaft gesteigerte Opazität anzunehmen, sei es an der Oberfläche, sei es im optischen Schnitt.

Abb. 42b. Steigerung der Albedo des prismatischen Schnittes in dichter Nähe des Spiegelbezirks.

Man beachte die gesteigerte Albedo sowohl der Vorder- und Hinterfläche als auch des Parenchyms im mittleren Gebiet des Prismas, welches Gebiet sich in der Nähe des Spiegelbezirks befindet (besser sichtbar im *schmalen* als im allzu breiten Büschel, und besser bei flacher als steiler Incidenz).

Die optische Erklärung dieser Erscheinung liegt in der Struktur der Hornhaut aus zur Oberfläche parallelen Faserschichten, welche in abgeschwächtem Maße die reguläre Reflexion der Vorder- und Rückfläche mitmachen, ferner darin, daß die Reflexion der Vorder- und Rückfläche nach dem Spiegelbezirk hin zunimmt.

Einer ähnlichen optischen Erscheinung begegnen wir in der Linse (s. Abschnitt Linse).

Innerhalb der Substanz, stets in den mittleren und oberflächlichen, fast nie in den tiefsten Schichten, sieht man die *Hornhautnerven* (vgl. Abb. 36 und 50). Anscheinend oft im Zusammenhang mit den letzteren finden sich hier und da *normalerweise* circumscripte grauweiße Trübungen von durchschnittlich 0,03—0,07 mm Größe und wechselnder, meist rundlicher Form (vgl. auch Text zu Abb. 54—61, ferner den Abschnitt Keratokonus, wo solche Trübungen oft abnorm häufig sind).

f) Abgrenzung von Epithel und BOWMANscher Membran.

Eine Abgrenzung von Epithel und BOWMANscher Membran war bis in die neueste Zeit der Spaltlampenmikroskopie nicht möglich gewesen. Sie gelang mir zum erstenmal mit dem streng fokussierten, hochgradig verschmälerten Mikrobogenbüschel im Jahre 1922. Im Verlaufe der Jahre 1923 und 1924 habe ich über derartige Befunde eine Reihe von Bildern aufnehmen lassen. Strenge Fokussierung und schmalstes reines Büschel sind zur Darstellung unerläßlich. Wesentlich erleichtert wird sie durch Einträufelung von Fluorescein-Kali*.

Zunächst erkennt man ein schmales *dunkles Intervall* zwischen Epitheloberfläche und Parenchym (Abb. 36, 45), welch letzteres gegen das dunkle Intervall durch die in manchen Fällen stärker reflektierende Membrana Bowmani abgegrenzt ist. Unschwer ist erkennbar, besonders nach Fluoresceineinträufelung, *daß die Opazität des Epithels eine wesentlich geringere ist als die des Parenchyms*. Es ist also nicht die M. Bowmani als solche, sondern die *basale Grenze* des Epithels darstellbar.

Auch peripher des Endes der Bowmani ist das Intervall zwischen Oberfläche und Parenchym ausgesprochen und es ist hier, nach dem Limbus zu, die Zunahme der Epitheldicke unmittelbar erkennbar. Überhaupt ist das „*lucide Epithelintervall*", wie ich diese Zone nenne, in Limbusnähe am leichtesten zu sehen. Bei Jugendlichen konnte ich wiederholt erkennen, *daß das Intervall in der Nähe des vorderen Spiegelbezirks deutlicher wird,* wie ich überhaupt gewisse Feinheiten nur in der Nähe des Spiegelbezirks deutlich darzustellen vermochte (vgl. Text zu Abb. 548—549, ferner Text zu Abb. 42b).

Es kann in solchen Fällen *eine Reflexion der M. Bowmani direkt sichtbar* sein. (So besonders schön im Falle der Abb. 45, welche ich bei dem 21jährigen Wi. Su., dessen Augen außer leichter Myopie und Arcus juvenilis ohne Besonderheit sind, am 19. Sept. 1923 aufnehmen ließ. Hier und in anderen Fällen kann sogar das periphere Ende der BOWMANschen Membran angedeutet sein.)

Vergleichende Beobachtungen an verschiedenen Spaltlampen ergaben ferner, daß für die Differenzierung von Epithel und BOWMANscher Membran nicht nur die Fokussierung, sondern auch die Reinheit der Oberflächen der Kollektorlinse und die Schlierenfreiheit der Nitralampenkuppe Bedingung sind. Ferner sind *Sauberkeit der Spalte* und die exakte Abbildung des Fadens auf der Beleuchtungslinse notwendig. Ein in die Spalte vorragendes *Stäubchen* kann eine Schattenlinie bedingen (vgl. die Schattenlinien Abb. 7a). Auch ein alter verbogener Nitrafaden kann den dünnen optischen Schnitt verschlechtern.

---

* Der Publikation dieser Befunde kam eine Mitteilung KNÜSELS (1925) zuvor (Klin. Mbl. Augenheilk. **75**, 310), deren Bilder vom selben Maler stammen.

Wichtig ist auch die genau senkrechte Stellung der Beleuchtungslinse (19 in Abb. 1.) zur Strahlenrichtung.

g) Hornhautnerven.

Wie alle relativ regulär reflektierenden Gebilde, *so sind auch die Hornhautnerven in ihrer Sichtbarkeit und Deutlichkeit stark abhängig von der Richtung des ein- und ausfallenden Lichtes und der Stellung des Beobachterauges.* Ein Nerv kann in einer bestimmten Einfall- und Beobachterrichtung sehr deutlich, in einer anderen undeutlich oder unsichtbar sein. Beim Absuchen der Hornhaut auf Nerven wolle man sich an diese an einer Reihe von Hornhäuten durch Änderung des Lichteinfall- und Beobachtungwinkels ermittelte Tatsache erinnern.

Die Deutlichkeit der Zeichnung feinster Nerven ist eine wesentlich bessere im Bogenlicht als im Nitra- oder gar im Nernstlicht.

Im allgemeinen sind die Nerven in der Peripherie zufolge ihrer größeren Dicke deutlicher als im axialen Bezirk. Eine Ausnahme macht der Keratokonus (s. u.).

Über abnorme und krankhafte Verdeutlichung der Nervenzeichnung s. u.

Die Farbe der Hornhautnerven ist weiß, mit Stich ins Gelbliche. Bei günstigem Licht ist oft ein leichter Seidenglanz erkennbar. — Eine Zeitlang sind die Hornhautnerven von einzelnen Autoren mit Gefäßresten verwechselt worden. Von letzteren unterscheiden sie sich durch ihr konstantes Vorkommen, durch die gleichmäßige Verteilung der Hauptstämme in der Peripherie, durch die Markeinscheidung dieser peripheren Eintrittsstämme, durch die Unsichtbarkeit im regredienten Licht, durch die dichotome Aufsplitterung in feinste Stämmchen und nicht zuletzt durch ihre Feinheit und Farbe.

Durch passende Belichtung des scleralen Limbus gelang es mir, der Belichtungsstelle benachbarte Hornhautnerven zum *Aufleuchten* zu bringen. Ich fasse diese Erscheinung als eine Leuchtstabwirkung auf (vgl. auch diesen Atlas, Abschnitt „optische Täuschungen und Trugbilder"). Bei Belichtung des scleralen Limbus leitet nämlich die Hornhaut nach von mir angestellten Versuchen durch Totalreflexion das Licht in die Sclera der gegenüberliegenden Seite, wo somit ein Lichtfleck auftritt (bei gleichzeitigem geringerem Aufleuchten des ganzen Limbus). Auf ähnlicher optischer Wirkung (Fortleitung durch Totalreflexion) beruht wohl das genannte Aufleuchten aus der Sclera in die Hornhaut tretender Hauptnervenstämmchen, wenn das Spaltbüschel auf die Sclerapartie geworfen wird, der die Stämmchen entspringen. Es setzt diese Erklärung einen besonderen Brechungsindex, vielleicht auch eine geringere optische Homogenität der das Stämmchen darstellenden Substanz im Vergleich zur Hornhautsubstanz voraus.

Das Aufleuchten der Hornhautnerven ist nicht bei allen Individuen nachweisbar und oft nicht an beiden Augen gleich deutlich. Am besten zeigen es Jugendliche mit klarer Hornhaut gegenüber der dunklen Pupille.

Abb. 50. Normale Hornhautnerven (STARGARDT[115]) u. a.).

Stück einer Cornea mit besonders stark ausgeprägten normalen Hornhautnerven. Ok. 2, Obj. A 2. 40jährige Frau W., die vor mehr als einem Jahre an beiden Augen einen rezidivierenden Herpes corneae febrilis durchmachte. (Wir stellten mehrfach Verdeutlichung der Hornhautnerven bei gewissen Formen von Keratitis fest, solche Befunde erhob auch VERDERAME[147]).

Meist zeigen die Hornhautnerven dichotomische (selten trichotomische) Verzweigung. Die Stämmchen sind am stärksten in der Nähe des Limbus. — Die tiefsten Hornhautschichten sind meist nervenfrei.

Häufig liegen die Nerven auf längere Strecken in ein und derselben Schicht. Hierüber orientiert ein Vergleich zwischen Abb. 50 und Abb. 35. Die beiden optischen Schnittflächen, zwischen welchen der Nerv sichtbar ist, sind die annähernd parallelen Flächen a e c g und b f d h (Abb. 35). Ein parallel zur Hornhautoberfläche verlaufender Nerv muß a e c g und b f d h so schneiden, daß die Distanzen der Schnittpunkte (also der sichtbaren Nervenenden, Abb. 50) von den vorderen Kanten (a c und b d) gleiche sind. So stellt in Abb. 50 t einen tiefen, o einen oberflächlichen Nerven dar. Bei k sieht man zwei sich kreuzende Nerven, welche miteinander Parallaxe geben. Büschelverschmälerung und Lochbüschel erleichtern die Tiefenlokalisation auch hier wesentlich (vgl. Abb. 36, 37 und 45).

In Abb. 50 sehen wir oben einen Nerven mit knotiger Verdickung[29]. (Solche sind nicht sehr selten.)

Wie schon anatomisch festgestellt worden war, liegen die Hornhautnerven, auch beim Menschen, fast ausschließlich im mittleren und oberflächlichen Parenchym. Immerhin konnte ich in einigen Fällen je einen kräftigen Nerven in der Nähe der Descemeti finden. Z. B. zeigt der 40jährige Direktor Ve. (mit Keratitis epithel. vesicul., Fall der Abb. 320, 321) auf weite Strecken einen dicht an der Descemeti liegenden Nervenstamm, der schräg von unten außen nach innen oben zieht.

Einen ähnlichen Nerven, dicht vor der Descemeti, weist der 58jährige Dr. E. Mü. auf. Ein drittes derartiges Beispiel betrifft die 40jährige So. E. in W. (links temporal tiefliegender Nerv). Exakt kann die Lokalisation solcher Nerven nur mittels des dünnen optischen Schnittes erfolgen. Die früher ausschließlich übliche stereoskopische Betrachtung im groben Büschel führt gerade hier besonders leicht zu Täuschungen.

Abb. 51. Physiologische Nervenscheiden der eintretenden Hauptstämme in der Hornhautperipherie (STARGARDT).

Bei einem gesunden 25jährigen Fräulein beobachtete ich periphere Einscheidung sämtlicher Hornhaut-Hauptnervenstämme. Eine solche ist in Abb. 51 abgebildet (Ok. 2, Obj. a 3), als auf eine Strecke von mehr als 0,5 mm das Randschlingennetz überragende, schließlich sich allmählich verjüngende Einscheidung, welche in ähnlicher Ausdehnung an den übrigen Hauptnervenstämmen der Cornea zu sehen war. Diese Einscheidung ist zwar regelmäßig zu finden, aber nicht immer gleich deutlich. Exzessive, mehr als ein Millimeter in die Cornea vordringende Einscheidungen sind selten.

Die in die Hornhaut eintretenden Nervenstämme wechseln sowohl der *Zahl* als auch der Stärke nach nicht unerheblich.

Das Sichtbarwerden eintretender Nervenstämme wird durch die Überlagerung des opaken Bindehautscleralsporns *besonders im fokalen Licht* meist erschwert. Bedeutend besser ist die Sichtbarkeit im *indirekten seitlichen Licht*. Zu diesem Zwecke verwende man z. B. *das obere Ende* des breiten streng fokussierten prismatischen Schnittes (Abb. 24a), welches Ende man am Limbus von oben nach unten oder umgekehrt wandern läßt. Im Grenzgebiet (Abb. 69, halbdunkel) werden dann die eintretenden Stämme klar. Ihre Zahl ist größer, als dies bisher angenommen wurde. Abb. 69, in welcher ich die physiologische Betauung des Limbus wiedergebe, zeigt, in welcher Weise hierbei vorzugehen ist. Auch hier verblüfft die individuelle Differenz in der Opazität und damit in der Sichtbarkeit der Nervenstämme.

Abb. 46—57. Tafel 9.

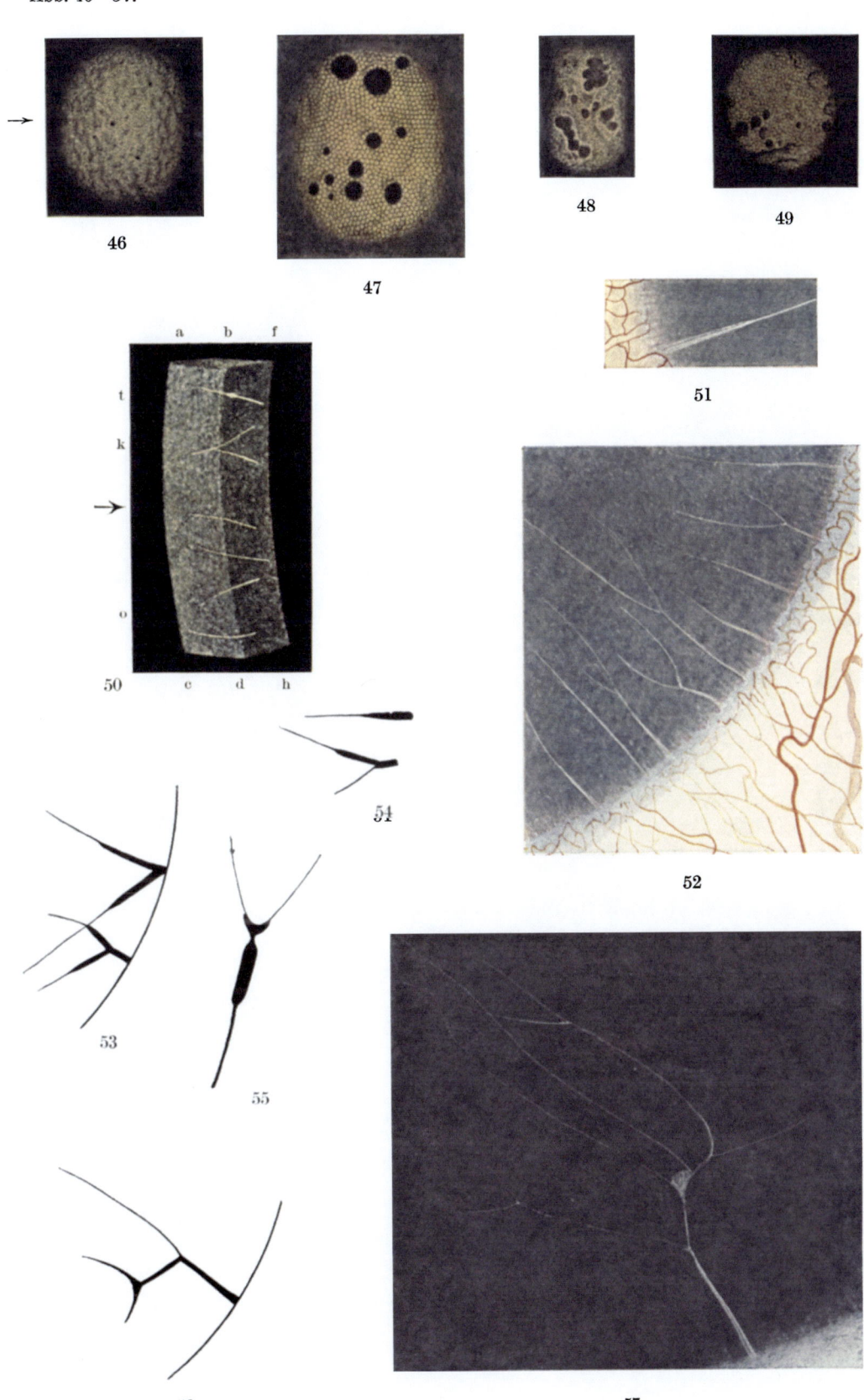

Vogt, Spaltlampenmikroskopie. 2. Aufl. Verlag von Julius Springer, Berlin.

Abb. 52. Auffallend zahlreiche und kräftige Nerveneintrittstämme mit Markscheiden.

Abb. 52 gibt den linken temporal-unteren Limbus der 26jährigen Frau Prof. B. wieder, deren Augen außer leichter Conjunctivitis normal sind. Ok. 2, Obj. a 2. Auf nicht ganz einen Quadranten kommen hier 9 meist eingescheidete, schon im fokalen Licht bequem sichtbare Nervenstämme.

Während die normale Markeinscheidung des in die Hornhaut eingetretenen Nerven meist etwa 0,25—0,5 mm weit mitgeht, um sich dann rasch zu verjüngen und zu verschwinden, so geht bei der 27jährigen Frl. Lilli Schl. (Abb. 53)*, die Einscheidung an zwei Stellen über 1 mm weit über die erste Dichotomie hinaus. An einer anderen Stelle der betreffenden Hornhaut (Abb. 54) folgte die Einscheidung nur dem einen Zweige.

Ähnlich wie es in der Netzhaut *versprengte markscheidenhaltige Partien* gibt, die somit mit der Papille nicht in Kontinuität stehen, so fand ich auch in der Hornhaut, wenn auch selten, *isolierte Einscheidungen* von Nerven. So bei dem 19jährigen Wa. Fio., der im vorderen Drittel seiner rechten Hornhaut das Bild der Abb. 55 zeigt: Die Einscheidung liegt, wie man sieht, vor einer Gabel, *um* und *in* dieser letzteren findet sich dasselbe einscheidende Gewebe. Der Gedanke liegt nahe, daß hier Markscheidenversprengung vorliegt.

Gestützt wird diese Annahme noch besonders durch folgenden Fall (Abb. 56): Frl. Berta A., 47 Jahre, zeigt im Anschluß an die periphere Markscheide eine Verzweigung; der eine Zweig weist eine dicke Markscheide auf und ist gegabelt, in der Gabel sitzt das einhüllende Gebilde der Abb. 56. In diesem Fall kann wohl kein Zweifel bestehen, daß das die Gabel einscheidende Gewebe ebenfalls aus Markscheide besteht, denn es ist direkte Fortsetzung der letzteren.

Die Markscheidenlosigkeit der Hornhaut ist optisch ähnlich wichtig, wie diejenige der Netzhaut, wenn auch in der Hornhaut die Nervenfasern viel weniger dicht stehen und eine ganz andere Bedeutung haben: Sie sind unter anderem die *Wächter*, welche die Hornhaut gegen Läsionen schützen. Bedenkt man, welche Bedeutung während einer unabsehbar langen Entwicklungszeit der absoluten Klarheit der Hornhaut zukam, so dürfen wir wohl annehmen, daß Versprengungen von Markscheiden Störungen in der Keimesanlage ihre Entstehung verdanken. In diesem Falle müßte es gelingen, ihre Heredität nachzuweisen.

Kleinere, isolierte Superpositionen und Appositionen von rundlicher bis eckiger Form und weißer bis grauer Farbe fand ich im Verlaufe von Hornhautnerven noch öfters. Ähnliche Veränderungen hat KOEPPE beschrieben, der als erster auf die schwimmhautartigen Verdickungen in Verzweigungsgabeln (Abb. 56) aufmerksam machte**. Die meisten Hornhäute sind allerdings von solchen Anlagerungen frei. Letztere folgen bald mehr dem Nerven, bald mündet er in dieselben ein.

Abb. 57. Weiße Einlagerung in eine Nervengabel der Hornhaut.

Nervenstamm des linken unteren Limbus bei dem 22jährigen Jos. K., dessen Augen in jeder Beziehung normal sind. In der zweiten Nervengabel sitzt ein grauweißes Gebilde, das die Gabel ausfüllt und in konvexer Wölbung endet. Durchmesser 0,08 mm, Ok. 2, Obj. a 2.

---

* Abb. 53—56 und 58—61 sind schematisch gehaltene Skizzen.

** Viel häufiger, als solche „Schwimmhautbildungen" sind Umgürtungen der Nervengabel (z. B. Abb. 55, 59).

Ihrer Natur nach sind diese Gebilde noch nicht abgeklärt. Wahrscheinlich handelt es sich auch hier zum Teil (nicht in allen Fällen!) um versprengte *Markscheidenpartikel*, wofür besonders die oben mitgeteilten Beispiele von versprengter Markscheide sprechen.

Von derartigen Appositionen, welche meist Nervengabelungen angehören, seien noch folgende Fälle erwähnt:

1. Die 25jährige Frl. Sta. (Abb. 58) zeigt links unterhalb Pupillarbereich ein rundes, dem Nerven angelegtes grauweißes Knöpfchen. Der Nerv biegt etwas in das Knöpfchen ein.

2. Die 24jährige Frau Rosa Ma. (Abb. 59) weist links zu beiden Seiten einer Nervengabel je ein streifig unregelmäßiges Trübungsfleckchen auf.

3. Bei dem 42jährigen Pfarrer Ba. (Abb. 60) ist die runde, einem horizontalen Corneanerven aufsitzende Trübung scheibenförmig, frontal stehend, mißt 0,06 mm.

Ungewöhnlich *zahlreiche* solche Nervenanlagerungen fand ich bei dem 36jährigen Postbeamten Ra. Fr. (Abb. 61), bei gleichzeitiger Andeutung der präsenilen Hornhautpigmentlinien auf beiden Augen.

Oft war ein im übrigen normaler Nerv proximal des Knötchens auffallend viel kräftiger als distal, und zwar schien es manchmal, als ob diese Verdickung Folge einer rudimentären Markscheidenbildung wäre, und als ob sich pathologische Markscheidenreste endwärts zu knöpfchen- oder scheibenförmigen Gebilden verdichtet hätten.

Abb. 62. Auffallend deutliches Nervengeflecht beider Hornhäute. Ok. 2, Obj. A 3.

Hin und wieder sah ich Personen mit allgemein auffallend deutlicher geradezu massenhafter Nervenzeichnung (z. B. bei der 49jährigen 5 D hyperopen Fr. Dr. Kr. mit gleichzeitigen Gerontoxa, oder bei der 45jährigen Frau Hiltbr. (Abb. 62). Meist betrafen solche Fälle das mittlere Lebensalter. Bei Kindern sind die Nerven durchschnittlich eher weniger deutlich, im hohen Alter dagegen werden sie oft durch die erhöhte Hornhautopazität wieder verdeckt. Wie in den obigen Beispielen von Appositionen die Augen im übrigen stets normal waren, so häufig auch in den Fällen von verdeutlichter Nervenzeichnung.

Im Falle der Abb. 62 bestand auf dem einen Auge abgelaufene Iridocyclitis. Die Nervenzeichnung war jedoch auf beiden Augen ähnlich deutlich. Im mittleren Hauptzweig beachte man die ungewöhnliche Abknickung eines Seitenastes. Nach 4 Jahren unveränderter Befund, Iridocyclitis seit 2 Jahren geheilt.

Auch *lokale* Verdeutlichungen eines Nervengeflechtes konnte ich beobachten. So ist am linken Auge der 47jährigen Fr. Ze. im vorderen nasalen unteren Pupillenbereich ein ziemlich engmaschiges Geflecht von Nerven zu sehen, das auffallend oberflächlich liegt.

Daß unter *pathologischen Bedingungen,* vor allem bei Keratitis, die Nervenzeichnung hin und wieder deutlicher werden kann, wurde schon oben erwähnt.

Ob allerdings im folgenden Fall die Verdeutlichung pathologisch ist, wage ich nicht zu entscheiden.

Abb. 63a. Auffallend deutliches Nervengeflecht bei der 16jährigen Frl. Piq. mit Iridocyclitis auf tuberkulöser Basis, Präcipitaten und beginnender peripherer Hornhautvascularisation. Rechtes Auge, 25fach.

Die Nerven liegen in verschiedenem Niveau im mittleren und oberflächlichen Parenchym. Einem peripheren Nervenstamm folgt eine Gefäßschlinge (s. Text zu Abb. 362, 363).

Mit großer Wahrscheinlichkeit krankhaft ist dagegen die Verdeutlichung in folgendem, wohl nicht häufigen Falle:

An einem Auge mit *Perforationsnarbe der Hornhaut* (Frl. Be. Za., 18 Jahre) fand ich *in dem noch erhaltenen* unverletzten, durchsichtigen peripheren Hornhautstück die Nervenfaserzeichnung außerordentlich verstärkt. Auch in einem Fall von *Siderosis bulbi* Frl. Ta. (Perforation vor 3 Jahren) war die Nervenfaserzeichnung stark verdeutlicht. Die Nerven erschienen in diesem Falle nicht seidenglänzend wie normal, sondern matt.

Ein eigentümliches Verhalten eines Hornhautnerven distal von einem denselben umhüllenden Infiltrate sei hier angeschlossen.

Abb. 63b zeigt eine 0,1 mm messende graue rundliche Infiltration J des oberflächlichen Parenchyms bei rezidivierender randständiger Keratitis unbekannter Ursache, mit ganz spärlichen und flüchtigen kleinsten Infiltraten des nasaloberen und oberen Limbus corneae. (38jähriger Buchhalter V.)

Proximal von dem Infiltrate ist der Nervenfaden L sehr lichtschwach und dünn, nur mit Mühe sichtbar. Distal dagegen, nach Durchsetzung des Infiltrates, erscheint er lebhaft weiß, geradezu leuchtend, ist wesentlich verdickt und bis in die feinsten Zweige verfolgbar. Das Verhalten distal von dem Infiltrate dürfte pathologisch, und zwar wie in bereits erwähnten Fällen, vielleicht durch eine Veränderung der Nervensubstanz bedingt sein, über deren Natur wir auf bloße Vermutungen angewiesen sind.

Die Verdeutlichung und Veränderung der Zeichnung der *axialen* Hornhautnerven bei *Keratokonus* ist in den betreffenden Abbildungen dargestellt.

Bei *Totalanästhesie* der Hornhaut durch Exstirpation des Ganglion Gasseri konnte ich keine Nervenveränderungen der Cornea feststellen.

Eine Herabsetzung der Deutlichkeit der Nervenzeichnung der Hornhaut glaube ich mehrfach nach Herpes zoster ophthalmicus beobachtet zu haben.

h) Darstellung der Limbus- und Hornhautnerven mittels Intravitalfärbung durch Methylenblau.
(Nach Knüsel und Vonwiller [179, 180].)

Zur Intravitalfärbung des menschlichen Auges eignen sich am besten wässerige Lösungen von Neutralrot, Brillantkresylblau und Methylenblau. Nach Instillation von 1—2 Tropfen ½% Methylenblaulösung, welche vom reizfreien Auge anstandslos vertragen wird, kommen besonders schöne Färbungen der Nerven und ihrer Endorgane in der Hornhaut und Bindehaut zustande.

Abb 64a. (Nach O. Knüsel.) Plexus paramarginalis superficialis (Attias) des linken Auges bei einem 15jährigen Mädchen. P L Plexus. N Corneale Nervenstämme, gegen den Limbus hin zugespitzt, mit Faserzeichnung. N Nervenspindeln. E Epitheliale Endknöpfchen. Links unten sitzt ein sehr großes epitheliales Endorgan. R Randschlingen. BZ Bindegewebszellen im Limbus.

Die cornealen Nervenstämme sind durch ihre Größe, den gestreckten, radiären Verlauf und durch die dichotomischen Verzweigungen gekennzeichnet. Sie färben sich meistens schwer, wohl vermöge ihres tieferen Sitzes. Bei kurzen Färbungen bleiben sie farblos, während oberflächlichere Gebilde schön tingiert sind. Bei unvollständiger Färbung eines solchen Stammes könnte man glauben, nur einen feinen Nerv vor sich zu haben; abwechselnde Beobachtung im fokalen und regredienten Licht schützt vor diesem Irrtum.

Bei gut gelungener Färbung ist die Faserzeichnung sehr auffällig. Die Fasern sind ähnlich wie die der Bindehautnerven, nicht parallel, sondern durchflochten. Wo eine dichotomische Verzweigung stattfindet, bilden die beiden Äste höherer Ordnung einen Spitzbogen. Da, wo die großen Nervenstämme unter dem Limbus auftauchen, sind sie nicht etwa am dicksten, wie man erwarten sollte, sondern im Gegenteil fein zugespitzt. Nach DOGIEL färben sich die markfreien Fasern viel leichter als die markhaltigen, wahrscheinlich weil die Markscheide dem Methylenblau den Zutritt zu den Achsencylindern erschwert. Die Tatsache, daß die tieferen Hornhautnerven im ersten Beginn ihres cornealen Verlaufes farblos bleiben, läßt wohl den Schluß zu, daß diese Verhältnisse auch in vivo zutreffend sind, daß nämlich die Färbung da anfängt, wo die Markscheide aufhört.

Abb. 64b. (Nach O. KNÜSEL[179].) *Große oberflächliche Bindehautnerven, ins Hornhautparenchym übertretend. Der corneale Anteil eines Nervenzweiges ist gefärbt. Die Färbung beginnt in der Hornhaut da, wo die Markscheide verloren geht. N (oben) Bindehautnerv. N (unten) Hornhautparenchymnerv. L oberer Limbus. A oberflächliche, C tiefe Bindehautgefäße. Obj. a2, Ok. 2.*

Es handelt sich um große, ganz oberflächliche Nerven der Conjunctiva, die sich in der Conjunctiva wenig verzweigen, in die Hornhaut übertreten und sich da aufsplittern, ohne mit dem Plexus paramarginalis superficialis in nachweisbare Verbindung zu treten.

In Abb. 64b sind zwei große Bindehautnerven dargestellt, die in der beschriebenen Weise auf die Hornhaut übertreten. Man erkennt, daß die Nerven unter den oberflächlichen und über den tiefen Bindehautgefäßen liegen. In allen Fällen ziehen sie deutlich unter den Palisaden durch. Bei der Färbung mit Methylenblau nahm nur der corneale Anteil des Nerven, und zwar erst nach kurzem intracornealen Verlauf, Farbe an. Der gefärbte Nervenanteil ist viel dünner als der ungefärbte und mündet zugespitzt in ihn.

i) Normaler Hornhautlimbus.

Abb. 65—76. Normaler Limbus corneae et conjunctivae, oberflächliches Randschlingennetz und physiologische Limbusbetauung.

Abb. 65—69. Normaler Limbus im fokalen und regredienten Licht. Die Blutzirkulation im Randschlingennetz, das Palisadensystem. Die physiologische Limbusbetauung.

Abb. 65. 17jähriger. Unterer äußerer Hornhautrand. Ok. 2, Obj. a3. Rechts (bei A) fokales, links (bei D) regredientes Licht (Irislicht). Der Abschnitt aa' zeigt den Limbus im fokalen Licht, der Abschnitt i im regredienten (Irislicht). Im letzteren ist das Randschlingennetz meist deutlicher als im ersteren und die Blutzirkulation ist ohne weiteres zu sehen. Dafür ist im fokalen Licht ein blutleeres Netz

Abb. 58—64. Tafel 10.

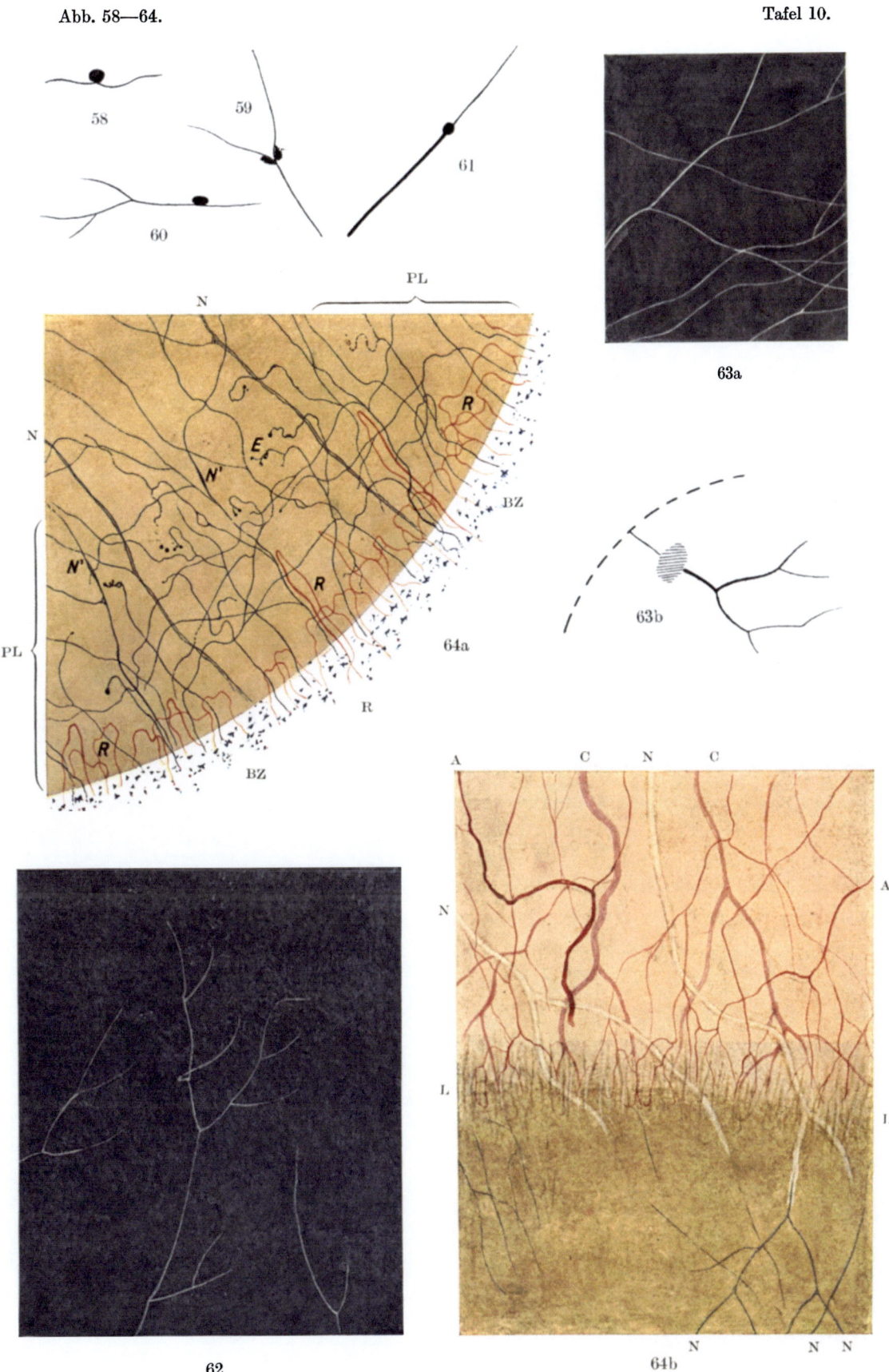

Vogt, Spaltlampenmikroskopie. 2. Aufl. Verlag von Julius Springer, Berlin.

sichtbar, das (wohl irrtümlicherweise) von KOEPPE[30]) als Lymphgefäßnetz angesprochen worden ist (das weiße Liniennetz im Bezirke aa', im regredienten Licht ist es nicht sichtbar). Durch mechanische Irritation des Limbus gelingt es meist, die weißen Linien mit Blut zu füllen. Es handelt sich also um Capillaren (s. u.). Als Lymphscheiden angesprochene Gebilde der Gefäße, die zuerst KOEPPE[30]) beschrieb, sind selten deutlich, in erster Linie beachten wir solche an Lymphscheiden gemahnende Gebilde an den Venen (Abb. 76).

Die Randschlingen und Schleifen bilden zierliche, oft 5—6 und mehreckige Figuren und Arkaden mit vielfachen Verbindungen (vgl. auch Abb. 67, 70 usw., in denen die Zirkulation des Blutes besonders hübsch verfolgt werden kann (Abb. 67—69). Ich sah häufig Teile solcher Gefäßzirkel, in denen das Blut bald in der einen, bald in der anderen Richtung rollte (SCHLEICH[116]), STARGARDT[115]).

Zur Demonstration der Blutrollung werfe man das Lichtbüschel in den gegenüberliegenden Kammerwinkel (also z. B. bei nasaler Lampenstellung in den temporalen, hinter die zu beobachtende Gefäßpartie) und verwende 37fache Vergrößerung (Ok. 2, Obj. a3, bei Mikrobogenlicht genügt 24fache). Man beobachte nun im regredienten Licht (Irislicht). Oder man werfe das Büschel seitlich *neben* die zu untersuchende Stelle der Conj. bulbi, so daß das betreffende Blutgefäß seitlich belichtet ist. Ist das Gefäß prall gefüllt, so sieht man die Zirkulation nicht; es scheint, auch bei stärkster Vergrößerung, Stasis zu bestehen. *Damit die Zirkulation sichtbar werde, ist Diskontinuität der Blutsäule conditio sine qua non.* Vgl. Abb. 67—69, normaler Limbus, Beobachtung im Irislicht, man beachte die unterbrochenen Blutsäulen!

Beachtenswert ist ein von mir beschriebenes, nicht bei allen Personen vorhandenes, hauptsächlich am unteren, weniger am oberen Limbus conjunctivae vorkommendes *radiäres Säulensystem,* das ich als „Palisadensystem" bezeichnet habe (Abb. 71, 72, vgl. auch 73). Es besteht aus radiären firstenartigen Streifen, die bei starker Ausprägung oft schon makroskopisch zu sehen sind und mit dem Alter (Abb. 74) oft deutlicher und weißer werden*. Im Fall von Abb. 65 sind die Palisaden nicht sichtbar, in den Fällen der Abb. 71 und 73 stark ausgeprägt. Bei dunklen Europäern und bei Negern fand ich sie häufig pigmenteingescheidet.

Diese radiären Palisaden sind oft nur am unteren Limbus deutlich und gehören dem oberflächlichen Bindehautgewebe an. Die Palisade enthält in der Regel ein dünnes Blutgefäß, wie die Zirkulation zeigt, ein Vas afferens. Es stellt den oberflächlichen arteriellen Gefäßweg zum Randschlingennetz dar. Das letztere überragt die Palisadenzone hornhautwärts im Falle der Abb. 71 und 73 um 0,5—0,7 mm. (In anderen Fällen fand ich ähnliche Masse). Gelegentlich sieht man auch anscheinend gefäßlose Palisaden.

Die Palisadenzone ist individuell nicht nur verschieden deutlich, sondern auch verschieden breit. Im Falle der Abb. 71 beträgt die (radiäre) Breite der Zone am unteren Limbus etwa 1 mm (in anderen Fällen fand ich sie schmäler), die gegenseitige Distanz der Palisaden beträgt meist 0,1—0,15 mm. Die einzelne Palisade hat im Falle der Abb. 71 eine Dicke von etwa 0,3 mm und erscheint in der Jugend als ein im indirekten Licht hell doppelkonturiertes Röhrchen.

Im Alter können diese Gebilde vollkommen weiß und undurchsichtig werden (Abb. 74). Dadurch, daß sie Queranastomosen besitzen, entsteht ein Maschenwerk, in welches hinein im Alter nicht selten Pigment abgelagert wird (Abb. 74). Zierlicher noch sind die physiologischen Pigmenteinscheidungen bei Negern.

Die Beziehungen der einzelnen im fokalen und regredienten Licht sichtbaren Limbuszonen, wie sie bei einem 27 Jährigen vorhanden waren, sind aus der

---

* Wohl identisch mit den Radiärstreifen J. STREIFFs[135]). Anscheinend gehören auch die radiären „Pseudocysten" KOEPPES[37]) hierher.

schematischen Abb. 66 ersichtlich. Der rechte Teil dieser Figur (II) stellt den Limbus im fokalen, der linke (I) im Irislichte dar. d = durchsichtig, u = undurchsichtig, A Arterien der Palisaden, V Venen, P_1P_2 Palisadenzone, B Physiologische Betauungszone, c Endschlingen.

Von der etwa 1 mm messenden Palisadenzone P_1P_2 ist nur P_1 durchleuchtbar. Vereinzelt fand ich die ganze Palisadenzone undurchsichtig, so im Falle der Abb. 60a. An die Palisadenzone schließt sich die palisadenfreie Randschlingenzone R an, welche im fokalen Lichte undurchsichtig, im regredienten durchsichtig ist, so die Strecke R in Abb. 70.

Von der Randschlingenzone erstreckt sich corneawärts 0,2—0,3 mm weit die Zone der schwer sichtbaren, normalerweise fast ganz blutleeren Endcapillarschlingen C (vgl. z. B. Abb. 70 bei C, besonders deutlich in Abb. 65), die individuell sehr ungleich entwickelt ist. Etwas jenseits von deren axialen Grenze verliert sich die physiologische Betauung.

Während z. B. im Falle der Abb. 65 die luzide (durchleuchtbare) Zone (i) des Randschlingennetzes am nasalen unteren Limbus etwas mehr als 1 mm breit ist (etwa 1,2 mm), mißt sie im Alter durchschnittlich wesentlich weniger (nur zwei Drittel oder die Hälfte).

Dieses rührt daher, daß einerseits die undurchsichtige Zone im Alter axial etwas vorrückt, während andererseits ein Teil der feinsten Endarkaden obliteriert. Diese Obliteration eines Teiles der Randschlingengefäße ist nach früheren Autoren wie auch nach meinen Beobachtungen eine regelmäßige Alterserscheinung.

KOEPPE[138]) beschreibt von den Endarkaden aus verlaufende in die Cornea vordringende Lymphgefäßschlingen. Ich konnte mich jedoch von solchen nicht überzeugen, auch nicht mit der Mikrobogenspaltlampe. Am ruhenden Auge sehen wir allerdings reichliche terminale Capillarschlingen, die völlig blutleer sind, die sich aber meistens füllen, wenn eine leichte Massage angestellt wird (s. u.). Ich vermute, daß es sich bei KOEPPES Beobachtungen um eine Verwechslung mit Endcapillarschlingen handelte.

Die dünnsten Gefäße des Randschlingennetzes bestimmte ich zu etwa 10 Mikra (nach LEBERS anatomischen Untersuchungen sollen noch wesentlich dünnere vorkommen, doch beziehen sich seine Messungen auf das Leichenauge).

Ein großer Teil der Gefäße der Randschlingenzone führt im normalen ruhenden Auge kein Blut. Oft sieht man Gefäßchen (Abb. 68), die bald eine — lückenhafte, unterbrochene — Blutsäule zeigen, bald keine (COCCIUS[119]), DONDERS[120]), SCHLEICH[116]), STARGARDT[115]) u. a.). Reize ich aber die untersuchte Stelle, indem ich sie durch das Lid hindurch reibe, so tritt folgendes ein: In den ersten Sekunden bleibt der Limbus unverändert. Dann beginnen sich die bisher leeren Schlingen allmählich zu füllen, und wenn die Massage hinreichend war, taucht das ganze, vorher verborgen gewesene, weil größtenteils blutleere Randschlingennetz in roter Farbe auf, als ob es künstlich mit einem Farbstoff injiziert worden wäre. Bei älteren Personen, bei denen das Randschlingennetz besonders dürftig erscheint, war ich oft erstaunt, welche Mengen von Gefäßen durch das genannte Experiment zum Vorschein gebracht werden konnten. — Ähnliches sah ich an neugebildeten Gefäßen der Cornea, welche, nachdem das Auge ruhig geworden, nur noch teilweise Blut führten. Durch Adrenalineinträufelung kann man, wie LEHNER[181]) an meiner Klinik feststellte, Capillarverschluß bewirken. RICKER und REGENDANZ[182]) fanden bei Entzündung Stillstand der Blutzirkulation, *Stase,* wobei sie jedoch nicht berücksichtigten, daß in einem prall gefüllten Gefäß mittels fokaler Belichtung die Blutbewegung aus optischen Gründen *nicht sichtbar sein kann,* da der Inhalt eines solchen Gefäßes optisch homogen ist.

Abb. 65—73. Tafel 11.

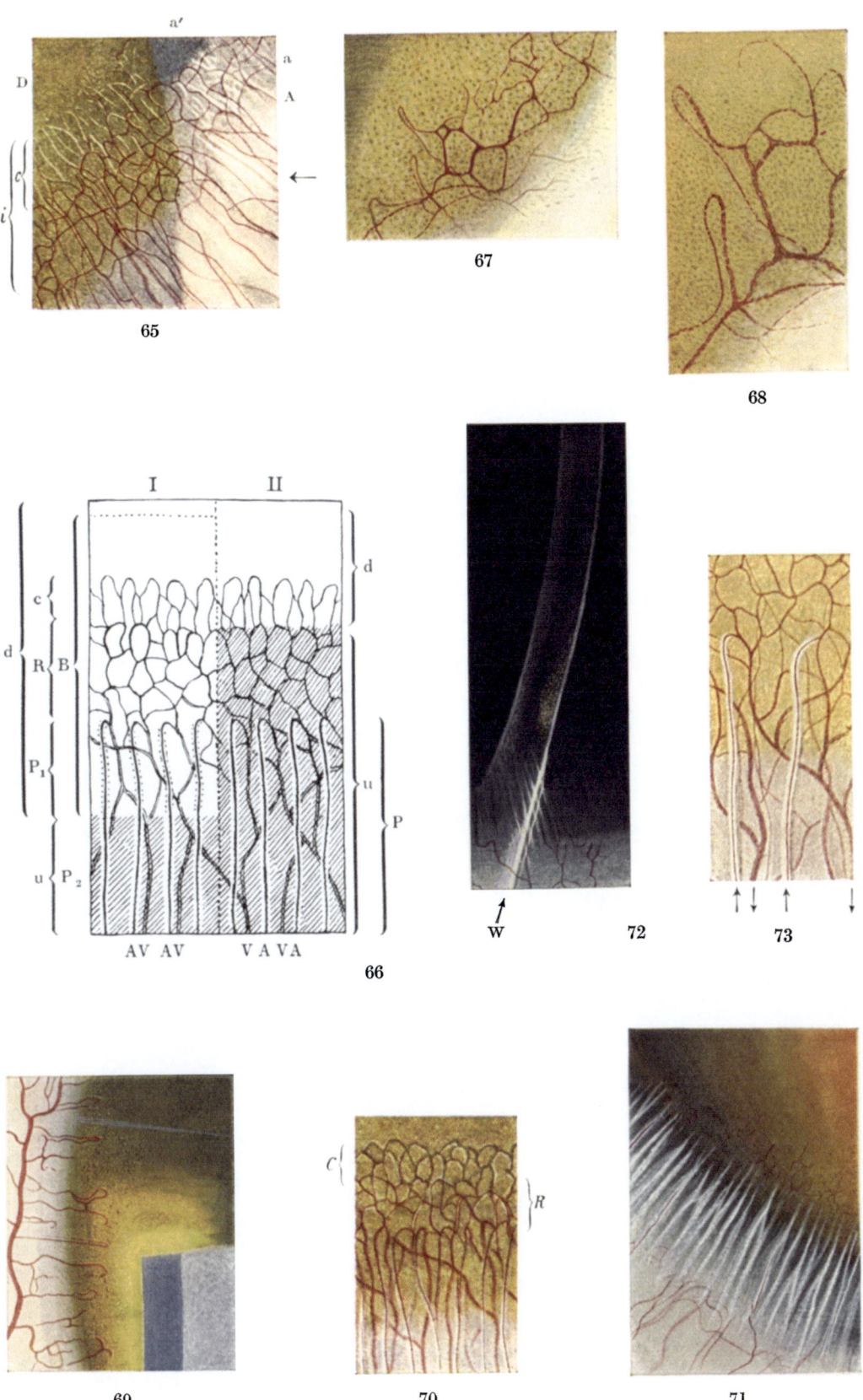

Vogt, Spaltlampenmikroskopie. 2. Aufl. Verlag von Julius Springer, Berlin.

Die von mir beschriebene *physiologische Epithelbetauung* (Abb. 65, 67—69) ist wesentlich feiner als die pathologische. Sie ist in jedem Auge zu finden. Ihr Gebiet ist in Abb. 65 links durch den Abschnitt 1 gekennzeichnet. Abb. 67—69 geben die Betauung bei verschiedenen Vergrößerungen wieder. In bezug auf die Technik der Beobachtung ist wichtig, daß man das Licht von der entgegengesetzten Seite her in den Kammerwinkel oder auf die benachbarte Iris wirft: zur Untersuchung des nasalen Limbus steht also das Licht temporal, zur Untersuchung des temporalen nasal.

Noch deutlicher als im regredienten sieht man diese Betauung im indirekt-seitlichen Licht, z. B. am *oberen* Rand des Büschels, da wo dieses in die dunklere Umgebung übergeht. Die Tröpfchen sind hier von ausgesprochener Klarheit.

Abb. 69 veranschaulicht diese subtile Darstellungsweise (für den temporalen Limbus Lampe nasal, für den nasalen temporal. N eintretender Nervenstamm, P oberes Ende des prismatischen Schnittes).

Die physiologische Betauung ist besonders lebhaft im Bereiche des Randschlingennetzes, also des Bindehautkeils (Abb. 36), der sich über die Hornhaut vorschiebt. Aber sie erstreckt sich auch noch etwas in die benachbarte Hornhaut (Abb. 65, 67). Es sind feinste Tröpfchen, welche in ihrer Größe etwa den Epithelzellen entsprechen. In der Tat zeigt die Beleuchtung mittels Mikrobogenspaltlampe bei 108facher Vergrößerung den Kontur der einzelnen Zellen.

Da sich die Betauung auch noch in die benachbarte Cornea erstreckt, kann sie nicht wohl durch die verschiedene Beschaffenheit des Limbus- und des Hornhautepithels bedingt sein. Stärkere Durchtränkung der peripheren Epithelschichten mit ernährender Gewebsflüssigkeit könnte vielleicht die Ursache sein, vielleicht auch steht die Erscheinung in irgendeinem Zusammenhang mit dem Fehlen der BOWMANschen Membran in der Hornhautperipherie.

Eine wesentliche Rolle könnte ferner den Randgefäßen zukommen. Ich fand eine ähnliche Betauung häufig auch auf oberflächlichen Narben beliebigen Datums.

Durch Einträufelung von Cocain und von Homatropincocain sah ich die physiologische Epithelbetauung stark an Deutlichkeit zunehmen und sich sogar über die übrige Hornhaut ausbreiten. — Unrichtig ist nach dem Gesagten die noch verbreitete Annahme, jede Betauung sei Zeichen eines Entzündungsprozesses. Die Betauung ist vielmehr lediglich ein *Symptom,* dem verschiedenartige Zustände zugrunde liegen können (vgl. den Abschnitt über die Beobachtung im regredienten Licht, S. 26).

Abb. 70. Palisadenarterien und Randschlingennetz im Irislicht.

S. G., 26jährig, rechtes Auge, unterer Limbus. Die Palisadenzone ist in ihrer axialen Hälfte durchscheinend bis durchsichtig. Dies entspricht durchschnittlich dem normalen Verhalten.

Abb. 71. Palisadensystem des unteren Limbus bei einem 37jährigen Manne. Ok. 2, Obj. a 2.

Man beachte die spitzen Ausläufer der Palisaden, die in das Randschlingennetz münden. In einzelnen Palisaden ist das Gefäß sichtbar.

Abb. 72. Palisadenzone der Abb. 71 im dünnen optischen Schnitt.

Oberhalb der Zone beginnendes Gerontoxon mit vorderer und hinterer Platte. Die Prominenz der Palisaden gibt sich durch eine wellige Oberflächenlinie W zu erkennen.

Abb. 73. Zwei Einzelpalisaden bei stärkerer (108 facher) Vergrößerung und bei Verwendung der Mikrobogenspaltlampe.

Indirekt seitliche Belichtung. Die hahnenkammartige Gefäßumhüllung verjüngt sich axialwärts in der in der Abbildung wiedergegebenen Weise. Die Arterie biegt hierbei dorsalwärts in die Tiefe, oft zunächst etwas retrograd verlaufend, um sich in Capillaren des Randschlingennetzes aufzulösen.

Abb. 74. Seniler Limbus, mit Blutpigmentablagerung zwischen den Palisaden. 68jähriger B. Fokales Licht, Ok. 2, Obj. a 3.

Das Randschlingennetz ist größtenteils verödet. Zwischen den Palisaden, die weißen Strängen gleichen, vielfach braunes Pigment. Daneben vereinzelte Gefäße. Gerontoxon mit lucidem Intervall.

Abb. 75. Präseniler Limbus mit pigmenteingefaßten Palisaden bei dem 44jährigen Baumeister Wull.

Die Palisaden bekommen durch das Pigment das Aussehen von zierlichen Schläuchen. Im fokalen Licht (i) erscheinen die Pigmentkörnchen lebhaft braunrot, im regredienten (r) dagegen schwarzbraun.

Abb. 76. Lymphscheiden um Venen und Arterien des Limbus conjunctivae bei der 51jährigen Frau A. K. Ok. 2, Obj. a 3.

Die Scheiden sind an den Venen deutlicher als an den Arterien. Sie sind im regredienten oder im indirekt-seitlichen Lichte erkennbar. Die Patientin leidet seit etwa einem Jahrzehnt an schleichender Iridocyclitis unbekannter Ursache, mit Cataracta complicata. Projektion gut.

Abb. 77. Schlagschatten der Limbusgefäße im peripheren Hornhautparenchym. (VOGT[183])

Das streng fokussierte Büschel wirft, wenn es die Enden des Randschlingennetzes trifft, scharfe Schlagschatten in das Parenchym und auf die gegenüberliegende Iris. Von vorn gesehen imponieren diese Schatten als schwarze, scharf begrenzte Linien bzw. als Schattenschnitte durch das Parenchym, die dem Ungeübten Parenchymveränderungen vortäuschen können. Man verwechsle diese Linien nicht mit den dunklen Gerotoxonlinien (s. Abb. 95—97). Die Schlagschatten der Gefäße sind am deutlichsten bei Mikrobogenlicht. Auch mit den Störungsschatten (Abb. 7a), die durch Unsauberkeiten der Spalte entstehen, dürfen die Gefäßschatten nicht verwechselt werden.

k) Physiologische Auflagerungen der normalen Hornhautrückfläche.

In bezug auf das Aussehen der normalen Endothelrückfläche im Spiegelbezirk vgl. Abb. 41—48. Als normal zu gelten hat ferner die hier zu schildernde Tröpfchenlinie.

Abb. 78—81. Die physiologischen Zelltröpfchen der Cornearückfläche. (Physiologische Tröpfchenlinie.)

Diese Zelltröpfchen findet man, wie zuerst LÜSSI an meiner Klinik feststellte, zu 10—20, seltener 50 und mehr, besonders oft bei Kindern.

Es kann keinem Zweifel unterliegen, daß die Zellen mit den spärlichen, physiologisch im Kammerwasser zirkulierenden Lymphocyten, die im Spaltlampenmikroskop als weiße Pünktchen imponieren, identisch sind. Ich sah sie besonders oft und zahlreich an der Hornhautrückfläche sich anlagern, wenn die jugendlichen Individuen sich wenige Minuten vorher in kalter Luft aufgehalten hatten.

Im regredienten Licht erscheinen die Zellen als Tröpfchen (Abb. 78), im fokalen sind es feine weiße Pünktchen (Abb. 79). Bei Personen von 7—16 Jahren fand sie IRMA GUGGENHEIM an meiner Klinik in etwa der Hälfte aller Fälle. Sie nehmen vorwiegend eine Partie gegenüber dem unteren Pupillarrand ein (Abb. 80, P Pupillarrand). Bei Keratitis, z. B. bei Anwesenheit eines Fremdkörpers in der Hornhaut nimmt die Zahl dieser Zellen rasch zu.

Abb. 81 gibt in 5 Fällen die Zahl und Anordnung der Tröpfchen zum Pupillarrand P wieder.

Diese Zellen sind also gewissermaßen die Wächter der Vorderkammer. Bei Verwendung stärkerer Vergrößerungen konnte ich eine amöboide Bewegung der Einzelzellen feststellen.

Bei drohender sympathischer Ophthalmie ist die Kenntnis dieser physiologischen Zellbeschläge (physiologische Tröpfchenlinie) von nicht zu unterschätzender Wichtigkeit (näheres s. im Abschnitt „Präcipitate der Hornhautrückfläche").

Außer den hier geschilderten Zellen können als physiologische Auflagerungen der Hornhautrückfläche vereinzelte Pigmentpünktchen gelten, deren Zahl im Alter durchschnittlich größer ist als in der Jugend. Die Prädilektionsstelle ist wieder die Partie gegenüber dem unteren Pupillenrand.

II. Senil veränderte Cornea*.
a) Gerontoxon.

Abb. 74, 82—86. *Gerontoxon* (Arcus senilis corneae).

Vom 20. bis 30. Lebensjahre an, oft schon früher, ist unschwer eine Zunahme der inneren Reflexion der Cornea feststellbar, insbesondere nach dem Limbus hin.

Die Ursache dieser gesteigerten Opazität liegt vielleicht darin, daß zwar die Zusammensetzung der durchtränkenden Gewebsflüssigkeit konstant bleibt, daß aber der Brechungsindex der fixen Gewebssubstanz (oder deren einzelne Teilchen) sich ändert. Dieses kann durch Einlagerung fremder Substanzen oder auch durch Zerfall geschehen.

Im einzelnen gibt sich die Zunahme der Opazität im Dichterwerden der die Marmorierung der normalen Hornhaut bedingenden feinen grauen Herdchen kund, die meist 0,02—0,08 mm voneinander abstehen und 0,02—0,05 mm Durchmesser haben. Man sieht diese Herdchen im Alter manchmal durch feinste Linien verbunden, wodurch ein zartestes Netz entstehen kann (z. B. bei der 70jährigen Marie Oe. besonders in den axialen oberflächlichen und mitteltiefen Partien).

Eine besondere Steigerung dieser Opazität findet in einer konzentrischen peripheren Zone statt, dem Gerontoxon. Es weist dieselbe feinflockige Struktur auf, wie die übrige Hornhaut, ist aber im Gegensatz zu letzterer mehr grau bis weiß bis gelbweiß.

---

* Über senile Veränderungen des Endothelspiegels s. S. 33.

Abb. 74 zeigt ein Stück des Gerontoxon (G) bei dem 68jährigen B. Beobachtung im fokalen Licht, Ok. 2, Obj. a 3. G Gerontoxon, KK lucides Intervall.

Der Trübungsgürtel, den wir als Gerontoxon bezeichnen, ist bekanntlich im Bereich der Hornhautoberfläche regelmäßig durch eine etwa 0,2—0,3 mm breite lucide oder relativ lucide Hornhautzone vom Limbus scharf getrennt. (Die dunkle Zone J zwischen G und S in Abb. 84, vgl. Intervall J Abb. 82). Wesentlich weniger scharf verliert sich das Gerontoxon axialwärts.

Jenes klare Intervall betrifft, wie mich der dünne optische Schnitt in zahlreichen Fällen immer wieder lehrte, vorwiegend die mittlere und oberflächliche Hornhautschicht (s. den schematischen Meridionalschnitt Abb. 82, Limbus, Intervall, Gerontoxon), so daß bei ungenauem Zusehen der Eindruck einer *Furche* erweckt wird, indem das Intervall J Abb. 82 wenig, Limbus und Gerontoxon dagegen (zufolge ihrer Opazität) stark reflektieren. Diese Täuschung geschieht besonders leicht in sehr fortgeschrittenen Fällen von Gerontoxon, in denen die Trübung nur noch die oberflächlichsten Teile des luziden Intervalls frei läßt, wie dies Abb. 83 schematisch veranschaulicht. Es kann auf diese Weise Verwechslung mit der senilen Randfurche der Hornhaut (Abb. 100—102) zustandekommen, besonders wenn die periphere Grenze des Gerontoxons sehr scharf abschneidet (Scheinfurche, Abb. 83).

Die Einträufelung von Fluorescein und die Anwendung des dünnen optischen Schnittes (Abb. 103 und 104) lassen die wirklichen Verhältnisse ohne weiteres erkennen.

Einen besonders klaren Überblick über die Struktur des Gerontoxons liefert das verschmälerte Mikrobogenbüschel. Mit letzterem konnte ich immer wieder feststellen, daß sich zwischen der hinteren trüben Platte D (Abb. 82) und der vorderen Platte regelmäßig ein lucides Parenchymintervall hinzieht (S in Abb. 82), das lange klar bleibt und nur in fortgeschrittenen Fällen sich ebenfalls trübt. Aber auch dann pflegt dieses Intervall S noch weniger opak zu bleiben als vordere und hintere Platte. Somit setzt sich beim nicht sehr fortgeschrittenen Gerontoxon das lucide Intervall J durch die klare mittlere Strecke S kontinuierlich in die normale Hornhaut fort. Ich konnte dieses bis jetzt nicht bekannte Verhalten mittels des dünnen optischen Schnittes an einer großen Zahl von Augen verschiedensten Alters immer wieder bestätigen. (Abb. 13b im Atlas 1921, die nur die Verhältnisse bei sehr fortgeschrittenen Formen wiedergibt, ist in dieser Hinsicht zu ergänzen und zu berichtigen. Die durchschnittlichen Verhältnisse gibt die jetzige Abb. 82 wieder.)

Abb. 84 und 85. Fortgeschrittenes Gerontoxon mit freier vorderer und hinterer Trübungsplatte. 66jähriger Jos. No. Ok. 2, Obj. A 2.

Die Abbildung orientiert über die Verjüngung der vorderen und hinteren Trübungsplatte. Abb. 84 Übersichtsbild, Abb. 85 dünner optischer Schnitt. Wie ersichtlich, verjüngt sich nach dem luciden Intervall J hin die hintere Trübungsplatte sehr allmählich, sie folgt der Descemeti bis in die Peripherie. Die vordere Platte G dagegen wird in J sehr dünn, an dieser Stelle in ungewöhnlicher Weise etwas dorsalwärts abbiegend, so daß hier eine seichte Furche vorgetäuscht wird. Ohne Fluorescein und dünnen optischen Schnitt könnte man übersehen, daß diese Furche mit luzidem Gewebe ausgefüllt ist.

Das Gerontoxon durchsetzt in diesem Falle zwar bereits die gesamte Dicke der Cornea, doch ist immer noch eine vordere und eine hintere Platte zu unterscheiden, zwischen denen eine lucidere Partie liegt.

Die Sclera schiebt sich in keilförmigem Sporn über die periphere Hornhaut vor.

Abb. 74—86. Tafel 12.

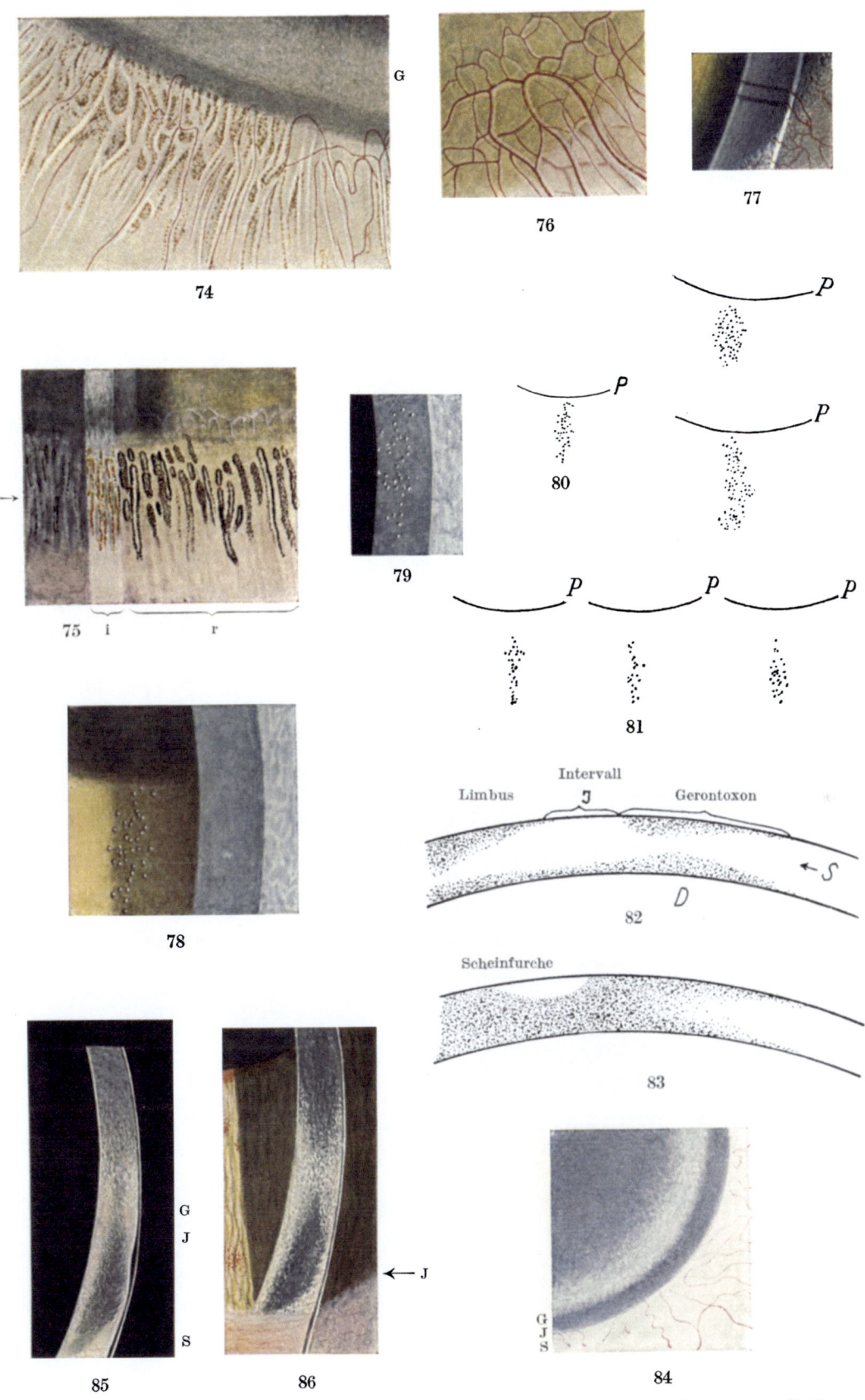

Vogt, Spaltlampenmikroskopie. 2. Aufl. Verlag von Julius Springer, Berlin.

Abb. 86. Fortgeschrittenes Gerontoxon bei dem 63jährigen Emil Si., optischer Sagittalschnitt. Ok. 2, Obj. a2.

Die luzide Partie zwischen Vorder- und Hinterplatte ist nur noch angedeutet.

Abb. 87. Beginnendes Gerontoxon (Arcus praesenilis) im optischen Sagittalschnitt bei dem 39jährigen E. R., normales rechtes Auge.

Vordere und hintere Platte sind noch scharf getrennt durch das lucide Intervall (s. Abb. 89). Peripher schneidet die Vorderplatte scharf ab.

Abb. 88. Erste Anfänge des Gerontoxon, mit Beschränkung der Trübung auf die Prädescemeti-Gegend. 19jähriger B. H. normales rechtes Auge.

Abb. 89 und 90. Doppeltes Gerontoxon bei dem 50jährigen Joh. Mos.
Abb. 89. Flächenansicht, schwache Vergrößerung.
Abb. 90. Optischer Schnitt. Ok. 2, Obj. a2.

Die Gesamtzone der beiden Gerontoxa ist etwa 2 mm breit, das äußere Gerontoxon mißt etwa 0,75 mm, das innere 0,5 mm. Das äußere Intervall beträgt 0,4 mm, das innere 0,3 mm. An beiden Augen besteht ganz ähnliches Verhalten. Mit Ausnahme einer frischen Narbe auf der rechten Hornhaut (Abb. 172) sind beide Augen ohne Besonderheit.

Man beachte den optischen Schnitt Abb. 90, welcher zeigt, daß sich jedes Einzelgerontoxon typisch wie das gewöhnliche senile Gerontoxon verhält.

Häufig finden sich neben dem Gerontoxon noch andere senile Hornhaut- und Limbusveränderungen. So im Falle der Abb. 74 neben dem Gerontoxon senile Pigmentablagerung in die Maschen der sklerotischen Limbusgefäße (vgl. auch Text zu Abb. 74).

Die Gerontoxonbildung der Hornhaut besteht in den frühesten Anfängen (Abb. 88) meist in einer Zunahme der inneren Reflexion in der Gegend der peripheren Descemeti. Ich fand die Durchsichtigkeit dieser Gegend häufig schon bei gesunden Kindern vermindert, die diffuse Reflexion bei fokaler Belichtung vermehrt (beginnender *hinterer* Arcus, im Gegensatz zu der vorderen Trübung. Ein derartiger Fall ist in Abb. 88 verwirklicht). Es tritt durch diese Steigerung der Opazität im Gebiete der peripheren Descemeti die Kante e g des prismatischen Schnittes Abb. 35 kräftiger zutage, während sie in den mittleren Partien weniger deutlich (besser bei schmalem Büschel) ausgesprochen ist.

Bei Gerontoxon setzt sich diese vermehrte Opazität im Niveau der tiefsten Hornhautpartie kontinuierlich, ohne lucides Intervall, nach dem Kammerwinkel hin fort.

Man könnte daran denken, daß das klare Intervall J (Abb. 82, 87) vielleicht dadurch begünstigt wird, daß das Randschlingennetz mittels seiner Endzweige eine bessere Ernährung der vorderen peripheren Hornhautpartie gestattet. An der Spaltlampe läßt sich feststellen, daß die Randschlingen eben noch den klaren, meist aber nicht mehr den trüben Bezirk erreichen. Eine gewisse Schwierigkeit stellen jedoch dieser Hypothese von mir beobachtete Fälle von *doppeltem* Gerontoxon entgegen, von denen ich ein Bild (Fall Mo.) hier wiedergebe (Abb. 89).

Das lucide Intervall im Bereiche des Randschlingennetzes kann übrigens unter Umständen sehr *schmal sein,* nämlich bei vorgeschobenem Limbus sclerae (z. B. fehlte es bei der 69jährigen Frau Gu.)

Nicht so selten ist schon vor der Pubertät auch ein vorderer Arcus entwickelt (s. Abb. 45), ja er kann in diesem Alter bedeutend stärker sein als der hintere.

Für die biologischen Beziehungen von senilen und präsenilen Veränderungen ist es von größtem Interesse, daß, wie hier an der Spaltlampe ermittelt wurde, die Vorläufer des Greisenbogens schon in jugendliches Alter zurückreichen können.

Analoges wird uns das Studium der Linse lehren.

Provoziertes Gerontoxon.

Interessante Beziehungen konnte ich *zwischen frühzeitig auftretender Keratitis und Gerontoxon feststellen. Nach frühzeitiger schwerer Keratitis sah ich nämlich mehrfach vorzeitiges Auftreten eines Gerontoxons,* das bei einseitiger Keratitis nur an diesem einen Auge sich zeigte, während das andere Auge (ohne Keratitis) völlig frei blieb (vgl. Abb. 426, 427). Dabei pflegte der Greisenbogen von ungewöhnlicher Deutlichkeit zu sein und er konnte den ganzen Hornhautumfang betreffen. Die Spaltlampenuntersuchung ergab charakteristischen Bau dieses exogen provozierten Gerontoxons. In der Mehrzahl dieser Fälle ging die Keratitis auf die frühe Kinderzeit zurück, so z. B. bei der 50jährigen Oer., welche mit 2—3 Jahren eine rechtsseitige (skrofulöse?) Keratitis durchgemacht hatte, die ausgedehnte Trübungen hinterließ. Es besteht heute rechts ein sehr kräftiges zirkuläres Gerontoxon, das nasal und temporal etwas schwächer ist. Es ist bis 2 mm breit und intensiv weiß. Das typische klare Intervall und die lucide Zone S (Abb. 82) sind vorhanden, sowie die Descemetitrübung D. Am gesunden linken Auge ist mittels Spaltlampe nur eine Andeutung von Gerontoxon nachweisbar.

Auch bei der 49jährigen Frau Wa. mit aus der Kindheit stammenden schweren, nur linksseitigen skrofulösen Narben besteht ausschließlich links ein kräftiges Gerontoxon, oben und unten. Das untere ist ebenfalls durch Maculae um einen Millimeter aufwärts disloziert. Am rechten Auge auch hier nur schwache Andeutung von Gerontoxon.

Ganz ähnlich auf der rechten Seite der 36jährigen Hulda All., welche als Kind schwere rechtsseitige Keratitis scrophulosa durchmachte, und bei der 49jährigen Germ. Na., mit gleicher Anamnese, linkes Auge mit Maculae corneae und enormem Gerontoxon.

Ich verfüge noch über einige weitere derartige Beispiele, die zum Teil das 60. Jahr überschritten haben *.

Da das Gerontoxon eine typische vererbbare Altersveränderung darstellt, so sind die genannten Beobachtungen von theoretischem Interesse. Sie zeigen, daß ein im Keimplasma angelegtes seniles Erbmerkmal durch eine exogene Noxe, in diesem Falle durch eine schwere Ernährungsstörung, vorzeitig zur Manifestation gelangen kann. Ähnlichem begegnen wir auf dem Gebiete anderer erblicher Altersveränderungen, z. B. der Arteriosklerose.

Toxische Schädigungen (Alkohol, Blei usw.) können diese normalerweise im höheren Senium auftretende Gefäßdegeneration vorzeitig zum Ausbruch bringen.

Diese Erscheinungen sind in allgemein pathologischer Hinsicht von größter Tragweite: Zwei ihrer Natur nach grundverschiedene Ursachen, die Keimesanlage und die exogene Noxe, rufen scheinbar eine und dieselbe Enderscheinung hervor.

---

* Im Abschnitt „senile Hornhautlinie" werde ich zeigen, daß auch diese, erst dem späteren Alter angehörende Veränderung durch exogene Vorgänge vorzeitig provoziert werden kann.

An anderer Stelle* habe ich auseinandergesetzt, daß diese äußere Übereinstimmung niemals ein Grund sein darf, die beiden, prinzipiell verschiedenen Ursachen miteinander zu verwechseln.

Abb. 91 und 92. Charakteristische Einwärtsknickung des Gerontoxons, mit lokaler Verdichtung („Hick").

Hin und wieder fand ich eine scharf umschriebene Einknickung des Gerontoxons mit lokaler Verbreiterung und Verdichtung (s. Abb. 91), deren Ursache sich nicht ermitteln ließ. Am häufigsten sah ich diese Veränderung, die ich kurz als „Hick" bezeichne, im nasal-unteren Abschnitt (Abb. 91, 69jährige Frau Wi.-Zi., linkes Auge), dann temporal-unten. Vereinzelt war sie an beiden Augen symmetrisch vorhanden. Mehrfach wußten die Betreffenden nichts von irgend einer überstandenen Augenkrankheit.

Bei näherem Zusehen ergab sich, daß nicht nur das Gerontoxon eingebuchtet war, sondern auch das lucide Intervall (Abb. 91) und schließlich folgte auch mehr oder weniger der angrenzende Limbus sclerae in Form eines entsprechenden Vorsprungs.

Im Falle der Abb. 91 besteht insofern ein regelwidriges Verhalten, als ein lucides Intervall zwischen Gerontoxon und Limbus sclerae fehlt. An die Einbuchtung des Gerontoxons, welcher Limbusgefäße folgen, schließt sich, getrennt durch ein lucides Intervall, eine halbmondförmige Macula an. Trotzdem die Patientin nie augenkrank gewesen war, läßt sich die Möglichkeit der Entstehung durch eine Keratitis nicht ablehnen.

In der Haupttrübung sieht man einige an Vakuolen gemahnende Ringe mit klarem Inhalt. Axialwärts schließen sich an die Haupttrübung einige feine Trübungswolken an, die dem Oberflächenparenchym zugehören. Der dünne optische Schnitt (Abb. 92) demonstriert die oberflächliche Lage der Veränderungen.

In wieder anderen ähnlichen Fällen war die Veränderung mit Sicherheit durch eine frühere Keratitis veranlaßt. In der Nähe des Gerontoxon, und zwar axial von demselben, befand sich eine Macula und merkwürdigerweise bog sich nun das Gerontoxon zu dieser Macula vor. Gewöhnlich folgte dann auch in diesen Fällen der Limbus sclerae mehr oder weniger deutlich.

Derartige Befunde veranschaulichen, wie schon im Text zu den vorigen Abbildungen angedeutet, daß der Greisenbogen durch entzündliche Prozesse aus seiner normalen Lage und Verlaufsrichtung abgelenkt werden kann.

Stellt man sich vor, daß das lucide Intervall, welches das Gerontoxon vom Limbus trennt, durch das Randschlingennetz hervorgerufen, oder doch begünstigt wird, so kann man sich die Einknickung des Greisenbogens dadurch deuten, daß die Randschlingenzone durch das Vorrücken der Sclera (bzw. durch entzündliche Narbenbildung) mit einwärts verschoben wird.

Abb. 93 und 94. Circumscriptes Vordringen des Limbus sclerae, durch lucides Intervall getrennt von einem geknickten gerontoxonähnlichen Streifen.

Ok. 2, Obj. a2, rechtes Auge, temporal-unterer Limbus. 65jährige Frau Hel. Ba., angeblich nie Augenentzündung (?). Der Limbus sclerae dringt bei 7 Uhr an umschriebener Stelle vor, ist jedoch von normaler Beschaffenheit. Getrennt durch

---

* Schweiz. med. Wschr. **59**, 11, 301, 1929.

ein lucides Intervall folgt ein gerontoxonähnlicher Bogenstreifen, der aber nur so weit reicht wie der Scleravorsprung. In diesem Intervall an einer Stelle eine hauchige Trübung.

Der optische Schnitt (Abb. 94) ergibt superfizielle Lage des Streifens und auch sonst ein Verhalten, das an Gerontoxon erinnert. In der übrigen Hornhaut Gerontoxon nur schwach angedeutet.

Von ähnlichen derartigen Hickbildungen seien noch folgende genannt:

Der 51jährige Hein. Fi. zeigt an der rechten Hornhaut bei 7 Uhr ein ähnliches Bild wie Abb. 93 und 94. Der Limbus sclerae dringt auch hier an umschriebener Stelle vor, das Gerontoxon biegt parallel zu ihm axialwärts ab. Patient war angeblich nie augenkrank. Wieder ein ganz ähnliches Bild findet sich rechts bei 5 Uhr bei dem 63jährigen Arzt Dr. Schm., der angeblich ebenfalls nie eine Augenkrankheit durchmachte. — Bei der 65jährigen Glaukompatientin Frau Ha. Pa. sitzt der Scleravorsprung rechts bei halb 8 Uhr, wieder besteht die Einknickung des an dieser Stelle starken, sonst aber überall schwachen Gerontoxons. Diese Patientin hat mit 11 Jahren ein rotes Auge gehabt.

Sicher entzündlichen Ursprungs ist der Scleravorsprung bei dem 63jährigen Gui. Nic., der früher Keratitis durchgemacht hat, und bei dem der Vorsprung bei 1 Uhr liegt. — Ähnliche Genese (skrofulöse Keratitis in der Kinderzeit) hat die Einknickung bei der 43jährigen Fräul. A. Me., rechte Hornhaut bei 8 Uhr, auch hier ist das Gerontoxon kräftig *nur gegenüber der Narbe*.

Abb. 45. Arcus juvenilis.

Ansätze zum Gerontoxon finden wir (s. Text zu Abb. 82 bis 88) mittels dünnen optischen Schnittes bei Jugendlichen nicht selten, auch dann, wenn mit gewöhnlichen Methoden nichts von Gerontoxon zu sehen ist. So zeigt der 21jährige Wi. Su. im dünnen optischen Schnitt der rechten Hornhaut beiderseits das Bild der Abb. 45 (aufgenommen am 19. September 1923). Abgesehen davon, daß *hier die Abgrenzung zwischen Epithel und Membrana Bowmani sichtbar ist, sowie die Zunahme der Epithel- und der Hornhautdicke nach dem Limbus hin,* so lassen sich die Anfänge des Gerontoxons beiderseits in der Nähe des unteren Hornhautrandes als rundliche graue mehr superfizielle Trübungen erkennen. Auch das lucide Intervall ist nachweisbar, aber schmal.

Oft liegt die Trübung derartiger juveniler Fälle der Sclera besonders nahe, das lucide Intervall ist schlecht ausgeprägt. *Ferner kann die Trübung fast ausschließlich auf die vordere Hornhautplatte beschränkt sein* (Abb. 45). Ähnlich fand ich dies bei dem 28jährigen Herrn Cl.

Daß die Anfänge des Gerontoxons häufig schon in die zwanziger Jahre, also ins dritte Jahrzehnt zurückgehen, ist an meiner Klinik durch systematische Untersuchungen von Guido Meyer statistisch belegt worden [Graefes Arch. *119*, 41 (1927)].

Abb. 95—97. Dunkle Linien und ihr Geflecht im Parenchym bei Gerontoxon.

Im mittleren und höheren Alter fand ich innerhalb des Gerontoxons bisweilen scharf begrenzte, bald anastomosierende, bald sich kreuzende dunkle Linien, die das Parenchym in verschiedener, meist zur Oberfläche paralleler, manchmal aber auch in schräger Richtung durchziehen und etwa 20—50 Mikra dick sind.

Die Linien sind immer scharf begrenzt. Selten ist ihr Rand in der Weise feinzackig, daß der Eindruck von Rißlinien entsteht. Letztere Form sah ich besonders bei *oberflächlichen* Linien.

Abb. 87—98. Tafel 13.

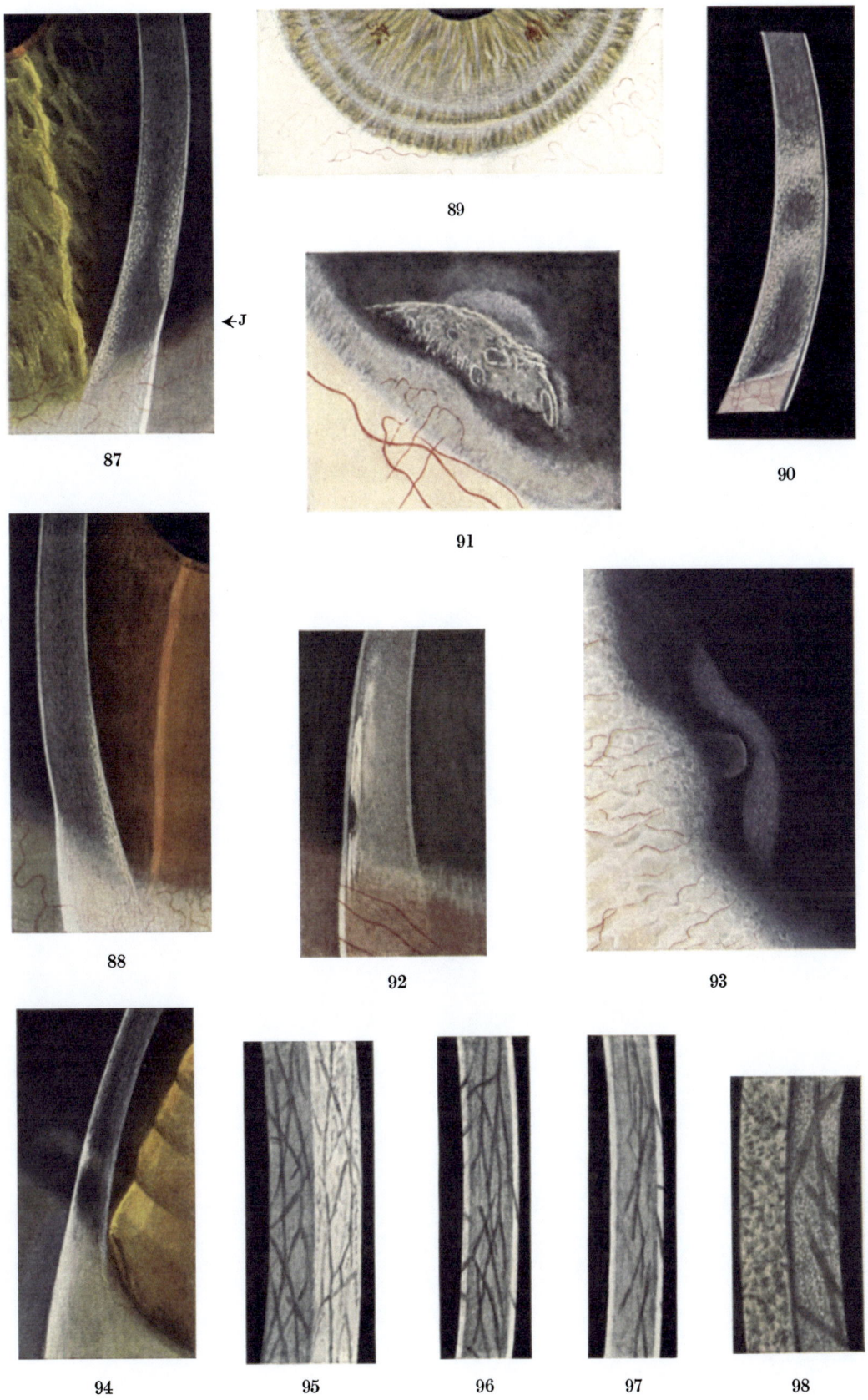

Vogt, Spaltlampenmikroskopie. 2. Aufl. Verlag von Julius Springer, Berlin.

Das verschmälerte Büschel (Abb. 96 und 97) belehrte mich, daß die dunklen Linien zwar in der vordersten und hintersten Gerontoxonzone, d. h. in den beiden dichtest trüben Partien des Greisenbogens, in der Nähe von BOWMANscher und DESCEMETscher Membran, am schärfsten hervortreten (Kontrastwirkung), daß sie aber auch das übrige Parenchym durchsetzen.

In dem Falle der Abb. 95—97 handelt es sich um die geschilderten dunklen Gerontoxonlinien bei dem 60jährigen Direktor Mié., die beiderseits besonders reichlich temporal zu sehen waren. Das normale lucide Intervall zwischen Gerontoxon und Limbus mißt im vorliegenden Falle nur 0,2—0,25 mm, stellenweise fehlt es sogar ganz. Abb. 95 gibt den breiten Büschelschnitt durch das temporale Gerontoxon, Abb. 96 und 97 geben dünne Schnitte wieder (linkes Auge, Ok. 2, Obj. A 2).

Nach dem Intervalle zu hören die Linien auf, bzw. sie werden aus optisch naheliegenden Gründen unsichtbar. Sie treten aber jenseits des Intervalls, im trüben Limbus wieder auf, vielleicht ein Zeichen dafür, daß sie auch im Intervall, wenn auch unsichtbar, vorhanden sind. Das Gerontoxon ist im vorliegenden Fall über 1 mm breit. Die Linien lassen sich axialwärts bis in die Reste der Trübung verfolgen, wo sie sich in der klaren Substanz verlieren.

In anderen derartigen Fällen sah ich die Linien ausschließlich in der Nähe der DESCEMETschen Membran (s. die nachfolgende Abbildung).

Welchem anatomischen Substrate gehören die dunklen Linien an? Man könnte annehmen, daß wir es hier mit präformierten Gewebsspalten zu tun haben, welche, weil mit Flüssigkeit gefüllt, die Gerontoxontrübung nicht zeigen und daher als klare Spalten sichtbar werden. Ein anatomischer Beweis für eine solche Annahme fehlt.

Dem Verlauf und der Lage nach erinnern die Linien an die bekannten, bald dunklen, bald hellen Gewebsspalten, welche die Keratitis parenchymatosa begleiten (z. B. Abb. 162a) und auch z. B. bei Hornhautquetschung zu sehen sind. Auch gewissen Formen der FUCHSschen Narbenaufhellungslinien sehen sie ähnlich.

Differentialdiagnostisch kommen die „Schattenlinien" bei Descemetifaltung in Betracht*. Vgl. z. B. Abb. 501.

Letztere sitzen im Bereiche der Descemeti und zeigen unter geeigneter Belichtung Faltenreflexe. Ebenso Schattenlinien von Gewebsspalten bei Parenchymquellung (Keratitis parenchymatosa).

Ferner verwechsle man die Linien nicht mit Schatten von Limbusgefäßen (Abb. 77). Diese verlaufen ebenfalls geradlinig, sind aber parallel der Lichtrichtung. Sie haben die Eigenschaft aller Schatten: Sie wandern mit Änderung der Lichtrichtung.

Endlich kann das Lichtbüschel selber Schattenstreifen zeigen, die insbesondere durch Verunreinigung der Spalte erzeugt werden (vgl. Abb. 7a).

Abb. 98. Dunkle Streifen im Bereiche der senilen trüben Descemeti. 25fache Vergrößerung.

Die 65jährige Frl. Elise Hü., welche das linke Auge vor mehreren Jahren angeblich durch Glaukom verlor, weist auf ihrem rechten, an zeitweiser Drucksteigerung und an inveterierter Chorioiditis disseminata leidenden Auge eine auch die mittleren Partien erreichende diffuse flächenhafte Trübung der Descemetigegend auf, welche stellenweise von den dunklen (im regredienten Licht luciden) Streifen der Abb. 98 durchzogen ist.

---

* Vgl. Verf. Graefes Arch. 99, 296 (1919 u. 1921).

b) Senile Randfurche der Hornhaut.

Abb. 99, 100, 101, 102a und b. Senile Randfurche der Hornhaut (Sulcus marginalis corneaes enilis).

Der 78jährige, nie augenkranke Dr. med. David Wa. zeigt am rechten äußeren oberen Hornhautrand im Bereiche des Gerontoxon die leicht wellige Randfurche der Abb. 100, etwa 12fache Linearvergrößerung. Größte Breite der Furche schwach 0,5 mm.

Die Tiefe der Furche ist aus dem optischen Schnitt Abb. 101 ersichtlich. Auf diesem Schnitt ist auch *als optische Täuschung eine Einbiegung der Hornhautrückfläche zu sehen,* die dadurch zustandekommt, daß die Randfurche als Konkavglas wirkt.

Abb. 99 (etwa 20fach) gibt eine Übersicht über das Gerontoxon und die Randfurche, natürliche Größe.

Senile Randfurchen sind selten. Sie können, wie im Abschnitt Gerontoxon erwähnt, vorgetäuscht werden, wenn Gerontoxon und Sclerarand sich gegen das lucide Intervall scharf absetzen und das lucide Intervall bis nahe zur Oberfläche durch Trübung ausgefüllt ist (vgl. Schema Abb. 83). Gegen die Verwechslung schützt dünner optischer Schnitt nach Fluoresceineinträufelung. Dabei erinnere man sich daran, daß die Randfurche mit Flüssigkeit ausgefüllt sein kann. Das Fluorescein wird diese Flüssigkeit färben.

Abb. 102a. Beginnende senile Randfurche, Sulcus marginalis incipiens, bei dem 66-jährigen Luis. J., linkes Auge.

Im nasal-unteren Hornhautabschnitt setzt sich das Gerontoxon besonders scharf und abrupt gegen das luzide Intervall ab (Abb. 102a). Man vergleiche den Schnitt durch das Gerontoxon mit dem normalen der Abb. 86, 87. Ein Unterschied besteht darin, daß dasjenige der Abb. 102a eine opake Brücke über das lucide Intervall sendet. Diese Brücke bildet mit der Vorderplatte des Gerontoxons einen spitzen Winkel, der vom luciden Gewebe ausgefüllt ist. Die Fluoresceinlinie (Epitheloberfläche) ist über dieser Partie deutlich eingebogen (Sulcus marginalis incipiens Abb. Abb. 102a).

Würde die genannte lucide Stelle aus Tränenflüssigkeit, statt aus Gewebe bestehen, so wäre sie in toto grün gefärbt (vgl. Abb. 104).

Auch in diesem Falle ließen nur dünner optischer Schnitt im Verein mit Fluorescein die Diagnose einwandfrei stellen.

Abb. 102b und c. Sulcus marginalis incipiens, mit zum Teil inkrustierter glasiger Randlinie des Gerontoxons. Linkes Auge, nasal-unterer Limbus, Ok. 2, Obj. A 2.

Bei dem 56jährigen Pfarrer Sta. (mit postneuritischer Opticusatrophie unbekannter Ursache rechts) ist beiderseits (am stärksten symmetrisch nasal unten) das Gerontoxon in *scharfer Linie* gegen das lucide Intervall abgesetzt (Abb. 102b). Diese Randlinie ist rings um die Hornhaut verfolgbar. Das Randschlingennetz zieht, besonders nach unten, sowohl am rechten wie am linken Auge, bis in dichte Nähe dieser Glaslinie, und die Gefäße sind zum Teil *leicht erweitert,* doch fehlen vielfach die feinen Capillaren. Zwischen 6 und 9 Uhr besteht beiderseits deutliche beginnende Randfurche Abb. 102c. (Nachweis mit Fluorescein, dünnem optischem Schnitt.)

Wie Abb. 102c zeigt, welche einen Schrägschnitt durch den linken Limbus bei 8 Uhr wiedergibt — temporale Lampenstellung — besteht hier wieder das optische

Abb. 99—106. Tafel 14.

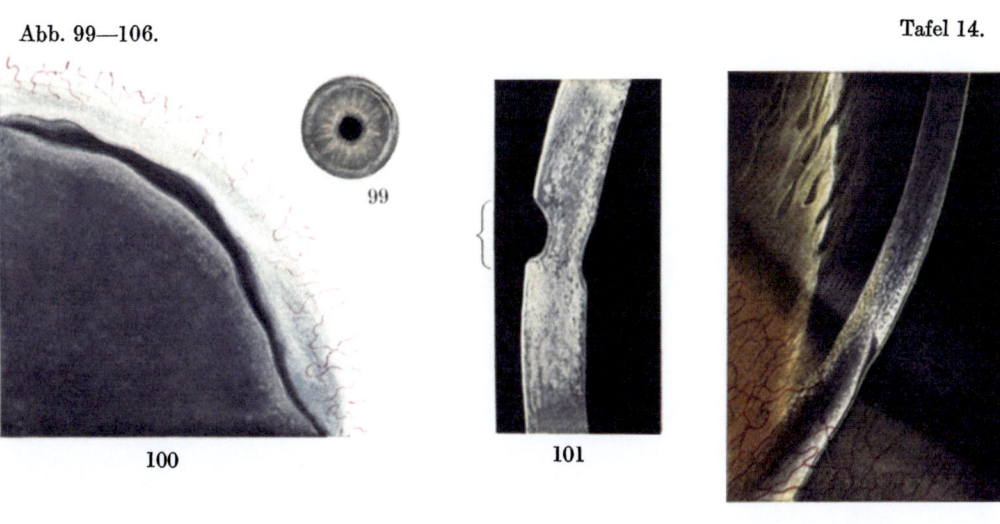

100 99 101 102a

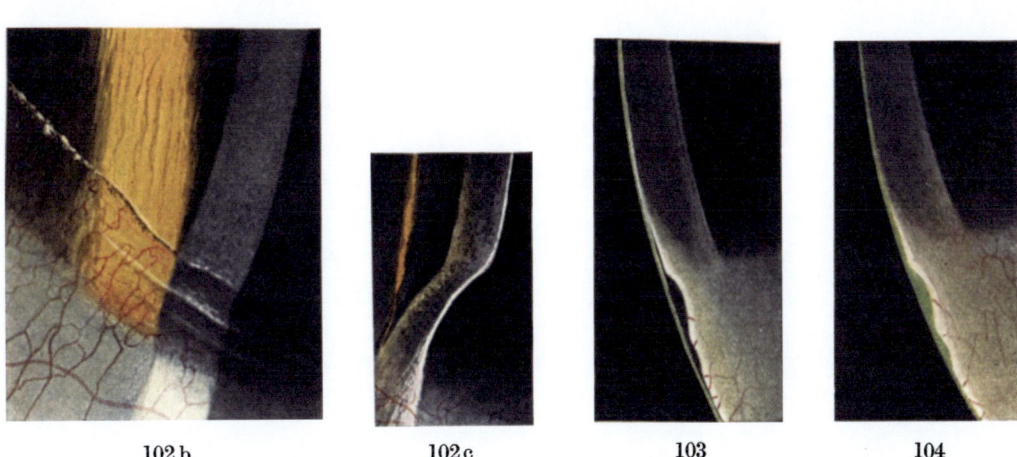

102b 102c 103 104

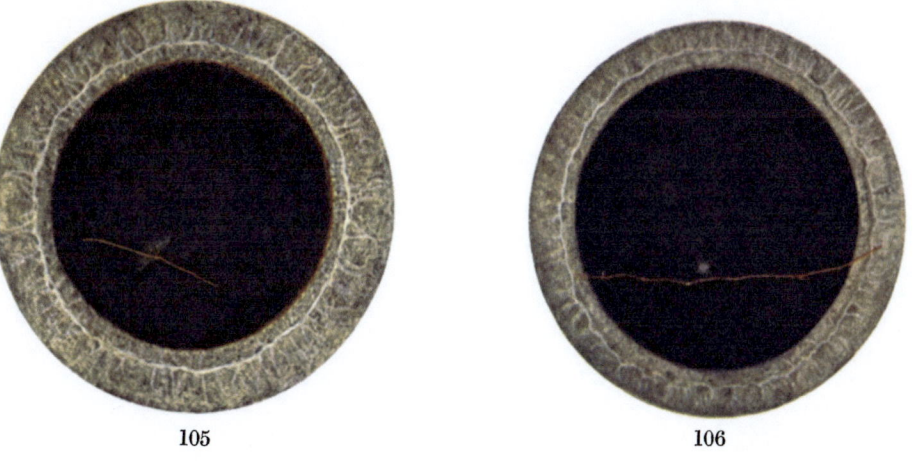

105 106

Vogt, Spaltlampenmikroskopie. 2. Aufl. Verlag von Julius Springer, Berlin.

Phänomen der scheinbaren Einbiegung der Hornhautrückfläche, ähnlich wie im Falle der Abb. 101.

Im regredienten Licht erscheint die Randlinie des Gerontoxons als zarte *Glaslinie* Abb. 102b (Ende der BOWMANschen Membran?), mit deutlichem Glanz, beiderseits nasal unten umlagert von weißen Pünktchen und Herdchen (Abb. 102b), welche denjenigen des „weißen Limbusgürtels" (Abb. 190) gleichen, und wie diese, im indirekt-seitlichen Licht am deutlichsten sind. Parallel zu dieser Randlinie sieht man in Abb. 102b noch zwei weitere, ähnliche Linien, die im Sulcus marginalis verlaufen. Sie sind nur links nasal unten vorhanden.

Der vorliegende Fall läßt an Beziehungen denken, die vielleicht zwischen BOWMANscher Membran und Gerontoxon einerseits und Randfurche andererseits bestehen, insofern, als letztere nur da auftritt, wo die M. Bowmani physiologischerweise fehlt.

In seltenen Fällen kann die vordere Platte des Gerontoxons sich in der Hauptsache auf die M. Bowmani beschränken und eine Beschaffenheit zeigen, welche an die Bandtrübung erinnert. Die Grenze gegen das lucide Intervall schneidet dann besonders scharf ab und kann zackig, wie angenagt aussehen. So bei dem 69jährigen Roman La., mit total obliteriertem Palisadensystem und verödetem Randschlingennetz.

Abb. 103. Vortäuschung einer senilen Randfurche der Hornhaut.

Der 75jährige Herr App. steht in Behandlung wegen leichter chronischer Drucksteigerung zufolge Glaukoma capsulare. Pupillarrand beiderseits dicht besät mit dem typischen hellblauen Kapselfilz, zufolge ausgedehnter Exfoliatio capsulae anterioris lentis (vgl. Abschnitt Linse). Beiderseits sehr kräftiges Gerontoxon, das, wie Abb. 103 lehrt, im luciden Intervall *nur die oberflächlichste Platte frei läßt, wodurch ein Sulcus marginalis senilis vorgetäuscht* wird (vgl. Schema Abb. 83). Nur die Einträufelung von Fluorescein und die Untersuchung im dünnen optischen Schnitt können vor der Täuschung bewahren. Wie Abb. 103 lehrt, färbt sich die Oberfläche grün und tritt als scharfe grüne Oberflächenlinie zutage. Wäre ein Sulcus vorhanden, *dieser aber mit Tränenflüssigkeit ausgefüllt, so müßte diese gesamte Flüssigkeitsschicht die grüne Farbe zeigen*, wie in Abb. 104 zu sehen ist. Dies trifft im Falle 103 nicht zu, folglich existiert kein Sulcus marginalis, er wird lediglich durch lucides Gewebe vorgetäuscht.

Gewiß konnte man auch mit früheren Methoden exzessive Randfurchen oder gar Spontanperforationen und Randektasien nachweisen*. Was aber die feinen *beginnenden* Stadien anbelangt, so halte ich es für möglich, daß gewisse Fälle von mit Spaltlampe nachgewiesenem beginnendem Sulcus marginalis optische Täuschungen waren. Ohne die hier geschilderte Methode darf der Sulcus marginalis incipiens nicht diagnostiziert werden.

Abb. 104. Mit Fluoresceinflüssigkeit gefüllte Randfurche. Schematisch.

c) Die superfizielle senile Hornhautlinie (Linea corneae senilis).

1. Die scheinbar spontane senile Hornhautlinie. (STÄHLI.)

Abb. 105 und 106. Diese in ihrer pigmentierten Form zuerst von STÄHLI an normalen Hornhäuten mittels HARTNACKscher Lupe gefundene Linie kommt im mitt-

---
* Vgl. SCHMIDT-RIMPLER, E. FUCHS, TERRIEN, KYRIELEIS, F. ED. KOBY l. c. 1924 pag. 91, welch letzterer Forscher die dégénérance ectatique marginale als erster an der Spaltlampe untersucht hat.

leren und höheren Alter* nicht selten vor, auch bei narbenfreier Cornea und in sonst gesunden Augen. Sie ist bald völlig gestreckt, bald mehr wellig. Häufig ist sie verzweigt. Sie liegt meist in der Richtung der Lidspalte, und zwar im unteren Teil des mittleren Hornhautdrittels. Den Limbus erreicht sie nicht (was in bezug auf eventuelle Zusammenhänge mit der BOWMANschen Membran, s. u., bemerkenswert ist). Abb. 107 (r. bedeutet jeweilen rechtes, l. linkes Auge der betreffenden Person) orientiert über häufigere von uns beobachtete Formen. Die Linie ist nicht immer scharf trennbar von der schon lange bekannten ebenfalls gelben Narbenpigmentlinie (Abb. 420—423). Neben dieser pigmentierten Linie existiert, wie ich nachwies, auch noch eine *unpigmentierte Form* der senilen Linie (z. B. Abb. 113, 115, 116). Zwischen pigmentierter und unpigmentierter Form bestehen mannigfache Übergänge und Kombinationen (vgl. Abb. 113). Es rechtfertigt sich daher nicht, von seniler Hornhaut*pigment*linie zu sprechen, sondern sie wird zweckmäßig als „Linea corneae senilis" bezeichnet.

Im folgenden werde ich außerdem den Nachweis leisten, daß die Linie *auch schon in jugendlichem Alter durch Krankheit des Bulbus erworben werden kann,* was im Hinblick auf das noch rätselhafte Wesen der Linie beachtenswert ist.

Die *Sichtbarkeit* der Linie ist weitaus die beste im Mikrobogenlicht. Schlecht sichtbar ist sie im Nernstlicht, geeigneter als letzteres ist das Nitralicht, sowie auch dasjenige der Azoprojektionslampe, dessen Ungleichmäßigkeiten und Farbensäume jedoch stören. Letztere beiden Lichtquellen genügen, um die Linie schon mit HARTNACKscher Lupe zu sehen, wenigstens die pigmentierte Form derselben. Bei der Untersuchung an der Spaltlampe erinnere man sich stets, daß schlechte Fokussierung Farbensäume bedingt, welche das Auffinden besonders des flaschengrünen Typus der Linie verunmöglichen. Auch die übrigen Einzelheiten entgehen leicht ohne genaue Fokussierung.

Zunächst sei die *pigmentierte* Linie in Übersichtsbildern veranschaulicht, wie sie uns im Nernstlicht, im Nitra- und im Mikrobogenlicht entgegentritt (Abb. 105—109). Sodann wird in einer Reihe von Bildern auf feine Besonderheiten eingetreten (Abb. 111 bis 115), wie sie nur das Mikrobogenlicht bei guter Fokussierung und Verwendung stärkerer Vergrößerungen ergibt.

Daß die Hornhautpigmentlinie ephemerer Natur sein kann, lehrten mich nicht nur unten zu schildernde Fälle, in denen die Linie durch Bulbuserkrankungen provoziert war, sondern auch einige Beobachtungen der typisch senilen Form. So verschwand in einem Fall die sehr kräftige Linie durch Starextraktion, in einem anderen Fall durch Epithelabkratzung.

Abb. 105. Senile Hornhautlinie.

Die Linie im linken Auge des 53jährigen Arbeiters H. Th. in schwacher Vergrößerung. Die kleine Hornhautmacula ist auf einen vor 17 Jahren eingedrungenen und bald darauf entfernten Hornhautfremdkörper zurückzuführen. Die Linie ist hier braun, weil Beobachtung im Nernstlicht stattfand.

---

* Die jüngste Person, bei der ich bis jetzt die Linie gut ausgeprägt fand, ohne daß Bulbuserkrankung bestand, ist die 25jährige Landwirtin Te. (Typus I und II der Linie). Das eine Auge leidet allerdings seit 3 Jahren an entzündlicher Netzhautablösung, das andere Auge, das die Linie ebenfalls zeigt, ist aber vollkommen gesund.

Ich hatte oft den Eindruck, daß die Linie bei Personen, die viel Wind und Wetter ausgesetzt sind, z. B. bei Landwirten, häufiger ist als bei Städtern.

Abb. 106. Senile Hornhautlinie besonderer Länge.

Eine ausgedehntere Pigmentlinie am linken Auge des 54jährigen R. L. Die sanft wellige Linie ist stellenweise flach geknickt und hier und da zu weißlichen Punkten verdichtet. Oberhalb der Linie eine kleine runde Macula (Nernstlicht).

Dieser Mann hat seines Wissens niemals eine Verletzung oder eine Erkrankung des linken Auges durchgemacht.

Abb. 107. Übersicht über häufigere Formen der Linie.

Abb. 108. Die senile Hornhautlinie bei stärkerer Vergrößerung und Verwendung der Mikrobogenspaltlampe.

Wie erwähnt, ist die senile Hornhautlinie, wie auch die *Keratokonuspigmentlinie* (s. u.) mittels Mikrobogenspaltlampe auch noch dann zu sehen, wenn Azo- und Nitralampe versagen. Das bläulichweiße intensive Bogenlicht läßt die gelbe Linie scharf bis in alle Einzelheiten hervortreten, und zwar auch bei Verwendung starker Vergrößerungen.

Abb. 108 zeigt den temporalen Teil der Linie von Abb. 106 bei Bogenlampenbelichtung und bei Verwendung von Ok. 2, Obj. a 3 (37fache Vergrößerung). Die Linie ist an einer Stelle gegabelt, der untere Gabelzweig verliert sich allmählich. Breite der Linie durchschnittlich 0,05 mm. An den meisten Stellen verliert sich die gelbe Farbe unscharf in die Umgebung. Da und dort bestehen circumscripte *Verdichtungen,* die *weißgelb* erscheinen. Die einzelnen Pünktchen, die die Linie zusammensetzen, sind glänzend.

An verschiedenen Stellen erschien es mir fraglich, ob nicht das Pigment noch in die BOWMANsche Membran, bzw. in das oberflächlichste Parenchym sich fortsetze. Darüber werden nur anatomische Untersuchungen Aufschluß geben können*.

Die Bogenlampe erhöht natürlich die Deutlichkeit aller Einzelheiten der Cornea enorm. Insbesondere sieht man die Nerven bis in die feineren Zweige bei stärkeren Vergrößerungen. Die Nerven zeigen einen Glanz, der sich aus kleinsten Pünktchen zusammensetzt. (In der Abb. 108 u. 109 sieht man zwei Nerven unter der gelben Linie durchziehen.) Auch das Endothel und seine Einzelheiten, das Glaskörpergerüst usw., sind in diesem Licht von ungeahnter Deutlichkeit**.

Abb. 109. Senile Hornhautlinie bei 68facher Linearvergrößerung, Beobachtung mit Mikrobogenspaltlampe.

68jährige Dienstmagd Sch. K. Beidseitige Cataracta senilis. Die Linie ist an beiden Augen in ähnlicher Weise ausgeprägt.

Die Linie liegt unterhalb Hornhautmitte im Pupillarbereich. Sie ist aus hellgelben Punkten zusammengesetzt, welche, wie man sieht, sehr verschieden dicht gruppiert sind. Man beachte die Verdichtung in spitz zulaufenden Zonen und im rechten Teil der Figur eine charakteristische Knickung. Die Breite der Linie variiert nicht unerheblich.

---

* Daß die gelbe Linie vergänglich ist, beobachtete ich in einem Falle von Kataraktoperation. Nach der in gewohnter Weise vorgenommenen Lappenextraktion war die vorher außerordentlich deutliche Linie (Abb. 109) verschwunden. Nur noch im Mikrobogenlampenlicht war der Ort der früheren Linie zu sehen, und zwar als blaßflaschengrüner, unscharfer Streifen. War hier die Linie mit dem Epithel abgestreift, oder war lediglich das Pigment entfernt worden?

** Daß trotzdem die Mikrobogenspaltlampe sich für die Praxis viel weniger eignet als die Nitralampe, wurde im Abschnitt „Methodik" erörtert.

Stellenweise scheint im Bereich und in nächster Umgebung der Linie eine leichte *Gewebstrübung* zu bestehen, vielleicht im Bereiche der BOWMANschen Membran oder des oberflächlichsten Parenchyms. Die intensiv weißen Stellen sind sicher nicht durch Pigmenteinlagerung in das Epithel bedingt.

Im rechten Teil der Abbildung oberhalb und unterhalb der Linie 3 oder 4 kleine unscharfe Parenchymflecken, wie ich sie in der Nähe der Linie und im Verlaufe derselben häufig beobachtete (s. Abb. 110—115). Schräg darunter zwei Nerven, von denen der eine verzweigt ist.

2. Mikroskopische Untersuchung der Linea corneae senilis an der Mikrobogenspaltlampe.

Die Durchmusterung einer größeren Zahl von senilen Hornhautlinien an der Mikrobogenspaltlampe ließ mich verschiedene *Typen* der Linie erkennen und ergab eine Anzahl von Einzelheiten, die hier zusammengefaßt seien.

Zunächst konnte ich feststellen, daß das Pigment (sofern die Linie überhaupt pigmentiert ist, s. u.) nicht braun ist, wie der Entdecker J. STÄHLI mit weniger intensiver Lichtquelle gefunden hatte (l. c.), sondern — hinreichende Weiße des Untersuchungslichtes vorausgesetzt — je nach den optischen Bedingungen, unter denen es gesehen wird, eine flaschengrüne bis olivgrüne, oder eine ockergelbe Farbe hat.

Die drei Typen der Linie.

Nicht schwer fällt es ferner, *drei verschiedene Linientypen* zu unterscheiden, die bald einzeln auftreten, bald jedoch an ein und derselben Linie zum Ausdruck kommen.

I. *Der flaschengrüne bis olivgelbe, lackfarbene Typus* (Typus I), Zone I in der *Abb. 111*. Dieser Typus ist der häufigste. In schwacher Ausprägung ist er besonders oft zu finden, dann aber (auch mit vollbelasteter Nitralampe) schwer zu sehen. Mit HARTNACKscher Lupe und Azolampe ist er in solchen Fällen meist unsichtbar. Die Breite dieses Typus beträgt 0,05—0,15 mm, die Länge häufig mehrere Millimeter. Dieser Linientypus ist also relativ breit, die Begrenzung ist verwaschen, indem sich die Färbung allmählich in die Umgebung verliert. Eine besondere Zeichnung ist nicht vorhanden, vielmehr hat die Färbung einen durchaus homogenen Charakter (Lackfarbe*). Die Farbe ist bei ein und derselben Linie oft von wechselnder Intensität.

II. *Der ockergelbe Typus* (Typus II). Zone II der Abb. 111 (in manchen Fällen ist das Gelb lebhafter und dichter als in diesem Falle). Diese Linie ist scharf begrenzt, meist schmal. Die Farbe ist olivgelb bis ockergelb. Breite der Linie meist nur 0,03 bis 0,06 mm. Doch kommen schmälere und breitere Partien häufig an derselben Linie vor. Meist zeigt dieser Typus eine gelblich-weißliche Körnung (vgl. auch Abb. 108, 109).

Sehr häufig finden sich Typus I und II miteinander kombiniert, sei es in der Weise, daß der schmälere und oft auch kürzere Typus II innerhalb oder am Rande des Typus I streckenweise auftritt, sei es, was ebenfalls sehr häufig ist, daß der eine Typus die Fortsetzung des anderen bildet (s. die Abb. 111).

III. *Der (von mir gefundene) farblose (weiße bis grauweiße) Typus.* (Typus III). (Zone III der Abb. 111, ferner Abb. 113 und 115, rechte und linke Hornhaut der

---

* Auch STÄHLI (l. c. S. 729) hat körnchenfreie homogene Partien seiner Pigmentlinie beobachtet.

Abb. 107, 108. Tafel 15.

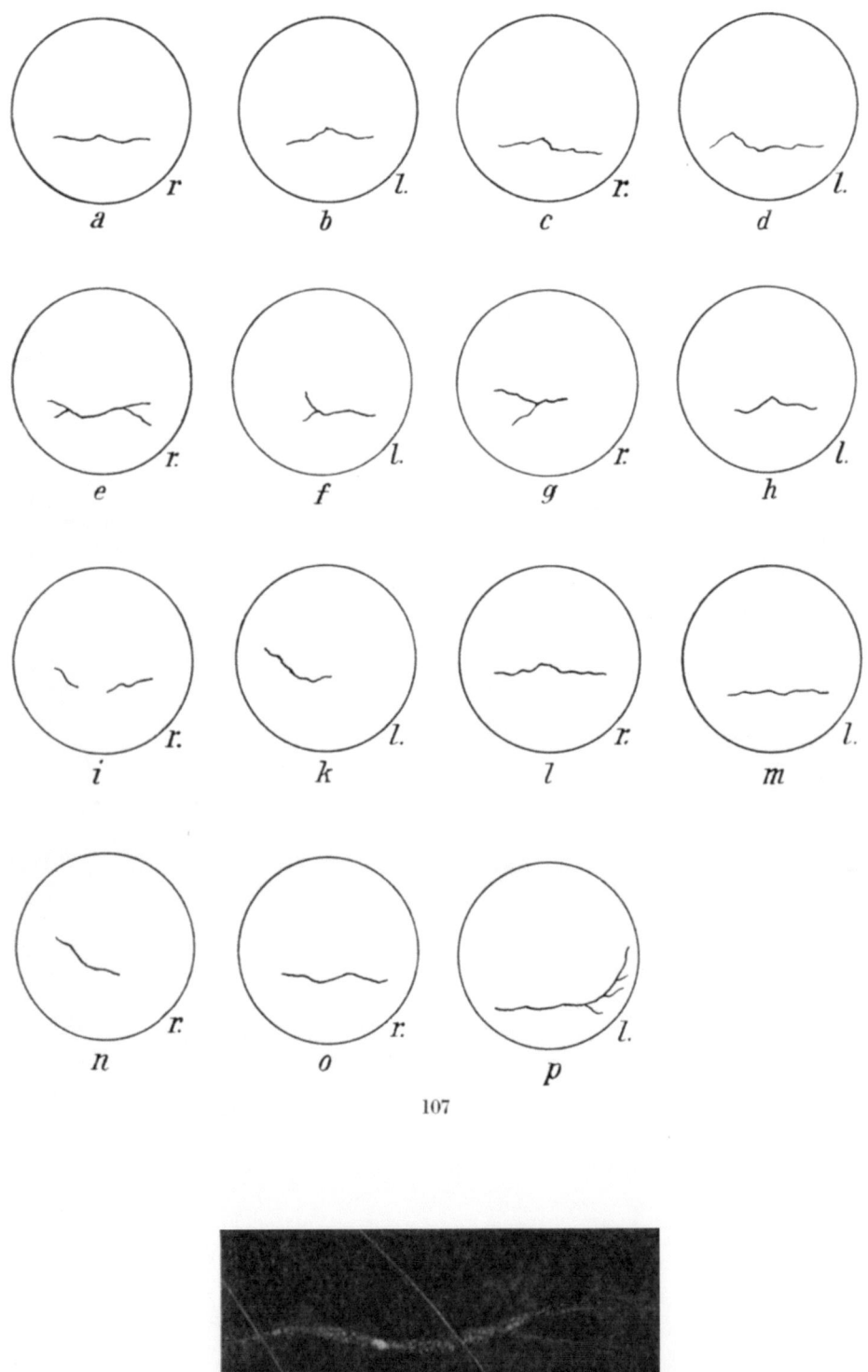

107

108

Vogt, Spaltlampenmikroskopie. 2. Aufl. Verlag von Julius Springer, Berlin.

Abb. 109—113.　　　　　　　　　　　　　　　　　　　　　　　　　　Tafel 16.

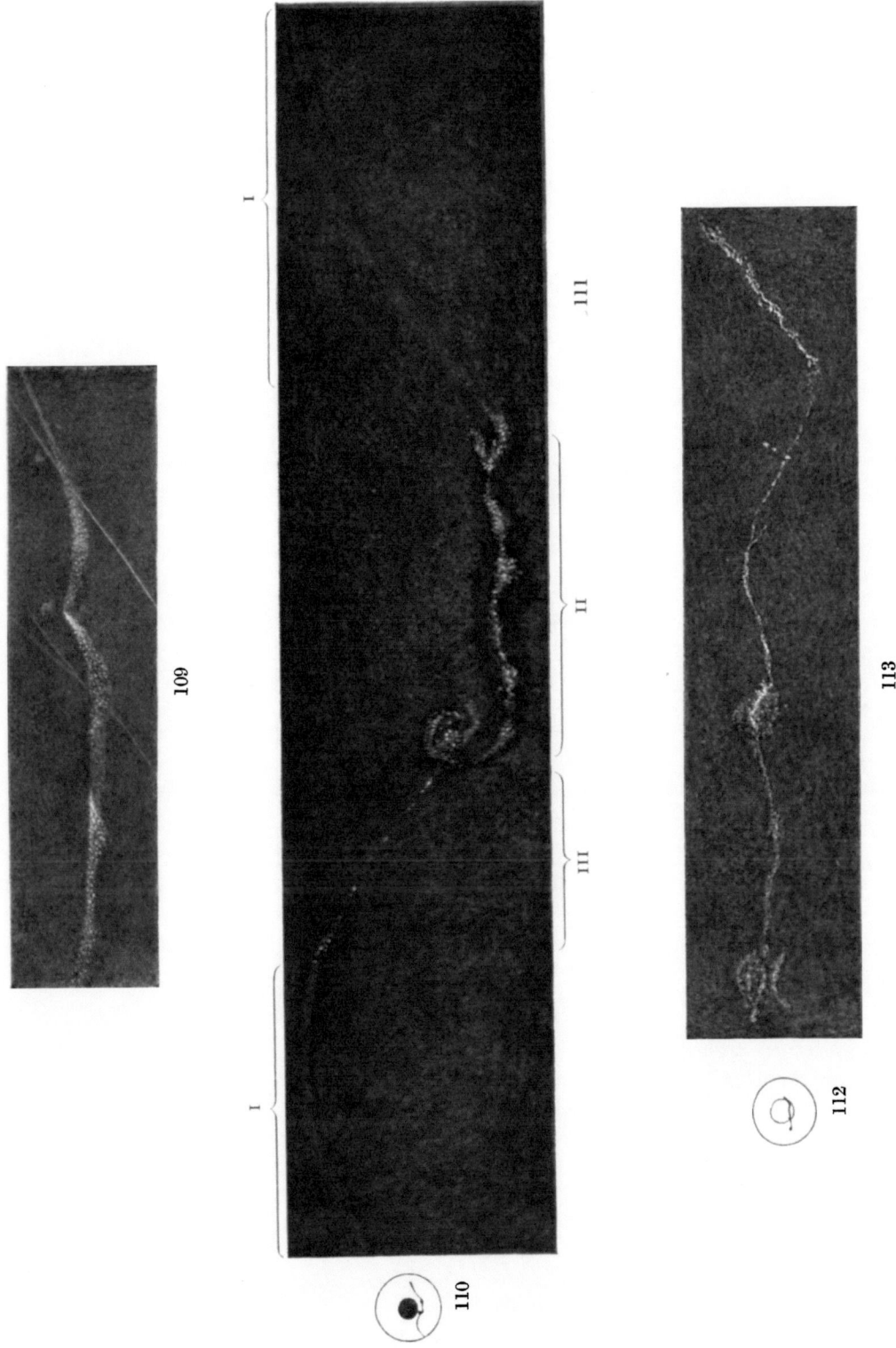

Vogt, Spaltlampenmikroskopie. 2. Aufl.　　　　　　Verlag von Julius Springer, Berlin.

56jährigen Frau Jo. He.) Diese etwas weniger häufige Linie entspricht der Breite nach mehr dem Typus II. Typus II und III finden sich nicht selten an derselben Hornhaut in der Weise kombiniert, daß die Linie streckenweise weiß, streckenweise gelb ist. Doch kann die Linie auch in ganzer Ausdehnung ungefärbt sein. Im Falle der Abb. 113 und 115 weist sie nur an zwei ganz umschriebenen Stellen leichte Gelbfärbung auf. Typus II und III gehören auch insofern näher zusammen, als sie es sind, die den Eindruck eines Spaltes oder Bruches machen können. (Es gilt dieses letztere also durchaus nicht für Typus I!) Sie sind ferner im durchfallenden Licht (Irislicht, Linsenlicht) sichtbar (als dunkle Streifen scharfer Begrenzung), was für den Typus I nicht gilt.

Manchmal sind Typus II und III endwärts pinselartig verbreitert oder gar verzweigt (vgl. *Abb. 115*) oder es ist da oder dort eine (meist rundliche) Macula eingeschaltet oder angehängt (vgl. Abb. 113 und 115), deren Durchmesser das Vielfache desjenigen der Linie betragen kann. Diese von mir häufig gefundenen Maculae erweisen sich durch ihre Gestalt und Länge nicht als Maculae zufolge Verletzung oder Infiltration, *sondern gehören zum Bilde der Linie.*

Es ergibt sich somit, daß klinisch nur Typus II und III, nicht aber Typus I den Eindruck einer Spalte machen. Bei Typus I ist von einer Linienbildung, die als Spalte gedeutet werden könnte, auch mittels Mikrobogenlampe nichts zu sehen *. In anderen Fällen sieht man im Verlaufe der Linie einzelne weiße Pünktchen und Streifchen als erste Andeutung des Typus II. Wie weit die supponierte Spalte, und wie weit die unter ihr liegenden, von uns gefundenen Gewebsveränderungen das klinische Bild der Typen II und III hervorrufen, bleibt vorläufig dahingestellt. Die genannten maculaartigen und pinselähnlichen Verbreiterungen (z. B. Abb. 113 und 115) machen es wahrscheinlich, daß Gewebsveränderungen des Parenchyms für das klinische Bild ganz besonders in Betracht kommen.

Abb. 110. Situationsbild der in Abb. 111 bei 24facher Linearvergrößerung dargestellten senilen Hornhautlinie, natürliche Größe.

Abb. 111. Senile Hornhautlinie bei dem 54jährigen, nie augenkranken Ro. Le., linkes Auge, Obj. A3, Ok. 2.

Man beachte die drei am selben Auge sichtbaren Typen: I Lackfarbentypus, II gelber, III weißer Linientypus.

Man beachte ferner die eigentümlich geschwungene Form der Linie von Typus II, ihre Gabelung am einen und *spiralige Gestalt am anderen Ende***. Auch am rechten Auge findet sich die Linie und es lassen sich auch hier alle drei Typen unterscheiden.

Abb. 112 und 114a. Situationsbilder zu den in Abb. 113 und 115 bei 24facher Linearvergrößerung dargestellten Linien.

Abb. 113 und 115. Senile Hornhautlinien der rechten und linken Hornhaut der 56-jährigen Frau Jos. He.,

die seit Monaten an schleichender Iridocyclitis leidet (Augen jetzt reizlos und präcipitatfrei, einige hintere Synechien). Es besteht BOECKsches Sarkoid der Nasengegend. Mit Ausnahme von je zwei umschriebenen, leicht gelb gefärbten Stellen sind

---

* Was natürlich eine anatomische Strukturänderung nicht ausschließt.
** Vgl. VOGT, Klin. Mbl. Augenheilk. 71, 632 (1923). Ähnliche Formen hat später (1928) auch COMBERG beschrieben.

die beiden Linien pigmentlos. Man beachte ihre typische Lage und Form, die fokalen, maculaartigen Verbreiterungen und in Abb. 115 die pinselartigen terminalen Verzweigungen.

Daß vielfache Verzweigungen der Linie ein besonderes Gepräge geben können, lehrt Abb. 115. Einen reich verzweigten und zersplitterten Fall gebe ich in Abb. 116 wieder.

Abb. 116. Mehrfach verdoppelte und verzweigte, von Punkten begleitete senile Hornhautlinie bei dem 63jährigen Di. Joh., mit Glaucoma chronicum (Fall der Abb. 642, 643). Linke Hornhaut.

Abb. 117. Eine senile Hornhautlinie verbindet drei graue Oberflächenherde bei Iridocyclitis mit Drucksteigerung.

Ok. 2, Obj. a 2, 59jährige Frau Elisabeth Schü., seit einem halben Jahr Iridocyclitis mit Tuberkulose-Efflorescenzen und zeitweiser Drucksteigerung. Unterhalb rechter Hornhautmitte zwei unscharfe marmorierte Herdchen, hervorgegangen aus Epithelbläschen durch Iridocyclitis (vgl. Text zu Abb. 332—335). Die Herdchen verbunden durch eine typische 1,25 mm lange, 0,04 mm breite Pigmentlinie. Auch in den Herdchen Spuren von Pigment. Die Herdchen samt Linie scheinen auf der Iridocyclitis zu beruhen.

3. Die provozierte Linie bei Jugendlichen.
Ephemeres Auftreten der Linea corneae an erkrankten Augäpfeln Jugendlicher.

Von dieser noch nicht beschriebenen Erscheinungsform der Linie teile ich mehrere Beispiele mit. Wiewohl die Linie in diesen Fällen die in jeder Hinsicht typische Form, Farbe und Lage hat, so kann sie naturgemäß nicht als „Linea senilis" bezeichnet werden. Denn es handelt sich in allen Fällen um jugendliche Personen von unter 20 Jahren. Die Fälle sind aber in theoretischer Hinsicht lehrreich; denn sie stützen die Annahme, daß die Linie vielleicht in irgendeiner Weise bei vielen Menschen anatomisch präformiert ist, eine Auffassung, die auch durch einen Fall von Hornhautverfärbung durch Acridinorange und durch die KNÜSELschen Neutralrotfärbungen der lebenden Hornhaut eine Stütze gefunden hat.

Sie zeigen ferner, daß, ähnlich wie eine andere Altersveränderung der Hornhaut, das Gerontoxon, *präsenil* durch pathologische Prozesse provoziert werden kann (s. o.), dies auch von der senilen Hornhautlinie gilt. *In diesem Sinne dürfen wir die gelben Pigmentlinien in Hornhautnarben (s. Abb. 420—423) als der senilen Linie wesensverwandte Bildungen betrachten.*

Die erste Beobachtung betrifft einen Fall von Siderosis bulbi bei einem 20 Jährigen, über den ich im Februarheft der Klin. Mbl. Augenheilk. 1921 berichtete.

Abb. 118. Gelbe Hornhautpigmentlinie bei Siderosis bulbi eines 20 Jährigen.

Limbusperforation rechts vor einem Jahr durch einen kleinen, damals übersehenen, heute (1920) im skeletfreien Röntgenbild sichtbaren Eisensplitter. Siderosis corneae, lentis, iridis et retinae. In der (früher nie kranken) Hornhaut eine typische, verzweigte superfizielle Hornhautlinie, die an einer Stelle eine Verdoppelung zeigt (s. Abb. 118).

Abb. 114—119. Tafel 17.

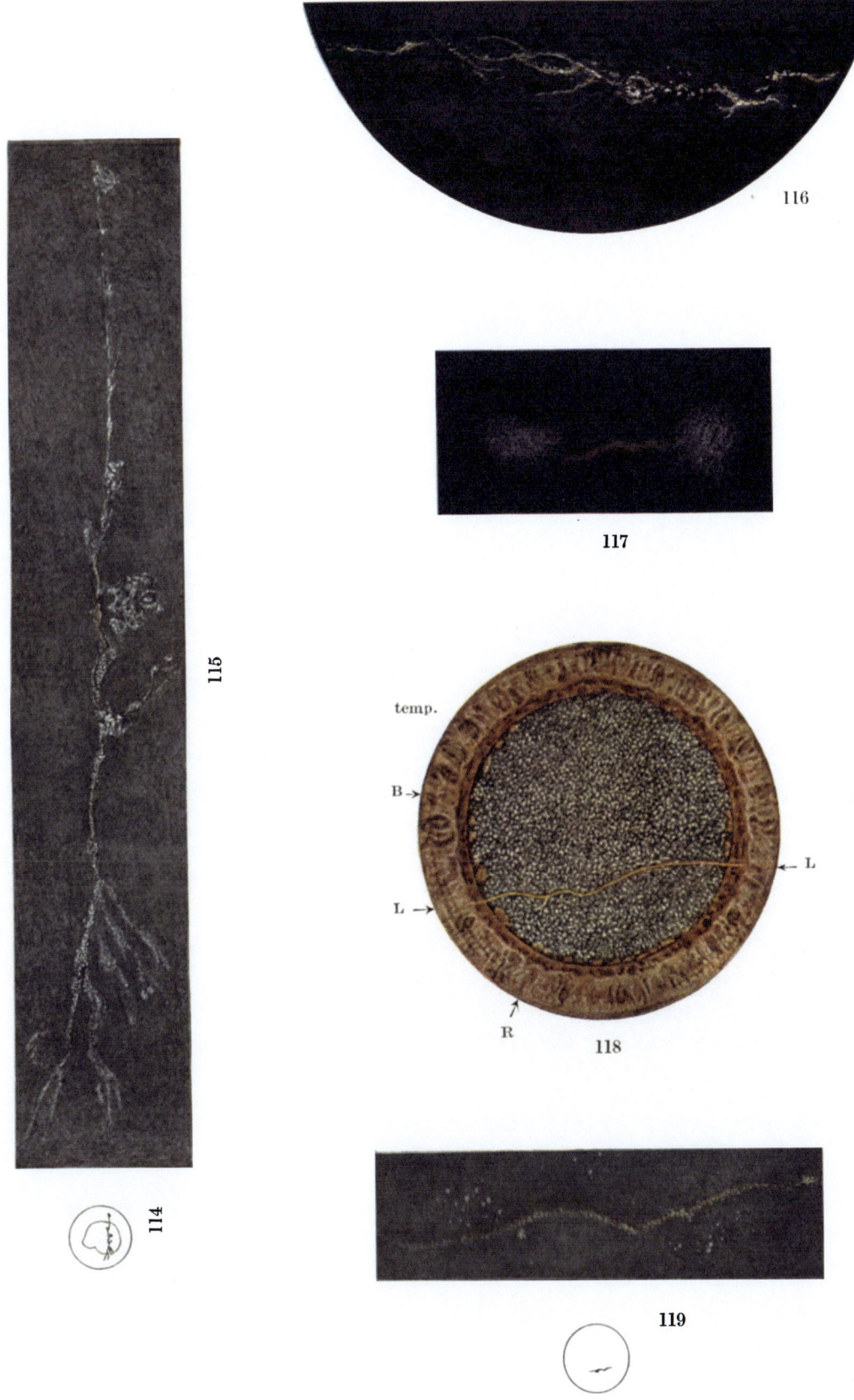

Vogt, Spaltlampenmikroskopie. 2. Aufl. Verlag von Julius Springer, Berlin.

Es ließ hier die Siderosis die Linie in einem Alter zutage treten, in dem sie sonst noch nicht vorhanden zu sein pflegt. Sie ist durch die Siderosis gewissermaßen provoziert worden.

Die zweite Beobachtung (Abb. 119) und die dritte betreffen Fälle von Keratitis superficialis.

Abb. 119. Vorübergehende pigmentierte Hornhautlinie bei Ekzem mit Keratitis epithelialis vesiculosa disseminata.

Der 18jährige Herr Fi. leidet seit Jahren an einem nässenden Ekzem der Gesichtshaut, vor allem auch der Lider. Links besteht das Bild der Keratitis epithelialis vesiculosa, ähnlich Abb. 318, 319. An typischer Stelle besteht links die Hornhautpigmentlinie der Abb. 119 (25fach, Mikrobogenspaltlampe). Rechts Andeutung der Linie. Unter Naftalanpasta und Vasenolpuder trat nach einigen Wochen Heilung der Liddermatitis ein, *gleichzeitig verschwand die Hornhautpigmentlinie vollständig.* Im Verlaufe der folgenden 2 Jahre kontrollierte ich den Fall mehrfach. Es war zunächst noch eine ganz leichte Gelbfärbung zu sehen, heute ist die Linie restlos verschwunden.

Der dritte Fall betrifft ein *14jähriges* Mädchen mit fast reizlosen Augen und multiplen grauweißen superfiziellen Epithelherdchen, deren genauere Natur zu ermitteln mir nicht möglich war (Keratitis epithelialis disseminata?). Ich sah den Fall in Basel kurz vor meiner Übersiedelung nach Zürich und konnte ihn nicht weiter verfolgen.

In die Gruppe dieser Beispiele gehört auch die — freilich anders gelegene — zuerst von FLEISCHER gefundene Pigmentlinie bei *Keratokonus* (s. Abb. 273, 276, 277). Die Linie liegt hier mehr peripher und verläuft ungefähr konzentrisch zur Hornhautmitte.

Es scheint, daß manchmal auch *Iridocyclitis* (oder vielleicht die Therapie derselben?) die Linie provozieren kann. So findet sie sich bei der 34jährigen Frau Ma. ausschließlich an dem, seit einem Jahr mit schleichender Iridocyclitis behafteten rechten Auge. Auch noch 3 Jahre später (1926) fand ich die Linie (Typus I und II) gelegentlich eines Iridocyclitis-Rezidivs wieder ausschließlich an diesem kranken Auge.

Die genannten 3 Fälle, welche die jüngsten Personen betreffen, bei denen die Linie schon gefunden wurde, lehren unzweideutig, *daß die letztere durch entzündliche Prozesse zustandekommen, respektive provoziert werden kann,* mit deren Ablauf sie wieder spurlos verschwindet, eine Tatsache, durch die das Wesen des Gebildes nicht weniger rätselhaft wird.

Drängen uns nicht derartige Fälle zu der erwähnten Vermutung, daß die Linie in irgendeiner Weise in der Hornhaut *präformiert* ist, und daß es nur des äußeren Anlasses bedarf, um dieselbe zur Erscheinung zu bringen?

In Basel sah ich einen Anilinfarbenarbeiter, dessen beide Hornhäute im Bereiche ihrer ganzen Vorderfläche durch Staub von *Acridinorange,* dem der Mann wochenlang ausgesetzt war, dauernd hochrot verfärbt waren. Im Lidspaltenbereich der Hornhaut sah man einzelne horizontale, leicht gewellte, distinkte intensiver gefärbte Linien, von der Breite und dem Verlaufstypus der Linea corneae senilis. Mehrere Wochen nach Aussetzen der Arbeit war die hochrote Farbe und Linienbildung noch unverändert.

Ähnliches ergaben *experimentell* die Neutralrotfärbungen durch KNÜSEL und VONWILLER, welche ich bei ersterem Autor mitzubeobachten Gelegenheit hatte. KNÜSEL erhielt an intakten Hornhäuten nicht nur eigentümliche Färbungen des normalen Epithels, sondern auch horizontale Linienbildungen, die dem Verlaufe nach der Linea corneae senilis ähnlich waren und dieselben merkwürdigen Verzweigungen zeigten. Diese Linien waren allerdings doppelt oder dreifach an derselben Cornea zu finden. Anatomische Befunde über das Verhalten des oberflächlichsten Parenchyms solcher gefärbter Hornhäute stehen noch aus. Doch möchte ich zufolge des Umstandes, daß sich die Linien Knüsels in der Färbung verhielten, wie gleichzeitig vorhandene alte superfizielle Maculae corneae, die sich ebenfalls intensiver färbten, eine Veränderung der Bowmanschen Membran, bzw. des ihr unmittelbar benachbarten Parenchyms als präformierte Grundlage vermuten, welche Veränderung vielleicht ähnlicher Art ist, wie in meinem noch mitzuteilenden anatomisch untersuchten Falle.

Damit ist natürlich das Problem keineswegs erschöpft. Wir wissen heute noch nicht einmal, woraus der gelbe Farbstoff besteht, der sich in die Linie einlagert. Allgemein pathologisch liegt hier insofern ein Unikum vor, als sich in einem Gewebe Pigment neu bildet, ohne daß dieses Gewebe Blutgefäße enthält.

Wir vermögen ferner nicht zu sagen, warum sich in einem Fall in die Linie Pigment ablagert, bzw. darin autochthon aus Eiweisskörpern bildet[*], im anderen nicht.

Die Rätselhaftigkeit der Linie wird noch erhöht durch folgende Beobachtungen.

Seltene flüchtige, mit Fluorescein sich färbende Epithellinien Jugendlicher, von Form und Lage der senilen Hornhautlinie.

Zum erstenmal am 7. September 1920 sah ich bei dem 17jährigen Henri Vo. die Horizontallinie der Abb. 120, 121, die nach wenigen Tagen verschwunden war, dann wieder sah ich dieselbe Linie am 16. 12. 1926 bei der 26jährigen Marie Spö. Abb. 122, 123 und schließlich wieder bei dem 25jährigen Georges Gö. (Abb. 124, 125) am 5. März 1927. Eine Verletzung hatte in einem Fall nicht stattgefunden, in einem anderen sollte 8 Tage vorher eine Quetschung stattgehabt haben, im letzten Fall war Gletscherbrand vorhergegangen.

Diese flüchtige Linie stimmte, wiewohl sie nur einen oder wenige Tage zu sehen war, so sehr nach Lage und Form mit der (persistenten) senilen Hornhautlinie überein, daß ich, trotz der geringen Zahl von 3 Beobachtungen, nicht zögere, sie hier zu reproduzieren.

Abb. 120 und 121. Ephemere, aus Punkten und Streifen zusammengesetzte Horizontallinie im Bereiche der Lidspaltenzone. 17jähriger H. V., linkes reizloses Auge.

Abb. 120 Übersichtsbild 7fach, Abb. 121 prismatischer Schnitt, rechts die Linie im fokalen Licht, links im Linsenlicht, Ok. 2, Obj. a2. Graue horizontale Epithellinie von Lage und Form der senilen Hornhautlinie. Im regredienten Licht erscheint die Linie aus feinsten Tropfen zusammengesetzt. Sitz der Linie Epithel oder M. Bowmani. Patient will vor 8 Tagen eine Quetschung seines linken Auges erlitten haben. Als ich den Jüngling nach 3 Tagen wieder sah, war die Linie verschwunden.

Abb. 122, 123. Vielleicht spontane flüchtige bogige Horizontallinie unterhalb Hornhautmitte, nach Form und Lage mit der senilen Hornhautlinie übereinstimmend.

Die 26jährige Marie Spö. mit leichten Schmerzen links (vor 8 Tagen rechts dasselbe) und leichter Ciliarinjektion zeigt bei Spaltlampenuntersuchung als zufälligen Befund unterhalb Hornhautmitte die Linie der Abb. 122, die sich mit Fluorescein

---

[*] Eine Möglichkeit, die nach dem heutigen Stande der Forschung zugegeben werden muß.

Abb. 120—126. Tafel 18.

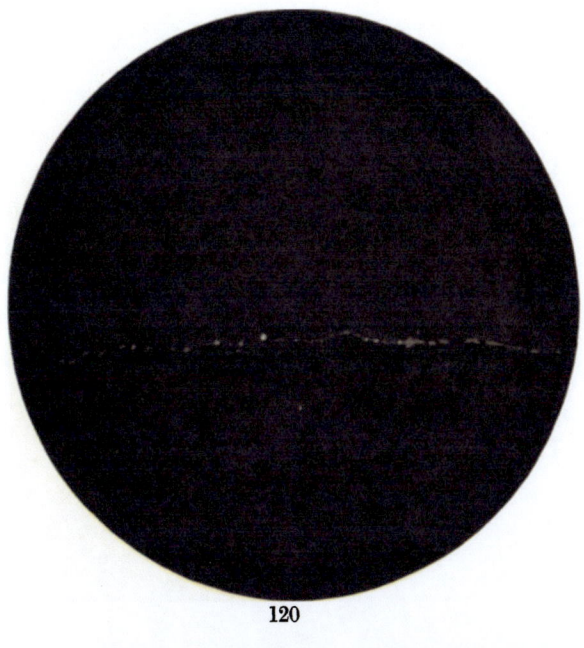

120

121

122

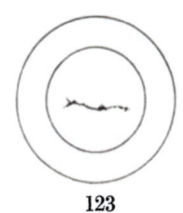

123

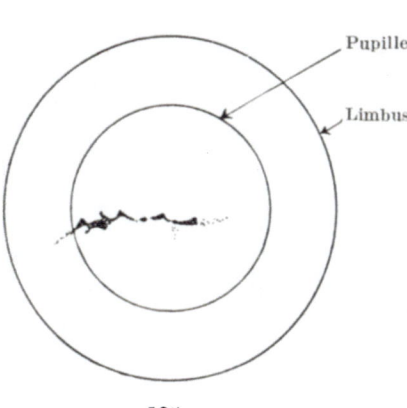

125

126

Vogt, Spaltlampenmikroskopie, 2. Aufl. Verlag von Julius Springer. Berlin.

grün färbt. Offenbar liegt somit die Linie im Epithel. Ein Übersichtsbild gibt Abb. 123. Die Linie zeigt die für die senile Hornhautlinie charakteristischen Biegungen (vgl. z. B. 108, 109, 111, 115, 119 usw.) und die typische Lage und Länge, so daß kein Zweifel besteht, daß sie mit dieser Linie in Beziehung steht. Schon am folgenden Tage nur noch Spuren der Linie, bestehend in Epithelpünktchen, die in einer Linie liegen und sich grün färben.

Abb. 124 und 125. Flüchtige Horizontallinie, nach Form und Lage mit der senilen Hornhautlinie übereinstimmend.

Abb. 124 gibt die charakteristische Form wieder, Fluorescein positiv. Situationsbild in Abb. 125. Georges Gö., 25jährig, rechtes Auge. Beobachtung 3 Tage nach einer Skitour, die zu Ultraviolettverbrennung der Gesichtshaut und Augen und Lippenherpes geführt hatte. Vier Tage später Linie verschwunden. Da Lippenherpes bestand, kommt differentialdiagnostisch Herpes corneae in Betracht. Doch spricht der flüchtige Verlauf dagegen. Eine sichere Entscheidung wage ich nicht.

Die geschilderten 3 frischen, fluoresceinpositiven Linien bei Jugendlichen lassen an die Möglichkeit denken, daß solche sich färbende Linienbildungen mit der senilen Hornhautlinie in Beziehung stehen.

4. Ein anatomischer Befund bei seniler Hornhautpigmentlinie.

Ich hatte Gelegenheit, einen Bulbus mit seniler Hornhautpigmentlinie anatomisch zu untersuchen, den GRÜNINGER bei Durchmusterung einer Serie von frischen Leichenaugen im pathologisch-anatomischen Institut Basel (Dir. Prof. E. HEDINGER sel.) mittels Azoprojektionslampe und HARTNACKscher Lupe gefunden hatte (70jähriger Heizer St. J., kräftige verzweigte Hornhautpigmentlinie im unteren Drittel der linken Hornhaut, Hornhaut sonst ohne Besonderheit). Es war das die erste histologische Untersuchung der Linie. (In dem von J. STÄHLI mitgeteilten histologisch untersuchten Fall handelte es sich, wie ich mich an den mir freundlichst zur Verfügung gestellten histologischen Schnitten überzeugte, um eine vascularisierte Hornhaut, also nicht um die Linea corneae senilis, sondern um die bekannte Narbenpigmentlinie).

Die Fixation des genannten Bulbus in 10%iger Formalinlösung und die Härtung im Alkohol genügten, um die Pigmentierung stark abzuschwächen. Vollends ging das Pigment sodann bei der Paraffineinbettung verloren. Es werden somit künftighin nur Gefrierschnitte über die genaue Lage und Beschaffenheit des Pigmentes Aufschluß geben können. Dabei wird eine besonders sorgfältige Behandlung des Bulbus nötig sein, da, wie eingangs erwähnt, schon eine Staroperation ausreicht, um das Pigment zum Verschwinden zu bringen.

Der in Formalin fixierte (später in der Dissertation GRÜNINGER verwendete) Bulbus lieferte aber trotz der Abblassung der Linie einen interessanten Befund (Abb. 126 bis 128c). Im Bereiche der an der schwachen Gelbfärbung erkennbaren Linie zeigte sich am intakten Präparat bei 24facher Linearvergrößerung eine Art superfizieller *Rißbildung* (Abb. 126, 127), die überall genau der Linie folgte. Schon in klinisch beobachteten Fällen hatte ich manchmal den Eindruck gehabt, es liege Rißbildung vor. Hier, in dem frischen Präparat war diese Erscheinung bestimmter ausgesprochen. In der Tat ergab die nachherige histologische Untersuchung, daß im Bereiche der Linie mehrfach ein Bruch der Membrana Bowmani bestand.

Abb. 126 und 127. Formolfixierter und alkoholgehärteter Bulbus eines Falles mit seniler Hornhautlinie. (Eben erwähnter, von mir histologisch untersuchter Fall.)

Der Farbstoff der Linie ist durch die Behandlung blasser geworden. Man beachte die nach unten gerichteten *Zweige* der Linie.

Abb. 127 gibt die Linie bei 68facher Vergrößerung wieder. Auffallend sind die dunklen, oft sternförmig verzweigten Gewebsspalten, die merkwürdigerweise in der Hauptsache der Linie folgen, eine Erscheinung, die auf eine präformierte Gewebsveränderung hinweist, also nicht lediglich Kunstprodukt sein kann.

Abb. 128 a—c. Histologische Schnitte des in Abb. 126 abgebildeten Falles von seniler Hornhautpigmentlinie.

Die Hornhaut wurde senkrecht zur Linie in zwei Hälften zerlegt, die Serienschnitte erfolgten ebenfalls senkrecht zur Linie. Vor der Einbettung in Paraffin maß ich genau die Distanzen der einzelnen Abschnitte der Linie vom Limbus und legte sie zeichnerisch fest. Auf diese Weise vermochte ich an den Serienschnitten die Lage der Linie zu kontrollieren (Einzelheiten s. Diss. GRÜNINGER). Ohne dieses Hilfsmittel wäre wegen der vollständigen Depigmentierung eine sichere Orientierung ausgeschlossen gewesen. Das hatte mich die Untersuchung der ersten Hälfte der Hornhaut gelehrt: Über die Lage der Linie war ich in dieser ersten Hälfte ganz im unklaren geblieben. Ich fand erst an der zweiten Hälfte, durch exakte Verwendung der genannten Masse, die genaue Stelle der Linie. Nirgends war im Epithel Pigment zu sehen*. Dagegen fand ich mehrfach die genannten Bruchstellen der BOWMANschen Membran (Abb. 128 b und c) mit glatt darüber wegziehendem Epithel, dann wieder dicht unter der intakten Membran Stellen mit umschriebener Kernvermehrung und feine Narbenbildungen. Unter den Bruchstellen waren gelegentlich ganz spärliche Pigmentkörnchen sichtbar, so vereinzelt, daß sie nicht für die diffuse Gelbfärbung verantwortlich gemacht werden konnten.

Die Bruchstellen der Membran aber (Abb. 128 b und c) und die Zellvermehrungen und feinen Narbenbildungen des dicht unter der Membran gelegenen Parenchyms mußten für das rißähnliche Aussehen der Linie und für die weißen Verdichtungen innerhalb derselben verantwortlich gemacht werden.

Abb. 128 b, Immersionsvergrößerung, gibt Präparat 48 der Serie B wieder. Die ganze, schräg verlaufende Rißstelle der M. Bowmani ist ausgefüllt mit einer Epithelzunge. Oberfläche des Epithelbelages normal.

In Abb. 128 c gebe ich die Bruchstelle des Präparates 39 (Serie B) in Mikrophotographie (450fache Vergrößerung) wieder. Die Verschiebung der beiden Enden gegeneinander ist geringer. Auch hier wieder ist das darüber ziehende Epithel intakt, was ein Kunstprodukt ausschließt. Zudem ist unter der Bruchstelle abnorme Bindegewebszellbildung zu konstatieren.

Es ist nach diesem histologischen Befund verständlich, daß die senile Linie nicht pigmentiert zu sein braucht, sondern daß sie auch sehr wohl weiß, pigmentlos, auftreten kann.

Ferner rückt dieser anatomische Befund den Gedanken nahe, daß die Pigmentierung der senilen Hornhautlinie insofern nichts prinzipiell Neuartiges darstelle, als ja gelbe Pigmentlinien über *Hornhautnarben* etwas lange Bekanntes sind**.

---

* Abb. 128 a gibt einen *Limbusschnitt* wieder. Immersionsvergrößerung. Circumpolar um die Kerne braune Punktgruppen, zu Bogenreihen geordnet.

** Allerdings ist in diesen Fällen die BOWMANsche Membran vielfach nicht mehr vorhanden. Sie ist also keineswegs Bedingung für die Pigmentierung.

Rätselhaft bleibt aber, wie die genannten Bruchstellen der Membran und die linearen entzündlichen Veränderungen unter derselben zustandekommen *.

Ich füge hier noch das Bild einer Spalte scheinbar ähnlicher Art an, wie sie an diesem *anatomisch* fixierten Bulbus zutage trat, welche ich *klinisch* in einem Fall von metaherpetischer Keratitis parenchymatosa (circumscripta), mit chronischem, durch viele Monate sich hinziehendem Verlauf beobachtete. Es betrifft den 38jährigen A. Chr., der vor 10 Monaten nach angeblichem Hornhautfremdkörper einen typischen Herpes corneae durchmachte und im Anschluß daran die tiefe Trübungsscheibe der Abb. 129 (Übersichtsbild, Abb. 130 stärkere Vergrößerung) bekam.

Abb. 129 und 130. Rißähnliche Linie in einer Narbe nach Keratitis parenchymatosa metaherpetica.

Ein Jahr nach der Erkrankung war die in Abb. 130 wiedergegebene, durch den unteren Teil der Trübungsscheibe hinziehende, bald unterbrochene, bald geschlossene, im ersteren Fall dunkle, im letzteren weißliche, rißähnliche Linie R R' zu sehen (Abb. 129 Übersicht über die Trübungsscheibe, Abb. 130 Rißlinie R). Sie lag überall dicht unter dem spiegelnden Epithel. Pigment war keines nachweisbar. Dem Aussehen und Verlaufe nach gleicht die Linie auffallend der in Abb. 127 wiedergegebenen subepithelialen Rißlinie.

5. Wie entstehen horizontale Brüche der Membrana Bowmani?

Ein besonderes Interesse bietet die *Genese* der soeben *supponierten horizontalen Membranbrüche.* Zunächst die Frage: Wie kommen sie zustande? Am nächsten liegt die Annahme einer mechanischen Ursache, wobei es sich handeln könnte 1. um Zerreißung, 2. um Bruch, Knickung. Eine Zerreißung ist a priori deshalb unwahrscheinlich, weil die beiden Rißenden in dem von uns anatomisch untersuchten Fall dicht beieinander liegen, ja sich stellenweise etwas überragen (s. Abb. 128 b u. c). Auch wären mechanische Momente, die zu einer Zerreißung führen könnten, an der Hornhaut schwerlich zu eruieren. Bei Prozessen, die eine erhöhte Hornhautspannung bedingen (Glaukoma infantile und senile) sind Zerreißungen der BOWMANschen Membran wenigstens histologisch nicht beobachtet.

Viel näher als eine Zerreißung liegt ein *Bruch* der Membran. Es ließe sich denken, daß die letztere ganz allgemein im Alter brüchiger würde, und daß zufällige mechanische Momente, wie sie das tägliche Leben mit sich bringt, zu Brüchen Anlaß gäben. Allein durch eine derartige, mehr oder weniger willkürliche Hypothese wäre nicht erklärt, warum der Bruch stets horizontal erfolgt, und warum er stets die Lidspaltenzone einnimmt.

Vielleicht, daß eine Vergleichung der Krümmungsstörungen, welche die Hornhaut sowohl bei Keratokonus als auch im Alter erleidet, uns der Lösung des Problems näher bringen könnte. Bei Keratokonus erfahren die peripheren Hornhautpartien, vom Limbus bis gegen die Basis der Kegelspitze hin, eine Abplattung, die ophthalmometrisch unschwer nachweisbar ist. Die Keratokonuslinie bzw. die supponierten Bruchstellen liegen aber gerade im Bereiche dieser Abplattung, nicht etwa in der Gegend der stark vermehrten Krümmung (Kegelspitze). Es liegt somit nahe, in der Abplattung die Ursache einer Knickung der Membran zu erblicken. Für eine derartige Genese würde ferner sprechen, daß die Linie konzentrisch zur Kegelspitze verläuft, also überall auf Stellen gleicher oder ähnlicher Abplattung fällt**.

Theoretisch ist die von mir, wie auch schon von STÄHLI, CLAUSEN u. a. betonte, an der Spaltlampe leicht feststellbare Tatsache nicht unwichtig, daß manchen Fällen von Keratokonus die Linie fehlt, daß sie ferner häufig nur bruchstückweise, und zwar meist unten und oben vorhanden ist (Häufigkeit des Astigmatismus rectus bei Keratokonus!).

Auch die alternde Hornhaut unterliegt nun bekanntlich Krümmungsänderungen, wie sorgfältige Beobachter schon lange wußten, und wie A. STEIGER einwandfrei erwiesen hat. Es plattet sich die Hornhaut im vertikalen Meridian ab. Führt auch hier die Abplattung zu einer Knickung der Membran, so muß diese Knickung horizontal verlaufen, wie dies in der Tat bei der senilen Hornhautlinie der Fall ist.

---

* FLEISCHER[184]) hat sich ein Jahr später meiner Auffassung, daß der Linie ein Bruch der M. Bowmani zugrunde liege, auf Grund seines Materials angeschlossen, ebenso MEESMANN[185]).

** Ganz besonders bezeichnend für die Bedeutung der Abplattung ist der in Abb. 276—277 wiedergegebene Fall Dr. M.

Es würde nach dieser Hypothese die senile Hornhautlinie besonders oft Personen mit erworbenem inversem Astigmatismus betreffen müssen. Darauf gerichtete Untersuchungen begegnen von vornherein der Schwierigkeit, daß man einem inversen Astigmatismus nicht ansehen kann, ob er senil erworben oder vielleicht angeboren ist. Auch ist zu berücksichtigen, daß ein ursprünglicher Astigmatismus rectus durch senile Abplattung des vertikalen Meridians noch nicht invers zu werden braucht. In 6 beliebigen (unserer Poliklinik entnommenen) Fällen (11 Augen) von ausgesprochener seniler Hornhautlinie, die ich auf ihre Hornhautrefraktion untersuchte, bestand sechsmal leichter inverser Astigmatismus (0,1—0,5 D.), zweimal war keine Brechungsdifferenz im wagrechten und senkrechten Meridian zu finden, zweimal (Linie vom Typus III, Fall der Abb. 113 und 115) bestand Astigmatismus rectus von 0,75 D. Bei der Bewertung derartiger kleiner Untersuchungsreihen ist zu beachten, daß Astigmatismus inversus im Alter überhaupt recht häufig ist. Eine Schwierigkeit bietet auch der Umstand, daß die Linie nur im unteren, nicht auch im oberen Teil der Hornhaut zu finden ist.

Eine refraktometrische Grundlage fehlt somit, um die oben aufgestellte Hypothese als fundiert erscheinen zu lassen. Diese gibt ferner keine Erklärung für die fast ausschließliche Lage der Linie in einem mittleren Bezirk der Lidspaltenzone in der Gegend vor dem unteren Pupillarsaum. Auch andere Schwierigkeiten, z. B. das Auftreten der Linie im Zusammenhang mit anderen Augenkrankheiten, wie es oben geschildert wurde, würden durch genannte Hypothese nicht abgeklärt.

Eine Menge von Erscheinungen harren somit auf diesem engumschriebenen Gebiet der Hornhautpathologie noch ihrer Deutung.

d) Senile und präsenile Veränderungen im Bereiche der Membrana Descemeti und der Hornhautrückfläche.

1. Übersicht über die verschiedenen Typen der Pigmentierung der Hornhautrückfläche.

Dem klinischen Bilde nach können wir etwa folgende *Haupttypen* hinterer Hornhautpigmentierung unterscheiden *.

α) „Physiologisch" vorkommende vereinzelte Pigmentpunkte der Cornearückfläche. Ich fand sie in jedem Lebensalter, *ihre Häufigkeit nimmt mit fortschreitendem Alter zu* (senile Pigmentierung der Hornhautrückfläche, Abb. 131, 132).

β) Pigment im Zusammenhang mit Adhärenzen der Pupillarmembran bzw. der fetalen Irisvorderfläche (z. B. Fälle WÜSTEFELD[190]), ZUR NEDDEN[191]).

γ) Pigmentauflagerung der Hornhautrückfläche bei Melanosarkom (FEHR[192]), PURTSCHER[193]) u. a.).

δ) Pigmentablagerung durch traumatische oder entzündliche Schädigungen: Kontusion, Perforation, operative Eingriffe, Iridocyclitis, Glaukom (AUGSTEIN[194]) 1904, GOLDBERG[189] 1907, VOSSIUS[196]) 1910, AUGSTEIN[195]) 1912 u. a., s. Abschnitt Präcipitate).

ε) Die (vertikale) *Pigmentspindel*: AXENFELD-KRUKENBERG[186]) 1899, WEINKAUFF[188]) 1900 (von diesem Autor als Präcipitatreste von der Gesamtform „eines vertikalen Tuschestriches" aufgefaßt), STOCK[187]) 1901, v. HESS[20]) 1911, AUGSTEIN[195]) 1912, STREBEL UND STEIGER[198]) 1915, KRAUPA[199]) 1917, VOGT[200]) *1920* und *1921* und andere.

Hier interessieren uns vor allem ihrer Häufigkeit und theoretischen und diagnostischen Wichtigkeit wegen Gruppe *α* und *ε*, *höhergradige senile Pigmentierung und Pigmentspindel*.

---

* Die hier und da gebrauchte Bezeichnung „Hornhautmelanose" paßt vielleicht für die Pigmentierungen des Epithels, weniger aber für die Anlagerungen von Pigment an die Hornhaut und andere Organteile. So scheint mir auch der von KRAUPA gewählte Ausdruck „Melanose der Linse", worunter er die verschiedenen Pigmentauflagerungen auf die Linsenkapsel zusammenfaßt, mißverständlich.

2. Senile, juvenile und myopische Pigmentierung der Hornhautrückfläche.

Wie die Spaltlampenmikroskopie lehrt, gehört die Ablagerung *ganz vereinzelter* Pigmentpünktchen auf die Cornearückfläche zu den häufigsten und regelmäßigen, gewissermaßen physiologischen Befunden. Es gibt kaum ein Auge des Erwachsenen, das bei sorgfältigem Absuchen nicht vielleicht ein oder zwei oder auch mehrere solcher Pigmentpünktchen der Cornearückfläche aufweist. Von pathologischen Befunden reden wir erst, wenn die Pünktchen sehr zahlreich sind.

Hugo Goldberg[189]) hat das Verdienst, als erster in sorgfältigen Untersuchungen mittels Hornhautmikroskop und kleiner heller Lichtquelle nicht nur die außerordentliche Häufigkeit der Pigmentierung der Cornearückfläche, sondern auch die Bevorzugung der präpupillaren Hornhautpartien erkannt und statistisch erwiesen zu haben.

Unter 109 Personen mit 212 Augen fand er Pigmentkörnchen bei 44 Personen mit 71 Augen, also in 33, bzw. 43%, und er stellte gleichzeitig den Einfluß des Alters auf Häufigkeit und Grad der Pigmentierung fest. (Die Häufigkeit vereinzelter Pigmentkörnchen auf der normalen Hornhautrückfläche ist 10 Jahre später durch Koeppe wieder als neu beschrieben worden, Graefes Arch. *92*, 351).

Goldberg[189]) fand, daß die Körnchen gegenüber dem unteren Pupillenrand am reichlichsten zu sein pflegen. Seine Beobachtungen bestätigte ich an der Spaltlampe und erkannte zugleich, daß auch die peripheren Partien der Cornea nicht immer frei sind (der von ihm angenommene Zusammenhang der Punkte mit Kataraktbildung erscheint mir in hohem Maße fragwürdig)*.

Moeschler[201]) fand in von mir kontrollierten Beobachtungsreihen die Pigmentablagerungen mittels Spaltlampenmikroskop noch viel häufiger.

Wie ich weiter unten ausführen werde, muß für den bevorzugten Sitz des Pigmentes gegenüber dem unteren Pupillenrand, wie er sich nicht nur in der später zu schildernden *Pigmentspindel,* sondern auch der senilen Pigmentierung und nicht zuletzt in der physiologischen und pathologischen Betauung (Lüssische und Türksche Linie, s. Text zu Abb. 437) und Präcipitatbildung kundgibt, eine *gemeinsame Ursache* angenommen werden, die letzten Endes in der *Wärmeströmung der Vorderkammer* zu suchen ist. Wirbelbildungen, wie sie Erggelet für die Entstehung der Türkschen Tröpfchenlinie in Anspruch nimmt, dürften auch bei der Pigmentanlagerung von Bedeutung sein (s. u.). Das Pigment ist zwar spezifisch schwerer als Kammerwasser, wird jedoch vom letzteren transportiert. Dies geschieht naturgemäß um so leichter, je kleiner das Pigmentkorn ist, da dann die Oberfläche im Verhältnis zum Volumen groß wird, womit der Auftrieb steigt.

Besonders die Pünktchen Jugendlicher (die oft von mehr grauer Farbe sind) können im regredienten Licht von feinsten Tröpfchen schwer zu unterscheiden sein.

Solche Beobachtungen illustrieren den genannten Zusammenhang der Pigmentpunkte mit der physiologischen Tröpfchenlinie. Denn auch bei spärlichen Punkten nimmt die Punktgruppe nach Zahl, Form und Lage der Punkte die Stelle der genannten Linie ein. Die Analogie mit der Pigmentablagerung bei iritischer Präcipitatbildung drängt sich auf: *Wie die Präcipitate Pigment deponieren und dauernd zurücklassen, so lassen solches vielleicht auch die physiologischen Einzelzellen zurück.*

---

* Mit seiner noch wenig vollkommenen Methode sah Goldberg begreiflicherweise die Pünktchen wegen der Kontrastwirkung *am leichtesten gegenüber Linsentrübungen,* also ganz allgemein gegenüber der Pupille. Daraus wohl erklärt sich seine Annahme, daß die Punkte mit Katarakt in Beziehung stehen.

Bei der Auflagerung des Pigments können aber auch senile Veränderungen der Hornhautrückfläche eine Rolle spielen, indem sie das Haftenbleiben der Körnchen befördern*. Recht oft sah ich das Pigment *herdweise* (s. u.) besonders massenhaft und dicht haften. Solche Herde sind bald klein, bald bis zu einem Millimeter groß, von unregelmäßiger Form und häufig von guter Abgrenzung gegen die dünner pigmentierte Umgebung (Abb. 133—135).

Ich konnte ferner feststellen, daß die Zunahme der Pigmentanlagerung *durchschnittlich* bei *Achsenmyopen* eine stärkere ist, und daß die Fälle von sog. Pigmentspindel, die bis jetzt in der Literatur zerstreut mitgeteilt sind, meistens myope Augen betreffen, ein Befund, der für die Beziehungen von myopischen und senilen Zerfallsprozessen von prinzipieller Bedeutung ist.

Meistens, doch nicht regelmäßig, ist der Pigmentierungstypus an beiden Augen derselbe oder ein ähnlicher.

Daß bei allgemeiner Bulbusdegeneration (hoher Myopie, Glaukom u. ä.) die Pigmentierung der Cornearückfläche durchschnittlich reichlicher ist, glaube ich auf Grund meiner Beobachtungen annehmen zu dürfen.

3. Farbe des Pigments.

Was die *Farbe* des Pigments betrifft, so hängt diese wesentlich von der Intensität der verwendeten Lichtquelle, dann aber auch von der Vergrößerung ab. Was makroskopisch bei Tageslicht schwarz erscheint, ist bei Nernstlicht braun, bei Mikrobogenlicht und starker Vergrößerung jedoch hellrotbraun. Aber auch die *Korngröße* des Pigments beeinflußt die Farbe. Neben dem braunroten konnte ich nämlich auch noch einen *grauen* bis graubraunen Typus finden, dessen Korn jedoch wesentlich feiner ist**.

1. Typus der bräunlichen bis bräunlichroten bis ziegelroten, meist unter der Grenze der Meßbarkeit liegenden Pünktchen.

2. Die gleichmäßige, noch viel feinere graubraune und rein graue Bestäubung.

Der erste Typus ist der alltägliche, der letztere ist seltener. Die Annahme von Pigment im zweiten, grauen Typus erscheint nicht ohne weiteres statthaft. Stärkere Vergrößerungen lösen solchen grauen Staub in dichtstehende graue Einzelpünktchen von unmeßbar kleiner Größenordnung auf. Diese niedrige Größenordnung erklärt wohl auch die graue Farbe. Eine qualitative Absorption ist nämlich, Beobachtung im incidenten Licht vorausgesetzt, bei derartig feinen Körperchen nicht mehr nachweisbar. Machen wir die naheliegende Annahme, daß wir in solchem Staub die einzelnen Fuscinkörnchen, also die Pigmentelemente der Zellen vor uns haben, so läßt sich das Gesagte durch folgenden Versuch bestätigen:

Fuscinkörnchen erhalten wir in beliebiger Menge, wenn wir ein Irisstückchen auf dem Objektträger zerreiben. Die höchstens 1 Mikron messenden Körnchen erscheinen, fixiert und in Ringerlösung an der Spaltlampe betrachtet, im incidenten Licht grau bis weißgrau, nicht braun.

---

* Ob das Pigment zum Teil in die Endothelzellen gelangt, wie z. B. HANSSEN in einem Falle von Pigmentspindel fand, bleibt noch zu prüfen.

** Von Bedeutung für die Farbe ist ferner die Pigment*dichte*. Auf derselben Jris kann bei derselben Belichtung ein dichter Pigmentherd tiefbraun, ein dünner lockerer gelb bis goldgelb erscheinen. Sehr kompaktes Pigment (in seltenen Fällen von schwerer Jridocyclitis) erschien trotz spezifisch heller Lichtquelle schwarz bis schwarzbraun. Aber auch die Belichtung der Umgebung ist von Einfluß, was daraus hervorgeht, daß braunes und rotbraunes Pigment im indirekt-seitlichen Licht und besonders im Spiegelbezirk tief schwarz erscheint, wiewohl es im letzteren Falle auch von *vornher* Licht erhält.

Abb. 127—134. Tafel 19.

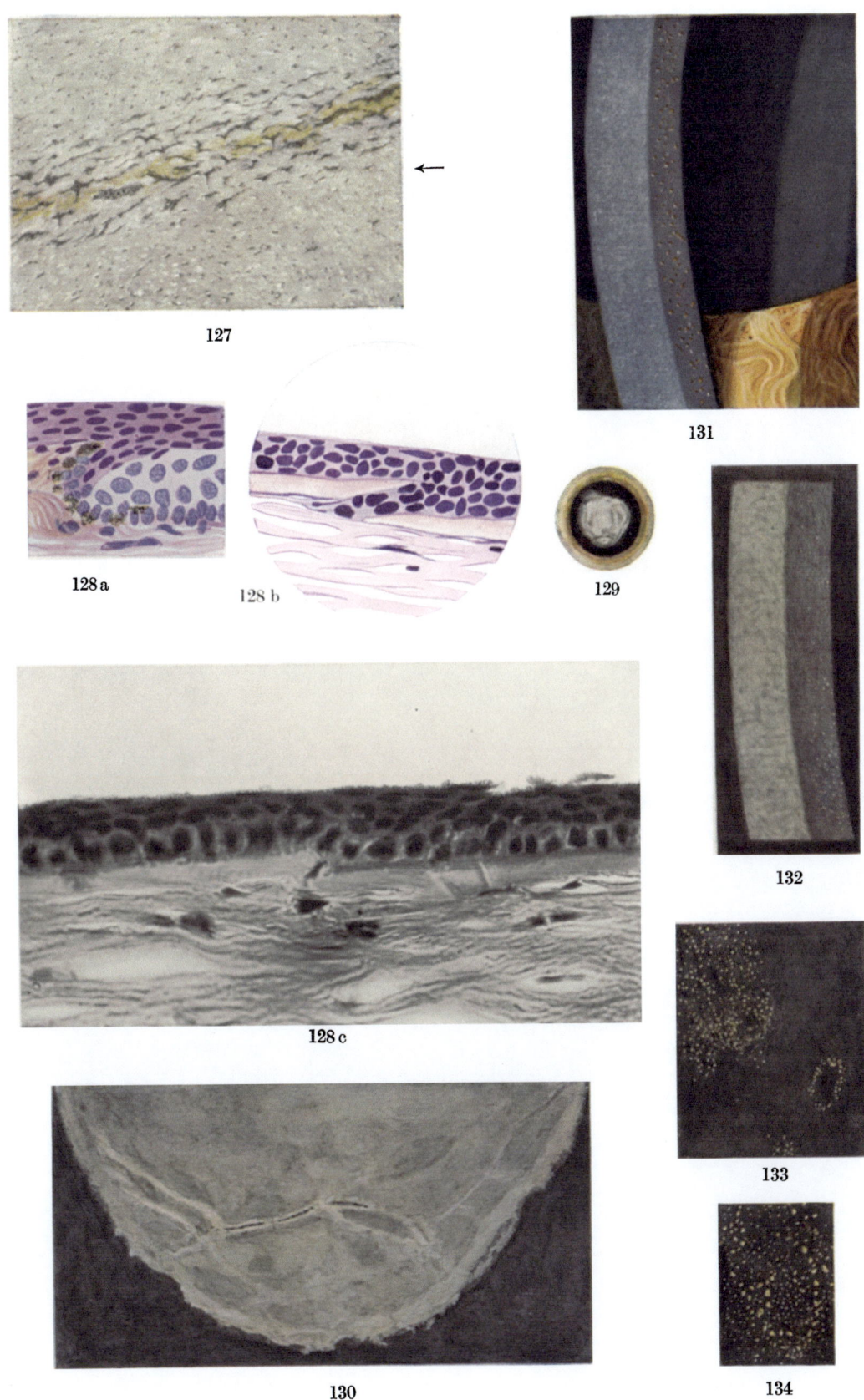

Vogt, Spaltlampenmikroskopie. 2. Aufl. Verlag von Julius Springer, Berlin.

Vom ersten zum zweiten Typus gibt es übrigens Übergänge. Sie können ferner kombiniert vorkommen.

Fraglich ist, ob Übergänge dieser grauen Pigmentierung zu der weiter unten zu schildernden *präpupillaren Mehlbestäubung* vorkommen.

4. Lokalisierung und Differentialdiagnose der Pigmentierung der Hornhautrückfläche.

Die in der Literatur mehrfach gemeldeten klinischen Befunde von *intracornealer* Pigmentierung (speziell der hintersten Parenchymschichten, z. B. KOEPPE) sind nicht mittels der Methode des verschmälerten Büschels erhoben worden. Ich halte sie für optische Täuschungen. Bei nicht verschmälertem Büschel kann man derartigen stereoskopischen Täuschungen am binokularen Spaltlampenmikroskop leicht erliegen und sie bei retrocornealem Pigment sogar willkürlich provozieren. (Ähnlich sind Befunde von angeblichen intralentalen Pigmentkörnchen zu werten.)

Die Pigmentierung nicht entzündlichen Ursprungs der Cornearückfläche dürfte im allgemeinen zu diagnostischen Irrtümern nicht Anlaß geben. Doch ist bei *Gefahr der sympathischen Ophthalmie* die Kenntnis dieser an sich harmlosen Pigmentierungen unerläßlich, sollen verhängnisvolle Verwechslungen verhütet werden.

WEINKAUFF[188]) hielt die Pigmentspindeln seines Falles für Präcipitate, doch stand ihm die Spaltlampe noch nicht zur Verfügung. Amorphe feinkörnige bis staubförmige Beschaffenheit (bzw. Mosaikpigmentierung) ist charakteristisch für nicht entzündliche Ablagerung, Konglobierung und Verbackung dagegen für die entzündliche Form. Bei der letzteren besteht häufig Kombination mit weißen und grauen Präcipitaten, ferner pflegen andere entzündliche Veränderungen nachweisbar zu sein, z. B. Auflagerungen auf der Linsenkapsel Einlagerungen in das Glaskörpergerüst (Punkteinlagerungen). Bei der nicht entzündlichen Form fehlen alle diese Veränderungen.

Abb. 131—132. Die nicht entzündliche Pigmentbestäubung der Hornhautrückfläche im Senium.

Isoliertes uveales Pigment erscheint im Büschel der Nitraspaltlampe braunrot, im intensiveren Licht (Bogenlicht) leuchtend rot bis *ziegelrot**.

Schon *normalerweise* findet man an der Hornhautrückfläche, seltener im Kammerwasser, hin und wieder ein *vereinzeltes Pigmentpünktchen*. Im Alter nimmt die Häufigkeit dieser Pigmentpünktchen, wie die statistischen Untersuchungen an meiner Klinik bewiesen haben (vgl. aus meiner Klinik die Untersuchungen von MOESCHLER) zu und erreicht oft recht hohe Grade.

Abb. 131. Einfache senile braune Pigmentierung der Cornearückfläche bei der 55jährigen Anna Sch., rechtes Auge.

Das Pigment nimmt in Form rotbrauner Pünktchen *hauptsächlich das Gebiet gegenüber dem unteren Pupillarsaum ein*. Prismatischer Schnitt, Ok. 2, Obj. A 3.

Abb. 132. Mehr blaßbraune, senile Pigmentierung der Hornhautrückfläche bei dem 65jährigen Pfarrer Fü.

Ähnliche Lage des Pigments wie in Abb. 131.

---

* Rote Einzelblutkörperchen dagegen sind gelblichweiße, krystallinisch glänzende Pünktchen (vgl. S. 25).

5. Pigmentpunkte der Hornhautrückfläche bei Kindern.

Einer gesonderten Betrachtung bedürfen die Pigmentauflagerungen bei *Kindern*. Abb. 137 gibt eine derartige Pigmentpünktchenansammlung bei einer 14½Jährigen wieder.

Abb. 137. Pigmentpunktgruppe einer Jugendlichen, vertikal-oval geordnet. (14½jährige M. J. mit Refraktion plus 1,0 D beiderseits.)

Fokales Licht, linkes Auge, rechts ähnlicher Befund. Der Ausdehnung, Zahl und Lage nach entsprechen die feinen braunen Pünktchen etwa der physiologischen Tröpfchenlinie. In der Tat sieht man im regredienten Licht einzelne Tröpfchen. Ok. 2, Obj. A 3.

Schon GOLDBERG fand vereinzelt bei Jugendlichen Körnchen der Hornhautrückfläche. Die Spaltlampe deckt solche nicht so selten bei Kindern auf. Eine stärkere Verstreuung ist dagegen in diesem Alter Ausnahme. Solche Verstreuungen können dichtere Gruppen und Herde bilden. Gewöhnlich sind es auch hier axiale Partien, welche bevorzugt sind (Abb. 137).

6. Die herdweisen, unregelmäßigen, bis ring- und netzförmigen Pigmentierungen der Hornhautrückfläche.

Bei *unregelmäßiger,* herdweiser Pigmentansammlung (Abb. 133, 134, 135) darf wohl meist als Ursache eine herdweise senile Veränderung der betreffenden Stellen der Hornhautrückfläche angenommen werden. Häufig zeigt dann der präpupillare Hornhautteil das weiter unten geschilderte Bild der *Cornea guttata senilis* mit ihren tropfigen Prominenzen (VOGT[173]). Ja ich fand, als ich auf die Kombination dieser tropfigen Gebilde (Descemetiwärzchen?) mit der „präpupillaren Hornhautpigmentierung" zu achten begann, recht häufig Fälle, in denen *beide* Veränderungen, die Prominenzen der Cornea guttata und die Bestäubung auf das präpupillare Gebiet und die nächste Umgebung beschränkt blieben. Solche Beobachtungen legen die Annahme nahe, daß die tropfigen Prominenzen als primär, die Bestäubung als sekundär aufzufassen ist. In wieder anderen Fällen allerdings bestand die senile präpupillare Bestäubung ohne gleichzeitige tropfige Beschaffenheit (Abb. 133, 134) der Cornearückfläche, und umgekehrt kommt die Cornea guttata vor, ohne daß besondere Pigmentierung besteht (Abb. 144).

Was die Form solcher Herde betrifft, so bieten sich die verschiedensten Bilder. Vor allem finden sich Verdichtungen zu unregelmäßigen Flecken und Zügen wechselnder Form und Größe. So stellen Abb. 133 und 134 die zum Teil ringförmige Pigmentierung bei der 65jährigen, 13 D myopen Frau Ro. dar (linkes Auge), Abb. 135 die ebenfalls ringförmige Pigmentanordnung bei der 80jährigen Frau Gu., rechts mit reifer, links mit beginnender Alterskatarakt. Am letzteren Auge ist die Pigmentierung stärker. Links nasal vom Hornhautzentrum die unregelmäßig ringförmige stark verdichtete Partie der Abb. 135. Bemerkenswert ist in der Gegend der stärkeren Pigmentierung die ausgesprochene „tropfige" Beschaffenheit der Hornhautrückfläche (s. Abb. 135) bei Beobachtung im regredienten Licht.

Wesentlich seltener zeigt das Pigment Neigung zu strichförmiger Gruppierung. Es bildet Linien und Züge, die manchmal zu weitmaschigen Netzbildungen Anlaß geben (Abb. 136).

Ursachen mechanischer, vielleicht auch chemisch-physikalischer Natur, haben anscheinend zu den Netzbildungen Anlaß gegeben, wie sie Abb. 136 wiedergibt. Ich konnte solche gelegentlich auch nach Entzündungen beobachten (über Exsudatstränge mit Pigment vgl. den Abschnitt Vorderkammer), doch kommen sie auch in scheinbar niemals entzündeten Augen vor.

Abb. 133—134. Unregelmäßige, zum Teil ringförmige Pigmentanordnung am linken, 13 D myopen Auge der 65jährigen Frau Ron.,

mit myopischer Fundusdegeneration und Kernstar. Grobe, senile Destruktion des Pupillarpigmentsaumes. Niemals Entzündung.

Abb. 135. Linksseitige, ringförmige und unregelmäßige Pigmentgruppierung bei Cornea guttata. 80jährige Frau Gu.

mit Altersstar. Cornea guttata beiderseits, in der Abbildung durch die tropfenähnlichen Gebilde K angedeutet. Das Gebiet P der Pigmentverdichtung mißt horizontal 1,5, vertikal 0,75 mm. RS = quantitative Lichtprojektion, Cataracta matura. LS = 6/12 H 2,0. Tension normal.

Abb. 136. Netzförmige Pigmentansammlung der Hornhautrückfläche im Senium.

66jähriger, nie augenkranker Dr. Ku., axiale Hornhautpartie. Fokales Licht. Im regredienten Licht erscheinen einzelne Pünktchen als Tröpfchen. Keine Präcipitate. Refraktion: Astigmatismus inversus corneae mixtus 1,0 D, RS und LS = 1. Beiderseits stationärer Befund. Das Pigment sitzt beiderseits vornehmlich in der Gegend der Türkschen Linie.

7. Die Pigmentspindel und ihre Übergänge.

Das Gemeinsame aller bis jetzt geschilderten senilen, präsenilen und juvenilen Pigmentierungen liegt darin, daß sie präpupillar, vor allem gegenüber dem unteren Pupillarsaum, am dichtesten sind, sich in vertikaler Richtung stärker ausdehnen als in horizontaler, somit eine Neigung zur vertikalen Spindelform besitzen. *Ich fasse aus diesem Grunde die sog. Pigmentspindel (Abb. 140, 143b), über die wir noch ausführlich sprechen, lediglich als extreme Variante der präsenilen und senilen Bestäubung der Cornearückfläche auf.* Von der gewöhnlichen mittelgradigen Pigmentanlagerung bestehen bis zur Pigmentspindel alle kontinuierlichen Übergänge, so daß die letztere als die extreme Variante eines häufigen biologischen Merkmals zu gelten hat*.

Naturgemäß mußte eine solche extreme Pigmentansammlung früher auffallen, als die viel häufigere, aber schwerer sichtbare *gewöhnliche*, geringgradige Pigmentierung, und es ist denn auch die Pigmentspindel schon mit einfachen bisherigen Methoden gesehen und zuerst von KRUKENBERG[186]) (unter Leitung von AXENFELD) 1899 beschrieben worden. Abb. 140, 143b geben derartige, *bei Spaltlampenuntersuchung nicht seltene* Spindeln wieder.

Die ersten Beobachter (KRUKENBERG[186]), STOCK[187]) betrachteten die Pigmentspindel als eine kongenitale Bildung, als letzten Endes durch die Pupillarmembran

---

* Diese zuerst von mir 1921 und 1923 begründete Auffassung haben später auch KOBY (1927) und neuerdings CAVARRA (1930) übernommen, dessen Citate der Berichtigung bedürfen.

bedingt. Unter anderem erblickte STOCK für diese Auffassung einen Beweis darin, daß in einem seiner 2 Fälle, der graue Iris aufwies, die Spindel nicht braun, sondern ebenfalls grau war * (vgl. auch OELLER[202]) 1903, der sich der Auffassung der genannten Autoren anschließt; ähnlich BRÜCKNER[203]) 1907).

Es ist jedoch kein Zusammenhang dieser Spindel mit der Membrana pupillaris erwiesen. Die überwiegende Mehrzahl der bis jetzt mitgeteilten Fälle von Hornhautpigmentspindel zeigen weder Pupillarfäden noch Gewebsreste der Hornhauthinterwand, noch irgendwelche Veränderungen der Krause.

Eine Ausnahme bildet ein von mir beobachteter Fall von starker Pigmentbestäubung der Hornhautrückfläche bei gleichzeitiger offenbar kongenital oder früh erworbener, entzündlich bedingter Pupillarmembranbildung beider Augen. In diesem Falle, der die 42jährige Frl. Ha. betrifft (Beobachtung vom Jahre 1923), besteht beiderseits eine exsudatähnliche graue, von verästeltem Sternchenpigment durchsetzte Pupillarmembran. Die Pupillarsäume sind frei. Der mittlere Abschnitt der Hornhautrückfläche ist ziemlich dicht bestäubt, besonders im Bereich einer vertikalovalen Zone. Refraktion Astigmatismus mixtus beiderseits von 2,0 D.

RS = 0,5 (— 0,75 komb. plus cyl. 1,5 Achse 55°)
LS = 0,7 (— 1,5 komb. plus cyl. 2,0 Achse vertikal).

Ich hatte die betreffende Patientin schon in früheren Jahren an der Spaltlampe beobachtet, damals war mir eine stärkere Pigmentierung der Hornhautrückfläche nicht aufgefallen. Vielleicht war sie mir damals entgangen. Naheliegender ist jedoch, daß sich die Pigmentierung erst seither stärker entwickelt hat**.

Weder in diesem noch in irgendeinem der bisher beschriebenen Fälle ist die angeborene Natur der Pigmentspindel auch nur wahrscheinlich gemacht.

Leider wird die Frage der Ätiologie durch die neuen Beobachtungen (seit OELLER[202]) nicht wesentlich gefördert, da sie größtenteils recht unvollständige Mitteilungen darstellen.

In den 6 Fällen AUGSTEINS[194],[195]) fehlt z. B. fast jede Krankheitsbeschreibung. Auch KRAUPA[199]), dem bereits die hohe Zahl der zugrundeliegenden Myopien auffällt, verfügt in einem Teil seiner Fälle über keine genaueren Angaben.

Es ergibt sich, daß die Pigmentspindel noch nie bei einer nicht erwachsenen Person gesehen worden ist, was schon in hohem Maße gegen die angeborene Natur derselben spricht. Daß sie nicht angeboren ist, wird auch dadurch wahrscheinlich, daß sie mit zunehmendem Alter häufiger wird. Wichtig erscheint meine oben erwähnte Feststellung, *daß fast alle Behafteten myopisch sind,* daß also die Pigmentspindel zweifellos enge Beziehungen nicht nur zum Alter, sondern auch zur Myopie aufweist.

Nebenstehende kleine Tabelle gibt über die bis 1921 publizierten Beobachtungen eine Übersicht***. Vorausgeschickt sei, daß die Spindel stets beidseitig, symmetrisch vorhanden war, mit Ausnahme eines Falles KRAUPA, und zweier unserer Fälle (von denen nur der eine in der Tabelle figuriert).

Aus einer ganzen Reihe weiterer, seit Aufstellung dieser Tabelle beobachteter Fälle greife ich folgende heraus: Frau Re., 48 Jahre, RS = schwach 1 (— 1,0 komb.

---

* Über die optische Genese dieses grauen Pigmenttones s. o.

** 1926 fand auch SEISSIGER[207]) zwei Fälle (Erbfälle) dieser Art: Membrana pupillaris perseverans mit Pigmentspindel bei Mutter und Tochter. SEISSIGER denkt hier an kongenitale Spindel, schließt sich im übrigen meiner Auffassung an. Ganz kürzlich fand FRIEDMANN[215]) die Spindel ebenfalls bei M. pupillae perseverans. Auch in diesen Fällen braucht nicht kongenitale Entstehung angenommen zu werden, wenn auch solche Fälle darauf hinweisen, daß (entzündliche?) Persistenz der Pupillarmembran die Pigmentspindel begünstigt.

*** Nicht berücksichtigt ist eine Beobachtung von THOMSON und BALLANTYNE[204]) aus dem Jahre 1903.

Autor	Alter und Geschlecht	Irisfarbe	Spindelfarbe bei schwacher Vergrößerung und Nernstlicht	Refraktion	Masse der Vertikalspindel
KRUKENBERG (3 Fälle). Kl. M. 1899 1. Fall	45 J. ♀	dunkel kastanienbraun	tiefdunkelbraun	beiderseits −9 D	Breite 3 mm Höhe 4 mm
2. ,,	♀ Alter nicht angegeben	Iris zentral bräunlich, peripher mehr grünlich dunkelbraun	zart bräunlich	beiderseits −1,0 D R − 5, L − 6 D	Breite 3½ mm Höhe 4½ mm
3. ,,	♂ Alter nicht angegeben	dunkelbraun	dunkelbraun		
WEINKAUFF. Kl. M. 1900	60 J. ♂	dunkelbraun	tiefbraun	beiderseits − 2,5 D	Breite ¾ mm, Länge 4 mm (nach 2 Jahren unverändert)
STOCK. Kl. M. 1900 1. Fall	60 J. ♂	braunrot	braun	− 15 D	?
2. ,,	40 J. ♀	grau	grau	− 20 D	?
C. V. HESS, GRAEFE-SAEMISCH, Linsensystem 1911	59 J. ♀	?	?	„myopisch" beiderseits. (Die Spindel wird auf gleichzeitig vorhandenen Diabetes bezogen	nach ¾ Jahren unverändert
AUGSTEIN (6 Fälle)	?	?	angeblich wie in den Fällen KRUKENBERG-STOCK. Im abgebildeten Fall Iris braun, fleckig, Spindel hellgelbbraun	?	?
KRAUPA, 1. Fall	56 J. ♀	grünlich bräunlich	bräunlich	− 15 D	?
2. ,,	60 J. ♀		bräunlich	?	(Glauk. ac. links
3. ,,	60 J. ♀	rechts bräunlich links grünlich	Spindel wie rechts	?	?
VOGT 1920 1. Fall	68 J. ♀	braun	gelbbraun	− 4,0 D	Breite 1½ mm Länge 3−4 mm
2. ,,	32 J. ♂	bräunlich	peripher graublau, innerhalb Krause braungrau	− 6,0 D	Breite 1 mm Länge 3−4 mm
3. ,,	35 J. ♀	blaugrau	graubräunlich, nur links vorhanden	Emmetropie	Breite etwa 1 mm nasalwärts unscharf, Länge 3−4 mm
(KRAEMER. C. f. pr. A. 1907, atypischer, wohl nicht hierher gehöriger Fall.)	60 J. ♀	blau	braun	Ast. dir. hyp. 1,25 D	die Spindel steht quer, ist 2½ mal so breit wie hoch, in der Mitte schwächer pigmentiert, mit fein grauer Trübung

cyl. 0,5 Achse horizontal), LS = 6/8 (— 1,25 komb. — cyl. 0,5 Achse horizontal). Beiderseits vertikale typische Pigmentspindel, links dichter als rechts, braune Iris beiderseits, Pupillarsaum dem Alter entsprechend gut erhalten, auf der Iris mäßige Pigmentverstreuung. Breite der Spindel rechts 1,0, links 1,25 mm, Länge rechts 2,5, links 3 mm. Wie auch in den früheren Fällen liegt der Spindelmittelpunkt ganz leicht nach unten vom Corneazentrum, links außerdem etwa 0,5 mm nasal davon. (Die Patientin konsultierte mich wegen belangloser Conjunctivitis und ist im übrigen gesund). Folgender, dem Senium zugehöriger Fall ist frei von Myopie: Bei *Hyperopie* 1,0 D und Glaukoma chronicum mit Mikrocornea der braunen Iris besteht kräftige senile Pigmentspindel bei der 65jährigen Bentschen. Hornhautrefraktion 48½:49 D!

Weitere von mir beobachtete Fälle sind unten erwähnt: Abb. 140, 141, 143. Vgl. auch den oben genannten Fall mit gleichzeitiger Persistenz einer Pupillarmembran.

Wie ich ferner nachträglich aus der Literatur ersehe, berichten STREBEL und STEIGER[198]) in ganz anderem Zusammenhange über einige Beobachtungen, die hierher gehören, wenn auch die Pigmentierungen von den beiden Autoren in das tiefe Hornhautparenchym verlegt werden. Sie stellten zentrale punktförmige Pigmentierungen der hintersten Corneapartien in „vertikaler Bänderform" *bei 4 exzessiven Myopiefällen* fest. Zur exakten Lokalisierung stand den Autoren das fokussierte Spaltlampenbüschel nicht zur Verfügung. Die Vermutung, daß es sich um die KRUKENBERGsche Spindel handelte, ist aber um so eher gerechtfertigt, als nur im indirekten Licht beobachtet wurde, also mittels einer Methode, die für die Tiefenlokalisation unzulänglich ist. Ferner spricht für diese Annahme die aus den vier Abbildungen ersichtliche vollkommen charakteristische Form der Spindel und nicht zuletzt das Vorhandensein exzessiver Myopie.

Aus diesen Befunden STREBELS[198]) ist als neu das Vorkommen der Spindel in einem Falle von Megalocornea (mit Achsenmyopie) hervorzuheben*. Ferner die in seinem Falle vorhandene Vererbung, indem nicht nur die 69jährige Frau P. mit Myopie 25 D beidseits, sondern auch deren Tochter, die 25jährige Frl. A. P. mit R — 12,0, links — 19,0 D beidseits die Pigmentspindel aufwiesen. Dabei hatten die Spindeln bei Mutter und Tochter gleiche Form und Ausdehnung.

Von interessanten neueren Beobachtungen seien noch genannt: F. ED. KOBY[205]), drei Fälle bei Myopie, einer bei Mutter und Tochter. CARDELL[206]), bei hochgradiger Myopie. SEISSIGER[207]) bei Mutter und Tochter (mit Membrana pupillaris pers.), 3 Fälle, zwei bei Myopie.

Anfänge von Pigmentspindel bei Eltern und Kind sah ich mehrfach. So weist die 16jährige 4 D myope Y. M. beiderseits eine aus einigen Dutzend Punkten bestehende Spindel auf, bei der 40jährigen Mutter mit R — 22, L — 18 D ist die Spindel

---

* Neuerdings fand die Spindel auch KAYSER bei einem Fall von erblicher Megalocornea, die Refraktion betrug — 2,75 D., Hornhautbrechkraft nicht erwähnt. Es liegt also vielleicht bei Megalocornea eine Disposition zur Spindel vor, die derjenigen bei Achsenmyopie analog sein könnte.

Die in der Literatur da und dort zu findende Angabe: Bei der früheren Untersuchung — vor Jahren — hatte „mit Sicherheit" noch keine Pigmentierung bestanden, ist cum grano salis aufzunehmen. Wurde denn damals mit den gleichen, oder aber mit mangelhafteren Methoden untersucht? Wurde auf Pigmentierung der Hornhautrückfläche speziell geachtet? Diese Fragen können wohl meist nicht beantwortet werden. Es könnte Pigmentierung, vielleicht schwächeren Grades, übersehen worden sein. Erinnern wir uns, *wie viele Spindeln* wir heute sehen, die uns früher, besonders bei brauner Iris, ganz einfach entgangen waren. Und wir wußten ja vor einer Anzahl von Jahren von der *physiologischen* und senilen Pigmentierung so gut wie nichts! In der Literatur wurden bis jetzt fast ausschließlich nur ganz hochgradige Fälle beschrieben. Die außerordentlich viel *häufigeren*, theoretisch wichtigen *leichten und mittelgradigen* Fälle wurden von den Autoren übersehen.

erheblich kräftiger. Auf Vererbung weist auch die *mehr graue* Spindel an den 6 Augen der 3 sich äußerlich auffallend gleichenden Schwestern Bür. hin. Die 1878, 1880 und 1886 geborenen 3 Schwestern sind auffallend hochgewachsen, schlank, blauäugig, dunkelblond, von übereinstimmenden Gesichtszügen. Spindeln graubraun, Hornhautbrechkraft in allen 6 Augen ziemlich genau 44 D, horizontal wie vertikal, Refraktion Emmetropie.

Wie somit Myopie und myopische Degenerationen sich *vererben* (über die Vererbung der myopischen Degeneration vgl. eine Arbeit von VONTOBEL[208]) aus meiner Klinik), so gilt dies auch von der die Myopie und das Senium bevorzugenden Pigmentspindel.

Aus dieser Zusammenstellung entnehmen wir folgende gemeinsame Charakteristica der Spindel:

1. Das beidseitige Auftreten, anscheinend in allen Fällen mit Ausnahme eines Falles von KRAUPA und zweier meiner Fälle.

2. Fehlen jedes Kennzeichens eines Zusammenhangs mit der Pupillarmembran.

3. Sehr häufig ist, soweit die Refraktion überhaupt angegeben wird, Kombination mit Myopie vorhanden. Letztere beträgt in den älteren Fällen je einmal 1,0, 2,5, 4,0, 5,0 bzw. 6,0, 9,0, 13,0, 15,0, 20,0, 12,0, 19—25 D, einmal beschränkt sich die Angabe auf „myopisch". Wo Myopie angegeben wird, bestand sie beiderseits ungefähr gleich, ebenso wie die Spindel.

Soweit ich bis 1925 die Literatur überblicke, war bis dahin in 19 Fällen Myopie festgestellt (meist mittlere bis hochgradige), nur in 3 Fällen Emmetropie oder Astigmatismus). Darin sind meine eigenen Beobachtungen: 7 mit, 2 ohne Myopie, eingerechnet.

4. Die Spindel hatte stets ungefähr dieselbe Lage und Form (manchmal war sie unten etwas verbreitert: Fall AUGSTEIN, in einem Fall KRAUPA war sie unten leicht gebogen). Die Breite und Länge der Spindel variieren etwas. Ferner hatte die Spindel stets dieselbe Lage: im vertikalen und Hauptmeridian axial, niemals erreichte sie den oberen und unteren Limbus.

5. Soweit überhaupt das Alter der Fälle mitgeteilt wird, handelt es sich stets um Erwachsene, meistens um Personen vorgerückten Alters, *kein einziges Mal um Kinder*. Im höheren Alter ist fortgeschrittene Myopie für das Auftreten der Spindel nicht mehr regelmäßige Bedingung.

6. Das weibliche Geschlecht scheint etwas bevorzugt zu sein.

7. Nicht selten läßt sich *Vererbung* nach homochronem Erbgang nachweisen.

(8. Ganz vereinzelt kommt Kombination mit Membrana pupillaris perseverans vor).

Diese übereinstimmenden Merkmale können keine zufälligen sein, und die sehr häufige *Kombination mit Myopie* zwingt uns, an einen Zusammenhang mit letzterer zu denken. Zum mindesten doch wohl an eine „Prädisposition" der Myopen zu der Pigmentspindel. (Daß etwa Diabetes die Ursache bilde, wie dies C. v. HESS von seinem gleichzeitig myopischen Fall annehmen zu müssen glaubte, ist deshalb unwahrscheinlich, weil von Diabetes in allen übrigen Fällen nichts erwähnt wird. Auch in allen meinen Fällen war Diabetes durch mehrfache Untersuchung sicher ausgeschlossen*.)

Einige von mir beobachtete Fälle von Pigmentspindel seien hier abgebildet und genauer beschrieben:

---

* Bei Diabetes mellitus sah ich stärkere nicht entzündliche Pigmentierung der Hornhautrückfläche bis jetzt nur in einem Fall: 58jähriger Dr. Mü., Refraktion myopisch 1,0 D. Seit vielen Jahren Diabetes, Retinitis diabetica mit Blutungen.

Abb. 138—139. Pigmentspindel bei einem jungen Manne mit hochgradiger Pigmentverstreuung der Iris aus unbekannter Ursache (s. Tabelle S. 91).

Der 32jährige Bahnhofvorstand H., mit beidseitiger enormer Pigmentverschiebung der Iris (Verstreuung des Pigments an der Irisoberfläche, die Krypten sind besonders reich mit Pigmentpunkten überdeckt), mit klarer Linse und intaktem Glaskörper, zeigt ganz massenhafte hellbräunliche Pigmentauflagerungen der beidseitigen Hornhautrückfläche. Das Pigment bevorzugt das axiale Hornhautgebiet, und zwar beiderseits die Gegend des vertikalen Hauptmeridians (Abb. 138, Übersicht der Spindel, Abb. 139, stärkere Vergrößerung, d fokales, i regredientes Licht. Abb. 138 läßt eine Verdichtung der Pünktchen zu Gruppen erkennen). Die Spindel ist beiderseits etwa 1 mm breit und 3—4 mm lang und geht etwas unscharf in die Umgebung über. Irisfarbe peripher graublau, Krause graubraun, indem hier das retinale Blatt durch das dünne Stroma stark durchschimmert. Der Pupillarpigmentsaum ist zwar erhalten, gelbrötlich, aber ringsum verschmälert, nirgends Reste der Pupillarmembran. Vorderkammer leicht vertieft. Allgemeinbefinden gut, Urin ohne Zucker.

Das Pigment ist so reichlich, daß es die Sehschärfe zweifellos herabsetzt.
RS = 0,7 (— 7,0 komb. — cyl. 0,5 Achse vertikal),
LS = 0,7 (— 6,0 komb. — cyl. 0,5 Achse vertikal).
(Visus und Refraktion seit 6 Jahren unverändert.)

Die ganz enorme Pigmentdestruktion der Iris spricht dafür, daß hier ein erworbener, nicht ein angeborener Zustand vorliegt.

Auf der peripheren Rückfläche der Hornhaut besteht der periphere Descemeti-Pigmentring der Abb. 479. Kontrolle 10 Jahre nach Aufnahme von Abb. 138—139: Pigmentspindel noch kräftiger, periphere Pigmentlinie der Descemeti weniger deutlich. Immer noch Pigmentverstreuung auf der Iris.

Linksseitige vertikale Pigmentspindel (einseitig). Bei der 35jährigen, etwas schwächlichen, angeblich an Tuberculosis pulmonum leidenden Frau Ba. Se., Kondukteurs in B., deren Zuweisung ich Oberarzt Dr. Knüsel in Aarau verdanke, sieht man makroskopisch bei fokaler Beleuchtung ein verwaschenes graubräunliches Vertikalstreifchen auf der Rückfläche der linken Hornhautmitte. Die Streifenbreite ist 1 mm, die Länge 3—4 mm. Seitlich verliert sich der Streifen allmählich in die Umgebung.

Am Spaltlampenmikroskop, 24fache Linearvergrößerung, ist ohne weiteres erkennbar, daß sich der Streifen aus massenhaften, dichtstehenden (nicht zu Gruppen geordneten), amorphen bräunlichen Pigmentkörnchen zusammensetzt. Die Spindelfigur kommt dadurch zustande, daß die Pünktchen an ihrer Stelle besonders dicht sind. Sie sind aber auch außerhalb der Spindel vorhanden und füllen das ganze präpupillare Gebiet aus. Ja, sie gehen über letzteres hinaus und lassen peripher nach allen Richtungen nur eine 1½—2 mm breite Randzone der Hornhaut frei.

Vorderkammer normal tief, Irisfarbe beiderseits blaugrau, Pigmentsaum der Pupille beiderseits vorhanden, doch ist er links unten und temporal ein wenig verschmälert und es sitzen ihm hier kleine bräunliche Excrescenzen auf.

Auf der Vorderfläche der Iris an verschiedenen Stellen Herde von Pigmentkörnchen, wobei etwa 50—100 Körnchen nahe beisammen zu liegen pflegen. Diese Herde verstreuten Pigments bevorzugen die Krypten. — Refraktion Emmetropie, LS = 1 ohne Glas. Ophthalmoskopisch: ohne Besonderheit.

Das rechte Auge ist ebenfalls emmetrop (Visus = 6/8) und zeigt auf der Cornearückfläche axial ganz vereinzelte Pigmentpünktchen, wie man sie gelegentlich auch bei Normalen findet. Auf der Irisvorderfläche da und dort kleine Pigmentverstreuungsherde, jedoch viel weniger ausgesprochen als links.

Abb. 140 und 141. Pigmentspindel der Hornhautrückfläche bei der 50jährigen Luise Le. 6fache und 25fache Vergrößerung.

Rechtes Auge RS = 6/24 (— 13,0) LS = Handbewegungen (alte Iridocyclitis mit Katarakt). Brechkraft beiderseits horizontal 45 D, vertikal 45,25 D. Auch hier liegt die vertikale, 1 mm breite und etwa 4 mm lange Pigmentspindel vor der Pupille, im Bereich der TÜRKschen Linie. Man beachte die dentritischen moosähnlichen Ausläufer (Beobachtung vom 3. 9. 1924).

Der Pupillarpigmentsaum ist ein wenig destruiert, jedoch nicht mehr, als dem Alter entspricht.

Die stärkere Vergrößerung Abb. 141 (breiter optischer Schnitt) lehrt, daß die Pigmentierung auch in diesem Fall herdweise ungleich dicht ist. Das linke Auge dieses Falles ist *spindelfrei*, ja die Hornhautrückfläche weist überhaupt kein Pigment auf. *Dieses linke Auge zeigte Symptome alter schwerer Irido yclitis*, seclusio pupillae mit Pupillarexsudat und atrophischer Iris. *Bezeichnenderweise fehlt also auf diesem Auge die Spindel, offenbar deshalb, weil das Pigment des retinalen Irisblattes in Exsudat gehüllt ist, so daß es sich nicht frei in das Kammerwasser loslösen konnte. Es braucht somit in diesem Falle die Spindelbildung keineswegs, wie man etwa auf den ersten Blick meinen könnte, im Zusammenhang mit Iridocyclitis zu stehen**.

Das rechte Auge der Patientin war nie krank, wohl aber, soweit sie sich erinnert, immer myopisch.

1¾ Jahre nach dieser Untersuchung war der Befund ziemlich unverändert. Die dentritischen Ausläufer der Spindel (Abb. 140) waren jedoch nicht mehr deutlich.

Auch bei dieser Patientin kann man, wie bei allen anderen von mir beobachteten Fällen, lediglich bei *makroskopischer* Untersuchung von einer „Spindel" sprechen. Bei mikroskopischer Untersuchung sieht man dagegen sehr bald, daß die „Spindel" kontinuierlich in die Pigmentpunkte der Umgebung übergeht, welche die ganze mittlere Hornhautrückfläche bedecken! Im Bereiche der „Spindel" ist die Pigmentierung lediglich *dichter,* so daß man hier eben makroskopisch eine Spindelform erkennen kann.

Weniger dicht und etwas größer ist die braune Spindel bei der 53jährigen Frau Marie Ste. aus Oberwil, mit 18 Dioptrien Myopie.

R S = 6/60 (— 18)
L S = 6/60 (— 18).

Beiderseits myopische Maculadegeneration. Irispigmentblatt rarefiziert, zum Teil durchleuchtbar. Hornhautrefraktion horizontal 45, vertikal 44 D.

Einen besonderen Spindeltypus sah KRAEMER[209]) (dessen zweiter Fall). Die Spindel lag quer, zeigte außerdem graue Trübung und die Pigmentierung war nach dem Rande zu stärker als in der Mitte. Bei der typischen Vertikalspindel ist anscheinend stets das Gegenteil der Fall. (Vielleicht handelte es sich um eine ringähnliche Bildung, wie sie z. B. Abb. 135 veranschaulicht. Immerhin sah auch ich *hochgradige,* mehr *querovale* Spindel an beiden Augen des 56jährigen Dr. Hugo Mart. mit Linsen — + Achsenmyopie. Iris braun, Myopie 20 D beiderseits. Vor 7 Jahren

---

* Daß eine schleichende Iridocyclitis die Spindelform begünstigen oder erzeugen kann, halte ich dagegen nicht für ausgeschlossen. So sah ich die Pigmentspindel an beiden Augen der 40jährigen Frau Luise Bee. (mit Emmetropie!), welche, wie hintere Synechien bewiesen, vor Jahren beidseitige Iritis durchgemacht hatte. Auch bei der oben erwähnten 35jährigen emmetropen Frau Ba-Se. mit einseitiger Spindel trat angeblich später schleichende Iritis auf.

Netzhautablösung rechts, mit großem Riß oben. Damals war die Spindel beidseits noch wenig entwickelt. Damals noch Achsenmyopie von 6 D, seither trat Linse mit doppeltem Brennpunkt und damit Linsenmyopie hinzu (vide Kapitel Linse!).

Mosaikpigmentspindel.

Eine merkwürdige zierliche Spezialform der Pigmentspindelbildung stellt die seltene, bis jetzt erst in 2 Fällen beobachtete *Mosaikpigmentierung* dar (Abb. 142 bis 143c).

Abb. 142a und b. Mosaikpigmentierung der Hornhautrückfläche in Gestalt der AXENFELD-KRUKENBERG*schen Spindel.*

In der Ges. d. Schweiz. Augenärzte 1920 berichtete ich[210]) über beidseitige symmetrische graue bis graugelbe Pigmentierung der Cornearückfläche in der axialen Zone des vertikalen Hauptmeridians (Spindelform). Das Mitteilenswerte des Falles bestand darin, daß das Pigment regelmäßige sechseckige Mosaikflächen einnahm, welche der Größe nach den Endothelzellen entsprachen (vgl. Abb. 142a, 25fache, Abb. 142b 68fache Vergrößerung). Man beachte die da und dort vorhandenen Lücken. Felderweise war die Pigmentfarbe bald mehr grau, bald mehr bräunlichgelb (Abb. 142b). Das Bild blieb bei der 66jährigen Patientin Frl. Dol. im Laufe von 2 Jahren unverändert. Durch die an dem einen Auge von mir vorgenommene, glattverlaufene Lappenextraktion wurde das Pigmentbild nicht beeinflußt. Wegen ihres symmetrischen Aussehens hielt ich zunächst eine kongenitale Genese dieser Spindel für unwahrscheinlich (l. c.). Spätere Beobachtungen führten mich jedoch dazu, eine erworbene Entstehung auch hier als wahrscheinlicher anzunehmen.

Es ist bemerkenswert, daß in diesem Falle die Pigmentpünktchen und damit die Einzelendothelien *ohne* Einstellung des hinteren Spiegelbezirks der Hornhaut sichtbar waren und daß bei Einstellung des letzteren das Pigment undeutlich wurde. Dieses optische Verhalten spricht dafür, daß das Pigment *in*, nicht auf den Zellen lag. Der hintere Spiegelbezirk der Hornhaut entsteht nämlich, wie oben erörtert, in der Hauptsache durch Reflexion der Grenzfläche zwischen Endothel-Kammerwasser.

Auch diese Patientin war von jeher myopisch. An dem Auge mit Cataracta incipiens besteht Visus = $1/3$ Myopie 4,0 D.

Unter Tausenden mit dem Spaltlampenmikroskop durchmusterten Augen sah ich eine ähnliche Pigmentierung nur noch einmal (Abb. 143a—c), doch lagen die Herde in diesem Falle nicht so dicht und gleichmäßig.

Abb. 143a—c. Graugelbe bis graue Mosaikspindel bei dem 58jährigen Franz Ha.

Glaukoma chronicum beiderseits*. Die Spindel liegt etwas oberhalb Hornhautmitte und ist bräunlichgrau (Abb. 143b). Bei stärkerer Vergrößerung (Abb. 143a, Ok. 2, Obj. A2) zeigen die graubraunen bis grauen Fleckchen Mosaikanordnung, ähnlich denen der Abb. 142.

---

* *Pigmentspindel bei Glaukoma chronicum* zeigt auch die S. 213 erwähnte 65jährige Elise Ber. (rechts Glaukoma absolutum, links chronicum mit Pigmentspindel. Tension trotz Pilocarpin-Eserin = 35—40 mm Hg). Es besteht aber gleichzeitig Mikrocornea (Durchmesser 10,5 mm, Brechkraft horizontal 48,5 D, vertikal 49 D). Ebenso fand ich die Pigmentspindel an beiden Augen der 65jährigen Frl. Win. Marie, mit Glaukoma capsulare beider Augen, rechts nahezu Glaukoma absolutum. Es ist aber in diesem Falle das abgeschilferte Kapselhäutchen Ursache des Glaukoms.

Abb. 135—146. Tafel 20.

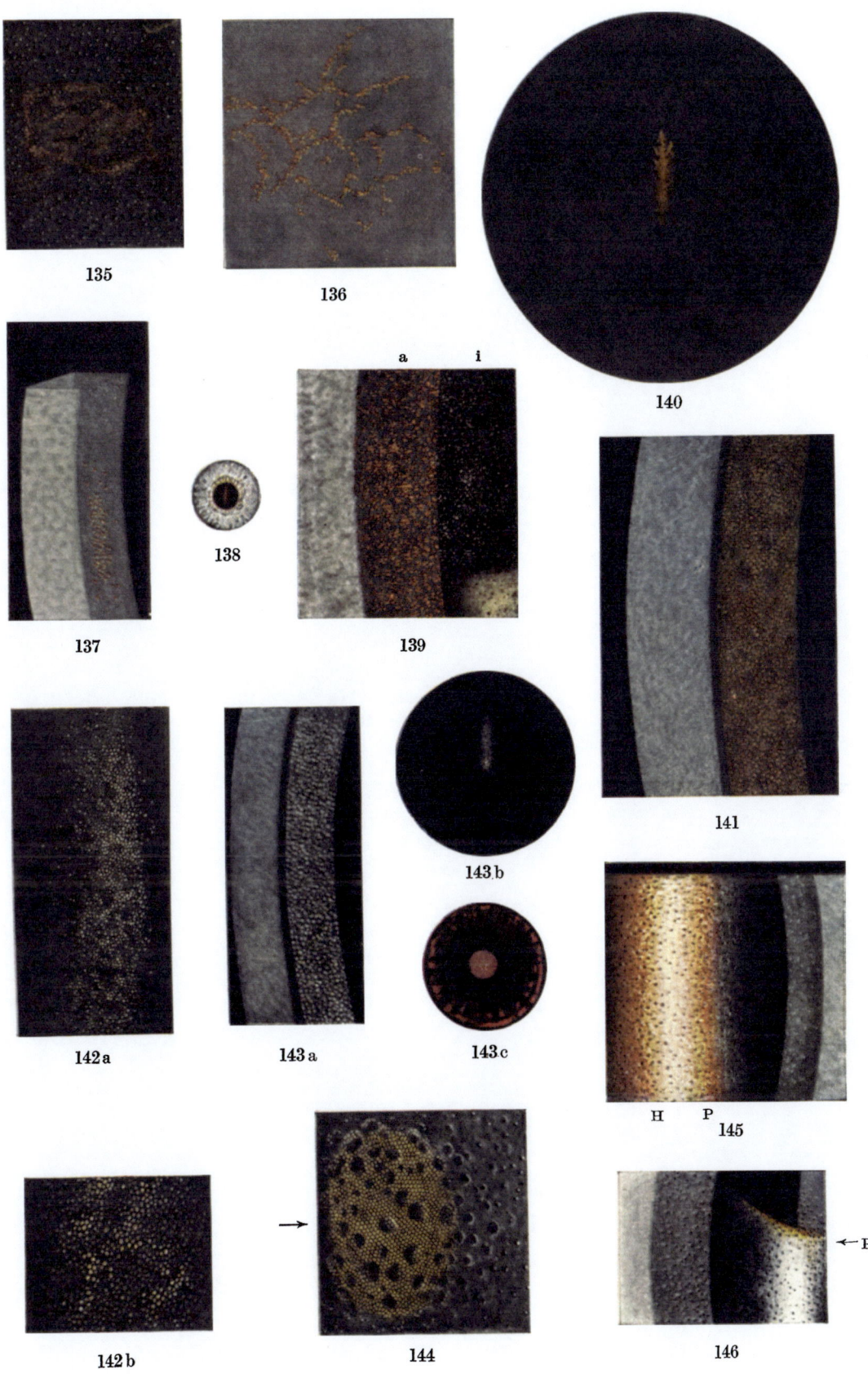

Vogt, Spaltlampenmikroskopie. 2. Aufl. Verlag von Julius Springer, Berlin.

Das retinale Pigmentblatt der Iris ist ziemlich stark destruiert und, wie Abb. 143c zeigt, besonders peripher gut durchleuchtbar. Randständige Exkavation der Papillen. Refraktion — 0,5 beiderseits. Hornhautbrechkraft 41 : 41,5 D.

Auffallenderweise liegt der dichteste breiteste Teil dieser Spindel gegenüber dem *oberen*, nicht dem unteren Pupillarsaum, und zwar beiderseits. Die Länge der Spindel war 5 Jahre nach Aufnahme der Abb. 143b = 3 mm, die größte Breite (oben) = 1 mm, gegenüber dem unteren Saum = ½ mm.

Neuerdings hat HANSSEN[216]) einen anatomischen Beitrag zur Kenntnis der Pigmentspindel geliefert. Er fand Pigment *innerhalb* der Endothelzellen. Ähnlich kürzlich KOROBOWA[217]).

Welches ist die Ursache des Lieblingssitzes sowohl der Pigmentspindel als auch der senilen Pigmentierung gegenüber dem unteren Pupillarsaum?

Die Koinzidenz des Sitzes der präpupillaren Pigmentierung, sowohl der spindelförmigen wie der gewöhnlichen senilen mit der physiologischen und pathologischen Tröpfchenlinie läßt, wie oben kurz erwähnt, vermuten, daß die Wärmezirkulation der Vorderkammer die gemeinsame Ursache beider Erscheinungen sei. Beide liegen im Bereiche der stärksten Abkühlung, gegenüber dem unteren Pupillarpigmentsaum. Hier treffen bei aufrechter Kopfhaltung die zirkulierenden corpusculären Elemente die Hornhaut, hier müssen jene noch nicht genauer eruierten Bedingungen chemisch-physikalischer Natur gegeben sein, die bei aufrechter Kopfhaltung zum vorübergehenden oder dauernden Festkleben auf der Hornhautrückfläche führen. Denkbar ist, daß hier die bereits erwähnten Wirbelbildungen im Sinne ERGGELETS auftreten und die Depotbildung begünstigen. Ein das Festkleben erleichterndes Moment haben wir bereits in den Prominenzen der Cornea guttata kennen gelernt (Abb. 135). Der Gedanke liegt ferner nahe, daß das Pigment nicht immer frei, sondern gelegentlich auch durch die zelligen Elemente der Tröpfchenlinie transportiert und deponiert wird.

Aus der Pathologie der Iridocyclitis ist jedem Augenarzt bekannt, daß intensiv weiße Präcipitate bei der Rückbildung dunkelbraun werden können. Man hat oft den Eindruck, daß sich das Pigment erst *nachträglich* auf diese Präcipitatstellen niederschlage, welche in diesem Falle *Haftstellen* sind. So sah ich wiederholt fein weiße Präcipitate bei ihrer Rückbildung tief braun werden. Es ist also von vornherein nicht ausgeschlossen, daß auch bei Bildung der Pigmentspindeln *Zellelemente* eine Rolle spielen, sei es, daß sie das Pigment aktiv aufnehmen, sei es, daß es an ihnen haften bleibt (vgl. die physiologische Tröpfchenlinie, Text zu Abb. 78, 437).

Ganz allgemein dürfen wir heute annehmen, daß dasselbe physikalische bzw. physikalisch-chemische Geschehen, das zur Bildung der physiologischen und pathologischen Tröpfchenlinie führt, offenbar auch die Bildung der gleich gelagerten und ähnlich geformten Pigmentspindel beherrscht.

Wer auf den ersten Beginn der Präcipitatbildung bei Iritis achtet, weiß übrigens, daß auch die *Präcipitatbildung* mit Vorliebe gegenüber dem unteren Pupillarsaum beginnt. Besonders bei nicht bettlägerigen, herumgehenden Personen sitzen die ersten Präcipitate fast regelmäßig vor dem unteren Pupillarpigmentsaum (s. Abschnitt Präcipitate).

Mehrfach ist der zentrifugierenden Wirkung der Augenbewegungen ein Einfluß auf die Lokalisierung der Beschläge zugewiesen worden. Gewiß mag hierbei die Differenz des spezifischen Gewichtes von Kammerwasser und corpusculären Gebilden (Pigment und präcipitatbildende Leukocyten) eine Rolle spielen. Daß der feine Pigmentstaub sich mehr in Spindelform gruppiert, während die Präcipitate stärkere Tendenz haben nach unten zu sinken, mag an der verschiedenen Größenordnung liegen (mit kleinerem Volumen wird die Oberfläche und damit der Auftrieb relativ größer), eventuell an der Differenz im spezifischen Gewicht.

Ist einerseits für die Pigmentierung der Hornhautrückfläche das Senium, die einsetzende Destruktion des gesamten retinalen Irispigments, speziell auch des Pupillarpigmentsaums verantwortlich zu machen, so darf andererseits nicht übersehen werden, daß daneben noch eine Reihe weiterer Faktoren begünstigend oder hemmend im Spiele sein müssen. Dies erhellt schon daraus, daß mit der Stärke der Pigmentierung keineswegs immer eine entsprechend hochgradige Pigmentdestruktion der Iris parallel geht. Eine solche hochgradige Destruktion war in unseren Fällen He., Abb. 138—139, ferner D. und Ha. Abb. 142—143 vorhanden, in anderen war die Destruktion aber nicht wesentlich stärker, als dem Alter entsprach. Die Rolle der Cornea guttata wurde schon mehrfach erwähnt.

Bedeutsam ist ferner für die Spindelbildung, ja überhaupt für die Pigmentanlagerung die *Achsenmyopie*, wie das nicht nur die obige Statistik der Pigmentspindel, sondern auch Fälle von *Anisometropie* veranschaulichen. So weist z. B. die 70jährige Frl. Olga Dres. am rechten *emmetropen* Auge kein Pigment auf, am linken 2,25 D myopen besteht eine lockere Pigmentspindel der Hornhautrückfläche an typischer Stelle. RS = 5/6 Gläser bessern nicht,
$$LS = 5/5 \; (-2,25).$$

Hornhautrefraktion beiderseits horizontal = $43\frac{3}{4}$ D, vertikal $44\frac{1}{4}$ D, somit links wahrscheinlich Achsenmyopie *.

In diesem Sinne erblicken wir in der Pigmentierung der Hornhautrückfläche eines jener degenerativen Merkmale, welche gemeinsam Achsenmyopie und Senium bevorzugen. Als solche Parallelmerkmale nenne ich: die juxtapapilläre Aderhautatrophie, den makularen und äquatorialen Schwund von Aderhaut und Netzhaut, die periphere cystoide Degeneration der letzteren, die Amotio retinae senilis et myopica, den myopischen und senilen Zerfall des Glaskörpergerüstes, gewisse Formen der Katarakt, die Lockerung der Zonula, den progredienten Astigmatismus inversus corneae.

Sekundäre Umwandlungen des Pigments der Hornhauthinterwand.

Die bisher erwähnten Pigmentkörnchen der Hornhauthinterfläche waren von amorpher Beschaffenheit. Bei entzündlicher Genese (schleichende Iridocyclitis) kann aber das Pigment, wie in Abb. 469 und 470 gezeigt werden wird, im Laufe der Zeit Dreizack- und Sternchenform annehmen, so daß Gebilde entstehen, welche mit den bekannten Pigmentsternchen der Linsenvorderkapsel übereinstimmen. Wir finden nicht nur Stern-, sondern auch Dreieck-, Komma- und Ringformen.

Gröbere derartige Pigmentsternchen sind selten. Sie gehen anscheinend aus Präcipitaten hervor.

Es handelt sich bei diesen entzündlichen Vorgängen nicht um jene sternchenförmigen *Beschläge*, wie sie häufig an der Spaltlampe gesehen wurden (vgl. z. B. Koeppe), sondern ich konnte die Umwandlung von amorphem Pigment in Sternchen und andere Formen sukzessive im Laufe vieler Monate verfolgen, gerade wie auf der vorderen Linsenkapsel. Im Gegensatz zu den Präcipitaten scheinen diese Pigmentformen nach Ablauf der Erkrankung, soweit meine Beobachtungen reichen, bestehen zu bleiben, oder erst sehr spät zu verschwinden. Bei der rein senilen und myopischen Pigmentablagerung sah ich diese Umwandlungen nie.

---

* Leider ist in den bisherigen Beobachtungen von Pigmentspindel die Hornhautrefraktion zu messen unterlassen worden. Die Fälle von hoher Myopie zeigen, daß *Achsen*myopie für die Genese der Spindel verantwortlich zu machen ist.

8. Die Cornea guttata senilis et praesenilis.

[VOGT[211]) (1921), GRAVES (1924), FRIEDENWALD (1925) u. a.]

Abb. 144—147. Cornea guttata* senilis (tropfige Prominenzen der Hornhautrückfläche).

Oft schon im 5. Jahrzehnt, häufiger jedoch im höheren Alter konnte ich gleichmäßige grobe Betauung der präpupillaren, weniger der peripheren Hornhautpartien nachweisen, die, wie der hintere Hornhautspiegelbezirk zeigte, durch kammerwärts gerichtete, runde, dichtstehende Prominenzen bedingt war, die sich im Spiegelbezirk als runde dunkle Lücken geltend machten, ähnlich etwa, wie die gewöhnlichen *peripheren* HASSAL-MÜLLERschen Warzen (vgl. Abb. 47—49 mit Abb. 144). Doch besteht insofern ein wesentlicher Unterschied, als die tropfigen Prominenzen *noch dichter und gleichmäßiger stehen und vorwiegend nur das mittlere Gebiet der Cornea betreffen.*

Die grobe Betauung, die durch sie hervorgerufen wird, ist gegenüber dem Pupillarsaum stets am deutlichsten, weil sie in diesem Gebiet, das man als „optisches Grenzgebiet" bezeichnen kann, relativ *einseitig* belichtet werden, so daß ihre hellere Partie scharf gegen die dunkle sich abhebt. Bei *weiter* Pupille kann infolgedessen die „Cornea *guttata senilis*", leicht übersehen werden.

Ich konnte zwei Haupttypen dieser Veränderung feststellen:

1. Eine stark ausgesprochene Form, *die schon im fokalen Licht auffällt,* dadurch, daß die Prominenzen in der Nähe des Büschels als Glanzpunkte aufleuchten. Noch in weiter *Umgebung* des hinteren Spiegelbezirks (Abb. 144) sind diese Glanzpunkte sichtbar.

Im regredienten Licht (Linsen- und Irislicht) geben diese Prominenzen eine kräftige, grobe Betauung, die teilweise schon bei Mydriasis sichtbar ist.

2. Eine schwächer ausgeprägte Form, die meist nur als Betauung bei unerweiterter Pupille, besonders gegenüber dem Pupillarsaum auffällt. Sie ist also nur im regredienten Licht deutlich. Im fokalen Licht sind diese Prominenzen meist nicht oder nur undeutlich zu sehen, am besten in der Nähe des hinteren Spiegelbezirks.

Nur die erstere Form ist hochgradig genug, um zu *Sehstörungen* Anlaß zu geben. So ist bei dem 44jährigen Jean Büh. mit enorm ausgeprägter Cornea guttata (Abb. 147), die sich mit Pigmentstaub kombiniert hat, die rechte Sehschärfe auf 6/18, die linke auf 6/12 reduziert. Ähnlich bei der 53jährigen Frl. Marie Su., Fall der Abb. 146.

Abb. 145—147. Cornea guttata.

Abb. 145 gibt die Betauung wieder bei der 44jährigen Johanna Ul., Abb. 147 bei dem 44jährigen Jean Büh., Abb. 146 bei der 53jährigen Marie Su. In Abb. 145 bis 147 entspricht die gelbrote Zone P dem Pupillarpigmentsaum, die hellen Zonen H entsprechen dem Stroma der Iris.

Welches ist das Substrat dieser Prominenzen?

Es handelt sich nicht etwa um eine erkennbare Veränderung des *Endothels,* denn letzteres zeigte oft ganz normale Konturen und ist stets kleiner als die Einzelprominenzen (vgl. Abb. 144). Näher liegt es, sie als warzenförmige Prominenzen der Descemeti aufzufassen.

Diese senilen tropfigen Prominenzen stehen nicht mit irgendeiner Entzündung (Iridocyclitis oder ähnlichem) in Zusammenhang, sondern finden sich beiderseits symmetrisch in sonst völlig gesunden Augen. In einigen Fällen (z. B. 50jährige Frl.

---

* Die Erscheinung beschrieb ich[211]) 1921 unter dem Namen „tropfige Prominenzen der Hornhautrückfläche", seit 1927 als „Cornea guttata".

M. Su.), die ich seit 15 Jahren beobachtete (Abb. 146), nahmen sie im Laufe der Jahre an Prägnanz zu und gaben zur Herabsetzung der Sehschärfe Anlaß (Visus ½ beidseitig). Einzelne dieser Patienten klagen darüber, daß sie um die Lichter Strahlenkränze sehen. Bei nicht erweiterter Pupille ist der ophthalmoskopische Einblick in diese Augen zufolge der diffusen Reflexion der Hornhautrückfläche erschwert.

Die schweren Fälle von Cornea guttata senilis und praesenilis betreffen meistens Personen jenseits der vierziger Jahre. Die Sehstörung tritt besonders dann auf, wenn sich — was nicht selten ist — zwischen und auf den Prominenzen auch noch *Pigment* ablagert (vgl. Abb. 135, 155, 158). In derartigen Fällen kann die ganze mittlere Hornhautrückfläche schließlich eine diffuse graubraune Bestäubung bekommen, die das Sehvermögen herabsetzt. Es kann dann ein auffälliges, dem in der Spaltlampenmikroskopie nicht Geübten iridocyclitische Veränderungen vortäuschendes Bild entstehen (z. B. Abb. 135).

Im fokalen Licht erkennt man hierbei die tropfenähnlich glänzenden Prominenzen, daneben den braunen Pigmentstaub, im Spiegelbezirke die dunklen, runden Löcher, an deren Abhängen die Zellgrenzen bei passender Beleuchtung sichtbar sind.

Im regredienten Licht (Irislicht) tritt die grobe Betauung zutage und gleichzeitig die feine schwärzliche Punktierung, die das Pigment abgibt. — Bei Untersuchung auf sympathische Ophthalmie ist die Kenntnis derartiger Bilder von Wichtigkeit. Sehr leicht kann ein Ungeübter in den Staub- und Wärzchenbildungen *beginnende Beschläge* erblicken. Auch *unfalltechnisch* kann das Bild Schwierigkeiten bereiten, so daß eine genaue Kenntnis für jeden Augenarzt unerläßlich ist.

Differentialdiagnostisch kommt für die Cornea guttata die *viel feinere,* hauptsächlich im unteren Abschnitt gelegene *monocelluläre* Betauung (Abb. 442, 455b) bei Keratitis und Iridocyclitis in Betracht, deren Substrat jedoch als Einzelzellteppich vom Geübten ohne weiteres erkannt werden kann. Im fokalen Licht sind die Einzelzellen weißgraue, im Spiegelbezirk schwarze Pünktchen, im Irislicht sind es scharf umschriebene Tröpfchen (Abb. 437, 438, 442).

Ferner sind differentialdiagnostisch noch *grobe unregelmäßige Ausbuckelungen* (Abb. 434, 435) zu berücksichtigen, wie sie bei schweren entzündlichen Prozessen von Iris und Hornhaut, speziell auch kurze Zeit nach bulbuseröffnenden Eingriffen im hinteren Hornhautspiegelbezirk häufig sind. Die Größe und Unregelmäßigkeit dieser Ausbuckelungen, die schlechte Endothelzeichnung und die gleichzeitig bestehenden Entzündungserscheinungen sichern die Diagnose.

Recht interessant ist das optische Zustandekommen der Licht- und Schattenwirkungen der beschriebenen tropfigen Prominenzen, welchen Wirkungen wir ihr Sichtbarwerden im regredienten Licht verdanken. Die Tropfen sind nämlich meist nur da deutlich, wo sie sich an der Grenze eines hellen und dunklen Hintergrundes finden, also gegenüber dem Pupillarpigmentsaum bei Belichtung des Pupillarrandes, wo sie von der dunklen Pupille her ihren dunklen Teil, von der hellen Iris ihren lichten Teil erhalten. Ebenso gegenüber dunklen Krypten der Iris, wo dieselbe optische Bedingung erfüllt ist. Oft ist bei Beobachtung im regredienten Licht die dunkle Stelle der Lichtquelle zugewendet, die helle Stelle ist ihr abgekehrt*. Es liegt hier ein Brechungsphänomen vor, das wir an einer mit Wassertropfen beschlagenen Glasplatte im regredienten, resp. durchfallenden Licht nachahmen können (vgl. S. 21—26, Abb. 28).

Interessant sind jene, naturgemäß seltenen Fälle, in denen auf dem einen Auge Cornea guttata, auf dem anderen außerdem schleichende Iridocyclitis mit cellularem

---

* Das Umgekehrte ist der Fall bei Beobachtung im Spiegelbezirk, weil hier die Warzen nach vorn offene Konkavspiegel darstellen.

Teppich auf der Hornhautrückfläche besteht. Einen solchen Fall stellte das rechte Auge der 62jährigen Frau Anna Bo. dar. Sie litt seit 10 Monaten an schleichender Iridocyclitis rechts, mit Knötchenbildungen, hinteren Synechien und Präcipitaten. Durch strenge Diät (Rohkost) konnte die Iridocyclitis innerhalb weniger Wochen bis auf einen alle paar Tage auftretenden kleinen einschichtigen Beschlagteppich geheilt werden. (Das Körpergewicht der Patientin ging durch diese Heilkur innerhalb eines Vierteljahres von 72 kg auf 58 kg zurück*).

Selten traten 2 oder 3 vorübergehende winzige grauweiße Präcipitate (bis zu 40 Mikra) auf. Der einschichtige Beschlagsteppich hatte stets die Form eines 2 bis 3 mm langen vertikalen Streifens gegenüber dem unteren Pupillarsaum (TÜRKsche Linie). Die Beschlagströpfchen waren nicht nur durch ihr viel feineres Korn, sondern auch durch ihre weit distinkteren Konturen von den gleichzeitig bestehenden Prominenzen der Cornea guttata zu unterscheiden. Beobachtungsdauer 3 Jahre. Auch bei dem 60jährigen Frl. Neidhart, mit beiderseitiger vieljähriger Iridocyclitis, bestehen Cornea guttata und Beschlagteppich nebeneinander, wobei sich die Betauung der ersteren von derjenigen des letzteren ohne weiteres durch die viel grobere Beschaffenheit unterscheidet.

Abb. 144. Das Aussehen der Cornea guttata im hinteren Hornhautspiegelbezirk.

Im hinteren Hornhautspiegelbezirk (Ok. 2, Obj. A 3) sieht man diese Altersveränderung der mittleren Hornhautpartien bei der 51jährigen Lehrerin La., welche vor Jahren eine schleichende Iridocyclitis durchgemacht hatte und jetzt noch hintere Synechien aufweist. Man beachte die Reflexchen auch außerhalb des Spiegelbezirks!

Im Gegensatz zu den ganz unregelmäßigen, *entzündlich* bedingten Ausbuckelungen des Endothelspiegels in Abb. 434 und Abb. 435 sind bei der Cornea guttata die Buckel *regelmäßig* rund und die Endothelzeichnung ist meist erkennbar. In den außerhalb des Spiegelbezirks sitzenden Spiegelpunkten liegt der Reflex stets auf der dem Licht abgewendeten Seite (Abb. 144), ein Beweis dafür, daß es sich um nach vorn gerichtete Konkavspiegelchen handelt, nicht etwa um nach vorn gerichtete Prominenzen.

Abb. 145. Cornea guttata im regredienten Licht.

43jährige Johanna Ul. Ok. 2, Obj. A 2. Es bietet sich ein total anderes Bild als im Spiegelbezirk (Abb. 144). Im regredienten Licht (links in der Figur Irislicht) massenhafte grobe Tröpfchen, denen im fokalen Licht (rechts) glänzende Pünktchen

---

* Die Rohkostdiät war in diesem Falle gegen meinen Rat von anderer Seite durchgeführt worden. Um so erstaunter war ich selber über die prompte günstige Wirkung.

Beiläufig sei bemerkt, daß derartige Rohkostkuren bei schleichender Iridocyclitis auf tuberkulöser Basis nicht selten Erfolg haben. Auch Abmagerung an sich (durch Inanition oder abzehrende Krankheiten) kann bei Iridocyclitis tuberculosa Heilfaktor sein. So erlitt die 60jährige, 10 D myope Frau Gei. (mit seit 2 Jahren bestehender schwerer beidseitiger Iridocyclitis, mit Präcipitaten und tuberkulösen Efflorescenzen der Iris, sowie mit Sekundärglaukom) einen Sturz, der Schenkelhalsfraktur zur Folge hatte. Während der dreimonatigen Bettruhe traten Decubitus und hypostatische Pneumonie auf, Patientin magerte ab zum Skelet. Die Iridocyclitis verschwand aber *während dieses Leidens* vollständig, um seither (9 Jahre) nie wieder zu kehren. — Derartige Beobachtungen mögen einen Fingerzeig geben, wie geheimnisvoll noch das Wesen der tuberkulösen Iridocyclitis ist, und wie unzweckmäßig in manchen derartigen Fällen die sog. roborierende Diät sein kann. Ich kenne seit 10 Jahren eine jetzt 48jährige Dame, deren schleichende Iridocyclitis regelmäßig mit Zunahme des Körpergewichtes exazerbiert.

entsprechen, die um so intensiver werden, je mehr man sich dem hinteren Spiegelbezirk nähert (rechts in der Abb. 144).

Abb. 146. Cornea guttata im regredienten Licht.

53jährige Marie Su., rechts Irislicht, links fokales Licht. Die Cornea guttata kombinierte sich hier im Laufe der Jahre (Beobachtungsdauer 1915—1929) mit dichter Pigmentbestäubung und setzte dadurch die Sehschärfe von 1 auf etwa 0,5 herab.

Abb. 147. Cornea guttata im regredienten Licht bei dem 44jährigen Jean Büh.

Links Irislicht, rechts fokales Licht. Im letzteren grobe helle Glanzpunkte. Die tropfigen Prominenzen stehen hier besonders dicht. Ihre Reproduktion ist aber nicht so gut gelungen, wie in Abb. 146.

Fünf Jahre später (1929) zeigte sich die Cornea guttata dieses Falles noch wesentlich hochgradiger ausgeprägt. Die vollkommen dicht stehenden Tropfen reichen jetzt bis gegen die Peripherie. In den axialen Partien reichlich feiner brauner Pigmentstaub, der, wie die Beobachtung im regredienten Licht ergibt, herdweise angeordnet ist, in Gruppen von 0,08 bis 0,15 mm. In der Nähe des Spiegelbezirks zeigt die Cornearückfläche ein Bild, das etwa an Messingbruch erinnert: Dichte glänzende Pünktchen, dazwischen Pigment (in Abb. 147 ungenügend wiedergegeben. Ähnlich fand ich die Rückfläche bei ausgesprochener FUCHSscher Epitheldystrophie). Hornhautoberfläche intakt, Brechkraft derselben beiderseits horizontal 45,25, vertikal 46 D, somit normal. Übrige Medien und Fundus ohne Besonderheit.

Die Sehschärfe dieses Falles war am 10. Sept. 1929 beiderseits auf 6/18 herabgesetzt, Gläser bessern nicht. Diese Herabsetzung der Sehschärfe ist lediglich der pigmentierten Cornea guttata zuzuschreiben.

8a. Der erste anatomische Befund bei Cornea guttata.
(Abb. 147 a, b, c, d.)

Das anatomische Substrat der Cornea guttata war bisher nicht bekannt. Vor einigen Wochen nun war ich genötigt, einen Bulbus mit Cornea guttata *leichteren Grades* zu enucleieren. Es handelte sich um die 55jährige Frl. Emma Kö., mit Achsenmyopie von 10,0 D (Hornhautbrechkraft 44 D) und linksseitiger Amotio retinae, die ich schon vor 2 Jahren beobachtete. Kürzlich trat an diesem linken blinden Auge Cataracta intumescens mit Glaukom auf, Vorderkammer etwas flach, Kammerwasseropacität stark gesteigert, jedoch ohne zellige Elemente.

Die Cornea guttata war klinisch vollkommen typisch, wenn auch die tropfigen Prominenzen nicht besonders dicht standen. Sie saßen in charakteristischer Weise nur im Pupillargebiet der Hornhaut, peripher fehlten sie.

Der in Formol fixierte Bulbus wurde in Paraffin gebettet. Alle präpupillaren Schnittpartien ließen umschriebene, vorderkammerwärts (seltener umgekehrt) gerichtete *Prominenzen der Descemeti* erkennen.

Die Mikrophotographie Abb. 147a gibt die Übersicht über einen Schnitt bei 200facher Linearvergrößerung, Aufnahme Abb. 147b und c geben solche Prominenzen bei 460facher Vergrößerung wieder. Abb. 147d und e sind die farbigen Wiedergaben der Partien Abb. 147b und c. D Descemeti, E Endothel, W Descemetibuckel, V Vorderkammertrübung.

Man beachte die flachbucklige Gestalt der Prominenzen, die, auch was das Verhalten des Endothels betrifft, an die MÜLLER-HENLESCHEN Warzen erinnern, mit

Abb. 147, a—e. Tafel 21.

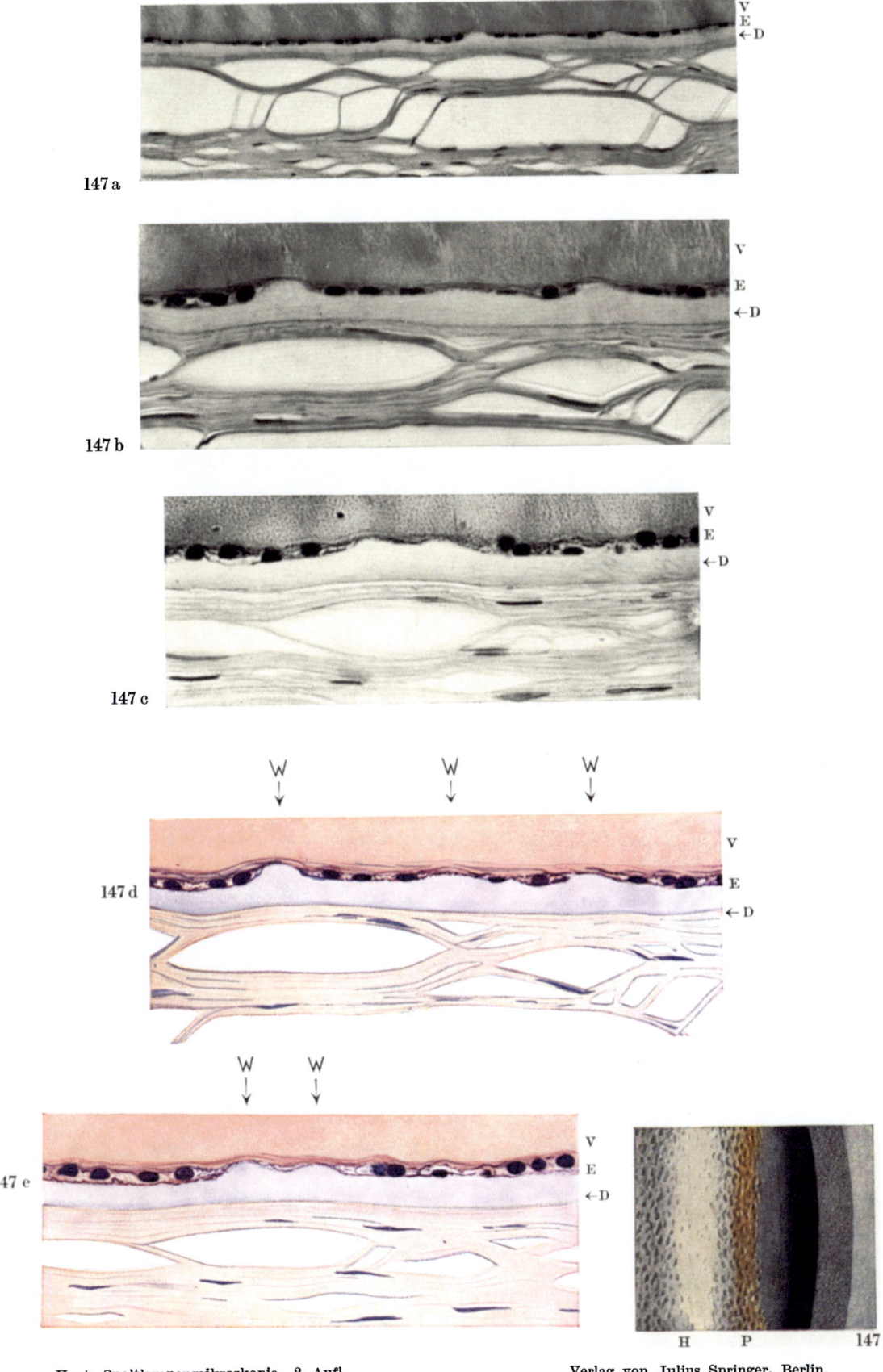

147 a

147 b

147 c

147 d

147 e

Vogt, Spaltlampenmikroskopie. 2. Aufl. Verlag von Julius Springer, Berlin.

dem prinzipiellen Unterschied, dass sie *axial,* nicht peripher sitzen. Die Peripherie ist von ihnen frei. Das Endothel ist über der Warzenkuppe *stark verdünnt,* Kerne fehlen auf der Kuppe meistens.

Letztere Rarefizierung gemahnt an diejenige des retinalen Pigmentepithels über senilen Warzen der Lamina elastica chorioideae.

Defekte im Endothelbelag sind auf der ganzen Hornhautrückfläche keine nachweisbar. Die Kerngruppierung erscheint dagegen etwas ungleichmäßig.

Der Fall bietet gleichzeitig einen ersten histologischen Befund für die pathologisch gesteigerte *Kammerwasseropacität,* wie sie gelegentlich bei Netzhautablösung auftritt (oder bei toxischer Iritis, z. B. Iritis diabetica, s. Abschnitt Vorderkammer). Die Opacität erscheint als homogene, Eosin annehmende Masse, mit nur äußerst spärlichen (nur in einzelnen Schnitten isoliert nachweisbaren) Wanderzellen und füllt den größten Teil der Vorderkammer gleichmäßig aus.

9. Beziehungen der Cornea guttata zur Fuchsschen Epitheldystrophie.

Wie erwähnt, kann sich Cornea guttata in Fällen hochgradiger Ausprägung mit Pigmentbestäubung kombinieren, wodurch die Durchsichtigkeit der Hornhautrückfläche leiden kann. Ob dabei das Pigment in den Endothelien liegt, wie dies bei Pigmentspindel Hanssen[216]) und Korobowa[217]) fanden, wird in pathogenetischer Hinsicht von Interesse sein.

Das krankhafte Aussehen der Hornhautrückfläche solcher Fälle gemahnte mich oft an dasjenige bei *Fuchsscher Epitheldystrophie,* die wahrscheinlich in enger Beziehung zur Cornea guttata steht.

Hierfür sprechen folgende Fälle von Kombination der *Cornea guttata mit Fuchsscher Epitheldystrophie*.*

Abb. 148—149. Dystrophie des Hornhautepithels mit Verdickung des Parenchyms und leichter zeitweiser Drucksteigerung bei Cornea guttata.

Rechtes Auge, 55jähriger Rud. Hi. Sehstörung und zeitweise unbedeutende Schmerzen rechts seit einigen Monaten. Wassermann negativ. Beiderseits hochgradige Cornea guttata mit etwas Pigmentstaub. Herabsetzung der Sensibilität der Cornea beiderseits. Rechts feinhauchige Trübung des verdickten mittleren Parenchyms, mit Stichelung des Epithels. In letzteren unregelmäßige Vakuolenansammlung. Werfe ich das Büschel auf den scleralen Limbus**, so tritt eine scheibenförmige Parenchymtrübung mit dunklen Aussparungen zutage (Abb. 148, Abb. 149 bei 10facher Vergrößerung). Die dunklen Aussparungen wechseln alle paar Tage ihre Form und sind offenbar der Ausdruck der Flüssigkeitsverteilung. Die Vakuolen überragen zeitweise blasenartig die Oberfläche. Einen Epitheldefekt konnte ich jedoch nie feststellen, auch nicht mittels Fluorescein.

---

* Mein Spaltlampenschüler B. Graves schreibt 1924 [Brit. J. Ophthalm. 8, 502 (1924)] über Cornea guttata und unterscheidet 4 verschiedene Stadien. Er hebt die Beziehungen zur Fuchsschen Epitheldystrophie hervor. Ähnlich H. und J. S. Friedenwald [Brit. J. Ophthalm. 9, 14 (1925)], Sallmann (Klin. Mbl. Augenheilk. 75, 778 (1925)], Meesmann in seinem Atlas der Spaltlampenmikroskopie u. a.

** Eine Methode, die zum Sichtbarmachen gewisser Parenchym- und Epitheltrübungen sehr geeignet ist. Das Licht wird, wie in einem Leuchtstab, innerhalb der Cornea weitergeleitet, vgl. das Kapitel „optische Täuschungen". Vgl. auch Text zu Abb. 199 a.

Tension zeitweise minimal erhöht oder an der oberen Grenze. Heilung erzielte ich durch *Trepanation,* welche bis heute eine dauernde Filtrationscyste mit starker *Hypotonie* setzte. Heute, 3 Jahre später, lediglich noch die Cornea guttata.

Abb. 150—154. Dystrophie des Hornhautepithels mit Verdickung des Parenchyms und neuralgische Epithelblasenbildung bei Cornea guttata.

Rechtes Auge, 61jährige Mrs. Lu., deren Zuweisung ich der Liebenswürdigkeit des Kollegen CAMERON in Edinbourg verdanke. Neuralgische schmerzhafte Attacken *rechts* seit 15 Monaten, alle 2—3 Tage wiederkehrend, gleichzeitig mit Epithelblaseneruptionen. Hochgradige Cornea guttata mit Herabsetzung der Sensibilität beiderseits. Abb. 150 Cornea guttata des *linken* (also des im übrigen *gesunden*) Auges. Auf der Rückfläche des prismatischen Schnittes beachte man den dichten braunroten Pigmentstaub, auf der Vorderfläche unten die gelbe senile Hornhautpigmentlinie (Typus I und II).

Im regredienten Irislicht die Tropfen der Cornea guttata. Ok. 2, Obj. A 2.

Abb. 151 (fokales Licht) gibt ein Übersichtsbild über die Epithelerkrankung des *rechten* Auges (schwache Vergrößerung, Cornea guttata hier gleich, wie links, ebenfalls mit viel Pigmentstaub). Die gewellten Linien in der Trübung, welche die Partien unterhalb Hornhautmitte einnimmt, entsprechen Vakuolengrenzen. Wie diese Vakuolen im regredienten Licht aussehen, veranschaulicht Abb. 152. Von Tag zu Tag wechselt ihr Bild und alle 2—3 Tage tritt die überaus *schmerzhafte Epithelblase* der Abb. 153 auf, nach deren Platzen die Schmerzen verschwinden. Diese Abbildung (Sagittalschnitt) zeigt auch die *Verdickung des Parenchyms im Bereiche der dystrophischen Partie.* Sie zeigt ferner eine grobe Flüssigkeitsvakuole *im* Parenchym, die noch deutlicher im optischen Schnitt, Abb. 154, hervortritt. Die Tension ist annähernd normal. *Heilung erzielte ich auch hier* durch Setzen einer künstlichen Hypotonie mittels Trepanation.

Abb. 155—157. Rechtsseitige beginnende Epitheldystrophie bei beiderseitiger ausgesprochener Cornea guttata.

Der 44jährige Zimmermann Mad. bemerkte seit einiger Zeit zeitweisen Nebel vor dem rechten Auge, besonders in den ersten Morgenstunden. Vor drei Tagen Brennen rechts. Arbeitskollegen machten ihn auf die Rötung des rechten Auges aufmerksam. Wassermann negativ. Potator. Beidseitige kräftige *Cornea guttata* mit axialer Pigmentbestäubung, Abb. 155. Im rechten Teil dieser Figur beachte man die Pigmentbestäubung (Hornhautrückfläche) und vorn die flaschengrüne Hornhautpigmentlinie, im Irislicht die Cornea guttata. Etwas unterhalb rechter Hornhautmitte 1½ mm großer oberflächlicher Blasenbezirk innerhalb einer großen Trübungszone von diffuser Begrenzung. Diese schon makroskopisch sichtbaren dunklen Epithelblasen gibt Abb. 156 wieder. (Die Abbildung stammt vom 22. Juni 1929.) Wie ersichtlich, ist jede Blase von einem dichten Trübungshof umgeben. Die Sensibilität der Hornhaut ist leicht herabgesetzt.

Der optische Schnitt Abb. 157 läßt nicht nur die Trübungsblasen erkennen, sondern auch die im Bereiche der Erkrankung bestehende *erhebliche Verdickung des Parenchyms.*

Die Tension war digital normal, wurde mit Rücksicht auf die Blasenbildung nur einmal gemessen: 7 Teilstriche mit Gewicht 5,5 Schiötz 1924. Atropin verschlimmerte den Zustand nicht.

Abb. 148—158. Tafel 22.

149
148 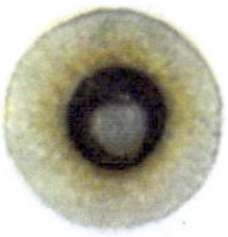
151 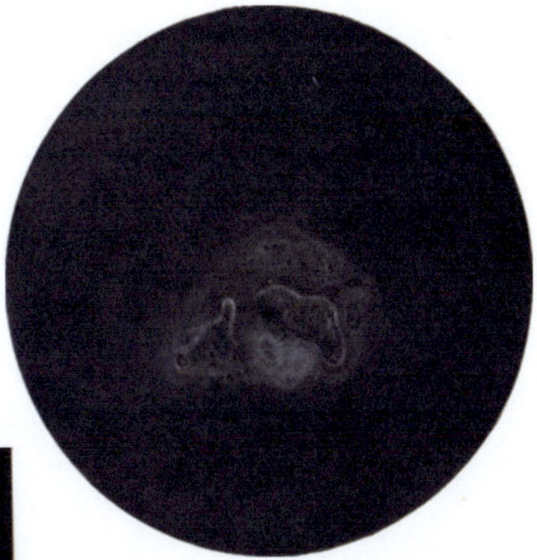
150 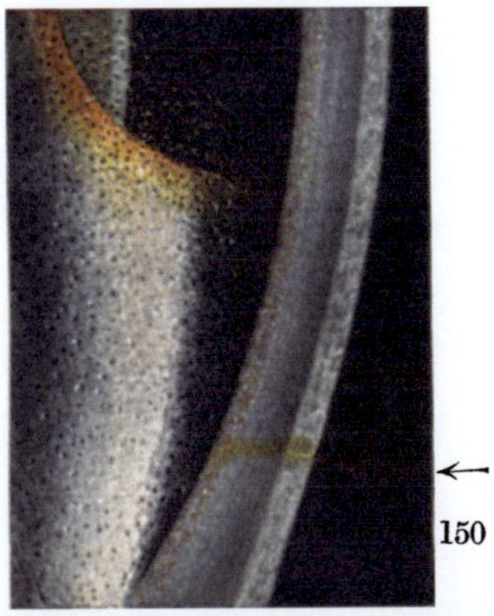
153 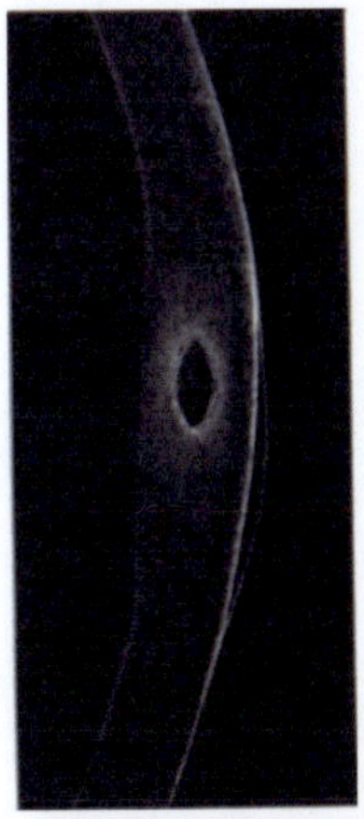
154 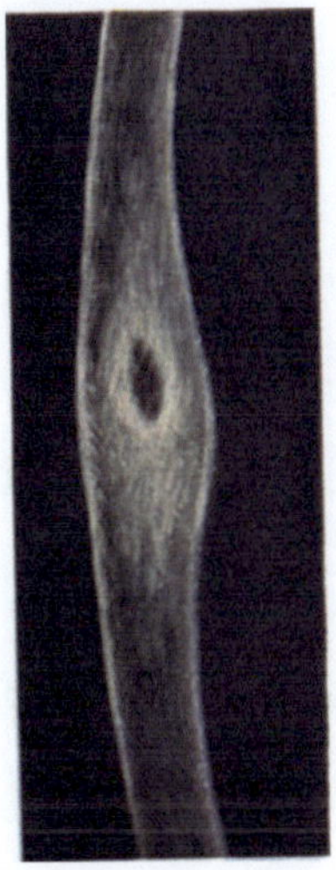
152 
155 
156 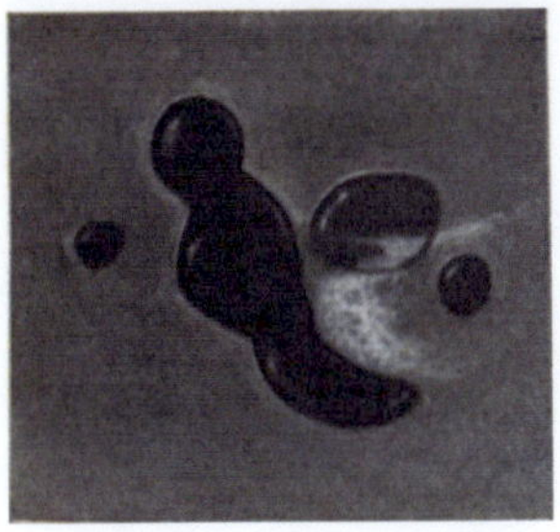
157 
158 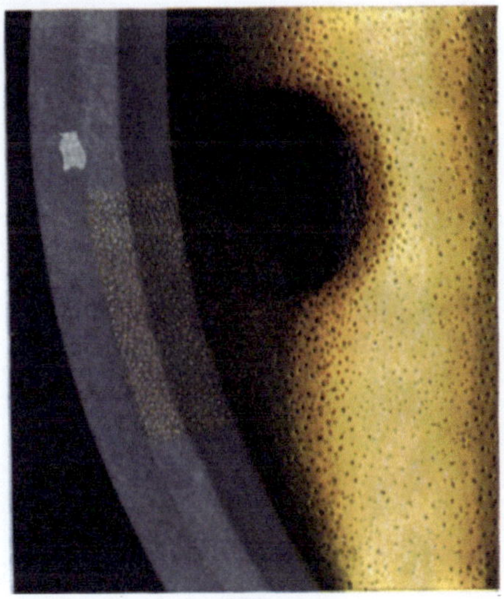

Vogt, Spaltlampenmikroskopie. 2. Aufl. Verlag von Julius Springer, Berlin.

5 Wochen nach Spitaleintritt waren die Blasen geschwunden, Visus rechts von 6/24 auf 6/12 gestiegen. 3 Wochen nach Spitalentlassung kommt Patient zurück mit neuen Trübungen und Blasenbildungen an der früheren Stelle. Die Blasen bleiben in den nächsten Monaten stationär. Verweigert Trepanation*.

Abb. 158. Beginnende Epitheldystrophie bei Cornea guttata mit circumscripter Pigmentbestäubung, fokales und regredientes Licht, Ok. 2, Obj. A 2.

Die 41jährige Elise Bol. klagt über seit Jahren bestehende Visusabnahme und zeitweisen Nebel und Brennen, besonders rechts. Unbedeutende Reizerscheinung. RS = 6/18 — 6/12, LS = 6/12, mit Gläsern nicht zu bessern. Hornhautbrechkraft 46:46½ D beiderseits. Hornhautsensibilität herabgesetzt, hochgradige Cornea guttata beiderseits (Abb. 58, rechts). Man beachte den Bezirk dichter circumscripter Pigmentbestäubung, im unteren Teil des präpupillaren Gebietes (links in der Abbildung, prismatischer Schnitt). Dieser scharf begrenzte Bezirk ist auf beiden Seiten rundlich-eckig und gibt gewissermaßen die Form und Größe der Pupille wieder. Das rechte Hornhautepithel zeigte feine Vakuolen und Trübungswölkchen, die sich auf die axiale Partie beschränkten. An einer Stelle eine umschriebene Epitheltrübung (Abb. 158). 8 Tage später waren die Epithelveränderungen undeutlicher. Tension: 4 Teilstriche, Gewicht 5,5, Modell Schiötz 1924.

Wiewohl die beobachtete Krankheitsdauer dieses Falles noch eine kurze ist, und der Verlauf nicht übersehen werden kann, darf doch auch hier die Diagnose auf beginnende FUCHSsche Epitheldystrophie mit Wahrscheinlichkeit gestellt werden.

Welche Beziehungen bestehen zwischen Cornea guttata und Epitheldystrophie?

Es kann nach vorstehenden Mitteilungen kein Zweifel bestehen, daß Cornea guttata und FUCHSsche Epitheldystrophie enge Beziehungen aufweisen.

Bietet uns der in Abb. 147a—e mitgeteilte histologische Befund eine Erklärung für diese Beziehungen?

Ich glaube, diese Frage insofern bejahen zu dürfen, als das *Endothel* über den Descemetiexcrescenzen stark atrophisch ist, vielleicht manchmal auch fehlt (Abb. 147a—e). Es ist also an diesen Stellen die Ernährung der Hornhaut weniger gesichert *und die Möglichkeit des Eindringens des Kammerwassers und der dauernden Schädigung durch das letztere ist an diesen weniger oder nicht geschützten Stellen gegeben.*

Dementsprechend bestehen bei der Epitheldystrophie peripheriewärts sowohl die Epithel- als die Parenchymveränderungen *lediglich soweit, als Cornea guttata nachweisbar ist.* Auch die Anlagerung des Pigmentes beschränkt sich auf diese kranken Partien (s. Text zu Abb. 164—168). —

Beachtenswert und neu ist der therapeutische Erfolg, den ich in den Fällen der Abb. 148—154 durch Setzen einer starken Hypotonie mittels Trepanation erzielte, und zwar, ohne daß vorher sichere Tensionssteigung bestanden hatte. Mit Rücksicht darauf, daß die Prognose der FUCHSschen Epitheldystrophie bisher trostlos gewesen war, empfiehlt sich die Nachprüfung dieser Therapie, vor allem im Frühstadium der Krankheit.

---

* Die später ausgeführte Trepanation erzielte keine Hypotonie. Das Trepanloch schloß sich unter leichter entzündlicher Reaktion. Einzelne Epithelvakuolen und die Trübung blieben bestehen. Gesamte Beobachtungsdauer vier Monate.

10. Die Cornea farinata.

Abb. 159. Die senile und präsenile Mehlbestäubung der Hornhautrückfläche (Cornea farinata).

Diese zarte, von mir 1919 beobachtete und seither an einer sehr großen Zahl von Fällen zum Teil jahrelang verfolgte Altersveränderung der tiefsten Hornhautpartien betrifft, wie die Cornea guttata, sonst gesunde Augen und ist wiederum vorwiegend in den axialen Hornhautgebieten am deutlichsten. Ich habe diese feine graue Bestäubung zuerst 1923 (Schweiz. med. Wschr. 7) beschrieben und betont, daß sie fast ausschließlich im regredienten Licht sichtbar ist, am besten in der mehrfach genannten „optischen Grenzzone" gegenüber dem Pupillarrand. Ob das enorm feine, staubartige Substrat als grauer Fuscinstaub aufgefaßt werden kann, erscheint mir zweifelhaft. (Vgl. den im Abschnitt: senile Pigmentierung der Cornearückfläche mitgeteilten Objektträgerversuch.) Den hinteren Spiegelbezirk fand ich nämlich im Bereiche der Mehlbestäubung stets ohne Auflagerungen.

Abb. 159 gibt einen charakteristischen Fall dieser Mehlbestäubung wieder. Sie zeigt, daß die Mehlbestäubung, ähnlich wie die Pigmentbestäubung, *herdweise* dichter und lockerer sein kann.

Wer sich darüber versichern will, daß die Mehlbestäubung im *tiefsten* Hornhautgebiet und nicht etwa *vorne* liegt, verwendet am besten die Bildschärfemethode bei starken Vergrößerungen (68fach). Diese gelingt besonders leicht, wenn irgendwo im Bereiche der Hornhautrückfläche ein Pigmentpünktchen und vorn in der Tränenflüssigkeit corpusculäre Elemente nachweisbar sind. Es wird dann scharf auf solche Punkte eingestellt und die gleichzeitige Schärfe der Bestäubung verglichen. Auch mittels *Über*einstellung (vgl. S. 22) glaubte ich mehrmals nachweisen zu können, daß die Bestäubung sehr tief lag. Letzterer Nachweis gelang mir aber auch im fokalen Licht in seltenen *sehr ausgeprägten* Fällen, in denen die Mehlbestäubung gleichzeitig auch in diesem Licht als feinste graue Punktierung im Descemetibereich sichtbar war. Das Mikrobogenbüschel ermöglichte diese Einstellung häufiger als das Nitrabüschel.

Die Endothelgrenzen können vollkommen scharf sein, doch fand ich sie gelegentlich undeutlich.

Es ist bemerkenswert, daß ich dieses feine klinische Bild der Cornea farinata bis jetzt meist nur bei älteren Personen, meist erst jenseits des 50. Jahres, niemals bei Kindern sah. Der jüngste Fall betrifft den 32jährigen Alfred Stu. Ein anderer Fall (Frau Nizz.) ist 36, ein dritter (Ma. Jules) 42 Jahre alt.

Als Substrat der Pünktchen kommen Veränderungen des Endothels, der Descemeti oder vielleicht tiefgelegener Parenchymschichten in Betracht.

Ob aber unter Umständen auch das Epithel, resp. vordere Hornhautschichten *in einzelnen Fällen* ähnliche Bilder hervorrufen können, lasse ich dahingestellt.

Abb. 160. Cornea farinata bei dem 52jährigen an nervösen Beschwerden leidenden Karl Me.

Linkes Auge, Ok. 2, Obj. A 2. Die Mehlbestäubung ist beiderseits ungewöhnlich kräftig. Man beachte wieder die herdweise Gruppierung der Pünktchen. Sie sind in diesem Falle auch im fokalen Licht zu sehen (s. Rückfläche des prismatischen Büschels, rechts in der Abbildung, links regredientes Licht).

Beobachtung während zwei Jahren.

Abb. 159—166. Tafel 23.

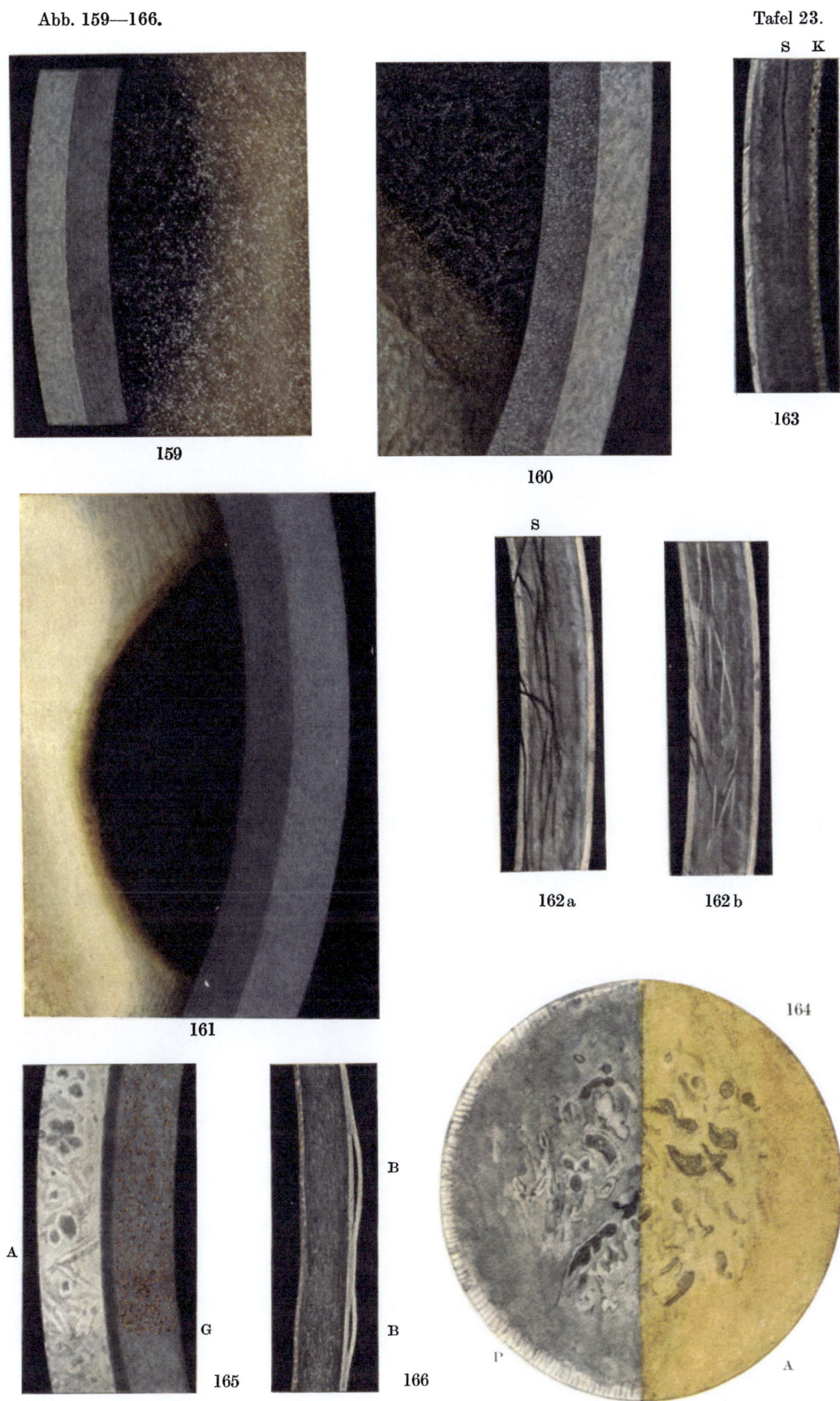

Vogt, Spaltlampenmikroskopie. 2. Aufl. Verlag von Julius Springer, Berlin.

Ähnlich kräftig und deutlich war die Mehlbestäubung bei der 36jährigen Lucia Nizz., bei der sie ebenfalls in fokalem Licht sichtbar war und auf die Descemetigegend lokalisiert werden konnte.

Auch bei dem 50jährigen Karl Kr., der hochgradige Mehlbestäubung beider Augen zeigt, läßt sich die letztere schon im fokalen Licht erkennen und lokalisieren. Sie betrifft hier zweifellos das allertiefste Parenchym, die descemetalen und prädescemetalen Partien.

Abb. 161. Mehlbestäubung der Cornea (Cornea farinata) mit Fädchen- und Streifenbildungen bei dem 60jährigen Mr. Glad., mit Myopie 16 D.

Es liegt hier ein ähnliches Mehlstaubbild vor (regredientes Licht) wie im Falle der Abb. 159 und 160. Bei genauerem Zusehen erkennt man aber, daß es sich weniger um einzelne Staubpünktchen, als um feinste silbergraue *Streifchen* und wellige *Linien* handelt. Es gelang mir in diesem Falle, die Streifchen und Pünktchen auch im *fokalen* Licht zu sehen und festzustellen, daß sie im tiefsten Parenchym in der Nähe der Descemeti liegen.

Ein ganz ähnliches Bild bietet beiderseits der 54jährige etwas nervöse Herr Gy., der seit Jahren an Brennen und Spannungsgefühlen beider Augen leidet, ohne daß sichere Veränderungen der Bindehaut nachweisbar sind.

III. Hornhautdegenerationen verschiedenen Ursprungs.
a) Dystrophia epithelialis FUCHS[*].

Abb. 162—168. Dystrophia epithelialis corneae Fuchs [212]).

Einige Fälle von beginnender Epitheldystrophie, deren nahe Beziehungen zur *Cornea guttata senilis* außer Zweifel stehen, habe ich in Abb. 148—161 wiedergegeben.

Hier berichte ich über zwei voll ausgebildete, inveterierte Fälle, welche ich vor 10 Jahren abbildete und welche damals anscheinend normale Tension zeigten. Beide bestanden beidseitig. In beiden Fällen waren die Bulbi reizlos.

Abb. 162a, 162b, 163. Dystrophia epithelialis (FUCHS), *Frau Sp., 59 J.*

Verdickung und diffus rauchgraue Trübung der beiden Corneae, Epithelödem. 8 Jahre vor Aufnahme der Abbildung waren die periphersten Hornhautpartien noch von dem Epithelödem frei. Sensibilität axial für Fadenberührung erloschen. Im Epithel zahllose schwarze (d. h. optisch leere) rundliche Bläschen. Im Parenchym vereinzelte graue Pünktchen und Striche (FUCHS[212]), vgl. auch den kürzlichen anatomischen Befund UHTHOFFs[213]), der sich leider nur auf die vordersten Partien bezieht). Visus links Fingerzählen in 1 m, rechts etwas besser. Astigmatismus hyperopicus. Abrasio brachte eine deutliche Visusbesserung, die aber nur einige Monate anhielt.

Heute, 8 Jahre nach der ersten Beobachtung: Visus rechts und links Fingerzählen in einigen Metern. Ödem bis zur Randschlingenzone reichend. Letztere nicht verbreitert. Links Blasen größer und dichter als rechts. Der dünne optische Schnitt

---
[*] Man vergleiche den Abschnitt S. 102—105, über Beziehungen der Cornea guttata zur FUCHSschen Epitheldystrophie.

(Abb. 162a und b und 163, 37fache Linearvergrößerung) zeigt beiderseits *Hornhautverdickung* im Bereiche der kranken Partien. Rechts, am besseren Auge, ist dieselbe unbedeutend, man sieht aber doch die Dicke vom Limbus an axialwärts zunehmen. Links ist die Dickenzunahme sehr beträchtlich und man sieht im Parenchym die für Keratitis parenchymatosa charakteristischen *Flüssigkeits*spalten, optisch etwa trüben Spalten im Eis vergleichbar (Abb. 162a—163, S Spalten. Sie sind reichlicher und kräftiger in der Nähe der Descemeti). Im Bereiche der BOWMANschen Membran, unterhalb Hornhautmitte eine trübe, weiße, unscharfe Partie von unregelmäßiger Form (Einlagerung von Kalk in die BOWMANsche Membran?). Die Epithelblasen sind im schmalen Büschel als Abhebungen unterscheidbar (vgl. Abb. 166, Blasen). Gefäße fehlen.

Am wichtigsten sind die Feststellungen im Bereiche der Descemeti. Eine Endothelzeichnung fehlt vollkommen. An Stelle des Endothels überall eine glitzerigkrystallinische Schicht von gelblichem Glanz, etwa Bronzepulver oder zerstoßenem gelbem Glimmerpulver vergleichbar, entstanden durch Mischung der Cornea guttata mit angelagertem Pigment (bei K in Abb. 163 vgl. auch Abb. 165). Iris und Pupillarsaum soweit sichtbar ohne Besonderheit. Irisfarbe graublau.

Abb. 164—168. Dystrophia epithelialis corneae (Fuchs). Frau Ho., 68 Jahre.

Klinische Beobachtung seit 3 Wochen. Sehstörung seit 3 Jahren allmählich zunehmend. Beiderseits das typische, von FUCHS[212]) geschilderte Hornhautbild. Eine etwa 1 mm breite Zone ist an beiden Augen ringsum von den groben und feinen Flüssigkeitstropfen der Epithelbetauung frei (Abb. 164, freier Abschnitt p). Die aus der höckerigen Oberfläche stärker prominierenden 2 oder 3, bis $^3/_4$ mm messenden, flachen Blasen zeigen optisch leeren Inhalt (Abb. 164, 166) und erzeugen durch Brechung Scheinverdickung und Verdünnung des Gesamtparenchyms (lokale Scheinvorwölbung und Vertiefung der Cornearückfläche, Abb. 166). Helle und dunkle, meist oberflächliche Parenchymstreifen und Blasen sind in Abb. 165 zu sehen, Bezirk A. Links fokales Licht, rechts regredientes Licht.

Die Endothelzeichnung fehlt auch in diesem Falle vollkommen, auch im Bereiche der klaren peripheren Partien. An Stelle des Endothels eine amorphe, leicht krystallinisch glänzende, zum Teil matte gelbliche Fläche. Ein besonderes Verhalten zeigt die Grenzzone der Trübung: *genau so weit die Zone des Epithelödems reicht, sitzen auf der Cornearückfläche rötliche Pigmentkörnchen.* Deren Grenze schneidet scharf ab mit derjenigen des Epithelödems (Abb. 165, G Grenzzone). In den mittleren Hornhautpartien sind diese Pigmentkörnchen spärlicher (Abb. 165). Am reichlichsten sind sie nach dem unteren Rande der Trübung (Abb. 165).

Wir finden also hier wieder dieselbe scharf begrenzte Pigmentzone, wie wir sie schon im Falle der Abb. 158 (Cornea guttata) kennen lernten, und erkennen darin die entscheidende Bedeutung der Cornea guttata für die FUCHSsche Epitheldystrophie.

Abb. 167, 168. Blasenbildung bei Fuchsscher Epitheldystrophie.

Fall der Abb. 164—166. 5 mm breite, 3 mm hohe schwappende Epithelblase mit klarem Inhalt. Abb. 167 zeigt die Blasenform von der Fläche, Abb. 168 im optischen Schnitt. Die Blase ist, der Schwere entsprechend, nach unten stärker vorgebaucht (gesackt). — Die Bildung und das Platzen solcher Blasen kann mit neuralgischen Anfällen verbunden sein (vgl. Text zu Abb. 150—154). In anderen Fällen sind die Beschwerden unbedeutend.

Die hier bei Dystrophia epithelialis corneae erhobenen Befunde auf der Hornhautrückfläche bestätigen, daß der Degeneration des vorderen Epithels die Erkrankung der Hornhautrückfläche in Form der Cornea guttata stets vorangeht, bzw. ihr zugrunde liegt (schon FUCHS[212]) hatte an diese Möglichkeit gedacht, ohne allerdings mit den damaligen Methoden Befunde auf der Rückfläche erheben zu können). Besonders auffallend ist in unserem Falle (Abb. 160—166), daß die Pigmentauflagerung genau soweit reicht wie die Epitheldegeneration. Dies dürfte kaum Zufall sein. Ferner möchte ich als bemerkenswert die Parenchymbefunde hervorheben.

Daß schwere Formen von Cornea guttata bei der Genese eine Rolle spielen, ist auch im Text zu Abb. 148—159 wahrscheinlich gemacht worden, ebenso daß, wie schon FUCHS[212]) vermutete, *Drucksteigerungen* mit der Krankheit in engem kausalen Zusammenhang stehen. Konnte er selber doch vielfach Glaukom finden. Einmalige Druckmessung genügt in diesen Fällen nicht, die Messung muß systematisch durchgeführt und bei Drucksteigerung eine fistulierende Operation ausgeführt werden (vgl. Text zu Abb. 148—154).

KRAUPA * sah in 4 Fällen an der Hornhauthinterfläche braune, nadelartige, glitzernde Krystalle, die er als eigenartige Pigmentbeschläge auffaßt.

Auch KRAUPA hält es für wahrscheinlich, daß das Wesen der Dystrophie auf einer schweren Schädigung des DESCEMETSchen Endothels beruht. In unserem Falle Abb. 164 vermochte die totale Abrasio und nachherige Behandlung mit Chlorwasser am linken Auge die Sehschärfe auf 1/4 zu heben! Die Besserung hielt aber nur einige Monate an. Heute LS = 1/10. Erfolgreicher wäre vielleicht Trepanation gewesen.

Über Beobachtungen von GRAVES, FRIEDENWALD u. a. s. S. 103.

b) Glatte, konkavbogig begrenzte Trübungsfläche im Bereiche der Membrana Bowmani.

Abb. 169. Von konzentrischen Linien begrenzte Trübungsfläche in der Gegend der Bowmanschen Membran.

Eine recht seltene, überaus charakteristische, offenbar degenerative Veränderung der Gegend der BOWMANschen Membran, wahrscheinlich dieser letzteren selber, gibt Abb. 169 wieder. 53jährige Frl. Fe., mit leontiasis-ossea-ähnlicher Verdickung der Schädelknochen und einer seit 8 Jahren beobachteten Erkrankung einzelner Talgdrüsen der Haut, welche in eigentümlicher Weise zu Atheromen sich umbildeten, um dann carcinomatös zu degenerieren (Basalzellenkrebs der Talgdrüsen, anatomische Untersuchung durch Prof. HEDINGER). Patientin wurde vor mehr als 20 Jahren wegen angeblicher Hysterie ovariektomiert.

Die Corneamitte des rechten, emmetropen, niemals kranken Auges zeigt, anscheinend im Niveau der BOWMANschen Membran, seltsame konzentrische Trübungszonen von der merkwürdigen Form der Abbildung, Ok. 2, Obj. a2. In der Mitte die dichtest getrübte, durch eine weiße Linie scharf abgegrenzte Partie. Peripher folgen (wenigstens nasalwärts und nach unten) zwei zur genannten konzentrische Trübungslinien, welche nur spurweise getrübte Partien umrahmen. Charakteristisch sind die durchaus homogene Struktur der Trübungen, die eleganten Einbuchtungen aller drei Begrenzungs-

---

* Z. Augenheilk. 44, 247 (1920).

linien und das Zusammenstoßen der Konkavitäten in spitzen Winkeln. Die Haupttrübung setzt sich (stärkere Vergrößerung) aus allerfeinsten gleichmäßigen Pünktchen zusammen und zeigt selber wieder in ihrer Mitte zwei ganz lichtschwache konzentrische Zonen. Querdurchmesser des Gesamtbildes 4 mm, Vertikaldurchmesser etwas über 3 mm.

Als „Dystrophia hyaliniformis lamellosa corneae" beschrieb KOEPPE* in einem Falle der gröberen äußeren Form nach ähnlich aussehende Trübungen, die aber Vascularisation, Epithelveränderungen und mehrfache Schichtungen in sagittaler Richtung aufwiesen. Da KOEPPE die genauere Tiefenlokalisation mittels fokussierten Büschels noch nicht bekannt war, vermute ich, daß er in bezug auf die Tiefenlokalisation kein einwandfreies Resultat erhielt, und daß er in Wirklichkeit eine mit der meinigen identische oder ähnliche Veränderung der Gegend der BOWMANschen Membran, bzw. der letzteren selber, vor sich hatte.

Mit dem verschmälerten Büschel konnte ich in meinem Falle sicher feststellen, daß die ganze Veränderung

1. einer und derselben Zone angehört,
2. in dichter Nähe der Hornhautoberfläche liegt.

Ich vermute ihren Sitz in der BOWMANschen Membran. Irgendwelche Epithelveränderungen fehlen. Nirgends bestehen Lücken oder Spalten in der Trübungsschicht, wie sie sich z. B. bei der bandförmigen Hornhauttrübung öfters finden. Die peripheren Hornhautpartien sind intakt. Javal: R 1,5, L 1,0 D rectus. Bilder glatt und regelmäßig. Auge stets reizlos. Ophthalmoskopisch: am unteren äußeren Papillenrand ein Bündel markhaltiger Nervenfasern.

RS = ½ (zyl. 0,75 Achse vertikal).

Linke Hornhaut vollkommen normal.

Nach einem Jahre: Status idem. Höchstens ist heute die mittlere Zone um ein weniges trüber. Linkes Auge stets ohne Besonderheit, LS = 0,5 H 0,5.

Nach weiteren 5 Jahren (1925): Die Begrenzungslinien sind etwas deutlicher geworden. Zweites Auge unverändert.

Im Anschluß an diese seltene Hornhautveränderung erwähne ich weiße, gleichmäßige superfizielle *Narbenflächen,* die ich besonders oft in Narben von mit Optochin behandelter Hypopyonkeratitis beobachtete. Diese superfiziellen Trübungsflächen zeigten wiederholt eine Begrenzung durch konzentrische, charakteristisch eingebuchtete Linien, deren Formen an diejenige der Abb. 169 erinnerte.

c) Konkavbogig begrenzte weiße superfizielle Narbenfläche**.

Abb. 170. Konkavbogig begrenzte Narbe nach Hypopyonkeratitis.

Bei der 66 jährigen Frau Klara Ers. war 6 Wochen nach abgelaufener Hypopyonkeratitis die superfizielle Macula kreidig weiß marmoriert und von der Form der Abb. 170. Aufgetreten nach Optochinbehandlung. Man beachte die eingebuchteten 3fachen parallelen oberen Grenzlinien.

---

* Graefes Arch. 97, 250 (1917).

** Wiewohl Abb. 170—176 in genetischer Hinsicht unter die rein entzündlichen Erscheinungen zu reihen wären, bringe ich sie mit Rücksicht auf ihre sonderbare bogige Begrenzung, welche uns eine formative Gesetzmäßigkeit anzeigt, im Anschluß an Abb. 169.

Abb. 167—174. Tafel 24.

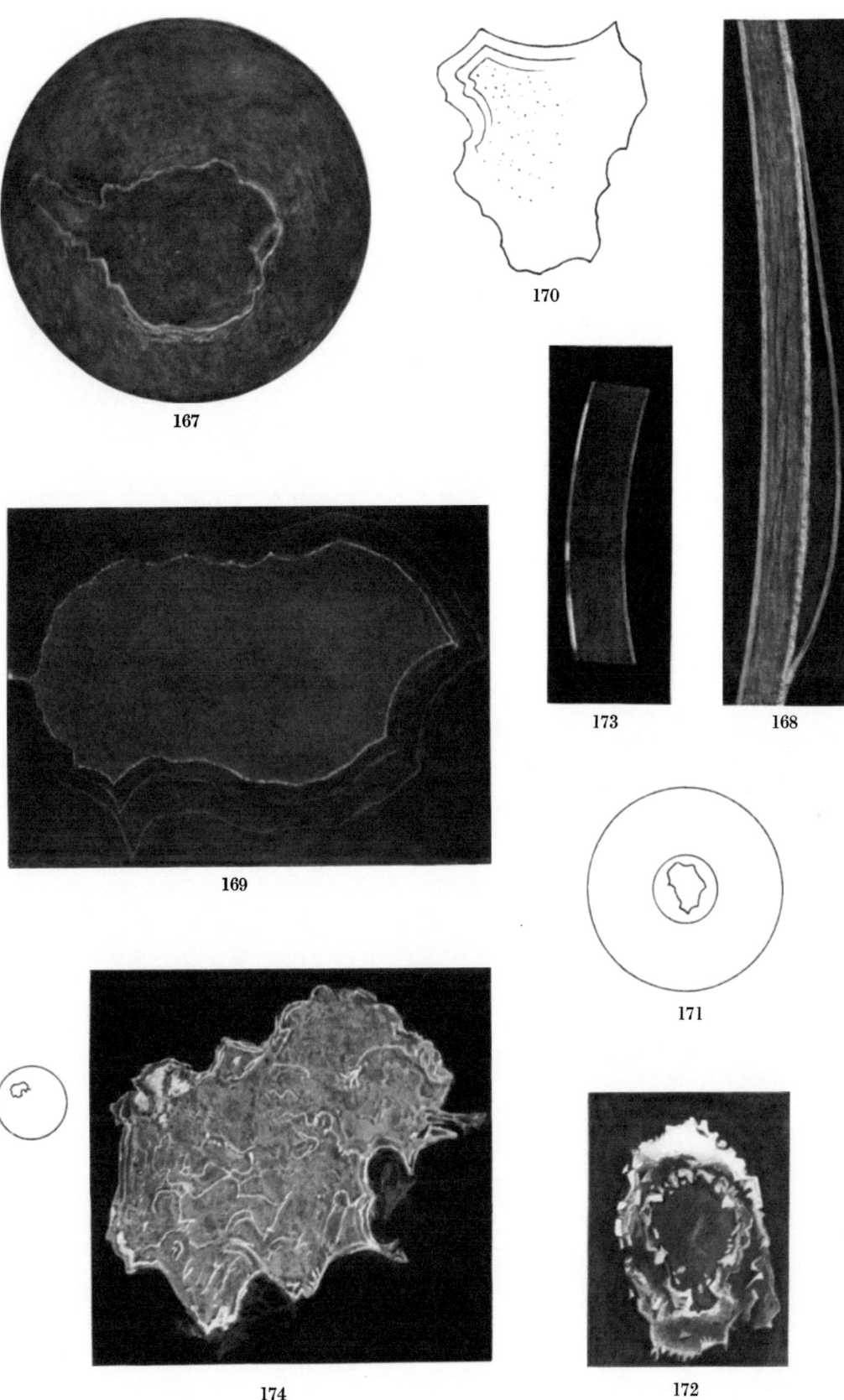

Vogt, Spaltlampenmikroskopie. 2. Aufl. Verlag von Julius Springer, Berlin.

Abb. 171. Konkavbogig begrenzte zentrale Macula nach infizierter Hornhautverletzung.

Bei dem 20jährigen Jakob He. mit zentraler Macula nach traumatischem Hornhautinfiltrat bestand die konkavbogig begrenzte Narbenform der Abb. 171. (Die Macula mißt horizontal 2½, vertikal 3½ mm.) Auch nach Keratitis scrophulosa sah ich vereinzelt derartige Begrenzungsformen.

Abb. 172, 173. Kreidig weiße Narbenveränderung nach Hypopyonkeratitis.

50jähriger Jo. Axial gelbes Narbenpigment (Abb. 172), rechtes Auge, 10fache Vergrößerung.

Abb. 173 gibt den optischen Schnitt durch die Narbe wieder und läßt deren gleichmäßig superfizielle Lage im Bereiche der M. Bowmani erkennen (24fach).

Abb. 174. Weiße superfizielle Narbentrübung mit kalkweißen Bogenlinien und konkavbogiger Begrenzung.

Rechtes Auge, Narbe bei 11 Uhr, 55jährige Frau Zu., nach Keratitis in der Schulzeit. Wie Abb. 174 zeigt, besitzt die Trübung oben und unten konkave Grenzbogen, oben innen aber auch einige konvexe. Innerhalb der Trübung eine Anzahl kalkweißer Bogenlinien, die zum Teil konzentrisch verlaufen.

Der Typus der konkavbogigen Trübungsbegrenzung ist ganz allgemein nicht allein an der Hornhautvorderfläche zu finden. Ich fand ihn auch im Bereiche der Hornhautrückfläche (s. Abschnitt entzündliche Veränderungen der Hornhautrückfläche, Abb. 488, 489).

Ja, diese Begrenzungsform beherrscht auch gewisse komplizierte vordere *Linsentrübungen*, wie im Kapitel Cataracta complicata (Kupferkatarakt, vordere lokale Kontusionskatarakte, Katarakte bei Neurodermitis usw.) gezeigt werden wird.

Abb. 175. Konvexbogige Oberflächennarbe bei der 54jährigen Frau Si., Keratitis in der Jugendzeit.

Die Begrenzung ist hier fast durchwegs *konvexbogig*, in der Mitte gelbes Narbenpigment. Linkes Auge 25fach.

Abb. 176. Aus Kreidepunkten zusammengesetzte oberflächliche Ringnarbe.

Recht selten dürfte die aus kreisförmig geordneten kreideweißen radiär gestellten Punkten und Streifchen gebildete Ringnarbe der Abb. 176 sein, beobachtet bei dem 34jährigen Fr. H., nach alter Hornhautverletzung. Lumen des Ringes 0,5 mm. Die Beobachtung stammt vom 25. 8. 23. Ein ähnliches Bild finde ich in dem kürzlich erschienenen Atlas der Hornhaut von GALLEMAERTS[214]).

d) Bandförmige superfizielle Hornhautdegeneration.

Abb. 177 und 178. Bandförmige Trübung der Hornhaut (Verkalkung der M. Bowmani) bei chronischer Iridocyclitis.

Irene Be., 12 Jahre. Iris durch mehrjährige Iritis atrophisch, hintere Synechien. Die Bandtrübung erreicht den Hornhautrand nicht und weist die bekannten runden Lücken auf. Mehrfache Glaslinien von zum Teil mehreren Millimetern Länge, die da und dort über die dichteren Trübungen hinausreichen. In Abb. 178 sind diese doppelt konturierten Glasleisten, die bald gerade, bald gebogen verlaufen, bei stärkerer Vergrößerung im Iris- und Linsenlicht dargestellt. Sie dürften ebenfalls der BOWMANschen Membran angehören.

Abb. 179. Bandförmige Trübung der Lidspaltenzone,

aufgetreten in der Corneamitte ein halbes Jahr nach Beginn einer sympathischen Ophthalmie bei der 5½jährigen E. H. (vgl. den Fall im Kapitel Iris).

Die Trübung ist ziemlich scharf begrenzt und liegt oberflächlich, etwa im Bereiche der BOWMANschen Membran. Sie ist von sehr gleichmäßiger Textur, zahlreiche dunkle rundliche Stellen erkennen lassend.

Die Begrenzung ist ungefähr spitz-eiförmig. Man beachte, daß auch die *angrenzende* Hornhaut nicht normal ist. Sie zeigt, besonders oberflächlich, eine feine Marmorierung. Diese ist oberhalb der Trübung deutlicher als unten. Nasal einige isolierte Trübungsstreifen.

Auge reizlos. Vor 14 Tagen war die Tension vermindert (wobei gleichzeitig die Bandtrübung auftrat, bzw. bei regelmäßiger achttägiger Kontrolle zum erstenmal beobachtet wurde), wurde aber auf Atropin wieder normal. Beginnende Cataracta complicata. Ok. 2, Obj. a 2.

Abb. 180 und 181. Hornhauttrübung bandförmiger Art bei hereditärem Hydrophthalmus eines 12wöchigen Kaninchens.

Das Tier stammt aus einer Zucht von Hydrophthalmus-Kaninchen aus dem Jahre 1918. Damals konnte ich drei Geschwistertiere von erblichem Hydrophthalmus erwerben und im Laufe der Jahre feststellen, daß der Hydrophthalmus des Kaninchens sich wie der des Menschen recessiv vererbt. In jenem Jahre habe ich über 60 Fälle von schwerstem, meist schon bei der Geburt vorhandenem Hydrophthalmus erzielt, der meist zur Erblindung, gelegentlich auch zu Spontanperforation führte.

Abb. 180a gibt ein Tier dieser Zucht wieder, Abb. 180b zeigt das hydrophthalmische Auge eines dieser Tiere, im Vergleich zu einem normalen Auge desselben Alters (Photographie durch Herrn Assistenzarzt Dr. ERWIN V. MANDACH). Abb. 181 gibt ein Übersichtsbild über die Hornhauttrübung.

Das Bild gleicht zwar dem der menschlichen Bandtrübung, betrifft ebenfalls die BOWMANsche Membran, reicht jedoch noch weniger weit gegen den Limbus als beim Menschen. In allen beobachteten Fällen dieser pathologischen Kaninchenrasse war die Form der Trübung eine ziemlich ähnliche.

Wie die menschliche Bandtrübung, so erscheint auch diejenige des Kaninchens von luzideren (im fokalen Licht dunkleren) rißähnlichen Stellen (Risse der BOWMANschen Membran?) durchsetzt. Im Laufe eines Monats vergrößerten und vermehrten sich die Risse in dem abgebildeten Fall.

Abb. 182—183 b. Beginnende bandförmige Hornhautdegeneration.

Die bei glaukomatöser Bulbusdegeneration häufige bandförmige Erkrankung der Lidspaltenzone ist in leichten, meist übersehenen Graden im höheren und höchsten Alter nicht so selten, ohne daß Bulbuserkrankung besteht. Diese Anfänge deckt die Spaltlampe auf. Die in der Hornhaut der Lidspaltenzone liegende Trübungsform dieses Falles ist in Abb. 182 (84jährige Frau Sp. mit im übrigen gesunden Augen,

Abb. 175—183. Tafel 25.

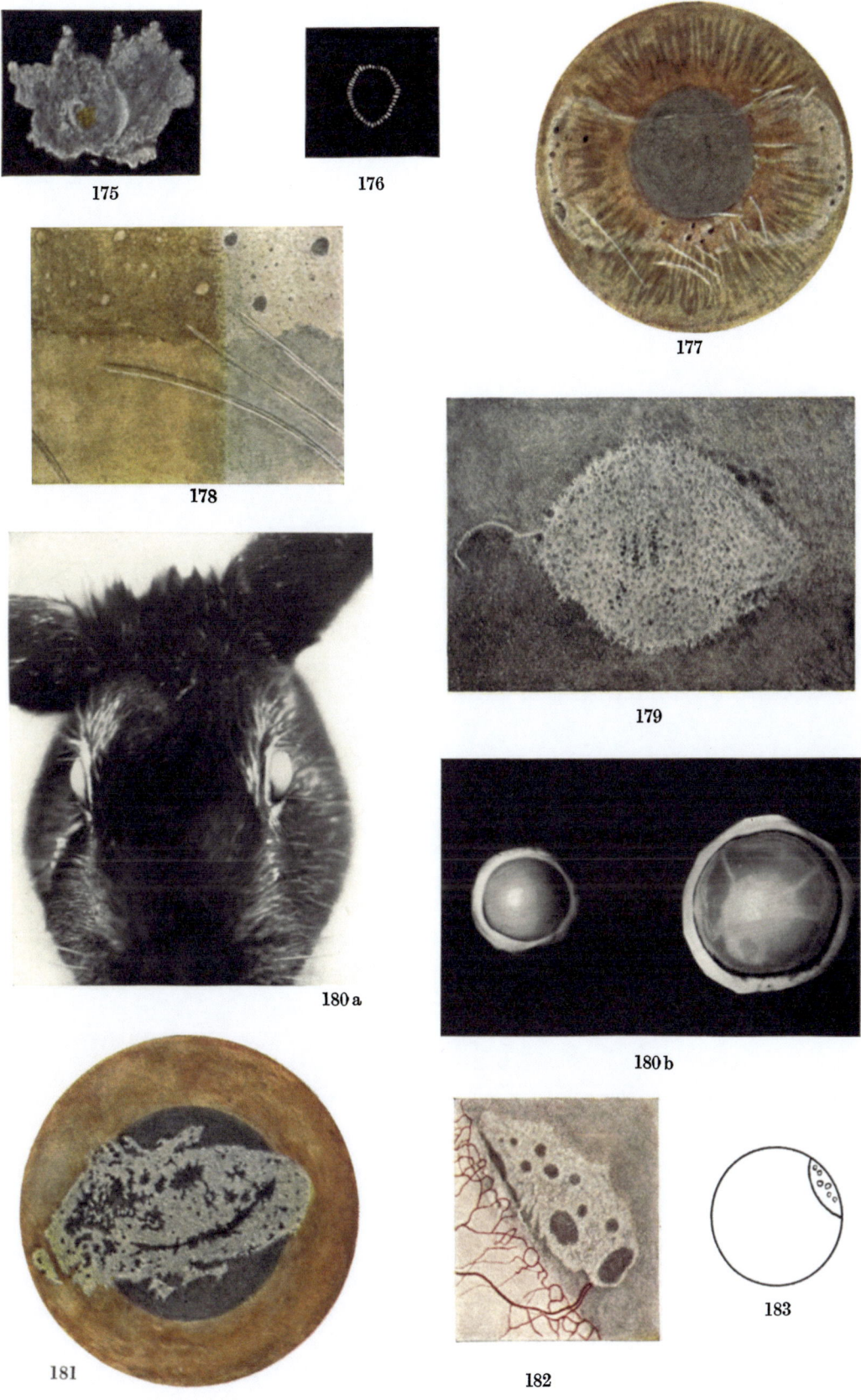

175 176 177
178
179
180a 180b
181 182 183

Vogt, Spaltlampenmikroskopie. 2. Aufl. Verlag von Julius Springer, Berlin.

Ok. 2, Obj. a 2) von dem veränderten Limbus durch eine rißartige, wenig getrübte Zone geschieden. Unten ragt eine Gefäßschlinge beträchtlich über das Randschlingennetz hinaus nach der Trübung hin. Die lochähnlichen, mehr durchsichtigen Stellen geben der Trübung ein siebartiges Aussehen. — Der gegenüberliegende Limbus zeigte die beginnende Trübung in ähnlicher Weise. — An beiden Augen senile Pigmentzerstreuung auf der Hornhautrückfläche, mit entsprechenden Irisveränderungen.

Abb. 183a. Als seltenen Befund (Skizze Abb. 183) erwähne ich eine umschriebene beginnende Bandtrübung bei einem Kinde (6jährige Claire Sch.) neben einer Perforationsnarbe. — Die Trübung gleicht nach Beschaffenheit und Durchlöcherung ganz der in Abb. 182 und ist vielleicht durch die Ernährungsstörung bedingt, welche die Perforationsnarbe setzte.

Wie entstehen die runden Löcher in der bandförmigen Hornhauttrübung? Ich glaube durch langjähriges Verfolgen einzelner Fälle (z. B. eines Falles von Sekundärglaukom nach Starextraktion, Glaskörper in der Vorderkammer) festgestellt zu haben, daß die Löcher aus Vakuolen hervorgehen. Es geht der Bandtrübung eine vakuoläre Degeneration voraus, die Verkalkung setzt rings um die Vakuole ein, letztere bildet die Aussparung, das runde Loch. Später wird sie resorbiert.

In den nicht so seltenen Fällen, in denen sich die gürtelförmige Hornhautdegeneration im Anschluß an eine schleichende Iridocyclitis bildet, sah ich derselben ausgedehnte *gleichgelegene Dsecemetitrübungen*, meist mit groben speckigen Beschlägen, vorausgehen. Die Ausdehnung der Descemetitrübungen pflegt größer zu sein, als die der Hornhauttrübungen: Ein solches Verhalten finden wir bei der 40jährigen Frau Anna Bru. mit seit 8 Jahren bestehender schleichender beidseitiger Iridocyclitis. Offenbar steht in diesen Fällen die Descemetiveränderung genetisch in Beziehung zu der Bandtrübung, wahrscheinlich begünstigt sie letztere.

e) Seltene sekundäre netzförmige Trübungen der Gegend der Membrana Bowmani nach vieljähriger Iridocyclitis.

Abb. 184—186. Netzzeichnung in der Gegend der M. Bowmani bei inveterierter chronischer Iridocyclitis.

Abb. 184, 7fache Vergrößerung. Übersichtsbild. Abb. 185, breiter prismatischer Schnitt durch die axialen Hornhautpartien, Ok. 2, Obj. a 3. Abb. 186 dünner optischer Schnitt. Die 56jährige, seit 20 Jahren praktisch blinde Frau Verena Di. leidet seit 25 Jahren an schwerer chronischer Iridocyclitis, die jetzt in Abheilung begriffen ist. Beiderseits dicke weiße Pupillarschwarte und hintere Synechien, überreife, zum Teil verkalkte Cataracta complicata beiderseits, glasige Präcipitatreste, Tension eher herabgesetzt. Lichtprojektion vorhanden, Augen meist reizlos. In Abb. 184 (linkes Auge) bei T wellig gerandete Trübungen der peripheren Descemeti. Bei G nasal unten typische beginnende Bandtrübung der M. Bowmani (ähnlich Abb. 182), ähnlich oben bei G. (Diese obere Trübung ist, wie die beginnende Bandtrübung, beiderseits vorhanden.) Die mittleren Hornhautpartien dagegen sind *an beiden Augen* von einer zierlichen grauweißen Gitterung oder Netzbildung eingenommen (Abb. 184), die, wie Abb. 185 bei stärkerer Vergrößerung zeigt, gleichmäßig oberflächlich, in der Gegend der M. Bowmani liegt und aus eigentümlichen, etwas zickzackig geformten Linien und Bändern besteht, die zu netzartigen Sternfiguren sich vereinigen. Nach der klaren Hornhaut hin verliert sich das Netz in feinen Ausläufern. Oben eine gelbe Pigmentlinie.

Abb. 186 (dünner optischer Schnitt) läßt die superfizielle Lage des Netzes erkennen und gibt noch den Schnitt durch glasige prominente Stellen der Hornhautrückfläche wieder, id est Stellen früherer Beschläge.

Ich extrahierte die Cataracta complicata beiderseits in der Kapsel, nach vorheriger Lösung der hinteren Synechien und erzielte ohne Glaskörperverlust beiderseits eine schwarze Pupille, RS = 5/18—5/12 (H 12,0), LS = 1/10 (H 12,0). Beobachtungszeit 1½ Jahre. Heute Augen reizlos, Status idem, insbesondere ist die Netzzeichnung unverändert.

f) Vortäuschung einer Bandtrübung durch Kalkverätzung.

Abb. 187. An die Bandtrübung erinnernde Hornhautveränderung der Gerontoxongegend nach Kalkverätzung*.

Abb. 187 zeigt ein in seiner Struktur etwas an die Bandtrübung erinnerndes, aber parallel zum Limbus verlaufendes Trübungsband, das von geraden weißen und dunklen Linien und von runden Löchern durchsetzt ist, und das ähnlich, wie das Gerontoxon, durch ein luzides Intervall vom Limbus getrennt ist. Einzelne Gefäße treten in die Trübung ein (Abb. 187). Diese Veränderung entstand im Anschluß an eine Kalkverätzung, welche die 40jährige Elise He. vor 6 Jahren erlitt. Rechtes Auge, nasal unten, Ok. 2, Obj. A 2 (vgl. auch Abb. 414).

g) Der weiße Limbusgürtel.

Abb. 188. An die Bandtrübung der Hornhaut erinnernder grauweißer durchlöcherter Limbusgürtel der Hornhaut, I. Typus.

Linkes Auge des 55jährigen M. Sch. (rechts abgelaufene Hypopyonkeratitis). Dieser ziemlich seltene, wie mir scheint nicht beschriebene, und ohne indirekt seitliche Beleuchtung leicht zu übersehende *dem Limbus folgende* degenerative Gürtel gehört den oberflächlichen Hornhautschichten an und erscheint, besonders im indirekt-seitlichen Licht weiß. Er ist am stärksten in der Lidspaltenzone ausgeprägt, kann jedoch auch in der übrigen Peripherie angedeutet sein. Die Veränderung läßt in fortgeschrittenen Fällen (Abb. 188) dunkle, unregelmäßige Lücken erkennen, ähnlich wie sie bei der oben beschriebenen Bandtrübung der Hornhaut auftreten. Im regredientem Licht ist ersichtlich, daß der Limbusgürtel im Falle Abb. 188 durch eine luzidere, etwa 0,05—0,1 mm messende Zone vom Sclerarande getrennt ist. Doch ist dieses Intervall nicht in allen Fällen vorhanden. Die Breite der Trübung beträgt (im nasalen Abschnitt) 0,15—0,2 mm. Oft zeigt der Gürtel eigentümliche kurze Ausläufer, die gefäßähnlich verzweigt sind (vgl. Abb. 189).

Die der Hornhaut benachbarten Bindehautgefäße sind im Falle der Abb. 188 zum Teil obliteriert und weisen zwei punktförmige Blutungen auf. Das andere Auge zeigt einen ähnlichen Limbusgürtel, wie er überhaupt häufig symmetrisch vorhanden ist.

Man darf diesen Gürtel nicht etwa mit dem mikroskopisch völlig anders aussehenden, mehr axial gelagerten, und gleichzeitig auch die tiefen Schichten betreffenden *Gerontoxon* verwechseln. Dagegen steht vielleicht der weiße Limbusgürtel

---

* Ich reihe dieses, in den Abschnitt „Verletzungen" gehörige Bild hier ein, weil seine Ähnlichkeit mit der Bandtrübung zur Verwechslung mit letzterer Anlaß geben könnte.

der gürtelförmigen Hornhautdegeneration und anderen degenerativen Hornhautprozessen näher, bei welchen ich ihn mehrfach gleichzeitig angetroffen habe*.

Abb. 189. Weißer Limbusgürtel II. Typus

bei dem 27jährigen Kaspar Bau. (mit seltener Tröpfcheneinlagerung in das oberflächliche Hornhautgewebe, s. Abb. 325, 326). GG' weißer Limbusgürtel, J = Irislicht, in welchem der Gürtel dunkel erscheint, bei G', wo er indirekt-seitliches Licht erhält, erscheint er wieder weiß.

Man findet diesen nicht seltenen Gürtel meist nur in der Lidspaltenzone, also hauptsächlich im temporalen und nasalen Limbusgebiet. Meistens ist erkennbar, daß die kreidigweißen bis gelblichweißen Streifchen (Abb. 189, 190) die *Endschlingen* des *Randschlingennetzes* einhüllen, so daß der kalkweiße Gürtel zweifellos mit letzteren in Beziehung steht. Das *Intervall* zwischen diesem Gürtel und der Sclera ist oft nur im indirekt-seitlichen, bzw. regredienten Licht zu sehen, da es im fokalen Licht weißlich ist und sich daher von Sclera und Gürtel ungenügend abhebt. Am besten läßt man das Licht von der entgegengesetzten Seite her einfallen, wirft es aber nicht in den Kammerwinkel, sondern auf eine Irispartie, die etwa in der Mitte zwischen Pupille und Hornhautperipherie liegt. Der Gürtel leuchtet dann weiß auf (Abb. 190) und auch das Intervall ist meist sichtbar. Die Beziehungen zu den Gefäßen sind leicht zu erkennen, sofern das Randschlingennetz nicht verödet ist.

Dieser viel häufigere Typus II des weißen Limbusgürtels unterscheidet sich vom Typus I (Abb. 188):

1. Durch seine Lage näher der Bindehaut und seine (meist vorhandene) verästelte Struktur. Die Randschlingen ragen manchmal über ihn hinaus (Abb. 190).
2. Dadurch, daß lochartige Aufhellungen, wie sie Abb. 188 wiedergibt, fehlen.

Abb. 190a. Weißer Limbusgürtel. II. Typus. Ok. 2, Obj. A 2, rechtes Auge.

Das Lichtbüschel wurde von der gegenüberliegenden Seite her (über die Nase des Patienten) auf eine temporale Irispartie geworfen, die etwa in der Mitte zwischen Pupille und Kammerwinkel liegt. Der temporale Limbusgürtel (Abb. 190a) leuchtete bei dieser Belichtung weiß auf. Die gürtelfreien Randschlingen ragen cornealwärts über den Gürtel hinaus. Zwischen weißem Limbusgürtel und Sclera das dunkle, relativ luzide Intervall. Der Limbusgürtel zeigt feine weiße Verzweigungen, die den Limbusgefäßen folgen, so daß er wohl in der Hauptsache eine Veränderung der Gefäßwände und Gefäßumgebung darstellt. 37jähriger Dr. J., Fall der Abb. 71.

Abb. 190b. Weißer Limbusgürtel, eingeschoben in das luzide Intervall.

Ok. 2, Obj. A2. Die 50jährige Frau v. Pl., die wegen Chalazion in Behandlung steht, weist beiderseits, sowohl nasal als temporal, in der Lidspaltenzone einen fein verzweigten *weißen Limbusgürtel* auf, vom Typus desjenigen der Abb. 190b (linkes Auge, temporaler Limbus). Wie diese Abbildung veranschaulicht, ist dieser Limbusgürtel peripher schärfer abgegrenzt als axial, wo er mehr allmählich in Punkte und Zweige ausläuft. Es besteht gleichzeitig ein Gerontoxon, das durch ein gewöhnliches luzides Intervall gegen den Hornhautrand abgesetzt ist (Abb. 190b, oben und unten). Der weiße Limbusgürtel liegt in der Hauptsache gerade in diesem Intervall und füllt es größtenteils aus (Abb. 190b). Axial reichen die Verzweigungen in das Geron-

---

* Degenerationen vielleicht ähnlicher Art erwähnt KOEPPE [37]).

toxon hinein. Während oben der Limbusgürtel breit endigt, verliert er sich unten in einer feinen Linie.

Die Ausläufer und Zweige dürften wohl auch hier wieder Gefäßenden entsprechen.

Dieser weiße Limbusgürtel tritt wiederum wesentlich kräftiger zutage im indirektseitlichen Licht (das Büschel wird auf den benachbarten Limbus conjunctivae geworfen), als im fokalen Licht. Bezeichnenderweise findet sich im vorliegenden Fall der Limbusgürtel wieder ausschließlich in der Lidspaltenzone. Irgendwelche entzündliche Veränderungen waren an den Augen zeitlebens nie vorhanden.

h) Vakuolenartige Einlagerungen in die superfiziellen Hornhautschichten.

Abb. 191—194. Seltene vakuoläre vordere Degenerationszone bei chronischem Glaukom („honiggelber Tropfengürtel").

50jähriger Herr He., seit Jahren chronisches beidseitiges Glaukom mit vorgeschrittenem Gesichtsfeldzerfall und Papillenexkavation. Tension etwa 40 mm Hg Schiötz, altes Modell. Beide Augen mit Gürteltrübungen seltener Art. Ein Übersichtsbild der linken Hornhaut gibt Abb. 191 (2fache Vergrößerung). Der dünne optische Schnitt, Abb. 192, gibt die Lage der Trübung und der Vakuolen im Bereiche der Membrana Bowmani wieder. Ähnliches zeigt bei 25facher Vergrößerung das breite Büschel Abb. 193. Wie besonders Abb. 194 veranschaulicht, besteht die Trübung in der Hauptsache aus *ölähnlichen honiggelben Tropfen, die alle in einer Schicht, in der Gegend der BOWMANschen Membran liegen.*

Nachdem schon auswärts ohne Erfolg iridektomiert worden war, führte ich die Trepanation aus. Die Tension wurde normal bis unternormal, der Tropfengürtel bildete sich aber im Laufe eines Jahres nicht zurück.

Gelbe ölähnliche Tropfen sah ich wiederholt vereinzelt oder in Gruppen in degenerierten Hornhäuten alter Individuen (s. u.).

Der hier geschilderte „honiggelbe Tropfengürtel" ist bis jetzt nicht beschrieben.

Abb. 195 a und b. Gelbe Vakuolen der superfiziellen peripheren Hornhaut, Sitz in der verbreiterten Gerontoxongegend temporal unten.

Rechtes Auge des 74jährigen H. Nae., Abb. 195a. Beobachtung im regredienten Licht. (Die Vakuolen sind jedoch im fokalen Licht ebenso deutlich.) Da das Auge im übrigen, abgesehen vom Altersstar, gesund ist, ist senile Veränderung anzunehmen.

Abb. 195b gibt einen optischen Schnitt durch die Vakuolen, die hier als ovale dunkle Löcher erscheinen. Ihr Sitz im oberflächlichen Parenchym ist erkennbar. Drei Jahre später hatte sich die Zahl der Vakuolen etwas vermehrt, sie reichten bis gegen die Hornhautmitte. Es bestand unten *senile Randfurche* (Abb. 195b).

Solche isolierte Vakuolengruppen fand ich, besonders in der Nähe der Pinguecula, in sonst gesunden senilen Augen nicht so selten. Denkbar ist, daß sie dieselbe Substanz enthalten (Myelin) wie die Tropfen im Falle der Abb. 194. Daß es sich wahrscheinlich nicht um Fett handelt, geht daraus hervor, daß ich mit Sudan keine Färbung erzielen konnte.

Abb. 184—194. Tafel 26.

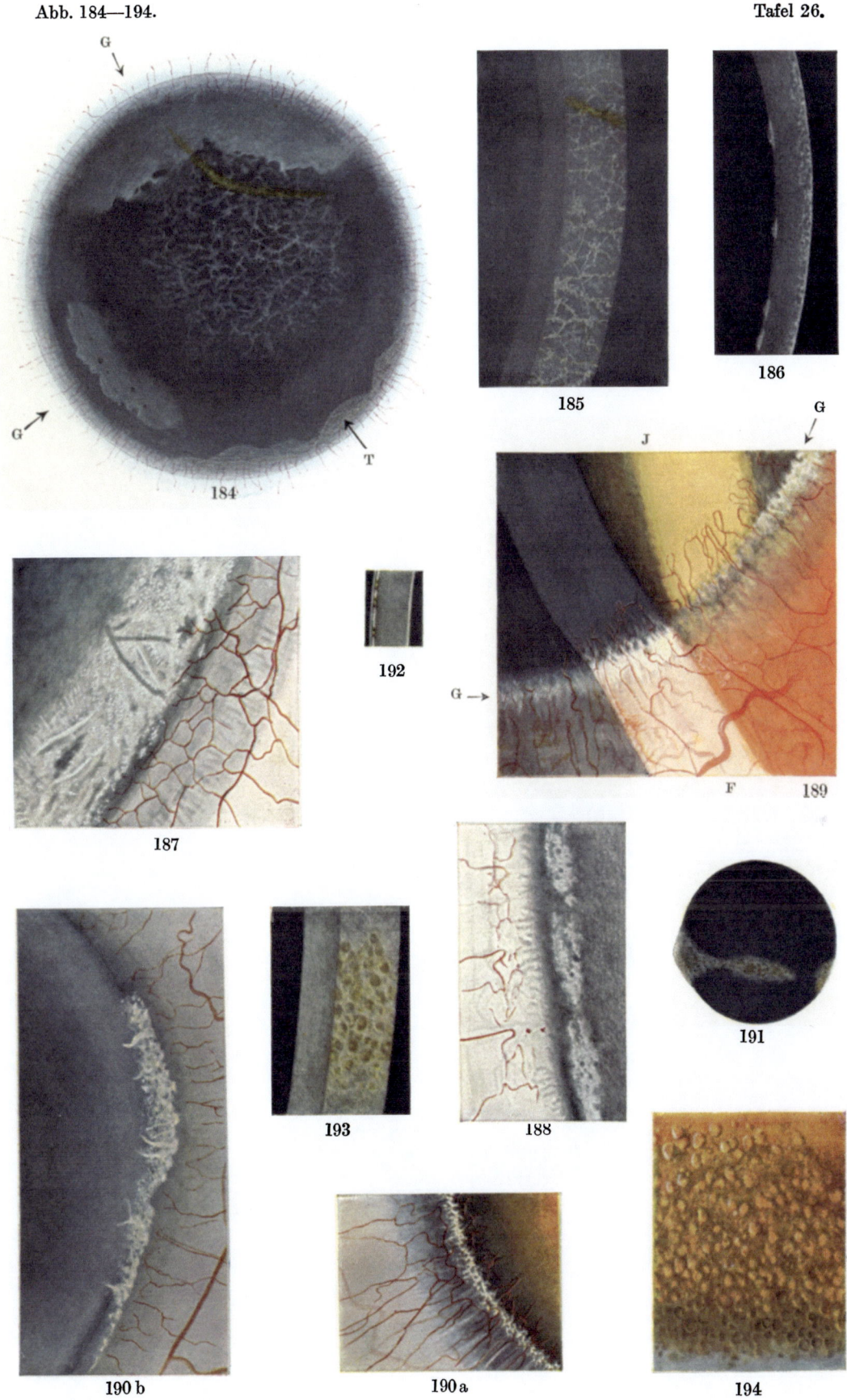

Vogt, Spaltlampenmikroskopie. 2. Aufl. Verlag von Julius Springer, Berlin.

Abb. 196. Feine ölähnliche Tropfen in der superfiziellen Hornhaut.

Rechtes Auge des 47jährigen Hermann Gug. Die Tropfen sind zu einem gebogenen Zuge geordnet und liegen alle in derselben Ebene (Gegend der M. Bowmani). Im regredienten Licht sind sie gelb, ölähnlich, im fokalen weiß (links in der Figur). Der Zug geht vom Limbus aus, verstreut sind einzelne Tropfen bis Pupillennähe. Offenbar handelt es sich um analoge Gebilde, wie in Abb. 195.

Ähnliche gelbe Kugeln finden sich im nasal-unteren Limbusgebiet der 74jährigen Frau He., rechtes Auge (zwischen 3 und 5 Uhr), anschließend an die Pinguecula.

Abb. 197. Ölgelbe Kugeln in der Bindehaut der Pinguecula.

40jährige Frau Mina Bü. Die Tropfen sind zum Teil erheblich größer als diejenigen der Abb. 195 und 196. Dem Aussehen nach handelt es sich aber offenbar um dieselbe Substanz.

Abb. 198. Zu Konglomeraten gehäufte vakuolenähnliche gelbe Gebilde in Pinguecula und Hornhaut

der 43jährigen Anna Me., linkes Auge, Ok. 2, Obj. A 3. Die ölähnlichen gelben bis braunen Tropfen sind zu Häufchen und zu größeren maulbeerartigen Gebilden zusammengelagert und nehmen die Abhänge der Pinguecula, wie auch die angrenzenden oberflächlichen Schichten der Hornhaut ein. Die Pinguecula hat sich über die Hornhaut etwas vorgeschoben und ist ziemlich gut vascularisiert. Manche Tropfen lassen eine dunkle zentrale von einer hellgelben peripheren Zone unterscheiden. Andere weisen einen *weißen Hof* auf (links unten in der Abb. 198).

Dieselben froschlaichähnlichen Gebilde, aber in geringerer Zahl, fand ich auch am rechten Auge der 60jährigen, 10 D myopen Frau Mei. Sie besetzen hier die temporale Pinguecula gigantea, eine Anzahl ist jedoch auch hier über die Hornhaut peripher verstreut, in Form von runden bis halbmondförmigen gelben *Einzelherden*, über die das Epithel glatt hinwegzieht. Die farblosen Vakuolen der Hornhaut messen 0,04—0,08 mm. Ganz farblos ist eine 0,75 mm messende Gruppe. Innerhalb drei Jahren nicht wesentlich verändert.

Während diese bis jetzt nicht beschriebenen Gebilde auf der Pinguecula (sie fanden sich bei Frau Mei. auch am linken Auge) nicht so selten sind, gehört ihr Übergreifen auf die Cornea zu den Ausnahmen.

i) Schwer deutbare Spalten bei inveteriertem Glaukom.

Abb. 199a. Rißähnliche Spalten in der Gegend der BOWMANschen Membran bei veraltetem Glaukom.

Vereinzelt sah ich bei Glaukoma chronicum, besonders oft absolutum, mit starker vakuolärer Epitheldegeneration, im Irislicht eine oder mehrere rißähnliche Linien, wie sie Abb. 199a wiedergibt (55jährige Frau M. Pf., iridocyclitisches Glaukom rechts, unsichere Projektion. Mittlere Hornhautpartien mit der rundlichen, vakuolenbesetzten Trübungsscheibe der Abb. 199a. Tension etwa 60 mm Hg. Diese dunklen, rißähnlichen Spalten sind *dann* am besten sichtbar, wenn das Büschel in ziemlich weiter Entfernung von denselben auf die Hornhaut fällt, also die Leuchtstabwirkung sich geltend macht*. Die Spalten treten dann als dunkle gut begrenzte Streifen

---

* In technischer Hinsicht vgl. Text zu Abb. 148/49.

(Abb. 199a) aus der helleren Umgebung hervor und sind *vakuolenfrei,* während die Umgebung einen dichten Teppich von Vakuolen bildet. Nähert man jedoch das Büschel den Spalten, so verschwinden sie vollständig und an ihrer Stelle sind wieder dieselben Vakuolen zu sehen, wie in der Umgebung. Es handelt sich somit um Gebilde, die nur bei bestimmter indirekter Belichtung zutage treten, deren Lage und Form jedoch durch Wochen und Monate hindurch völlig konstant ist. In einzelnen Fällen fand ich statt der Spalten unregelmäßig geformte dunkle Stellen, die sich jedoch optisch gleich wie die Spalten verhielten. Die Hornhautoberfläche zeigt über allen diesen Gebilden keine Besonderheit. Handelt es sich um Spalten des tiefen Epithels, oder aber um Veränderungen der M. Bowmani?

Ganz ähnliche dunkle Spalten wie in Abb. 199a sah ich bei der 48jährigen Agathe Stei. und bei dem 64jährigen Johann Ta., beide mit Glaukoma absolutum. Die schematische Skizze 199b gibt die Spaltenform bei letzterem Patienten wieder.

Im *fokalen* Licht ist von diesen Veränderungen nichts zu sehen.

k) Stationäre, durch Druckentlastung nicht verschwindende, zum Teil polymorphe Vakuolen bei Glaukoma absolutum.

In Fällen von Iridocyclitis mit veraltetem Sekundärglaukom, dann auch bei chronischem Sekundärglaukom anderer Art (z. B. in Fällen von Glaukom nach extrahierter Katarakt, mit reichlichem Glaskörper in der Vorderkammer), selten bei Primärglaukom, kann man Jahre hindurch eine diffuse hauchige Trübung hauptsächlich der Gegend der BOWMANschen Membran beobachten, der allerfeinste gleichmäßige Vakuolen zugrunde liegen. Diese verschwinden trotz druckentlastender Operation nicht mehr, im Gegensatz zu den gewöhnlichen glaukomatösen Vakuolen, s. S. 23—24, die lediglich als Ausdruck des Stauungsödems zu betrachten sind und daher im *Momente* der operativen Druckentlastung verschwinden.

Auch bei normaler oder unternormaler Tension kann die Cornea post extractionem, sofern Glaskörper in größerer Menge bis zur Hornhaut reicht, in vereinzelten Fällen dystrophische Erscheinungen zeigen. So weist sie am linken Auge der vor 16 Jahren extrahierten 70jährigen Fr. Schr. makroskopisch ein leicht milchiges Aussehen auf *(,,Milchcornea").* Das Epithel zeigt einen dichten, feinen, gleichmäßigen Vakuolenteppich (Vakuolen von 10—40 Mikra). Die Hornhaut ist leicht verdickt, vereinzelte, sehr flache Descemetifalten und Parenchymstriche. Eine Endothelzeichnung ist im hinteren Hornhautspiegelbezirk nicht erhältlich, wohl aber ein gelber, von unregelmäßigen dunklen Lücken unterbrochener Reflex (Endothelerkrankung ?). Cornea guttata besteht weder an diesem, noch am anderen Auge. Die aphake Pupille weist ein breites schwarzes Kolobom auf, durch das der Glaskörper bis zur Hornhaut vordringt. Fundus zufolge der feinhauchigen Hornhauttrübung undeutlich. Tension *vermindert*. Gesichtsfeld gut. Visus=Handbewegungen in einigen Metern. Seit Jahren angeblich stationärer Befund. Das andere, ebenfalls aphake Auge zeigt normale Verhältnisse.

Vielleicht stört in derartigen Fällen der Glaskörper die Ernährung der Hornhaut.

Die genannten stationären Vakuolen bei altem Glaukoma absolutum können konfluieren und eigentümliche Formen annehmen (Abb. 201). In einzelnen dieser Fälle tritt Bandtrübung auf.

Abb. 195—200. Tafel 27.

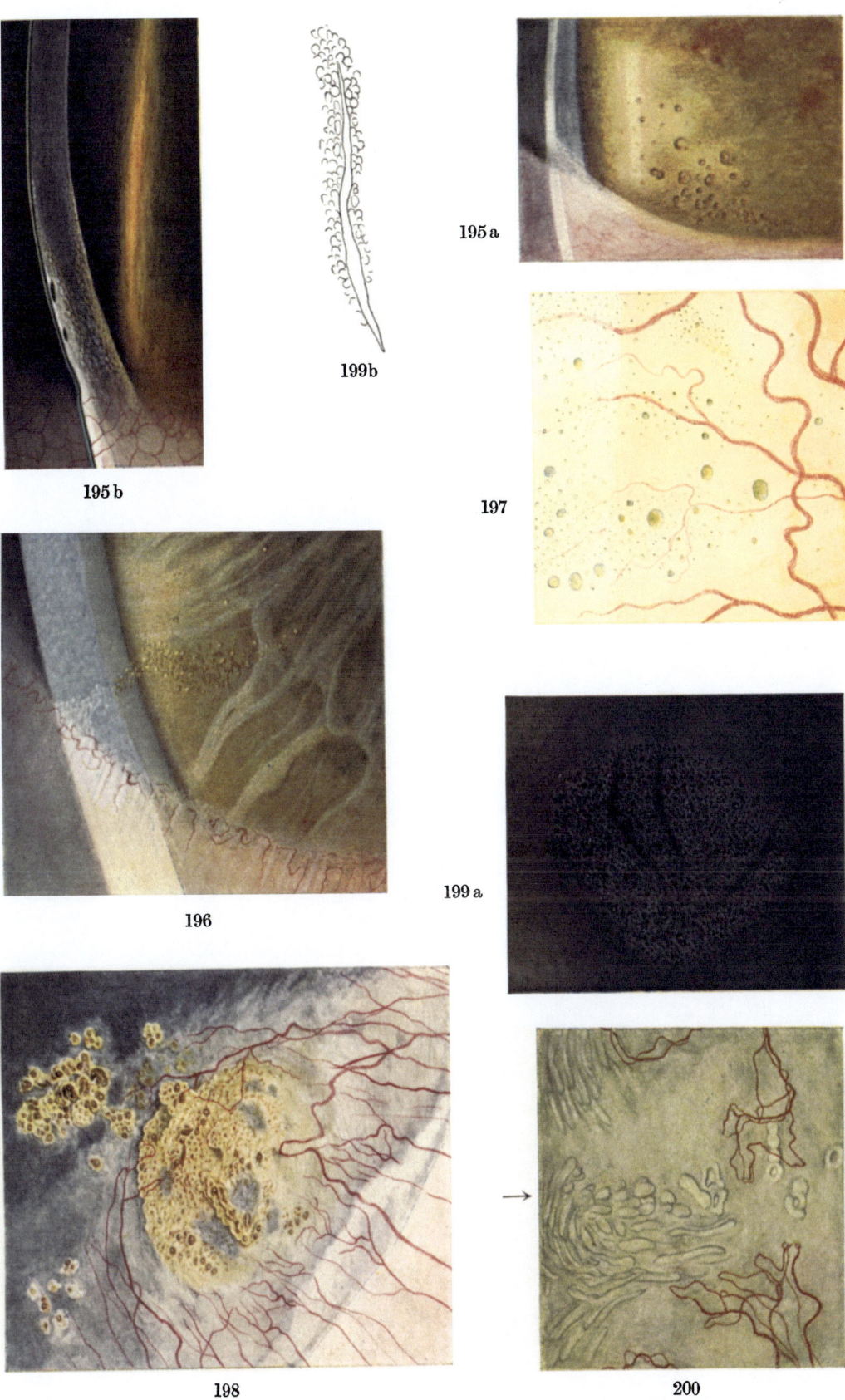

Vogt, Spaltlampenmikroskopie. 2. Aufl. Verlag von Julius Springer, Berlin.

Abb. 200. Polymorphe Vakuolen im Epithel einer degenerierten Hornhaut.

Ok. 2, Obj. A 2. Regredientes Licht. Glaukoma absolutum bei der 74jährigen Frau Sch. Das oberflächliche Parenchym ist stellenweise stark vascularisiert. Die Vakuolen sind zum Teil langgestreckt, im letzteren Fall oft zu Bündeln geordnet und nehmen eine bestimmte Gruppierung zu den Gefäßen ein. Das Gebiet, das die zum Teil eckig gebogenen Gefäßschlingen durchziehen, ist meist vakuolenfrei. Die Vakuolen finden sich also hauptsächlich da, wo die Zirkulation eine schlechtere ist.

Im *fokalen* Licht erscheinen die Vakuolen dunkel mit helleren Rändern.

Abb. 201. Zu Bündeln gruppierte polymorphe Vakuolen des Hornhautepithels bei chronischem Glaukom mit Glaskörper in der Vorderkammer.

Ok. 2, Obj. A 2. Regredientes Licht. Der 69jährige Herr Ga. wurde vor etwa 9 Jahren links auswärts staroperiert. Es bestand schon vor der Extraktion chronisches Glaukom. Vorderkammer nahezu ganz mit Glaskörper gefüllt, der die Hornhautrückfläche erreicht. Auch jetzt noch zeitweise Drucksteigerung. Die Vakuolen der Hornhaut sind im Laufe von Jahren stellenweise konfluiert und es besteht temporal vom Hornhautzentrum die bündelförmige Vakuolenanordnung der Abb. 201, regredientes Licht.

Trotz erfolgreicher Trepanation und normaler bis unternormaler Tension bildeten sich die Vakuolen nicht zurück. Stellenweise graue Trübungsflächen im Bereiche der M. Bowmani (beginnende Bandtrübung). Eine solche stationäre Trübungsstelle sieht man links in der Abbildung.

l) Weiße ephemere Trübungsflächen der Gegend der Membrana Bowmani.

Abb. 202a und b. (Skizze.) Seltene weiße superfizielle Degenerationsherde.

Dieses Krankheitsbild, das ich bei dem 1881 geborenen Hermann Gu. von 1923 bis 1929 beobachtete, ist bis jetzt anscheinend nicht beschrieben. Rechts bestanden 1923 in der nasalen und temporalen unteren Lidspaltenzone der Hornhaut homogen weiße, scharf bogig begrenzte kompakte Herde, von mehreren Millimetern Größe und von gleichmäßig dünner Schicht, die superfiziell parallel zur Oberfläche und anscheinend vor der M. Bowmani lagen (Struktur des Herdes analog derjenigen der Abb. 203) und auf den ersten Blick an Bandtrübungen erinnerten. Die Herde zeigten ein gleichmäßig feinstes Korn, im regredienten Licht setzten sie sich aus miliaren, dichten, völlig gleichmäßigen Tröpfchen zusammen. Die Herde waren viel lebhafter weiß als Bandtrübungen und es fehlten die typischen Lochbildungen. Bei der Resorption, die im Laufe von zwei Jahren stattfand, nahm der Hauptherd eigentümliche Wirbelform an (s. Skizze Abb. 202b).

Am anderen (linken) Auge temporal ein Ansatz zu einem gleichen Herd. Augen stets reizlos, nie krank.

Im Laufe von 6 Jahren bildeten sich die Herde allmählich zurück. Heute ist lediglich noch ein schmaler, 2 mm langer Bandherd rechts temporal vorhanden, Abb. 202a, links fokales, rechts regredientes Licht. Wie ersichtlich, stehen die Tröpfchen jetzt sehr locker, während sie früher zum dichten Teppich gereiht waren. Nach Fluoresceinenträufelung zeigt das auf weniger als 10 Mikra verdünnte Büschel, daß die Tröpfchen wahrscheinlich im Epithel, dicht vor der M. Bowmani liegen. Die Oberfläche ist glatt, keine Stichelung.

Auch das *Verschwinden* unterscheidet die Veränderung von der Bandtrübung.

Stoffwechselstörungen bestanden anscheinend nicht, Wassermann negativ, Urin ohne Besonderheit.

Abb. 203—205. Umschriebene weiße superfizielle Degenerationsschicht wahrscheinlich im Epithel dicht vor der M. Bowmani.

Bei der nie augenkranken Frl. Nina Bä. mit Emmetropie fand ich zufällig den weißen rechtsseitigen Herd der Abb. 203 (vergrößert in Abb. 205), bei völlig reizlosem Auge. Lage in der unteren inneren Lidspaltenzone, Abb. 203. Wie der optische Schnitt Abb. 204 zeigt, liegt auch in diesem Falle der gleichmäßig dünne Herd oberflächlich, anscheinend im tiefsten Epithel. Er zeigt ein feines gleichmäßiges Korn. Epitheloberfläche glatt, Fluorescein negativ. Im optischen Schnitt (Abb. 204) ist deutlich erkennbar, daß die Epithelschicht vor dem Herd intakt ist. Breite des Herdes 1 mm, Höhe 2 mm. Im Laufe eines halben Jahres veränderte sich dieser Herd, von dem die Patientin nichts wußte, nicht merklich. Nach einem Jahr war er nur 0,1 mm breiter geworden, Höhe unverändert. Gesundes kräftiges 19jähriges Mädchen von normalem Allgemeinbefinden.

Dem Aussehen nach liegt dieselbe Veränderung vor, wie im Falle der Abb. 202.

m) Senile Fleckung in der Gegend der Membrana Bowmani.

Abb. 206—210. Seltene senile Fleckung in der Zone der Bowmanschen Membran: Lederchagrinierung mit Rißbildung (seniler Krokodilchagrin der M. Bowmani).

Der 80jährige Kaspar Sch., dessen Augen außer den gewöhnlichen Altersveränderungen normale Verhältnisse bieten, weist im Pupillargebiet beider Hornhäute (Abb. 206 rechtes Auge, Abb. 207 linkes Auge, 5fache Vergrößerung) eine fast zentrale, leicht abwärts verschobene runde Trübungszone von $1/3$ Hornhautdurchmesser auf, die sich aus grauen Chagrinfeldern zusammensetzt. Wie Abb. 208 lehrt (24fache Linearvergrößerung), sind die Felder eckig bis eckig-rundlich, durch *dunklere* Straßen voneinander getrennt, axial größer und distinkter als in der Peripherie, von welcher aus sie sich allmählich in der normalen Hornhaut verlieren.

Am linken Auge besteht im unteren Teil der Trübung *ein hübscher winkelförmiger Riß, mit Umklappung der gerissenen Membran. Das Epithel über diesem Riß ist jedoch glatt und tadellos.* Der Riß erinnert an Risse einer spröden Membran. Abb. 209 zeigt ihn im fokalen Licht, Abb. 208 bei Dunkelfeldbelichtung.

Der dünne optische Schnitt Abb. 210 läßt im Bereiche der Trübungsfläche eine gesteigerte Opazität der M. Bowmani erkennen, und im Bereich der Rißumkrempelung eine kleine weiße Prominenz ins Epithel hinein.

Die grauen Felder messen im allgemeinen 0,12—0,2 mm, die dunklen Wege dazwischen 0,04—0,08 mm. Epitheloberfläche überall glatt, spiegelnd, Descemeti ohne Besonderheit.

Der hier geschilderte „*Krokodilchagrin*" der M. Bowmani ist bis jetzt nicht beschrieben und gehört zu den größten Seltenheiten unter den senilen Augenveränderungen.

Abb. 201—210. Tafel 28.

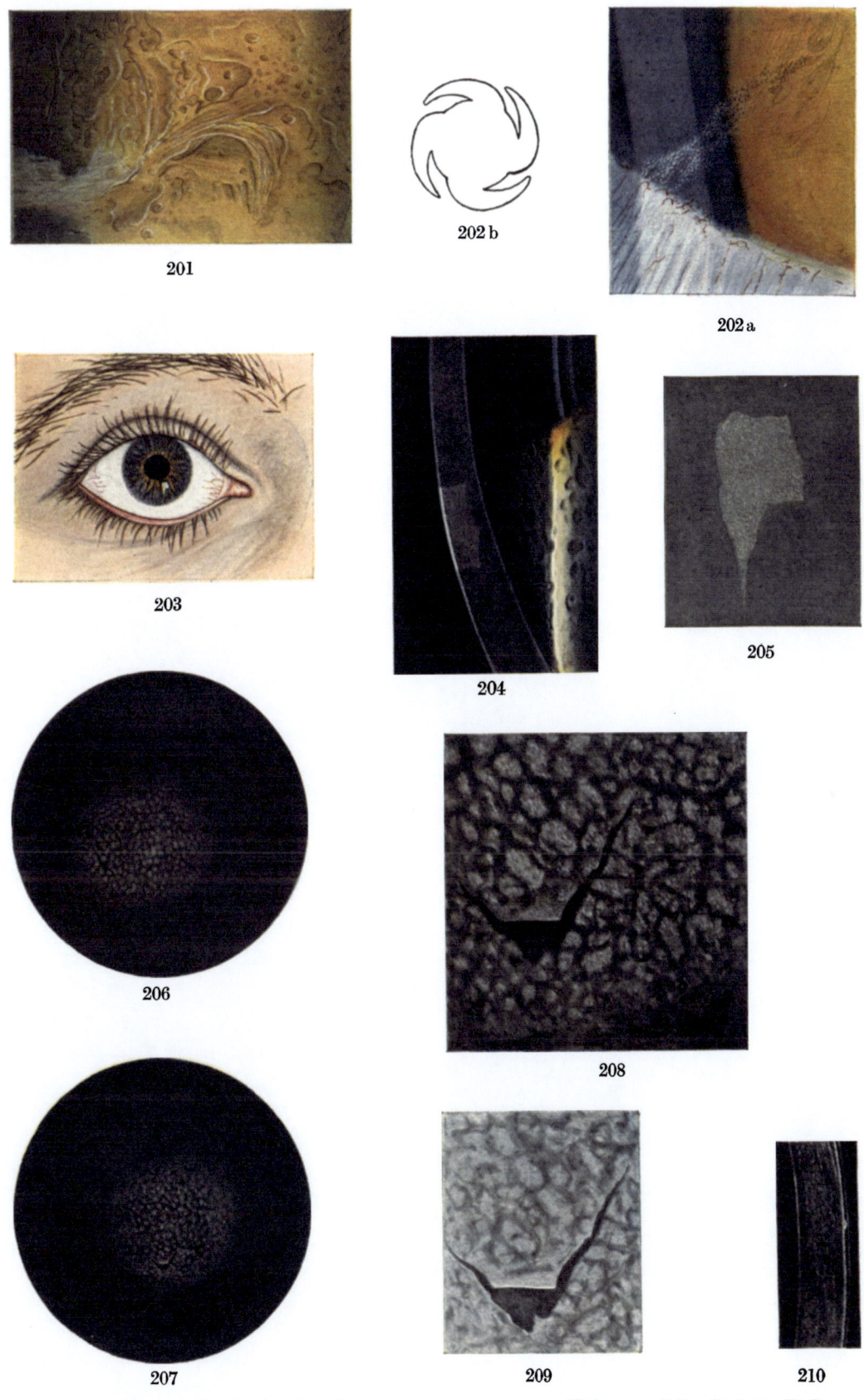

Vogt, Spaltlampenmikroskopie. 2. Aufl. Verlag von Julius Springer, Berlin.

Ein entfernt ähnliches Bild sah ich in der Gegend der *M. Descemeti* bei einer 60 Jährigen, s. Text zu Abb. 282.

n) An die knötchenförmige Hornhautdegeneration erinnernde Krankheitsbilder.

Abb. 211—215. An knötchenförmige Hornhautdegeneration erinnernde herdförmige superfizielle Hornhauttrübung. (Degeneratio corneae superficialis disseminata).

Die 56jährige Frl. Bo. leidet seit Jahren an zunehmender Sehstörung. Entzündliche Erscheinungen fehlen. Tension normal. Heute RS und LS = Handbewegungen in 2—3 m.

Die Hornhäute (Abb. 211, rechtes, Abb. 212 linkes Auge, 7fache Vergrößerung) sind mit superfiziellen grauen bis grauweißen Herden übersät, von denen die Mehrzahl zu einem *Ring* geordnet ist, der etwa 1 mm vom Cornearande zu letzterem parallel zieht. Die Herde messen meist 0,1—0,2 mm, oft sind sie zu etwas größeren verzweigten Komplexen konfluiert. In einzelnen Herden lebhaft weiße Punkte. Der zwischen diesen Herden liegende Grund ist ebenfalls grau getrübt, jedoch von gleichförmigem Ton. Nur die äußerste Peripherie ist frei. Im regredienten Licht (Irislicht) erscheinen die Herde dunkel.

Der breite und der schmale optische Schnitt (Abb. 213, 214 und 215) lehren, daß die grauen Herde ihren Sitz in der Gegend der *M. Bowmani* haben, während die intensiv weißen Flecke mehr superfiziell, vielleicht zum Teil im Epithel liegen. Bemerkenswerterweise prominieren die Herde nirgends, *Hornhautepithelspiegel glatt*. Diese Schnitte zeigen ferner, daß auch das gesamte Parenchym eine leichte diffuse Trübung aufweist. Man beachte ferner die in Abb. 213 (breites Büschel) dargestellten linearen, oft sternförmig verzweigten oberflächlichen Trübungslinien, die zwischen den Einzelherden liegen.

Descemeti anscheinend intakt.

Sensibilität herabgesetzt. Visus weniger als 0,1, Gläser bessern nicht.

Fluorescein negativ.

Heredität: Die unverheiratete Patientin hat weder Eltern noch Geschwister. Über familiäres Vorkommen fehlen Anhaltspunkte.

Abb. 216—219. Multimakulare superfizielle Hornhautdegeneration bei gleichzeitiger Herdbildung im Bereiche der Descemeti.

Seit einigen Jahren beobachtete die 55jährige Frl. Emma Scha. Visusabnahme. Ein Kollege stellte vor Jahren Hornhauttrübungen fest, die er angeblich wegkratzen wollte. Entzündung bestand nie. Die Hornhäute (Abb. 216 rechtes, Abb. 217 linkes Auge, 8fache Vergrößerung) weisen beide ein ähnliches Trübungsbild auf, das zunächst bis zu einem gewissen Grade demjenigen der Abb. 211 und 212 gleicht. Doch liegt der periphere Trübungsring dem Limbus wesentlich näher, die axialen Trübungen sind reichlicher und größer und zu einer selbständigen Gruppe geordnet (welche in Abb. 211 und 212 lediglich *angedeutet* ist). Die groben Herde messen 0,1 und 0,2 mm.

Der dünne Schnitt zeigt, daß die Herde nirgends prominieren. Ihre leicht zackige Begrenzung und ihre zentrale Verdichtung sind aus Abb. 219 ersichtlich. Bei den peripheren Trübungen liegt die Verdichtung oft randständig. Epithel glatt. Fluorescein negativ. Sensibilität stark vermindert.

Was nun diese Degenerationsform besonders auszeichnet, sind *präcipitatähnliche runde bis girlandenförmige Trübungsherde der Descemetigegend, und zwar ihres peripheren Bezirks* (vgl. Abb. 218, 25fache Vergrößerung). Der Rand dieser Trübungen ist glatt, der Form nach erinnern sie durchaus an Beschläge. Gegen die Natur als solche spricht jedoch, daß sie während der ein halbes Jahr dauernden Beobachtung *konstant* blieben, und daß während dieser ganzen Zeit weder eine Ciliarinjektion bestand, noch die Iris irgendwelche Reizungen aufwies. *Der Pupillarpigmentsaum ist vollkommen intakt* und das Irisgewebe ist derart rein, daß von einer Iridocyclitis keine Rede sein kann. Stellt man den hinteren Spiegelbezirk ein, so ist er um die Descemetitrübungen herum ausgespart, es besteht also ein spiegelungsfreier Hof, der durch eine Niveauänderung (Einbuchtung oder Prominenz) bedingt sein muß. RS und LS = 6/8 H 2,5.

Die Mutter der Patientin starb mit 78 Jahren und hatte gesunde Augen, der Vater ist 99 Jahre alt und hat normale Augen, ebenso die beiden Geschwister der Patientin.

Es handelt sich hier wieder um eine sehr seltene Hornhautdegeneration.

o) Knötchenförmige Hornhautdegeneration (GROENOUW).

Abb. 220—228. Hereditäre knötchenförmige Hornhautdegeneration (GROENOUW).
Abb. 220—224. Knötchenförmige Hornhautdegeneration.

Die 42jährige Frau Helene Sto., geborene Myr. (der Vater stammte aus dem Württembergischen) suchte die Poliklinik wegen zunehmender Sehstörung auf. Das mittlere Hornhautdrittel ist beiderseits von runden bis bogenförmigen zum Teil gewundenen oder sternförmigen Trübungsflecken und Streifen erfüllt, die sich allmählich in die klare Peripherie verlieren (Abb. 220 rechtes, Abb. 221 linkes Auge). Das vordere Hornhautbild über dieser Trübungszone ist *uneben,* durch leichteste flache Prominenzen verzerrt und in einzelne Teile zerlegt. Diese Unebenheit ist mittels vorderem Spiegelbezirk einwandfrei nachweisbar. Sie gibt sich durch grobe Unterbrechungen und Abschwächungen des Spiegels zu erkennen. Stichelung fehlt. Mit Fluorescein tritt keine Färbung auf. Sensibilität anscheinend nicht vermindert. Tension normal.

Im regredienten Licht erscheinen die Herde aus allerfeinsten Tröpfchen zusammengesetzt (Abb. 222).

Im optischen Schnitt (Abb. 223 breiter Schnitt, Abb. 224 schmaler Schnitt) erkennt man, *daß die weißen Trübungen* in die Tiefe reichen, stellenweise bis ins mittlere Parenchym. Darin liegt eine wesentliche Differenz gegenüber den in Abb. 211 bis 219 geschilderten Degenerationsformen. Eine Verdickung der Hornhaut im Bereiche der Trübung ist nicht sicher erkennbar. RS = 6/36—6/24 Gl. b. n. LS = 6/36—6/24. Gl. b. n. Ophthalmometrisch nicht meßbar.

Es handelt sich hier wahrscheinlich um die schon von GROENOUW und anderen beschriebene knötchenförmige hereditäre Hornhautdegeneration. Wie der Schnitt Abb. 224 lehrt, *ist der Sitz der Erkrankung in der Hauptsache das superfizielle bis mittlere Parenchym* (vgl. auch Spaltlampenbeobachtungen dieser Hornhautdegeneration von JEANDELIZE und BRETAGNE*, ibidem M. HAMBRESIN).

---
* JEANDELIZE u. BRETAGNE: Annales d'Ocul. **163,** 608 (1926) u. Bull. Soc. Franç. d'ophthalm. **1926.**

Abb. 211—218. Tafel 29.

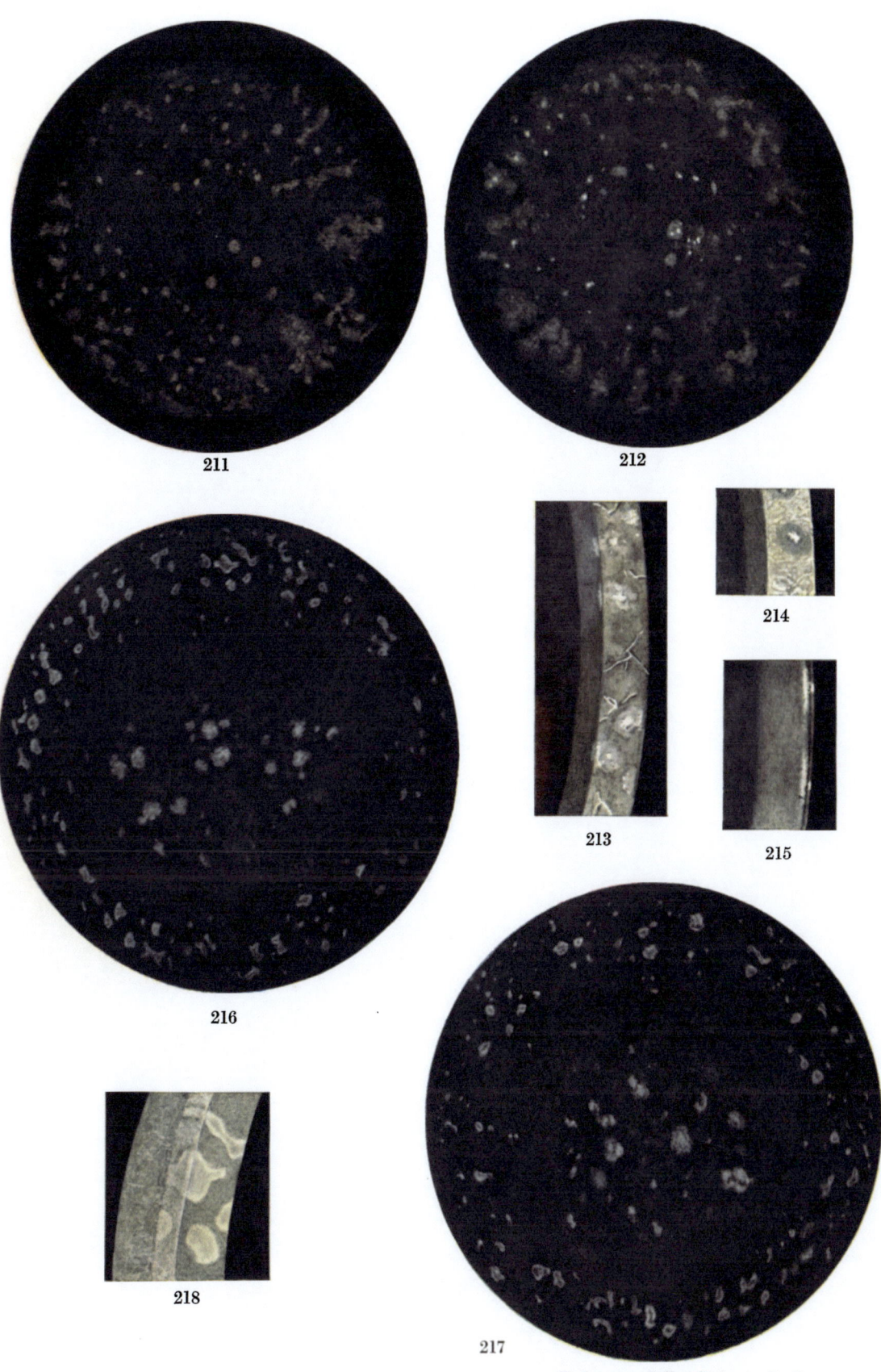

Vogt, Spaltlampenmikroskopie. 2. Aufl. Verlag von Julius Springer, Berlin.

Überraschend war das Ergebnis der Familienuntersuchung. Der Vater soll zeitlebens an derselben Krankheit gelitten haben. An dessen Eltern erinnert sich Patientin nicht.

Der einzige Bruder der Patientin, von Beruf Metzger, weist genau das gleiche Krankheitsbild auf. Schwestern hat sie nicht.

Abb. 225 und 225a. Knötchenförmige Hornhautdegeneration, mittleres Stadium, Myr. Heinrich, Metzger, 33 Jahre, linkes Auge.

Die Trübungen sind noch nicht so dicht wie bei der älteren Schwester (Abb. 220), RS = 6/12 (— cyl. 1,0) LS = 6/18 (— cyl. 1,0), aber ihre Form und ihre Lage der Fläche und Tiefe nach ist ziemlich genau dieselbe.

Der optische Schnitt Abb. 225a zeigt auch hier die Lage der Trübungen im oberflächlichen bis mittleren Parenchym. Ophthalmometrisch Brechkraft rechts bei 165° 42,25 D, bei 75° 44,25 D, links bei 15° 41,25 D, bei 105° 43,25 D.

Abb. 226a—c. Beginnende knötchenförmige Hornhautdegeneration.

Das einzige Kind des Patienten der vorigen Abbildung, der 5jährige Heinrich Myr., *dessen Augen angeblich gesund sind* (Visus = 6/6 beiderseits) und bei gewöhnlicher seitlicher Beleuchtung gesund zu sein scheinen, *zeigt an der Spaltlampe bereits die ersten Veränderungen, welche die Degeneration bei ihm gesetzt hat* (Abb. 226a linkes, Abb. 226b rechtes Auge). Sie bestehen aus grauweißen Punkten, Flecken und *Strichen*, welch letztere auffällig geradlinig verlaufen, zum Teil *radiär* stehen. Alle diese Veränderungen sind im fokalen Licht weniger deutlich, als im Irislicht. Sie betreffen ausschließlich das axiale Hornhautdrittel. Die Hauptherde liegen (s. Schnitt Abb. 226c) noch ziemlich superfiziell, doch machen sich weniger dichte graue Herde bereits in der Tiefe geltend (Abb. 226c).

Wir haben also hier das früheste bis jetzt beschriebene Anfangsstadium bei knötchenförmiger Hornhautdegeneration vor uns, das sich gegenüber den späteren Stadien besonders durch die *linearen* Trübungen auszeichnet.

Abb. 227, 228a und b. Weiteres Frühstadium der knötchenförmigen Hornhautdegeneration, etwas fortgeschrittener als im Fall der vorigen Abbildung.

Das einzige Kind der Frau Sto. (Fall von Abb. 220), der 16jährige Willy Mam. (Sohn aus erster Ehe), ist ebenfalls befallen, und bildet, was den *Grad* der Erkrankung betrifft, das Übergangsstadium zwischen Fall Abb. 226 und Fall Myr. sen., Abb. 225, oder gar Fall Abb. 220—221, in welch letzterem die Herde, dem relativ höheren Alter entsprechend, von allen 4 Fällen am weitesten fortgeschritten sind.

Auffallend sind auch in diesem, noch relativ jugendlichen Falle *radiäre Strichtrübungen*, die sich aus Punkten zusammensetzen, jedoch auf die *linke* Hornhaut beschränkt sind, Abb. 228a.

Visus = 6/18 beiderseits, H 1,0. Später Keratitis scrophulosa rechts. Ophthalmometrisch leicht irregulärer Astigmatismus corneae, Brechkraft horizontal etwa 43,5 D, vertikal 44 D.

Exakt läßt sich auch in diesem mittelstark fortgeschrittenem Falle mittels optischen Schnittes die *Tiefenlage der beginnenden Einzelherde* ermitteln. Abb. 228b lehrt, daß rundliche Scheibchen nicht nur im oberflächlichen, sondern auch im *mittleren* Parenchym liegen.

In keinem aller Fälle besteht irgendeine Reizung. Hornhaut nicht verdickt, Tension normal, Descemeti intakt, ebenso Iris und Linse.

Wie aus dieser Darstellung ersichtlich,

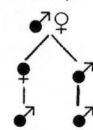

liegt ein Fall von sehr ausgesprochener Vererbung vor. Ob der Erbgang rein dominant ist, oder einem anderen Typus folgt, läßt sich natürlich an diesem Einzelstammbaum nicht mit Sicherheit entscheiden. Auffallend ist aber, daß *sämtliche* überhaupt der Untersuchung zugängliche Familienmitglieder, 2 Geschwister und ihre beiden einzigen Kinder (angeblich auch der Vater) befallen sind.

Klar wird ferner aus der mitgeteilten Schilderung, daß es sich um *homochrone Vererbung* handelt: Der 5jährige Knabe weist die allerersten, ohne Spaltlampe kaum sichtbaren Veränderungen auf, recht ausgeprägt sind die Herde schon bei dem 16Jährigen, viel stärker noch bei dem 33Jährigen, und am dichtesten bei der 42Jährigen, deren Sehschärfe nicht mehr zum Lesen ausreicht. Die vier Fälle bilden also im Hinblick auf den *Grad* des Befallenseins eine mit dem Alter fortschreitende kontinuierliche Reihe.

Kein anderes Beispiel könnte drastischer den *homochronen Erbgang* eines progredienten Leidens veranschaulichen, also jenen Erbgang, dessen Verständnis dem Mediziner von jeher die größten Schwierigkeiten bereitet hat*. Die Krankheit ist nicht angeboren, *aber vererbt*. Ist nicht in ganz analoger Weise eine Achsenmyopie nicht angeboren, aber vererbt? Tritt sie nicht in gleicher Weise, erst in einem bestimmten Alter, oft im 4., 5., 6. oder 10. Jahre, oder später auf, um dann fortzuschreiten? Wollte aber jemand für die geschilderte Hornhautdegeneration ernstlich „die Schule" oder irgendwelche äußere Einflüsse geltend machen (lediglich weil solche Kinder „auch" in die Schule gehen!), wie das so leichthin in bezug auf die progrediente Myopie geschehen ist und geschieht? Und das, trotzdem bekannt ist, daß auch bei analphabeten Völkern und bei Tieren, wie Affen, die Myopie in ganz gleicher Weise auftritt und fortschreitet, wie bei Kulturvölkern?

Beispiele, wie das hier mitgeteilte, sind in besonderem Maße geeignet, die Lehren von der Schulmyopie zu erschüttern und auch den biologisch weniger Orientierten dem Verständnis für das homochrone Erbgeschehen näher zu bringen, das uns in der Natur Schritt auf Schritt entgegentritt.

Die Fälle von hereditärer fleckweißer Trübung des Corneaparenchyms lassen erkennen, *daß der Erhaltung der Parenchymluzidität besondere Erbfaktoren zugrunde liegen*. Versagt die Funktion der letzteren, so tritt Zerfall, Trübung ein.

Es handelt sich hier nicht um eine Einzelerscheinung in der Erbpathologie, sondern lediglich um den Einzelfall einer verbreiteten Gesetzmäßigkeit. Erinnern wir uns, daß in ähnlicher Weise die Lebensdauer des papillomakulären Bündels beschränkt sein kann (LEBERsche hereditäre Opticusatrophie), die Lebensdauer der Zonula (hereditäre spontane Linsenluxation, s. Abschnitt Linse) usw.

Oder was ist es anders, wenn im bestimmten Alter auf Grund vererbter Anlage der pigmentliefernde Apparat der Haarzellen versagt und abstirbt? Jeder Laie weiß, wie exquisit vererbt das präsenile Ergrauen der Haare ist. Oder ein analoges Beispiel: Die vorzeitige Glatze wird ausgesprochen vererbt. In bestimmtem Alter, an bestimmter Stelle des Kopfes, in bestimmter Form tritt sie auf, zufolge des in der Keimesanlage

---

* Homochron vererbt nenne ich alle nicht angeborenen Erbmerkmale. Sie treten zu bestimmter Zeit, z. B. vor, während oder nach der Pubertät, im Präsenium oder im Senium auf.

Abb. 219—226. Tafel 30.

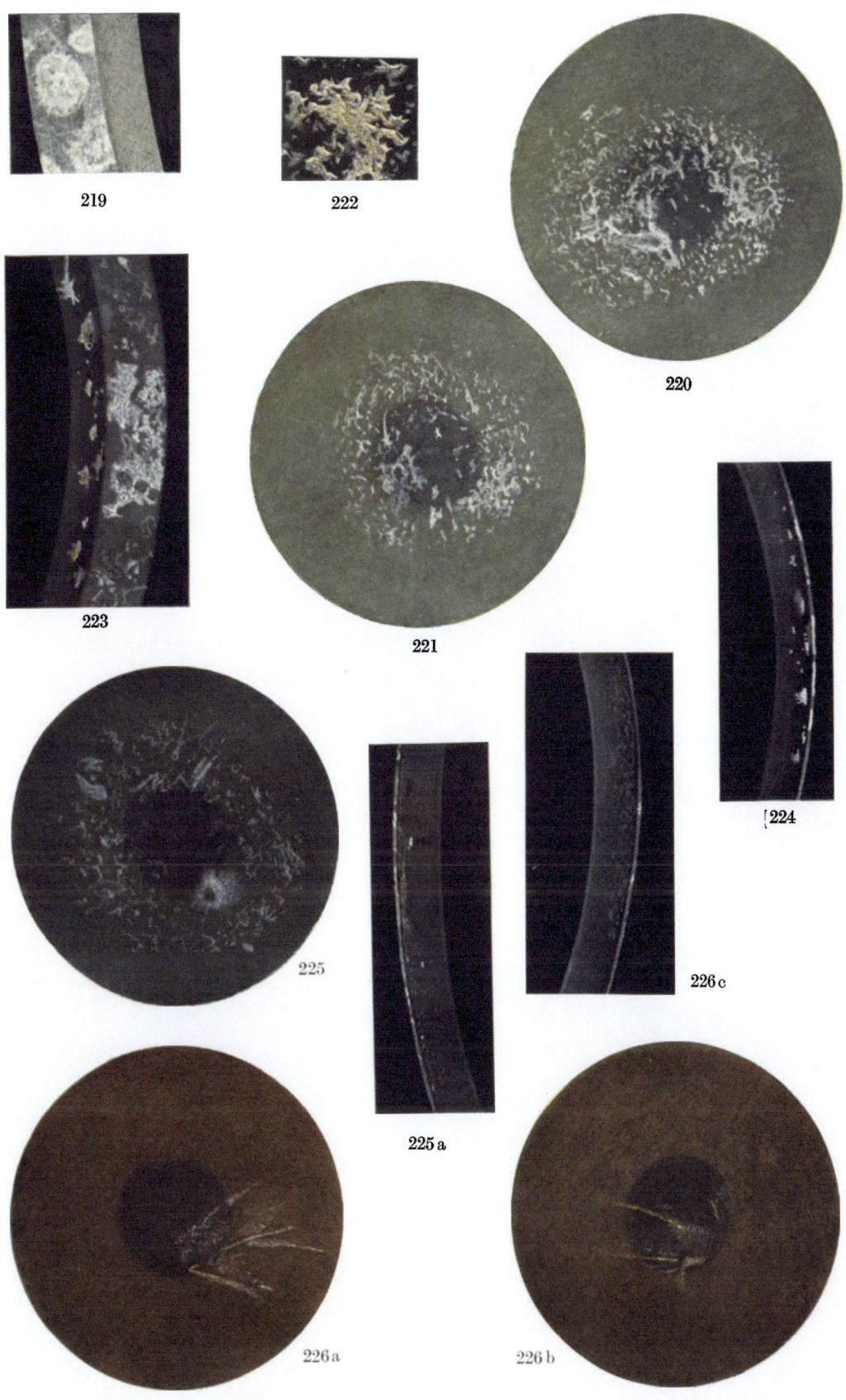

Vogt, Spaltlampenmikroskopie. 2. Aufl. Verlag von Julius Springer, Berlin.

enthaltenen, Zeit, Ort und Form bestimmenden zugehörigen Genes, das die Lebensdauer der betreffenden Haarpartie bestimmt.

So steht also die knötchenförmige Hornhautdegeneration als progrediente Erbkrankheit nicht isoliert da. Sie reiht sich vielmehr den unzähligen homochronen Erbmerkmalen an die Seite.

p) Degeneratio parenchymatosa cristallinea.

Abb. 229—259. Progrediente, mit der Bildung glänzender Krystallnadeln einhergehende Degeneration des Hornhautparenchyms.

Es handelt sich hier um eine ihrem Wesen nach noch wenig bekannte Degenerationsform, die ich hauptsächlich bei Personen des mittleren und höheren Alters fand. Charakteristisch war in allen Fällen Einseitigkeit, *reizloser* oder fast reizloser Verlauf, keine oder sehr geringe Vascularisation, langsames Fortschreiten durch Monate oder Jahre, Beginn meist mehr peripher, Verlauf meist im tieferen Parenchym, Fehlen von Beschlägen, dichte, sich zum Teil später wieder aufhellende Trübungen, Krystallnadelbildungen, letztere *besonders deutlich sichtbar in der fortschreitenden Randzone.* Der nicht entzündliche Charakter dieser Veränderungen gibt sich im Vergleich zu keratitischen Prozessen auch darin kund, daß weder Verdickung des kranken Parenchyms noch sekundäre Verdünnung nachweisbar ist.

Bezeichnend ist ferner ein von mir mittels optischen Schnittes nachgewiesenes, immer wiederkehrendes *lucides Intervall,* das sich zwischen eine trübe Randzone und das krystallinische Gebiet einschaltet (Abb. 229, 233, 239, 241—242 usw.).

Abb. 229—231. Von der temporalen Wundecke ausgehende, bogenförmig fortschreitende Degeneration des tiefen Parenchyms vier Monate nach glatt verlaufener Starextraktion. 65 jährige Frau Gu., rechtes Auge.

Typisch ist der fast reizlose, überaus chronische Verlauf. In Abb. 229 (5fach) ist die dichte weiße, linsenförmige Partie an ihrem axialen Rande gegen die klare Hornhaut durch eine konzentrische Linie L abgesetzt. Zwischen dieser Linie und der Trübung liegt ein deutliches *lucides Intervall.* (Dieses Intervall ist typisch. Wir werden es auch noch in anderen ähnlichen Fällen kennen lernen.) In der Trübung selber ist eine krystallinische Struktur deutlich: Farbig glänzende kürzere und längere Nadeln treten besonders im Randgebiete der Trübung zutage, Abb. 230, 231. Abb. 230 und 231 geben Schnitte durch die Trübung wieder, aus denen ersichtlich ist, daß in der Hauptsache nur das tiefste Parenchym betroffen ist. Am Rande die farbigen Krystallnadeln (25fache Vergrößerung, Abb. 230 durchschneidet die dichte weiße Trübung in der Mitte, Abb. 231 ihren axialen Rand).

Die innerhalb Monaten nur wenig fortschreitende, vom Hornhautrand aus axialwärts vorrückende Trübung hellte sich schließlich peripher etwas auf (Abb. 229). Spärliche Gefäßchen folgten ihr, erreichten jedoch bis jetzt (2 Jahre nach Beginn) den dichtesten Bezirk nicht.

Abb. 232—238. Scheinbar spontane, bogenförmig fortschreitende Degeneration des tiefen Parenchyms bei der 53jährigen Frau Scha.

Seit angeblich mehreren Monaten bemerkt Patientin eine umschriebene Trübung des fast reizlosen linken Auges im Bereiche der unteren Hornhaut. Gegen die gesunde

Hornhaut ist die Trübung bogenförmig abgesetzt, ähnlich wie im vorigen Falle, und vor dem Rand wiederum durch eine konzentrische lichtere Zone L ausgezeichnet (vgl. Abb. 233 L, stärkere Vergrößerung, etwa 24fach), wobei wieder zwischen der dichten Partie und dieser Grenzzone ein luzides Intervall J besteht. Wieder sind die Randpartien M der Haupttrübung von farbig glänzenden feinsten Krystallnadeln dicht durchsetzt. (Die Krystallnadeln, die ähnlich aussehen, wie in der Abb. 230 und 231 und in Abb. 249 und 256, sind in der Zeichnung weggelassen.) Wieder schleppt die bogenförmige Haupttrübung eine Anzahl Gefäße hinter sich her, die jedoch nur die aufgehellte Partie einnehmen und nicht in die dichte Zone eindringen. Abb. 234 zeigt die Trübung im dünnen optischen Schnitt. Man beachte auch hier die Lage der Trübung lediglich im tiefen und mittleren Parenchym (hier liegen auch die Gefäße, G, Abb. 234), ferner die etwas wellige Oberfläche der dichten Partie. *Weder im vorigen noch in diesem Falle ist die Hornhaut irgendwo nachweislich verdickt oder verdünnt.*

Im Laufe eines Jahres beobachtete ich ein leichtes Vorwärtsschreiten der Trübung. Es wurden während dieser Zeit mehrere genaue Zeichnungen aufgenommen. In einem späteren Stadium erschien der dicht-weiße Trübungsbogen verschmälert und stärker angefressen (Abb. 235). Die stärkere Resorption kommt besonders im dünnen Schnitt Abb. 236 zum Ausdruck: Die in Abb. 234 noch kompakte Trübungszone zeigt peripherwärts tiefe Einschnitte, die zur Oberfläche parallel gehen. Gefäße dünner, Randkrystalle (K) sehr kräftig. G Gefäße.

Ein noch fortgeschritteneres Resorptionsstadium gibt Abb. 237 wieder. Dieses Bild wurde 6 Monate nach Abb. 235 aufgenommen. Die Gefäße sind undeutlich geworden (weggelassen), in der Haupttrübung unregelmäßige *Aufhellungsstreifen und -flecken*. Luzides Intervall breiter. Der optische Schnitt (Abb. 238) lehrt, daß die Haupttrübung M stark zusammengeschmolzen ist, nach dem Limbus hin treten jetzt eine Reihe meist paralleler weißer Narbenstreifen N hervor, die zum Teil Gefäße führen.

In diesem und dem vorigen Falle konnten eine harnsaure Diathese oder andere Stoffwechselstörungen nicht nachgewiesen werden, Wassermann negativ.

Abb. 239—240. Den mittleren Hornhautabschnitt einnehmende krystallinische Parenchymdegeneration.

Abb. 239 gibt die linke Hornhaut der 38jährigen Mme. Mor. in 7facher Vergrößerung wieder. Beginn der den größten Teil der Hornhaut einnehmenden Trübung ohne Reizerscheinungen. Im Gegensatz zu den beiden vorigen Fällen geht hier die Trübung nicht vom Rande aus, sondern isoliert von der Hornhautmitte, die Sehschärfe reduzierend. Das krystallinische weiße Zentrum setzt sich wiederum, wie in den vorigen Fällen, durch ein *luzides Intervall* gegen eine gürtelförmige konzentrische Grenzzone ab, die in diesem Falle deutliche blaue Farbe hat (Farbe eines dünnen trüben Mediums vor dunklem Hintergrund).

In dem dünnen optischen Schnitt tritt die Gestalt der blauen konzentrischen Umrandungszone gut in Erscheinung (Abb. 240). Sie liegt im mittleren Parenchym und umfaßt mit einem vorderen und hinteren Ausläufer gabelartig (F) den Rand der dichten weißen Zone, die aus zahllosen weißen bis farbigglänzenden Krystallnadeln zusammengesetzt ist. Hornhautdicke überall normal, Auge stets reizlos. Nirgends dringen Gefäße in die Hornhaut hinein! Visus dieses linken Auges = 0,7! Kein Hornhautastigmatismus. Mit Spiegel ist die Trübung ziemlich gut durchleuchtbar.

Abb. 227—235. Tafel 31.

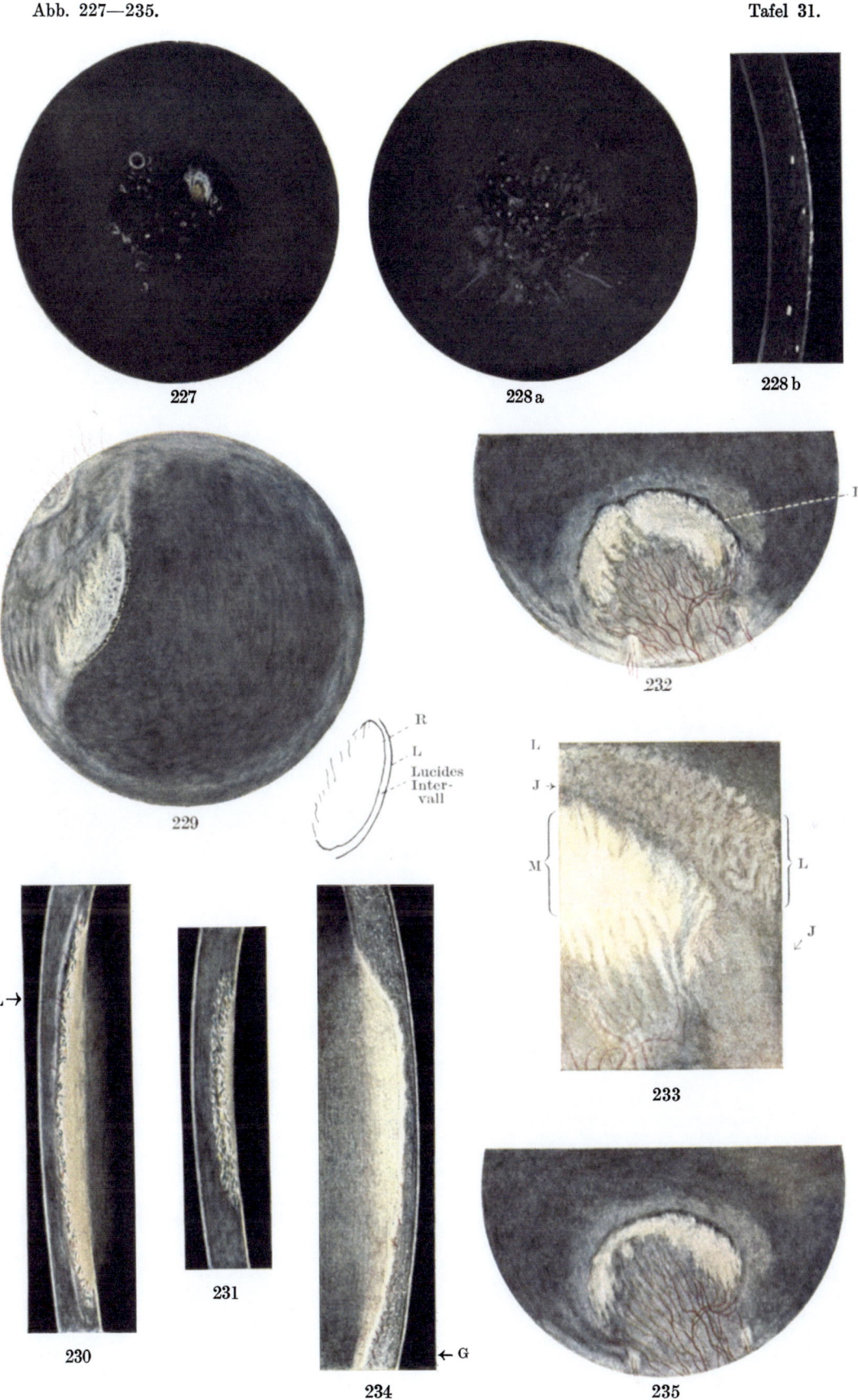

Vogt, Spaltlampenmikroskopie. 2. Aufl.   Verlag von Julius Springer, Berlin.

Dieses Bild blieb im Laufe von 2 Monaten ziemlich unverändert, das zweite (rechte) Auge war und blieb stets frei. Wassermann war stets negativ, Liquordruck etwas erhöht, auch im Röntgenbild leichte Zeichen erhöhten Hirndrucks. Ophthalmoskopisch normal. Blutbild (Prof. NAEGELI) annähernd normal, die Beobachtung durch Prof. NAEGELI (medizinische Klinik) ergibt keine Zeichen urischer Diathese.

Ein Jahr später stellte ich bedeutende Aufhellung der zentralen Trübungspartie fest, so daß Visus = 1 bestand, auch peripher etwas Aufhellung, optischer Schnitt jedoch immer noch ähnlich wie Abb. 240. Die Veränderung imponiert immer noch als entstellende Hornhauttrübung. Nach weitern 3 Jahren Trübung bedeutend aufgehellt, nur noch im optischen Schnitt nachweisbar, Krystalle verschwunden. Niemals Gefäße.

Dieser Fall demonstriert besonders deutlich die relativ gute *Durchsichtigkeit* dieser krystallinischen Trübungen, die im Kontrast steht zu ihrer Albedo im incidenten Licht. Sie sind wesentlich durchsichtiger als gleichweiße Infiltrate.

Hand in Hand damit, daß weder Verdickung noch Verdünnung des Parenchyms besteht, ist kein irregulärer Astigmatismus corneae nachweisbar.

Abb. 241—244. Beiderseitige krystallinische Degeneration des tiefen unteren Hornhautparenchyms nach chronischer Iritis.

Die 46jährige Käthe For. leidet seit 13 Jahren an rezidivierender Iritis unbekannter Ursache. Seit 1½ Jahren bemerkt sie die gelbweißen Flecken der Abb. 241 (rechtes), 242 (linkes Auge). Rechts ist die Trübung mehr gürtelförmig, parallel zum unteren Limbus gelegen, links ist sie oval, ähnlich derjenigen der Abb. 239. In beiden Augen sehen wir den (schon aus den früheren Bildern geläufigen) *luziden Hof* den Herd von einer wenig dichten, in der Aufsicht graublauen, ebenfalls konzentrischen Trübungszone scheiden. Dieses Verhalten tritt auch im optischen Schnitt (Abb. 243 rechtes, Abb. 244 linkes Auge) klar zutage.

Die Trübung zeichnet sich vor anderen ähnlichen durch ihre gelbe Farbe und ihre *extrem tiefe Lage* dicht vor der Descemeti aus. Ferner ist die am Rande und besonders deutlich am rechten Auge feinste Krystallnadeln zeigende Trübung *derart dicht*, daß sie der optische Schnitt (Abb. 243, 244) nicht zu durchdringen vermag, wodurch besonders in Abb. 244 der Eindruck erweckt wird, als reiche die Trübung noch in die vordere Kammer hinein. — Die Pupillen zeigen hintere Synechien, links unten außerdem vordere Synechien.

Hornhautepithel überall glatt, normaler Astigmatismus corneae (Brechkraft horizontal 41,5, vertikal 42,5—42,75 D beiderseits). RS = 5/18 (plus 0,5 komb. plus cyl. 0,5 Achse vertikal, LS = 5/12 mit gleichem Glas). Tension normal (Teilstr. 5, Gewicht 5,5, Schiötz 1924).

2½ Jahre später berichtet mir die im Ausland wohnende Patientin, daß die Trübungen zunächst noch dichter geworden seien, sich aber in den letzten 2 Jahren aufgehellt hätten.

Abb. 245 und 246. Krystallinische Parenchymdegeneration in leicht narbig veränderter Hornhaut.

Die 36jährige Frl. Ida Si. machte mit 10 Jahren (skrofulöse?) Keratitis rechts durch. Heute noch feine alte periphere Maculae. Temporal oben beginnt eine dichtere Trübung vom Limbus her sich im tiefen Parenchym bis gegen die Hornhautmitte vorzuschieben. Hinterher ziehen einige Gefäße. Im Laufe von mehreren Jahren sah ich dann und wann eine leichte Ciliarinjektion.

Abb. 245 gibt einen optischen Schnitt (24fach) durch die Trübung wieder: Mittleres und tiefes Parenchym opak gelblich, von dichten, besonders in den Randpartien einzeln hervortretenden massenhaften farbigen Krystallnadeln durchsetzt. Ganz allgemein sei betont, daß die Einzelnadeln bei diesen krystallinischen Trübungen hauptsächlich nur am *Rande* derselben deutlich werden, respektive an den am wenigsten dichten Stellen. Da, wo dagegen die Trübung sehr dicht ist, sind die Nadeln nicht mehr unterscheidbar, was aber kein Beweis dafür ist, daß sie nicht auch hier vorhanden sind, und daß nicht ihre Substanz das Substrat der gesamten Trübung darstellt.

In Abb. 246 habe ich versucht, ein Bild dieser Nadeln bei stärkerer Vergrößerung zu geben. Wie man sieht, bevorzugen sie im allgemeinen eine bestimmte Richtung und schließen zwischen sich weiße Punkte.

Ein Vergleich des optischen Schnittes mit demjenigen der Abb. 230—234 ergibt für beide Fälle eine ganz auffällige Ähnlichkeit der Trübungsform und Lage im tiefen Parenchym. Auch die Krystallnadeln sind dieselben.

Abb. 247—249. Nadelförmige glänzende Einlagerungen des tiefen Parenchyms am Rande einer granulomähnlichen Hornhautgeschwulst.

Bei der 52jährigen Bäuerin Egl. ist das rechte Auge seit Jugend durch Perforation bis auf Lichtschein erblindet, Leukoma adhaerens, leichte Mikrocornea, sonst ohne Befund, Cataracta calcarea traumatica. Das linke Auge (leichte Mikrocornea) wurde von mir wegen Drucksteigerung 1½ Jahre vor Auftreten der jetzigen Veränderung nach oben iridektomiert. Seither Tension unter Pilocarpin normal.

27. 2. 19. Die Patientin meldet sich wegen einer seit November 1918 bestehenden Erkrankung der linken Hornhaut, und wegen Abnahme des Visus. Ohne daß ein Trauma oder eine sonstige Ursache nachweisbar war, entwickelte sich an dem temporalen Hornhautabschnitt Abb. 247 bei sonst reizlosem Bulbus und völlig fehlender Lichtscheu eine jetzt 3½ mm messende fleischrote Geschwulst (Gesamthornhautdurchmesser 10½ mm), welche flach prominiert und pupillarwärts und nach unten in das Parenchym tief eindringt. Die Lage und Form (abgeschnürter Sack mit temporalem Gefäßeintritt) sind aus Abb. 247 ersichtlich. Die Distanz vom temporalen Limbus, von dem die Neubildung an umschriebener Stelle einige, aus den mittleren Scleraschichten stammende Gefäße empfängt, beträgt 0,7 mm (eines dieser Gefäße stammt aus der Episclera und senkt sich am Limbus in die Tiefe). Um die Geschwulst herum ist das Parenchym in Form eines grauen Hofes 1 mm weit grauweiß getrübt (vgl. den Hof L in Abb. 229, 232, 239). Dieser Hof reicht bis in das Pupillargebiet, der abgeschmälerte Teil nach unten bis in den mittleren Hornhautmeridian. Das Epithel über dem Tumor ist gestichelt. Mit der Spaltlampe ist erkennbar, daß Gefäße und Trübung die ganze Dicke des Parenchyms durchsetzen. Die erwähnte graue Randzone zeigt nach der Pupille hin bei schwacher Vergrößerung glitzernde Stellen im mittleren und tiefen Parenchym. Bei 68facher Linearvergrößerung ergeben diese Partien die in Abb. 249 wiedergegebenen Nadeln. Letztere sind bei dieser Vergrößerung deutlich farbenschillernd und sitzen nirgends in der gefäßhaltigen Partie, d. h. die Gefäße reichen nur bis an die Nadelzone heran, nicht aber in dieselbe hinein*. Die Nadeln selber sind fast unmeßbar dünn (mit Ok. 4, Obj. a3 etwa ¼ Teilstrich dick), stehen kreuz und quer durcheinander und sind auch manchmal sagittal geordnet.

---

* Dieses Verschontbleiben der Nadelzone von Gefäßen beobachtete ich in allen Fällen.

Abb. 236—244. Tafel 32.

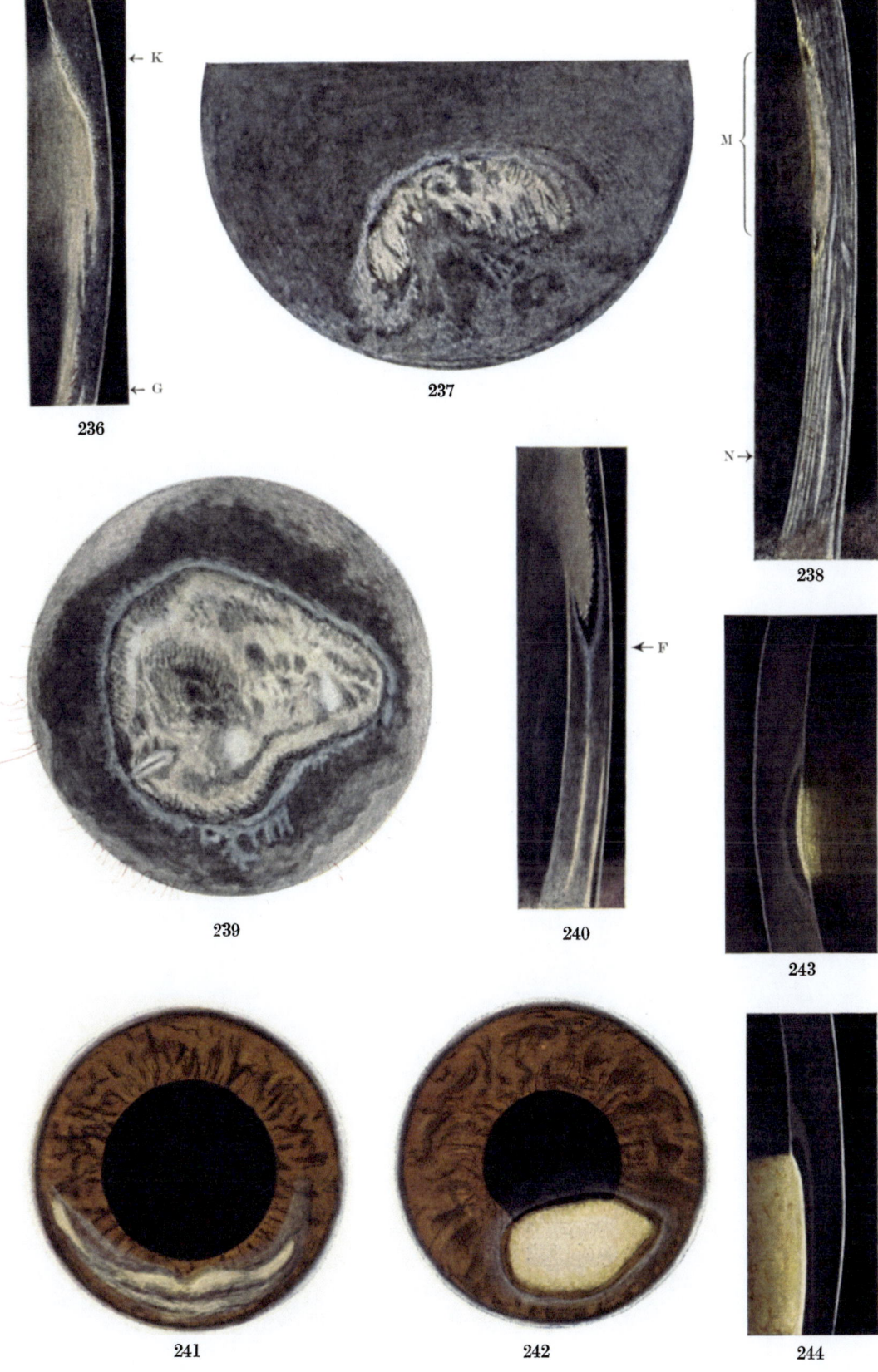

236 237 238 239 240 243 241 242 244

Vogt, Spaltlampenmikroskopie. 2. Aufl. Verlag von Julius Springer, Berlin.

Eigentümlicher Art sind die Veränderungen der Descemetigegend. Diese erscheint weit über das Gebiet der Neubildung hinaus gleichmäßig grau getrübt (wodurch eine gewisse Sehstörung entsteht), etwa wie dies nach Iridocyclitis oder Keratitis parenchymatosa der Fall ist. Die Trübung ist jedoch im vorliegenden Falle von einigen gleichmäßig breiten, dunklen (also luziden) geraden und sich kreuzenden Bändern durchzogen (s. Abb. 247 und bei stärkerer Vergrößerung 248 im oberen Teil der Figur, A Hornhautvorderfläche, D Hornhauthinterfläche, N luzide dunkle Bänder, L Nadeln). Die Trübung ist somit durchzogen von Streifen, die an der Trübung nicht teilnehmen und daher dunkel erscheinen. Diese breiten luziden Bänder sind heute, nach bald 2 Jahren, immer noch zu erkennen. Sie erinnern an die Streifen eines anderen senilen Glaukomfalles mit trüber Descemeti, den ich in Abb. 98 wiedergab.

Im Übrigen Bulbus ohne Befund, als Nebenbefund Coronarkatarakt. Pigmentverstreuung der Iris als Folge der Iridektomie.

Refraktion links H 2,0 komb. Astigm. invers. hyperm. 3,5 D, LS korr. = schwach $1/3$.

Am 3. 3. 19 Abtragung der (nicht nadelhaltigen) Kuppe der Geschwulst. Die anatomische Untersuchung ergibt stellenweise Vakuolen im Epithel. Das gesamte abgetragene Parenchym ist dicht von Lymphocytenherden durchsetzt, die die Lamellen auseinanderdrängen. Letztere gequollen und verbogen, fixe Hornhautzellen vermehrt, ziemlich reichliche Gefäße, neben den Lymphocyten spärliche Plasmazellen. BOWMANsche Membran eine Strecke weit aufgesplittert, an einer anderen Stelle fehlend. Lymphocyten sind auch reichlich unter das Epithel eingedrungen.

Die allgemeine Untersuchung, speziell die Untersuchung von Blut und Urin (Doz. Dr. LÖFFLER) ergibt keine Anhaltspunkte für urische Diathese, eine Bestimmung des Harnsäurespiegels bei purinfreier Kost ist jedoch nicht möglich. Wassermann negativ.

Nach Kauterisation allmähliche Rückbildung der Geschwulst zu einer gefäßhaltigen Narbe, die nadelartigen Gebilde sind noch nach $1\frac{1}{2}$ Jahren (8. 11. 1920) zu sehen. Das verschmälerte Büschel zeigt, daß die Narbenbildung bis in die hintersten Hornhautschichten reicht und in dem hintersten Drittel am dichtesten ist. Die asbestglänzenden Nadeln nehmen hauptsächlich das mittlere, zum Teil aber auch das hinterste Hornhautdrittel ein. Die Stelle der Abtragung ist deutlich verdünnt, aber ektasiert. Im Bereiche einer nicht lädierten Zone der Gegend der BOWMANschen Membran besteht eine weiße, flächenhafte Trübung mit runden dunklen Stellen, vom Bilde der Verkalkung bei gürtelförmiger Trübung (s. Abb. 248T, vgl. auch Abb. 247). Die flächenhafte Trübung der Descemetigegend ist fast über die ganze Hornhaut ausgebreitet, die dunklen Bänder sind unverändert.

LS = $1/3$ (+ 2,0 komb. cyl. + 3,5, Achse 60°). Tension unter Pilocarpin normal.

Die Ätiologie dieser Veränderung ist dunkel. Sie reiht sich den Degenerationen der Abb. 229—246 nur insofern an, als sie sehr chronisch und nahezu reizlos verläuft, aus unbekannter Ursache einseitig auftritt und mit Krystallnadelbildung im Parenchym einhergeht. Auch die Hofbildung ist charakteristisch. Die Streifung der Descemetigegend teilt sie mit Abb. 98.

In bezug auf die *Zusammensetzung der Nadeln* sind wir auf Vermutungen angewiesen. Am nächsten liegt es wohl, an Cholesterin zu denken, das bekanntlich auch in Nadelform auftreten kann. Doch kommen auch noch manche andere Substanzen in Betracht. Wie UHTHOFFs Beobachtung (Klin. Mbl. Augenheilk. **1915**) wahrscheinlich macht, scheint die Abwesenheit von Symptomen urischer Diathese nicht gegen Harnsäurekrystalle zu sprechen. Allerdings stimmt das klinische Bild unserer Fälle in keiner Weise mit dem von UHTHOFF geschilderten überein. Es sei ferner an die vielleicht hierher gehörigen Beobachtungen von P. SCHUSTER und A. BECK [Arch. Augenheilk. 54 u. 55 (1906)] erinnert, sowie an diejenige ULBRICHS [Klin. Mbl. Augenheilk. 52, 289 (1914)]. Man vergleiche auch Beobachtungen WEWES, der ähnliche Fälle (als „Keratitis urica") bereits mit der Spaltlampe untersuchte, jedoch noch nicht über den dünnen optischen Schnitt verfügte.

Abb. 250 und 251. Cholesterinähnliche glitzernde Krystallmassen der tiefen Hornhautschichten.

Bei der 70jährigen Frau Mu., links von mir wegen Altersstar operiert (Visus = 0,5, leichter Nachstar, Kolobom nach oben), besteht links nach unten ein über 2 mm breites Gerontoxon. In der Tiefe desselben und im anschließenden Parenchym, bis gegen die Hornhautmitte bei 24facher Linearvergrößerung farbige, hauptsächlich rot und grün glitzernde Kryställchen, Abb. 250. Hier und da kann man eckige oder auch nadelförmige Krystallgebilde aus dichten, formlosen Glitzerpunktmassen herausblinken sehen.

Daß die Trübungspunkte im Irislicht als dunkle Schatten erscheinen, sieht man im breiten Büschel Abb. 251 (links). Oben in dieser Figur eine schwarze Linie, als Rest einer Descemetifalte, die von der kurz vorher ausgeführten Extraktion herstammt, während Abb. 250 *vor* der Extraktion ausgeführt wurde.

Benutzt man das schmale Lokalisationsbüschel, so ergibt sich die Schnittzone der Abb. 250, die auffallend an die Abb. 230, 234, 245 gemahnt.

Man sieht, daß auf eine beträchtliche Strecke das ganze hintere Hornhautparenchym bis etwa in die mittleren Hornhautschichten hinein eine trübe weiße Beschaffenheit angenommen hat. Seitlich verliert sich die glitzerige Parenchymschicht allmählich unter Verjüngung in die typische senile Descemetitrübung.

Die Krystalle sitzen ausschließlich in der trüben Partie K, in der hinteren Parenchymhälfte. Das andere Auge zeigt Cataracta senilis und starkes Gerontoxon. Die Patientin hat eine Hornhauterkrankung angeblich niemals durchgemacht. Es dürfte sich um eine seltene, im Alter auftretende Degeneration handeln, die sich den voranstehenden Befunden anreihen läßt. [In Narben nach Infiltraten sind Krystalle (Cholesterin?) nicht so selten, vgl. SCHUSTER, BECK, MUSZYNSKY, KOEPPE u. a.].

Abb. 252 und 253. Krystallinische Trübungsschicht des tiefsten Parenchyms bei der 33jährigen Frl. Ida Di.

Die in Abb. 252 sichtbare Krystallinfiltration (linke Hornhaut) beobachte ich seit 4 Jahren. In dieser Zeit hat die Infiltration ihre Größe und auch ihre Lage zeitweise etwas geändert. Gefäße des Randschlingennetzes schieben sich gegen die Krystallmasse vor, ohne sie zu erreichen. Das Auge ist meist reizlos, selten minimale Irritation. Rheumatische oder gichtische Erscheinungen bestehen nicht.

Der optische Schnitt (Abb. 253) läßt die tiefe Lage der Krystallmasse erkennen, sowie jenes charakteristische dunkle Intervall, das wir z. B. aus Abb. 240 kennen. Sclerawärts schiebt sich ein opaker Keil hervor, der wiederum durch ein luzideres Intervall gegen die übrige Hornhaut geschieden ist. — Abb. 252 und 253 stammen vom 23. Nov. 1928. Der relativ stationäre Charakter der Veränderung geht daraus hervor, daß eine Aufnahme vom 24. Mai 1929 genau dasselbe Bild ergab.

Abb. 245—253. Tafel 33.

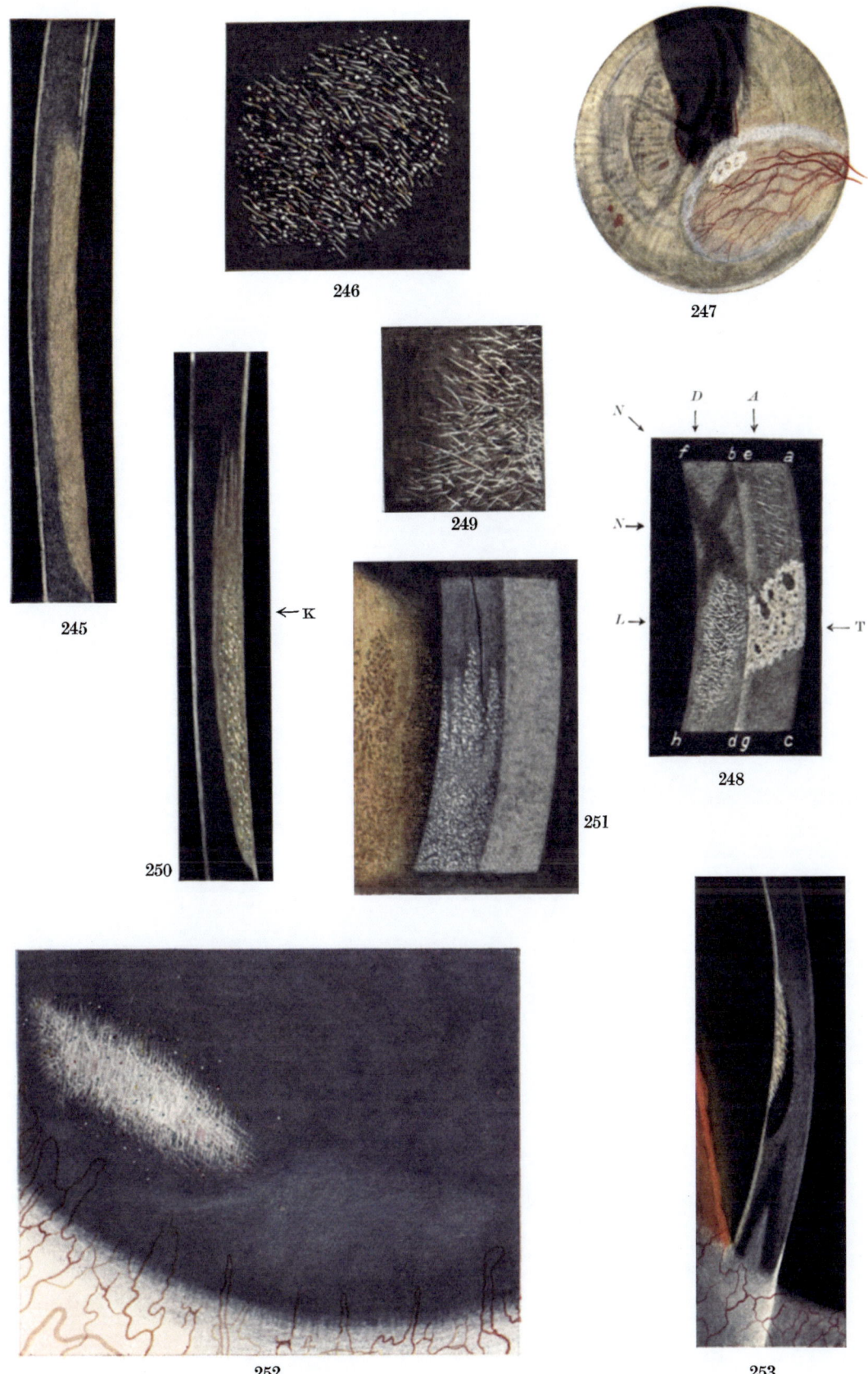

Vogt, Spaltlampenmikroskopie. 2. Aufl. Verlag von Julius Springer, Berlin.

Abb. 254—257. Herdförmige krystallinische Ablagerung in der linken unteren Hornhauthälfte, beginnende Ablagerung rechts.

Die 54jährige, mit hochgradiger Arthritis deformans der Hände behaftete Frau Emma Sta. bemerkt seit über einem Jahr eine Trübung der linken unteren Hornhaut, welche heute das Aussehen der Abb. 254 aufweist. In die Trübung ziehen vom Limbus her spärliche Gefäße. Sie durchsetzt die ganze Parenchymdicke. Am Rand ragen, besonders oben, massenhafte weiße bis farbige Krystallnadeln vor. Augen reizlos.

Der optische Schnitt, linkes Auge, Abb. 255 ergibt parenchymatöse Krystallinfiltration bis in den Bereich der M. Descemeti.

Ziemlich konstantes Verhalten dieser Trübung während 10 Monaten. Anscheinend Aufhellung unter subconjunctivaler Injektion von ½%igem Harnstoff.* Eiweißarme Kost und Rohkost hatten keinen deutlichen Einfluß.

Am *rechten* Auge *beginnende* Krystallinfiltration ähnlicher Art (Abb. 256, 257). In den tiefen Hornhautschichten Ablagerung von zum Teil radiär gerichteten, zum Teil parallel vertikalen feinsten Krystallnadeln, vornehmlich in 3 Herden (Abb. 256), von denen zwei konfluieren. Jeder der 3 Herde erhält eine limbäre Gefäßschlinge. Leichte Zunahme der Trübung im Verlaufe von 10 Monaten.

Der optische Schnitt durch den größten (temporalen Herd) ergibt (Abb. 257) Tieflage der Trübung dicht vor der Descemeti. Im Schnitt zahlreiche farbige Krystalle. Auch der mittlere Herd (Abb. 256) liegt derart tief, während der nasale nicht ganz zur Descemeti reicht.

Wir sehen, daß die Krystallablagerung in den tiefsten Schichten beginnt und sekundär Gefäße anlockt.

Die Beobachtung in der medizinischen Klinik (Prof. NAEGELI) ergibt keinen sicher pathologischen Harnsäurestoffwechsel (Oberarzt P. D. Dr. GLOOR).

Abb. 258 und 259. Tiefe, anscheinend stationäre Parenchymtrübung unbekannter Ursache.

Die 47jährige gesunde Frau Müller wünscht Presbyopenbrille. In der linken Hornhaut beobachtete ich zufällig die sichelförmige tiefe Trübung der Abb. 258, von der Frau M. nichts weiß. Epithel glatt, Auge stets gesund, reizlos. Der optische Schnitt (Abb. 259) ergibt eine dicht vor der Descemeti gelegene homogen gelbliche Trübungsschicht, die peripher schärfer, axialwärts weniger scharf sich abgrenzt. An den Rändern wird die Schicht dünner und endet überall dicht vor der Descemeti. Krystalle sind nicht zu erkennen. Der temporale Abstand vom Limbus (Abb. 258) beträgt 2 mm. — Rechtes Auge ohne Besonderheit.

Das Wesen dieser, offenbar degenerativen, noch nicht beschriebenen Trübung ist mir nicht bekannt.

q) Die Hornhaut bei Keratokonus.

Abb. 260—277. Die Hornhaut bei Keratokonus. Trübungsstreifen. Spaltlinien. Keratokonuspigmentlinie.

Bei fortgeschrittenen Fällen von Keratokonus finden sich fast stets im Bereiche der Kegelspitze grobe weiße *Trübungsstreifen* (Abb. 263—268), die der Gegend der M. Bowmani angehören und meist geknickten oder gebogenen Verlauf aufweisen. Stellen-

---

* Auch innerlich nahm die Patientin täglich zweimal einen Teelöffel Urea. Ich versuchte diese Therapie auf den Rat des verehrten Kollegen Hofrat v. HOFFMANN (früher Baden-Baden).

weise können sie sich knopfig verdichten (Abb. 263, 267). Etwas schwerer sind feine, meist *vertikale Linien* der Kegelspitze zu sehen, die vertikalen Linien in den Abb. 263—267, 274. (ELSCHNIG[122]), STREBEL und STEIGER[38]), VOGT[28]). KOEPPE u. a. behaupteten, daß diese Linien Falten der Descemeti darstellen. Daß dies jedoch nicht zutrifft, konnte ich[28]) mit Hilfe des hinteren Spiegelbezirks der Hornhaut in einer großen Zahl von Fällen nachweisen. *Der hintere Spiegelbezirk, der uns die allerfeinsten Unebenheiten der Hornhautrückfläche zur Darstellung bringt, zeigt hinter den Keratokonuslinien keine Faltung. Sie dürfen deshalb künftig nicht mehr mit Descemetifältchen verwechselt werden.* Mit Hilfe des dünnen optischen Schnittes gelingt übrigens unschwer der Nachweis, daß es sich um feine vertikale Parenchymspalten handelt, weshalb ich sie im folgenden als *Keratokonusspaltlinien* bezeichnen will. Der optische Schnitt läßt die Lage dieser Spaltlinien im mittleren und tiefen (selten oberflächlichen) Parenchym erkennen, vgl. Abb. 265, 266.

Die Linien können sehr frühzeitig auftreten. So waren sie am 17. 5. 24 bei der 1898 geborenen Lina Gra. als eines der ersten sicheren Symptome an der linken Hornhaut vorhanden, noch bevor sich mittels optischen Schnittes die Verdünnung der Hornhautmitte erkennen ließ. Auch die Irregularität und Ungleichheit der Javalbilder war noch wenig ausgesprochen. Die für Keratokonus typische Verdeutlichung der axialen Hornhautnerven war in diesem Falle ebenfalls schon vorhanden.

Die Keratokonus*pigment*linie (Abb. 260, 261a und b) ist, im Gegensatz zu den Angaben FLEISCHERS, der sie als erster sah, kein konstanter Befund (vgl. auch CLAUSEN u. a.). Meist ist sie nur streckenweise vorhanden. Vereinzelt fand ich sie unpigmentiert (grauweiß, vgl. die senile Hornhautlinie). Im *regredienten* Licht konnte ich sie wiederholt als feine Schattenlinie, vereinzelt auch als Brechungsphänomen sehen (vgl. das Kapitel senile Hornhautlinie, mit der sie identisch ist). Viel deutlicher als im Nitralicht und anderem Glühlicht ist sie in dem (relativ weißen) *Bogenlicht*. FLEISCHER sieht sie am besten im intensiven Glühlicht, eine Angabe, die ich nicht bestätigen kann*.

Abb. 260, 261a und b. Keratokonuspigmentlinie (FLEISCHER) *bei der 32jährigen Krankenschwester Amalia Pao.*,

mit beiderseitigem Keratokonus seit 1½ Jahren. Die Keratokonusspaltlinien sind noch nicht da. Es besteht noch kein stärkerer Astigmatismus**. Brechkraft rechts im 150 Grad-Meridian 52 D, senkrecht dazu 51 D, links im 35 Grad-Meridian 50 D, ungefähr senkrecht dazu 53 D.

Abb. 260 (schwache Vergrößerung) gibt die (unterbrochene) Keratokonuslinie des linken Auges wieder, Abb. 261a (stärkere Vergrößerung) die (nur nasal unten vorhandene) des rechten Auges, Mikrobogenspaltlampe. Wie ersichtlich, besteht die Linie aus Typus I und II der senilen Pigmentlinie.

---

* Besser als von „Hämosiderinring" (ursprüngliche Bezeichnung) sprechen wir von Keratokonuspigmentlinie, da Hämosiderin als Substrat fraglich ist.

** Hierdurch wird das Fehlen der Spaltlinien verständlich, da diese, wie wir sehen werden, wahrscheinlich vom Astigmatismus abhängig sind. Suspekt auf Keratokonus ist aber im vorliegenden Falle die hohe axiale Hornhautbrechkraft. Brechwerte über 50 D sind, sofern keine Keratitis vorausgegangen ist, und sofern nicht eine besondere Form von Mikrocornea vorliegt, auf Keratokonus verdächtig. Die gegenwärtig im Gebrauch stehenden Javal-Ophthalmometer erlauben in den seltensten Fällen, einen Keratokonus zu messen, da ihre Skala nur bis 60 D reicht. Aus diesem Grunde habe ich seinerzeit meinen Apparat durch die Firma Pfister und Streit in Bern für Messungen bis zu 85 D abändern lassen.

Abb. 254—262. Tafel 34.

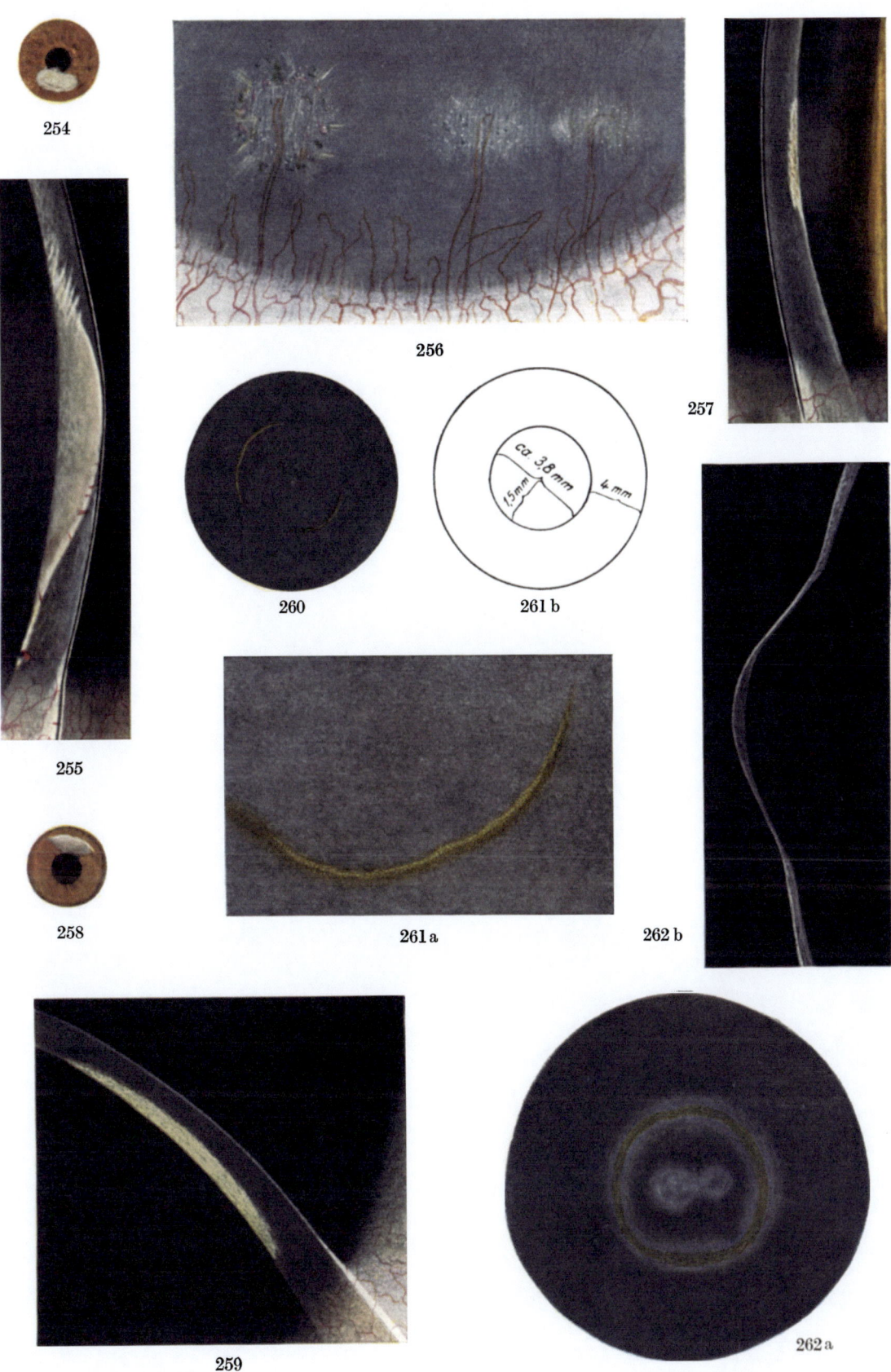

Vogt, Spaltlampenmikroskopie. 2. Aufl. Verlag von Julius Springer, Berlin.

Die Distanzen der Linie dieses Falles vom Limbus sind in Schema 261b dargestellt (rechtes Auge). Wie zu sehen, liegt die Linie am rechten Auge dieses Falles dem Hornhautzentrum wesentlich näher als dem Limbus, wie das auch bei der senilen Hornhautlinie der Fall ist.

Die Ringform der Keratokonuspigmentlinie sah ich auch in folgendem Falle von durch Keratitis erworbenem Keratokonus.

Abb. 262a und b. Durch ringförmige Keratitis bedingter Keratokonus mit ringförmiger Keratokonuspigmentlinie.

62jähriger Fritz Lan.*. Abb. 262a Übersichtsbild, 10fache Vergrößerung, Abb. 262b dünner optischer Schnitt durch das Kegelgebiet, 24fache Vergrößerung.

Vor 55 Jahren machte L. eine schwere rechtsseitige Keratitis durch und wurde damals monatelang mit Wärme, dann mittels Pulvereinstreuung behandelt. Das rechte Auge ist seither sehschwach. (Das linke Auge blieb verschont. Diese Hornhaut weist lediglich kleine Fremdkörpermaculae auf.)

Man beachte in Abb. 262a die ringförmige, alte Gefäßreste aufweisende Hornhauttrübung, deren Lumen etwa 4½ mm beträgt, und welche überall von einer gelben bis flaschengrünen, ziemlich breiten Pigmentlinie gefolgt ist. Axial besteht eine Trübung von Hantelform.

Der optische Schnitt Abb. 262b illustriert die Keratokonusbildung als Folge enormer Verdünnung der Hornhaut. Die Verdünnung ist am stärksten im Bereiche des Trübungsringes. Die Pigmentlinie liegt da, wo die Corneaoberfläche am stärksten abgeplattet, resp. konkav ist. Im Bereiche der axialen Trübung ist das Gewebe wieder etwas dicker. Ein Descemetiriß ist nicht zu sehen.

In der Gegend der nach vorn gerichteten Konkavität sieht man einen doppelten Ringreflex (in der Abb. nicht dargestellt). Der eine (weiße) dieser beiden Ringreflexe entsteht an der Hornhautvorderfläche, der andere, gelbe, an der Hornhautrückfläche. Es sind Konkavspiegelreflexe.

Die Brechkraft im Bereiche der Kegelspitze ist wegen Irregularität nicht genau meßbar. Sie beträgt anscheinend etwa 70 D. Die Brechkraft der linken gesunden Hornhaut beträgt horizontal 44, vertikal 43,75 D.

Selbstverständlich hat dieser Narbenkeratokonus mit dem echten Keratokonus, von dem hier ausschließlich die Rede ist, genetisch nichts zu tun. Er interessiert uns hier lediglich wegen der *Ringform seiner Pigmentlinie,* dann auch, weil diese Linie der Konkavität der Hornhautvorderfläche folgt.

Der Keratokonus tritt meist beidseitig auf. Zwischen der Erkrankung des ersten und des zweiten Auges können allerdings viele Jahre liegen. *Dauernd einseitige Erkrankung ist ziemlich selten.* In genetischer Hinsicht ist sie beachtenswert.

Vererbung des Keratokonus.

Die *Vererbung* scheint bei der Genese des Keratokonus eine entscheidende Rolle zu spielen (HORNER, STÄHLI, VAN DER HOEVE u. a.). So kenne ich zwei gesunde, kräftige, gutgewachsene Schwestern Emma Mey., geb. 1904 und Gertrud M., geb. 1906, beide nahezu blind durch retinale Atrophie, beide mit Mikrocornea und starkem Keratokonus. Der Fundus bietet ein Bild, das an Retinitis pigmentosa erinnert (mit begleitender Aderhautatrophie, tapetoretinale Degeneration), also an ein meist

---

* Ich verdanke den Fall der Freundlichkeit des Herrn Dr. med. et phil. PANCHAUD in Zürich.

recessives Leiden. Die Blindheit ist eine fast vollständige (noch Spuren Lichtempfindung). Höchstgradige Schwachsichtigkeit bestand schon in früher Jugend. Beiderseits ascendierende Opticusatrophie und Cataracta complicata posterior. Bulbi und Corneae klein, letztere bei beiden ca. 10—10¼ mm. Bulbusdurchmesser nur etwa 2 cm (bei Emma ist er noch kleiner). Offenbar mangelhafte Bulbusentwicklung zufolge frühen Netzhautschwundes. Exzessiver Keratokonus beiderseits. Der Bruder (1905) gesund, ebenso der Vater Emil und die Mutter Laura M—F*. Keine Verwandtenheirat.

Auch bei folgenden *zwei Schwestern ähnlichen Alters* fand ich Keratokonus des mittleren Stadiums.

1. Frau Magdalena Hemb.-Rent., 24 Jahre. Schon in den letzten Schuljahren sah sie besser in die Ferne, wenn sie blinzelte. Stärkere Störung seit 4—5 Jahren. Beiderseits Keratokonus mäßigen Grades, rechts mit Andeutung von Keratokonusspaltlinien, die schräg von außen oben nach unten innen ziehen. Keine Pigmentlinie. Dicht unterhalb Kegelspitze etwa 10 verstreute weiße Punkte von 10—40 Mikra, alle in der Gegend der M. Bowmani (= erster Ansatz von Keratokonusstreifen).

Ophthalmometrisch rechts im 35°-Meridian 51,75 D, ungefähr senkrecht dazu 58,5 D. Links im 30°-Meridian 49,75 D, senkrecht dazu 46 D, irregulär (somit links vorläufig inverser Typus). RS = 6/8 (plus 4,0 Achse 120°), LS = 6/18 (sph. plus 1 komb. plus cyl. 2,0 Achse 30°).

2. Frl. Anna Rent., Schwester der Vorigen, 20 Jahre. Sehstörung seit etwa 2 Jahren.

Leichter, beginnender Keratokonus ohne Spaltlinien und ohne Pigmentlinie.

Ophthalmometrisch rechts im 10°-Meridian 58,0 D, senkrecht dazu 61,5 D. Links horizontal 53,0, vertikal 55,0 D. RS = 6/30 (— cyl. 3,0 Achse 80°). LS = 6/24 (plus 1,5 komb. minus cyl. 2,0 Achse vert.).

Bei beiden (übrigens blühend und kräftig aussehenden) Schwestern ist somit die rechte Hornhaut stärker deformiert als die linke.

Die 3 Schwestern dieser beiden Patientinnen (Marie 34 Jahre, Paula 29 Jahre, Lina 27 Jahre) haben angeblich normale Augen. Der Vater Christian Re. soll schlecht sehen, ebenso dessen 67jährige Schwester Karoline. (Die nachträgliche Untersuchung des Vaters und der Mutter ergibt normalen Befund.)

Blutsverwandtenehe ist in der Ascendenz nicht nachweisbar.

Zwei andere meiner Beobachtungen betreffen Vetter und Base (Herrn W. Th. und Frau B. Ol.). In der Schweiz. ophthalm. Ges., Juni 1929, berichtete ich ferner über folgenden Erbfall bei *Mutter* und *Sohn:*

Die 47jährige Frau Hir. bekam den Keratokonus mit 20 Jahren, seit 24 Jahren ist er angeblich stationär. Enorm ist er nur links, rechts besteht lediglich leichte

---

* Ich verdanke die Zuweisung dieses Schwesternpaares Herrn Dozent Dr. WINTERSTEIN (chirurgische Klinik Zürich). Eine Kontrolle ergab noch folgende Einzelheiten: 1. Emma. Sah nie etwas, fixierte nie, Pupillen lichtstarr, jedoch Konvergenzreaktion. Pupillen etwa 4 mm. Ständige unkoordinierte Bewegungen. Keine Lichtempfindung. Rechte Hornhaut ohne sichere Kegelspitze, jedoch Descemetiriß schräg von oben außen nach innen unten, ⅝ mm breit. Cornea gleichmäßig verdünnt. Auch links nur flache Spitze, keine Spaltlinien. Rechte Linse hinten getrübt. Hornhautbrechkraft wegen Schleuderbewegungen und fehlender Fixation nicht sicher meßbar, etwa 55—60 D. 2. Gertrud. Spur Lichtempfindung beiderseits, lichtstarr, Nystagmus. *Keratokonusspaltlinien* beiderseits kräftig, *jedoch horizontal* (nach Tabo rechts etwa 170° links etwa 10°). Die flache Kegelspitze ist beidseits schon makroskopisch zu sehen. Kegelspitze verdünnt. Linsen mit vorderer und hinterer Komplikata, vorn große Vakuolen. Brechkraft der Cornea nicht genau bestimmbar, etwa 68 D beiderseits. Die Bulbi sind bei beiden Schwestern im Verhältnis zur Orbita viel zu klein und bis weit rückwärts abtastbar.

Die Mutter (1879) hat Brechkraft 45 D, Astigm. inversus 0,5 D beiderseits, Hauptachsen rechts 170°, links 10°.

Verziehung der Javalfiguren, doch ist die Brechkraft auch rechts im 140°-Meridian = 49 D, senkrecht dazu 46½ D. (Wie oben erwähnt, ist eine Brechkraft des Erwachsenen von 49 oder 50 D, wenn keine Keratitis vorausgegangen ist, suspekt auf Keratokonus!) Am linken Auge besteht enorme Figurendifferenz, Brechkraft im 140°-Meridian = 48 D, im 20°-Meridian jedoch = 60 D. Links ist die Verdünnung der Kegelspitze hochgradig, letztere ist getrübt und zeigt im tiefen Parenchym die typischen Vertikallinien, rechts sind letztere nur angedeutet.

Beim 20jährigen Sohn, der vor 2 Jahren erkrankte, besteht rechts im 45°-Meridian Brechkraft von 44 D, senkrecht dazu 46½ D, Visus noch = 1 mit schwachem Konkavzylinder. Links dagegen starker Keratokonus, Brechkraft im 35°-Meridian = 55 D, senkrecht dazu 50 D. Ausgesprochene Vertikallinien des Tiefenparenchyms, starke Verdünnung der Kegelspitze. Die Spaltlinien sind 1½ mm lang und sitzen im mittleren und tiefen Parenchym. Visus = 0,1 mit − 5,0 komb. − cyl. 4,0 Achse 120°.

Das Bemerkenswerte dieses Erbfalles ist, daß 1. die Krankheit bei Mutter und Sohn in ähnlichem Alter begann, daß 2. das linke Auge in beiden Fällen hochgradig, das rechte dagegen nur unbedeutend betroffen ist. Die Genauigkeit des Erbganges zeigt sich also hier auch noch in dem Befallensein vorwiegend der linken Seite.

Über die *Art des Erbganges* bei Keratokonus ist noch nichts Genaues bekannt. Jedoch könnten den bis jetzt beobachteten Erbfällen *recessive,* selbständige oder gekoppelte Gene zugrunde liegen.

Für Recessivität spräche meines Erachtens van der Hoeves Stammbaum von multiplem Keratokonus nach Vetternheirat*.

Hornhautrückfläche bei Keratokonus.

Was den Zustand der *Hornhautrückfläche im Bereiche der Kegelspitze* betrifft, so fällt auf, daß der hintere Spiegelbezirk ohne Mühe und bei wechselnder Beobachterrichtung sichtbar ist. Wir haben darin den Ausdruck des stark irregulären Astigmatismus zu erblicken: Die irreguläre Krümmung ermöglicht es, daß bei konstantem Einfallwinkel die Bedingung der Sichtbarkeit in den verschiedensten Beobachterrichtungen erfüllt ist (vgl. Text zu Abb. 556—557). Das Endothel erwies sich bei Jugendlichen als normal. Bei veralteten Fällen können Ausbuckelungen sichtbar sein (vgl. Abb. 49).

Den Keratokonus begleitende Allgemeinstörungen.

Im Verlaufe der Keratokonusentwicklung findet der aufmerksame Beobachter oft noch Zeichen anderer Störungen. So findet sich in meinen Aufzeichnungen aus den Jahren 1909 bis 1929 wiederholt die Angabe, daß die Schneidezähne endwärts abgeplattet, wie abgefeilt waren. Auch vorübergehender Haarausfall und Störung des Nagelwachstums, ferner abnorme Weichheit der Nägel kommt vor. Eine Patientin gibt an, daß die Verschlimmerung des Sehens jeweilen während der Menses sprungweise auftrete und dann sistiere. Dieselbe Patientin weist auf eine kahle Stelle dicht vor dem linken Scheitel, in der Nähe der Stirne hin. Hier fielen die Haare während des Keratokonuswachstums büschelweise aus. Einen Fall von Keratokonus beobachtete ich bei hochgradigem Riesenwuchs eines 19jährigen (Fall der Abb. 269, 270), einen anderen (Mädchen) umgekehrt bei exzessiver Mikromelie. Auch die Beobachtung von gleichzeitiger hochgradiger

---

* Vgl. auch Franceschetti: Die Vererbung von Augenleiden, im kleinen Handbuch der Ophthalmologie 1929.

Pigmentdestruktion beider Irides, die ich bei dem 33jährigen Leo In. machte, gehört vielleicht hierher. A. SIEGRIST*, der wie schon vor ihm LODATO** die Hypothese aufstellte, daß der Keratokonus eine Folge innersekretorischer Störungen sei, fand ihn z. B. bei Kretinismus. [Vgl. auch neuere Beobachtungen von WEILL, Annales dOcul. **164**, 668 (1927), sowie anderer Autoren.]

In der *großen Mehrzahl* der Fälle fahndet man allerdings nach Symptomen, die vielleicht auf Störungen innerer Sekretion hinweisen, umsonst. Insbesondere auch war in allen frischen und alten Fällen, bei denen ich von Prof. *O.* NAEGELI das Blutbild untersuchen ließ, das Resultat (im Gegensatz zu den Befunden von SIEGRIST) ein negatives. Höher einzuschätzen als die Hypothesen von eventuellen innersekretorischen Ursachen ist die *Tatsache,* daß der Keratokonus *vererbt* vorkommt. Diese Tatsache weist auf eine pathologische Keimesanlage hin. Ob aber differente Ursachen Keratokonus provozieren können, ob eventuell auch innersekretorische Störungen eine ätiologische Rolle spielen, ob letztere lediglich koordiniert sind, dafür fehlen bis heute bestimmte Anhaltspunkte.

Abb. 263 und 264. Kegelspitze bei Keratokonus. Herr J., 20jährig.

Links ziemlich hochgradiger, rechts eben angedeuteter Keratokonus.

Abb. 263, 264. Stellt die Veränderung der „Kegelspitze" des linken Auges bei schwacher (Ok. 2, Obj. a 2), Abb. 264 bei stärkerer Vergrößerung im fokalen Lichte dar. Rechts in beiden Abbildungen die Endothelspiegelbezirke.

Abb. 263 zeigt intensiv weiße *Keratokonusstreifen* des *oberflächlichsten* Parenchyms (ELSCHNIG[122]), STREBEL und STEIGER[38]), VOGT[28]). Die Lage dieser breiten weißen Degenerationsstreifen in der Gegend der BOWMANschen Membran ist von mir mittels dünnen optischen Schnittes ermittelt worden, Abb. 265, 266. Man beachte den oft zackigen Verlauf und die Verzweigungen dieser Streifen. Hinter ihnen die vertikalen parallelen dichtstehenden grauen *Spalten,* die meist spitz zulaufen, und gewöhnlich vertikal stehen. (*Keratokonusspaltlinien* s. o.). Je nach dem Lichteinfall lassen diese Linien eine hellere und eine dunklere Seite erkennen, ähnlich wie die Parenchymspalten bei Keratitis und Hypotonie. Sie erinnern auch an die allerdings meist nicht parallelen Linien innerhalb traumatischer Ringtrübung (Abb. 518—520). Oft kann man sehen, daß zwischen den Linien schräge Querverbindungen bestehen, etwa so, wie schräge Faserverbindungen beim Auseinanderreißen von gespaltenen Holzscheitern auftreten.

Die Nervenfaserzeichnung ist hochgradig verdeutlicht. An einer Stelle (unten) mündet eine Faser in ein dreieckiges weißes Körperchen. Jenseits dieses Körperchens, das etwa 30 Mikra mißt, ein feinster weißer Punkt, an diesen anschließend eine rückläufige Nervenfaser. (KOEPPE glaubte „Nerveneinscheidungen" zu sehen. Solche habe ich in den vielen von mir untersuchten Fällen nie beobachtet.)

Die Sensibilität, insbesondere der Kegelspitze, war in diesem Falle stark herabgesetzt (AXENFELD[36]). Auch die peripheren Partien der Cornea sind weniger empfindlich als am linken, weniger kranken Auge.

Das Endothel ist normal.

Als Nebenbefund: Der obere Rand der untern Schneidezähne dieses Patienten erscheint abgeplattet (wie mit einer Feile glatt abgefeilt), so daß das Dentin zutage liegt. (Ähnliche Beobachtungen an den Schneidezähnen machte ich in mehreren Fällen von Keratokonus. In anderen fehlte dieses Symptom.)

* SIEGRIST Verh. O. G. Heidelberg **1912**. 187.
** LODATO Congr. dall. soc. Ital. di oftalm. Palermo **1911**.

Abb. 263—270. Tafel 35.

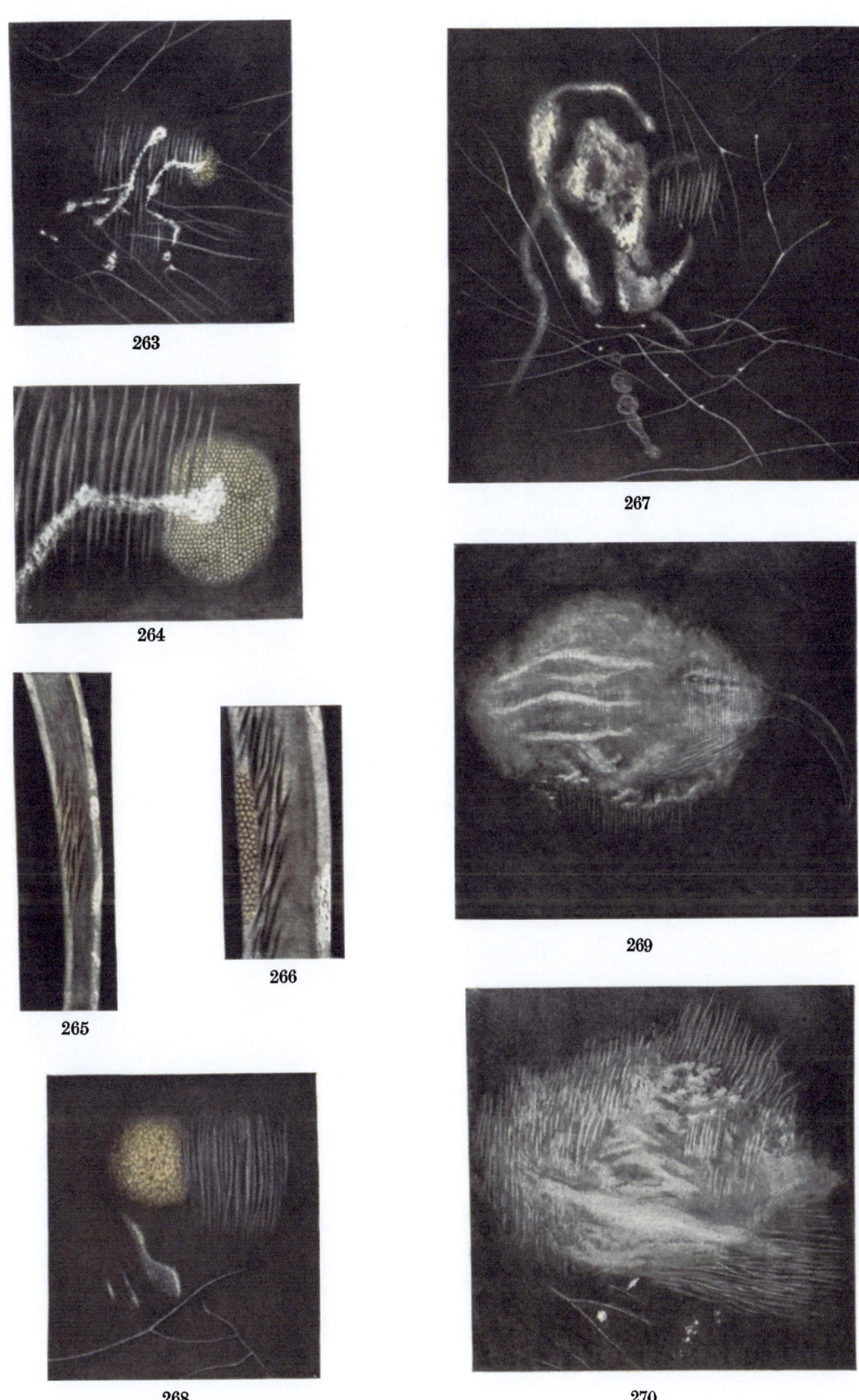

263
264
265
266
267
268
269
270

Vogt, Spaltlampenmikroskopie. 2. Aufl. Verlag von Julius Springer, Berlin.

Abb. 265 und 266. Keratokonusspaltlinien im schmalen Büschel.

Fall der Abb. 260, linkes Auge des 21jährigen Herrn J. Abb. 265 25fache Vergrößerung, Abb. 266 68fache. Man erkennt einwandfrei, daß es sich um schrägvertikale *Gewebsspalten* des tiefen und mittleren Parenchyms handelt, und daß der Endothelspiegel der Hornhautrückfläche davon nicht berührt wird, daß also keine Faltung der Hornhautrückfläche vorliegt. Die weißen Flecke der Vorderfläche entsprechen den oberflächlichen Trübungsstreifen (Abb. 263).

Abb. 267. Keratokonus. Frau G., 68jährig. Fokale Beleuchtung.

Abb. 267 zeigt die Veränderungen der Kegelspitze bei mittlerer Vergrößerung. Die weißen superfiziellen Keratokonusstreifen sind ausgedehnter und unschärfer begrenzt als im vorigen Falle. An einer Stelle besteht eine besonders starke Verdichtung. Die *Keratokonusspalten* sind spärlicher und liegen tief.

Die *Nervenfaserzeichnung* ist verdeutlicht und es sind sehr zahlreiche unregelmäßige, oft eckige Körperchen[38]) sichtbar, die bald selbständig, bald im Verlaufe der Faser liegen. Manchmal scheint eine Nervenfaser eine Strecke weit in weiße Pünktchen zu zerfallen. An einer Stelle (rechts oben) sitzt eine Verdichtung im Winkel einer Gabelung. Die Sensibilität der Kegelspitze ist auch hier vermindert.

Nach unten sieht man perlschnurartig aneinandergereiht eine Anzahl rundlicher Parenchymtrübungen, welche eine feine Querstreifung zeigen. Dicht oberhalb dieser Trübungsreihe scheint sich eine Nervenfaser auf ihrem Verlauf eine Strecke weit aufzusplittern.

Abb. 268. Keratokonus. Herr Dr. J. G., 26jährig.

Rechte Kegelspitze, fokale Beleuchtung. (Keratokonus rechts stark, links schwach entwickelt.) RS = 0,1 (— cyl. 12,0), LS = 0,5 (— cyl. 3,0). Keratokonusspaltlinien hauptsächlich vertikal, im tiefen Parenchym. Endothelzeichnung etwas unscharf, zum Teil amorph. Nach unten drei noch schwache, fast geradlinige superfizielle Streifentrübungen, die eine davon zickzackförmig.

Nervenfaserzeichnung deutlicher als normal. Rechts unten ein Nervenfaserzweig mit abnormen Verdickungen und Verdichtungen. Es sind nicht alle sichtbaren Nervenfasern gezeichnet. Sensibilität der Kegelspitze vermindert.

Abb. 269 und 270. Keratokonus des rechten (269) und des linken (270) Auges des 20jährigen über 190 cm langen anämischen Kr. Descemetiriß der Kegelspitze.

Der Keratokonus soll erst seit einem Jahr bestehen und nach Eindringen von Staub aufgetreten sein. RS = 1/10, LS = 1/10, Gläser bessern nicht. Beobachtung im fokalen Licht. Keratokonus beiderseits sehr hochgradig.

Die Nervenfaserzeichnung, die ganz besonders deutlich war, ist weggelassen, nur in Abb. 270 sind einige Fasern gezeichnet.

Die Kuppe ist verdickt und intensiv weiß, sie stellt einen kompakten Trübungskomplex dar. Innerhalb, vor und in der Tiefe der Trübung beobachtet man in großer Zahl und in wechselnder Tiefe die größtenteils vertikalen Keratokonusspaltlinien. Oft kreuzen sie sich (Gitterung), wobei die sich kreuzenden Spalten verschiedenes Niveau einnehmen. Links sind die Spaltlinien nach oben flammig und gebogen. (Im allgemeinen verlaufen die Spaltlinien vertikal, oft aber auch schräg, äußerst selten wagrecht. Gitterung ist selten. Ich sah sie noch am linken Auge des 28 jährigen Frl. Lö.)

Die rechte Cornea zeigt (anfänglich nur nasal sichtbar) einen breiten *Descemetiriß* (in der Abb. 269 dargestellt, wobei jedoch zu bemerken ist, daß seine Ränder nur im regredienten Licht deutlich erscheinen, während die übrige Partie im fokalen Licht dargestellt ist. Vgl. auch noch Abb. 271). Der obere Rißrand ist aufgerollt, weshalb in demselben (im regredienten Licht) 2 Glanzlinien zu sehen sind. Distanz der Rißränder an breitester Stelle etwa 0,5 mm. Distanz der durch die Aufrollung bedingten Doppellinien etwa 0,04 mm. Die Doppellinie setzt sich im Bereich der Trübung in perlschnurartig aneinandergereihten glänzenden Flecken innerhalb runder dunkler Stellen fort, deren Natur unklar ist.

Erst 3 Wochen später wurde auch temporal ein Riß entdeckt, von ähnlichem Verlauf.

Mit diesen Rissen in Zusammenhang steht die *erhebliche Verdickung der Keratokonusspitze* in sagittaler Richtung, die sich unschwer mit dem Spaltbüschel nachweisen läßt. Sie ist offenbar Folge des Descemetirisses und durch Imbibition des Parenchyms mit Kammerwasser bedingt. Die Blutuntersuchung dieses Falles (Beobachtung in der medizinischen Klinik von Prof. R. STAEHELIN, Dozent Dr. LÖFFLER) ergibt nichts besonderes. Schneidezähne endwärts wie quer abgefeilt.

Der geschilderte Descemetiriß kann wohl nur durch den Keratokonus hervorgerufen worden sein. Denn Hydrophthalmus liegt nicht vor und ein Geburtstrauma erscheint nach der Anamnese ausgeschlossen. Auch weist die Form des Risses — die breite Stelle ist nach der Kegelspitze gerichtet — auf die Entstehung durch die beim Keratokonus stattfindende Dehnung hin. Dazu kommt die sagittale Verdickung der rechten Spitze, welche am linken Auge fehlt.

Der Descemetiriß bei Keratokonus wurde zum erstenmal von AXENFELD[39] beobachtet, der auch die Parenchymverdickung der Kegelspitze als Folge des Risses deutete (vgl. auch UHTHOFF[124]).

Zu vorstehendem Fall von hochgradigem Längenwachstum (Körperlänge über 190 cm) mit akutem Keratokonus bildet eine durch extreme Kürze der Gliedmaßen (Mikromelie) ausgezeichnete Patientin G. ein interessantes Pendant. Körperlänge 137 cm, auffallende Entwicklung des ganzen Fettpolsters (69 kg Körpergewicht). Der Keratokonus trat auf im 16. Jahre. Menses ohne Besonderheit. Offenbar liegen dem abnormen Körperwachstum Störungen der inneren Sekretion zugrunde.

Abb. 271. Der nasale und der temporale Descemetiriß des Keratokonusfalles K. (Abb. 269 und 270).

Ok. 2, Obj. A 2. Rechtes Auge. Regredientes Licht. Feine Betauung in weiter Umgebung der Risse. Während vor 3 Monaten nur der obere Rißrand doppelt konturiert war, ist es heute auch der untere. Der nasale Riß ist beobachtet bei temporaler, der temporale bei nasaler Lampenstellung.

Abb. 272—273. Exzessive Verdünnung der Keratokonusspitze, mit Sichtbarwerden der Pulsation der letzteren, mit feiner diffuser Flächentrübung der Gegend der M. Bowmani.

Frl. Lina Ga., 30 Jahre. Rechtes Auge. Dieser Fall ist ungewöhnlich:

1. Durch die diffuse graue *Flächentrübung* im Bereiche der BOWMANschen Membran (an Stelle der viel häufigeren Keratokonusstreifen). Nach unten endigt diese Trübung

scharf bei E, im übrigen sind ihre Grenzen nicht deutlich. Schrägvertikale kräftige Spaltlinien folgen der Hauptachse des Astigmatismus rectus. Die Brechkraft erreicht bei 10° 72 D, senkrecht dazu den enormen Wert von 82 D. (Am linken, weniger erkrankten Auge Brechkraft im 35°-Meridian = 47 D, senkrecht dazu 45 D. Keine Linien an diesem Auge, dagegen unten kräftige gelbe Pigmentlinie vom Typus I.) Die Javalfiguren pulsieren auf der rechten Kegelspitze synchron mit dem Radialispuls.

2. Durch die beiden weißen Flecken der Kegelspitze, welche *nicht vorn,* sondern in der *Descemetigegend* liegen.

3. Durch die Vortäuschung einer dunklen Querspalte der Kegelspitze (S in Abb. 272), die scheinbar im tiefsten Parenchym liegt. Daß die „Spalte" in Wirklichkeit einer Unebenheit der Hornhautrückfläche ihre Entstehung verdankt und als Aussparung des Spiegelbezirks zu betrachten ist, konnte ich durch Wandernlassen des letzteren über die Hornhautrückfläche feststellen.

Abb. 273 gibt einen Teil der ringsum verfolgbaren Pigmentlinie wieder, die, wie man sieht, zum Teil Typus I, zum Teil Typus II aufweist. Beobachtung im Mikrobogenlicht.

Die Kontrolle nach einem Jahr ergibt unveränderten Befund.

Diese Patientin hat auffallend weiche *Fingernägel,* die „immer wieder sich biegen und leicht abbrechen". Zähne endwärts abgeschliffen. Keratokonus seit 10 Jahren.

Über Pulsation der Keratokonusspitze s. A. GULLSTRAND (1891), WAGENMANN (1898), KNAPP, PREBLER, PALLIES, SCHNEIDER u. a. Letzterer erklärt die Pulsation durch relativ plötzliche Verjüngung der Hornhautdicke, wie sie auch unseren Fall auszeichnet.

Abb. 274—275. Oberflächlich gelegene Keratokonusspaltlinien von leicht geschweifter Form.

27 jährige Auguste Weh., rechtes Auge. Sieht angeblich seit 6 Wochen schlechter, Ok. 2, Obj. A 2. Im oberen Teil der Abb. 274 beginnende weiße Keratokonustrübungen in Fleckenform. Darunter die sehr kräftigen, vertikalen, leicht schrägen und gebogenen Keratokonusspaltlinien, die diesmal, wie Abb. 275 zeigt, im *vorderen* Parenchym liegen. In diesem optischen Schnitt erkennt man ferner die ganz superfizielle Lage der weißen Flecken (Keratokonustrübungen). Nervenfaserzeichnung verdeutlicht. Brechkraft rechts horizontal 70, vertikal 73 D, links 42,5 : 43,5 D. Linkes Auge intakt.

Bemerkungen zur Entstehung der Keratokonusspaltlinien.

Die ophthalmometrische Untersuchung der Keratokonusfälle ergibt nicht nur irregulären, sondern meist auch direkten Astigmatismus höheren Grades. Dieser Astigmatismus tritt relativ rasch auf, offenbar so, daß das Gewebe sich den Spannungsunterschieden nicht anzupassen vermag, ohne daß Spaltbildungen auftreten. Als Ausdruck derartiger unausgeglichener Spannungsdifferenzen muß meines Erachtens der gelegentliche Descemetiriß gelten und auf dieselbe Ursache sind wohl die Keratokonusspaltlinien zu beziehen*.

Damit ist allerdings *ihr vorwiegend vertikaler Verlauf* noch nicht erklärt. Ich vermute die Ursache dieses vorwiegend vertikalen Verlaufes in dem bei Keratokonus

---

* Daß dabei eine besondere Veränderung der Gewebesubstanz mitspielt, muß angenommen werden, da normale Hornhäute auf Verbiegungen traumatischer Art, die ebenfalls erheblich sein können, nicht mit derartigen Spaltlinien reagieren.

fast stets vorhandenen *Astigmatismus rectus**. In einem kürzlich beobachteten Falle erschien diese Annahme dadurch bestätigt, daß die stärkst gekrümmten Hauptmeridiane der beiden Hornhäute symmetrisch nach unten konvergierten, und daß dasselbe nun auch für die Keratokonusspaltlinien galt.

So zeigt die 25 jährige Frau Dr. J.-K., deren rechtes Auge vor 9 Jahren, das linke erst kürzlich erkrankte, heute folgende Hornhautbrechwerte: Rechts im 20°-Meridian 50 D, im 110°-Meridian 55 D, links im 160°-Meridian 49,5 D, im 70°-Meridian 56,5 D (internationale Achsenbezeichnung). Es besteht somit rechts ein Astigmatismus rectus von 5 D, links ein solcher von 7 D, Hauptachsen nach unten konvergent. Entsprechend schräg vertikal verlaufen die Spaltlinien. Die Zusammenbiegung der Lamellen in bestimmter Richtung, geschehe dieselbe aktiv oder passiv, bedingt somit ein Auseinanderweichen derselben in der dazu senkrechten Richtung, woraus die Spaltenbildung resultiert**.

In der Folge habe ich diese gesetzmäßige Lage und Richtung der Spaltlinien noch in einer Reihe von anderen Fällen beobachtet. Als für die Genese der Keratokonus besonders interessanten Fall erwähne ich den folgenden.

Abb. 276 und 277. Hornhautpigmentlinie bei exzessivem Astigmatismus rectus (als Übergangsform zu Keratokonus?).

Abb. 276 Übersichtsbild, Abb. 277 stärkere Vergrößerung Ok. 2, Obj. A 2, rechtes Auge. Den über 190 cm hohen kräftig gebauten, jetzt 26jährigen Herrn Dr. Mo. kontrolliere ich seit 3 Jahren. Das rechte Auge soll stets das schwächere gewesen sein. Nie Verletzung oder Krankheit. Hereditär nichts eruierbar. Ich fand vor 3½ Jahren rechts folgende Brechkraft: Im 20°-Meridian 45 D, im 110°-Meridian 57 D (links normal, horizontal 42 D, vertikal 42,5 D). Heute (1929) besteht genau dieselbe Brechkraft, der Astigmatismus blieb also 3 Jahre stationär. Die Javalfiguren sind etwas ungleich, was im Verein mit der extremen Brechkraft im 110°-Meridian (die ja bei gewöhnlichem Astigmatismus nicht vorkommt) an die Möglichkeit eines beginnenden Keratokonus denken läßt. Interessant und bezeichnend ist auch die *Pigmentlinie,* die sich, entsprechend der leichten Schrägstellung der Hauptmeridiane (10 und 100°) hauptsächlich nasal unten, im stärkst abgeflachten Gebiet findet und am linken Auge völlig fehlt. In noch vermehrtem Maße sprechen für die Keratokonusnatur dieses seltenen Astigmatismusfalles beginnende feine Keratokonusspaltlinien, die wieder typisch verlaufen, nämlich, wie nach dem oben Gesagten zu erwarten ist, in der Richtung des 110°-Meridians.

Der Fall illustriert ferner die Tatsache, daß die Widerstandslosigkeit der Cornea *auf eine einzige Meridianrichtung beschränkt sein kann,* in diesem Fall auf die schrägvertikale, während in der horizontalen Richtung das Gewebe standhält.

Das linke Auge ist intakt.

Vielleicht koinzidiert auch in diesem Falle die extreme Körperlänge nicht zufällig mit dem exzessiven Astigmatismus von 12 D.

---

* Es gibt hier ein Versehen zu berichten, das in meinem Atlas 1921 unterlaufen ist. Im Text zu Abb. 63—64 soll es im letzten Satz des III. Abschnittes heißen: *direkter* (statt *inverser*) Astigmatismus.

** Die Bestimmung der Hauptmeridianrichtung bei Keratokonus ist allerdings oft mit Schwierigkeiten verbunden, da bei dem meist irregulären Astigmatismus der Kegelspitzen die Hauptrichtung je nach der Blickrichtung wechselt. In dem oben erwähnten Fall M. von *horizontalen* Spaltlinien war der Astigmatismus wegen regellosem Nystagmus nicht untersuchbar.

Abb. 271—277. Tafel 36.

tempor 271 nasal

S→ E→

272 275 277

276 273

Vogt, Spaltlampenmikroskopie. 2. Aufl. Verlag von Julius Springer, Berlin.

Der Astigmatismus rectus bei Keratokonus.

Ein hoher Astigmatismus rectus ist bei Keratokonus so häufig zu finden, daß ihm eine gesetzmäßige Ursache zugrunde liegen muß. Am nächsten liegt es, ihn in einfacher mechanischer Weise erklären zu wollen: Ober- und Unterlid drücken auf die Hornhaut, wodurch diese in eine mehr querovale Form gedrängt wird. Aber diese Annahme hält der Kritik nicht stand. Finden wir doch oft *symmetrische Neigungen* zur Vertikalen, und ein im Alter sich bildender *inverser* Astigmatismus kümmert sich bekanntlich nicht um jenen hypothetischen Druck. Auch kommt inverser Astigmatismus in seltenen Fällen auch bei Keratokonus vor*. Die Lider sind offenbar für den Astigmatismus belanglos.

Da aber heute die *Vererbbarkeit des Keratokonus* außer jedem Zweifel steht, liegt es nahe, an Erbfaktoren zu denken, die die Form des Astigmatismus beeinflussen. Wir wissen, daß der normale Astigmatismus rectus der Hornhaut so gut erblich ist wie die Abweichungen davon. Nach bestimmtem Gesetz formt sich normalerweise der horizontale Meridian** anders als der dazu senkrechte, letzterer krümmt sich stärker. Es liegt nahe, anzunehmen, daß diese Tendenz auch unter pathologischen Bedingungen fortbesteht, daß also der Astigmatismus rectus des Keratokonus letzten Endes der Ausdruck jener Erbtendenz ist.

Das Gen für normalen Astigmatismus rectus ist übrigens nicht das *einzige* Gen, das die Gestalt der Hornhaut bestimmt. Wissen wir doch schon heute, daß auch Hornhaut*größe* und *Wölbung* dem Gesetz der Vererbung gehorchen. Die Vererbung des Keratokonus macht es ferner wahrscheinlich, daß ein selbständiges Gen die mechanische Resistenzfähigkeit des Hornhautgewebes garantiert.

Aus Beobachtungen der neueren Zeit darf der Schluß gezogen werden, daß das letztere Gen vielleicht *recessiv* weitergeleitet wird, wobei das Zusammenwirken mehrerer Faktoren für das Manifestwerden Bedingung sein könnte. Für Recessivität scheint mir vor allem der Stammbaum van der Hoeve zu sprechen (s. o.), der das Manifestwerden des Keratokonus durch Blutsverwandtenehe dokumentiert.

r) Stationäre vakuolenähnliche Gebilde der Hornhautrückfläche.

Abb. 278—281. Stationäre Bläschen und Bläschenreihen der Hornhautrückfläche.

In den letzten Jahren ist wiederholt von *Herpes corneae posterior* die Rede gewesen. Als erster hat F. W. Schnyder*** über eine Frau berichtet, die an gewöhnlichem Herpes corneae litt und die nun auch auf der Hornhautrückfläche eine Reihe von bläschenartigen Gebilden aufwies, die nicht etwa mit Descemetiwärzchen verwechselt werden konnten, weil sie kreisrund waren und die typischen Reflexe von Flüssigkeitsbläschen gaben. Ich hatte den Fall durch die Freundlichkeit meines ehemaligen Schülers Schnyder ebenfalls zu untersuchen Gelegenheit und konnte mich von der Richtigkeit seiner Beschreibung überzeugen. Schon früher hatte ich bei einem Erwachsenen eine Reihe von drei ähnlichen, kleineren Bläschen beobachtet, *die aber durch mehrere Monate vollständig stationär geblieben waren.* Ähnliches fand ich am 13. Oktober

---

* Schräge Hauptachsen von 35—45° bilden die Übergänge.
** „Horizontal" im erweiterten Sinne, die (meist symmetrischen) kleinen Abweichungen inbegriffen.
*** Schnyder, F. W.: Klin. Mbl. Augenheilk., **75**, 466 (1925).

1922 bei dem 12jährigen 4 D myopen Maurice Me. (5 Bläschen in einer wagrechten Reihe temporal der Corneamitte, auf der Descemeti). Von 1922—1929 sah ich diesen Fall jedes Jahr zweimal, die Bläschen blieben in diesen 7 Jahren unverändert.

Bei dem 30jährigen Heinr. Meyer, der 1923 wegen einer Hornhautverletzung durch einen Tannenzweig in die Poliklinik kam, entdeckte Herr Assistenzarzt Dr. REHSTEINER zufällig die Bläschengruppe der Abb. 278.

Es bestand im nasalen linken Hornhautabschnitt ein etwa 1 mm messendes oberflächliches Infiltrat. 2 mm nach unten von demselben, etwa bei 7 Uhr, 3 mm vom Limbus, steht konzentrisch zum Pupillarrand eine Reihe von 4 größeren Bläschen (Abb. 278). Durchmesser der Bläschen ähnlich wie im vorigen Fall etwa 0,06 mm, alle sitzen in einem gemeinsamen grauen Streifen, dessen Länge 0,5, dessen Breite 0,3 mm beträgt. Im regredienten Licht erscheinen sie als Vakuolen innerhalb eines feinsten Betauungshofes, 2 Bläschen sind wesentlich deutlicher als die beiden anderen.

Wir dachten auch hier wieder an einen Herpes bzw. eine entzündliche Eruption. Die weitere Beobachtung ergab aber auch hier den völlig stationären Charakter dieser Bläschenbildungen.

Einen ebenso rätselhaften, wie schönen derartigen Fall geben Abb. 279—281 wieder. Der 34jährige Alois He. trat wegen linksseitiger Chorioiditis in macula unbekannter Ursache (Rezidiv aufgetreten vor 8 Tagen nach Fieber!) in klinische Behandlung, Auge reizlos. Die linke Hornhautrückfläche weist unterhalb Mitte, gegenüber dem unteren Pupillarsaum die Bläschenreihe der Abb. 279 (fokales Licht) auf, welche wieder in einem typischen grauweißen Hof liegt. Es sind im ganzen 6 größere und einige kleinere Kugeln. Drei Kugeln erscheinen dadurch, daß sie zu dicht nebeneinander sich gebildet haben, gegeneinander abgeplattet. Im regredienten Licht (Abb. 281) sieht man die Kugeln als vakuolenähnliche Gebilde. Im hinteren Spiegelbezirk (Abb. 280) erscheinen sie etwas größer, weil auch die nicht genau im Niveau der Corneaückfläche liegende *nächste Umgebung* der Kugeln die Aussparung des Spiegelbezirks noch mitmacht. Wie man sieht, ist das *Endothel in nächster Umgebung der Kugeln intakt, was sicher nicht der Fall wäre, wenn es sich um eine entzündliche Veränderung im Sinne eines „Herpes posterior"* handeln würde. Zwei Monate nach Aufnahme der Abb. 279—281 war das Bild völlig unverändert, so daß auch in diesem Falle eine stationäre Bildung vorliegt.

Das gleiche gilt für die besonders große in drei Herden 8 Bläschen umfassende Gruppe des 45jährigen Dr. Rü., der mich wegen nächtlicher Neuralgien des linken, reizlosen Auges konsultierte. Die Gruppe sitzt hier in der Richtung 5 Uhr, die 4 besonders starken Bläschen sind gegeneinander abgeplattet.

Charakteristisch für die merkwürdige Veränderung ist stets ihr grauer bis grauweißer Hof (Abb. 278, 279). Von einem „Herpes posterior" kann nicht die Rede sein.

1925 hat O. KNÜSEL* über ähnliche derartige Befunde berichtet und auf deren stationären Charakter hingewiesen.

s) Tiefliegender Krokodilchagrin (als Alterserscheinung?).

Abb. 282—283. Straßenpflasterähnliche Chagrinierung (Krokodillederchagrin) im Bereich der Descemeti bei der 59jährigen Frau Me. 5fach und 25fach.

Die Patientin wurde mir in liebenswürdiger Weise im Jahre 1923 durch Herrn Dr. THEODOR BÄNZIGER, der die eigentümliche Hornhautveränderung feststellte,

---

* KNÜSEL, O.: Klin. Mbl. Augenheilk., **75**, 318.

zur Untersuchung zugewiesen. Über Anamnese und übrigen Befund teilte mir Herr Kollege BÄNZIGER folgendes mit:

27. 6. 23. Frau E. Me. im Alter von etwa 12 Jahren längere Zeit von Augenarzt in Moskau behandelt, nicht erinnerlich warum. Patientin habe bis vor 6 Jahren ohne Brille ohne alle Beschwerden gelesen und geschrieben und sehr gut in die Ferne gesehen. Leidet schon seit Jahren an linksseitigen Gesichtsneuralgien und allenthalben an Gliederschmerzen. *Ophthalmoskopisch:* Beiderseits periphere und axiale Linsentrübungen und beidseitig temporalwärts von der Macula lutea ein 2—4 Papillen großer Bezirk gelblicher Flecke im Fundus, vom Typus der Drusen der Glaslamelle der Chorioidea, im übrigen Fundus zahlreiche feine retikuläre Pigmentierungen der Retina und verwaschene, zum Teil feinfleckige Trübungen derselben (senile Fundusveränderungen).

Die axialen Hornhautdrittel beider Augen sind von feinwolkigen, straßenpflasterartig geordneten, durch dunklere Zwischenwege geschiedenen grauweißen Trübungen eingenommen (Abb. 282), die im Descemetibereich liegen. Die Größe der Flecken beträgt meistens 0,2 mm. Peripher werden sie allmählich undeutlicher.

Der prismatische Schnitt der Abb. 283 zeigt die Lage der Veränderung im Descemetibereich.

Superfiziell besteht eine senile gelbe Hornhautpigmentlinie.

Die Linsentrübungen neigen zum Typus der Cataracta complicata.

Ich extrahierte zuerst rechts, später links, glatter Heilungsverlauf, die Hornhautveränderung blieb durch die Extraktion unbeeinflußt.

Es scheint hier eine seltene (senile?) Degenerationsform der Membrana Descemeti, bzw. der tiefsten axialen Hornhautschicht vorzuliegen.

Über sechs der unserigen ähnliche Beobachtungen bei senilen Personen berichtete kürzlich WEIZENBLATT*. Eine Lokalisation mittels dünnen Schnittes fand anscheinend in diesen Fällen nicht statt, doch lag die Veränderung, wenigstens in einzelnen der Beobachtungen, im hinteren Parenchymdrittel. Ferner waren die helleren Herde zu kreisförmigen Rosetten geordnet.

Im Laufe der Jahre sammelte ich eine Anzahl Beobachtungen, die vielleicht Übergänge zu dieser auf den ersten Blick einzigartigen Veränderung darstellen und den senilen Charakter derselben wahrscheinlich machen.

Im Jahre 1920 sah ich bei dem 54jährigen Lehrer Häf. eine Felderung der tiefsten axialen Parenchympartien beider Hornhäute, die durch ein grobes Netz dunkler Linien zustande kam, zwischen denen hellere Felder ausgespart waren. — Mehr peripher und mehr im Gerontoxonbereich lagen ähnliche derartige durch dunkle Linien begrenzte Mosaikfelder bei dem 71jährigen Herrn Via. mit beidseitiger Maculadegeneration, ganz ähnlich bei der 72jährigen Frau Armst. (mit senil-myopischer Maculadegeneration) und bei der an nervösen Beschwerden leidenden etwa 70jährigen So., bei der das dunkle Liniengeflecht hauptsächlich das zur diffusen Opazität des unteren Hornhautabschnittes vergrößerte Gerontoxongebiet einnahm.

Der 50jährige Säger Robert Mey. wies eine auf den ersten Blick an die Felderung der Abb. 282 gemahnende Zeichnung der axialen Hornhautpartien auf, doch durchsetzte hier die Felderung das *gesamte* Parenchym. Mehr in der Descemetigegend, aber ebenfalls peripher, saß die Felderung bei dem 54jährigen Alfred Mo., besonders ausgesprochen temporal.

Ich verweise schließlich auf die vielleicht verwandten dunklen Linien der Abb. 98.

---

* WEIZENBLATT: Z. Augenheilk. **64**, 367 (1927).

IV. Die Augenveränderungen bei Pseudosklerose.

Imprägnierung der Membrana Descemeti mit Silber, des Linsenkapselepithels mit Kupfer.

a) Der Descemetipigmentring bei Pseudosklerose und der Nachweis von Silber als Substrat desselben. Die Sonnenblumenkatarakt bei Pseudosklerose und der Nachweis von Kupfer als Substrat derselben*.

Pseudosklerose und *Wilsonsche Krankheit* sind wenig geklärte Krankheitsbilder. Das erhellt schon daraus, daß die Lehr- und Handbücher die beiden Krankheiten getrennt aufführen, um sodann zu erklären, daß sie vielleicht identisch seien. Bei beiden Krankheiten ist fast ausnahmslos als anatomisches Substrat eine Erkrankung einerseits der Leber, andererseits der Zentralganglien des Gehirns gefunden worden, also von Organen, deren wechselseitige Beziehungen so gut wie unbekannt sind. Die Leber weist eine eigentümliche Cirrhose auf, das Gehirn im Bereiche des Corpus striatum gliomatöse Wucherungen und Zerfallserscheinungen. WESTPHAL, der den ersten Fall schon 1872 beschrieb und ihm den Namen Pseudosklerose gab (1883), hatte noch einen negativen anatomischen Befund erhoben. STRÜMPELL fand 1898 bereits unsichere anatomische Gehirnveränderungen. WILSON beschrieb 1912 gliomatöse Wucherungen, Kolliquationsnekrose und Höhlenbildungen im Bereiche des Corpus striatum, speziell Linsenkern (Putamen, Globus pallidus) und nannte die Krankheit „Degeneratio lenticularis progressiva".

Bis etwa 1900 gingen die Fälle von Pseudosklerose meist unter dem Namen der multiplen Sklerose, wiewohl Nystagmus und Opticusveränderungen regelmäßig fehlten und sich Symptome fanden, die der multiplen Sklerose nicht zugehören, wie Hypertonie der Muskeln, maskenartige Steifigkeit des Gesichts und der Bewegungen, schwere Apathie und Demenz, Delirien, Wutausbrüche. In einigen Fällen wurden ferner eigentümliche Pigmentierungen der Haut und innerer Organe beobachtet, die STRÜMPELL an Argyrose denken ließen. Familiäres Vorkommen und Erblichkeit sind nachgewiesen**.

Ein sonderbares Symptom der Pseudosklerose, das mich selber veranlaßte, mich mit dieser Krankheit zu befassen, ist der KAYSER-FLEISCHERsche *Hornhautpigmentring*, den KAYSER 1902, FLEISCHER 1903 in Tübingen bei insgesamt 3 Patienten beschrieben. Dieser Ring (Abb. 284, 285) blieb seiner Natur nach bis vor kurzem rätselhaft und hat zu vielen Diskussionen Anlaß gegeben. Mit ihm werden wir uns zunächst befassen.

---

* Um das neuartige Krankheitsbild nicht zu zerreißen, erörtere ich den Linsenbefund (Kupferstar) bei Pseudosklerose hier, statt im Abschnitt Linse.

** Die Art des Erbganges läßt sich aus dem spärlichen Material noch nicht erschließen. Die Häufung bei Geschwistern und das seltene Auftreten in zwei Generationen lassen meines Erachtens multiple Gene vermuten, deren gleichzeitiges Vorhandensein für die Krankheit Bedingung ist. Nicht ernst zu nehmen ist die beliebte Annahme von Lues congenita. Alle Anhaltspunkte für solche fehlen.

KAYSER* fand den Ring 1902 bei einem 23jährigen mit angeblicher multipler Sklerose. Der Farbton war nicht überall derselbe: peripher war er gelb, gegen die Mitte wurde er gelblichgrün. Ein Jahr später folgten zwei weitere Fälle aus derselben Klinik, publiziert durch B. FLEISCHER. Der eine betraf einen 29jährigen, mit Pseudosklerose, der andere einen 31jährigen, wieder mit „multipler Sklerose"**. Der Ring wird in einem Fall als grünlichbraun, im anderen als grünlich bezeichnet. Er stehe mit dem schlechten Allgemeinzustand oder mit dem Nervenleiden im Zusammenhang. 1907 verläßt FLEISCHER*** die letztere Annahme, da er den Ring bei multipler Sklerose nicht mehr gefunden habe. Er erblickt vielmehr in dem heruntergekommenen Allgemeinzustand die Ursache. 1908 beschrieb SALUS † den vierten Fall. Er betrifft einen 52jährigen Färber, wieder mit „multipler Sklerose". SALUS betont den wahrscheinlichen Zusammenhang mit diesem Leiden.

1909 obduzierte ALFRED RUMPEL auf Veranlassung FLEISCHERS einen der zuerst beschriebenen Fälle, schildert aber das Obduktionsergebnis erst 1913 ††. Auf dieses werde ich zurückkommen. Hier sei erwähnt, daß die Obduktion das Fehlen von multipler Sklerose ergab, daß vielmehr *Pseudosklerose* vorlag.

FLEISCHER bezeichnet 1909 ††† und 1910 *† den Ring als Teilerscheinung einer bis jetzt unbekannten Allgemeinerkrankung, die (nach Rücksprache mit GAUPP) wahrscheinlich nicht multiple Sklerose sei. Er stützt sich (1910) auf zwei Sektionsbefunde, darunter den oben erwähnten (RUMPEL), welche die Abwesenheit von sklerotischen Herden ergaben, dagegen das Vorhandensein einer über innere Organe verbreiteten eigentümlichen *Pigmentierung*. Die Krankheit sei beherrscht durch hochgradigen Tremor, der bei Intention zunehme, durch Lebervergrößerung, Milztumor, Diabetes, und stelle ein der Pseudosklerose nahestehendes Krankheitsbild dar. Am Auge fand er das Pigment in der Descemeti, dann auch in der Glasmembran der Chorioidea, ferner in der Basalmembran von Nierenkanälchen, in der Pia des Gehirns usw. (Ausführliches s. im genannten Obduktionsbefund von RUMPEL.)

Die Natur des Pigments erschien FLEISCHER, dem wir die ersten histologischen und chemischen Befunde verdanken, rätselhaft. Weder erwies es sich als Blutderivat, noch als Gallenfarbstoff. RUMPEL (l. c.) hatte zwar 1909 zusammen mit dem Chemiker SÖLDNER *Silber* als Substrat des Pigments der Niere des betreffenden Falles nachgewiesen, FLEISCHER (1912) kann sich aber dieser Auffassung nicht anschließen, da nach ihm klinisch Silber sich ausschließen läßt **†.

---

* KAYSER: Über einen Fall von angeborener grünlicher Verfärbung der Cornea. Klin. Mbl. Augenheilk. 2, 22 (1902).

** Multiple Sklerose und die von WESTPHAL (1883) und STRÜMPELL (1898) aufgestellte Pseudosklerose wurden damals manchenorts noch miteinander verwechselt. In vielen Fällen ließ erst die Sektion die Diagnose stellen.

*** FLEISCHER: Württembergische Augenärztliche Vereinigung 1907. Klin. Mbl. Augenheilk. 1, 91 (1908).

† SALUS: Grünliche Hornhautverfärbung bei multipler Sklerose. Med. Klin. 1, 495 (1908).

†† RUMPEL: Über das Wesen und die Bedeutung der Leberveränderungen und der Pigmentierungen bei den damit verbundenen Fällen von Pseudosklerose, zugleich ein Beitrag zur Lehre von der Pseudosklerose (WESTPHAL-STRÜMPELL). Dtsch. Z. Nervenheilk. 49, 54 (1913).

††† FLEISCHER: Die periphere braungrünliche Hornhautverfärbung, als Symptom einer eigenartigen Allgemeinerkrankung. Münch. med. Wschr. 1909, 1120.

*† FLEISCHER: Über eine bisher nicht bekannte, mit grünlicher Hornhautverfärbung einhergehende Krankheit (eigenartige allgemeine Pigmentierung des Körpers, Lebercirrhose, Milzvergrößerung und Diabetes). Bericht Heidelberg 1910, 128.

**† FLEISCHER: Dtsch. Z. Nervenheilk. 44, 54 (1912). FLEISCHER bezweifelt Silber, trotzdem am Nierenmaterial seines Falles Prof. WEINLAND vom chemischen Institut Tübingen mikrochemisch Silber nachgewiesen und festgestellt hatte: „Da alle Reaktionen, wie sie für das Ag charakteristisch sind, eingetreten sind, ist also in den Nierenstückchen Ag vorhanden gewesen."

1913 erscheint dann die zitierte wichtige Arbeit RUMPELS, nach welcher SÖLDNER in der Leber etwa 0,00328 g Silber fand, außerdem ungefähr die gleiche Menge *Antimon*, ferner auf 100 g Leber 0,0495 g Kupfer*. Die Nieren enthielten Silber und Spuren von Antimon. Auch die mikrochemische Analyse des Pigments ergab Silber (Löslichkeit in Cyankali). RUMPEL faßt die Allgemeinerkrankung als Pseudosklerose (WESTPHAL-STRÜMPELL) auf, aus der sich eine Gruppe mit den eigentümlichen, von ihm histologisch untersuchten Leberveränderungen ausscheiden lasse. Die Insuffizienz der Leber führe zu Störungen der verschiedenen Körperorgane, des Stoffwechsels, zu Autointoxikationen und sei die Ursache der pseudosklerotischen körperlichen und psychisch-neuralgischen Symptome, einschließlich des eventuellen Diabetes und der Argyrosis. Das Silber (ähnlich die anderen Metalle) entstamme dem ,,wie auch sonst normaliter *alimentär* eingeführten Silber".

Die nächste Mitteilung von Bedeutung stammt vom dänischen Forscher HALL**, in seiner 358 Seiten starken Monographie über die Pseudosklerose, in der er 7 Fälle von Hornhautring schildert. Er faßt das Pigment als endogen, organischen, vielleicht hämatogenen Ursprungs auf, das sich mikrochemisch keineswegs als Silber erkennen lasse. Vielmehr sei nach seinen Untersuchungen *Silber auszuschließen*.

1922 äußert sich FLEISCHER*** nochmals dahin, daß das Pigment mit großer Wahrscheinlichkeit nicht aus Silber bestehe. Es handle sich offenbar um ein endogenes Pigment, wahrscheinlich um einen Abkömmling des Hämoglobins.

Von größtem theoretischen Interesse ist ein durch den Psychiater und Neurologen E. SIEMERLING gemeinsam mit dem Ophthalmologen G. OLOFF† 1922 mitgeteilter Fall, dessen histologischen Augenbefund später (1926) JESS (negativer Linsenbefund) publiziert. In diesem Fall von Pseudosklerose bestand gleichzeitig mit dem peripheren Pseudosklerosering der Hornhaut die für intraokularen *Kupfersplitter* typische blaugraue bis blaugrüne *Sonnenblumenkatarakt* der vordersten Linsenpartie. (Richtiges Farbenschillern, wie es bei Anwesenheit des Kupfersplitters schließlich auftritt, war nicht deutlich zu finden.) Dieses Farbenschillern kann nach meinen Beobachtungen bei Sonnenblumenstar zunächst lange Zeit fehlen, s. VOGT††. SIEMERLING und OLOFF schließen auf einen infektiös-toxischen Prozeß als Ursache des Krankheitsbildes. Was das Descemetipigment betrifft, so ist nach diesen Autoren ,,die Annahme RUMPELS, daß es sich um Silber handle, nicht zutreffend". Kupfer als Substrat der Katarakt nehmen sie nicht an.

---

* Somit wesentlich mehr Kupfer als Silber. RUMPEL schreibt l. c.: ,,Es ergab sich in 40 g verarbeiteter Niere 0,0072 g Chlorsilber, in 100 g also 0,0135 g Silber, in 92 g verarbeiteter Leber 0,0027 g Chlorsilber, in 100 g 0,0022 g Silber, also etwa $1/_6$ des prozentualen Gehaltes in der Niere. Als Gesamtmenge in einer Niere (120 g) ergibt sich etwa 0,162 g, in der Leber (1370 g) etwa 0,0328 g Silber.

Außerdem fand sich in beiden Organen Antimon, in der Leber ungefähr an Menge dem Silber gleichkommend, in der Niere in Spuren, ferner in der Leber 0,00495 g Kupfer auf 100 g Substanz. Arsen fand sich weder in Leber noch Niere.

Damit ist im Gegensatz zu FLEISCHER, welcher trotz der positiven mikrochemischen Reaktionen und der analytischen Untersuchung von WEINLAND die Silbernatur des Pigments abweist, unwiderleglich bewiesen, daß das Pigment Silber bzw. eine Silberverbindung ist. Zu den schon bisher bekannten Ablagerungsstätten bzw. Organen treten demnach eine Reihe weiterer hinzu".

** HALL: La dégénération hepato-lenticulaire (maladie de Wilson, Pseudosklerose). Paris: Masson 1921.

*** FLEISCHER: Klin. Mbl. Augenheilk. **68**, 41 (1922).

† SIEMERLING, E. und G. OLOFF: Pseudosklerose (WESTPHAL-STRÜMPELL) mit Cornealring (KAYSER-FLEISCHER) und doppelseitiger Scheinkatarakt, die nur bei seitlicher Beleuchtung sichtbar ist, und die der nach Verletzung durch Kupfersplitter entstehenden Katarakt ähnlich ist. Klin. Wschr. **1**, 1087 (1922).

†† VOGT: Ber. Schweiz. ophthalm. Ges. **1928**. Klin. Mbl. Augenheilk. **81**, 712.

KUBIK* untersuchte den Descemetiring auf Vorschlag von ELSCHNIG spektroskopisch mittels Iris- und Sclerallicht und fand deutlichen Absorptionsherd zwischen Grün und Blau, mit Beschattung des kurzwelligen Endes. Er schließt auf Ähnlichkeit mit dem Spektrum von konzentrierter *Urobilin*lösung.

METZGER** (1922) hält die Ergebnisse der spektroskopischen Untersuchung für fraglich und findet, daß bei Celloidineinbettung das Pigment verschwinde***. Er schließt deshalb auf lipoidlöslichen Farbstoff.

HESSBERG † glaubt wiederum ein Urobilinspektrum festgestellt zu haben. Er fand in seinem mit Iriskolobom komplizierten Fall eine ähnliche Veränderung, wie an der Hornhaut, auch in der vorderen Linsenperipherie.

A. VOGT †† fand in 2 Fällen klinisch und anatomisch folgendes: „Das Pigment liegt in der Descemeti. Charakteristisch ist, wie am Lebenden demonstriert wird, die scharfe Abgrenzung des olivbraunen Ringes gegen die Peripherie, das allmähliche Sichverlieren axialwärts. In Hinsicht dieser Begrenzung erinnert der Pseudosklerosering an das Gerontoxon. Da wo das Pigment axialwärts dünner wird, treten im direkten Licht Farbenerscheinungen auf: Übergang des olivbraunen Tones in Gelbgrün, Grasgrün und Cyanblau."

Außerdem stellte ich (s. Abb. 286, 287) an 2 Augen den von SIEMERLING und OLOFF (l. c.) beschriebenen Sonnenblumenstar fest (ohne Farbenschillern).

Anatomisch lag das Pigment des Ringes in Form feiner bräunlichgelber Körnchen in der Descemeti (s. Abb. 296 und 297, Beobachtung bei Immersion, Abb. 296 schwach mit Hämalaun gefärbt, Abb. 297 gekippter, d. h. von der Fläche gesehener, ungefärbter Schnitt). Das Pigment füllt die Descemeti meist in ihrer ganzen Dicke aus, stellenweise läßt es einen dem Parenchym zugewendeten Streifen frei (Abb. 296).

JESS††† (1926), der den SIEMERLING-OLOFFschen Fall histologisch untersuchte, fand nichts mehr von der Scheinkatarakt, während im Paraffinpräparat der Hornhautpigmentring nachweisbar war. Er vermutet als Substrat des Sonnenblumenstars eine Auflagerung auf der Linsenkapsel, die weggeschwemmt war (wie ich jedoch am lebensfrischen Präparat zeigte, handelt es sich beim Sonnenblumenstar um Einlagerung einer Kupferverbindung in die Kapselepithelien*†).

JESS bestätigt die Erfahrungen von METZGER, daß Äther die Pigmentierung der Descemeti vollkommen auflöse, wodurch die Annahme von KUBIK und HESSBERG gestützt werde, daß es sich um *Urobilin* handle.

Diese gedrängte Übersicht über die bisherigen Beobachtungen des Descemetipigmentringes ergibt, daß dieser mit großer Wahrscheinlichkeit bis jetzt ausschließlich bei *Pseudosklerose* beobachtet ist, und daß er für eine Krankheitsgruppe der Pseudosklerose charakteristisch ist. Die Pseudosklerose ist, wie eingangs erwähnt, eine in ihrem Wesen noch rätselhafte progrediente Degenerationskrankheit, die mit einer eigentümlichen Cirrhose der Leber und mit cerebralen Zerfallserscheinungen

---

* KUBIK: Zur Kenntnis des KAYSER-FLEISCHERschen Ringes usw. Klin. Mbl. Augenheilk. **69**, 214 (1922).

** METZGER: FLEISCHERscher Hornhautring bei hepatolentikulärer Degeneration. Klin. Mbl. Augenheilk. **69**, 838 (1922).

*** Auch Verf. erlebte dies zweimal, hatte aber in einem Falle den Bulbus mit Salpetersäure fixiert, durch welche offenbar das Pigment gelöst wurde.

† HESSBERG: Klinischer Nachweis und Analyse usw. Klin. Mbl. Augenheilk. **2**, 12 (1925).

†† VOGT, ALFRED: Klinisches und Anatomisches über den Pseudosklerosering der Hornhaut. Klin. Mbl. Augenheilk. **77**, 709 (1926).

††† JESS: Die Pigmentierung der Linse bei Pseudosklerose im histologischen Schnitt. Klin. Mbl. Augenheilk. **79**, 145 (1927).

*† Klin. Mbl. Augenheilk. **81**, 712 (1928).

im Gebiete des Linsenkernes (Corpus striatum, Thalamus, Regio subthalamica usw.) einhergeht, also der WILSONschen Krankheit (1912) nahesteht oder mit ihr identisch ist. Interessant ist in bezug auf die elektive Bevorzugung des Corpus striatum der Nachweis von LUBARSCH und HUGO SPATZ*, daß das Corpus striatum, speziell der Globus pallidus, dann auch die Substantia nigra ein besonderes Verhalten beim *Eisenstoffwechsel* zeigen, so daß diesen Gebieten, wie auch SIEMERLING und OLOFF betonen, wahrscheinlich ein besonderer Chemismus zukommt.

Als bemerkenswerten Befund hebe ich die oben zitierte Feststellung von RUMPEL und SÖLDNER hervor, nach der eine Speicherung gewisser Metalle in Leber, Nieren und anderen Organen auftritt, vor allem von Silber und Kupfer. Offenbar besteht in diesen Organen eine Insuffizienz der Ausscheidung der minimalen, alimentär in den Körper gelangenden betreffenden Metallmengen. Wir stehen somit vor sonderbaren und vorläufig schwer verständlichen Krankheitsprozessen, deren Kompliziertheit durch das merkwürdige und charakteristische Hornhautbild nicht gemildert wird. Ist letzteres abhängig von der Erkrankung des Gehirns ? Wie sollen wir zwischen topisch so getrennten Organen, wie Cornea und Corpus striatum, die sonst weder physiologische noch pathologische Beziehungen irgendwelcher Art zueinander zeigen, eine Brücke schlagen ? Viel eher noch wären Wirkungen der scheinbar stets erkrankten *Leber* denkbar.

Ich wurde zu der Fragestellung nach dem Wesen des Descemetipigmentringes zunächst durch einige klinische Beobachtungen gedrängt, die mit Pseudosklerose nichts zu tun haben.

In meinem Atlas der Spaltlampenmikroskopie 1921 bildete ich in Abb. 55 (s. jetzige Abb. 304) eine einzigartige, in ihrem Wesen nicht deutbare, farbige Auflagerung der Hornhautrückfläche (oder Veränderung der Descemeti?) bei einer 56jährigen Frau ab. Die Hornhaut war stellenweise hochgradig narbig verdünnt und vascularisiert durch vieljährige Keratitis und Iridocyclitis. Die netzförmige, 1 mm hohe und 1,25 mm breite Auflagerung war im oberen Teil lebhaft *ultramarinblau,* im unteren *hellgelb* (mit Stich ins *Grünlichgelbe*). Drei Monate später (März 1919) waren die Maschen des Netzes lockerer, die Farben weniger lebhaft. Schließlich nach vielen Monaten verschwand das Gebilde. Ich vermochte das Wesen der Farben dieser vielleicht fibrinösen (oder in die Descemeti eingelagerten?) Veränderung nicht zu erklären.

Im August 1922 wurde ich überrascht durch einen zweiten fast genau gleichen Fall (Abb. 305, 306). Drei Wochen nach der Starextraktion fand ich bei der 65jährigen Frau St. gelegentlich der nach der Operation vorgenommenen Spaltlampenmikroskopie ein wieder aus einem ultramarinblauen und einem gelben bis gelbgrünen Bezirk zusammengesetztes Maschennetz im Bereiche der Hornhautrückfläche (vielleicht in der Descemeti), das ich hier abbilde (Abb. 305 und 306). Da diese Frau während und nach der Extraktion, die glatt verlief und durch Anwesenheit von Linsenresten unter leichter Reizung zur Heilung führte, ½%iges Syrgol erhalten hatte, das in die Vorderkammer gelangt sein mochte, vermutete ich, daß das sonderbare farbige Netz durch dieses Mittel bedingt war**.

---

* LUBARSCH u. HUGO SPATZ: Z. Neur. 77, 261 (1922).

** Einen dritten ganz ähnlichen Fall sah ich kürzlich: 71jährige Frau Dr. K., zirkuläre Randulceration der linken Hornhaut mit Glaukom. AgNO 3 und *Argyrol* erfolglos, Heilung mit Glühschlinge. Nach einem Monat fand ich ein ganz ähnliches Farbennetz, wie es Abb. 305 wiedergibt (grüngelber und blauer Herd, aneinanderstoßend, nasal vom Hornhautzentrum, im Rande der Narbe) 6 Wochen später nur noch blaugrüner Herd. Sitz der Veränderung war die Descemeti.

Die Krankengeschichte des *früheren* Falles zeigte nachträglich, daß ebenfalls Monate hindurch ½%iges *Syrgol* eingetropft worden war. Es war nicht ausgeschlossen, daß dieses Mittel durch die infolge Geschwürsbildung stark verdünnte und vascularisierte Hornhaut hindurch in die tiefsten Schichten der Hornhaut, vielleicht in die Descemeti hinein, diffundiert war. Ich schloß daher, daß die merkwürdige Farbenerscheinung, die zwischen Ultramarinblau und Gelbgrün variierte, wahrscheinlich durch die kolloidale Silbereiweißlösung bedingt war.

Bestätigt wurde diese Annahme durch eine Reihe späterer Beobachtungen anderer Art, in denen 25%iges *Argyrol* („Silbervitellin", also ebenfalls eine kolloidale Silbereiweißlösung), bei geschwürigen Prozessen der Hornhaut zu therapeutischen Zwecken mittels getränkten Wattetupfern dem Geschwür imprägniert wurde.*

Die mit Argyrol imprägnierte braune Partie (s. Abb. 307—310) zeigt nun nach Wochen und Monaten eigentümliche, überaus charakteristische *Farbenerscheinungen*. Die Stelle der größten Dichte ist goldbraun bis gelbbraun und von feinkrystallinischem, leicht farbenschillerndem Korn. Letzteres erinnert etwa an dasjenige eines Bronze- oder Messingbruches, nur ist es feiner. Wo dagegen — in den Randpartien — die imprägnierte Stelle dünn, lockerer und durchsichtiger wird, treten andere Farbenerscheinungen auf. Zunächst ein gelber bis gelbgrüner Ton, dann, noch weiter randwärts, im Bereich noch geringerer Dichte, ein reineres Grün und schließlich ein Ultramarinblau. Als Übergang zu letzterem kann manchmal ein feines Cyanblau (Abb. 309, 310) festgestellt werden. Das hierbei beobachtete Gelbgrün und Ultramarinblau stimmten so überein mit den Farben der oben geschilderten retrocornealen Auflagerungen, daß an der Identität der Substrate nicht gezweifelt werden konnte, um so weniger, als kolloidale Silberlösungen in beiden Fällen zur Anwendung gelangt waren.

Die genauere Durchmusterung dieser imprägnierten Partien und ihre Abtastung mittels des optischen Schnittes ergibt noch eine weitere, besonders aus Abb. 308 bis 310 ersichtliche Tatsache. Trotzdem nämlich das kolloidal gelöste Silber nur in das *Parenchym*, zum Teil nur in das oberflächliche, gelangt ist, diffundiert es nachträglich in die Tiefe, und wie Abb. 308—310 zeigen, in die *Descemetigegend*. Dies ist besonders aus Abb. 309 unzweifelhaft ersichtlich. *Erst dort* beginnen sich die interessanten Grenzfarben und die eigentümliche Marmorierung und Netzbildung zu zeigen.

Ich betone ausdrücklich, daß Nernstlicht nicht genügt, die hier geschilderten Farbenerscheinungen einwandfrei zu demonstrieren, und daß auch die spezifische Helligkeit des Nitralichtes (besonders wenn eine schon längere Zeit gebrauchte oder unterbelastete Lampe benützt wird) zu diesem Zwecke nicht mehr ausreicht. Doch

---

* Beiläufig bemerkt halte ich diese, von mir seit Jahren angewendete *Therapie* bei *Ulcus serpens* und anderen *malignen Hornhautgeschwüren*, insbesondere auch bei schleichenden langwierigen Ulcerationsvorgängen ungeklärter Art für wirksam. Ein Zeichen dafür, daß das Medikament die erwünschte Wirkung hat und die Heilung der betreffenden Stelle einsetzt, liegt darin, daß die letztere das Argyrol *annimmt*, sich mit ihm färbt. Ein Wattebäuschchen wird um das Ende eines Glasstäbchens gewickelt oder in das Ende eines Glasröhrchens mit Lumen von 2—3 mm gestopft. Die Watte wird reichlich mit dem Medikament durchtränkt (bei Pneumokokkenulcus mit 1—2%igem Optochin, eventuell mit frischer Aqua chlorata), und während vielleicht 30 Sekunden, eventuell länger, auf das Geschwür gedrückt. Nachher wird das Medikament noch mit Lidmassage hinein massiert. Diese Prozedur kann mehrmals tags vorgenommen werden, nach vorheriger Anästhesierung. Sehr maligne Geschwüre, die jeder anderen Behandlung trotzen, können durch diese mechanische Einführung des Medikaments zum Stillstand und zur Heilung gebracht werden. (Natürlich ist auch auf Drucksteigerung zu achten, die ja in solchen Fällen nicht selten ist und leicht übersehen wird, wie auch auf ein eventuelles Tränenwegleiden.)

können mit Nitralicht die gelben und gelbgrünen Töne gesehen werden. Das Licht der Wahl ist aber das *Mikrobogenlicht*. Es läßt insbesondere auch das Ultramarinblau, also die Randfarbe, deutlich hervortreten.

Nun ergaben aber meine seit 1923 durchgeführten Untersuchungen an drei *Pseudosklerotikern* der Züricher Kliniken, bei welchen allen seit Jahren die Diagnose einwandfrei festgestellt war, und welche an beiden Augen den von KAYSER und FLEISCHER beschriebenen *Descemetipigmentring* aufwiesen, daß *dieselben charakteristischen Farbenerscheinungen, wie ich sie oben von der in der Hornhaut eingeheilten kolloidalen Silbereiweißlösung geschildert habe, bei diesem Pseudoskleroring an allen 6 Augen sich nachweisen ließen.* Abb. 284 gibt den Descemetipigmentring des linken Auges der 60jährigen Elise Utzinger wieder. Abb. 285 den prismatischen Schnitt durch den unteren Teil des Ringes. Peripher, im Bereich der dichtesten Stellen erscheint (Abb. 285) der Ring gelbbraun bis gelb, da, wo die Auflagerungen besonders dicht sind, sogar goldbraun. Axialwärts geht die Farbe in Gelb und Gelbgrün über, mündet schließlich in Grün und terminal in Ultramarinblau aus. Ungleiche Dichte des Pigments, feine Marmorierung und Netzbildung treten in ganz ähnlicher Weise zutage, wie bei der künstlichen Imprägnierung der Hornhaut mit kolloidalgelöstem Silber.

Ich kenne keine Pigmentierung irgendwelcher Art, weder eine solche durch metallisches Pigment, wie Gold, Kupfer, Chrom, Eisen, noch durch irgendeinen Anilin- oder anderen organischen Farbstoff, welche dasselbe Verhalten der Farben zeigt, wie die genannte Pigmentierung der Hornhaut durch kolloidalgelöstes Silber. Es scheint mir daher der klinische Beweis durch die hier genannten Feststellungen erbracht, *daß der Descemetipigmentring bei Pseudosklerose nur aus eingeheilter Silberverbindung bestehen kann.*

Diese Feststellung von Silber bei einem typischen Nervenleiden verblüffte mich, und ich nahm mir vor, die Bestätigung auf *chemischem Wege* zu versuchen, zu welchem Zwecke mir eine Serie von Paraffinschnitten zur Verfügung stand, die ich seinerzeit von der Hornhaut eines der genannten, inzwischen verstorbenen Pseudosklerotikers aus Zürich gewonnen hatte*. Herr Prof. PAUL KARRER, Direktor des chemischen Instituts unserer Universität, verwies mich in liebenswürdiger Weise auf eine von UNNA** stammende Arbeit über den Nachweis von Silber in Geweben. Großes Gewicht ist nach letzterem Autor und auch nach dem kompetenten Urteil des Herrn Prof. KARRER auf die Löslichkeit von Silber und Silberderivaten in Cyankali (unter Luftzutritt zu legen). Nur Silber und Gold werden darin ausgelöscht, organische Pigmente nicht. (Letztere können löslich sein, aber sie werden nicht ausgelöscht.)

Nach Entfernung des Paraffins*** brachte ich unter mikroskopischer Kontrolle

---

* Abb. 296 gibt einen histologisch-anatomischen Schnitt durch die Descemetipigmentierung dieses Falles wieder. Abb. 297 zeigt die Aufsicht (gekippter Schnitt, ungefärbtes Präparat). Weber, Emil, Portier, geb. 1895. Hat anschließend an einseitige Kastration wegen Hodentuberkulose zunehmendes Zittern im rechten Arm. Im Burghölzli (Prof. BLEULER) 1923 grüner Limbuspigmentring entdeckt und Diagnose gestellt. (Grobschlägiger Intentionstremor bis Schütteltremor, wächserne Mimik, Lebercirrhose, Milztumor mit miliarer Tuberkulose, apoplektiforme Anfälle). Tod 1924 in medizinischer Klinik an kavernöser Phthise.

** UNNA, P. G.: Dermat. Wschr. **63**, 982 (1916). — Die Befunde von RUMPEL-SÖLDNER und von WEINLAND waren mir damals nicht bekannt.

*** Diese hat gründlich in *paraffinfreiem* Xylol zu geschehen, auch geringste Spuren von Paraffin stören den freien Zutritt der wässerigen Cyankalilösung und des Sauerstoffes. Zweckmäßig bringt man die Präparate vor der Entfärbung in absoluten Alkohol und läßt sie dann trocknen.

ein Tröpfchen 10%iger wässeriger *Cyankalilösung* auf die Gegend des Pigmentringes. Sehr bald sah man das Pigment des Ringes abblassen, gelb werden und nach 10—30 Minuten war es ausgelöscht. Absaugen des Tropfens und Erneuerung desselben beförderte durch verbesserten Luftzutritt die Ausbleichung.

Die *Mikrophotographie* (Abb. 298) zeigt einen peripheren (tangentialen) Schnitt durch den Descemetiring, schwache Färbung mit Hämalaun. Derselbe Schnitt ist in Abb. 299 nochmals reproduziert, nach der Entfärbung des Descemetiringes durch 10%ige KCN-Lösung. Rascher, nahezu momentan entfärbte Cyankali in unserem zweiten Fall (s. unten Patientin Elise U.) das Descemetipigment, wie auch das Pigment der Elastica chorioideae.

Umgekehrt ließ in beiden Fällen 3—33%ige Kalilauge das Pigment intakt.

Da Gold nach der Farbe des klinischen Bildes auszuschließen ist, so erscheint der Beweis schlüssig: *Sowohl nach dem klinischen Bilde, wie nach der chemischen Reaktion scheint der Pseudoskleroserring der Membrana Descemeti aus Silber zu bestehen.*

Beim Durchgehen der Literatur fand ich nachträglich die oben zitierte Arbeit von RUMPEL, der das Verdienst hat, als erster gemeinsam mit dem Chemiker SÖLDNER den chemischen Nachweis erbracht zu haben, daß die Pigmentierung der *inneren Organe* eines Falles von Pseudosklerose aus Silber besteht. Ich fand, daß auch damals schon die Löslichkeit dieses Organpigments in Cyankali festgestellt wurde, und daß sogar aus Leber und Nieren verhältnismäßig große Silbermengen mittels der Chlorsilberreaktion einwandfrei ermittelt worden waren. Zum Überfluß hatte, wie eingangs zitiert, der Chemiker Prof. WEINLAND von demselben Pseudosklerotiker ein Stück Niere untersucht und Silber darin festgestellt. Es ist also der Silbernachweis zu verschiedenen Zeiten an verschiedenem Material und, unabhängig voneinander, sowohl mittels des von mir oben geschilderten klinischen Bildes als auch mittels der chemischen Silberreaktion gelungen.

Und trotzdem! Durchgehen wir die Literatur, so ist jener chemische Nachweis vom Jahre 1909[*] anscheinend heute vergessen: FLEISCHER selber bestreitet zwar die Richtigkeit der von RUMPEL, SÖLDNER und WEINLAND gemachten Feststellungen nicht, er glaubt aber, daß *klinisch* sich die Annahme von Silber als Substrat nicht rechtfertigen lasse. Silbermedikation habe bei den Betroffenen nie stattgefunden, eine Descemetipigmentierung sei bei Argyrose nicht bekannt[**]. Auch das Zusammentreffen mit einer eigentümlichen Erkrankung des Nervensystems spreche gegen Argyrose. Die Natur des Pigments, glaubt er daher, sei anderer Art. HALL (l. c.), der vor 8 Jahren eine ausführliche Monographie über die Pseudosklerose schrieb und 7 Fälle von Pigmentring selber sah und zum Teil chemisch untersuchte, lehnt Silber ebenfalls ab und fahndet nach organischen Pigmenten. Sein wesentlichster Einwand dagegen, daß es sich um Silber handle, gipfelt darin, daß das Descemetipigment in Schwefelsäure sich nicht löse. Wäre es Silber, meint HALL, dann müßte es in dieser Säure löslich sein. Diese Annahme ist aber unrichtig, wie folgender Versuch zeigt: Argyrol, auf einem Objektträger angetrocknet, wird durch 25%ige Schwefelsäure dunkler und ist nach 10 Minuten noch nicht entfärbt.

Die Ermittlungen von RUMPEL, SÖLDNER und WEINLAND gerieten in ophthalmologischen Kreisen in Vergessenheit und es schaffte sich die Hxpothese Raum, der Descemetipigmentring sei durch organisches Pigment bedingt. KUBIK, HESSBERG und neuerdings JESS hielten es sogar für denkbar oder wahrscheinlich, daß diesem

---

[*] Publiziert 1913, s. o.

[**] In Vergessenheit geraten ist der anatomische Nachweis von KNIES, der als erster 1880 (Klin. Mbl. Augenheilk. 18, 165) *bereits die Affinität der M. Descemeti für Silber feststellte.*

Pigment *Urobilin* zugrunde liege, da es nicht nur ein ähnliches Spektrum zeige *, wie Urobilin, sondern sich auch, wie dieses, in Ätheralkohol löse. Diese Behauptungen sind unhaltbar. Zunächst ist die Ermittlung des Spektrums eines Pigmentringes, den man in der Hauptsache nur im fokalen Licht untersuchen kann, stets eine heikle Sache, und daraus erklärt sich wohl auch die mangelhafte Übereinstimmung der Ergebnisse der einzelnen Autoren. METZGER und JESS beobachteten, daß Celloidineinbettung in ihren Fällen die Pigmentierung vernichte (was ich ebenfalls einmal erlebte) und schließen daraus, daß das Pigment ätherlöslich sei. JESS neigt daher der Ansicht KUBIKS und HESSBERGS zu, daß dasselbe aus Urobilin bestehe. Aber die Schlußfolgerung trifft nicht zu. Einlegen der Schnitte in Äther, Ätheralkohol und reinen Alkohol beseitigt das Pigment nicht, auch nicht nach Tagen, wie ich mich durch Aufbewahren der Schnitte in Äther, Ätheralkohol und absolutem Alkohol überzeugte. Übrigens ist Urobilin nur schlecht löslich in Äther, dagegen leicht in Alkohol**. Urobilin hätte somit auch durch Paraffineinbettung verschwinden müssen.

Aber schon das Literaturstudium läßt in bezug auf die Unlöslichkeit des Descemetipigments in Äther und Alkohol keinen Zweifel. RUMPEL und SÖLDNER, FLEISCHER, WEINLAND, HALL (l. c.) heben ausdrücklich diese Unlöslichkeit in Äther und Alkohol hervor. Es steht somit außerhalb jeder Diskussion, daß der Descemetipigmentring mit Urobilin irgend etwas zu schaffen hat.

Was das Schwinden des Pigments durch Celloidinbehandlung betrifft, so stellte ich folgenden Versuch an: Ich brachte die Schnitte nach Vorbehandlung mit Ätheralkohol und mit absolutem Alkohol in dünn- oder dickflüssiges Celloidin. Das Pigment war nach einem Tage noch unentfärbt. Auch eingetrocknetes Argyrol blieb bei diesem Versuch unverändert. Trotz dieses Ergebnisses ist denkbar, daß *vielwöchige* Einwirkung des Äthers, vielleicht Peroxydbildung (Prof. KARRER), das Pigment angreift***. Das ist dann aber kein Beweis für dessen Lipoidlöslichkeit. Übrigens behielt der klassische Fall FLEISCHERS das Pigment sowohl der Descemeti als der Elastica trotz *Celloidineinbettung* †.

Daß auch die *Fixierung*, z. B. in Salpetersäure dem Pigment gefährlich werden kann, erfuhr ich selber an einem Präparat. Dagegen vermag der Eisessig der ZENKERschen Flüssigkeit das Pigment nicht zu zerstören. In Eisessig eingelegte Schnitte zeigten die Pigmentierung nach einer Stunde noch unverändert.

---

* KUBIK fand „Verschattung" im kurzwelligen Ende wie beim Urobilin, ein Befund, der insofern nichts beweist, als er jedes braune Pigment auszeichnet. Als durch die Untersuchungen von FLEISCHER, HALL, VOGT u. a. widerlegt kann KUBIKS Behauptung von der Lipoidlöslichkeit des Pigments gelten. Seine Identifizierung desselben mit dem in Herzmuskeln und Ganglienzellen vorkommenden senilen „Abnützungspigment" erwies sich als eine durch nichts gestützte Annahme (vide VOGT: Klin. Mbl. Augenheilk. 1930).

** Löslichkeit des Urobilins: Nach ABDERHALDEN: Handbuch der physiologischen Chemie* Bd. 4, Abt. 6/1, S. 963 ist es in Alkohol und in Chloroform löslich. Nach Tabulae biologicae Bd. 3, S. 360 in Alkohol und in Chloroform. Aus Chloroform ist es nach ABDERHALDEN durch langsames Schütteln mit schwach ammoniakalischem Wasser herausziehbar (ibidem Bd. 5, Abt. 1, S. 392).

Ausführlich ist das Urobilin im Lehrbuche von HOPPE-SEYLER-TIERFELDER (1924) definiert. Ich erwähne hier nur die Löslichkeit: Wenig löslich in Wasser oder Äther, *leicht löslich in Alkohol*, Amylalkohol oder Chloroform, auch in wässerigen Alkalilösungen oder Ammoniak, aus denen es durch Säuren wieder ausgefällt wird. In neutralen alkoholischen Lösungen ist es braungelb, gelb oder rosa, mit *grüner Fluorescenz* usf.

*** Die in flüssiges Celloidin eingelegten Schnitte des Falles Abb. 296 waren nach 5 Monaten ganz bis nahezu ganz entfärbt.

† Gewisse Differenzen in den chemischen Reaktionen (s. o.) lassen die Möglichkeit nicht von der Hand weisen, daß die Pigmentnatur in verschiedenen Fällen von Pseudosklerose nicht immer eine identische ist.

Kann somit der klinische und chemische Nachweis von organisch gebundenem Silber als Substrat des Descemetipigmentringes in meinen beiden Fällen von Pseudosklerose durch die vorstehenden Untersuchungen als gesichert gelten, so ergeben sich neue Rätsel durch schon oben genannte Befunde, speziell durch die von SIEMERLING und OLOFF dann vom Verfasser 1923 und 1924 (sowie heute wieder) erhobenen: nämlich durch (1922), die Feststellung einer *Kupferkatarakt im Bereiche der Linsenvorderfläche, welche Katarakt gleichzeitig neben dem Pseudoskleroring besteht!* Es ist, das darf wohl gesagt werden, die Pseudosklerose die Krankheit der grotesken Überraschungen! Eine ungeklärte Degeneration der Leber kombiniert sich scheinbar unvermittelt mit einem elektiven Zerfallsvorgang bestimmter Zentralganglien des Gehirns und sodann mit einer aus Silber bestehenden Pigmentierung der Descemeti und verschiedener innerer Organe. Schließlich als letzte Überraschung bringt sie uns einen Kupferstar beider Augen! Gewiß besitzt dieser Kupferstar nach den bis jetzt vorliegenden Mitteilungen nicht das typische Farbenschillern des fortgeschrittenen Kupferstars, aber trotzdem handelt es sich um den Sonnenblumenstar, wie er, ich kann es nach eigener Beobachtung bestätigen, bis jetzt nur bei intraokularem Kupfersplitter beobachtet ist.

Schon einer unserer verstorbenen Patienten (Baumberger, Hans), zeigte diese Sonnenblumenkatarakt, und ebenso klar fand ich sie bei der heute noch lebenden 60jährigen Elise Utzinger der internen Klinik in Zürich (Direktor: Prof. NÄGELI), wie das Abb. 286—290 vor Augen führen, die ich erst kürzlich wieder (Januar 1929) aufnehmen ließ, nachdem ich schon 1923 und 1924 bei derselben Patientin fast denselben Befund erhoben hatte. Abb. 286 Kupferscheibe des rechten, Abb. 287 des linken Auges (Ringform nicht deutlich). Abb. 288 Partie der radiären Ausläufer bei stärkerer Vergrößerung. Abb. 289 breiter, Abb. 290 dünner optischer Schnitt, zur Veranschaulichung der superfiziellen Lage. Abb. 284 gibt den Descemetiring des linken Auges dieser selben Patientin wieder.

Aus der in die achtziger Jahre zurückreichenden, heute über 1900 Seiten starken Krankengeschichte dieser unzähligemal klinisch vorgestellten Elise Utzinger sind nachstehend nur die wichtigsten Momente hervorgehoben. Der Fall figurierte schon in den neunziger Jahren als „multiple Sklerose", wie damals sozusagen alle Fälle von Pseudosklerose. Doch wurde schon 1900 die letztere differentialdiagnostisch in Betracht gezogen. Seit etwa 1890 hat sich die Haut der Patientin, besonders an den belichteten Stellen, tief blaugrau verfärbt, was ihr unter den Mitpatienten den Namen „blaue Elise" eintrug. Herr Prof. NÄGELI, Direktor der med. Klinik teilt mir folgenden Auszug aus der Krankengeschichte* mit:

Utzinger, Elise, 56jährige Dienstmagd von Bachenbülach (geb. 1868).

Diagnose: WILSONsche *Krankheit (Pseudosklerose).* Spitaleintritt 17. Mai 1888.

Familienanamnese: Großvater Alkoholiker, keine Epilepsie, keine Lues in der Familie. Mutter an Tuberkulose gestorben, Vater an den Folgen einer Operation (Prostata). 10 Geschwister und 3 Stiefgeschwister. 1 Schwester wurde mit 10 Jahren geisteskrank, starb nach 19jährigem Aufenthalt im Burghölzli. Eine zweite Schwester ist zeitweise geistesgestört. 2 Brüder starben mit etwa 12—14 Jahren an Atrophia muscularis infant. heredit. (1889 und 1890 Spital Zürich). Eine Stiefschwester war anno 1890 wegen fraglicher multipler Sklerose im Spital, später ist sie unter der Diagnose Myelitis spastica oder Spondylitis eingetragen. Sie scheint zur Zeit geheilt.

Persönliche Anamnese: Mit 4 Jahren Masern, mit 7 und 8 Jahren je einmal Gelbsucht, mit 12 Jahren Gesichtsrose, mit 13 Jahren Polyarthritis rheumatica, die sich seither fast jeden Winter wiederholt und vom Wetter sehr abhängig erscheint. Geistig normale Entwicklung.

---

* Die Krankengeschichten der übrigen 2 Fälle werden ausführlich durch Herrn Dr. KUNZ mitgeteilt werden, der an meinem Institut die Imprägnierung der Hornhaut mit kolloidaler Silberlösung experimentell prüft (Inaug.-Diss. Zürich 1929).

Mit 20 Jahren erstmals menstruiert. Pat. war stets schwächlich. Schon in den ersten Schuljahren Schwäche in Beinen und Knien, so daß sie oft wochenlang zu Hause blieb, auch damals schon Kopfschmerzen.

Beginn des jetzigen Leidens: Pfingsten 1886. Keine Erkältung, keine Infektion, kein Trauma vorausgegangen, dagegen ziemlich schwere körperliche Arbeit (Feldarbeit). Vor eigentlichem Beginn psychische Verstimmung, Gereiztheit. Beginn mit Zittern der rechten Hand, Schwächegefühl, ungeschickt beim Essen, Unmöglichkeit, die frühere Arbeit zu verrichten. Übergreifen auf den ganzen Arm. Veränderung der Sprache, Schwindelanfälle, Kopfschmerz, krampfartige Nickbewegungen des Kopfes, Übergreifen des Tremors auf den linken Arm und Schwächegefühl in den Beinen, so daß schwankender Gang auftritt. Infolgedessen tritt Arbeitsunfähigkeit ein, Patientin muß nach Hause zurückkehren. Um Neujahr 1888 Remission, indem das Zittern für einige Wochen verschwindet. *Am 17. Mai 1888,* also etwa 2 Jahre nach Beginn des Leidens, Spitaleintritt.

Befund: CHARCOTsche Trias: Intentionszittern, Nystagmus, skandierende Sprache, keine Sensibilitätsstörungen, Romberg negativ, Augenhintergrund o. B., keine Blasen- und Mastdarmstörungen, Nickkrampf (sternocleidomastoidei), klonische Krämpfe im rechten Arm, leichte Parese des rechten Facialis und Hypoglossus, *Beobachtung eines grünlichgelben Cornealringes.* Diagnose: *Multiple Sklerose.* Innere Organe o. B. Behandlung mit Silber. Vom 15. Juni 1888 bis 8. Januar 1889 täglich 0,03 Ag No_3 per os = insgesamt 6,21 g Ag No_3 = 3,94 g Ag. Beginn der Argyrie etwa Dezember 1890. 1892 Gesichtsrose, 1893 während mehreren Wochen Doppelbilder. Erneute Erwähnung des Cornealringes. 1894 keine Opticusatrophie. 1895 leichte Spasmen in den Beinen, namentlich links, Zwangslachen; die Trias unverändert, überhaupt seit etwa 1½ Jahren unverändert. Als Ätiologie wird ein Gelenkrheumatismus vor 4 Jahren vermutet. Die Prognose wird als ungünstig gestellt, die Silberbehandlung war ohne wesentlichen Einfluß. Patientin lebt vorübergehend zu Hause und in Wülflingen, wird später definitiv im Spital aufgenommen. 1897 kein Nystagmus mehr verzeichnet. Intentionszittern auch in den Beinen. Leber nie vergrößert. Leichte Atrophie des Opticus verzeichnet. 1898: in den letzten Jahren häufig Schwindelanfälle und Rückenschmerzen. *1900* Reflexe leicht gesteigert. Sens. intakt. Nervi V, VII, XII intakt. Erneute Erwähnung der graubraunen Zone der Cornea, die als Folge der Silbertherapie gehalten wird (in der Literatur noch nicht bekannt). Differentialdiagnostisch wird erstmals die *Pseudosklerose* erwähnt. Dagegen wurde erwähnt 1. die starke hereditäre Belastung, 2. das Abblassen der Papille auf der temporalen Seite, die leichte Einschränkung des Gesichtsfeldes. 1905 viel Kopfweh und Rückenschmerzen, die *Bauchdeckenreflexe sind vorhanden.* 1908 Gelenkschmerzen, Trigeminusneuralgie links, zeitweise Depressionen, Bauchdeckenreflexe vorhanden. Vielleicht *Pseudosklerose!* 1911 Schilddrüsenabsceß, im Eiter Paratyphus B. Eventuell Pseudosklerose. Fibrolysinkur. 1920 depressiver Zustand, weinerlich. *(1921)* Prof. NÄGELI: „Die Diagnose wird definitiv auf WILSONsche Krankheit resp. Pseudosklerose abgeändert. Begründung: KAYSER-FLEISCHERscher Cornealring. Große schleudernde Bewegungen, nicht wie Intentionstremor. Enorm skandierende Sprache, Nystagmus unsicher. Es fehlen alle Pyramidensymptome, trotz mehr als 30jähriger schwerer Krankheit. Maskengesicht, absolut starre Mimik, Haltungsabnormität, keine Spasmen, keine Reflexsteigerungen, keine pathologischen Reflexe, keine Blasenstörungen jemals. 1922 halbstündiger Anfall von Bewußtlosigkeit, Krämpfen in den Extremitäten. 1923 Schmerzen in den Kniegelenken. Im Laufe der Jahre etliche Frakturen infolge unsicheren Gehens (Schlüsselbeinfraktur, Schenkelhalsfraktur). 1925 psychische Veränderung, Angstzustände, Depressionen, Verfolgungsideen. 1926 Status ziemlich unverändert. Die Leber wird niemals vergrößert gefunden, dagegen zeigt die Leberfunktionsprüfung, die jährlich durchgeführt wird, eine zunehmende Urobilinurie. Bilirubinspiegel im Serum dagegen konstant, etwas hoch, 18,7, Wassermann negativ (wiederholt kontrolliert), Temperaturen häufig subfebril, in den letzten Jahren eher Zunahme, vielleicht auf die arthritischen Beschwerden zurückzuführen. Röntgenologisch Arthritis deformans in verschiedenen Gelenken. Niemals Pyramidensymptome, Reflexe nicht gesteigert. Bauchdeckenreflexe lebhaft. Sensibilität intakt, kein Nystagmus, hochgradige Arm- und Rumpfataxie. Schleudernde Bewegungen und Skandieren nach wie vor. Weder Zwangslachen noch Zwangsweinen, Stimmung wechselnd. Keine apoplektiformen Anfälle, Intelligenz gut, Gedächtnis ausgezeichnet."

Aus dem vorstehenden Auszug aus der Krankengeschichte, den ich Herrn Kollegen NÄGELI bestens verdanke, geht die interessante Tatsache hervor, *daß der Pigmentring der Hornhaut bei unserer Patientin schon 1888 beobachtet und beschrieben wurde.* Freilich wurde dieser Befund aus der EICHHORSTschen Klinik nie veröffentlicht. Es wird in den folgenden Jahren immer wieder erwähnt und bereits 1900 *auf die Argyrose bezogen,* wozu die Hautfarbe Anlaß gab.

Diese Hautfarbe wurde der Silbertherapie zugeschrieben, die 1888 und 1889 durchgeführt wurde, nachdem die Krankheit voll ausgebrochen war. Die Gesamtdose $AgNO_3$ betrug 6,21 g in den Jahren 1888 und 1889, = 3,94 g Ag. Erst viel größere Dosen, etwa 30 g rufen aber nach früheren Autoren Argyrose hervor. Gewiß hat das Silber zur Argyrose unserer Patientin beigetragen. Daß aber medikamentös eingeführtes Silber für die Argyrose aller dieser Pseudosklerotiker nicht Bedingung ist, zeigen die Krankengeschichten der meisten anderen Fälle der Autoren (z. B. auch unseres Falles WEBER, dem die histologischen Schnitte der Abb. 296—297 entstammen): niemals erhielt WEBER nachweislich Silberpräparate*. Auch wird bei Elise Utzinger der Descemetipigmentring schon *vor* der Silbermedikation erwähnt (17. Mai 1888).

Noch weniger sind die Patienten der Literatur und unsere eigenen mit *Kupfer* behandelt worden, das uns etwa die Kupferkatarakt erklären könnte. Aber vielleicht ist diese Kupferkatarakt doch nicht so unverständlich, wie sie auf den ersten Blick zu sein scheint. SIEMERLING und OLOFF wie auch JESS, welche diese Kupferkatarakt beschrieben, ist wohl entgangen (wenigstens erwähnen diese Autoren davon nichts), daß, wie oben zitiert, RUMPEL und SÖLDNER 1913 einen beträchtlichen *Kupfergehalt der Leber* bei ihrem obduzierten Falle feststellten. Der Gehalt an metallischem Kupfer übertraf sogar denjenigen an metallischem Silber, während Antimon etwa in der Menge des Silbers nachweislich war.

Also Kupfer wurde in der Leber eines Pseudosklerotikers in pathologischen Mengen nachgewiesen, schon 10 Jahre bevor die Kupferstare gefunden waren**.

Rückt uns da nicht die Auffassung RUMPELs näher, daß bei der Pseudosklerose die Lebertätigkeit zu insuffizient ist, um die physiologischen Metallmengen, die mit der Nahrung in unseren Körper gelangen, auszuscheiden, daß sie vielmehr dieselben aufspeichert? Im Organismus zurückgehalten können diese Fremdmetalle zu Intoxikationen und zu den tatsächlich nachweisbaren und nachgewiesenen metallischen Pigmentierungen, zu Silber- und Kupferablagerungen in den Geweben, Anlaß geben.

Sorgfältige histologisch-chemische Untersuchung der inneren Organe, speziell von Leber und Nieren, einschließlich deren Aschenanalyse, wird künftig unerläßlich sein, wenn wir in der Klärung dieses allgemein-medizinisch so interessanten Krankheitsbildes weiter kommen wollen. Noch wissen wir vor allem nicht, wie *häufig* die hier nachgewiesenen Metalle bei Pseudosklerose vorkommen, ob ferner beide stets gemeinsam oder manchmal einzeln auftreten. Für letztere Möglichkeit spricht, daß *Verfärbungen der Haut* nicht immer nachgewiesen sind.

Es ist klar, daß auch nach anderen Metallen (RUMPEL fand noch Antimon) zu fahnden ist.

Die im vorstehenden mitgeteilten Untersuchungen haben folgendes *Ergebnis:*

Der Pigmentring bei Pseudosklerose zeigt am Spaltlampenmikroskop eigentümliche Farbenerscheinungen, die von Braun und Gelb zu Grün und Ultramarinblau reichen und welche in genau übereinstimmender Weise durch in die Hornhaut eingeheilte kolloidale Silbereiweißlösungen hervorgerufen werden. Die letzteren zeigen

---

* Ein Fall von FLEISCHER war zufällig Photograph, kam also mit Ag-Präparaten in Berührung. Ein anderer (Fall von SALUS) war in chemischer Industrie tätig.

** Daß die cirrhotische Leber gar nicht so selten *kleine Mengen* Kupfer enthält, ist in neuerer Zeit durch die Schulen von ASCHOFF und von ASKANAZY gezeigt worden. Auch das *Blut des Normalen* enthält Spuren von Cu.

ferner die Neigung, sich in der Gegend der Membrana Descemeti auszubreiten. Diese Farbenerscheinungen sind derartig typisch, daß auf die Identität des Pseudosklerosepigments mit solchen eingeheilten Silberverbindungen geschlossen werden darf.

Nicht nur klinisch, auch chemisch läßt sich das Pigment der Descemeti als Silber erkennen. Für die Pigmentierung innerer Organe ist dies schon durch RUMPEL gezeigt worden.

Der Sonnenblumenstar, der durch SIEMERLING und OLOFF, dann durch Verf. bei Pseudosklerosepigmentring gefunden wurde, ist mit dem von RUMPEL erhobenen Befund von größeren Kupfermengen in der Leber in Beziehung zu bringen.

(Über den Nachweis von Kupfer in Leber und Auge unseres Falles Elise U. vergleiche den nachfolgenden Abschnitt.)

Bemerkungen zur Genese der Farbenerscheinungen des Descemetipigmentringes.

Die Farbenerscheinungen, die ich nach Einführung von kolloidalen Silbereiweißlösungen in die Hornhaut beobachtete und in Abb. 304—310 reproduzierte, und welche ich in übereinstimmender Reihenfolge auch am Descemetipigmentring fand, sind *Beugungsfarben* ultramikroskopischer Silberpartikel. Die Methode der Größenbestimmung dieser Teilchen an Hand ihrer Farben stammt von EHRENHAFT (1914*), der sie auf Gold anwandte. GERDA LASKI** hat daraufhin am Wiener physikalischen Institut *Silber* untersucht und eine der Größenordnung der Teilchen folgende spektrale Skala aufgestellt. Vollkommene Dichte und Kugelgestalt der Silberteilchen erreichte G. LASKI durch elektrische Zerstäubung in reinstem trockenem Stickstoff. „Die Teilchen fallen um so langsamer, je kurzwelliger das von ihnen ausgestrahlte Licht ist. Fast übereinstimmend aus den Fallgeschwindigkeiten und den Farben lassen sich folgende Radien in Werten $\times 10^{-6}$ cm für das Silber berechnen: Purpur 4—5, Blau 5—6, Grün 6—7, Gelbgrün 7—7,5, Gelb 7,5—9, Orangegelb 9—10, Orange 10 bis 13. Im gleichen Sinne nimmt, wie zu erwarten, die BROWNsche Molekularbewegung ab: Bei Blau und Grün wird die Fallbewegung fast durch die BROWNsche Bewegung überdeckt. Orange hat dagegen deutliche Fallbewegung. Bei Teilchen mit weniger als $4 \cdot 10^{-6}$ cm Radius versagen vorläufig diese Größenbestimmungen."

Wir sehen hier vom Physiker im Dunkelfeld dieselbe Reihenfolge der Farben ultramikroskopischer Silberteilchen ermittelt, wie sie meine oben zitierten Abbildungen der *Hornhaut* wiedergeben. Diese Farben entsprechen somit nach den Messungen von G. LASKI bestimmten *Größen* der (wahrscheinlich kugelförmigen) ultramikroskopischen Ag-Teilchen. Die kleinsten, purpurnen bis blauen, liegen in der *Hornhaut* der Einführungsstelle der Silbereiweißlösung am entferntesten, es folgen die cyanblauen, die grünen, gelben, während die dicht gelbbraunen bis orangegelben in der Einführungsstelle selber liegen. Je kleiner, um so weiter weg diffundieren somit die Teilchen, offenbar weil sie innerhalb der Descemeti zufolge ihrer Kleinheit den geringsten Widerstand finden***.

Übereinstimmend ist in beiden Fällen, bei der Pseudosklerose wie bei unserer experimentellen Einführung von kolloidalen Silbereiweißlösungen in die Cornea die Bevorzugung der Descemeti, die anscheinend eine Anziehungskraft auf das Silber

---

* Den Hinweis auf diese Untersuchungen verdanke ich Herrn Prof. Dr. W. R. HESS, Direktor des Züricher physiologischen Instituts.
** GERDA LASKI: Ann. der Physik 53 (1917).
*** Beziehungsweise es wachsen diffundierte „Amikronen" durch Apposition zur Sichtbarkeit heran.

ausübt. Dessen leuchtende Farben, die sich in spektraler Reihe folgen, sind also keine Pigment- oder Lackfarben, noch haben sie mit Interferenz zu tun, sondern das Ergebnis der „optischen Resonanz" des Lichtes an ultramikroskopischen Silberpartikeln.

Die Übereinstimmung der im physikalischen Versuch ermittelten Farben mit den von mir am Auge gefundenen stellt eine Ergänzung und Bestätigung meines Nachweises dar, daß das Substrat des Hornhautpigmentringes bei Pseudosklerose Silber ist.

b) Resultat der chemischen Untersuchung der Descemeti, der Leber, Nieren und Milz bei einem klinisch genau untersuchten Fall von Pseudosklerose.

Seit Niederschrift der vorstehenden Untersuchungen ist die dort ausführlich besprochene Patientin Elise Utzinger im 61. Lebensjahre gestorben, nachdem sie über 40 Jahre lang Insassin der medizinischen Klinik gewesen war.

Ich veranlaßte sofort die chemische Untersuchung von Leber, Nieren und Milz durch Herrn Prof. Dr. P. KARRER, Direktor des chemischen Instituts der Universität Zürich. Herr Prof. KARRER hat diese Untersuchungen in liebenswürdiger Weise an die Hand genommen und ich kann als Ergebnis mitteilen, daß unsere klinischen Befunde und Schlußfolgerungen (S. 155) ihre Bestätigung gefunden haben.

Die cirrhotische Leber der Patientin enthält pro 100 g formalinfixierter Substanz die enorme Menge von 29 mg Kupfer, Silber ist nur in sehr geringer Menge (1,2 mg auf 100 g) in der Leber nachweisbar, wohl aber in großen Mengen in der Niere (etwa 10 mg auf 100 g in Formalin gehärteter Substanz. Dagegen sind in der Niere nur geringe Kupfermengen vorhanden (1,7 mg pro 100 g), *so daß sich Niere und Leber in bezug auf den Metallgehalt entgegengesetzt verhalten.* (In der Niere konnte ich das Silber auch histologisch nachweisen.) Die Milz enthält 1,4 mg Kupfer und 2,5 mg Silber pro 100 g gehärteter Substanz.

Ein Vergleich mit dem Falle FLEISCHER-RUMPEL ergibt folgendes Bild:

Je 100 g	Silber		Kupfer	
	Fall FLEISCHER-RUMPEL mg	Fall VOGT mg	Fall FLEISCHER-RUMPEL mg	Fall VOGT mg
Leber	2,2	1,2	4,95	29
Niere	13,5	10	?	1,7
Milz		2,5		1.4

Also im Falle FLEISCHER-RUMPEL zwar 6mal weniger Kupfer als in dem unserigen, *aber trotzdem auch dort ein Überwiegen des Kupfers in der Leber, des Silbers in den Nieren.*

Es darf nach diesen Befunden als festgestellt gelten, daß in mit Descemetipigmentring einhergehenden Fällen von Pseudosklerose der Leber, der Milz und den Nieren, am Auge der Hornhaut und der Linse (wahrscheinlich noch anderen Organen), die überraschende Eigenschaft zukommt, Metallmengen, die in Spuren alimentär in den Organismus gelangen, *aufzuspeichern.* Wir dürfen annehmen, daß diese Eigenschaft letzten Endes dem Unvermögen entspricht, diese Metallmengen auszuscheiden.

Wie weit die Aufspeicherung von Schwermetallen zu Autointoxikationen führt und den Symptomenkomplex der Pseudosklerose beeinflußt oder gar bedingt, wird zu prüfen sein.

Die Spaltlampenmikroskopie verzeichnet insofern einen Erfolg, als die vorstehende chemische Untersuchung den Beweis erbringt, daß die von mir als „Kupferkatarakt" angesprochene und abgebildete Linsenepitheltrübung *tatsächlich durch Kupfer bedingt ist*. Ohne dieses Spaltlampenbild wäre im vorliegenden Falle die chemische Untersuchung von Leber und Niere auf Kupfer und Silber unterblieben, damit aber auch die Aufdeckung dieses in der Medizin einzig dastehenden Krankheitsbildes.

Schon SIEMERLING und OLOFF war bei ihrem Kranken das der Kupferkatarakt ähnliche Bild aufgefallen. Sie nahmen aber nicht Kupfer als Grundlage an, sondern vermuteten für Descemetipigmentring und Kupferstar dieselbe elektive mikrochemische Ursache. Silber als Ursache des Descemetipigmentringes lehnten sie ab.

Im obigen Falle Elise U. kamen die Bulbi 40 Minuten post mortem in Formol*, nachher Paraffineinbettung. Auch diesmal ergab die mikrochemische Untersuchung des Descemetipigments mit Cyankalilösung *Silber* als Substrat.

c) Der olivbraungelbe Descemetipigmentring bei Pseudosklerose.

Die (1923) 55jährige Elise Utzinger (s. voranstehender Text) mit Pseudosklerose weist den charakteristischen olivrotgelben peripheren Descemetipigmentgürtel an beiden Augen auf. Der Gürtel endet peripherwärts hinter dem Limbus sclerae überall *scharf linear* (Abb. 284 rechtes Auge, gezeichnet 27. 6. 23, ferner ähnlich Anfang 1929). Axialwärts verliert sich der Gürtel unscharf, dort von Gelb ins Grünliche, dann Blaugrüne und schließlich in blaue Töne übergehend. Im einzelnen ergibt sich Folgendes:

Abb. 284—285. Hornhautrückfläche und Iris des rechten Auges der eben genannten Patientin.

Pupillensaum kräftig, oben breit, unten ganz schmal, mit der gewöhnlichen circummarginalen Altersdestruktion, Iris graublau, Sphincterbreite 0,6 mm (also verschmälert), Vorderkammer mitteltief. Beleuchtet man die Iris durch die farbige Hornhautzone hindurch, so erscheint sie orangegelb gefärbt (Abb. 285). Das durch den *Pigmentgürtel* durchfallende Licht ist somit orangegelb.

Der *Pigmentgürtel* selber erscheint bei 24facher Vergrößerung im incidenten Mikrobogenlicht (Abb. 285) blaß rotgelb, im gewöhnlichen Licht olivbraun (Abb. 284). Er weist ein zartes, metallisch glänzendes, gleichmäßiges Korn auf. Überall sitzt er genau in derselben Fläche, im Bereich der Descemeti. Die Limbusgefäße werden als scharfe Schlagschatten auf den Pigmentgürtel geworfen, so daß bei der Belichtung des Limbus die Pigmentfläche von einem schwarzen Netz durchflochten erscheint.

Axialwärts ändert sich ziemlich rasch die Farbe der Pigmentzone und geht in einen gelben, dann grüngelben, schließlich grünblauen und blauen Ton über, wobei die Pigmentierung zarter wird und sich endwärts in bläulichem Ton verliert (Abb. 285). In den mittleren Hornhautpartien ist nirgends Pigment zu sehen.

Die Breite des Gürtels, der überall unter den Limbus taucht, so daß sein peripheres Ende beim Blick geradeaus von vorn nicht zu sehen ist, beträgt oben 3 mm (gemessen bis zum scleralen Rand), nasal 1,7 mm, unten 1,7 mm, temporal 1,8 mm.

---

* Leider wurde versäumt, sofort am Kapselepithel die Schwefelwasserstoffreaktion anzustellen, welche mir in einem Falle von Kupferkatarakt (bei intraokularem Kupfersplitter) positiv ausgefallen war. — JESS glaubt neuerdings (Z. Augenheilk. 69, 59), die Sonnenblumenkatarakt im Paraffinpräparat nachgewiesen zu haben. Doch sind Sonnenblumenkatarakt und Farbenschillern bei Chalkosis zwei klinisch und histologisch differente Erscheinungen. Die von ihm gesehene „subkapsuläre Kupferschicht" kann wohl das Farbenschillern, nicht aber die Katarakt erklären. Auch der eben mitgeteilte Fall zeigt, daß durch Paraffineinbettung die Sonnenblumenkatarakt spurlos verschwindet, was JESS selber im Fall SIEMERLING-OLOFF erlebt hat. Die Untersuchung des *rezenten* Präparates ist entscheidend.

Abb. 278—288. Tafel 37.

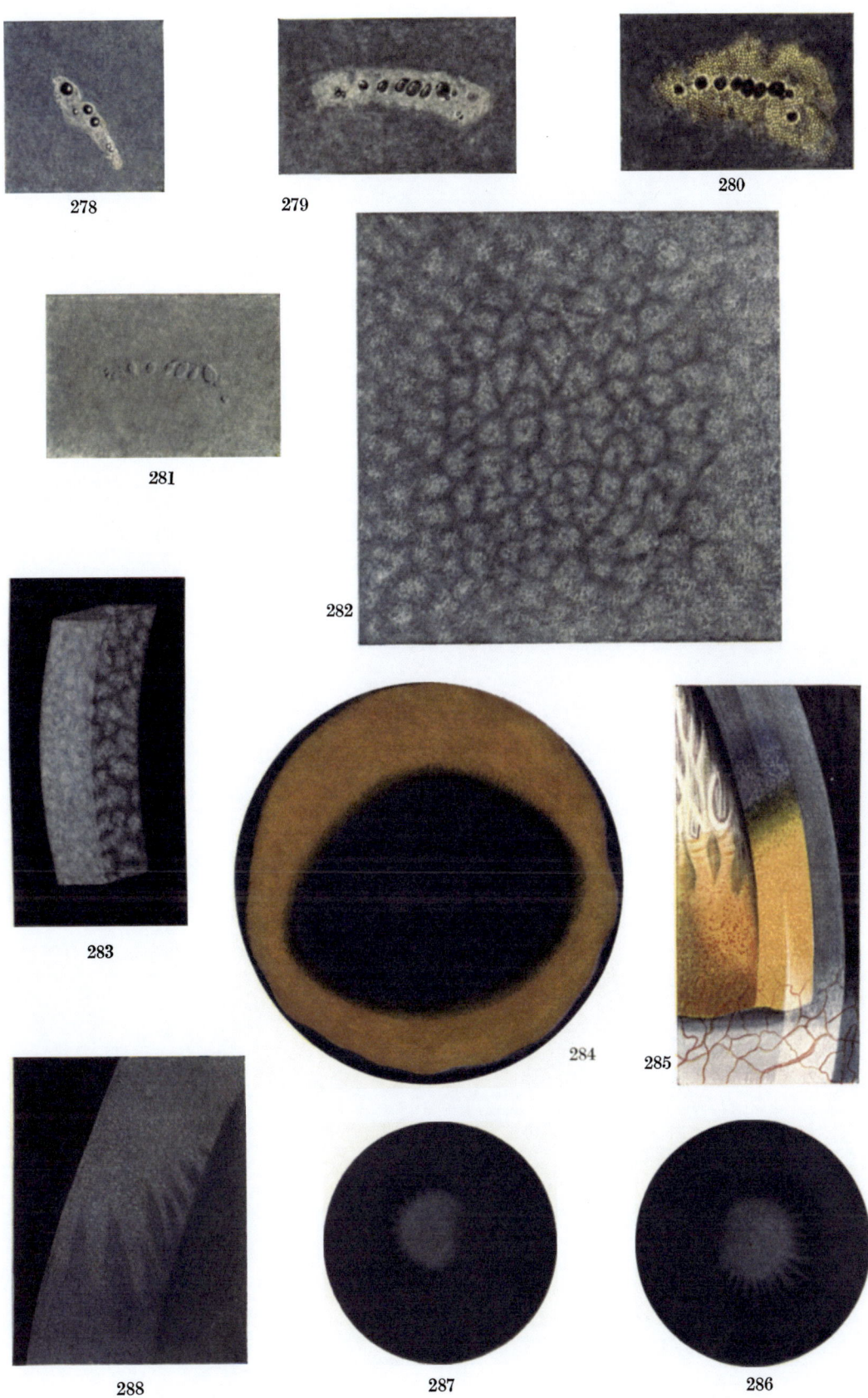

Vogt, Spaltlampenmikroskopie. 2. Aufl. Verlag von Julius Springer, Berlin.

Die periphere Grenzlinie des Gürtels (rechtes Auge), die übrigens nach allen Seiten scharf abschneidet, geht keineswegs mit Verdünnung des Pigments einher wie axialwärts. Die Grenz*linie* ist leicht unregelmäßig wellig gebogen, nicht kreisförmig (Abb. 284).

Die Grenzpartie erleidet im unteren Teil des Gürtels an einer Stelle eine besondere *Modifikation* in Form einer welligen Unebenheit. Ihr Aussehen gemahnt an die Oberfläche einer teigigen Substanz, in welcher man unregelmäßige Impressionen erzeugt hat. Da diese Impressionen ungleich groß und unregelmäßig rund bis kreisförmig sind, entsteht ein Bild, das man einer Mondlandschaft mit Wällen und dazwischenliegenden Vertiefungen vergleichen kann. Dieser modifizierte Bezirk der periphersten unteren Gürtelpartie hat eine Länge von etwa 5 mm und eine Breite von etwa 1 mm und läßt den axialen Rand des Gürtels völlig frei. Im übrigen finden sich nirgends Unregelmäßigkeiten des Pigmentgürtels, abgesehen von ganz unbedeutenden Lücken im temporalen peripheren Randbezirk.

Untersucht man die Gegend der erwähnten Impressionen mittels dünnen optischen Schnittes, so ist erkennbar, daß sich hier die Pigmentmasse wallartig gegen die mittleren Hornhautpartien verwulstet. (Histologischer Befund s. u.)

Diese Unregelmäßigkeiten fehlen vollkommen am Gürtel des linken Auges.

Die Untersuchung des hinteren Hornhautspiegelbezirks ergibt beiderseits eine etwas amorphe Beschaffenheit des Endothels, wie sie im Alter häufig ist. Doch sind einzelne Zellgrenzen noch erkennbar in der Gegend des axialen Gürtelrandes. Im Bereiche der dichtesten Trübung ist der hintere Spiegel überhaupt nicht mehr erhältlich.

Die Größenordnung des *Pigmentkornes* ist bedeutend niedriger als die des Endothels.

Durch Belichtung mittels durch ein Uviolglas filtrierten Bogenlichtes (also mit stark fluorescenzerregendem Licht) konnte ich keine besondere Fluorescenz des Pigments feststellen.

In von anderen Autoren beschriebenen Fällen von Descemetipigmentring zeigte sich in starkem Grade eine *Fleckung* oder Netzzeichnung, ähnlich derjenigen in unserem Falle Abb. 293—295. Besonders bemerkenswert in bezug auf die Fleckung ist ein Fall von JENDRALSKI*. Die JENDRALSKIsche Beobachtung ist auch genetisch beachtenswert, zeigt sie doch, daß die Pseudosklerose *familiär* auftreten kann (von 7 Geschwistern sind 4 befallen). Auch andere Beobachtungen weisen auf die hereditäre Natur dieses degenerativen Leidens hin.

d) Der Sonnenblumenstar (Kupferkatarakt) bei Pseudosklerose.

Abb. 286—290. Sonnenblumenstar bei Pseudosklerose-Pigmentring der Descemeti, voriger Fall.

Die Linsenvorderfläche zeigt beiderseits axial dieselbe blaugrüne Zeichnung, wie ich sie bei Kupferkatarakt beschrieben und abgebildet habe**. Auch das dort dargestellte feine metallische Korn fehlt nicht***. Die Sonnenblumenform ist am rechten

---

* JENDRALSKI: Klin. Mbl. Augenheilk. 69, 750 (1922).
** VOGT: Klin. Mbl. Augenheilk 66, 269 (1921).
*** Dieses gleichmäßige Korn, welches das Spaltlampenmikroskop aufdeckt, ist nach meinen Beobachtungen ganz allgemein *für Schwermetallpigment typisch*. Außer bei Silberimprägnierung der Descemeti fand ich es bei Sonnenblumenstar durch Kupfer, bei Goldimprägnierung der Hornhaut (P. KNAPP) und erst kürzlich wieder bei der Platintätowage nach KRAUTBAUER. Es weist also der eigentümliche metallische Kornglanz auf ein derartiges Schwermetall hin.

Auge deutlicher zu sehen als links, doch fehlen beiderseits der axiale Ring und das Farbenschillern.

Abb. 286 und 287 rechte und linke Pupille, diese 7 mm weit, Beobachtung bei schwacher Vergrößerung, Mikrobogenlampe, die Größe der Scheibe entspricht etwa der Pupille (3,0—3,5 mm, die Ausläufer nicht gerechnet). Am linken Auge sind die strahligen Ausläufer etwas weniger deutlich als am rechten. Die Scheiben verlieren sich temporalwärts unscharf. Abb. 288 gibt die nasal-unteren Ausläufer der Abb. 286 bei stärkerer Vergrößerung (Ok. 2, Obj. A 2) wieder. Man beachte das gleichmäßige feine glänzende Korn. In Abb. 289 breites, in Abb. 290 schmales Büschel. Beide zeigen die superfizielle, respektive subkapsuläre Lage der Schicht an.

Der vordere Linsenchagrin ist intakt, kein Farbenschillern, keine Auflagerungen auf der Vorderkapsel*.

Dieser Linsenbefund, den ich zum ersten Male im April 1923 erhob, blieb bis zum Tode der Patientin (1929) ziemlich konstant und ist kein zufälliger, denn ich fand ihn ähnlich auch in dem Falle der Abb. 296, 297. In dem veraschten linken Bulbus konnte das Kupfer *chemisch* nachgewiesen werden (s. u.), womit die Kupfernatur des Sonnenblumenstars bei Pseudosklerose erwiesen ist.

Übriger Augenbefund des vorigen Falles.

Erwähnt sei, daß die gelbe Zone (Macula retinae) des linken Auges ganz abnorm zwischen verdickten Gefäßen liegt. Eine Abbildung davon habe ich in meiner Monographie über die Ophthalmoskopie im rotfreien Licht im Handbuch von GRAEFE-SAEMISCH, Untersuchungsmethoden, 3. Aufl., Bd. 3, S. 24 1924, in Abb. 10 wiedergegeben. Im rotfreien Licht Fundus auffallend dunkel.

Die Hornhautbrechkraft ist rechts horizontal 42,5 D, vertikal 41,25 D, links etwas irregulär, horizontal 44 D, vertikal etwa 42 D.

RS = 6/18 (plus 1,5 komb. cyl. plus 1,5 Achse 15°).

LS = 6/36—6/24 (plus 2,0 komb. cyl. plus 1,0 Achse horiz.).

In den Jahren 1924, 1925 und 1926—1929 war der hier geschilderte Befund ziemlich derselbe.

Den rechten Bulbus dieser Patientin konnten wir durch das Entgegenkommen von Prof. NAEGELI und Prof. v. MEYENBURG 40 Minuten post mortem enucleieren. Fixierung in Formalin, Einbetten in Paraffin, Zerlegung in senkrechte Sagittalschnitte (s. Abb. 291 u. 292). Den *linken* Bulbus dieser Patientin ließ ich durch Herrn Prof. KARRER *veraschen*. Die Aschenanalyse, die durch Herrn Prof. KARRER persönlich durchgeführt wurde, wofür ich ihm herzlich danke, *ergab 0,4 mg Silber*, sowie Spuren von *Kupfer*.

*Abb. 291 und 292a und b. Histologische Sagittalschnitte durch die rechte Hornhaut des vorigen Falles. Mikrophotographie**.*

---

* Ich betone letzteres, weil JESS im Falle SIEMERLING-OLOFF, den er mit negativem Ergebnis anatomisch untersuchte, daran dachte, daß das Substrat dieses Kupferstars vielleicht eine (wegschwemmbare) Auflagerung der Kapsel darstelle. Diese müßte aber in erster Linie im Spiegelbezirk zu sehen sein. Die feinen Pünktchen, welche die Katarakt zusammensetzen und die Lage gleichmäßig dicht unter der Kapsel weisen *vielmehr auf eine Veränderung des Epithels hin,* welch letztere ich in einem Falle mittels Schwefelwasserstoff am rezenten Präparat nachweisen konnte, während JESS in seinen Paraffinschnitten wie zu erwarten, nichts fand. Das Substrat der Sonnenblumenkatarakt bei Chalkosis darf nicht mit demjenigen des Farbenschillerns verwechselt werden. Näheres s. im Abschnitt Linse.

** Der Kupferstar ist durch die wenige Stunden dauernde Aufbewahrung in Formol völlig verschwunden.

Abb. 289—295. Tafel 38.

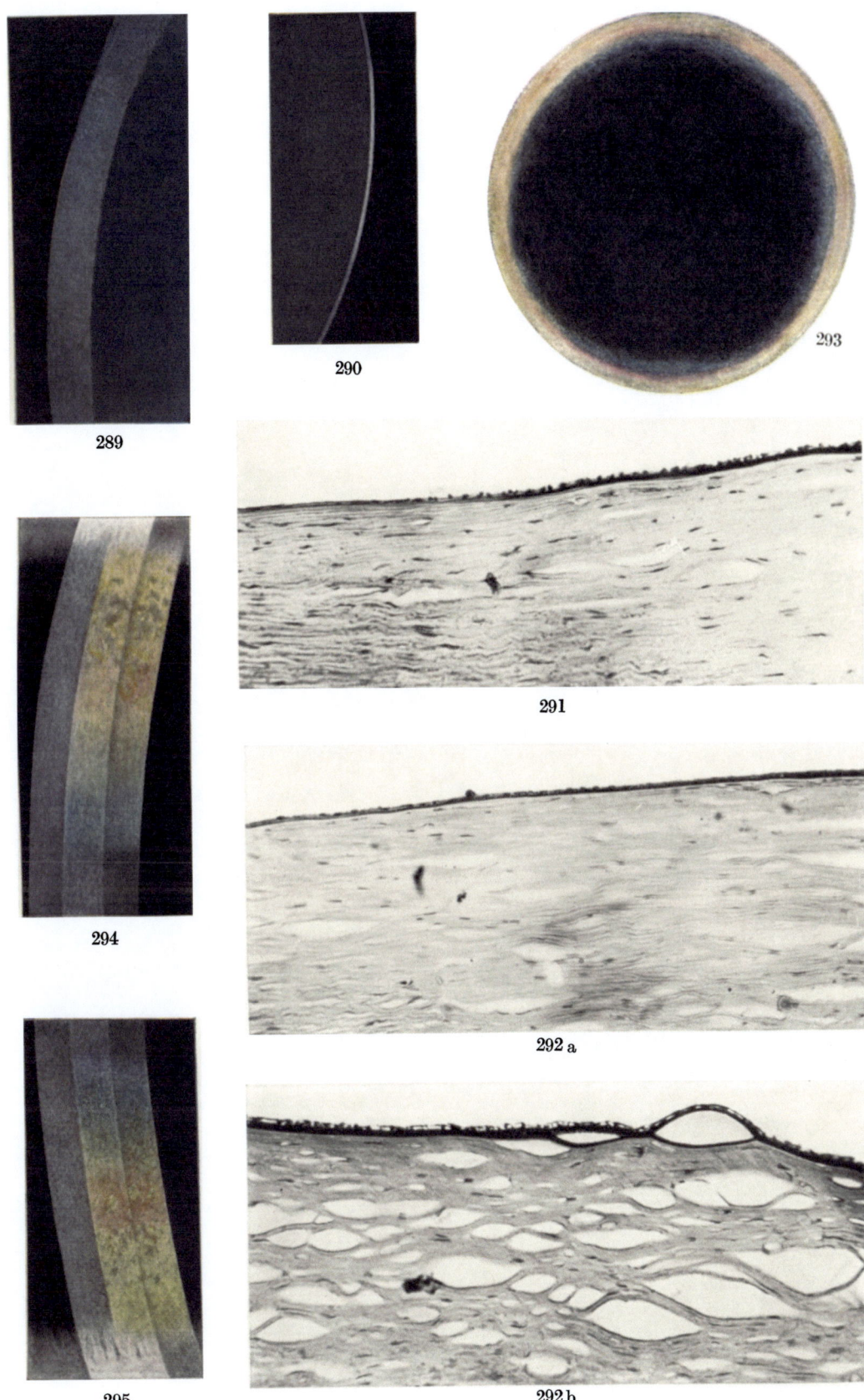

289
290
293
291
294
292a
295
292b

Vogt, Spaltlampenmikroskopie. 2. Aufl. Verlag von Julius Springer, Berlin.

Abb. 291 zeigt das periphere Ende der Pigmentzone, ziemlich plötzlich hört hier das Pigment auf.

Abb. 292a. Das axiale Ende der Pigmentzone, das Pigment wird allmählich schwächer, die Körnchen werden lockerer.

Abb. 292b zeigt die pigmentierte Descemeti *an 2 Stellen in eine vordere und eine hintere Platte gespalten.*

Die oben (Text zu Abb. 284, 285) geschilderten Vorbuckelungen und Impressionen des unteren Descemetiabschnittes finden als histologisches Substrat eine merkwürdige Spaltung der Descemeti in zwei Blätter parallel zu ihrer Fläche (Abb. 292b). Diese beiden verbogenen Blätter sind offenbar durch Flüssigkeit voneinander abgedrängt. Im Zusammenhang steht diese Spaltung vielleicht mit der Tatsache, daß in einzelnen Fällen von Pseudosklerose die Descemeti das Pigment nur in der hinteren Hälfte ihrer Dicke zeigt (Abb. 296), während die vordere Hälfte frei bleibt. Es wird dadurch ein differentes Verhalten der vorderen und hinteren Platte offenbar, welchem vielleicht die in unserem Falle beobachtete örtliche Scheidung zugrunde liegt (Abb. 284, 285, 292b.)

Brachte ich auf frische entparaffinierte Schnitte dieses Falles einen Tropfen 3—10%iger Cyankalilösung unter Luftzutritt, so verschwand das Descemetipigment rasch (Silber oder Goldnachweis, s. Text zu Abb. 298 und 299). *Silberablagerung fand sich in vorliegendem Falle in dichter Schicht auch in der M. elastica chorioideae.* (Als erster hat B. FLEISCHER in seinem histologisch untersuchten Falle eine analoge Pigmentierung der Elastica gefunden, deren chemische Natur er nicht feststellen konnte. Heute dürfen wir annehmen, daß es sich auch in seinem Falle um Silber handelte*.)

Mittels Cyankali gelang mir die Depigmentierung der Elastica chorioideae ebenso rasch wie die der M. Descemeti. Ein sehr instruktives und überzeugendes Bild: Das Pigment des anliegenden Pigmentepithels bleibt, das der Elastica verschwindet. 33%ige Kalilauge tangierte dagegen das Silber nach 2 Tagen nicht, löste aber das Pigment von Chorioidea und Pigmentepithel auf!

Zusatz von Jod (Lugol) auf den ungefärbten histologischen Schnitt ergab *gelbes durchsichtiges Jodsilber* (W. R. HESS), das ich (nach Auswaschen mit Alkohol) unter Lichtzutritt mittels Hydrochinon wieder zu Silber reduzieren konnte! Man konnte also mit den Descemeti- und Elasticaschnitten der Elise U. regelrecht „photographieren". (Ausführliche Mitteilung vide Klin. Mbl. Augenheilk. Juli 1930.)

Abb. 293—295. Weiterer Fall von Descemetipigmentierung bei Pseudosklerose.

Der 28jährige Emil Js. mit typischer Pseudosklerose (den Patienten verdanke ich der Liebenswürdigkeit des Herrn P. D. Dr. von WYSS, Zürich) weist einen beidseitigen peripheren Descemetipigmentring auf, der oben breiter als unten ist. Breite oben 3 mm, unten 2 mm (s. Abb. 293). Die Pigmentzone zeigt in diesem Fall eine etwas andere Beschaffenheit als im vorigen. Die Pigmentschicht ändert ihre Dichte weniger gleichmäßig und dementsprechend besteht ein mehr unregelmäßiger Wechsel der farbigen Zonen, wie dies Abb. 294, prismatischer Schnitt durch den oberen Gürtel und Abb. 295, Schnitt durch den unteren Gürtel, wiedergeben. Man beachte die eingestreuten Landkartenfelder anderer Färbung, welche auf ungleiche Verteilung der kolloidalen Dispersionsgröße hinweisen. Immerhin kann gesagt werden, daß auch

---

* In unserem Falle erfüllt das Pigment die Elastica chorioideae in derartiger Menge, daß diese Membran auf mehr als das Fünffache verdickt erscheint. Für den quantitativen Silbernachweis (s. o.) war dieses Pigment entscheidend. Es betrug schätzungsweise mehr als das Fünfzigfache des Descemetipigments.

hier im peripheren Ringabschnitt die gelben Töne vorherrschen, während axialwärts der Gürtel sich in gelbgrünen, grünen, cyanblauen und schließlich blauen Tönen in die klare Hornhaut verliert. Die eingestreuten purpurnen Töne entsprechen einem besonders feinen Korn.

Die periphere Grenze ist auch hier überall durch den Limbus sclerae verdeckt, besonders oben, weil sich hier der Limbus sclerae 2 mm weit vorschiebt. In der Randschlingengegend sieht man weiße Stellen vom Typus der in Abb. 189, 190 als „weißer Limbusgürtel" wiedergegebenen.

Abb. 296—299. Anatomischer Befund in einem weiteren Fall von intra vitam diagnostiziertem Descemetipigmentring bei Pseudosklerose.

Der 28jährige Emil We. mit Pseudosklerose (Diagnose Prof. NAEGELI, Dir. d. med. Klinik) weist beiderseits typischen braunen Pseudoskleroring auf, Ringbreite (am linken Auge gemessen kurz post enucleationem) durchschnittlich 1,25 mm, die dicht olivbraune Zone jedoch nur 0,8 mm, temporal ist die Gesamtzone schmäler (0,8 mm), unten ist die Gesamtbreite 2 mm. Nasal auffallend schmal, stellenweise nur 0,5 mm. Peripher schneidet der Ring wieder scharf ab, wieder in wellig verbogener Kreislinie, axialwärts verliert er sich allmählich in Grün und Blaugrün. *Linsenvorderkapselgegend ähnlich wie im Fall Abb. 286—290 grünlich punktiert* (noch am frisch enucleierten Bulbus sichtbar). Abb. 296 D freie Descemeti, P pigmentierte Descemeti, E Endothel.

Abb. 297. Gekippter Descemetischnitt, das Pigment ist hier nicht im Sagittalschnitt, wie in Abb. 296, sondern von der Fläche zu sehen. Man beachte die stark variierende Dichte des Pigments. Die dunklen runden Stellen sind Endothelkerne.

Vom subkapsulären Kupferstar ist nichts mehr zu bemerken. Offenbar geht diese feinste Imprägnierung rasch in die Fixationsflüssigkeit über (vgl. den Nachweis im Abschnitt Kupferstar, Kapitel Linse).

Abb. 298 und 299 sind mikrophotographische Aufnahmen einer und derselben Schnittstelle. In Abb. 298 ist die Pigmentierung der M. Descemeti sehr deutlich sichtbar, im Schnitt der Abb. 299 jedoch habe ich das Pigment mittels 10%iger Cyankalilösung ausgelöscht. Einige Minuten nach Auftropfen der Lösung auf den sorgfältig von Paraffin befreiten Schnitt war das Pigment verschwunden.

Ist das Descemetipigment bei Pseudosklerose stets einheitlicher Natur? Diese Frage kann a priori nicht bejaht werden. Wissen wir doch, daß einerseits nur eine bestimmte *Gruppe* der Pseudosklerotiker das Pigment aufweist, daß andererseits *verschiedene* Metalle im Auge und in inneren Organen nachgewiesen sind. Einzelne Beobachtungen klinischer und chemischer Natur deuten darauf hin, daß das Pigment kein einheitliches zu sein braucht. Erst die Untersuchung einer großen Zahl von Fällen wird die genannte Frage beantworten können.

e) Andere Formen von Argyrosis der M. Descemeti.

Abb. 300—301. Andeutung eines Ringes ähnlich demjenigen bei Pseudosklerose bei einer anscheinend gesunden Frau.

Am 16. November 1923 konsultierte unsere Poliklinik die 48jährige Mathilde Cal. wegen Presbyopie. Als zufälligen Nebenbefund fanden wir eine Andeutung von Pseudoskleroring an beiden Augen (Dr. KLAINGUTI), s. Abb. 300, schwache Vergrößerung und Abb. 301. Besonders der breite Büschelabschnitt in Abb. 301, Ok 2, Obj. A 3 zeigt peripher das typische gelbliche Korn (K), das axial lockerer

Abb. 296—302. Tafel 39.

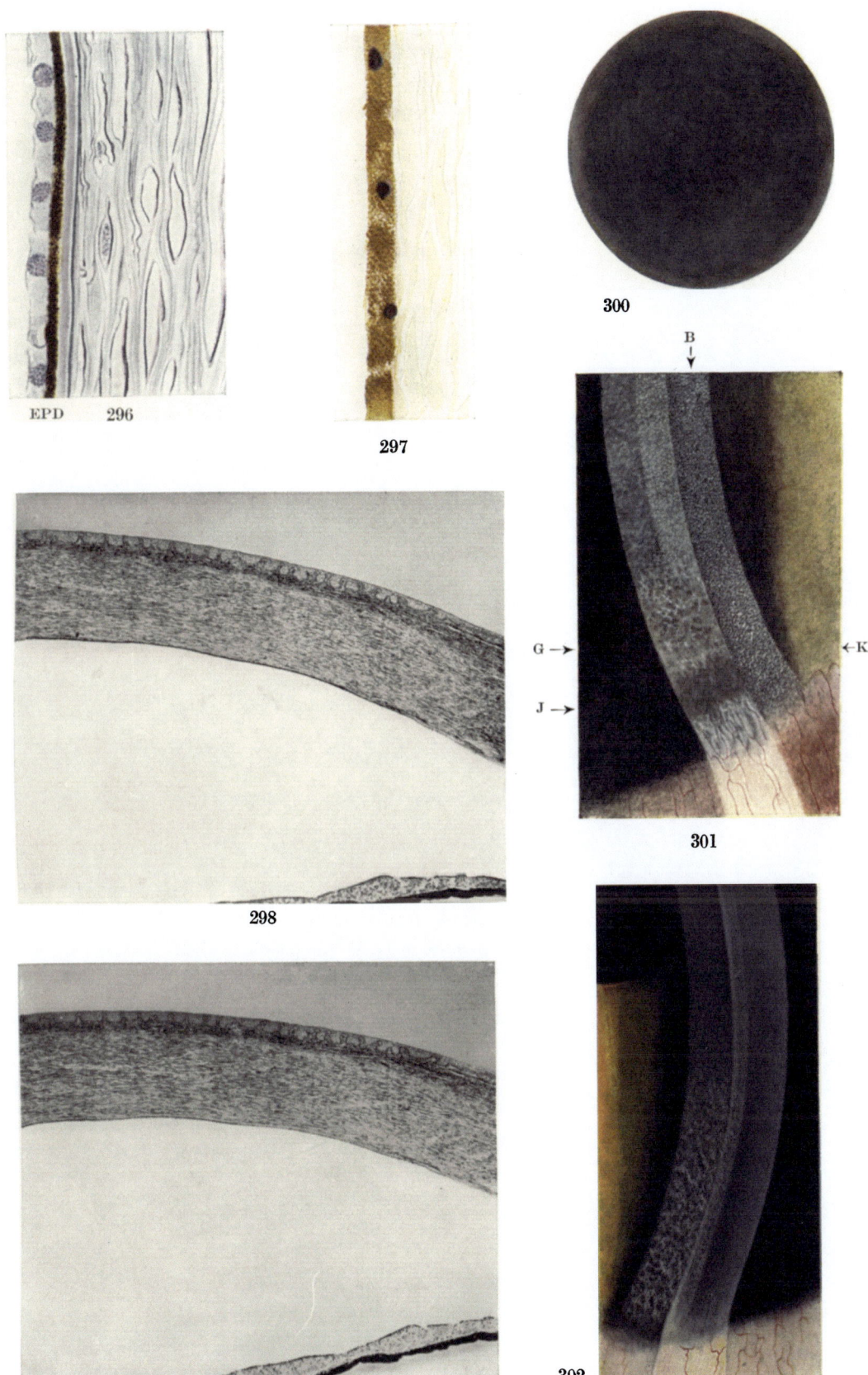

296 EPD
297
298
299
300
301
302

Vogt, Spaltlampenmikroskopie. 2. Aufl. Verlag von Julius Springer, Berlin.

und blaugrünlich wird (B), feine dunkle Lücken freilassend. Außerdem besteht ein Gerontoxon (G) mit Intervall (J).

Die Untersuchung in der medizinischen Poliklinik ergab keine Anhaltspunkte für Pseudosklerose.

Als wir 2½ Jahre später eine Nachuntersuchung machen wollten, erfuhren wir, daß die Patientin an unbekannter Krankheit verstorben sei.

Abb. 302—303. Zufällig beobachtete Formen von Argyrosis der M. Descemeti.
Abb. 302. Endogene Argyrosis der M. Descemeti bei der 40jährigen Frau E. Wa.

Ok. 2, Obj. A2. Breiter prismatischer Schnitt. Retinitis in macula beiderseits seit zwei Monaten. Wassermann negativ. Im Lungenhilus multiple Drüsenpakete (Mann an Tbc. pulm. gestorben). Die Spaltlampenuntersuchung der Hornhäute ergibt beiderseits einen gelbgrauen Descemetipigmentring (Abb. 302), der sich axialwärts zunächst in grünlichen, dann in bläulichen Tönen verliert und dessen Substrat bald mehr ein feines Korn, bald eine feine Netzzeichnung erkennen läßt.

Die Anamnese ist zunächst in bezug auf vorangegangene Silbertherapie vollkommen negativ. Irgendwelche Zeichen von Pseudosklerose konnte Herr Prof. LÖFFLER, der die Frau schon früher behandelt hatte, nicht feststellen.

Nach einigen Tagen erinnerte sich jedoch die Patientin, daß sie vor Jahren längere Zeit ein Silberpräparat gegen Influenza einnahm, das in Südamerika (Dr. HOTTINGER, Sao Paûlo) unter dem Namen Silicargol vertrieben wird. Die Untersuchung des Medikamentes ergab in der Tat starken Silbergehalt.

Dieser Fall beweist, daß die M. Descemeti intern verabreichtes Silber aufzunehmen und aufzuspeichern imstande ist. Er wirft wohl auch ein Licht auf die Genese des Falles der Abb. 300—301, bei der auf eventuelle Silbermedikation nicht gefahndet worden war.

Bei hämatogener Silberbehandlung trat in einem Falle von ASCHER eine ähnliche Verfärbung der Descemeti auf, die er als Argyrose auffaßt[*]. Aus neuerer Zeit erinnere ich an die Spaltlampenbeobachtungen von Argyrosis der Descemeti durch SUBEL[**], K. STEINDORFF[***], METZGER[†], LARSEN[††], R. STEIN[†††], MEESMANN[*†], KERAPOVA und BRUCKNER[*††], welche ausschließlich Berufsargyrose betreffen.

Abb. 303. Argyrose der M. Descemeti bei Argyrosis conjunctivae nach Eintropfen von Silberpräparaten.

Der 43jährige Oberstl. Mu. wurde von mir wiederholt gegen Diplobacillenconjunctivitis mit Zinkpräparaten behandelt. Kürzlich ergab die Durchmusterung der Hornhaut eine Färbung der M. Descemeti vom Typus derjenigen in Abb. 302, Färbung jedoch etwas schwächer ausgeprägt. Wieder verliert sich der peripher graue bis graugelbliche Pigmentgürtel axialwärts in reinblauen Tönen. Die untere Übergangsfalte und zum Teil die Conjunctiva bulbi inferior sind durch frühere, monatelang fortgesetzte Einträufelung von Arg. nitricum und von organischen Silberpräparaten

---

[*] ASCHER: Klin. Mbl. Augenheilk. 73, 414 (1924).
[**] SUBAL: Klin. Mbl. Augenheilk. 1922, 68, 647.
[***] STEINDORFF, K.: Ibidem 75, 777 (1925).
[†] METZGER: Ibidem 77, 210 (1926).
[††] LARSEN: Graefes Arch. 118, 145 (1927).
[†††] STEIN, R.: Wien. klin. Wschr. 1928, 1069.
[*†] MEESMANN: Atlas der Spaltlampenmikroskopie. 1927.
[*††] KERAPOVA u. BRUCKNER: Čas. lék. česk. 66, 1657 (1927).

schiefergrau bis schwarz verfärbt. Zweifellos ist dabei das Silber durch die Cornea hindurch diffundiert und hat sich in der Prädilektionsstelle für Argyrose, der Membrana Descemeti, abgelagert.

Auch bei der 54jährigen Frau Emma St. (Fall der Abb. 254—256), bei welcher jahrelanges Einträufeln von Silberpräparaten eine Argyrosis conjunctivae hervorrief, weist das linke Auge auf nahezu der ganzen oberen Descemetihälfte eine blaugraue Marmorierung auf, mit Stich ins Bräunliche, die an den Ring bei Pseudosklerose erinnert.

Abb. 304. Silberimprägnierung der Descemetigegend durch Syrgoleinträufelung bei chronischer Keratitis.

Die 56jährige Frau A. H. machte schon vor 10 Jahren und früher als Kind eine oberflächliche und tiefgehende beidseitige Keratitis mit begleitender Iritis durch. Es bestehen alte parenchymatöse, zum Teil vascularisierte Trübungen bei starkem Astigm. irreg. Wassermann negativ. Eine Verletzung fand nie statt.

Seit 3 Monaten Rezidiv rechts, mit schleichender Iridocyclitis und vereinzelten tiefen Hornhautinfiltraten und mit Präcipitaten. Im unteren Hornhautdrittel die während mehrerer Monate beobachtete engmaschig netzförmige Einlagerung der Abb. 304, deren oberer Teil lebhaft ultramarinblau, deren unterer hellgelb (mit Stich ins Grünlichgelbe) ist. Der vertikale Durchmesser der flächenhaften Einlagerung beträgt 1 mm, der horizontale 1,25 mm. Die Einlagerung liegt 2,5 mm über dem unteren Hornhautrand. Rechts einige Blutgefäße des tiefen Parenchyms.

Beobachtung im fokalen Licht, Ok. 2, Obj. A 2.

Die Abbildung wurde im März 1919 aufgenommen. 3 Monate vorher hatte die Einlagerung eine fast gleiche Form und Ausdehnung gehabt, doch waren die Maschen dichter und unschärfer, die Farben noch lebhafter gewesen. — Wie die Deutung dieser Veränderung, die in der 1. Auflage des Atlas noch als rätselhafte Abb. 55 wiedergegeben ist, gelang, ist auf S. 149 auseinandergesetzt.

Abb. 305—306. Silberimprägnierung der Descemetigegend nach wiederholter Einträufelung von Syrgol ½% post extractionem cataractae.

Abb. 305 Flächenansicht, Abb. 306 mittelbreiter optischer Schnitt. Die Farben der netzförmig verzweigten Einlagerung sind ähnlich wie in Abb. 304. Resorption nach vielen Wochen. Text s. S. 148.

Abb. 307—308. Silberimprägnierung der tiefen Hornhautpartien und der Descemetigegend

durch Argyroleinträufelung während und nach der Entfernung von Glassplittern aus Kammerwinkel und Corpus ciliare. Abb. 307 breiter, Abb. 308 schmaler prismatischer Schnitt.

Abb. 309—310. Therapeutische Silberimprägnierung des Hornhautparenchyms und speziell der Membrana Descemeti.

Frl. Mü. Text s. S. 149. Abb. 309 früheres, Abb. 310 späteres Stadium. Noch 9 Monate nach Aufnahme der Abb. 310 waren die Farben kräftig ausgesprochen.

Abb. 303—313. Tafel 40.

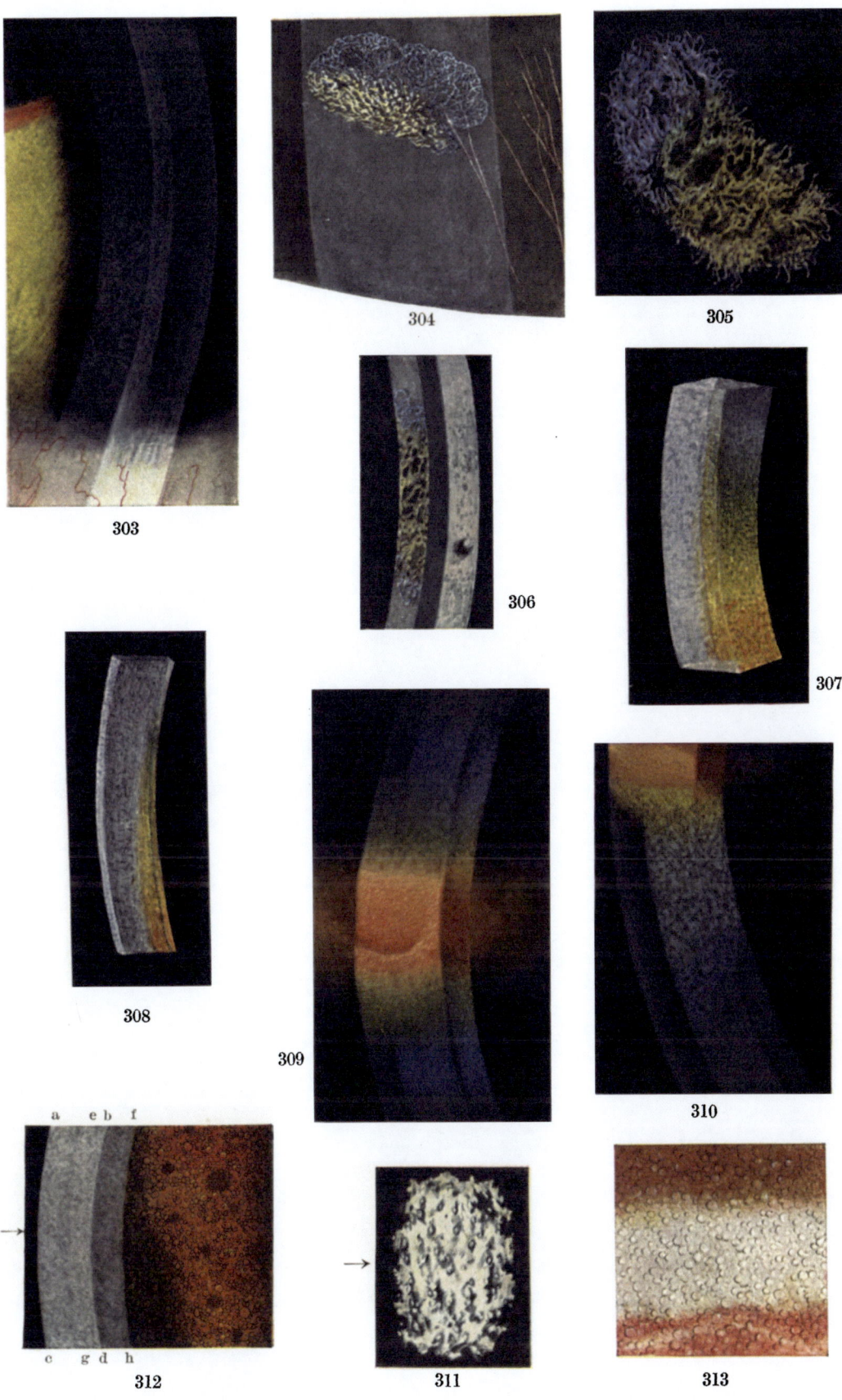

Vogt, Spaltlampenmikroskopie. 2. Aufl. Verlag von Julius Springer, Berlin.

V. Entzündliche Veränderungen der Hornhaut und ihre Folgezustände.

a) Fluorescein zur Verdeutlichung von entzündlichen Hornhautherden.

Frische Epithelherde färben sich meist rasch mit Fluorescein. Die Belichtung geschieht am besten mit Tageslicht. (Künstliches Licht enthält, wenn wir von Bogenlicht absehen, zu wenig Ultraviolett, um kräftige Fluorescenz zu erregen.)

Parenchymfärbungen mit Fluorescein sind beim Menschen unter pathologischen Bedingungen erzielbar. In einem Falle von *Laugenverätzung* war noch mehrere Monate nach der Färbung die gesamte Cornea durch das Fluorescein durchgefärbt (Dauerfärbung.)

Gröbere Epithelvakuolen, z. B. solche bei Keratitis parenchymatosa, nahmen oft unmittelbar nach der Fluoresceineinträufelung die Färbung nicht an. Während sich das umgebende Gewebe rasch färbt, tritt in solchen Fällen die Vakuole zunächst als schwarzes rundes Loch aus grüner Umgebung hervor. Erst nach einer längeren Reihe von Sekunden oder Minuten überwindet das Fluorescein den Widerstand, den ihr die Vakuolenwand entgegensetzt und diffundiert allmählich, bald wolkenförmig, bald diffus, in die Vakuole hinein. Damit wird letztere grün. Oft jedoch bleibt die Färbung aus.

Im Bereiche der rezidivierenden Epithelerosionen sah ich mehrfach das Fluorescein in das tiefere Parenchym eindringen. Vakuolen des Epithels bleiben dabei oft ungefärbt. (Siehe unter recidivierender Erosion.)

b) Entzündliche Veränderungen des Epithels und des Oberflächenparenchyms.

1. Epithelödem.

Abb. 311. Vorderer Spiegelbezirk bei Epithelödem der Hornhaut (vgl. S. 23, 30).

Fall von Glaukoma absolutum bei dem 50jährigen M. R. Ok. 2, Obj. A 2, fokales Licht. Der unter normalen Verhältnissen scharf und geradlinig begrenzte vordere Spiegelbezirk (Sp. in Abb. 41) weist am Rande unregelmäßige Bogenvorsprünge und Einbuchtungen auf und ist von rundlichen Reflexen umgeben und durchsetzt, welche als Ausdruck einer feinhöckerigen Spiegelfläche zu gelten haben. Eine solche ist die ödematöse gestichelte Hornhautoberfläche. Abb. 311 gibt also das mikroskopische Bild des Spiegels dieser Stichelung wieder. Ähnliche Bilder wie in diesem Falle von Glaukom sieht man auch bei Keratitis, z. B. parenchymatöser, bei schwerer Iridocyclitis und anderen Krankheiten, die zu Stichelung des Epithels, d. h. zu Epithelödem führen. Man beachte die runde Höckerung und die bogige Begrenzung des Feldes.

Die corpusculären Elemente und die Interferenzerscheinungen sind nicht dargestellt (s. diese in Abb. 41).

Läßt man ein solches Auge für einen Moment schließen, so sind nachher alle Unebenheiten so lange verschwunden, als sie durch Tränenflüssigkeit ausgeglichen werden. Nach einer gewissen Anzahl von Sekunden pflegen sie wieder hervorzutreten. Es wird also durch den normalen Lidschlag vorübergehend eine glatte, gesunde Epitheloberfläche vorgetäuscht. Im regredienten Licht zeigen diese Fälle Epithelbetauung, s. Abb. 312, 313. *Diese wird durch Tränenflüssigkeit (Lidschluß) nicht zum Verschwinden gebracht.*

Bei frischem akutem und subakutem Glaukom sah ich die Vakuolen dieser Betauung *unmittelbar* nach dem druckentlastenden Eingriff verschwinden (anders verhielten sich inveterierte Fälle, zum Teil solche mit beginnender gürtelförmiger Hornhautdegeneration, vgl. Text zu Abb. 200, 201).

Bei *Regenbogenfarbensehen* zufolge Drucksteigerung konnte ich diese Hornhautvakuolen ebenfalls feststellen, welche eine Stichelung der Hornhautoberfläche zustande bringen und das Regenbogenfarbensehen veranlassen.

Dementsprechend konnte ich diese Regenbogenfarben dadurch nachahmen, daß ich eine feinbeschlagene Glasplatte dicht vor meine Hornhaut hielt*. Ich ahmte dadurch die Unebenheit der Hornhautoberfläche und die Vakuolen nach.

Als seltene Veränderung erwähne ich starkes Epithelödem nach Diszission und dadurch bedingtem Herantreten des Glaskörpers an die Hornhautrückfläche (z. B. Geh. Marie, 66jährig, Diszission des Nachstars vor 14 Tagen. Tension: 5 Teilstriche bei Gewicht 5,5, somit normal). Offenbar stört der Glaskörper in solchen Fällen die Ernährungsverhältnisse der Hornhaut (vgl. Text zu Abb. 200, 201, stationäre Vakuolen).

Abb. 312. Epithelbetauung bei Glaukoma absolutum. 50jähriger Mann.

Regredientes Licht. Ok. 2, Obj. A 2 (Abb. 311 stellt den vorderen Hornhautspiegelbezirk dieses Falles dar). Die vakuolenähnlichen Gebilde sind in dem von der braunen Iris reflektierten (also regredienten) Lichte zu sehen und *von ungleicher Größe*. Der Unterschied des klinischen Bildes von demjenigen des Lymphocytenteppichs der Hornhautrückfläche geht aus der Vergleichung mit Abb. 438 und 442 hervor.

Derartige Epithelbetauung ist sehr häufig: Sie findet sich auch bei den verschiedenen Formen von Keratitis, seltener bei Iridocyclitis. Doch sind die Tröpfchen nicht immer von gleicher Größe. Im fokalen Licht besteht das Bild der Stichelung (Spiegelbezirk Abb. 311).

Die Differentialdiagnose gegenüber Betauung der Cornearückfläche (Lymphocytenteppich und scheinbare Betauung durch Cornea guttata) geschieht bei Abwesenheit von Hornhauttrübungen durch Mikroskopeinstellung auf die corpusculären Elemente der Hornhautoberfläche bzw. auf gelegentliche Präcipitate der Hornhauthinterfläche, bei etwa 68facher Linearvergrößerung (Methode der Bildschärfe), oder durch Übereinstellung (s. S. 22). Die Betauung, die der Lymphocytenteppich der Hornhautrückfläche hervorruft, ist übrigens viel feiner und gleichmäßiger (Abb. 438, 442). Auch die Tropfen der Cornea guttata (Abb. 145—147, 150, 155, 158) unterscheiden sich durch ihre Gleichmäßigkeit von der vorderen Betauung, abgesehen davon, daß sie, wie auch der Lymphocytenteppich, im *fokalen Büschel lokalisierbar sind*. Die Diagnose der (vorderen) Epithelbetauung sichert ferner der vordere Spiegelbezirk (Abb. 311).

---

* Es genügt, eine kühle Glasplatte kurze Zeit über Dampf zu halten.

Abb. 313. Epithelbetauung bei Glaukoma absolutum (zufolge Tumor, Fall R., 45 Jahre).

Ok. 4, Obj. A 3, regredientes Licht. Die Iris ist zum Teil depigmentiert (weiße Partie), zum Teil besteht ein Ektropium uveae (braune Partie). Ferner sind starke venöse Gefäße vorhanden. Die Betauung erscheint am deutlichsten vor dem weißen Grunde. Über das diesem Falle zugrunde liegende Irisbild vergleiche den Abschnitt Iris.

Über polymorphe stationäre Vakuolen bei Hornhautdegeneration durch chronisches Glaukom vgl. Abb. 200, 201.

Abb. 314 und 315. Optische Wirkung einer oberflächlichen Hornhautvakuole im Parenchym und auf der Descemeti.

Die Vakuole hat eine Sammelwirkung, wie an dem kegelförmigen hellen Büschel Abb. 314 erkennbar ist, das das Parenchym durchsetzt, und dessen durch die Hornhautrückfläche gegebener Querschnitt intensiv weiß und wesentlich kleiner ist, als die Vakuole. Der Unerfahrene könnte eine Veränderung der Descemeti annehmen. Wandernlassen der Lichtquelle klärt auf: auch der Lichtfleck wandert.

Die sammelnde Wirkung einer im Gewebe sitzenden Vakuole beweist, daß der Brechungsindex ihrer Substanz größer ist als der des umgebenden Gewebes. Im umgekehrten Fall müßte sie zerstreuend wirken.

Abb. 315 zeigt eine größere und eine ihr benachbarte kleinere Vakuole im Irislicht, vgl. den Abschnitt optische Täuschungen (Jakob Mey., 29 Jahre, Epithelvakuole bei seltener Hornhautdystrophie nach Geburtstrauma).

2. Keratitis epithelialis.

Eine systematische Gruppierung der hierher gehörigen vielgestaltigen Erkrankungen ist heute noch kaum durchführbar, insofern, als die Ätiologie mancher Krankheitsbilder völlig dunkel ist. Vor allem ist meist unklar, ob infektiös bedingte oder primär degenerative Krankheitsbilder vorliegen. Die Polymorphie der Keratitis epithelialis ist im Lichte des Spaltlampenmikroskops eine große.

Soweit es sich um umschriebene Herdveränderungen handelt, ergibt sich *ein häufiger, vielen Bildern gemeinsamer Befund: Die Zusammensetzung der Herde aus Einzeltröpfchen im regredienten Licht* (s. Abb. 317, 318). Im vorderen Spiegelbezirk imponieren die Herdchen bisweilen als kleine Prominenzen, bläschenähnliche Gebilde. Derartige disseminierte, meist sehr zahlreiche Herdchen kommen zunächst als Ausdruck einer skrofulösen Erkrankung des conjunctivalen und cornealen Epithels vor (E. FUCHS, 1889, u. a.). Oft folgt ihnen phlyktänuläre Keratitis und Conjunctivitis, sie sind also nur Teilerscheinung der letzteren und werden daher meist übersehen. Sie gehen mit Lichtscheu einher und sind schon aus diesem Grunde nicht immer leicht zu beobachten. Am sichersten findet man sie im Spiegelbezirk. Ich sah sie auch bei rezidivierender Keratitis auf alten Hornhauttrübungen in der Nähe des Limbus. In diesen Fällen sind sie flüchtiger Natur und oft nur im Spiegelbezirk als multiple Bläschen nachweisbar. Seltener ist die chronische Form, deren dichte Herde der Hornhaut ein fein marmoriertes Aussehen geben und welche anscheinend mit Vorliebe Jugendliche ergreift. (Zweimal sah ich sie bei Kindern von 10—12 Jahren.) Die Hornhaut ist mit grauen Punkt-, Komma- und Strichelherden überdeckt, bei meist geringer Injektion. Die meisten Herde bewegen sich in der Größenordnung 0,02—0,1 mm, selten erreichen sie durch Konfluenz bis 0,2 mm. Gewöhnlich ist eine gewisse *Lichtscheu* vorhanden. Die Sensibilität braucht nicht vermindert zu sein. Das vordere Hornhautbild zeigt eine leichte Stichelung. Eine besonders dichte derartige Trübungsform wies der 10jährige Hans Su. auf. Die Hornhäute hatten ein mattes Aussehen, die Herdchen erstreckten sich peripher bis in das Randschlingennetz hinein. Starke Lichtscheu bei fast völliger Reizlosigkeit der Bulbi, Sensibilität nicht deutlich vermindert. Beobachtung während eines Jahres. Nach Ablauf desselben waren die Herde spärlicher.

Hierher gehört vielleicht eine ähnliche, sehr konstante Form, die sich durch *wesentlich kleinere* multiple Stippchen und Pünktchen auszeichnet, die sich mittels Fluorescein färben, und bei der die Randpartien der Hornhaut frei bleiben. Trotz intakter Sensibilität bestehen keine Schmerzen. Bei dem 42 jährigen Zimmermann (14. 9. 25) sind diese Herdchen nach Färbung punktförmig, oft eckig, rechteckig, polygonal, ziemlich gleichmäßig verstreut. Sie sind von viele Monate langer Dauer und bedingen eine Stichelung der Hornhautoberfläche. Sie machen infolgedessen besonders *dann Sehstörung,* wenn die Augen eine Zeitlang ohne Lidschlag waren. Die sonst durch Tränenflüssigkeit ausgeglichenen multiplen feinen Prominenzen erzeugen dann eine unregelmäßige Lichtbrechung, so daß Patient über einen Schleier klagt.

Bei einer dritten, häufigeren und allgemeiner bekannten Form dieser Epithelerkrankungen, die scheinbar unabhängig ist von Skrofulose oder Tuberkulose, sind die Herde relativ spärlich. Sie finden sich einzeln oder zu 5,10 und mehr an verschiedenen Stellen, besonders der Lidspaltenzone, sind etwas gröber (Abb. 318, 319) und schießen gelegentlich einzeln oder gruppenweise, manchmal unter neuralgischen Schmerzen, oder doch unter Fremdkörpergefühl bei ciliarer Reizung auf, um dann nach Wochen oder Monaten wieder zu verschwinden und später eventuell zu rezidivieren. Dauernde Trübungen bleiben keine zurück. Ich bezeichne diese Form im Folgenden als *Keratitis epithelialis (vesiculosa) disseminata* (Abb. 316—324).

Einseitige derartige Epithelerkrankungen sind selten. Eine solche, angeblich angeborener Art, beachte ich seit 3 Jahren am rechten Auge des 28jährigen Dr. V.-B., mit beidseitiger Mikrocornea. Die peripheren Hornhautpartien sind frei. Axial stehen die eckigen Punkte und Strichelchen besonders dicht und konfluieren zum Teil zu größeren Komplexen. Hier ist an einer, vom nasalen Limbus her vascularisierten Stelle das Gewebe in Ausdehnung von 1—2 mm etwas prominent. Alle Herde zeigen im durchfallenden Licht Tröpfchengruppen. Sensibilität vermindert. Tension eher leicht herabgesetzt.

Keratitis epithelialis vesiculosa disseminata (superficialis punctata).

Ungenaue Beobachter haben diese nicht so seltene, oft durch Monate und Jahre unter Remissionen sich hinziehende Keratitis wohl schon oft als „Conjunctivitis" behandelt, indem sie die makroskopisch undeutlichen oder unsichtbaren vereinzelten winzigen Epithelherdchen übersahen. Das Spaltlampenbild dieser Veränderung brachte ich 1921*. Die Fluoresceinfärbung der Herdchen, die meist nur im vorderen Hornhautspiegelbezirk deutlich sind, ist nicht immer positiv. Besonders ältere Herde färben sich gelegentlich nicht**. Im regredienten Licht gibt jedes Herdchen das Bild einer Tröpfchengruppe (Abb. 318 T). Die Hornhautsensibilität fand ich in diesen Fällen manchmal (durchaus nicht immer!) vermindert. Oft ist das oberflächliche Parenchym der Bläschengegend für längere Zeit grauweiß marmoriert.

---

* VOGT: Graefes Arch. 106, 65, Abb. 2.
** Vgl. die Fluoresceinfärbung bei rezidivierender Hornhauterosion!

Niemals treten bei der Epithelialis disseminata gröbere Infiltrate auf, wie sie für Keratitis tbc. typisch sind. Auch die bei der letzteren so häufige *Vascularisation* der Infiltrate fehlt ausnahmslos. Daß ferner Verlauf und Dauer andere sind, ersehe man aus den Krankengeschichten.

Es handelt sich also um ein Krankheitsbild, das mit der Keratitis superficialis scrophulosa nicht das geringste zu tun hat.

Nach *Bartels* (Klin. Mbl. Augenheilk. 82, 413 (1929) ist die Krankheit häufiger beim weiblichen Geschlecht (etwa 20.—50. Jahr), was ich bestätigen kann.

Es sei hier betont, daß die Keratitis epithelialis vesiculosa disseminata mit der Fuchsschen *Epitheldystrophie* weder morphologisch noch genetisch etwas zu tun hat.

Abb. 316 und 317. Keratitis epithelialis vesiculosa disseminata.

Die 11jährige Hedwig Ma. leidet seit vielen Monaten an zeitweisen Augenentzündungen mit Lichtscheu und Schmerzen. Sie wurde deshalb von verschiedenen Seiten wegen Bindehautkatarrh behandelt. Das Spaltlampenmikroskop ergibt (Abb. 316, nasale Hornhaut, linkes Auge) multiple, 0,05—0,2 mm messende rundliche Hornhautepithelherde ähnlich denjenigen Abb. 318 und 319, die sich mit Fluorescein grün färben. Im Irislicht (Abb. 317) setzen sie sich aus Tröpfchen zusammen. Nach mehreren Monaten bestand dasselbe Bild. Auch in diesem Falle läßt der vordere Spiegelbezirk die Herde häufig als Bläschen bzw. als Epithelprominenzen (Abb. 318 B) erscheinen.

8 Jahre später sah ich den Fall wieder. Die Hornhaut war völlig intakt.

Abb. 318 und 319. Keratitis epithelialis vesiculosa disseminata.

Die 32jährige Frau Lo., die ich über 2 Jahre lang kontrollierte, hat Augenbeschwerden seit 6—7 Jahren. Alle paar Wochen Lichtscheu, Fremdkörperschmerzen, Ciliarinjektion, Tränenträufeln. Auf den Hornhäuten sieht man dann 5—10 oder mehr Eruptionen von 0,2—0,3 mm, grauweiße rundliche bis eckige oder zackige Herde, die im vorderen Spiegelbezirk oft Bläschenform ergeben (Abb. 318B) und die im Irislicht aus Gruppen von Tröpfchen bestehen Abb. 318 T (Abb. 318a fokales Licht, d Irislicht). Fluorescein positiv (Abb. 318F, 319).

Die Eruptionen hinterließen niemals Maculae. Alle diese Bläschenherde sind ganz allgemein besser im regredienten Licht zu finden als im fokalen*.

Abb. 320 und 321. Keratitis epithelialis vesiculosa disseminata.

Der 40jährige Direktor Ver. wurde längere Zeit wegen Bindehautkatarrh behandelt. Am Spaltlampenmikroskop vereinzelte, kleine graue bis ½ mm große Epithelherde beider Hornhäute, die sich optisch ähnlich verhielten wie im vorigen Falle. Abb. 321 gibt ein Übersichtsbild der Herde, die in diesem Falle meist peripher liegen. Einmal sah ich bei diesem Patienten drei Herde, die mit multiplen Nervenzweigen in Verbindung zu stehen schienen (Abb. 320). Einige Wochen später konnte ich jedoch keinen solchen Zusammenhang mehr feststellen. Nicht immer vermochte Fluorescein ältere Herde zu färben, diese nahmen den Farbstoff oft nicht mehr oder erst spät an.

Die Reizerscheinungen waren geringer, andauernder als im vorigen Fall.

---

* Heute, nach weitern 7 Jahren, recidiviert die Krankheit immer noch, *sie besteht somit 13—14 Jahre*. In den letzten Jahren sind außerdem „Rheumatismen der Muskeln" aufgetreten.

Abb. 322. Rezidivierende Keratitis epithelialis vesiculosa disseminata bei der 18jährigen Frl. Anna Flei.

Ok. 2, Obj. A2. Seit Wochen unter Brennen und Fremdkörpergefühl, sowie leichter Reizung auftretende Epitheleffloresoenzen, Abb. 322, linkes Auge. Die rundlichen Herde sind gruppenweise geordnet und sind im fokalen Licht weiß (links in der Abb. 322). Im Irislicht (rechts) setzen sie sich aus Häufchen feinster Tröpfchen zusammen.

Abb. 323—324. Keratitis epithelialis vesiculosa disseminata mit Anordnung der Efflorescenzen in Ringform.

Linke Hornhaut der 37jährigen Frau Lina Bru., die seit Monaten an beidseitiger rezidivierender Augenentzündung mit Brennen, Fremdkörpergefühl, Tränen und Rötung leidet. Beide Hornhäute mit wechselnden Efflorescenzen, welche am 8. Sept. 1928 auf der linken Hornhaut zu einem Ring geordnet waren (Abb. 323). Ok. 2, Obj. A3, Abb. 324 Übersichtsbild. Besserung unter Naftalanzinkpasta. Starkes Rezidiv ein Jahr später. Die Efflorescenzen nehmen am linken Auge dieselbe Ringfigur ein, wie voriges Jahr. Am anderen Auge sind sie stark vermehrt.

Die Keratitis superficialis vesiculosa disseminata kann Beziehungen zu Herpes corneae febrilis zeigen, wie folgender Fall lehrt: Die 50jährige Augustine Ba., Herpesträgerin (von Zeit zu Zeit Lippenherpes), kam vor 5 Tagen mit zwei sehr kleinen Herpesfiguren oberhalb linker Hornhautmitte. Die übrige Hornhaut ist mit 8 oder 10 typischen Vesiculosaherden übersät, welche Fluorescein annehmen und im Irislicht Tröpfchenherde darstellen. Im direkten Licht sind es grauweiße Herdchen von 0,1—0,2 mm. Das Herpesgeschwür sitzt bei 1 Uhr, ist 1 mm lang und bis 0,5 mm breit und typisch verzweigt, alle Veränderungen färben sich sofort mit Fluorescein.

Auch bei gewissen *Hautkrankheiten* (Acne vulgaris, dann nässendes chronisches Exanthem, verschiedene chronische Ekzemformen) sah ich ein- und beidseitige Keratitis vesiculosa disseminata auftreten, die sich in nichts von der eben geschilderten Form unterschied.

So gibt z. B. der 35jährige Ha., mit Ekzema universale, den mir Herr Kollege B. Bloch zuwies, an, während der Eruptionen seines Gesichtsekzems nicht lesen zu können. Ich fand dann bei diesen Eruptionen jeweilen im Epithel Flecken, letztere bis zu $\frac{1}{4}$ mm groß, von ovaler bis Schlierenform, nach deren Verschwinden die Sehschärfe wieder normal wurde. Ganz ähnlich ist die Genese im Falle der Abb. 119.

Solche Befunde lassen vermuten, daß die Keratitis epithelialis disseminata manchmal lediglich ein Symptom, kein selbständiges Krankheitsbild ist. Jedoch dürfen wir als ein typisches, selbständiges Bild die in Abb. 316—322 geschilderte chronisch-rezidivierende, meist beidseitige Form hinstellen.

Keratitis epithelialis diffusa.

So können wir die schon oben erwähnte seltene Epithelerkrankung beider Hornhäute des 9½jährigen schwächlichen Alois Su. nennen. Die meist 0,05—0,2 mm messenden *dicht* stehenden grauen Herdchen (keine Bläschen!) überdecken beiderseits die ganze Hornhaut, peripher reichen sie bis in das Randschlingennetz hinein. Mit Fluorescein tritt lebhafte Färbung ein. Sensibilität herabgesetzt. Strichlein, losgelöste Epithelfetzchen und Pünktchen setzen die Herde zusammen.

Im durchfallenden Licht bestehen sie aus dicht gruppierten Epitheltröpfchen. Der optische Schnitt zeigt, daß der Sitz der Erkrankung das Epithel ist, Epithel-

Abb. 314—324. Tafel 41.

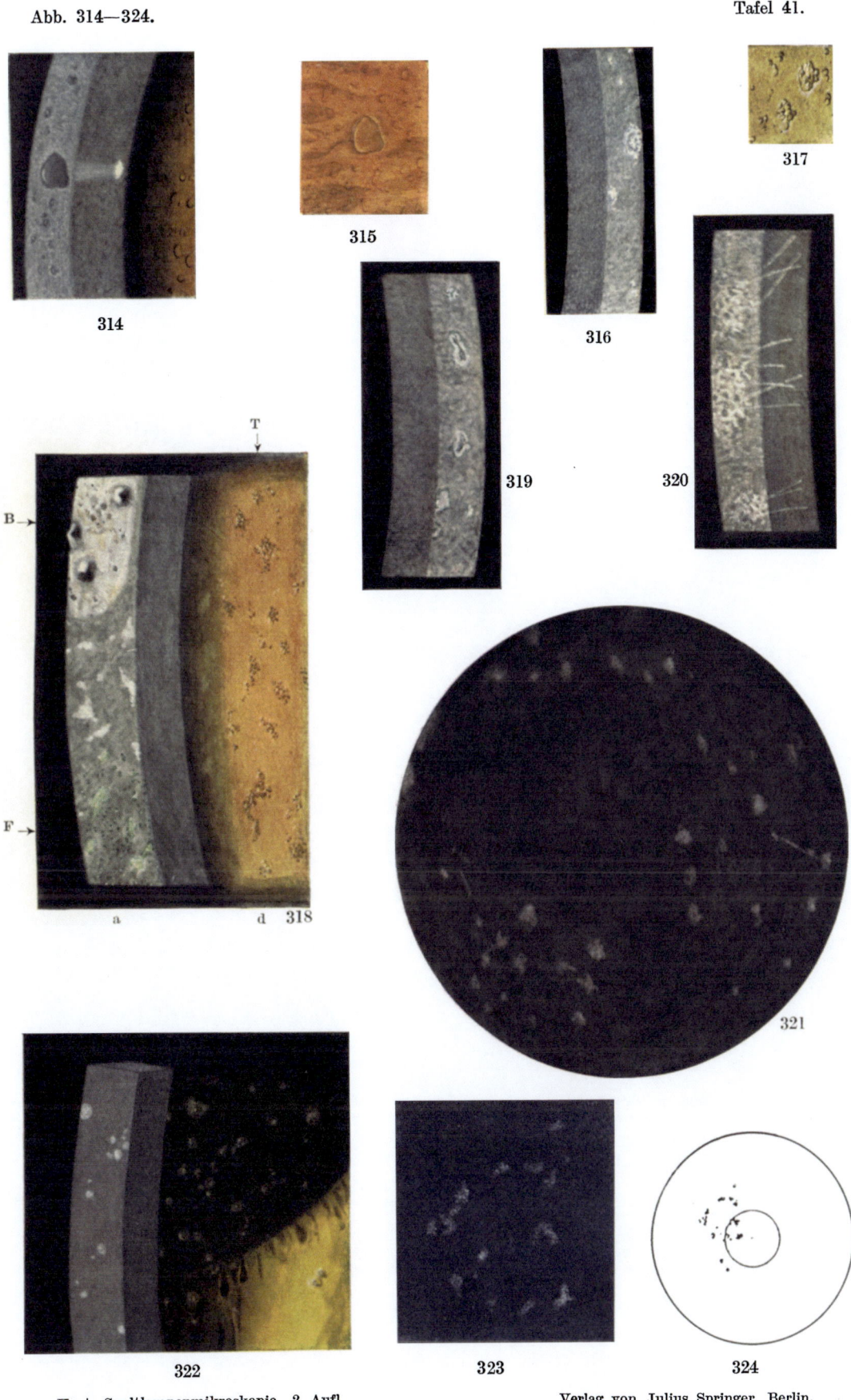

Vogt, Spaltlampenmikroskopie. 2. Aufl. Verlag von Julius Springer, Berlin.

oberfläche matt, leichte Stichelung des vorderen Hornhautbildes. Bläschenbildungen bestehen nirgends. Lichtscheu ziemlichen Grades, Tränen, oft leichte Ciliarinjektion.

Dieses Krankheitsbild bestand beinahe unverändert 1924—1926. Am 5. 1. 26 konnte ich eine wesentliche Aufhellung der Hornhäute feststellen. Die sich immer noch färbenden Herde sind viel spärlicher geworden, nur im rechten Auge sind sie oben noch reichlicher vorhanden, links sind sie bis auf wenige verschwunden.

In den ausgeheilten Partien fehlen Maculae. Doch hat man den Eindruck einer leichten hauchigen Unklarheit.

Abb. 325 und 326. Seltene Form von stationärer dichter Vakuolenansammlung im Bereiche der Hornhautvorderfläche.

Der 27jährige Landwirt Kaspar Bau. konsultierte mich am 26. 4. 27 wegen lästigen, seit Monaten bestehenden conjunctivalen Beschwerden, sowie schleierigem Sehen.

Augen ziemlich reizlos. Bei 24facher Linearvergrößerung erhielt ich das Bild 325, rechtes Auge (linkes Auge ähnlich). Im prismatischen Schnitt erkennt man dichte grauweiße Herdchen rundlicher und länglicher Form. Im Irislicht (rechts) vakuolenähnliche rundlich-eckige Gebilde, die in Abb. 326 bei stärkerer Vergrößerung dargestellt sind. (Oft scheint es, daß sich ihre Form während der Untersuchung etwas ändert.) Die Vakuolen erstrecken sich bis in die Nähe der Peripherie.

Im Limbus die weiße Gürtelbildung der Abb. 189, 190.

Nach 2¼ Jahren Befund rechts *stationär*, derselbe Befund wie in Abb. 325, linke Hornhaut dagegen wieder klar. Patient hat während dieser Zeit die Beschwerden rechts nie verloren.

Von der Keratitis epithelialis vesiculosa mit ihren groben Einzelherden, die aus feinsten Tröpfchen zusammengesetzt sind, ist das eben geschilderte Bild nach Morphologie und Verlauf scharf zu trennen.

Keratitis epithelialis marmorata.

Abb. 327—329. Seltene Form von oberflächlicher entzündlicher Hornhauterkrankung: Keratitis epithelialis marmorata.

Die 22jährige Agathe Am., mit vor einigen Jahren aufgetretener Wirbelsäulenskoliose, litt verflossenes Jahr an einem *rechts*seitigen offenbar skrofulösen Hornhautinfiltrat, das ausheilte. Im Anschluß daran entwickelte sich unter mäßiger Injektion und Lichtscheu eine *beidseitige* eigentümliche *Epitheltrübung* von Rautenform (Abb. 327, 3fache Vergrößerung, linkes Auge), welche sich auf die untere Hornhauthälfte beschränkte, ohne dabei den Limbus zu erreichen. Die Trübung ist gefeldert und die Felderung erinnert entfernt etwa an diejenige der Abb. 208. Doch sind die großen Herde unregelmäßiger und verwischter. (Vgl. die 37fache Vergrößerung Abb. 329. Hier sieht man schon im fokalen Licht einzelne *Vakuolen* eingestreut liegen.)

Der dünne optische Schnitt (Abb. 328) deckt die Lage der Vakuolen im Epithel auf, während die Felderung (Abb. 329) in der Gegend der M. Bowmani zu liegen scheint. Außerdem ist das kranke Epithel *gestichelt* und färbt sich sofort und lebhaft mit Fluorescein.

Im Irislicht (Abb. 329, linker Teil der Abbildung) erkennt man zahlreiche Vakuolen, deren Größe zwischen 0,2—0,1 mm variiert. Dieses Bild bestand ungefähr gleich während der genannten Beobachtungszeit (20. 8. 24 bis 3. 9. 24).

Fädchenkeratitis (Keratitis epithelialis filamentosa).

Abb. 330—331. Fädchenkeratitis.

Ok. 2, Obj. A 2. Die Zuweisung der 42jährigen Frieda Kä., Fabrikarbeiterin mit beidseitiger seit 5 Jahren bestehender, jeder Behandlung trotzender Fädchenkeratitis verdanke ich Herrn Kollegen E. AMMANN in Winterthur. Beide Hornhäute weisen bis nahe gegen die Peripherie unregelmäßig rundliche bis fetzige oder lineare graue Herde auf, die sich zum Teil mit Fluorescein färben und oft schon makroskopisch kleine bewegliche Fädchen erkennen lassen, die ziemlich fest am Epithel adhärieren. Abb. 331 gibt einen solchen Faden bei stärkerer Vergrößerung wieder. Sensibilität vermindert. Histologisch sind die Fäden homogen, keine Epithelien.

Die Patientin ist durch die entzündlichen Erscheinungen und Schmerzen, die sich anfallsweise steigern, sowie durch die Sehstörung stark belästigt. Die Sehschärfe hängt von dem vorhandenen Grade des Befallenseins ab. Wiederholte Abrasio des gesamten Epithels unter Chlorwasser brachte subjektive und objektive Besserung. Doch besteht die Krankheit in leichterem Grade heute noch. Die Bilder sind bei indirekt seitlicher Beleuchtung und im regredienten Licht aufgenommen.

Keratitis epithelialis bei Iridocyclitis.

Abb. 332—335. Bläschenähnliche* flache und spitze Epithelerhebungen und graue Oberflächenherde bei schleichender Iridocyclitis.

Abb. 333 fokales Licht, 37fache Vergrößerung, man beachte die etwas zackigen weißen superfiziellen Herde und die spärlichen gelben Sternbeschläge der Hornhautrückfläche (62jähriger Dr. A. mit chronischer Iridocyclitis).

Abb. 332 gibt einen der Herde als bläschenartige Erhebung im vorderen Spiegelbezirk wieder. Rechts im Irislicht Tröpfchengruppen, die den Herden entsprechen.

Abb. 334 zeigt dieselben superfiziellen weißgrauen Herde bei dem 24jährigen Ban., mit schleichender Iridocyclitis und runden weißen Präcipitaten.

In einer ganzen Anzahl von Fällen von zum Teil beidseitiger schleichender Iridocyclitis mit den bekannten flüchtigen Efflorescenzen des Pupillarsaumes, Präcipitaten und dichten Glaskörpertrübungen (Wassermann negativ) zeigte das Hornhautepithel diese eigentümlichen, ganz vereinzelten, feinen, isolierten Erhebungen, vornehmlich der Lidspaltenzone.

Derartige Veränderungen bei Iridocyclitis waren bis jetzt nicht bekannt gewesen. Obwohl in manchen Fällen die Tension normal war, so schienen die Efflorescenzen doch bei Tensionssteigerung häufiger zu sein.

In bezug auf das optische Verhalten dieser Prominenzen und die Beobachtungsmethode sei noch folgendes bemerkt:

Die Erhebungen sind bald flach, bald mehr spitz und nur bei Einstellung des vorderen Spiegelbezirks zu sehen. Dieser ist *dann* leicht erhältlich, wenn der Krümmungsradius der zu beobachtenden Hornhautstelle den Winkel zwischen Einfall- und Beobachterrichtung halbiert.

Die Erhebungen haben 0,125—0,25 mm Flächendurchmesser und bleiben wochenlang bestehen. In einem Falle waren sie noch 1¾ Jahre nach der ersten Feststellung zu sehen (die Grundkrankheit bestand weiter) und hatten grauweiße, unscharfe und schwer sichtbare, ganz oberflächliche Trübungsflecken von 0,2—0,3 mm Durchmesser hinterlassen.

---

* Bläschen hier im Sinne von umschriebenen Epithelprominenzen.

Abb. 325—335. Tafel 42.

Vogt, Spaltlampenmikroskopie. 2. Aufl. Verlag von Julius Springer, Berlin.

Beobachtet man die Prominenzen nicht im Spiegelbezirk, sondern im fokalen diffus reflektierten Licht, so sieht man an ihrer Stelle jedesmal einen unscharfen grauweißen Fleck. Im regredienten Licht ist dagegen ihr Bild, ähnlich wie bei den Efflorescenzen der Abbildung ersetzt durch eine entsprechend große Gruppe feinster Tröpfchen (Abb. 332).

Klinisch unterscheiden sich die bei Iridocyclitis beobachteten Herde von denjenigen bei Keratitis epithelialis vesiculosa (Abb. 316—324) dadurch, daß sie meist keine stärkeren subjektiven Beschwerden (höchstens leichtes Fremdkörpergefühl) und auch keine Reizerscheinungen machen, und daß sie anscheinend ausschließlich den Lidspaltenbereich einnehmen.

Differentialdiagnostisch kommen graue umschriebene, marmorierte rundliche Herde im vordersten *Parenchym* in Betracht, die ich ganz vereinzelt bei schleichender Iridocyclitis auftreten sah. So z. B. traten 2 je 1 mm messende solche Herde bei der 21 jährigen Frl. Je. mit beidseitiger schleichender Iridocyclitis in beiden Hornhäuten auf, und zwar in der Gegend der mit Präcipitaten und tiefer Vascularisation behafteten unteren Partie. Das Epithel über diesen Herden ist glatt, es bestehen weder Bläschen, noch sind im regredienten Licht Tröpfchen zu sehen. Diese Herde sind von großer Konstanz.

Mit den altbekannten Vakuolen und blasenartigen Erhebungen bei fortgeschrittenem Glaukom („Keratitis bullosa" der älteren Autoren) haben die iridocyclitischen Epithelherde anscheinend weder nach optischem Verhalten noch nach Genese etwas zu tun.

Im ersten beobachteten Fall, Abb. 333 (62 jähriger Herr Dr. A., Iridocyclitis chronica beiderseits seit 6 Monaten) bestand leichte Drucksteigerung, und die Augen wurden alle paar Tage tonometriert. Infolgedessen lag es zunächst nahe, als Ursache der bläschenähnlichen Prominenzen die erhöhte Tension oder eine Schädigung durch das Tonometer, oder aber beides zugleich zu vermuten. Daß dem nicht so war, daß die Ursache vielmehr mit Wahrscheinlichkeit in der durch die Iridocyclitis gesetzten Ernährungsstörung lag, lehrte der zweite Fall, der ohne Drucksteigerung einherging. (Doch sind immerhin die Efflorescenzen bei Drucksteigerung zweifellos häufiger.) Auch im letzteren Fall bestand zunächst akute, dann mehr schleichende, vielleicht auf Tuberkulose beruhende Iridocyclitis (21 jähriger Herr B., Erkrankung rechts vor 2½ Monaten, Abb. 334; die runden Flecken rechts in der Figur sind Beschläge der Hornhautrückfläche. Die diffus grauen Herde links sind die hier geschilderten Efflorescenzen von 0,15—0,2 mm). Man beachte die verstärkte Nervenfaserzeichnung. Wassermann negativ.

Bei einer 17 jährigen Frl. R. mit beidseitiger schwerster exsudativer Iridocyclitis, offenbar auf tuberkulöser Grundlage und mit *herabgesetzter Tension*, fanden sich dieselben runden weißen oberflächlichen Trübungen, meistens 0,04—0,2 mm messend. Ähnlich bei dem Patienten der Abb. 335 und in einer Reihe weiterer derartiger Fälle.

3. Epithelblasen und ihre Veränderungen.
Deposita in Vakuolen.

Abb. 335. *Vakuolengruppe des Hornhautepithels bei Iridocyclitis, im unteren Teil der größten Vakuole ein beweglicher graugelber Niederschlag.* 38 jähriger Gottfried Hä. mit schleichender Iridocyclitis. Bei aufrechter Kopfhaltung des Patienten liegt im Grunde der größten Vakuole ein weißlicher Niederschlag, einem Hypopyon oder Hyphaema vergleichbar (Beobachtung Dr. KLAINGUTI). Bei Kopfneigung verschiebt sich der Niederschlag in entsprechender Richtung. Solche Niederschläge sind in lange bestehenden Hornhautvakuolen nicht so selten. Vgl. ähnliche Befunde in den Vakuolen der Abb. 545—547.

Abb. 336. Optischer Schnitt durch 2 große Epithelblasen bei eitriger Iridocyclitis. Linkes Auge, Ok. 2, Obj. A 3.

28jähriger Seufert, Granatsplitter im linken Glaskörper. Vorderkammer eitrig getrübt. Hornhaut, wie die Abbildung zeigt, vascularisiert. Irispigmentbröckel dieses Falles zu pechschwarzen Klumpen geballt.

4. Paulsche Buckel.

Abb. 337—340. Paulsche Buckel der Kaninchenhornhaut.

Ritzt man die Hornhaut vom Kaninchen und reibt in die Ritzen Pockenvirus (oder die gebräuchliche Pockenvaccine), so treten am folgenden Tag typische Buckel auf, die heute für die Frühdiagnose der Pocken Bedeutung haben, und die man entweder am getöteten Tier nach Sublimat-Alkoholfixierung des Bulbus untersucht, oder aber, wie das an meiner Klinik durch F. Ed. Koby und J. L. Burckhardt geschah, mittels Spaltlampenmikroskop nachweist.

Abb. 337 und 338 (25fache Vergrößerung) geben die Buckel nach Strichimpfung wieder. Abb. 340 veranschaulicht das Bild im Irislicht: Die weißen Herde sind von konzentrischen braunen Ringen umgeben, welche der durch Brechung bedingten Verzerrung der Irispigmentpunkte entsprechen, indem nämlich die Buckel kleine Sammellinsen darstellen, die dem Hornhautgewebe aufgelagert sind.

Mittels des streng fokussierten Büschels gelingt die Projektion der Buckel *auf die Hornhautrückfläche*, wodurch eine optische Täuschung zustande kommt (s. das Kapitel optische Täuschung). Über die letztere wird man sofort dadurch aufgeklärt, daß man das Licht von der entgegengesetzten Seite einfallen läßt: Das Projektionsbild wandert dann auf die andere Seite.

Auch parallele Licht- und Schattenlinien des Parenchyms kommen bei guter Fokussierung zustande, wie Abb. 339 lehrt (68fache Vergrößerung).

5. Herpes simplex corneae.

Friedrich Horner erkannte 1871 als erster die Zusammengehörigkeit von Hornhautherpes mit Herpes labialis und nasalis (Heidelberger Ber. 9, 326). Grüter fand vor 15 Jahren die fundamentale Tatsache, daß der Herpes simplex infektiös und übertragbar ist.

Abb. 341. Vom Menschen nach Grüter überimpfter Herpes der Kaninchenhornhaut.

Bulbus eine Minute in Sublimat-Alkohol fixiert. Das Tier war drei Tage vorher mit Material aus Herpesblasen des Menschen geimpft worden. Man beachte die charakteristisch verzweigte Geschwürform, die keine Verwechslung mit den in Abb. 337 und 338 abgebildeten Paulschen Buckeln zuläßt.

Abb. 342—344. Ein Fall von sicherem Herpes posttraumaticus. Miniaturherpes auf frischem Fremdkörperherd der rechten Hornhaut.

Der bisher nie augenkranke Ernst To., der Augenpoliklinik zugewiesen durch Herrn Dr. Dieterle, Zollikerberg, bekam am 20. Juni 1924 einen Schmiergelfremdkörper in die rechte Hornhaut, der vom Arzte am 21. entfernt wurde. Wegen anhaltender Reizung wurde von uns am 24. Juni ein zurückgebliebener Rosthof 2 mm vom temporalen Limbus entfernt. In den folgenden Tagen zeigte die Fluoresceinfärbung innerhalb der von diesem Rosthof zurückgebliebenen Macula eine typische mehrfach verzweigte Herpesfigur (Abb. 342), die bis zum 7. Juli sich erhielt und an mehreren Tagen zeichnerisch festgehalten und annähernd konstant befunden wurde.

Der Sagittalschnitt durch die bis ins mittlere Parenchym reichende Macula ist in Abb. 344 wiedergegeben. In dieser Macula die Herpesfigur der Abb. 342, fluoresceingefärbt, Abb. 343 im Irislicht. Die Höhe der Herpesfigur beträgt 0,36 mm, die Breite 0,2 mm. Über dem Herpes noch einige sich färbende Einzelpunkte.

Dieser Herpes schloß sich somit nicht nur an das Trauma an, sondern beschränkte sich ausschließlich auf die Fremdkörpermacula, die Grenzen derselben nirgends überschreitend. Seine 5 hirschgeweihförmigen Verzweigungen sind nach Form und Abgang im fokalen und regredienten Licht vollkommen typisch.

Wie haben wir uns das Zustandekommen dieses Herpes zu denken? Fand eine Infektion durch den Fremdkörper, durch das entfernende Instrument oder durch die Hand des Patienten statt? Oder ist dieser Herpes lediglich als Eruption einer sonst latenten herpetischen Allgemeinerkrankung aufzufassen, wie sie LUGER und LAUDA[5]) ganz allgemein bei Herpes simplex annehmen?

Eine exogene Infektion mit Herpesmaterial ist zwar nicht mit Sicherheit von der Hand zu weisen, wiewohl der Fremdkörper glühend einfliegt und das entfernende Instrument steril ist. Näher liegt die andere Möglichkeit, daß es sich um eine durch das Trauma begünstigte Eruption bei einem Herpesträger handelt. Prüft man nämlich die Fälle von Hornhautherpes nach dieser Richtung (was allerdings meist nur durch die Anamnese geschehen kann), so stößt man regelmäßig auf die Angabe, daß der Patient von Zeit zu Zeit Herpeseruptionen an den Lippen oder anderswo bekommt.

Auch unser Patient mit dem einwandfreien traumatischen Herpes ist, wie die Nachforschung zeigte, *Herpesträger*. Gelegentlich jedes Schnupfens, manchmal auch ohne erkennbaren Anlaß, treten bei ihm Herpesblasen an den Lippen und Nasenflügeln auf.

Dieses Auftreten von Herpes corneae bei einem Herpesträger ist also nichts Zufälliges. Wir dürfen aus diesen Befunden mit einer gewissen Wahrscheinlichkeit schließen, *daß in der Regel nur Herpesträger einen Hornhautherpes bekommen.*

Nach GRÜTERS vielfach bestätigten Versuchen ist der Herpes eine Infektionskrankheit, eine Erkenntnis, die manche Autoren zu Hypothesen veranlaßt hat, welche sich mit naturwissenschaftlicher Denkweise nicht mehr vertragen. So schien es einzelnen sogar nötig, den Begriff der „Urzeugung" aus der Versenkung zu holen. Gerade Beobachtungen wie die vorliegende, legen es nahe, daß der Herpes sich im Prinzip nicht anders verhält als andere chronische Infektionskrankheiten, z. B. Lues oder Tuberkulose. Wie bei Lues oder Tuberkulose die bisher latente Krankheit an einer beliebigen, durch Verletzung oder anderswie geschädigten Stelle sich manifestieren kann, so auch beim Herpes. Sehen wir einerseits bei einem latent Tuberkulösen nach einer Thoraxverletzung eine tuberkulöse Pleuritis auftreten, oder im Anschluß an eine Bindehaut- oder Hornhautverletzung eine typische *Randphlyktäne* (Conjunctivitis oder Keratitis phlyctaenularis), eine Erscheinung, die jeder Augenarzt kennt, und die in der Unfallophthalmologie immer wieder zu Erörterungen Anlaß gibt*, so kann anderseits bei einem Herpesträger sich an eine belanglose Hornhaut-

---

* In dieses Gebiet gehören die traumatische Keratitis parenchymatosa e lue congenita, gummöse Prozesse nach Traumen usf. Im Abschnitt Iris werden wir das Bild eines typischen Tuberkelknötchens des Pupillenrandes wiedergeben, das bei einem scheinbar gesunden jungen Mann genau gegenüber einem Hornhautfremdkörper auftrat.

verletzung ein Herpes der Verletzungsstelle anschließen. Es braucht nicht lokale Infektion mit Herpesmaterial vorzuliegen, sondern die lädierte Stelle kann beim Herpesträger endogen erkranken. Bricht doch bei Herpesträgern auch z. B. nach Einwirkung der Hochgebirgssonne (Gletscherbrand) häufig ein Lippenherpes aus (B. BLOCH). In einer eigenen Beobachtung (26jähriger Student) war durch Gletscherbrand Lippenherpes entstanden, die Hornhaut zeigte die Zeichen der Ultraviolettverbrennung und die Linie der Abb. 124. Man denke ferner an die Herpesprovokation durch Schnupfen, Pneumonie, Menstruation, Herpes genitalis durch Genitalreizung, wohl *immer bei Herpesträgern.*

Die Manifestation des Herpes bei Herpesvirusträgern auf lädierten Körperstellen stellt somit nichts prinzipiell Neues dar, und ich kann denjenigen nicht beipflichten, welche im Herpesvirus ein prinzipiell neuartiges „ubiquitäres" Virus erblicken.

Für die Unfallophthalmologie haben diese Tatsachen Bedeutung. Ein Herpes darf nicht mehr ohne weiteres, wie das früher geschah, als Krankheit aufgefaßt und das Trauma abgelehnt werden. Gewiß ist die übergroße Mehrzahl der Fälle von Hornhautherpes nicht traumatischer Natur: der Herpes erzeugt Fremdkörpergefühl und der vielleicht gerade mit staubiger Arbeit Beschäftigte nimmt in guten Treuen an, daß ihm Staub oder andere Fremdkörper ins Auge getreten seien. Man wird den Herpes corneae nur dann als traumatisch bezeichnen dürfen, wenn das Trauma erwiesen ist.

Mit Rücksicht darauf, daß bei unzweckmäßiger Behandlung (Unterlassung der rechtzeitigen Abrasio des Epithels, die wir unter Chlorwasser ausführen) Keratitis parenchymatosa metaherpetica mit ihren schweren Folgen eintritt, ist möglichst frühzeitige Spaltlampenbeobachtung verdächtiger Fälle unerläßlich.

Abb. 345. Bukettförmiger Limbusherpes.

R. Sche., 45 Jahre, linkes Auge, 3fache Vergrößerung. Bei Herpes febrilis, der vom *Limbus* ausgeht, sah ich in zwei Fällen eine bisher nicht bekannte Bukettform. So im Falle der Abb. 345, die den 45jährigen Rud. Sche. betrifft. Vor 2 Monaten bekam er im Anschluß an Grippe einen Bläschenherpes des nasalen unteren linken Limbus. Seither mehrfache Rezidive. In bukettartig auseinanderweichenden Zweigen, die auf einer Bogenlinie am Limbus sitzen, strahlt der Herpes nach verschiedenen Richtungen in die Hornhaut aus, einzelne Gefäßbüschel nach sich ziehend. Durch Abrasio unter Chlorwasser trat Heilung ein. Doch bestehen jetzt noch die charakteristisch geformten Narben.

6. Keratitis parenchymatosa metaherpetica incipiens.

Abb. 346 und 347. Destruktion des subepithelialen Parenchyms bei beginnender Keratitis parenchymatosa metaherpetica.

50jähriger Malermeister Schw. Vor neun Wochen Herpes simplex corneae dextrae. Der Herpes wurde anderwärts ambulant mehrfach mit Jodtinktur touchiert. Es restierte anhaltende Ciliarinjektion mit Lichtscheu und Tränen, und in der Gegend des Herpes bildete sich innerhalb Wochen eine scheibenförmige oberflächliche Parenchymtrübung aus (Abb. 346). Epithel über der Trübung gestichelt. Der *optische Schnitt* (Abb. 347) ergibt Auflockerung der oberflächlichen Parenchymschicht. Dunkle

Abb. 336—348. Tafel 43.

336 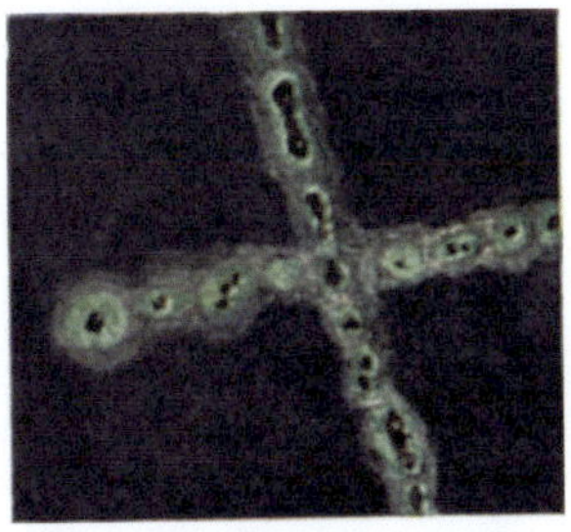 337 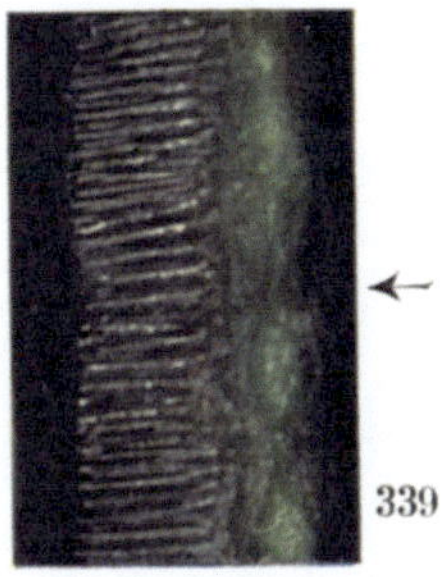 339
338 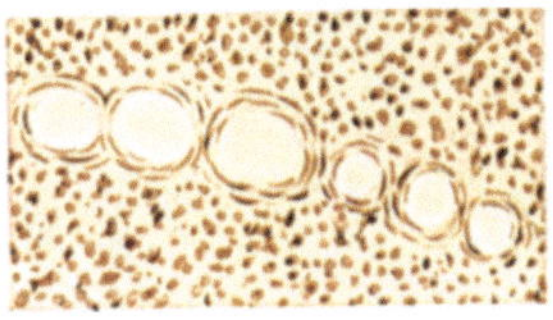 340 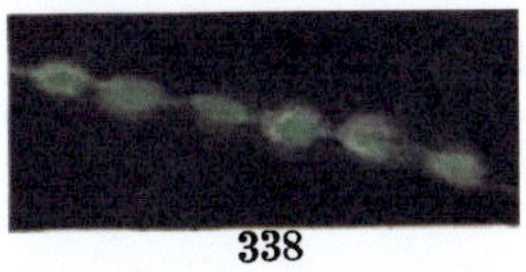
343 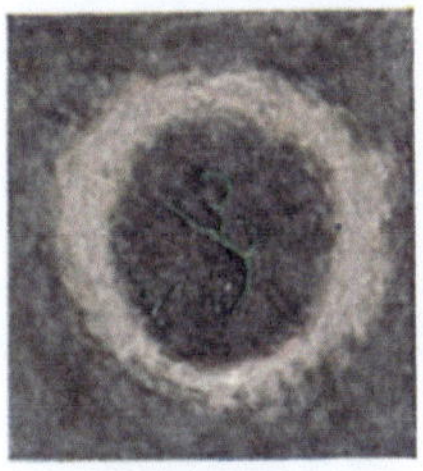 342 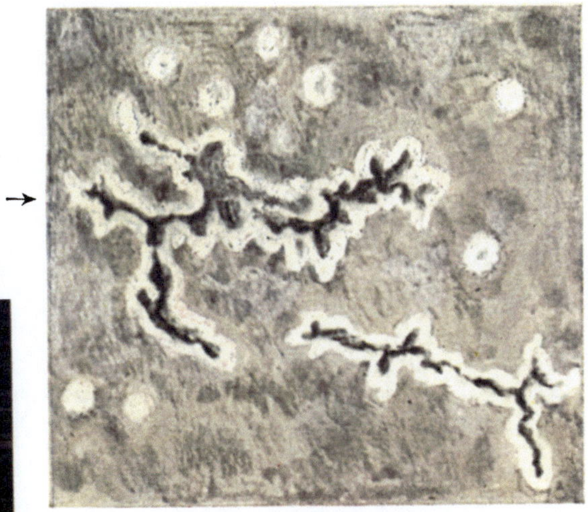 341 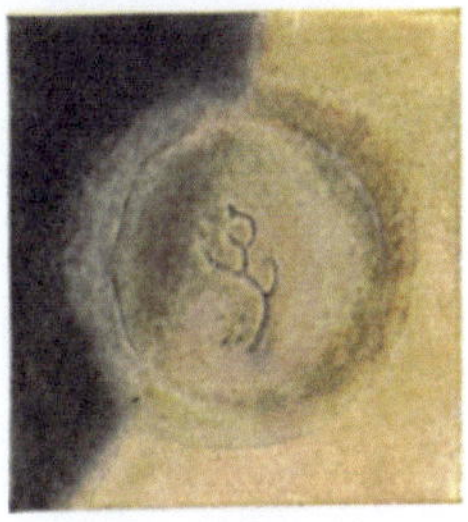
344 
345 347 348 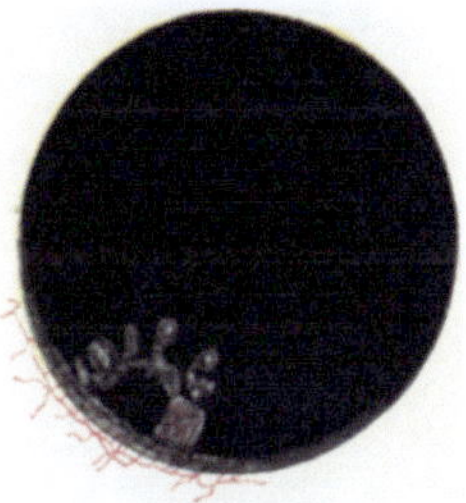
346

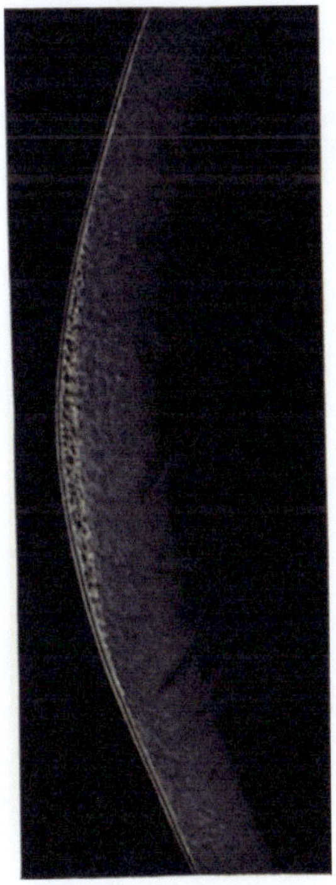

Vogt, Spaltlampenmikroskopie. 2. Aufl. Verlag von Julius Springer, Berlin.

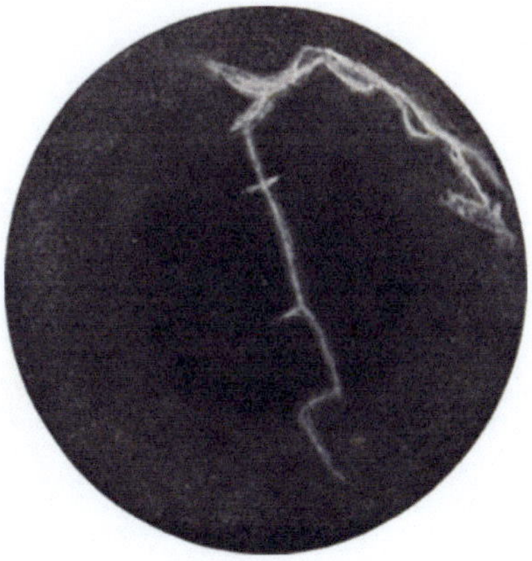

Räume erzeugen ein schwammiges Aussehen dieser meniscusförmigen Schicht (Abb. 347). Die Hornhaut ist durch Aufquellung verdickt, im tiefen Parenchym dunkle Spalten neben helleren Streifen, streifige Unebenheit der Hornhautrückfläche zufolge Descemetifaltung.

Fluorescein ergibt keine Oberflächenfärbung, färbt dagegen in leichtem Grade das Parenchym (erst nach etwa 15 Minuten).

Es handelt sich um *beginnende Keratitis parenchymatosa metaherpetica*, mit ihrem schleppenden, langwierigen, oft viele Monate, ja jahrelang dauernden Verlauf und ihren schweren bleibenden Folgen. Heute sitzt die Krankheit vornehmlich erst in den superfiziellen Parenchymschichten. Vom temporalen Limbus sclerae her dringen bereits Gefäßbündel im mittleren Parenchym gegen die Infiltration hin vor. Vier Wochen später im Bereiche der Trübung flache Epithelblase von 2 mm, die platzt und einen Defekt hinterläßt. Sorgfältige Abrasio des gesamten Epithels unter Chlorwasser brachte (auch jetzt noch!) Heilung.

7. Mycosis fungoides corneae.

Abb. 348 und 349. Lineare zackig geknickte, herpesähnlich verzweigte beiderseitige Hornhautulceration bei Mycosis fungoides.

Bei dem 65jährigen Fr. Paul besteht seit Monaten schwere Mycosis fungoides (Patient der hiesigen dermatologischen Klinik, Vorstand Prof. B. Bloch). Auf der rechten Hornhaut fand ich am 16. 1. 26 die herpesähnliche superfizielle Ulceration der Abb. 348, links diejenige der Abb. 349. Mit Fluorescein färbten sich die Ulcera. Die Augen waren ständig fast reizlos.

Auffällig an diesen Ulcerationen ist ihre *lineare, fast rechtwinkelig geknickte Form*, die an beiden Augen in ähnlicher Weise ausgeprägt ist. Schon dadurch unterscheidet sie sich vom Herpes.

Abb. 350 und 351. Seltene oberflächliche Keratitisform unbekannter Ursache.

Der 42jährige, nie augenkranke Pfarrer Bom. kommt mit seit einigen Tagen nach Influenza aufgetretenen leichten entzündlichen Erscheinungen rechts. Temporal unten bei 7 Uhr beginnt eine dünnstielige Trübung, die in leichtem Bogen axialwärts zieht und hier keulenförmig anschwillt und plötzlich endet. Die Hornhautoberfläche blieb stets glatt. Abb. 350 Übersichtsbild, schwache Vergrößerung. Der dünne optische Schnitt (Abb. 351, Ok. 2, Obj. A2) durch die Keule ergibt, daß sich die Trübung schräg in die Tiefe, bis in die Mitte des Parenchyms senkt.

Die Beschwerden sind gering. Heilung innerhalb 2—3 Wochen unter warmen Umschlägen. Trübung nach 6 Monaten bis auf Spuren verschwunden.

Eine anscheinend ähnliche Infiltration, die vom unteren Limbus aus in *mehreren* derartigen Keulen wie die Finger einer Hand geordnet bukettförmig gegen die Hornhautmitte emporschoß, sah ich vor 13 Jahren. Der Verlauf war damals etwas protrahierter, es trat innerhalb Monaten Heilung ein. Trotz der oberflächlichen Lage bestand niemals Ulceration. Später feine Marmorierung und leichter irregulärer Astigmatismus.

Vom Herpes unterscheidet sich diese Krankheit nicht nur durch ihre ganz andere Form, sondern auch durch das Fehlen jeder Oberflächenläsion.

c) Entzündung und Narbenbildung des Parenchyms.
1. Der Nachweis von Dickenänderungen der Hornhaut.

Die Möglichkeit, die einzelnen Hornhautabschnitte ihrer Dicke nach zu vergleichen, ist erst durch das streng fokussierte verschmälerte Büschel geschaffen worden. Bei Keratitis scrophulosa, ja schon in der Umgebung von Hornhautfremdkörpern, am regelmäßigsten bei Keratitis parenchymatosa verschiedenster Ursache, besonders anschaulich bei Keratitis parenchymatosa circumscripta et disciformis, zeigt uns das verschmälerte Büschel diffuse oder umschriebene Verdickungen der Hornhaut. Abb. 376, 377, 400 usw. demonstrieren Hornhautverdünnungen und Verdickungen. (Einzelne Bilder, die aber noch das breite Büschel betrafen, hatte aus meiner Klinik schon Lüssi veröffentlicht.)

Schon die physiologische periphere Hornhautverdickung ist mit schmalem Büschel erkennbar. Doch hüte man sich vor der eine Verdickung vortäuschenden brechenden Wirkung der zwischen Lidrand und Hornhaut stets sich sammelnden capillaren Flüssigkeit! Man ziehe daher bei der Beobachtung des unteren Limbus das Lid ab! (Vgl. den Abschnitt „Fehldiagnosen".)

Ähnlich läßt sich auch die Verdünnung (und bei Descemetiriß die Verdickung) der axialen Hornhautpartien bei Keratokonus nachweisen (vgl. Abb. 272, 275). Man wird oft erstaunt sein, wie relativ nicht sehr bedeutend die Verdünnung auch bei hochgradigem Keratokonus sein kann. Man beachte auch hier die Täuschungsmöglichkeit durch Brechung, welche mit dem Einfallswinkel wächst.

Jede parenchymatöse Keratitis ist von Verdickung begleitet* (Abb. 400, Keratitis parenchymatosa metaherpetica, der als Narbenwirkung häufig Verdünnung folgt).

Besonders instruktiv in letzterer Hinsicht können Fälle von Keratitis parenchymatosa circumscripta sein. Abb. 129 und 130 demonstrieren einen derartigen Fall: 38jähriger A. Ch., vor 10 Monaten angeblich Hornhautfremdkörper links, daraufhin von einem Kollegen festgestellte dendritisch verzweigte Herpesfigur, welche in Keratitis parenchymatosa circumscripta überging. Abb. 129 Übersichtsbild der Trübungsscheibe von 3—4 mm Durchmesser und gestichelter Oberfläche. Parenchym im Bereich der Scheibe *verdickt*, eine runde zentrale Partie von 1,5 mm Durchmesser prominiert ferner deutlich über die Umgebung. Die Spaltlampe zeigt tiefe Parenchymspalten und Descemetifalten. Der Verlauf ist sehr protrahiert und sozusagen vollkommen reizlos. Eine bald mehr flächenhafte, bald mehr punktförmige Fluoresceinfärbung des Epithels ist zwar im Verlaufe von 5 Monaten fast stets vorhanden (mehrmonatige Spitalbehandlung, später regelmäßige ambulante Kontrolle), jedoch sind die sich färbenden Stellen nicht epithelfrei. Eine geschwürige Infiltration der Oberfläche bestand nie.

Hinter der Trübungsscheibe entwickelte sich gleich zu Beginn eine im Abschnitt Vorderkammer genauer zu besprechende *Vorderkammermembran*, eine pigmentbedeckte Haut (N in Abb. 378), die an den peripheren Partien der Scheibe adhärierte und temporal unten einen kreisförmigen Ausschnitt aufwies. (Das Flächenbild dieser Membran s. Abb. 646, 647.) Noch heute, nach 10 Monaten, ist diese offenbar aus Exsudat bestehende Haut mit der Spaltlampe nachweisbar, und zwar zeigt sie im

---

* Verdickungen oft enormen Grades finden sich auch nach frischen Verletzungen und Operationen. Bei Phthisis bulbi fand ich die — verkleinerte — Hornhaut oft auf das Mehrfache verdickt.

verschmälerten Büschel die fädige Netzstruktur der Abb. 378, N. Die Trübungsscheibe ist peripher außerordentlich scharf durch eine weiße Linie abgegrenzt und oberflächlich stark vertieft (Abb. 378, welche einen Vertikalschnitt durch die untere Scheibenpartie darstellt, D verdünnte, J normale Hornhaut).

Die aus der Vertiefung resultierende *Parenchymverdünnung* ist derart, daß die Corneadicke stellenweise auf die Hälfte und mehr reduziert erscheint. Trotzdem besteht keine Ektasie. Im Genaueren ergibt sich folgendes: Am inneren oberen Trübungsrand kommt die Verdünnung nicht durch eine oberflächliche Vertiefung, sondern durch gleichmäßige Verdünnung der Gesamtschicht zustande. Die dichteste, intensiv weiße Trübungsschicht sitzt überall nicht ganz oberflächlich. Diese Schicht ist es, welche sich ringsum durch einen vollkommen scharfen Rand gegen die gesunde Umgebung absetzt. Von diesem Rand aus strahlen feinste kleine Trübungsstreifen, die in dem Flächenbilde Abb. 130 angedeutet sind, ins gesunde Gewebe. Über dieser Trübungsschicht lagert ein luzides, *optisch fast leeres* Häutchen, das *Epithel* (in Abb. 378 nicht dargestellt), das heute im Bereiche der Randvertiefung im Laufe von 2 Monaten mehr und mehr an Dicke gewinnt und so offenbar bestrebt ist, die Oberflächenunebenheit auszugleichen.

Im unteren Teil der Scheibe ein in Abb. 130 dargestellter, linear unregelmäßiger Riß der Trübungsfläche, den wir weiter oben, gelegentlich der Besprechung der Hornhautpigmentlinie, erwähnt haben. Er ist von Epithel glatt überzogen. Rückfläche der gesunden Hornhaut mit Pigmentstaub und Klümpchen.

LS = Fingerzählen in 1 m.

Abb. 378 zeigt, daß die Verdünnung ganz auf Kosten des vorderen Parenchyms geschehen kann, ohne daß etwa eine „Ulceration" vorausging! Eine solche war im vorliegenden Falle, wenn wir von dem anfänglichen Herpes simplex absehen, niemals vorhanden.

Der schroffe Übergang der verdünnten in die normale Partie und das Fehlen einer sichtlichen Ektasie in diesen und in einigen ähnlichen Fällen sind für die Deutung der verschiedenen Dehnungsprozesse der Hornhaut (Megalocornea, Hydrophthalmus, Keratoglobus und vor allem Keratokonus) beachtenswert.

Statt einer Ektasie konnte ich nach schweren ulcerösen und parenchymatösen Prozessen häufig umgekehrt eine *Applanatio* ophthalmometrisch nachweisen.

Erreicht allerdings die Verdünnung hohe Grade und größere Ausdehnung, so gibt das Gewebe nach, und es kommt zu staphylomatösen Ausbuckelungen, die durch eventuelle Drucksteigerungen begünstigt werden. Sitzt die verdünnte Partie axial, so können keratokonusähnliche Bildungen entstehen, z. B. im Falle der Abb. 262a und b.

Auch bei der 52jährigen Frau Stei., welche vom 6. bis 18. Lebensjahr an schwerer ulceröser Keratitis scrophulosa litt, glich die ophthalmometrische Bildverzerrung ganz derjenigen bei Keratokonus, und man konnte mittels dünnen optischen Schnittes die Keratokonusform unmittelbar sehen.

Hochgradige Fälle von Verdünnung und Ektasie geben auch Abb. 375—377 wieder.

In anderen, seltenen Fällen von abgelaufener tiefer Keratitis wies ich mit dem verschmälerten Büschel lokale Verdünnungen nach, die auf Einziehung der Hornhauthinterwand beruhten.

So besteht z. B. bei der 58jährigen Frau Haas mit alten tiefen Parenchymnarben Descemetiieinziehung im Bereiche einer Fläche von etwa 0,5 mm Durchmesser. (Bei Vertiefungen der Vorderwand hüte man sich vor optischen Täuschungen, vgl. Abb. 101

und 102c! Phantastische Dickenvariationen täuschen z. B. die Epithelblasen der Cornea bullosa bei Glaukoma absolutum vor).

Im nachstehenden seien noch einige weitere Beispiele der feineren Dickenermittlungen ausgelesen, welche das verschmälerte fokussierte Büschel ermöglicht.

Sehr rasch pflegen Hornhautverdickungen nach *Verletzungen der Hornhautrückfläche* einzutreten. So fand ich den Hornhautlappen nach Starextraktion in der Nähe der Extraktionswunde wenige Tage post extractionem auf mehr als das Doppelte verdickt. Ebenfalls auf wohl das Doppelte verdickt war die Hornhaut einen Tag nach Verletzung der Rückfläche durch eine Lanzenspitze. Die verletzte Partie war nicht nur enorm gequollen, sondern auch leicht getrübt.

Lokale akute Verdickungen des Parenchyms erzeugt auch z. B. die oft unumgängliche Läsion des Endothels bei Entfernung eines nichtmagnetischen Fremdkörpers aus der Vorderkammer mittels Daviellöffel. Die Hornhaut kann im Bereiche der lädierten Stelle schon am folgenden Tage *auf mehr als das Dreifache* verdickt sein und helle und dunkle Parenchymspaltlinien in größter Zahl aufweisen. Auch bei den Verdickungen durch Keratitis parenchymatosa spielt vielleicht die Endothelerkrankung die Hauptrolle.

Man denke auch an die Verdickung der Cornea kurz post mortem, welche zu der falschen Annahme der Autoren führte, die Hornhaut des Menschen sei etwa 1 mm dick, während die optische Messung intra vitam 0,4—0,6 mm ergibt.

2. Optische Schnitte und Tiefenlokalisation in Hornhautnarben.

Auch hier ist unsere Methode des verschmälerten, streng fokussierten Büschels (dünner optischer Schnitt, s. S. 17) entscheidend geworden. Die Bilder, die diese Verfeinerung zutage fördert, gehören zum Überraschendsten in der Spaltlampenmikroskopie. Wir sehen die Hornhaut tatsächlich im *Schnitte*, ihre Dicke, eventuelle Verdünnungen oder Verdickungen treten klar zutage und jede Änderung der Diskontinuität im Parenchym wird streng lokalisierbar. Jeder Zweifel über die Lage irgendeiner Veränderung ist beseitigt, und auch die Täuschungen in der binokularen Tiefenbeurteilung sind bei Verwendung des schmalen fokussierten Büschels unmöglich geworden.

3. Beginn der Keratitis parenchymatosa luetica.

Abb. 353*—358. Beginnende Keratitis parenchymatosa e lue congenita.

Wenige Wochen nach Ablauf der linksseitigen Keratitis parenchymatosa der 17jährigen Frl. B. wurden Beginn und Verlauf der Keratitis der *rechten* Seite am Spaltlampenmikroskop verfolgt. Schon zu einer Zeit, als links noch Reizerscheinungen und zentrale Infiltrate bestanden, zeigte die Spaltlampe am rechten, emmetropen und vollkommen reizlosen Auge feinste pathologische Symptome, die wochenlang fast unverändert bestanden und dennoch als echte Vorläufer der Keratitis parenchymatosa zu gelten haben.

Da es Interesse bietet, die allerersten Anfänge dieser Krankheit mit dem Hilfsmittel des verschmälerten Büschels zu verfolgen, teile ich meine Befunde in extenso mit**.

---

* Abb. 352 ist nicht reproduziert worden.
** Die nachfolgende Darstellung macht nicht den Anspruch, für *jede,* sondern lediglich für die häufigste Form des Beginns typisch zu sein. Eine gute Übersicht über die verschiedenen *Arten* des Beginns gibt IGERSHEIMER[242] in seinem Buche „Syphilis und Auge", 2. Auflage, Berlin: Julius Springer 1928.

14. 9 .20. Rechtes (bisher gesundes) Auge. Hornhaut bei Durchmusterung mit dem Spaltbüschel vollkommen normal. Einzig nach unten an einer umschriebenen Stelle, etwa 2 mm weit dem Limbus entlang — und ähnlich an einer zweiten Stelle nach innen oben — eine eigentümliche Veränderung der Descemetigegend. Die Descemeti* ist nämlich hier nicht klar und durchsichtig, sondern in einer 0,5 mm breiten, randständigen Zone gleichmäßig diffus grau getrübt, etwa ähnlich wie sie es im höheren Alter zu sein pflegt. Aber im Gegensatz zur gleichmäßigen senilen Trübung, die allmählich in die klaren Partien übergeht, haben wir es in unserem Falle mit einer umschriebenen, gut begrenzten Veränderung zu tun, welche nur eine beschränkte Partie des unteren und des oberen äußeren Limbusgebietes einnimmt (Abb. 353, T Trübung, L Limbus). Da am Tage der ersten Beobachtung und auch an den folgenden Tagen nicht die geringste Injektion bestand und das Parenchym völlig klar war, so lag es nahe, an eine angeborene, stationäre Veränderung zu denken. Diese Vermutung wurde gestärkt, als acht Tage später das Aussehen der Trübungen ein völlig gleiches war.

Als ich dieselben aber nach einer weiteren Woche durch einen Maler abzeichnen lassen wollte, war ich erstaunt, deutliche Änderungen zu finden. Immer noch war das Auge vollkommen reizlos und mit gewöhnlichen Methoden war nichts Krankhaftes zu entdecken. Die erwähnten grauweißen Trübungszonen, die unter dem Scleralfalz hervortraten, hatten sich aber auf fast das doppelte verbreitert, sowohl in konzentrischer, wie in radiärer Richtung, und es ließ sich im regredienten Licht im Bereiche dieser Trübungen deutliche Betauung erkennen, welche axialwärts bis gegen das Pupillargebiet reichte.

Außerdem waren an drei Punkten feine Andeutungen von Präcipitaten nachweisbar. Eine solche Stelle von 0,04 mm Durchmesser saß in der unteren Trübungszone, sich undeutlich und unscharf von der Umgebung abhebend. Daneben waren noch zwei ähnlich große Stellen, die zufolge vermehrter Trübung beginnende Präcipitierung verrieten. Neu war ferner ein 0,25 mm messendes, unscharf begrenztes, graues und durchscheinendes Trübungswölkchen (Abb. 354 T Trübungszone der Descemeti, J Infiltrat), das sich bei stärkerer Vergrößerung in feinste graue Pünktchen (Lymphocyten?) auflöste und das vor der genannten Descemetitrübung im mittleren Parenchym saß (verschmälertes Büschel! In der Abb. 354 ist der Übersicht halber das breite Büschel gewählt und daher die Tiefenlage des Infiltrates nicht ersichtlich). Es handelt sich offenbar um eine allererste umschriebene Infiltration. Sie war 0,5 mm vom scleralen Limbus entfernt. Das umgebende Parenchym war noch vollkommen klar.

In der erwähnten zweiten Trübungszone, nasal oben, die nun nahezu 2 mm weit in die Cornea hineinreichte, zeigte sich ebenfalls ein Präcipitat (Abb. 355 P). Außer-

---

* Descemeti hier stets im Sinne von „Descemetigegend", da die Descemeti als solche nicht zu sehen ist. — Der von L. Koeppe in allen seinen Beobachtungen an der Hornhaut 1916 und 1917 durchgeführten Differenzierung zwischen Trübung eines von ihm behaupteten Saftlückensystems und des Lamellensystems vermögen wir nicht zu folgen. Koeppe sieht z. B. „Schlängelungen der Lamellen"**, erkennt die Lamellenkonturen und sogar deren Inhalt***. Wir konnten Derartiges nicht sehen, ebensowenig wie wir den von ihm beobachteten Beginn der Keratitis parenchymatosa mit Trübung des Saftlückensystems, der eine immer intensiver werdende Beteiligung der Lamellenbänder folge, bestätigen konnten. Die Lamellen als solche im gewöhnlichen Nernst-, Nitra- oder Bogenlicht zu sehen, halten wir sowohl in normalen wie in pathologischen Fällen für unmöglich. Dagegen bestätigen auch wir die Erggeletschen Befunde des frühzeitigen Auftretens von Beschlägen bei Keratitis parenchymatosa e lue congenita.

** Koeppe: Graefes Arch. 93, 177, 198 usw.
*** Koeppe: Ibidem 188.

dem schob sich hier im Verlaufe eines Nervenhauptstämmchens ein im direkten Licht weißer dünner Trübungsspieß vor, welcher unmittelbar gegenüber genanntem Präcipitat endigte (in der Abb. 355 ist dieser Trübungsspieß weggelassen).

Das Auge blieb auch jetzt vollkommen reizlos.

Vier Tage später, am 2. 10., waren die Präcipitate deutlicher und etwas größer. Das genannte winzige Parenchyminfiltrat war unverändert.

Am 9. 10., also wieder eine Woche später, bestand über dem oberen Limbus vermehrte Injektion des Randschlingennetzes. Die obere Descemetitrübung hatte sich dem ganzen oberen Limbus entlang ausgedehnt. Das verschmälerte Büschel zeigte hier oben, wie auch unten, eine ausgesprochene Verdickung der Hornhaut. Auch erschien die Opazität des Parenchyms in der Nähe des oberen Limbus gesteigert, hauptsächlich im Descemetibereich. Die Randschlingen waren hier besonders stark gefüllt.

15. 10. Die Parenchymverdickung auch unten deutlich (Abb. 356). Man sieht hier, wie oben, daß die Verdickung nach hinten, der Kammer zu, stattfindet, daß also die vordere Hornhautkrümmung nicht wesentlich leidet (Abb. 356). Descemetitrübung und Parenchymverdickung reichen fast gleich weit. Das geschilderte Infiltrat (Abb. 356 J) ist etwas kleiner geworden (spontaner Heilvorgang oder Folge des Salvarsans?), dagegen ist 0,5 mm weiter axial ein zweites aufgetreten J^1, von ähnlichem Durchmesser (200—240 Mikra). Auch hier läßt sich die unscharf in die Umgebung übergehende Trübung in weiße Pünktchen auflösen. Der Sitz ist ebenfalls das mittlere Parenchym. Die gesamte Parenchympartie dieser Gegend ist jetzt von feinsten Pünktchen diffus durchsetzt und dadurch zart getrübt. Nirgends eine Spur von Gefäßen. V Vorderfläche, R Rückfläche.

Die oben erwähnten Präcipitate der unteren Limbuspartie sind etwas deutlicher, aber immer noch unscharf. Das größte mißt 0,08 mm (in Abb. 354 und 356 sind die Präcipitate weggelassen).

In der nasal-oberen und oberen Zone zwei Infiltrate des mittleren und tieferen Parenchyms von 0,16—0,2 mm in der Nähe des Limbus. Nasal oben hat sich im Bereiche des erwähnten trüben Spießes dem Nerven entlang eine Gefäßschlinge 0,2 mm weit über die Randschlingengrenze vorgeschoben, im mittleren Parenchym verlaufend.

Das oberflächliche Parenchym ist nirgends beteiligt. Einzig im Bereich des oberen Limbus erkennt man eine größere Opazität der oberflächlichsten Schicht, im unmittelbaren Anschluß an die injizierten Randschlingen. Diese Zone gesteigerter Reflexion schiebt sich 0,2—0,4 mm weit in die Hornhaut vor.

Bemerkenswert und wichtig ist das Verhalten des Endothels. Dieses zeigt ein Bild, das stark an den von mir schon mehrfach geschilderten Buckeltypus erinnert (Abb. 357*). Überall in der Nähe des Limbus, besonders im Bereiche der kranken Partien sind massenhafte, stellenweise bis zur Konfluenz dicht stehende Ausbuckelungen nach hinten vorhanden (Abb. 357). Die Buckel messen meist 20—40 Mikra, oft auch etwas mehr und werden axialwärts spärlicher. Die Endothelzellen selbst zeigen unscharfe Kittlinien. In den kranken Partien ist ihre Zeichnung besonders schlecht.

Das Endothel dieses zweiterkrankten (rechten) Auges war noch einige Wochen vor der Erkrankung mehrfach untersucht worden und hatte sich als normal erwiesen.

Die hintere Linsenfläche und der vordere Glaskörper sind intakt, keine Einlagerungen. Iris normal.

---

* Vgl. auch die Abb. 2 in der Arbeit W. F. SCHNYDER: Klin. Mbl. Augenheilk. 65, 804 (1920).

20. 10. 20 (somit 5 Tage später): Auge mit leichtester Andeutung von Ciliarinjektion. Außer den beiden Parenchyminfiltraten in dichter Nähe des oberen Limbus. die sich nicht vergrößert haben, erscheint ein drittes ziemlich weit vorgeschoben. Es liegt nämlich 2 mm weit vom Limbus entfernt. Die feine diffuse Parenchymtrübung hat sich vermehrt und dem Limbus entlang, besonders temporalwärts, weiter ausgebreitet. Hier, am temporalen Limbus, findet sich eine dichte Gruppe von kleinen Infiltraten des oben geschilderten Typus verstreut. Sie sitzen im mittleren und tieferen Parenchym, sind bald mehr umschrieben, bald mehr diffus begrenzt. Die Nervenfaserzeichnung ist in dieser Gegend lebhafter geworden. — Glaskörper und Fundus ohne Besonderheit, Foveareflex intakt.

25. 10. Die Betauung nimmt unten, außen und oben einen 2 mm breiten Randgürtel ein und ist sehr stark. In diesen Partien sind die Endothelbuckel besonders reichlich und zum Teil wesentlich vergrößert. Es kann wohl kein Zweifel darüber bestehen, daß diese Buckelungen im regredienten Licht das Bild der Betauung erzeugen, wiewohl sich auch das Epithel daran beteiligt, das über den Herden feine Stichelung zeigt.

29. 10. Die Zone multipler, ineinander verschwimmender Infiltrate des mittleren temporalen Parenchyms reicht jetzt 2—3 mm weit in die klare Hornhaut hinein. Feine dunkle *Parenchymspalten* werden besonders außerhalb der Infiltrationszone bemerkbar. Den kranken Partien entspricht *Verdickung der Corneasubstanz*. Die Endothelgrenzen sind verschwommener. *Überall massenhafte Endothelbuckel*. In den ganz trüben Partien ist der Endothelspiegel nicht mehr erhältlich.

3. 11. Weitere Ausbreitung der Trübung axialwärts. Immer noch keine Gefäße (mit Ausnahme des erwähnten kurzen Spießes nasal oben). *Die Hornhaut ist stellenweise bis auf das Doppelte verdickt.* Die Verdickung ist jetzt am stärksten in einer gewissen Entfernung vom Limbus (Abb. 358, Vertikalschnitt durch unterste Hornhautpartie). Die Form des optischen Schnittes ist also jetzt entgegengesetzt derjenigen von Abb. 356, in Worten, die Verdickung bestand dort gleichzeitig mit der Infiltration, mit deren Resorption verschwand sie. Im Bereiche der Verdickung bestehen große und mittelgroße Präcipitate, keine Gefäße. Letztere traten später bei voller Ausbreitung der Trübung massenhaft auf, wie vorher auch im ersterkrankten Auge.

Geheilt entlassen 2½ Monate später, mit RS = 0,5.

Diese Krankengeschichte zeigt als erstes Symptom der Keratitis parenchymatosa eine randständige mindestens 2 Wochen lang der ersten Infiltratbildung vorausgehende feine diffuse Descemetitrübung, mit bald darauf nachweisbaren Buckelbildungen des Endothelspiegels (Buckel von 0,02—0,05 und mehr Millimeter Durchmesser) vor allem im Bereiche der trüben Descemetipartien. Im mitteltiefen peripheren Parenchym traten zunächst in Limbusnähe etwa 0,25 mm messende randständige hintere Beschläge auf. Sekundäre Erscheinungen sind jedenfalls die von uns nachgewiesenen, kammerwärts gerichteten Parenchymverdickungen. Gefäße traten erst sehr spät auf.

Das geschilderte Bild spricht dafür, daß die Veränderungen vom tiefen peripheren Parenchym aus ihren Ausgang nahmen.

Es zeigt unsere Krankengeschichte, daß das verschmälerte Spaltbüschel Anfangsstadien der Keratitis parenchymatosa schon Wochen vor dem eigentlichen (mit gewöhnlichen Methoden nachweisbaren) Krankheitsbeginn aufdeckt.

Differentialdiagnostisch ist zu betonen, daß *flächenhafte Trübungen der peripheren Descemeti* nicht nur als senile Erscheinung vorkommen, sondern in leichteren Graden nicht so selten auch schon bei Kindern. Ich fand nämlich solche Trübungen wiederholt schon bei 8—10 Jährigen. Diese Trübungen sind aber zart und gleichmäßig und verlieren sich allmählich in das klare Parenchym. Sie sind stationär und vor allem geben sie keine Betauung.

In welcher Weise die Endothelbuckel zu erklären sind, ob sie durch Flüssigkeitsansammlung entstehen (was ich nach dem optischen Bilde für weniger wahrscheinlich halte), oder *durch Quellung des Endothels,* oder ob feinste Descemetiunebenheiten zugrunde liegen, ist einstweilen nicht zu entscheiden. Das eine steht jedoch fest, daß noch Monate und Jahre nach Ablauf dieser Krankheit solche oder ähnliche Buckel nachweisbar sein können.

4. Exzessive Limbusverdickung bei Keratitis parenchymatosa.

Abb. 359. Enorme Limbusverdickung bei beginnender Keratitis parenchymatosa e lue congenita.

Sagittalschnitt durch den unteren Limbus der rechten Hornhaut der 23 jährigen Lina von A. mit Keratitis parenchymatosa tarda. Wassermann positiv. Im Gegensatz zum Falle der Abb. 353—358 begann in diesem Falle die Erkrankung des zweiten Auges mit der hier abgebildeten enormen Limbusverdickung, welche darauf hinweist, daß die Infiltration im *Limbus sclerae,* und nicht in der Hornhaut einsetzte. Die Hornhautrandpartie ist etwa auf das *Doppelte* verdickt. Wie die Abb. zeigt, betrifft die Verdickung sowohl die vordere als die hintere Partie. Am vorderen Limbus entsteht eine ziemlich scharfe Abknickung gegen die Lederhaut. Der Limbus ist dicht mit aufwärtsstrebenden superfiziellen, nahezu parallelen Gefäßen besetzt (beginnender Epaulettenpannus). Im vorderen und mittleren Parenchym eine Zone grauweißer Punkte und horizontale Parenchymstreifen (beginnende Infiltration).

Die Verdickung ist eine so hochgradige, daß zwischen verdickter und normaler Hornhaut eine (im dünnen optischen Schnitt der Abb. 359 deutliche) *Konkavität der Vorderfläche* der Hornhaut zustandekommt.

Die Verdickung wanderte später auch hier axialwärts, während sie im Limbus wieder abklang.

Zweites Auge: noch diffus infiltrierte Hornhaut.

5. Tiefe Gefäße der Hornhautrückfläche bei Keratitis parenchymatosa.

Abb. 360. Die tiefen Hornhautgefäße nach abgelaufener Keratitis parenchymatosa, im fokalen (links) und regredienten Licht (rechts).

Ok. 2, Obj. a 2. Das Bild stellt die nasale Hornhautpartie eines 12 jährigen Mädchens F. Th. dar, das vor 2½ Jahren Keratitis parenchymatosa e lue congenita durchgemacht hat (Wassermann positiv).

Links sieht man das durchtretende Büschel (prismatischer Schnitt, vgl. Abb. 35). In den Bindehautsack wurde unmittelbar vor der Beobachtung Fluoresceinkali eingetropft, so daß die auf der Hornhaut liegende Tränenflüssigkeit grün gefärbt ist. Dadurch tritt die (vordere) Kante bd scharf hervor. Aber auch die sonst schwer sichtbare (hintere) Kante eg (vgl. Abb. 35) ist hier zu sehen, zufolge der (nach unseren Beobachtungen bei Keratitis parenchymatosa stets zurückbleibenden) Trübungen der tiefsten Parenchymschicht.

Die Gefäße treten in dichter Nähe der Kante fh in die Schnittfläche bfdh, liegen also im tiefsten Niveau des Parenchyms, vor der Descemeti. Dies ist bei Keratitis

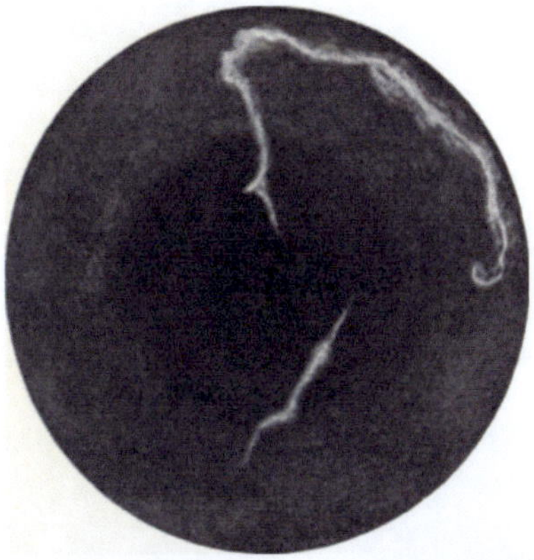

Abb. 349—351, 353—361. Tafel 44.

349  350

353

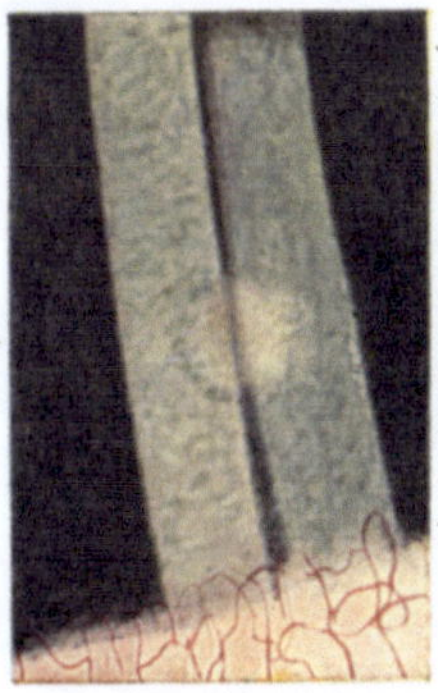

351 354

355

V R

J′→

J→

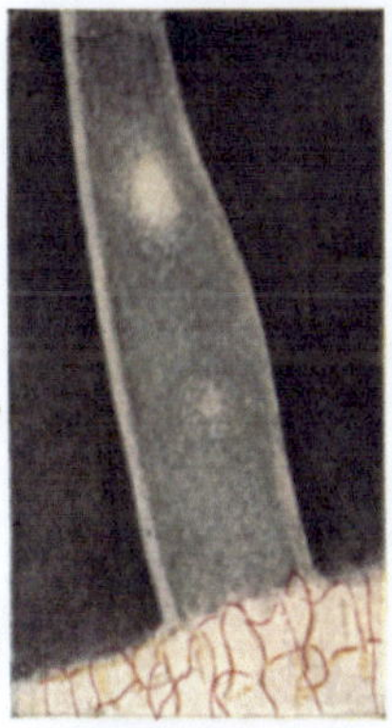

356 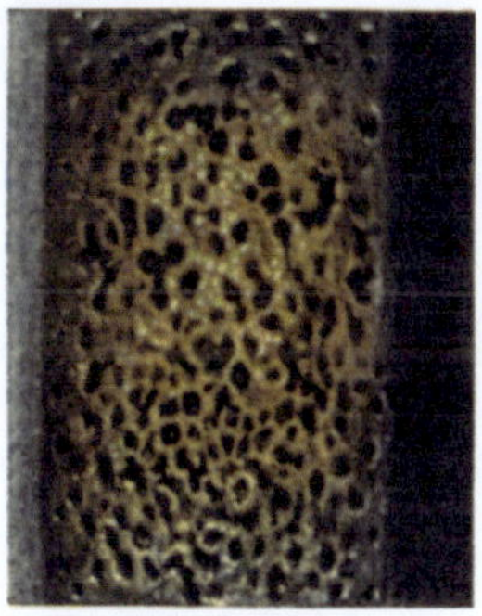 357 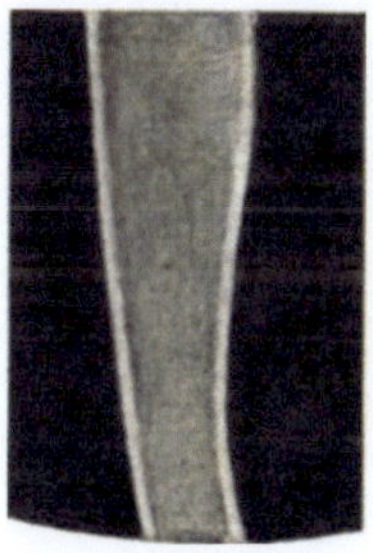 358

a e b f

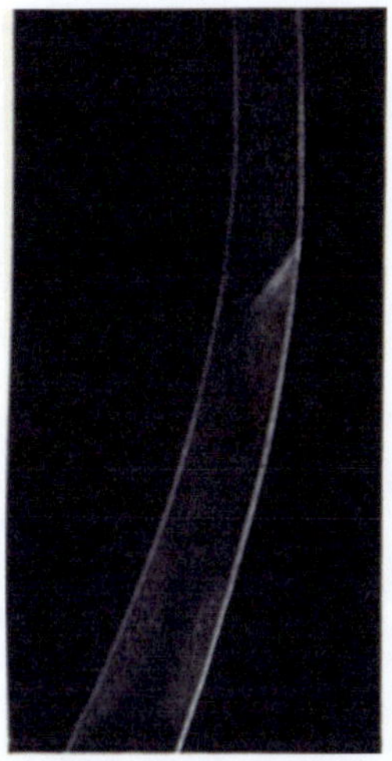

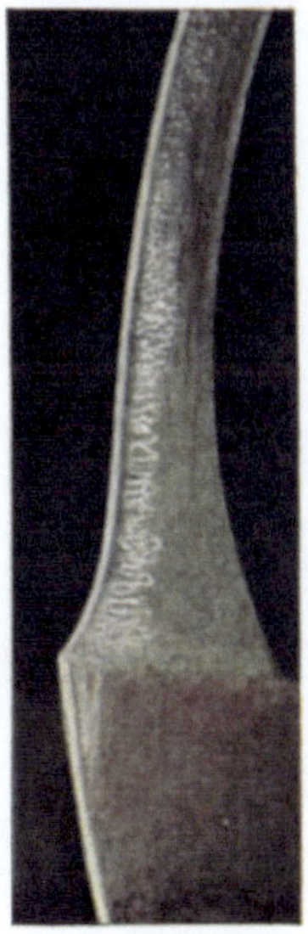

359  360  361

c g h d

Vogt, Spaltlampenmikroskopie. 2. Aufl. Verlag von Julius Springer, Berlin.

parenchymatosa e lue congenita ein sehr häufiger Befund. Man beachte den sehr gestreckten, zum Teil fast parallelen Verlauf der Gefäße, die alle im gleichen Niveau liegen. (Vgl. auch AUGSTEIN, ERGGELET, KOEPPE u. a.)

Die horizontalen Gefäße werden fast rechtwinkelig von vertikalen, dicht vor ihnen liegenden gekreuzt.

Wahrscheinlich hängt diese besondere Art des Gefäßverlaufes mit der Struktur des Parenchyms zusammen. Ganz ähnlich verlaufen ja die „BOWMANschen Röhren", sie sind geradlinig und in derselben Schicht zueinander parallel, während sie zu Röhrchen anderen Niveaus gekreuzt verlaufen.

Wie sich bei Erzeugung dieser Röhrchen die Luft in der Richtung des geringsten Widerstandes ausbreitet, so scheinen auch die Gefäße solche Ausbreitung zu bevorzugen. (Vgl. auch AUGSTEIN[118]) u. a.)

Ohne weiteres ist sichtbar, daß die Gefäße bei *fokaler* Belichtung (prismatischer Schnitt, in der Abb. links) durch das diffuse Licht mehr oder weniger verhüllt und verdeckt werden, während sie im *regredienten* Licht (rechts) rot aufleuchten*, wobei schon bei etwa 24facher Vergrößerung die Blutzirkulation bequem sichtbar ist. Die Endothelbetauung (s. folgende Abbildung) ist besonders bei stärkeren Vergrößerungen deutlich. Sie ist der Übersicht halber in Abb. 360 nicht dargestellt.

Abb. 361. Die Betauung der Cornearückfläche im Falle der Abb. 360.

Stärkere Vergrößerung (regredientes Licht, Ok. 2, Obj. a 3).

Die Tröpfchen sind alle von etwa gleicher Größe und am deutlichsten in der „optischen Grenzzone", i. e. gegenüber dem Pupillarsaum.

Die Lokalisation der Betauung (und damit die Differentialdiagnose gegenüber der Epithelbetauung) ist nicht leicht und kann zu Täuschungen führen. Untersuchen wir doch hier im *regredienten* Licht, so daß der optische Schnitt keine direkten lokalisatorischen Anhaltspunkte bietet.

Zu beachten ist, daß vordere und hintere Betauung nicht selten gleichzeitig vorkommen und daß vordere Betauung auch ohne Epithelstichelung auftreten kann.

Zur Differentialdiagnose können wir die Methode der Bildschärfe und Übereinstellung benützen (vgl. S. 22).

Wir stellen im vorliegenden Falle das Mikroskop auf die Corneagefäße bei stärkerer, etwa 60facher Vergrößerung ein und beobachten im regredienten Licht. Ist jetzt die Betauung deutlich, so ist ihr Sitz wahrscheinlich die Hornhautrückfläche. Sodann stellen wir auf die corpusculären Elemente der Hornhautoberfläche ein. Ist jetzt keine Betauung zu sehen, oder ist sie sehr undeutlich, so darf angenommen werden, daß sie hauptsächlich auf Veränderungen der Hornhautrückfläche beruht.

Bei Einstellung des hinteren Spiegelbezirks erscheinen während und nach Keratitis parenchymatosa, so im Falle der Abb. 361, die Endothelgrenzen verwaschen und man bemerkt an Warzen der Descemeti erinnernde Bildungen in großer Zahl (ähnlich Abb. 357). Solche Befunde konnte ich nach abgelaufener Keratitis parenchymatosa luetica wiederholt erheben.

Die prinzipielle Frage, welcher histologischen Veränderung diese „hintere Betauung nach Keratitis parenchymatosa" entspricht, sei hier nicht beantwortet.

---

* Über die optische Ursache dieses differenten Verhaltens s. Abb. 25, 26.

Abb. 362 und 363. Vordringen einer Gefäßschlinge in der Richtung eines Hornhautnerven.

Bei Keratitis parenchymatosa verschiedener Art, z. B. bei der durch Iridocyclitis bedingten, sekundären, folgen die Gefäße anscheinend nicht so selten den Hauptstämmchen der Hornhautnerven. In Abb. 363 (regredientes Licht) sind vier derartige Gefäßschlingen (Arterie bedeutend dünner als Vene) dargestellt, die, aus der Episclera stammend, am Limbus scharf in die Tiefe biegen und im mittleren Parenchym dem Nervenstamm entlang (dieser ist in Abb. 362, fokales Licht, zu sehen) weiterziehen. Aus dem dahinter gelegenen Kammerwinkel buchtet sich eine exsudative runde Auflagerung der Descemeti vor, welche vielleicht an der Gefäßneubildung mitbeteiligt ist (in der Abb. das runde Gebilde links unten). Die Exsudation ist in diesem Falle ein Produkt leichtester schleichender rechtsseitiger Iridocyclitis bei der 16 jährigen Piq. Wassermann negativ.

Man beachte auch hier wieder die Undeutlichkeit der Gefäße im fokalen Licht (sie sind durch trübes Gewebe verhüllt) und ihre klare Sichtbarkeit im regredienten Licht. Umgekehrt ist der unverhüllte weiße Herd fast ausschließlich nur im fokalen Licht zu sehen.

Abb. 364. Gefäßreste der Hornhaut nach vor mehr als 20 Jahren überstandener Keratitis parenchymatosa e lue congenita.

42 jähriger Herr Ram., l. Auge, Ok. 2, Obj. A 2. Ein Teil der Gefäße, die alle dicht vor der M. Descemeti liegen, führt noch Blut. Man beachte den durch die Gefäßwand gegebenen Doppelkontur.

Charakteristisch für die Lues ist auch hier die Lage der Gefäße *dicht* vor der Descemeti. Doch können sich gelegentlich Gefäße auch im übrigen Parenchym finden.

Nebenbefund dieses Falles: hereditäre Mikrocornea. Sie ist auch beim Vater des Patienten und bei 2 Töchtern (also in 3 Generationen) vorhanden und in allen Fällen mit Glaukom kombiniert.

Abb. 365. Alte, zum Teil verödete Gefäße des Parenchyms, mit Hornhautverdünnung und Narbenpigmentstreifen.

Rechtes Auge der 20 jährigen Frl. Ott, die kurz post partum rechts eine schwere eitrige Keratitis durchmachte. Die Gefäße liegen im mittleren und tiefen Parenchym und führen vereinzelt noch Blut. Im Bereiche der verdünnten Partie eine gelbe Querlinie, die ziemlich oberflächlich sitzt (Abb. 365), darüber eine weiße Trübung der oberflächlichsten Gewebsschicht.

Abb. 366. Feinste, nicht mehr blutführende Gefäßreste nach abgelaufener Keratitis parenchymatosa.

Ok. 4, Obj. a 2. Frl. K., 17 Jahre, Keratitis parenchymatosa e lue congenita rechts vor einem Jahr. Wassermann positiv. RS = 1.

Die sehr gutartig verlaufene Keratitis hinterließ periphere tiefe Gefäßreste, welche im fokalen Licht (linker Teil der Abb.) auf den ersten Blick an Nervenfasern erinnern. Sie sind von ähnlicher Dicke, aber etwas weniger gestreckt als Nervenfasern und ohne die typischen Verzweigungen. Auch ist die Farbe mehr weißlich. Sie liegen in den tiefsten Parenchymschichten.

Abb. 362—372. Tafel 45.

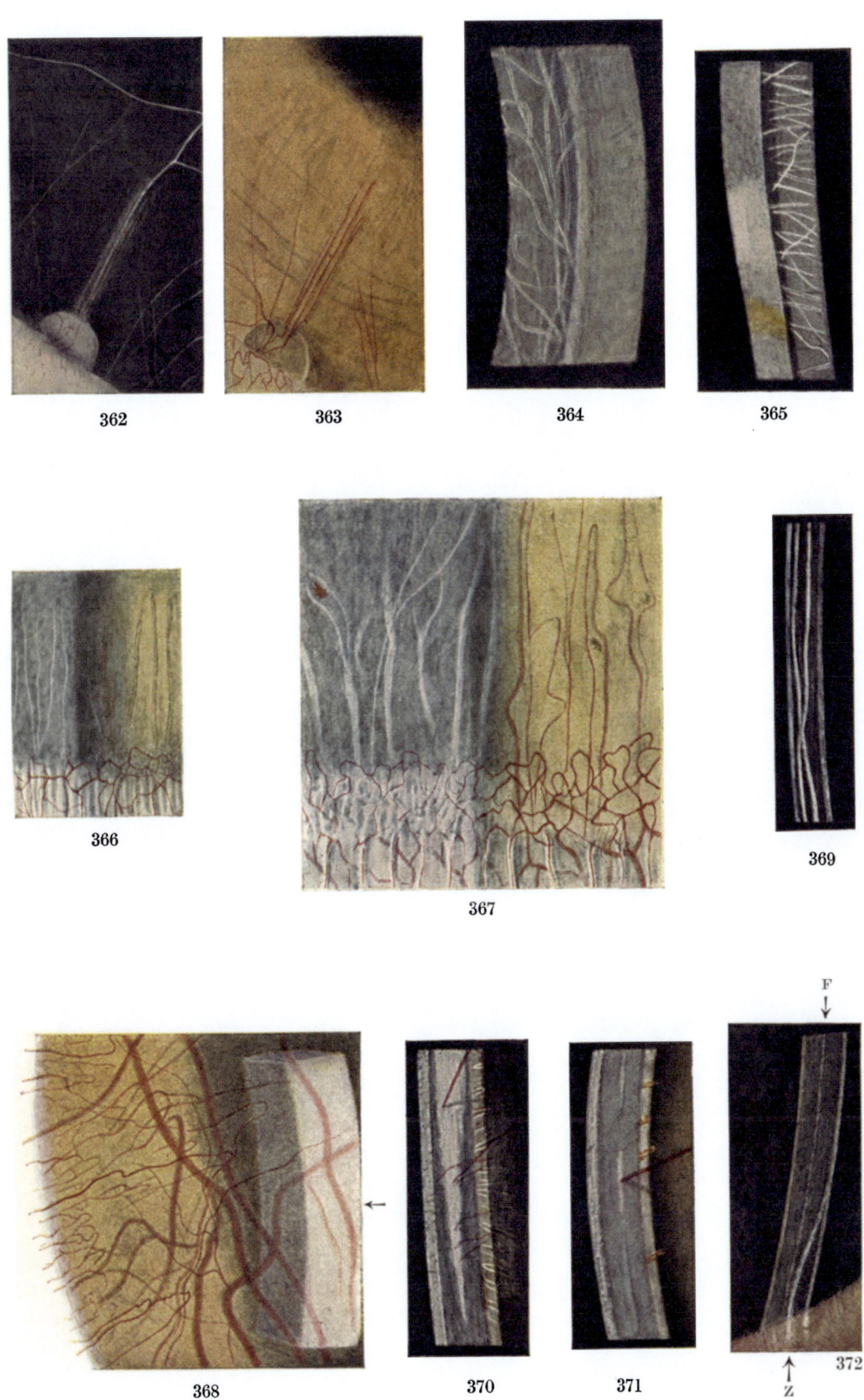

362 363 364 365
366 367 369
368 370 371 372

Vogt, Spaltlampenmikroskopie. 2. Aufl. Verlag von Julius Springer, Berlin.

Im regredienten Licht (rechter Teil der Abb.) erkennt man die Gefäßnatur. Während man nämlich Nerven im regredienten Licht gewöhnlich nicht sieht, so erscheinen die Gefäßreste als dunkle Linien, die meist zu einem Paare geordnet sind. Endwärts kann man die Vereinigung zweier Doppellinien zu einer Schlinge wahrnehmen. Die Länge der Gefäße beträgt in unserem Falle durchschnittlich 1,5 mm.

Abb. 367. Tiefe Gefäßreste nach Keratitis parenchymatosa tarda.

Vor 7 Jahren machte der jetzt 47jährige Herr E. H. eine mehrere Monate dauernde Keratitis parenchymatosa beider Augen durch, welche nach Form und Verlauf an die kongenitalluetische Keratitis erinnerte. Wassermann heute negativ. Heute sind die Augen reizlos, es besteht leichte diffuse Trübung des tiefen Parenchyms. L Randschlingennetz des unteren Limbus, im linken Teil der Abbildung im fokalen Licht, im rechten im Irislicht. In dichter Nähe der Descemeti sieht man besonders im unteren Hornhautabschnitt gerade gestreckte Gefäße, meist zu Paaren zusammengeordnet, die dichotomische Verzweigungen zeigen.

Im fokalen Licht (links) erkennt man bis zu 0,12 mm, meist nur 0,04—0,08 mm breite grauweiße Bänder, in denen bei regredientem Licht ein Gefäßpaar (Arterie und Vene) auftaucht. Die breiteren dieser blutführenden Gefäße zeigen zarten Doppelkontur. Oft weichen die beiden Gefäße streckenweise etwas auseinander, um sich dann wieder einander zu nähern.

Der Endothelspiegelbezirk (in der Abb. nicht zu sehen) zeigt zahlreiche nach hinten gerichtete Grubenbildungen.

6. Gefäße bei abgelaufener Hornhauttuberkulose.

Abb. 368. Vascularisierter Hornhautabschnitt bei seit 3 Jahren bestehender tuberkulöser Iridocyclitis chronica mit schließlicher Vascularisation des gesamten Hornhautparenchyms. Frau Sp., 44 Jahre.

Ok. 2, Obj. a 2. Die ganze verdickte Hornhaut ist in allen ihren Parenchymschichten von mächtigen vielfach verzweigten Gefäßen durchwuchert. Im Bereiche des fokalen Lichtes (rechts im Bilde) erscheinen die Gefäße etwas durch das diffuse Licht verschleiert. Vordringen von Gefäßschlingen in dichter Nähe von Hornhautnerven.

7. Gesonderte Trübungsschichten des Hornhautparenchyms während und nach Keratitis parenchymatosa.

Abb. 369—372. Nach Keratitis parenchymatosa, oft auch nach gewöhnlicher skrofulöser Keratitis, Hypopyonkeratitis usw. findet man mittels schmalen Büschels häufig eine oder mehrere grauweiße, scharfbegrenzte flächenhafte Trübungsschichten, die konzentrisch zur Hornhautoberfläche, also intralamellär verlaufen. Abb. 369 gibt einen Sagittalschnitt durch die Cornea der 58jährigen Frau H. mit Resten von seit Jahren abgelaufener Keratitis parenchymatosa unbekannter Ursache. Wassermann negativ. T, T^1 zwei Parenchymtrübungsschichten. Die Kontinuität dieser Trübungsschichten mit der Sclera ist meist feststellbar und es führen die Schichten häufig Gefäße (Abb. 370, Narbe nach Keratitis parenchymatosa circumscripta, Abb. 371, Hornhauttrübungen nach Keratitis parenchymatosa). Hin und wieder sieht man, daß die eine oder andere Schicht nicht immer im selben Niveau verläuft, sondern bald plötzlich, bald mehr allmählich nach der Oberfläche zu ansteigt (Abb. 372), um dann wieder parallel zur letzteren weiter zu verlaufen. Auch das Umgekehrte kommt vor. Die Oberfläche kann bei schwerer Narbenbildung uneben sein. Endlich konvergieren manchmal zwei verschieden tiefe Schichten, um zu einer einzigen zu verschmelzen.

Besonders oft kann man solchen Niveauwechsel verschiedener Art in dichter Nähe des Limbus antreffen. So zeigt z. B. Abb. 372 eine aus den mittleren Sklerapartien zungenartig zu der Oberfläche emportretende Trübungsschicht Z (17jähriges Frl. B., mit eben abgelaufener Keratitis parenchymatosa e lue congenita, Fall der Abb. 353—358, P eine zu der Oberfläche parallele Trübungszone). In Fällen wie diesen letzteren kann bei der Beobachtung eine optische Täuschung insofern entstehen, als die sehr helle Trübungsschicht die luzide, vor ihr liegende Hornhautpartie derart übertönt, daß letztere übersehen wird. Die Folge ist die Vortäuschung einer Vertiefung der betreffenden Hornhautpartie. Über Verhütung dieser Täuschung vgl. Text zu Abb. 103, 104, Sulcus marginalis senilis.

Mehr bei frischeren Infiltrationen, weniger bei alten Narben, sah ich gelegentlich *Reflexmaxima der einzelnen Trübungsschichten.* So bot die Oberfläche solcher Schichten bei dem 10jährigen O. Sti. einen deutlichen *Glanz,* der zum Wandern gebracht werden konnte. Dieser Glanz beweist eine Schroffheit des Indexwechsels.

Die oben abgebildeten Trübungsschichten sind ohne Verwendung des verschmälerten Büschels nicht unterscheidbar oder doch nicht genauer zu lokalisieren und voneinander zu trennen. Sie sind wohl stets als Zonen der Gefäßausbreitung zu betrachten. Meist sind die Gefäße direkt sichtbar (z. B. Abb. 371, 60jähriger Herr B. mit frisch abgelaufener schwerer Keratitis parenchymatosa und Iridocyclitis unbekannter Ursache).

Im allgemeinen hellen sich nach Keratitis parenchymatosa e lue congenita oberflächliche Parenchymtrübungen besser auf als die tiefste im Bereiche der M. Descemeti gelegene opake Zone, die oft das ganze Leben hindurch nachweisbar bleibt.

Abb. 373a und b. Mehrschichtige Parenchymnarben

in einem Falle von seit Jahren rezidivierender Keratitis cum hypopyo, linkes Auge, 25fach. Der 33jährige Maurer Nicola Gin. mit alten, wohl aus der Jugend stammenden Hornhautnarben (Übersichtsbild Abb. 373a, optischer Schnitt Abb. 373b) suchte uns im Laufe des verflossenen Jahres mehrfach wegen superfizieller Keratitis mit Hypopyonbildung auf. Man beachte die konzentrische Anordnung der Narbenschichten und das sie scheidende luzide Intervall.

Ähnliche Bilder nach alter Keratitis sind nicht selten.

8. Lucide Schichten über alten Narben nach Hornhautulceration.

Schon in den Abschnitten Gerontoxon und Sulcus marginalis senilis wurde erörtert, daß eine lucide Schicht vor Trübungen unter Umständen schwer sichtbar sein kann, so daß eine Vertiefung (Ulceration) vorgetäuscht wird, besonders wo luzides Gewebe vor einer nach vorn konkaven Trübung liegt (vgl. Abb. 372, 374). Vor Täuschung schützt hier am sichersten das verschmälerte, streng fokussierte Büschel im Verein mit Fluorescein, vgl. Text zu Abb. 103, 104. Natürlich besteht die lucide vorgelagerte Schicht nicht immer ausschließlich aus Epithel. Auch Narbengewebe kann nachträglich recht luzid werden.

Abb. 373—382. Tafel 46.

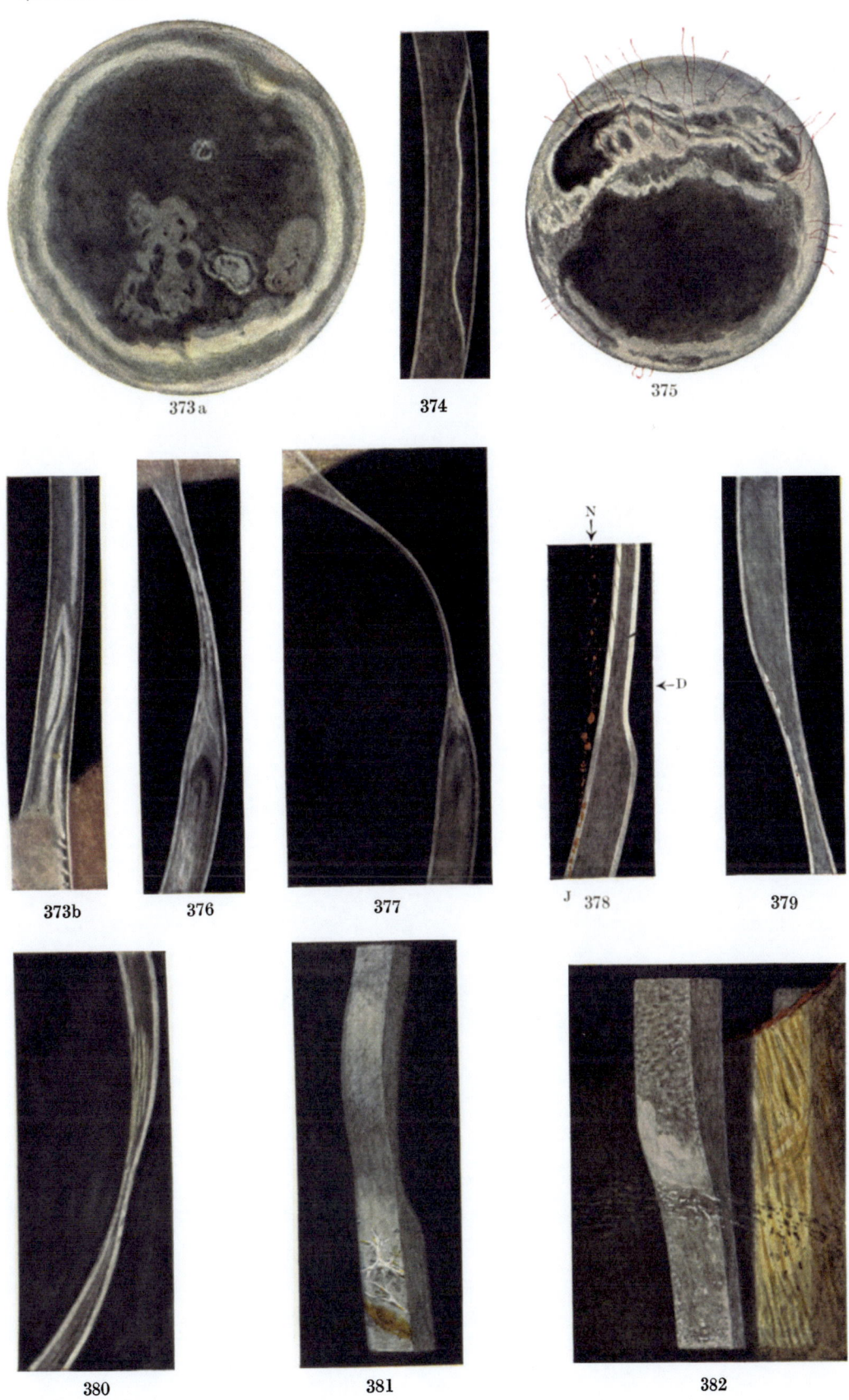

Vogt, Spaltlampenmikroskopie. 2. Aufl. Verlag von Julius Springer, Berlin.

Abb. 374. Auffallend lucides Narbengewebe nach Hypopyonkeratitis.

Der 35jährige Mario Be. machte eine Hypopyonkeratitis durch, die unter Optochin heilte. Man beachte die weiße, gleichmäßig dicke, gewellte Ulcerationsnarbenlinie, davor das relativ lucide Gewebe (Epithel?), dessen Oberfläche der normalen Hornhautwölbung folgt.

Daß der Ungeübte dieses Gewebe übersehen und als Oberfläche die Ulcerationsfläche betrachten, somit im optischen Schnitt eine *Hornhautverdünnung* annehmen kann, wurde oben mehrfach erörtert. Eine Hornhautverdünnung, insbesondere auch eine sog. *senile Randulceration* sollte nie ohne die obengenannten Hilfsmittel diagnostiziert werden (vgl. Text zu Abb. 103, 104).

9. Verbiegung, Verdünnung und Verdickung der Hornhaut nach Keratitis.

Abb. 375—377. Hochgradige Hornhautverkrümmung und Verdünnung nach Keratitis superficialis und profunda.

Die 51jährige Magrit Im Ba. weist eine durch vieljährige Keratitis hochgradig getrübte linke Hornhaut auf. Wie das Übersichtsbild lehrt, sitzen die Veränderungen hauptsächlich im oberen Abschnitt. In der Gegend von 11—12 Uhr zeigt das schmale Büschel Abb. 376 eine Verdünnung der Hornhaut auf weniger als $1/3$ der normalen Dicke. Noch weit stärker ist die Verdünnung temporal oben (bei 1—2 Uhr). Wie Abb. 377 zeigt, ist hier die Hornhaut in weiter Ausdehnung sogar auf weniger als $1/5$ verdünnt, d. h. bis in dichte Nähe der DESCEMETischen Membran.

Diese ausgedehnte dünne Partie hat dem intraokularen Druck nachgegeben. Wie Abb. 377 zeigt, ist die Hornhaut hier flach ektasiert. Ophthalmometrisch exzessiver Astigmatismus irregularis. Tension normal.

Abb. 378—382. Narbenverdünnungen der Hornhaut in dünnem und dickem optischem Schnitt.

Abb. 378* zeigt die Verdünnung nach Keratitis metaherpetica (Text S. 178). Abb. 379, Narbenverdünnung im Falle der Abb. 415, nach skrofulöser Keratitis superficialis.

Abb. 380 gibt eine, hauptsächlich das Oberflächenparenchym betreffende Verdünnung einer dichten Narbe nach Keratitis scrophulosa der Jugendzeit wieder (38jährige Frau Eck.).

Abb. 381. Verdünnung und Ektasie nach skrofulöser Keratitis in der Jugend. 64jährige K. W. Unten farbige krystallinische Einlagerungen und kräftige gelbe Pigmentlinie. Der irreguläre Astigmatismus der Vorder- und Rückfläche der Hornhaut ist aus der Abbildung erschließbar.

Abb. 382. Verdünnung der Hornhaut nach angeblicher traumatischer Keratitis vor 12 Jahren, 68jähriger Jak. Gro.

Abb. 383 gibt das Oberflächenbild des vorigen Falles wieder. Die Narbe gemahnt an *Herpesnarbe*. Quer durch sie zieht eine gelbe Hornhautpigmentlinie. Im Bereiche des oberen Narbenabschnittes ist die Hornhaut auf mehr als die Hälfte verdünnt (Abb. 382).

---

* Gilt gleichzeitig als Abb. 648.

10. Narben bei Acne corneae.

Abb. 384—386. Narben bei Acne corneae.

Bei Acne corneae fand ich manchmal eine ziemlich charakteristische, rundliche, nicht selten leicht *unterminierende* Geschwürsform.

Abb. 384 gibt die rundlichen Acnenarben der 55jährigen Frau Sa., linkes Auge

wieder, die an hochgradiger Acne rosacea (auch der Lider) leidet. Schnitt a und b Abb. 385 sind durch die Narben 1 und 2 der Abb. 384 gelegt. Man beachte die flachen Narbenteller mit unterminierten Rändern und die beiden, in verschiedenen Etagen liegenden trüben, gefäßführenden Parenchymzonen. (Aus meiner Klinik durch LOPEZ LACARRÈRE veröffentlicht [Arch. Oftalm. hisp.-amer. 22, 121 (1922)].

Abb. 386. Charakteristische runde Narbe bei Acne corneae (39jährige Lina Grä.).

Die Narbe gibt noch die Unterminierung des Geschwürs wieder (links in der Abb.). Fast senkrecht geht hier die scharfe Grenzfläche in die Tiefe. Sie zeigt im regredienten Licht ein glänzendes Rändchen, das wohl von der M. Bowmani herrührt. In der Mitte der runden Narbe weiße oberflächliche Krümel in klarer Substanz, welch letztere den Defekt völlig ausgefüllt hat.

11. Keratitis profunda luetica purulenta.

Abb. 387 und 388. Keratitis profunda luetica purulenta (E. FUCHS, MELLER).

Der 63jährige Schwerhörige Jean L. leidet seit etwa 5 Wochen an Iritis und Hornhautentzündung rechts. Am 24. 6. 24 Ciliarinjektion, im temporal-unteren Quadranten birnförmige tiefe Hornhautinfiltration (Abb. 387, 5fache Vergrößerung) mit Epithelstichelung. Mehrere Präcipitate, besonders nasal der Trübung. Im dünnen optischen Schnitt (Abb. 388 vom 3. 7. 24) erscheint die Cornea im Bereiche der kranken Stelle verdickt, die Infiltration ist gelblich gefärbt und sehr homogen. Von unten außen her erhält sie einige Gefäße.

Da das Bild an die Keratitis profunda pustuliformis von E. FUCHS erinnerte, wurde die Wa.R. im Blute angestellt, welche zunächst negativ, nach Salvarsaninjektion positiv ausfiel. Heilung unter Hg-Schmierkur und Neosalvarsan. Am 9. 7. Auge reizlos, am 14. 7. Trübung bis auf geringe Reste verschwunden. 20 Monate später: Durchscheinende, im tiefen Parenchym liegende Macula.

Abb. 389—392. Narben nach abgelaufener Keratitis profunda luetica circumscripta.

Der 52jährige Potator H. Ro., mit inveterierter Lues (Wassermann positiv) erkrankte rechts mit zentraler tiefer, gelbeitrig aussehender Hornhauttrübung und Ciliarinjektion. Behandlung durch Herrn Dr. KNÜSEL, Heilung unter antiluetischer Kur. Nach Ablauf der entzündlichen Erscheinungen bestand am 19. 1. 22 im tiefsten Parenchym das wolkige Infiltrat der Abb. 389. Die Tiefenlage ist im optischen Schnitt Abb. 390 wiedergegeben. Wie ersichtlich, breitet sich die Narbe flächenhaft parallel zur Descemeti aus, in zarten Ausläufern sich verlierend (Abb. 389). Unter fortgesetzter antiluetischer Behandlung verkleinerte sich die Trübung im Laufe von vielen Monaten noch weiter, bis schließlich eine aus feinsten Krystallnadeln und

Abb. 383—393. Tafel 47.

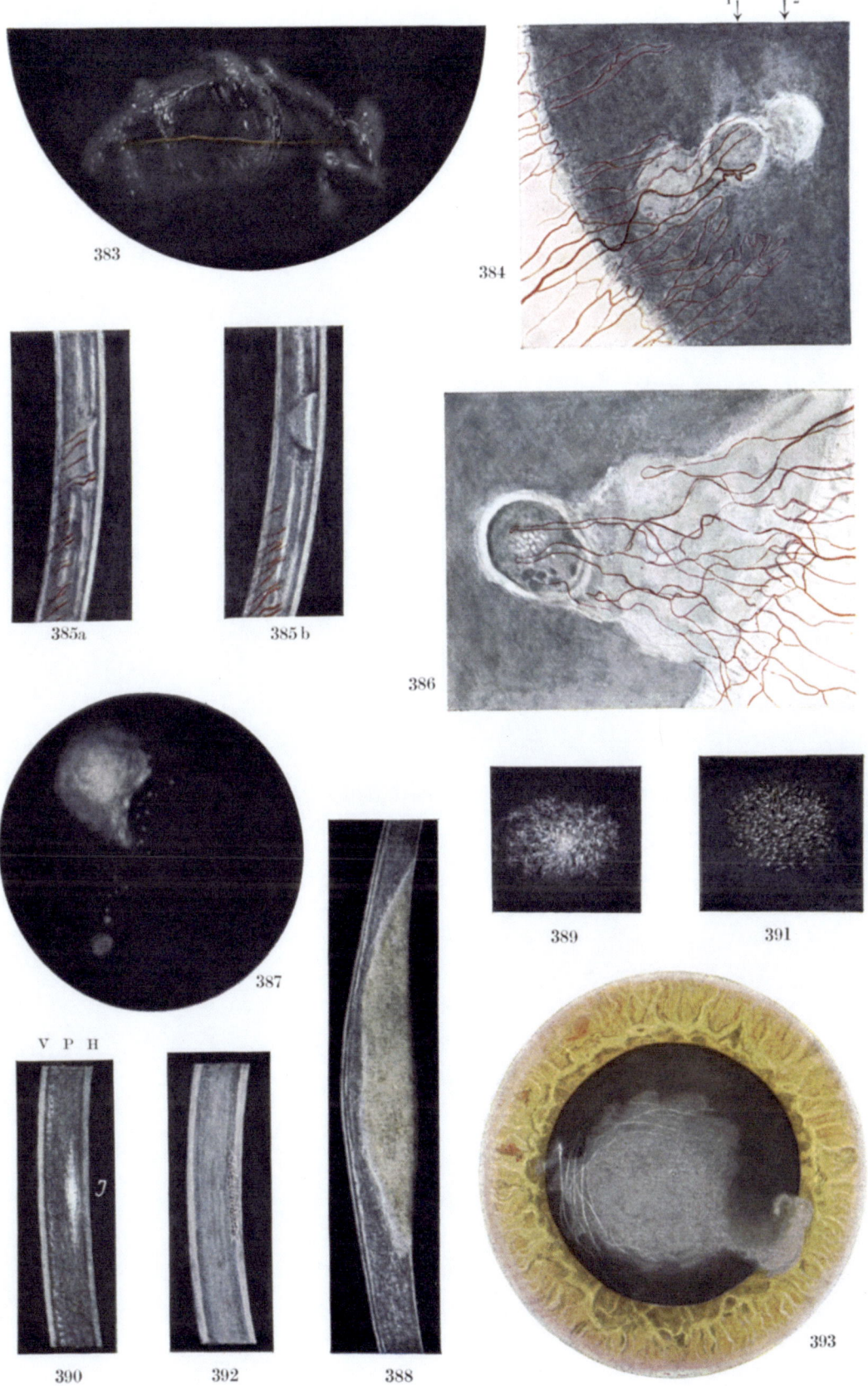

Vogt, Spaltlampenmikroskopie. 2. Aufl. Verlag von Julius Springer, Berlin.

glänzenden Pünktchen bestehende definitive Narbe zurückblieb (Abb. 391 Flächenansicht, Abb. 392 optischer Schnitt).

In einem weiteren Fall von derartiger Keratitis profunda pustuliformis, der den 50jährigen Gießer Nae. Albert betraf, war das Auge früher angeblich durch einen Gußsplitter perforiert worden. Damals dichte Keratitis parenchymatosa, vielleicht schon damals pustuliformis. Das 5—6 mm messende gelbe Infiltrat prominiert in die Vorderkammer und zeigt an seinem Rande zahlreiche runde gelbe Herde von etwa 1 mm. Tiefe Vascularisierung von oben, Epithel leicht gestrichelt, Hornhaut im Abszeßbereich stark verdickt, Ciliarreizung, Wassermann positiv. Salvarsan wirkte prompt.

12. Keratitis parenchymatosa avasculosa.

Abb. 393 und 394. Seltene Keratitis parenchymatosa avasculosa, Typus I, tiefe Form.

Die 15jährige hochgewachsene und kräftig entwickelte H. R. erkrankte im Sommer 1927 rechts an zentraler Hornhauttrübung, bei fehlender Ciliarinjektion. Familiär nichts Luesverdächtiges, Wassermann negativ. Keine Zeichen von Tuberkulose. Drei Monate nach Krankheitsbeginn bestand das Bild der Abb. 393. Eine graue Trübungswolke mit nasalem Ausläufer nimmt die mittleren Hornhautpartien ein. Im linken Teil der Abbildung vertikale und konzentrische helle und dunkle Parenchymlinien, völlig gerade verlaufend, ähnlich den Bowmanschen Röhrchen. Wie Abb. 394 veranschaulicht, ist die Hornhaut im Bereiche der Trübung *nicht verdickt,* Epithel glatt und klar. Die Trübung liegt in den tiefsten Schichten, ihr unteres Ende steht etwas von der M. Descemeti ab (Abb. 394).

Die Trübung vergrößerte sich zunächst, die Sehschärfe sank auf 5/24. Subconjunctivale Kochsalzinjektionen schienen eine günstige Wirkung zu haben. Fünf Monate nach Beginn trat langsame Aufhellung ein, Visus = 5/9.

Durch die Aufhellung wurden 4 größere und 2 winzige graue *Präcipitate* sichtbar (17. 9. 27), die größeren maßen 0,02—0,04 mm, alle saßen in einer Gruppe ziemlich genau axial. (Diese Präcipitate beweisen die *entzündliche* Natur der Krankheit, die während der ganzen langen Dauer äußerlich reizlos verlief.)

Die um diese Zeit noch bestehenden Trübungen, Wölkchen und Streifen sitzen in dichter Descemetinähe.

Temporal unten besteht (bei dem 15jährigen Mädchen) ein typisches „*Gerontoxon*", das durch die Krankheit provoziert wurde, mit einigen feinsten Gefäßen. Die Gerontoxontrübung liegt hauptsächlich oberflächlich. (Vgl. S. 68.)

Nach einem weiteren Vierteljahr (21. 2. 28) restiert noch eine 5 mm messende durchscheinende axiale Trübung von Nierenform im tiefsten Parenchym.

21 Monate nach Beginn der Krankheit ist die Sehschärfe wieder = 1, *kein Astigmatismus,* Brechkraft wie links). Trübung verschwunden, jedoch noch verstärkte diffuse Reflexion der axialen Descemetigegend, „Gerontoxon" temporal unten unverändert.

Krystallinischer Bau der Trübung war nie zu beobachten.

Abb. 395—397. Seltene Keratitis parenchymatosa avasculosa, Typus II, oberflächliche Form.

Der 22jährige Emis. Emil, mit (trotz Provokation) negativem Wassermann, erkrankte vor etwa 7 Wochen an einer Trübung des linken Auges. Das Auge war leicht ciliar gereizt und es bestand Lichtscheu, während sich die dichte Trübung der Abb. 395 über die unteren beiden Hornhautdrittel ausbreitete, in einer welligen Linie oben ziemlich scharf endigend. Epithel gestichelt, Fluorescein positiv.

Die Trübung besteht, im Gegensatz zum vorigen Fall, wo sie diffus ist, aus dichten Wölkchen (Abb. 396, 25fache Vergrößerung) und sitzt, wie Abb. 397, dünner optischer Schnitt durch den oberen Trübungsrand, lehrt, sowohl im oberflächlichen als im tiefen Parenchym, am wenigsten im mittleren. Am dichtesten sind aber die Trübungswölkchen im oberflächlichen Gewebe.

Lichtscheu und Reizung hielten monatelang an, Visus = 1/60. Niemals trat aber Vascularisation ein. Auch Präcipitate traten nicht auf. Vier Monate nach Beginn Abnahme der Reizung, allmähliche Aufhellung des Parenchyms. 10 Monate nach Beginn betrug der Visus wieder 6/12 (H. 1,0). Descemetigegend verdichtet, noch zarte Parenchymschleier. Brechkraft links horizontal 43,75, vertikal 44, rechts 46:47,5, somit links leichte Applanatio corneae.

Abb. 398—399. Gefäßlose tiefe Parenchymtrübung nach Keratitis parenchymatosa scrophulosa avasculosa.

Die jetzt 20jährige Emmy He. leidet seit Jahren an phlyktänulärer, zum Teil parenchymatöser rezidivierender Keratitis. Wassermann stets negativ, leichte Drüsenschwellungen am Hals. Abb. 398 gibt die randständige, mehrere Monate alte Hornhauttrübung des linken Auges wieder. Abb. 399 ist der optische Schnitt durch diese Trübung. Sie breitet sich in gleichmäßiger Dichte vor der Descemeti aus und reicht mit ihrer Vorderkuppe bis über die Mitte des Parenchyms. Sie ist vollständig gefäßlos. Stationärer Befund im Laufe mehrerer Jahre.

7 Jahre später mußte der Patientin eine Niere wegen Nierentuberkulose entfernt werden.

Trübungen, wie die hier abgebildete, sind selten.

13. Keratitis parenchymatosa metaherpetica und Narben nach solcher.

Abb. 400. Umschriebene Hornhautverdickung mit Parenchymspaltenbildung bei disciformis-ähnlicher Keratitis parenchymatosa metaherpetica des 28jährigen Josef Mei. (Wassermann negativ.) 25fach, breites Büschel.

Linkes Auge, Partie aus der linken oberen Hälfte der Scheibe, etwas oberhalb Hornhautmitte. Wieder liefert die Verdickung hauptsächlich die *hintere* Hornhautpartie, indem sie gegen die vordere Kammer vorgewölbt ist. Man beachte die Stichelung des vorderen Spiegelbezirks Sp, *die dunkleren gekreuzten Spalten im Bereiche des Parenchyms und der Descemetigegend* (hier Descemetifalten) und den gelben, von Löchern und Gruben durchsetzten hinteren Hornhautspiegelbezirk.

Die Krankheit trat 1920 im Anschluß an einen Herpes simplex corneae auf. Die Keratitis rezidivierte während 8 Jahren wiederholt und führte zu dichter Scheibentrübung.

Abb. 401 und 402. Schnitt durch eine Hornhaut mit zur Zeit ausgeheilter rezidivierender Keratitis parenchymatosa metaherpetica.

Der jetzt 42jährige Kavallerist Eg. machte im Jahre 1908 einen ersten Herpes corneae sin., angeblich traumaticus, durch. Seither oft Rezidive mit seit etwa 1920

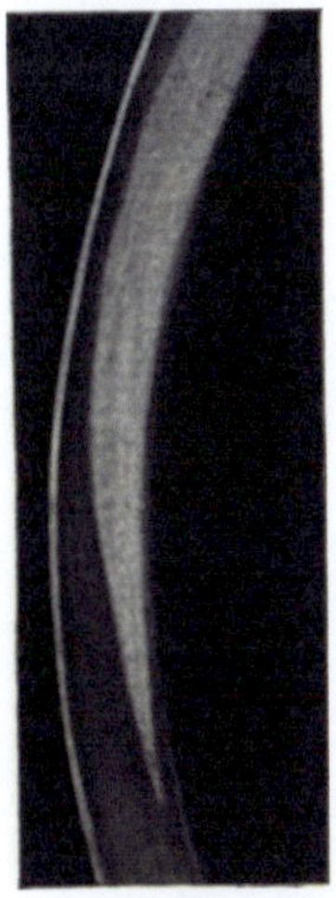

Abb. 394—404. Tafel 48.

394    395 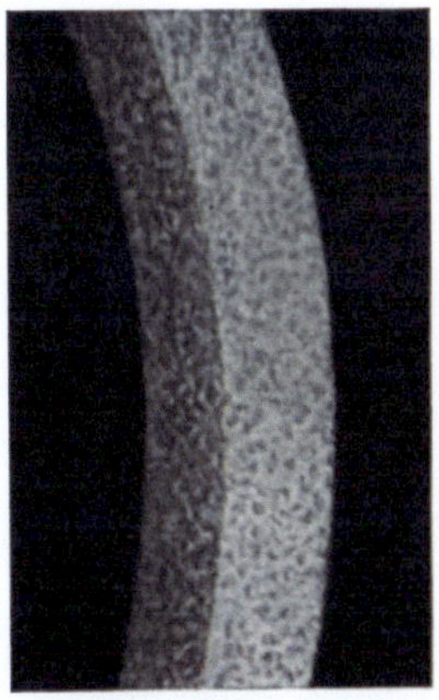   396 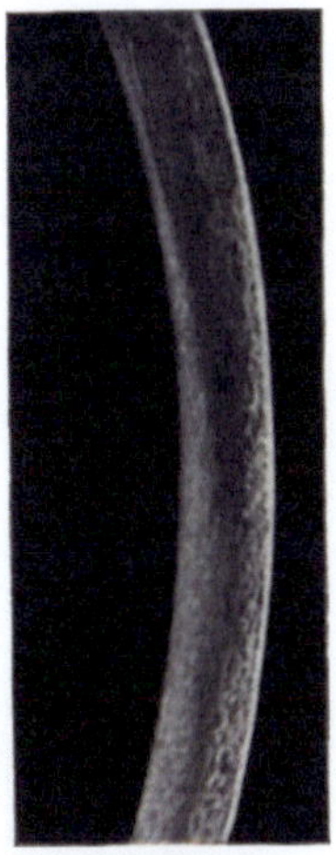   397

398 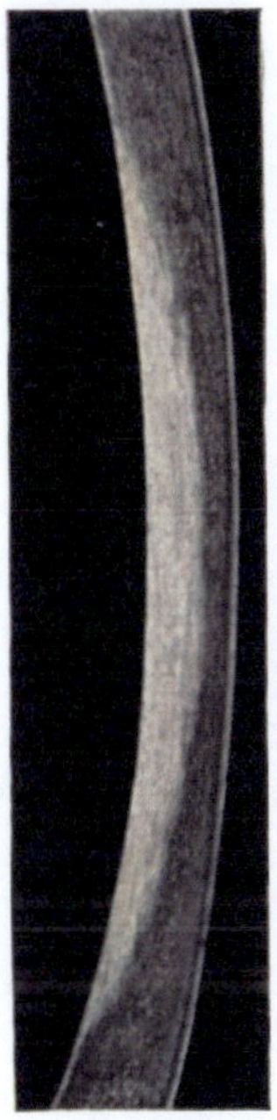   399    400 ←Sp

403    404 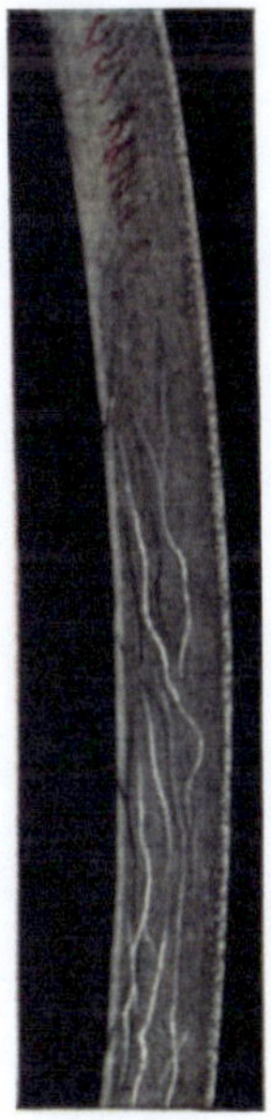   402    401

Vogt, Spaltlampenmikroskopie. 2. Aufl. Verlag von Julius Springer, Berlin.

ins Parenchym greifender Infiltration. Abb. 401 Übersichtsbild vom Jahre 1924. Der optische Schnitt vom Jahre 1924, Abb. 402, ist durch den oberen, etwas vascularisierten Teil der Narbe aufgenommen. Im Parenchym gestreckte und gewellte feine weiße Linien und feine dunkle Spalten. Oben tiefe Vascularisation.

Abb. 403 und 404. Vorübergehende Flüssigkeitsansammlung (flache Epithelblase) und dunkle Parenchymspalten im Sagittalschnitt bei Keratitis parenchymatosa circumscripta, vielleicht metaherpetica.

Bei dem 19jährigen H., der seit zwei Monaten an einer umschriebenen, von Lichtscheu, Irisreizung und Parenchymverdickung begleiteten scheibenförmigen Parenchymtrübung des oberen äußeren Quadranten des rechten Auges leidet (Abb. 403, Übersichtsbild), zeigte sich im Laufe der 4. Woche im Bereiche einer die Trübungsmitte einnehmenden dichten grauen Partie von 4 mm Durchmesser unter dem Epithel die nach vorn und hinten scharf begrenzte flache Flüssigkeitsblase E der Abb. 404 (Vertikalschnitt). Diese optisch leere Flüssigkeitszone war 2 Wochen lang sichtbar. Sie wölbte einerseits die vor ihr liegende Epithelfläche etwas vor, anderseits drängte sie auch das angrenzende Parenchym ganz leicht zurück. Peripherwärts verlor sie sich allmählich. Das Epithel über ihr war durch stärkere Trübung und Stichelung ausgezeichnet. In der zweiten Woche der Beobachtung wurde die Flüssigkeitsschicht seichter, um sich schließlich zu verlieren.

Es handelt sich somit um eine flache, 1½ mm messende Blase, wahrscheinlich des Epithels, welche, ohne zu platzen, wieder verschwand. Abb. 404 zeigt in der Tiefe des Parenchyms die bekannten dunklen Flüssigkeitsspalten und Schattenlinien der Descemeti. Sie sind hier mittels des optischen Schnittes lokalisiert. (Über Blasen bei Keratitis disciformis vgl. E. Fuchs*.)

14. Keratitis tuberosa superficialis. Oberflächliche Hornhautvorwölbungen durch flachbuckelige Keratitis disseminata chronica (tuberosa superficialis).

Zu umschriebenen Vorbuckelungen der Hornhaut (Abb. 405, 406) führen jene seltenen überaus chronischen, fast reizlosen Keratitiden, welche mit *prominenter superfizieller Infiltration* einhergehen und wohl meist skrofulösen Ursprungs sind, manchmal auch mit Acne rosacea zusammenhängen.

In 2 solchen Fällen, welche weibliche Erwachsene betrafen (20jährige Thommen Martha und 47jährige Kaiser Leonie) bestanden multiple derartige Infiltrate, bzw. hyperplastische Narbenbildungen. Bei der letzteren, mit Acne rosacea behafteten Frau waren 8—10 runde bis ovale, 1—2 mm messende weiße Herde über die rechte Hornhaut disseminiert und bestanden seit 5 Jahren. Bei der ersteren waren 3 solcher weißer flachbuckeliger Herde vorhanden, alte Drüsennarben am Hals. Die Gefäße pflegen nicht oder nur peripher in diese Herde einzudringen, *dagegen pflegen sie dieselben zu umziehen.* Vielleicht liegt gerade hierin eine Ursache der protrahierten Heilung.

Läßt schon das vordere Hornhautbild diese oberflächlichen, ziemlich glatten Prominenzen als solche erkennen, so vermögen wir mittels dünnen optischen Schnittes die Hornhautvorwölbung unmittelbar nachzuweisen.

---
* Fuchs, E.: Klin. Mbl. Augenheilk. **39** II, 516 (1901).

Abb. 405 und 406. Flachbuckelige Keratitis chronica (tuberosa).

Drei flachbuckelige Herde neben anderen Herden über die rechte Hornhautoberfläche disseminiert. Man beachte den vakuolenähnlichen Glanz der Oberfläche der drei oberen Buckel. Im oberen Abschnitt ein Netz von Gefäßen, die meist *nicht* in die Buckel eindringen, sondern sie umziehen.

Abb. 406 gibt den optischen Schnitt durch einen der drei Buckel wieder. Der Schnitt ist linsenförmig und zeigt 3 opake Schichten: eine tiefe, der Grenze der Infiltration entsprechende, eine mittlere, nach vorn leicht konvexe, welche ungefähr die Fortsetzung der Hornhautoberfläche darstellt und endlich eine oberflächliche, welche der Buckeloberfläche entspricht. Man beachte, daß die Substanz des Buckels etwas weniger opak ist als diejenige des tieferen, darunterliegenden Infiltrates.

15. Akute Parenchymverdickung durch Descemetiriß bei Keratokonus.

Abb. 407 und 408. Akute Kegelspitzenschwellung durch Descemetiriß bei Keratokonus.

Darstellung im breiten Büschel. Die 23jährige Frl. Koelliker leidet (wie angeblich auch ihre Schwester) an angeborener Opticusatrophie und an angeblich ebenfalls angeborenem Keratokonus. Unter ziemlich starken Schmerzen, Lichtscheu und Entzündungserscheinungen trat einige Tage vor Aufnahme der Abbildung akut eine weiße Trübung und Schwellung der Kegelspitze auf. Diese *erwies sich mittels dünnen optischen Schnittes als hochgradig verdickt und getrübt,* ähnlich wie im Falle der Abb. 269, und hinter der Kegelspitze war ein schräg vertikaler *Descemetiriß* sichtbar. Die gelbe Farbe der Rißränder ist die Farbe des hinteren Spiegelbezirks. Die enorme Hornhautverdickung ging im Laufe von Wochen allmählich wieder zurück.

In Abb. 407 gibt der Streifen rechts die vordere, der links die hintere Oberfläche der enorm verdickten Hornhaut wieder.

In Abb. 408 ist a die Hornhautvorderfläche, b die Hornhautrückfläche, letztere mit dem gelbgerandeten Descemetiriß.

Abb. 409a. Seltene Form einer umschriebenen Verdickung innerhalb einer durch Keratitis stark verdünnten Hornhautnarbe.

67jähriger Herr Heinzelmann, linkes Auge. Hochgradige Hornhautverdünnung nach alter Keratitis unbekannter Ursache. Die linsenförmige verdickte Partie in der Mitte ist anscheinend vom Zerstörungsprozeß relativ verschontes, ausgespartes Gewebe. Sowohl seine hintere als auch seine vordere Fläche prominieren über die Umgebung.

16. Hinterer Ringreflex bei umschriebener Parenchymverdickung.

Abb. 409b. Schematische Darstellung des Ringreflexes der Hornhauthinterfläche bei umschriebener Verdickung des Parenchyms (z. B. Keratitis disciformis).

An frischen Schweins- und Rindsaugen konnte ich diesen Ringreflex dadurch zur Darstellung bringen, daß ich mittels feiner Nadel in das tiefe Hornhautparenchym Wasser einspritzte.

Dadurch entsteht nicht nur eine Trübung, sondern auch eine bauchige Prominenz des Parenchyms in die Vorderkammer, und man erkennt die Vorwölbung a

Abb. 405—412. Tafel 49.

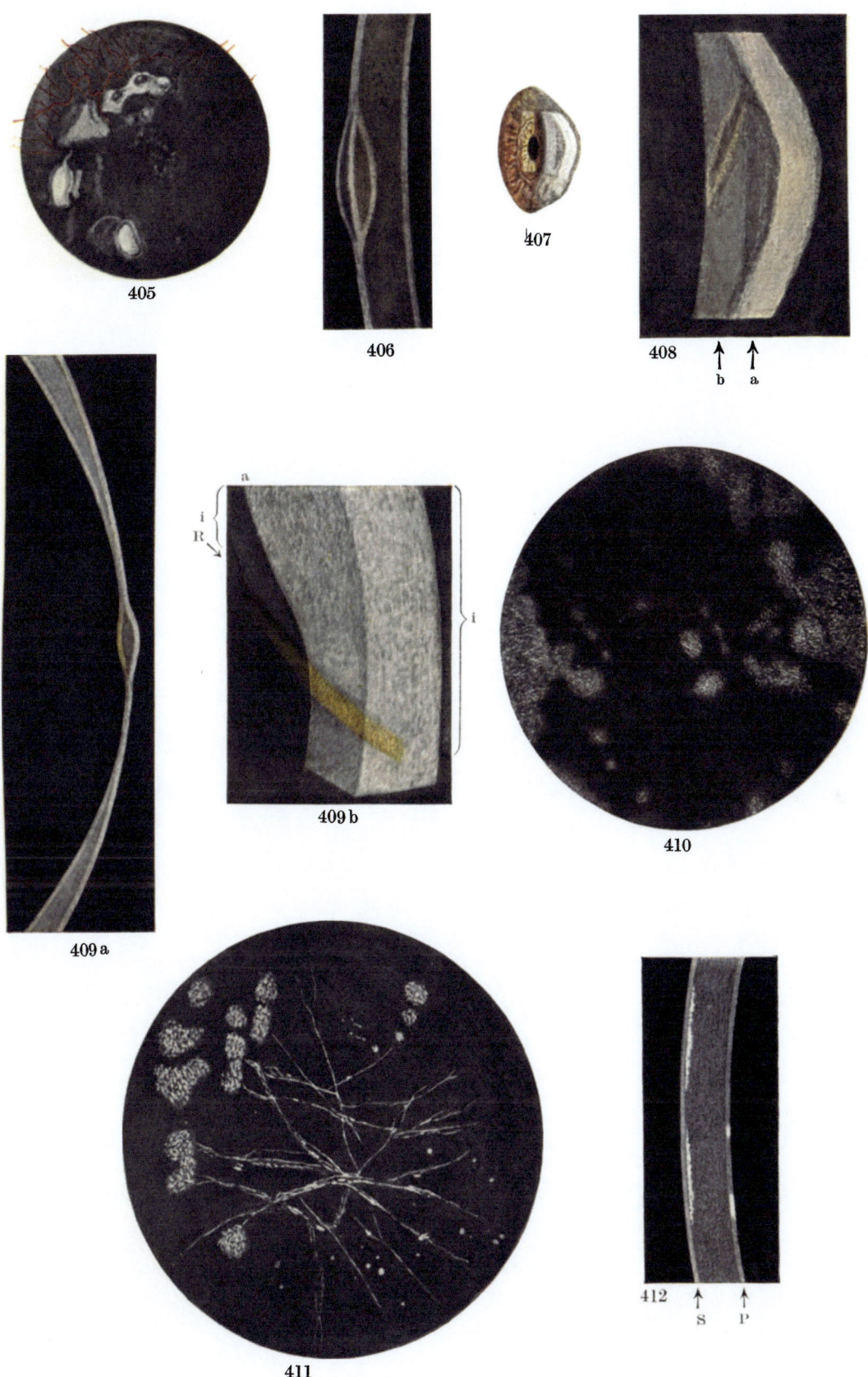

Vogt, Spaltlampenmikroskopie. 2. Aufl. Verlag von Julius Springer, Berlin.

(Abb. 409b) ohne weiteres mittels prismatischen Schnittes. Diese Prominenz ist von einem *Ringreflex* R umgeben, der durch den Ringspiegel erzeugt wird, der an der Peripherie der Vorwölbung zustandekommt. Da dieser Spiegel nach vorn konvex ist, liegt das Reflexbild hinter ihm in der Tiefe der Vorderkammer. Er zeigt bei Einstellung des Spiegelbezirks das Endothel.

Am schönsten brachte ich den Ringreflex zur Darstellung, wenn ich in die lebende anästhesierte Kaninchenhornhaut Wasser an circumscripter Stelle einspritzte. Es entstand eine Vorbuchtung, bald mehr nach vorn, bald mehr nach hinten. Zirkulär um die Vorbuchtung (Abb. 409b) sieht man in der Richtung der Zone diffuser Belichtung prächtig den bronzeglänzenden Ringreflex, der in der Vorderkammer schwebt. Stellt man auf den erzeugenden Spiegelbezirk (also die Peripherie des Buckels) ein, so erkennt man das Endothel mit seinen sechseckigen Grenzen. i, i' die mit Wasser injizierte Partie.

Ganz ähnliche und gleiche Ringreflexe beobachtete ich um umschriebene parenchymatöse Keratitiden. Diese (z. B. Keratitis disciformis) erzeugen (s. o.) regelmäßig eine mit der Spaltlampe nachweisbare Verdickung der Cornea nach der Vorderkammer, um welche herum der Ringreflex schwebt.

17. Parenchymerkrankungen bei Herpes zoster ophthalmicus. Hornhautveränderungen bei Herpes zoster ophthalmicus.

Abb. 410. Für manche Formen von Herpes zoster ophthalmicus charakteristische wölkchenförmige superfizielle Trübungen.

In den oberflächlichen Parenchymschichten sieht man disseminierte, rundliche, wolkige, bisweilen konfluierende flächenhafte Trübungen von ziemlich gleichmäßiger Größe. Am Mikroskop zeigen sie eine überaus zarte weißgraue Marmorierung. Im dünnen optischen Schnitt sind es dünne Flächentrübungen, alle in derselben Ebene in der Gegend der M. Bowmani gelegen. Außer bei Herpes zoster ophthalmicus habe ich diese Trübungsform nie gesehen. Eine Ulceration findet nicht statt und es fehlen stärkere Reizerscheinungen.

Etwa 5fache Vergrößerung. Fokale Belichtung.

Die 60jährige Frau M. hat vor 6 Monaten einen rechtsseitigen Herpes zoster ophthalmicus mit Beteiligung von Hornhaut und Iris durchgemacht. Das Auge ist heute reizlos.

Abb. 411—413. Typische, plötzlich ohne Reizung aufschießende superfizielle Hornhauttrübungen bei Herpes zoster ophthalmicus. (Zosterflecken der Hornhaut.)

Bei der 25jährigen cand. med. Gr. trat im Sept. 1923 ein Herpes zoster ophthalmicus dexter, mit Beteiligung des Ramus nasociliaris auf. In der Folge wiederholt vereinzelte graue Descemetibeschläge der rechten Hornhaut (gegenüber unterem Pupillenrand). Am 9. Nov. 1923 schießen von einem Tage zum anderen runde superfizielle Trübungen der rechten Hornhaut auf (Abb. 411), deren Form, Größe und Marmorierung durchaus an die Herde der Abb. 410 erinnern. Auch diesmal ist das Auge bei der Bildung der Herde keineswegs gereizt. Die runden Herde messen meist etwa 0,5 mm, in der Mitte sind kleinere von 0,2 mm, niemals bestand ein Infiltrat vorher, niemals eine Keratitis! Und doch färben sich die Herde mit Fluorescein nicht! Die Herde sind fein streifig marmoriert und konfluieren da und dort zu Guirlanden. Sie sind gut, aber nicht brüsk begrenzt. Im schmalen Büschel (Abb. 412) ist die Lage der Herde im oberflächlichen Parenchym, *Gegend der M. Bowmani* (S) streng lokalisierbar. Auf der Descemeti einige flache weiße Beschläge (Abb. 412 P).

Nach diesen und nach meinen früheren Beobachtungen neige ich zu der Auffassung, daß diesen Herden keine Infiltrationen vorausgehen und daß ihr Sitz die M. Bowmani oder ihre direkteste Nähe ist. Damit läßt sich wohl auch ihre ganz gleichmäßige Marmorierung und ihre ephemere Existenz in Einklang bringen.

Noch merkwürdiger ist nun ein System gestreckter und gebogener, oft verzweigter weißer Linien, das am 15. Nov., also 6 Tage später, ebenfalls unvermittelt auftrat (Abb. 411). Die Linien bekommen stellenweise durch Verdoppelungen ein faseriges Aussehen, und in und zwischen dieselben sind da und dort weiße Punkte eingeschaltet. Auch diese Linien (die ich ähnlich auch in einem früheren Falle sah) liegen superfiziell. Das Auge ist nahezu reizlos, Epithel glatt.

Diese Linien, die ebenfalls der Gegend der M. Bowmani, vielleicht dieser selbst zugehören, sind noch flüchtiger als die runden Herde. Einen Monat später waren die rundlichen Herde weniger hell (Abb. 413), es waren inzwischen vereinzelte neue hinzugekommen, das Liniensystem war wesentlich unschärfer und war zum Teil lichtschwachen Streifen- und Schlierentrübungen gewichen*. 2¼ Jahre später war die Hornhaut bis auf Trübungsspuren klar, Iris temporal unten mit umschriebenem Vitiligo (vor Jahresfrist entstanden). Pupille etwas eckig, leicht erweitert, träge reagierend. Präcipitate waren in diesem und anderen von mir kontrollierten Fällen über 1½ Jahre lang zeitweise zu sehen gewesen.

Die Patientin litt vor Jahren (auch zur Zeit des Herpes) an leichter Lungenspitzenaffektion.

Mehr bandförmig-horizontal waren die Zosterflecken bei dem 71jährigen Karl Ha. Sie lagen fast alle im unteren Hornhautdrittel. Gleichzeitig bestanden einige Präcipitate (die ich bei Herpes zoster ophthalmicus fast nie vermißte).

18. Kalkartige und kreidige Veränderungen.

Abb. 414. Oberflächliche obliterierte Hornhautgefäßreste, 1 Jahr nach Kalkmörtelverletzung der Hornhaut.

Ok. 2, Obj. A2. W. A., Maler, 36jährig. In den oberflächlichsten Parenchymschichten zahlreiche, durch Epithelabrasio nicht entfernbare weiße Pünktchen, stellenweise auch kleinste Sandpartikelchen, letztere namentlich im Limbus. Daneben in gleicher oberflächlichster Schicht gelegene total obliterierte Gefäßreiser, die sehr gestreckt verlaufen und meist dichotomisch sich verzweigen. Die Gefäßreste führen kein Blut, sind weiß und verlaufen stellenweise fast parallel zum Limbus.

---

* In dem früher beobachteten Fall war das Liniensystem schon nach Tagen wieder völlig verschwunden. Ganz allgemein fand ich das Spaltlampenbild nach Herpes zoster ophthalmicus vielgestaltig. Noch nach Monaten können diffuse Epitheltrübungen und -marmorierungen auftreten, dann wieder in den tiefen Epithelschichten faserige oder rißähnliche Linien oder Streifen von mehreren Millimetern Länge und 0,05—0,1 mm Breite, oder aber fluorescein-positive gestreckte Einzellinien, die innert weniger Tage verschwinden können und in einem Falle zwei der oben genannten Zosterflecken verbanden. Auch an Falten erinnernde Bildungen konnte ich finden.

Diese Veränderungen kommen noch Wochen und Monate nach Ablauf der Zostereruption vor und spielen sich in dichter Nähe der Oberfläche ab. Nervenveränderungen sind meist nicht wahrnehmbar.

Seltener ist ein scheibenförmiges zentrales Parenchyminfiltrat, mit umschriebener Hornhautverdickung und mit dunklen, wasserklaren, sowie weißen Parenchymspalten (z. B. rechts bei der 38jährigen Ida Meyer, 3 Wochen nach Beginn des Zoster. Scheibendurchmsseer 5½ mm, Epithelstichelung).

Abb. 413—417. Tafel 50.

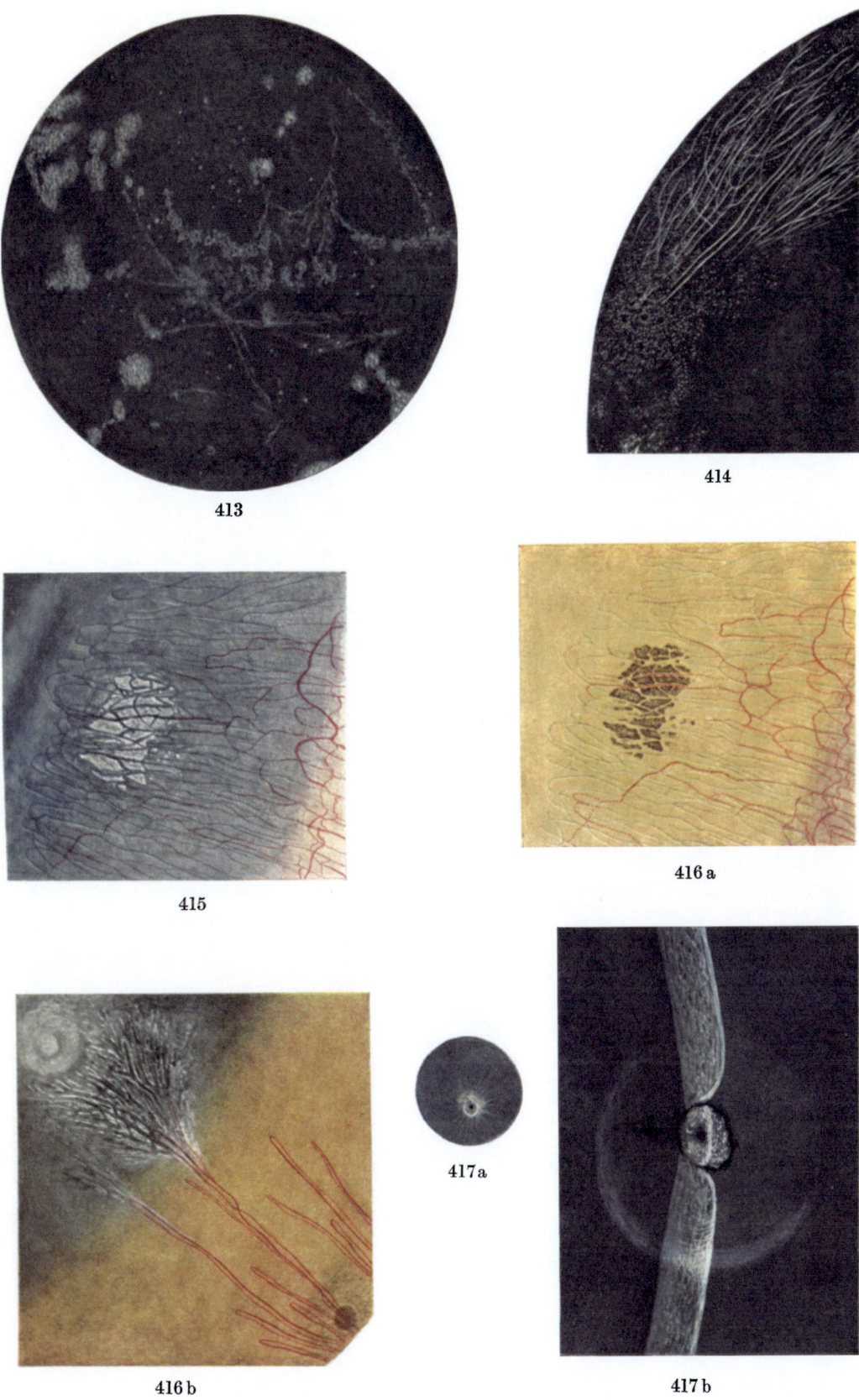

413
414
415
416 a
416 b
417 a
417 b

Vogt, Spaltlampenmikroskopie. 2. Aufl. Verlag von Julius Springer, Berlin.

Oft beobachtet man zwei Parällelgefäße (Arterie und Vene). Ihre Distanz beträgt meist etwa 0,06 mm, die Breite der gröberen Gefäße 0,02—0,03 mm (vgl. auch Abb. 187).

Abb. 415—416a. Intervasculäre kreidig-weiße Einlagerungen (Verkalkungen?) bei inveterierter superfizieller Vascularisierung in der Gegend der M. Bowmani.

18jährige Frl. Berta Küd., rechtes Auge mit alter skrofulöser Keratitis. Abb. 415 fokales Licht, Abb. 416a Irislicht.

Die Einlagerungen erinnern an ähnliche im Descemetibereich, Abb. 491.

Abb. 416b. Weiße (kalkähnliche) Einscheidungen von superfiziellen Gefäßen nach Keratitis superficialis scrophulosa

bei der 24jährigen Frl. E. Fe., linkes Auge. Keratitis superficialis mit eitriger Sekretion seit 3 Monaten, Otitis externa. Rezidivierende zentrale Hornhautinfiltrate.

19. Hornhautfistel.

Abb. 417a und b. Chronische Fistel der Hornhaut.

Der 50jährige J. A. Sa., der meist in Ostindien lebt, erkrankte dort 1921 an rechtsseitiger Keratitis unbekannter Art. 1927 Rezidiv. Seither wurde in England laut augenärztlichen Berichten bald Hypotonie mit Hornhautfistel, bald Glaukom festgestellt. Das heute *breiweiche,* reizlose rechte Auge zeigt unterhalb Hornhautmitte eine rundliche grauweiße, das ganze Parenchym durchsetzende 3—4 mm messende Trübung, mit radiären Ausläufern (Abb. 417a Übersichtsbild). Das Parenchym ist hier verdickt, senkt sich jedoch samt Epithel zu einer zentralen Grube ein (Abb. 417b optischer Schnitt). Im Grunde dieser Grube ein aus krümeligem, grauweißem Gewebe bestehender rundlicher Gewebspfropfen von 0,4 mm Durchmesser (Abb. 417b), einem locker sitzenden Pfropfen auf einem Loch vergleichbar. Da und dort setzt er sich durch ein dunkles (luzides) Intervall gegen das angrenzende Gewebe ab. Er schließt somit nicht vollkommen ab. Eine ringförmige Verdichtung der Gesamttrübung (Abb. 417a) umschließt das Fistelgebiet. Fluorescein färbt nicht. Die Vorderkammer ist von mittlerer Füllung. Die Pupille ist frei.

Es bestehen somit im vorliegenden Falle weder Beziehungen zur Iris, noch irgendwelche cystoide Bildungen im Bereiche oder in der Nähe der Fistel. Fundus soweit sichtbar ohne Besonderheit.

Der Patient, der sich auf der Durchreise befand, konnte nicht weiter beobachtet werden.

Offenbar bestand ursprünglich eine ulceröse Keratitis, die zum Durchbruch führte. Aus einem unbekannten Grunde blieb der Durchbruchkanal offen und epithelisierte sich. Vorübergehender Verschluß führte jeweilen Glaukom herbei.

20. Regenerationsfähigkeit der Cornea.

Regenerationsfähigkeit der Hornhaut in frühester Jugend, post natum oder in embryonaler Zeit.

Ich verfüge über Fälle, in denen eine Blennorrhoea neonatorum post natum zu Perforation und zu vorderem Polstar führte, und in denen sich *mittels schmalen optischen Schnittes nirgends auch nur die geringste Hornhautverdünnung nachweisen läßt,* trotz der in solchen Fällen ausgedehnten Ulcerationen. Ja, manchmal ist nicht einmal eine stärkere Narbenbildung erkennbar.

Es scheint, daß das Hornhautgewebe kurz post natum noch in hohem Maße der Restitution und Regeneration fähig ist.

21. Sekundäre Narbenveränderungen der Hornhaut*.

Abb. 418 und 419. Braungelbe Pigmentlinie in alter Narbe.

Alte diffuse (skrofulöse) Hornhautmacula mit schräger, eckig gebogener, endwärts verzweigter 2 mm langer bräunlichgelber Pigmentlinie der Lidspaltenzone bei einem 53jährigen Fräulein G. V. Die Breite der Linie beträgt 0,05—0,07 mm. Ok. 2, Obj. a 2, fokale Belichtung (Skizze b zeigt die Lage der Linie und ihr Verhältnis zum Corneadurchmesser und zur Pupille).

Das Pigment solcher Narbenpigmentlinien ist anatomisch wiederholt in den Epithelzellen gefunden worden, so z. B. kürzlich wieder durch HANSSEN**. Nach demselben Autor ist die chemische Natur fraglich, Hämosiderin sei ausschließbar.

Abb. 420—422. Bräunlichgelbe Pigmentlinie und wabenähnliche (cystoide?) Veränderung in einer Narbe nach Keratitis disciformis. 48jährige Frau Sch.

Keratitis vor 5 und 4 Jahren, rechtes Auge, RS = 1/10. Die Narbe ist scheibenförmig, grau marmoriert, mit hellem, grauweißem Rand. Die Maße sind aus der beigegebenen Skizze Abb. 422 ersichtlich (Messung bei 10facher Vergrößerung mittels Okularmikrometer A 2).

Abb. 420 zeigt die Narbe bei etwa 5facher Vergrößerung, Abb. 421 stellt die gelbe Linie und die Umgebung mit ihrer wabenartigen Struktur bei 24facher Vergrößerung dar, fokale Belichtung.

Die Waben sind gegeneinander abgeplattet und infolgedessen vielfach sechseckig. Die gelbe, oberflächlich liegende Pigmentlinie setzt sich streckenweise noch in die Wände der Waben etwas fort.

Die Pigmentlinie liegt in der Lidspaltenzone.

Derartige Wabenbildungen dürfen nicht mit Epithelvakuolen (z. B. Abb. 195) verwechselt werden.

Wir fanden die Wabenzeichnung relativ häufig, sowohl in frischen als auch älteren Narben der Cornea. (Gebilde ähnlicher Art erwähnte KOEPPE[139]) und faßt sie als Cysten auf.)

Den Inhalt dieser Waben fand ich in vereinzelten Fällen gelblich bis gelblichgrünlich, so bei dem 44jährigen Jul. Geb. und bei der 41jährigen Frau Li. Vielleicht liegt derselbe Farbstoff vor, der der Narbenpigmentlinie zugrunde liegt (Abb. 423). Vgl. auch Text zu Abb. 191—194, wo die Flüssigkeitskugeln an Öltropfen erinnern.

Auch die gelbbraune Pigmentlinie, die meist ungefähr in der Lidspaltenzone liegt, ist in alten Hornhautnarben bekanntlich nicht selten (vgl. Abb. 365, 381 usw.). Ihre Verlaufsrichtung ist meist horizontal, doch kommen auch alle anderen Richtungen vor. Auch unregelmäßige Verbiegungen und Verbreiterungen sind nicht selten.

---

* Vgl. auch den Text zu den entzündlich bedingten Narben der Abb. 170—176, ferner Abb. 414—416 a und b.

** HANSSEN: Klin. Mbl. Augenheilk. 71, 399 (1923).

Eine *ringförmige* derartige Pigmentlinie bei durch ringförmige Keratitis erzeugtem Keratokonus gibt Abb. 262a wieder.

Abb. 423. Pigmentierung und wabenartige (cystoide?) Veränderung einer alten Hornhautnarbe.

Etwa 5fache Vergrößerung. Fokale Belichtung.

Der 58jährige Herr B. machte angeblich vor 4 Jahren eine disciforme (?) Keratitis durch. Ähnlich wie im vorigen Falle besteht eine scheibenförmige, fast zentrale Hornhauttrübung. Von oben her starke Vascularisation. In den mittleren Partien eine seidenglänzende vertikale, ziemlich oberflächliche Faserzeichnung (Krystallnadeln?). Darunter eine fast horizontale grünlichgelbe oberflächliche Pigmentlinie und rechts davon, ähnlich wie in der vorigen Abbildung, wabenähnliche Zeichnung.

Abb. 424—427. Sekundäre krystallinische Veränderung einer alten superfiziellen Hornhautnarbe.

59jährige Miß Ea., linkes Auge. Die Patientin machte als Kind *links* schwere Keratitis durch. Linke Hornhaut mit ausgedehnten axialen superfiziellen Trübungen und Narbenastigmatismus. Nur dieses linke Auge weist ein sehr kräftiges Gerontoxon (proviziertes Gerontoxon) auf, wie Abb. 427, linkes Auge, zeigt. Die gut durchscheinenden Narben sind auf diesem Auge weggelassen. Es handelt sich also hier wieder um einen Fall von durch schwere Keratitis provoziertem, präsenilem Gerontoxon (vgl. Text S. 68). Das rechte Auge (Abb. 426) zeigt nur Andeutungen eines Gerontoxons.

Die axiale Narbe der linken Hornhaut (Abb. 424) weist außerordentlich zierliche, zu buntfarbigen Sternchen und Linien geordnete, in einer und derselben Ebene, nämlich in der Gegend der BOWMANschen Membran (die selber wohl durch den keratitischen Prozeß zerstört ist) gelegene Einlagerungen auf. Über weißen Pünktchen sieht man gelbe, grüne und rote Sternfiguren und Punkte. Oberhalb der Trübung weiße feine Gefäßreste. Der dünne optische Schnitt (Abb. 425) demonstriert die oberflächliche, offenbar dicht subepitheliale Lage der Narbe. Epithel glatt.

Abb. 428. FUCHSsche Narbenaufhellungsstreifen (fokales Licht).

Es handelt sich um beidseitige, seit Jahren bestehende Hornhautnarben des tiefen Parenchyms, die zu hochgradigem Astigmatismus geführt hatten (25jähriger Arbeiter L). Bei 24facher Vergrößerung (Ok. 2, Obj. a2) sieht man flammenartige Aufhellungszungen in die Narbe eindringen. Dieselben sind manchmal mehr radiär, manchmal mehr parallel geordnet (z. B. unten). Seltener verlaufen sie regellos. Nach unseren Beobachtungen sprechen derartige „Aufhellungszonen" für ein langes Bestehen der Narbe.

Solche Narben pflegen meist tief zu sitzen. Ich konnte sogar fast immer ihre Lage dicht vor der Descemeti feststellen. Häufig ziehen der Länge nach durch die Mitte des Aufhellungsstreifens zwei oder mehrere *Gefäße*, die bald obliteriert sind, bald noch Blut führen. Diesen Gefäßen ist wohl die Aufhellung zu verdanken. Auch R. KÜMMEL[*] fand mittels Spaltlampe Gefäße, ferner MEESMANN[**]. Erinnern wir uns doch der Aufhellungen, welche bei Keratitis parenchymatosa während und nach

---

[*] KÜMMEL, R.: Arch. Augenheilk. **95**, 204 (1924).
[**] MEESMANN: Atlas 1927 u. a.

der Vascularisation stattfinden, dagegen ohne die letztere sich verzögern oder ausbleiben. Es erscheint denkbar, daß diese Gefäße und damit die Aufhellungsstreifen manchmal in irgendeiner Beziehung zu den während der Entzündung auftretenden Faltungen der Hornhautrückfläche stehen, mit denen sie häufig Form und Anordnungsart und namentlich die Tiefenlage gemeinsam haben. (Vgl. z. B. Abb. 497.)

In manchen Fällen kann man die Beziehung der Aufhellungslinien zu Gefäßen dadurch erkennen, daß die Narben zwar das ganze Parenchym durchsetzen, die Aufhellungsstreifen sich aber *nur im Bereiche der Gefäße, in dichter Nähe der Descemeti* finden. So bei der Frl. Fe. (Abb. 416b), deren breitere Aufhellungsstreifen noch blutführende Gefäße enthalten, während in den engen Streifen die Gefäße geschwunden sind.

Daß die Aufhellungsstreifen Blutgefäßstraßen sind, hatte schon E. FUCHS erkannt.

Abb. 429. Gestreckte Aufhellungsstreifen in alter parenchymatöser Hornhautnarbe.

Frau Haas, linkes Auge, Ok. 2, Obj. A 2. Narbe des tiefsten und mittleren Parenchyms. Die Aufhellungslinien sitzen tief, sind spitz zulaufend und zum Teil gekreuzt. Ihre Breite schwankt zwischen 0,02 und 0,1 mm.

Abb. 430. Aufhellungslinien in sehr alter, zentraler Hornhautnarbe des tiefen Parenchyms

bei der 66jährigen Frau M. B., welche vor 62 Jahren eine schwere beidseitige Keratitis (offenbar scrophulosa) durchmachte. Ok. 2, Obj. a 2. Man beachte wieder die Aufhellungslinien, welche eine eigentümliche Zerklüftung verursachen. Besonders dichte Narbenstellen zeigen eine weiße rundliche Fleckung, die wahrscheinlich durch regressive Metamorphose bedingt sind und den Trübungsstreifen ein gezuckertes Aussehen verleihen.

Seitlich von dieser Trübung befand sich eine zweite, jedoch *oberflächliche* Macula, anscheinend gleichen Alters (in der Abbildung nicht gezeichnet), welche weder die Aufhellungsstreifen noch die letztgenannten Veränderungen aufwies.

Abb. 431 und 432. Auflagerung einer Druse von kohlensaurem Kalk auf einer Narbe, nach Keratitis parenchymatosa circumscripta (metaherpetica?).

Der 70jährige Clemens Sch. machte vor 3 Jahren rechts eine etwa ein Jahr dauernde Keratitis parenchymatosa circumscripta der axialen Hornhautpartien durch (wahrscheinlich metaherpetica). Eine weiße vascularisierte Parenchymnarbe nimmt den größten Teil der rechten Hornhaut ein. Vor 4 Jahren bildete sich an der Narbenoberfläche die kalkweiße drusenartige Einlagerung der Abb. 431 aus, welche irritierend wirkte. Der optische Schnitt Abb. 432 zeigt die superfizielle Lage der Druse. Als ich zur Entfernung des Gebildes durch Abrasio schritt und vorher Aqua chlorata recente parata einträufelte, bemerkte ich, daß die Druse unter Gasbläschenbildung unter meinen Augen rasch sich löste und verschwand. Offenbar bestanden die Gasbläschen aus Kohlensäure und ich hatte mittels des Chlorwassers kohlensauren Kalk aufgelöst.

Wie mir spätere Versuche zeigten, gelingt die Auflösung von kalkweißen Narbeninkrustationen mittels Chlorwasser nicht immer, wohl ein Beweis dafür, daß die Zusammensetzung dieser Einlagerungen keine einheitliche ist.

Abb. 418—431. Tafel 51.

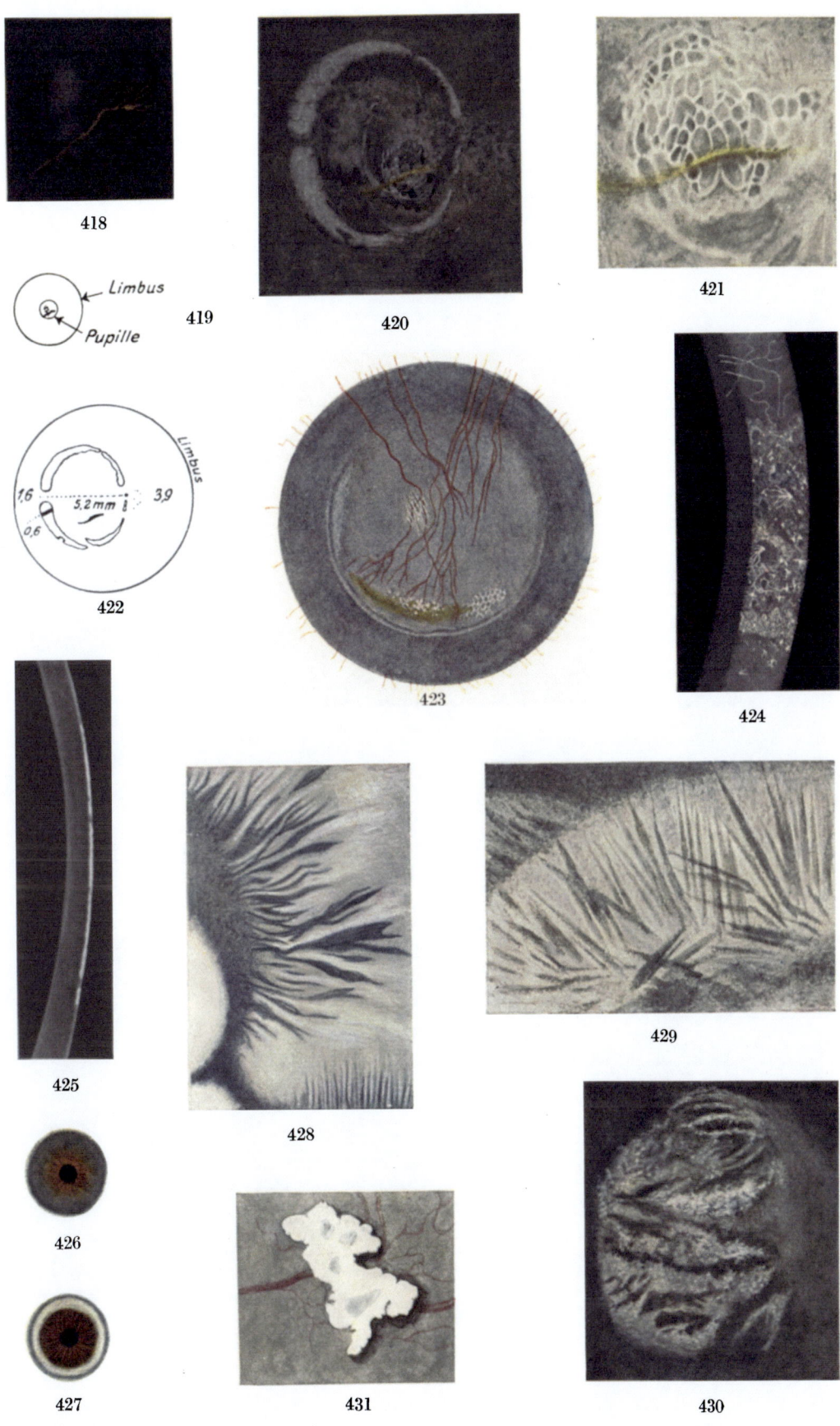

Vogt, Spaltlampenmikroskopie. 2. Aufl. Verlag von Julius Springer, Berlin.

d) Entzündliche Veränderungen und Auflagerungen der Hornhautrückfläche (Descemetigegend).

1. Formänderungen des Endothelspiegels.

Abb. 433. Ausbuckelungen (Prominenzen nach hinten im Endothelspiegel) bei abgelaufener Keratitis parenchymatosa.

(Spiegelbezirkeinstellung. Ok. 4, Obj. a 3). Nach Keratitis parenchymatosa beobachtete ich sehr häufig circumscripte rundliche dunkle Stellen im hintern Spiegelbezirk (vgl. Text zu Abb. 353—357), deren Grund bei passender Änderung von Einfalls- bzw. Beobachterwinkel sich aufhellen läßt, so daß man den Eindruck von dorsal gerichteten Grubenbildungen erhält. Ganz ähnliche Bildungen beobachtete ich bei Senilen, sie entsprechen dort den Hassal-Henleschen Warzen (vgl. z. B. Abb. 47). Die grubenartigen Bildungen haben hier wie dort meist einen Durchmesser von 20 bis 100 Mikra.

Abb. 433 stellt diese Auswüchse bei dem kongenital-luetischen Knaben E. K., 8 Jahre alt, dar, der vor einem halben Jahre eine beidseitige Keratitis parenchymatosa durchmachte. Heute Augen reizlos. Hinterste Hornhautschicht leicht diffus getrübt, mit vielen, dicht vor der Descemeti liegenden bluthaltigen Gefäßen, die sich scharf vom Endothel abheben (s. Abb. 433). Der Lichtquelle zu zeigen die Gefäßwände einen Lichtstreifen. Die dicksten Gefäße messen 10—20 Mikra. Einzelne Gruben, in der Mitte und oben, sieht man bei der gewählten Beleuchtungsrichtung als nach hinten gerichtete Dellen (vgl. Abb. 144).

Abb. 434. Sehr unregelmäßige Endothelbuckelungen 3 Tage nach Magnetextraktion eines intraokularen Splitters.

25fache Vergrößerung. Buckelungen feinerer Art, aber noch unregelmäßiger als diejenigen der Abb. 433 zeigte der Endothelspiegel des 25jährigen Walter Fehl. 3 Tage nach der Extraktion eines Eisensplitters aus der Vorderkammer (Limbusschnitt, Fall der Abb. 556/557. Den im Fundus sitzenden Splitter, der 14 Tage vorher eingedrungen war, hatte ich mittels Innenpolmagnet um den Linsenäquator herum in die Vorderkammer befördert). Im unteren Teil der Abbildung quere breite Descemetischattenlinien, als Ausdruck von Descemetifalten.

Diese Endothelveränderungen sind flüchtiger Natur.

Ausbuckelungen, wie sie Abb. 357 und 434 wiedergeben, fand ich bei Iridocyclitis, bei Keratitis parenchymatosa, ferner kurz nach Vorderkammerpunktion oder Extraktion eines Splitters (Abb. 434). Die Buckel erinnern etwa an ausgehämmerte Buckel eines Metallbleches. Hie und da kann man in diesen Buckeln ein Spiegelreflexchen (Konkavspiegel) wandern sehen.

Abb. 435—436. Dichtstehende Ausbuckelungen des Endothelspiegels nach Entfernung eines Corpus alienum corneae.

Josef Schl., 39jährig. Einen Tag nach der Entfernung eines Corpus alienum corneae sin. Die Hornhautrückfläche ist im Spiegelbezirk mit Ausbuckelungen überdeckt. Ok. 2. Obj. A 2.

Abb. 436. Übersichtsbild über die leichte Parenchyminfiltration nach Hornhautfremdkörperentfernung. Das Endothel hinter der Trübung ist mit dichten grauen Pünktchen (Zellbelag) besetzt. Der Spiegelbezirk (Abb. 435) zeigt dichtstehende rundliche, mehrere Endothelzellen umfassende Ausbuckelungen. Einzelne der Lücken mögen Endotheldefekten entsprechen. Die Endothelzeichnung ist meist unscharf.

2. Präcipitate der Hornhautrückfläche.
a) Herdweise und diffuse Tröpfchenteppiche.

Abb. 437—443. Über physiologische und pathologische Einzelzellbeschläge der Cornearückfläche.

Über die Entstehungsweise und die pathologische Bedeutung der Präcipitate ist noch wenig bekannt. Auch hier deckt das Spaltlampenmikroskop mannigfaltige neue Befunde auf, die für das Verständnis der noch in Dunkel gehüllten Wechselbeziehungen zwischen Hornhaut, Uvea und Kammerwasser von Wert sind.

Erinnern wir zunächst an die schon im Text zu Abb. 78—81 erwähnten Befunde meines früheren Assistenzarztes Dr. U. Lüssi „Über physiologische Beschläge der Cornearückfläche"*, vgl. auch die Untersuchungen, die IRMA GUGGENHEIM** über diese Tröpfchen an meiner Klinik anstellte. Bei der großen Mehrzahl von jugendlichen, gesunden Individuen, insbesondere von Kindern, fand Lüssi an der Cornearückfläche, gegenüber dem unteren Pupillarsaum in der Vertikalmediane (TÜRKsche Linie) feinste, bei 24facher Linearvergrößerung eben wahrnehmbare, zu Gruppen geordnete Pünktchen, welche im fokalen Licht grauweiß, im regredienten Licht (Irislicht), besonders aber im Licht der Pupillen-Linsengrenze als Tröpfchen erscheinen (Abb. 78—81). Im letzteren Licht sind sie am leichtesten zu sehen, können aber naturgemäß nicht immer streng lokalisiert werden. Man kann sie in diesem Licht mit den häufigen Tröpfchen und Tröpfchengruppen der Hornhautvorderfläche verwechseln. Exakt lokalisierbar sind sie nur im fokalen Büschel. Am leichtesten gelingt dabei die Lokalisation im Mikrobogenlicht, doch ist sie auch noch möglich an der vollbelasteten Nitralampe***.

Abb. 78—81 geben die physiologischen Beschläge bei Kindern von 10—12 Jahren wieder, Beobachtung mit der vollbelasteten Nitralampe. In Abb. 78 sieht man die Tröpfchen bei 68facher Vergrößerung im Irislicht, in Abb. 79 bei Beobachtung im fokalen Büschel. Abb. 81 zeigt die Beschläge in Anordnung und Zahl bei beliebig ausgewählten völlig gesunden Kindern, Beobachtung bei 25facher Vergrößerung, P = unterer Pupillarsaum.

Diese feinen Tröpfchen stellen offenbar Zellelemente (Lymphocyten) dar. Denn sie stimmen in Größe und optischem Verhalten mit den einzelnen Zellelementen, die man bei Iridocyclitis findet, überein. Man trifft gewöhnlich 10—20 solcher Pünktchen an derselben Hornhaut. Sie sind sehr flüchtig und pflegen z. B. bei liegender Körperlage rasch zu verschwinden, um später ebenso rasch wieder aufzutreten. Wahrscheinlich sind die Tröpfchen identisch mit jenen im Kammerwasser vereinzelt physiologisch nachweisbaren, der Wärmeströmung folgenden Einzelpünktchen. Es gibt also, wenigstens bei Jugendlichen (ich fand sie häufig auch bei Erwachsenen und älteren Personen), *physiologische Beschlagpunkte der Cornearückfläche*. Warum die

---
* Lüssi, U.: Klin. Mbl. Augenheilk. 69 II, 112. 1922.
** Guggenheim, Irma: Inaug.-Diss. Basel 1923.
*** Nicht dagegen an der ungenügend belasteten. Brennt die Nitralampe mit nur 6—7 statt mit 8 Volt, so ist ihre spezifische Helligkeit für die genannten feinen Beobachtungen unzureichend. Man kontrolliere daher die Spannung mittels eines Voltmeters. (Ein Taschenvoltmeter reicht aus.) Auch stark geschwärzte alte Lampen geben ungenügendes Licht.

Tröpfchen gerade immer nur in der genannten bestimmten Zone sich ansammeln, bleibt ungeklärt. Schon im Text zu Abb. 78 wurde darauf hingewiesen, daß die betreffende Zone am stärksten der Abkühlung ausgesetzt ist. Es scheint, daß Temperatureinflüsse auch für pathologische Hornhautbeschläge nicht ohne Bedeutung sind. Wenigstens fanden wir die Tröpfchen besonders oft nach längerem Aufenthalt der Betreffenden im Freien.

Ich hatte wiederholt den Eindruck, daß bei rauhem Wetter, z. B. im Winter, die Tröpfchenlinie kräftiger ist. Bevorzugt sind ferner *wachsende Myope*. Sie zeigen oft nicht nur die Tröpfchenlinie, sondern auch *weiße Pünktchen,* die erheblich größer sind als die Tröpfchen. So z. B. die 14½jährige Ivonne Me., mit rechts — 4, links — 3 D (vor 9 Monaten rechts — 3, links — 2 D) und hellblauer Iris. Es besteht hier nicht nur eine kräftige Tröpfchenlinie, sondern daneben sitzen auch weiße Punkte in größerer Zahl, beiderseits fast gleicher Befund. Nach 2 Jahren ähnlicher Befund, rechts jetzt 5, links 4 D Myopie. Es bestanden weit über 50 Tröpfchen beiderseits, kurz nachdem Patientin aus einem Schneetreiben ins warme Zimmer getreten war. *Durch Auflegen von zwei warmen Wattebäuschchen konnte ich innerhalb 5 Minuten alle Tröpfchen zum Verschwinden bringen.* Darin liegt wohl ein Beweis für die Bedeutung der Temperaturdifferenz zwischen Körper und Außenwelt bei der Genese der Tröpfchenlinie.

Ähnliche weiße Pünktchen neben einer Tröpfchenlinie zeigte die 28jährige blauäugige Frl. Fün. mit Myopie 1,0 D beiderseits. Noch zahlreicher sind die weißen Punkte bei dem blauäugigen 16jährigen 5 D myopen Max Sch. Die grauweißen Punkte sind hier fast so dicht wie bei einer Pigmentspindel. (Bei dem ebenfalls myopen Vater sind die Punkte spärlicher.) Eine exzessive Tröpfchenlinie bis zu 50 und mehr Punkten zeigte am 3. 11. 1928 die 7 D myope 21jährige Frl. Ilse Wei. an beiden Augen.

Es ist wohl kein Zufall, daß die Myopen, wie wir sahen, auch relativ häufig eine *Pigmentspindel* aufweisen. Nicht ausgeschlossen ist, daß bei der Anlagerung des Pigments die Tröpfchen eine Rolle spielen.

Von diesen physiologischen Beschlägen zu den pathologischen besteht nur ein Schritt. Den Beweis hierfür bietet die unter pathologischen Verhältnissen auftretende Türksche *Beschlagslinie* (Türk[*]), die aus zuerst von Türk beobachteten, später von Erggelet[**] bestätigten Beschlagpünktchen der Cornearückfläche besteht, welche ebenfalls im vertikalen Hauptmeridian angeordnet sind. Diese Türksche Beschlaglinie ist nichts anderes als die pathologische Vergrößerung der *physiologischen* Beschlaglinie der Abb. 78.

Abb. 437 *gibt diese* Türk-Erggeletsche *pathologische Beschlaglinie im regredienten Lichte wieder,* wie ich sie am Spaltlampenmikroskop bei dem 23jährigen N. O. beobachtete, zwei Tage nach Entfernung eines Eisensplitters aus der Hornhaut. Die 2½ mm lange, 0,5 mm breite Linie war mehrere Tage lang nachweisbar, um dann allmählich zu verschwinden. Sie unterscheidet sich nur nach der Ausdehnung und Dichte, nicht aber nach der Lage und Zusammensetzung von der physiologischen Beschlagsgruppe.

Das besonders Interessante, das ich an diesen physiologischen und pathologischen Beschlagslinien feststellte, ist die *Bewegung der einzelnen Zellelemente,* die sukzessive unter dem Hornhautmikroskop verfolgt werden kann. Die Zellen kriechen unter den Augen des Beobachters an der hinteren Hornhautwand hin und her, wandern anscheinend selbständig, etwa wie lebendige Lebewesen.

---

[*] Türk: Graefes Arch. f. Ophthalmol. **64**, 481—501.
[**] Erggelet: Klin. Mbl. f. Augenheilk. **55**, II, 229—234. 1915.

Dabei ist erkennbar, daß einander dicht benachbarte Zellen nicht gleiche Bewegungsrichtungen einzuschlagen pflegen: die eine kann ruhig sitzen bleiben, während die andere nach oben, unten, temporal wandert, immer an der Hornhautrückfläche sich haltend. Oder es wandern beide in verschiedenen Richtungen. Es ist also nicht wohl denkbar, daß einzig die Wärmeströmung, oder etwa Wirbelbildungen (welche letztere besonders von Erggelet im Kammerwasser wahrscheinlich gemacht worden sind), oder endlich Strahlenwirkungen, die Zellbewegungen veranlassen. Auch würden wohl Wirbelbildungen und Strömungen verschiedener Art in erster Linie die Zellen von der Hornhautrückfläche losspülen. Auffällig ist, daß die Zellen aneinander vorbei sich bewegen und keine Neigung zu Agglutination (etwa zufolge der Klebrigkeit ihrer Oberfläche) zu haben scheinen. Hierin erblicke ich ein nicht unwesentliches Unterscheidungsmerkmal der physiologischen wie auch der pathologischen Beschlagsgruppen und -streifen gegenüber den Konglobationsbeschlägen bei Iridocyclitis.

Die Bewegungsgeschwindigkeit der einzelnen Zellelemente abzuschätzen, ist nicht leicht. Ich fand, daß innerhalb von 2—4 Sekunden eine Strecke von 40 Mikra durch eine Zelle durchwandert wurde (Durchmesser der Einzelzelle etwa 10 Mikra). Bei stärkeren Vergrößerungen konnte ich bei der Wanderung Deformationen der Einzelzelle erkennen, die eine echte amöboide Bewegung wahrscheinlich machen. Die Deformation ist erkennbar an dem steten Wechsel in der Verteilung von Hell und Dunkel im Zelleib des sich bewegenden Individuums.

Welches ist die Ursache dieser Eigenbewegung?

Handelt es sich um zufällige Lebensäußerungen von lebenden Zellen, gewissermaßen um Spontanbewegungen, oder gehorchen die Zellen chemischen oder physikalischen Gesetzen, nach denen sie an bestimmte Stellen attrahiert werden? Man könnte denken, daß dieselben Faktoren, welche zur Ansammlung von Lymphocyten an bestimmter Stelle der Cornearückfläche (z. B. hinter Infiltraten) überhaupt führen, nun noch weiter im einzelnen fortwirken und die Bewegungen der Zellindividuen veranlassen. Dann wäre aber nicht erklärt, warum die einzelnen Zellen, auch wenn sie nahe beieinander liegen, verschiedene Bewegungsrichtungen einschlagen, also verschiedenen Richtungen zustreben. Stellen wir uns vor, daß die Lymphocyten aus dem Blutgefäßsystem stammen, also letzteres physiologischerweise durch Diapedese verlassen haben, so können wir annehmen, daß für die amöboide Bewegung an der Hornhautrückfläche ähnliche Ursachen in Betracht fallen, wie für den Austritt aus dem Gefäßsystem. Machen wir diese Annahme, so wird denkbar, daß die Ursache für die amöboide Bewegung in der Zelle selbst zu suchen ist.

Die Sichtbarkeit dieser Eigenbewegung der Beschlagszellen gehört jedenfalls zu den überraschendsten Befunden, die uns das Spaltlampenmikroskop aufdeckt.

In technischer Hinsicht sei bemerkt, daß zu solchen Beobachtungen die 37fache Linearvergrößerung am empfehlenswertesten ist (Ok. 2, Obj. a3). Beobachtung im regredienten (von der Iris reflektierten) Licht der vollbelasteten Nitralampe. Zum Studium der Eigenbewegung faßt man zunächst am besten zwei beliebige, einander nahegelegene Zellindividuen ins Auge. — Ich fand die Eigenbewegung zufällig, als ich versuchte, die Zahl der Zellindividuen innerhalb einer Maßeinheit zu ermitteln.

Es sei hier noch daran erinnert, daß die Krukenbergsche Pigmentspindel, wie ganz allgemein die senilen und myopischen Pigmentierungen (s. Text zu Abb. 137 bis 143) eine Lage und Anordnung aufweisen, welche etwa der Türkschen Linie entspricht.

Abb. 438. Vertikale Tröpfchensäule und Tröpfchenteppich der Hornhautrückfläche im Irislicht bei schleichender Iridocyclitis (Lymphocytensäulen).

21jährige Frl. Frieda Ba., mit seit Monaten bestehender schleichender Iridocyclitis tuberculosa, linkes Auge, 25fache Vergrößerung. Man beachte die säulenartige Tröpfchenlinie im mittleren Teil der Abbildung. Die Säule mündet oben in einen breiten Tröpfchenteppich. Vom unteren Limbus aus sieht man in der Abbildung Gefäßschlingen nach oben ins tiefe Parenchym vordringen. Rechts ein größeres altes Präcipitat im Irislicht, darum herum einige kleinere und ein Tröpfchenteppich. Der Teppich besteht aus nebeneinandergelagerten Einzelzellen, wie auch die nach oben sich zu einer weiten Fläche ausbreitende vertikale Tröpfchenlinie, deren Breite unten nur etwa $\frac{1}{4}$ mm beträgt.

Solche Linien verschwinden oft bei Rückenlage, bzw. bei Änderung der Kopfhaltung. Sie sind offenbar der Ausdruck der descendierenden Kälteströmung.

Die multiplen vertikalen Lymphozytensäulen.

Abb. 439—441. Multiple vertikale parallele Tröpfchensäulen bei schleichender Iridocyclitis.

In anderen Fällen fand ich die Tröpfchensäule schmäler als im vorigen Bild wiedergegeben, *dann aber pflegten mehrere Säulen nebeneinander zu stehen.* So z. B. bestanden bei der 45jährigen Grete Fa. am 6. 10. 1926 nicht weniger als *sieben* solcher Tröpfchensäulen parallel schräg vertikal nebeneinander, vom unteren Limbus bis gegen das Pupillargebiet empor reichend (s. Skizze Abb. 439). Seit Monaten behandelte ich die Dame wegen leichtester schleichender Iridocyclitis rechts.

Drei ähnliche, aber genau vertikale Tröpfchensäulen (Abb. 440), vollkommen parallel, 4—5 mm lang, zeigte der 52jährige Fritz Mo. 3 Wochen nach der reizlos verlaufenen Starextraktion. Breite der Linien 0,12 mm, Distanz voneinander 0,3 mm.

Skizze Abb. 441 zeigt 2 Linien, darunter die eine verzweigt, 12 Tage post extractionem einer Cataracta complicata, letztere durch Iridocyclitis bedingt. 43jähriger Tschu. Alfred. Auch 2—3 Wochen nach Extraktion des gewöhnlichen Altersstars sah ich ausgeprägte Tröpfchensäulen nicht selten, bei völlig oder fast völlig reizlosem Bulbus.

Rätselhaft bleibt die *scharfe Abgrenzung* dieser Linien. Sie läßt an scharf begrenzte Strömungen linearer Form denken. Oft finden sich auf der übrigen Hornhautrückfläche nur ganz vereinzelte Zellen. Doch gibt es auch Übergangsformen (Abb. 438).

Wie wir sehen werden, können die *Erythrocyten* ganz ähnliche multiple und parallele Zirkulationssäulen bilden (vgl. Abb. 595—597).

β) Übergänge der Tröpfchenlinien und Teppiche zu Konglobationen.

Abb. 442. Diffuser Zellteppich der Hornhautrückfläche bei frischer Iridocyclitis.

Ok. 4, Obj. A 3. Regredientes Licht.

Der Teppich ist ungleich dicht und breitet sich über die ganze untere und mittlere Hornhautpartie aus. Nirgends sind die Zellen konglobiert, überall besteht Einschichtigkeit.

Es handelt sich um den Fall der Abb. 118. Jedesmal, wenn der Magnet angesetzt wurde, trat leichte iritische Reizung auf, mit gleichzeitiger Bildung des Zellenteppichs der Abb. 442.

In der Abbildung links fokales Büschel, in welchem die Zellen als weiße Punkte erscheinen.

Abb. 443. Herdweise Verteilung der Beschlagströpfchen (Zellen) im Tröpfchenteppich der Hornhautrückfläche.

Vorbereitendes Stadium der Beschlagbildung. Linkes Auge, Obj. a 3, Ok. 2. 32jährige Frl. Fro. mit beginnender Iridocyclitis subacuta (wohl auf tuberkulöser Grundlage, Wassermann negativ). Beginn vor 14 Tagen mit Ciliarreizung. Pupille, besonders unten, mit beginnenden Synechien. In der Abbildung rechts fokales Büschel, links Irislicht. Man beachte in diesem Fall die überaus interessante herdweise, schneeflockenähnliche Verdichtung der Tröpfchen zu vielen Tröpfchenflächen und die Straßenbildungen zwischen diesen Flächen. *In den Verdichtungen ist in diesem Falle die Vorbereitung zur Präcipitatbildung zu erblicken.* Die Endothelspiegelbezirke sind undeutlich, man erhält nur matte Reflexe, die Endothelgrenzen sind unsichtbar.

Die Abb. 443 wurde am 18. 12. 1919 aufgenommen. Am 23. 12. 1919, also 5 Tage später, waren die kleinen Schneeflockenteppiche *in dicke weiße Präcipitate verwandelt.*

Welche Kräfte es sind, welche die Verdichtungen in solchen Fällen veranlassen, oder umgekehrt die leeren Stellen ausgespart lassen, läßt sich nicht sagen. Man wird an chemische Stoffe denken können, welche eine Art Agglutinierung herbeiführen. Daß solche Stoffe wirksam sind, legt gerade die Abb. 443 nahe.

γ) Präzipitate und Betauung. Spiegelbezirk.

Abb. 444. Unpigmentierte Präcipitate der Hornhautrückfläche. Betauung der Hornhautrückfläche bei schleichender Iridocyclitis.

Beobachtung im regredienten Licht (links im Bilde), und im fokalen Licht (rechts im Bilde).

Frl. S. L., 25 Jahre, schleichende beidseitige tuberkulöse Iridocyclitis, seit 3 Monaten (vereinzelt fanden sich in der Nähe des Pupillenrandes tuberkulöse Knötchen, wie sie im Abschnitte Iris wiedergegeben werden sollen). Nasaler Hornhautabschnitt.

Rechts der prismatische Schnitt mit den direkt belichteten, weißen, hinteren Beschlägen. Diese sind am schärfsten im Bereiche von f h, werden weniger scharf nach e g hin, da sie hier durch diffuses Licht verschleiert werden (vgl. Prisma Abb. 35. Kante e g sichtbar. Symptom verminderter Durchsichtigkeit der hinteren Hornhautwand, vgl. Text zu Abb. 35).

Links iridocyclitischer Beschlagsteppich im regredienten Licht, dessen bräunliche Farbe von der braunen Irisvorderfläche herrührt (Irislicht).

Die groben Präcipitate, die in den Teppich eingestreut sind, sind hier durchscheinend, oft konzentrisch gestreift und meist ist der dem Licht zugewendete Rand hell. Die Tröpfchen, welche dem Endothel aufgelagerten Zellen, Zellreihen oder Zellklümpchen entsprechen, erscheinen rund oder verzogen, keulen- bis hantelförmig oder polymorph.

Die Endothelgrenzen erscheinen bei Einstellung des *Spiegelbezirks* unregelmäßig und meist undeutlich. Namentlich besteht das Bild der Buckelung (Abb. 434, 435). Im allgemeinen werden die Endothelgrenzen mit fortschreitendem Alter unschärfer.

Abb. 445. Pigmentierte Präcipitate bei subakuter Iridocyclitis.

Die Iridocyclitis wahrscheinlich auf tuberkulöser Grundlage, seit 6 Wochen am linken Auge des 37jährigen Z. V., Wassermann negativ. Ok. 4, Obj. a 3. Rechts fokales, links regredientes Licht. Das Pigment erscheint im fokalen Lichte braunrot.

Abb. 432—441. Tafel 52.

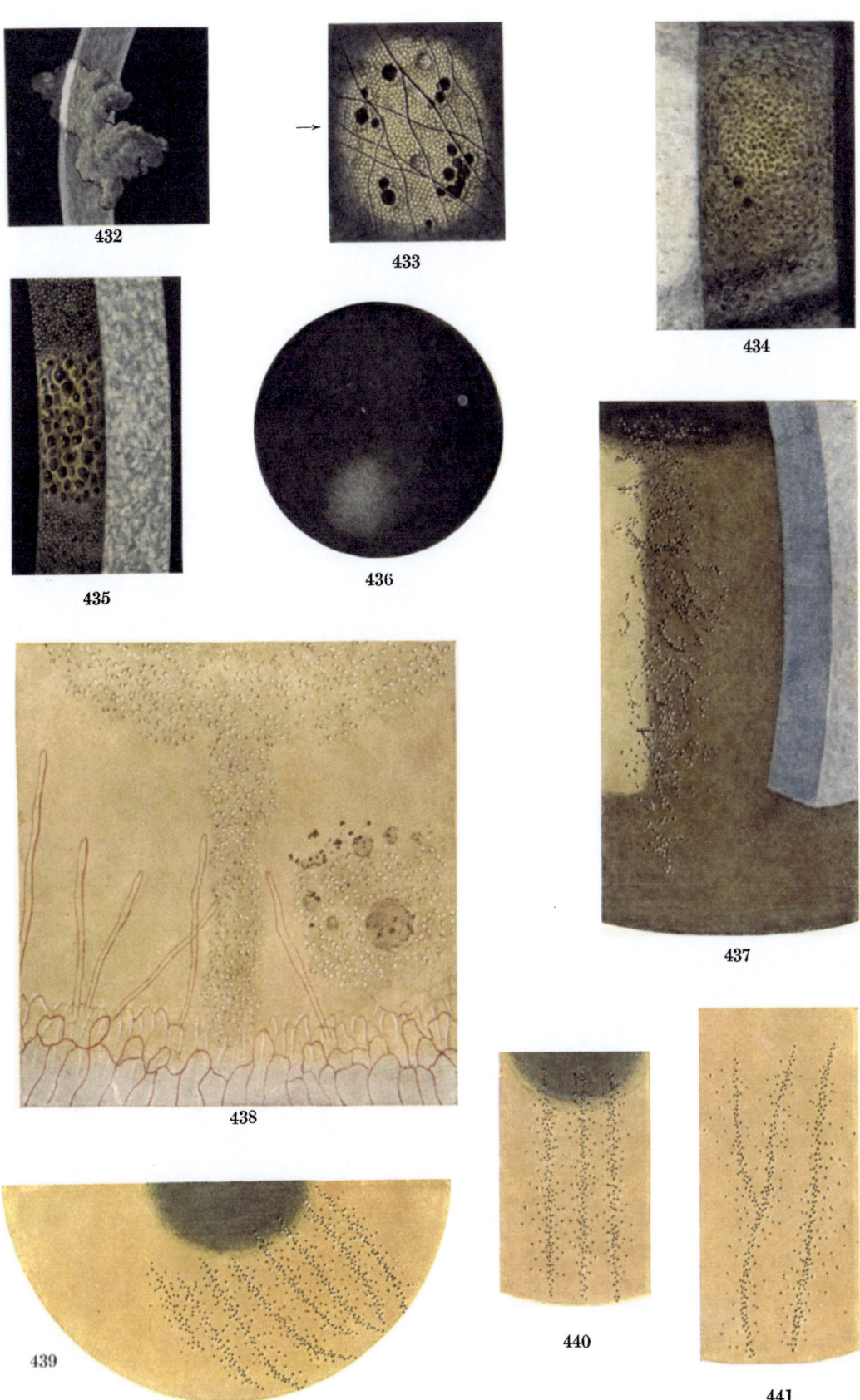

Vogt, Spaltlampenmikroskopie. 2. Aufl. Verlag von Julius Springer, Berlin.

Betauung (Zellteppich) der Rückfläche (links) ist am deutlichsten vor der Iris (im gelbroten Bezirk).

Abb. 446. Hinterer Hornhautspiegelbezirk bei schleichender Iridocyclitis.

Fall der Abb. 444, jedoch hinterer Hornhautspiegelbezirk. Beobachtung des temporalen Hornhautabschnittes, Ok. 2, Obj. a 3. Endothel etwas unscharf, offenbar durch Ödem. Die Auflagerungen, Einzelzellen, Zellketten, Häufchen und Klümpchen erscheinen schwarz, scharf begrenzt. Die Einzelzellen sind oft zu Gruppen und Reihen geordnet. (Sie sind im fokalen Licht nicht, oder nicht sicher zu sehen.) Um die Präcipitate ist oft ein Saum von helleren Endothelzellen vorhanden, wohl als optischer Ausdruck der Oberflächenkrümmung.

Dicke ausgedehnte Präcipitate reflektieren genügend diffuses Licht, um innerhalb des Spiegelbezirks weiß (also heller statt dunkler als die Umgebung) zu erscheinen.

Abb. 447. Hinterer Hornhautspiegelbezirk bei schleichender Cyclitis.

(mit Endothelbetauung und Beschlägen) mit leichter Drucksteigerung bei dem 28jährigen F. B.

Ok. 4, Obj. a 3. Fall der Abb. 461. Die Endothelgrenzen sind fast überall verschwunden.

3 Monate später, als die Präcipitate in Resorption begriffen waren, wurden die Endothelgrenzen wieder etwas sichtbar, und es bestand überall deutliches Farbenschillern des Endothels, ganz ähnlich, wie es in Abb. 581 im Bereich eines Descemetirisses dargestellt ist.

Abb. 448. Präcipitate und umgebende Zellen bei indirekt-seitlicher Belichtung.

Die glänzenden Kügelchen entsprechen angelagerten Einzelzellen. Frl. G., 29 Jahre. Schleichende tuberkulöse Iridocyclitis. Ok. 4, Obj. a 3.

Abb. 449. Präcipitate und umgebende Zellen bei indirekt-seitlicher Belichtung.

Auch **vor** dem Präcipitat sieht man vereinzelte Kügelchen angedeutet. Frl. B., 18 Jahre. Ok. 4, Obj. a 3. Schleichende Iridocyclitis unbekannter, wahrscheinlich tuberkulöser Natur.

δ) Zur Kenntnis der ersten objektiven Veränderungen bei beginnender sympathischer Ophthalmie.

Über sehr feine (vorübergehende) Präcipitate als Zeichen flüchtiger, rasch ausheilender sympathischer Ophthalmie hatte ich in der 1. Auflage meines Atlas der Spaltlampenmikroskopie in zwei Fällen berichtet. Seither sind uns weitere Beobachtungen von allererster Erkrankung des zweiten Auges zu Gesicht gekommen. Es folgen zunächst die beiden früheren Beobachtungen.

1. Der 10jährige J. L. aus St. Ludwig erlitt am 1. 12. 1918 eine Eisensplitterperforation links. Magnetextraktion des Splitters nach mehreren vergeblichen Versuchen am 9. 12. mit Iridektomie nach unten.

Heilung unter geringen Reizerscheinungen. Linearextraktion der Katarakt.

Mit reizlosem linkem Auge, guter Projektion und Starresten am 11. 1. 1919 entlassen, bei völlig intaktem rechtem Auge.

Am 24. 1. 19 kommt L., wie bisher schon mehrfach, zur Kontrolle, ohne irgendeine Augenveränderung bemerkt zu haben. Es zeigt sich aber, daß die Akkomodationsbreite des rechten, nicht verletzten Auges von 12 auf 6 D gesunken ist. Mit HARTNACKscher Lupe reichliche feine Präcipitate am rechten, nicht verletzten Auge. Links alte bräunliche, eckige angenagte kleine Beschläge (höchstens 0,02 mm messend), dabei feiner Beschlagteppich der Hornhautrückfläche. Linkes Auge nur spurweise, eben erkennbar gereizt.

LS = 6/18 (mit plus 11,0 D) Aphakie.
RS = 6/4 (plus 1,0 D) keine Lichtscheu.
Subjektiv ohne Besonderheit.

Nichts von Iritis, keine Synechien, im rotfreien Licht keine präretinalen Reflexlinien, Macularreflex gut, eckig.

Das Spaltlampenmikroskop zeigt rechts bis 0,04 mm große Präcipitate auf dem ganzen mittleren und hinteren Hornhautabschnitt. Intensive Endothelbetauung, neben den Präcipitaten aufgelagerte Einzelzellen in großer Zahl.

Die Präcipitate sind grauweiß, nicht pigmentiert. Linsenhinterfläche: keine Beschlagpunkte.

Beidseits im Glaskörper (vgl. das Bild im Abschnitt Glaskörper) rötliche und weißlich rötliche Pünktchen in großer Zahl.

Behandlung: Bettruhe, Schmierkur, Kamillensäckchen, Atropin, Neosalvarsan 0,15, später 0,3 (nach A. SIEGRIST).

In den folgenden Tagen Zurückgehen der Hornhautbeschläge. Am 7. 2. 1919 nur noch unmeßbar kleine Pigmentspuren derselben (vor 8 Tagen noch waren sie völlig pigmentlos, weiß erschienen). Umgekehrt haben die Beschläge des Glaskörpers eher an Zahl zugenommen, besonders nach unten. Sie fehlen in dem retrolentalen Raum. (Auf ein quadratisches Stückchen von schwach ½ mm Seite zählte ich am 11. 2. 1919 15—20 feine und 3—4 gröbere Plättchen. Letztere anscheinend bis 0,02 mm groß.)

Im rotfreien Licht (Lupenspiegel) zeigt der Glaskörper feinsten Staub.

Das ganze Glaskörpergerüst erscheint an der Spaltlampe lichtstärker als normal, die glänzenden Pünktchen sitzen stets auf dem Gerüstwerk, von ihm gleichsam aufgefangen. Auch da, wo sie in freien Zwischenräumen zu sitzen scheinen, erkennt man an der Konstanz ihrer Lage, daß sie mit (unsichtbaren!) Gerüstfasern oder Lamellen in Verbindung stehen. (Es ist nicht gesagt, daß der Glaskörper da, wo wir ihn unter den von uns gewählten Beobachtungsbedingungen optisch leer sehen, es realiter ist. Mit der Mikrobogenspaltlampe sah ich das Gerüst häufig auch da, wo es mit der Nernstlampe unsichtbar war).

In den folgenden 8 Tagen verschwanden auch die genannten geringen Reste der Hornhautbeschläge vollständig. Am linken (verletzten) Auge war Endothelbetauung und Pigmentstaub der Hornhauthinterwand nach 14 Tagen noch deutlich. LS = 6/6 (plus 11,0).

8. 3. 1919 entlassen, Betauung der Hornhautrückfläche. Die Glaskörperpunkte des rechten Auges waren noch 4 Monate später vorhanden. Heute, am 9. 8. 1919, ist auch bei genauer Durchmusterung keine Spur derselben mehr zu finden. Dagegen besteht links, am verletzten Auge, noch hinterer Tröpfchenteppich nach unten und staubförmiges Pigment der Hornhauthinterfläche. Visus wie früher. Ein Jahr später Status idem.

2. Der 28jährige Zimmermeister H. V. erlitt am 7. 11. 1918 eine ausgedehnte Perforationswunde der *linken* nasalen Hornhautpartie durch ein anfliegendes Holzstück. Nasale Hornhautlappenwunde, Hämophthalmus, Irisprolaps. LS = Licht-

Abb. 442—454. Tafel 53.

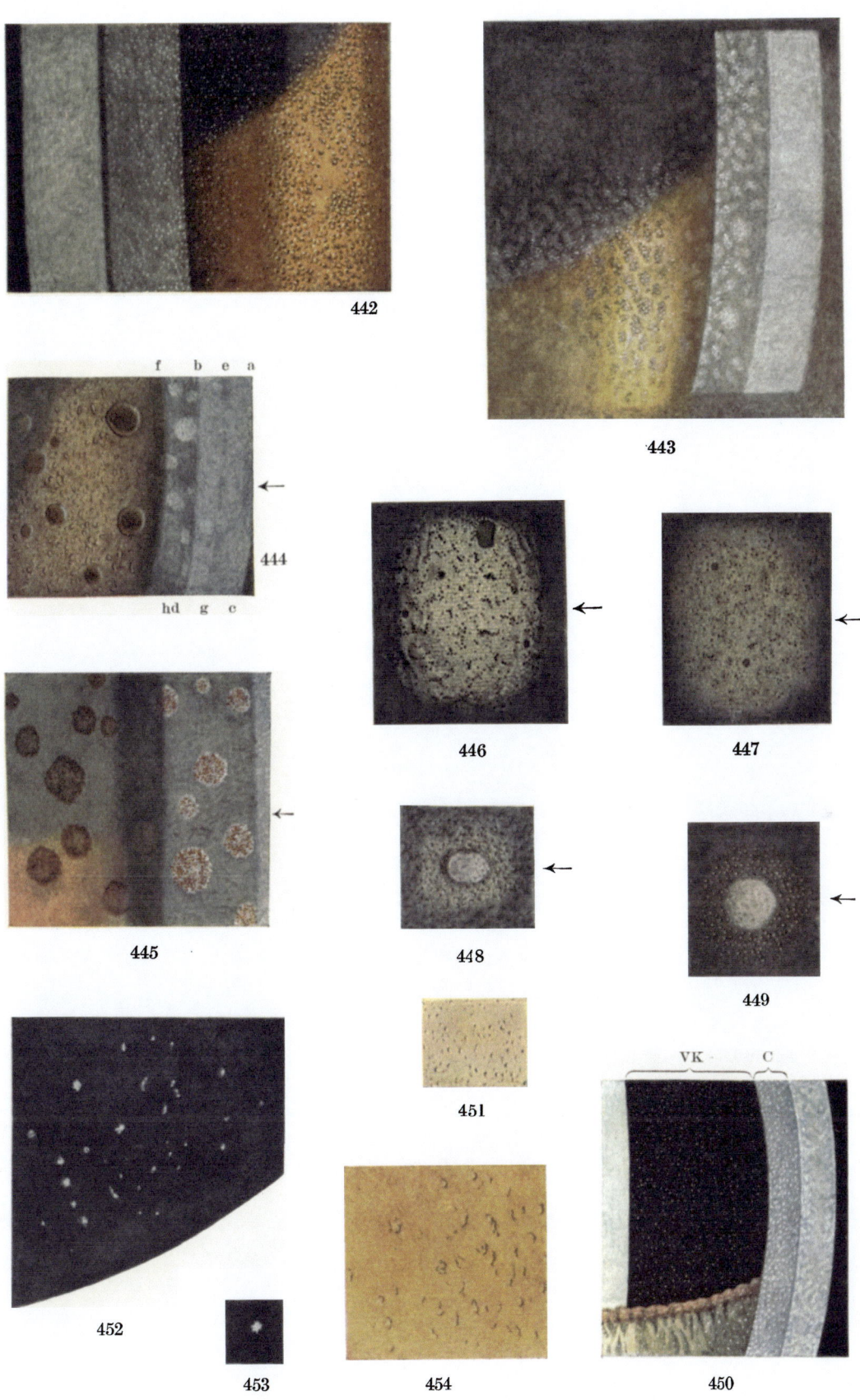

Vogt, Spaltlampenmikroskopie. 2. Aufl. Verlag von Julius Springer, Berlin.

projektion, RS = 6/5. Heilungsverlauf unter ständiger Reizung. 30. 11. Abtragung des Irisprolapses und lineare Extraktion.

Wegen Lichtscheu, Schmerzen und Rötung des verletzten Auges, die in der Intensität wechselten, schlug ich wiederholt die Enucleation vor, die aber Patient ablehnte. Austritt ungeheilt 29. 11. 1918. Ciliarinjektion links, Taubeschlag, einzelne Präcipitate und Descemetifaltung *links,* vascularisierter Hornhautlappen mit zum Teil eingeheilter Iris. Rechts Akk. 6—7 D. Leichte Reizbarkeit auch des rechten Auges (Neigung zu Tränen bei Belichtung, leichte Überempfindlichkeit, zeitweise etwas Conjunctivalinjektion).

Am 5., 9., 12., 28. 12. 18 und am 6. 1. 19 Status idem, Reizung geringer.

Am 5. 2., nachdem V. gearbeitet hatte, anscheinend Status idem. Links immer noch feine Präcipitate und Endothelbetauung, aber Auge reizlos.

Mit Corneamikroskop und Spaltlampe zeigt heute die *rechte* Hornhaut, die vorher sehr oft und genau untersucht worden war, im unteren Drittel ein gelblichweißes rundlich eckiges, etwa 0,04 mm messendes *Präcipitat,* im fokalen Licht darum herum feinste „Fibrinfäserchen" und Tröpfchen. Rechtes Glaskörpergerüst mit mäßig zahlreichen weißlichen und rötlichen Pünktchen besetzt, wie im vorigen Falle, und wie sie bei Cyclitis und Chorioiditis vorhanden sind. Enucleation des verletzten Auges abgelehnt, ebenso Spitalbehandlung. Zwei Tage später rechts Glaskörperpünktchen deutlicher und zahlreicher, im rotfreien Licht mit Lupenspiegel feiner Glaskörperstaub. Auge reizlos, Akkommodation unverändert. Nasal von der rechten Macula 3 oder 4 präretinale Reflexlinien, R. Macularereflex fehlt. (L. Status idem. Projektion gut.)

Von da an zeigt sich V. wegen Grippepneumonie nicht mehr bis 12. 3. 19. Rechte Hornhaut an diesem Tage vollkommen klar. Akkommodation 6—7 D, Glaskörper Status idem. Seither blieb das Auge klar, im Glaskörper waren noch nach 3 Monaten Beschlagspunkte des Gerüstes zu sehen. Das verletzte Auge war völlig reizlos, jedoch noch am 19. 6. 19 wurde an diesem Auge ein hinterer Beschlagsteppich der Cornea festgestellt. 25. 8. 20 stets reizloser Verlauf.

Im vorliegenden Falle bestanden somit deutliche Symptome von beginnender sympathischer Ophthalmie: ein Präcipitat und Beschlagspunkte der Hornhautrückfläche und des Glaskörpers. Es trat trotzdem spontane Heilung auf. Die Erkundigung nach 3 Jahren ergibt, daß sowohl Fall 1 als Fall 2 geheilt blieben.

Diese beiden Fälle zeigen 1., daß leichte ephemere Erkrankungen an sympathischer Ophthalmie vorkommen, die so wenig Symptome machen, daß sie bisher in den seltensten Fällen diagnostiziert worden sein dürften; 2. daß es notwendig ist, nach allen perforierenden Verletzungen Hornhaut, Vorderkammer und Glaskörper des zweiten Auges mit Spaltlampe und Corneamikroskop des genauesten zu kontrollieren*. Vor allem die Durchmusterung des Glaskörpers, vorab seines unteren vorderen Abschnittes, erscheint mir von größter praktischer Wichtigkeit; 3. daß es noch nicht entschieden ist, ob nicht die sog. sympathische Reizung gelegentlich ein echter Bestandteil der sympathischen Augenentzündung ist.

---

* Die Durchmusterung von Hornhaut und Vorderkammer im *regredienten* Licht (Irislicht!) nehme man bei *nicht erweiterter Pupille* vor, damit die Iris eine möglichst große Reflexionsfläche biete. — Daß die Durchmusterung der Vorderkammer nur bei voll- oder überbelasteter Nitralampe oder bei Mikrobogenlampe stattfinden darf, wird im Abschnitt *Vorderkammer* erörtert werden. Übung in der Beobachtung der normalen Vorderkammer und des normalen Glaskörpers und ihrer spärlichen *physiologischen* Punkteinlagerungen ist Voraussetzung, wenn in dieser schwerwiegendsten aller ophthalmologischen Diagnosen Fehler vermieden werden sollen.

Ein ähnlicher Fall, bei dem die Symptome der beginnenden sympathischen Entzündung während vieler Monate nur mittels Spaltlampenmikroskop nachweisbar waren, ist folgender.

3. Der 11jährige M. Lö. erlitt rechts vor 10 Jahren eine Perforation mit Linsenverlust. Später Sekundärglaukom und seit einem halben Jahr Hyphaema der Vorderkammer. Da die Projektion noch nicht erloschen ist, wird durch Linearpunktion das Blut entleert. Reizloser Verlauf. 3 Tage später linker Bulbus spurweise ciliar gereizt. In der Vorderkammer deckt die Spaltlampe bei 25facher Linearvergrößerung massenhafte weiße Pünktchen auf. Ähnliche Pünktchen sitzen im Glaskörper. Sofortige Enucleation rechts. Am folgenden Tage Pünktchen unverändert. Einzelne derselben schlagen sich auf der Cornearückfläche nieder, wo sie feine Beschlagspünktchen von 0,02—0,04 mm bilden. Abb. 450. K Punkte in der Vorderkammer, C Punkte der Cornearückfläche, Abb. 451 gibt die Betauung der Cornearückfläche im regredienten Licht wieder. In den nachfolgenden Tagen sind die Beschläge bald deutlich, bald fehlen sie völlig. Sie bevorzugen von Anfang an die nasal-untere Hornhautpartie, anscheinend entsprechend der Lage der Perforationswunde des erst erkrankten (enucleierten) Auges im nasal-unteren Limbus. Hier und einmal auch temporal waren zu wiederholten Malen vereinzelte *bräunliche Efflorescenzen des Pupillarpigmentsaumes* von 0,02—0,04 mm zu sehen, die zu feinsten vorübergehenden Synechien und zu Kapselpigmentbeschlägen führten.

Die Punkteinlagerungen des Kammerwassers blieben nicht nur auf der Hornhautrückfläche, sondern (was bei gewöhnlicher Iridocyclitis relativ selten geschieht) besonders auch auf der Linsenvorderkapsel haften, hier in Form eines feinen weißen Staubes, der wieder nasal unten am dichtesten war. In den folgenden Wochen sind die Reizerscheinungen ganz unbedeutend oder fehlen völlig. Beschläge sind 12 Wochen nach der Enucleation auch nicht mehr in Spuren nachzuweisen. Bei Belichtung oder Berührung zeigt der Bulbus vorübergehend leichte Ciliarinjektion. Konstant bis in den 7. Monat nach Beginn der Erkrankung sind jedoch die Vorderkammerpünktchen in wechselnder Menge im Kammerwasser nachweisbar. Die Glaskörperpünktchen sind weniger zahlreich.

Behandlung: Leichte Hg-Schmierkur, 1—2mal wöchentlich 0,15 Neosalvarsan intravenös.

Es verdient der vorliegende Fall in zweifacher Hinsicht Interesse. Einmal, weil die Spaltlampe die Diagnose zu einer Zeit ermöglichte, als mit gewöhnlichen Methoden entzündliche Erscheinungen noch nicht nachweisbar waren. Offenbar ist der nachherige günstige Verlauf auf die frühe Diagnosenstellung und Enucleation zurückzuführen.

Zweitens ließ sich mit der Spaltlampe während mehr als eines halben Jahres Kammerwassertrübung nachweisen, zu einer Zeit, da die gewöhnlichen Methoden, auch die Lupenspiegelmethode und die Beobachtung mit HARTNACKscher Lupe, ein negatives Resultat hatten.

In bezug auf die Untersuchungstechnik sei betont, daß die Nernstlampe und die unterbelastete Nitralampe zum Nachweis der Kammerwasserpünktchen im vorliegenden Falle nicht ausreichten. Es war bei solcher spezifischer Helligkeit nur eine Andeutung von Opazität des Kammerwassers nachzuweisen. Erst die vollbelastete Nitralampe und die Mikrobogenlampe ließen die Zellelemente feststellen.

Die besten optischen Bedingungen bestehen in solchen Fällen dann, wenn das Büschel der temporal (bzw. nasal) stehenden Lampe auf den gegenüberliegenden nasalen (bz. temporalen) Pupillarrand geworfen und letzterem gegenüber beobachtet wird (vgl. Abb. 634).

Im regredienten Lichte (Irislicht) imponierten die Beschlagspunkte als feinste Tröpfchen (vgl. Abb. 442, 451, 454).

4. Der 7jährige Knabe Hans Me., Patient des Herrn Kollegen Dr. B. HAESSIG, Chefarzt der kantonalen Augenklinik St. Gallen, erlitt vor 4 Wochen (18. XI. 23), eine Perforatio bulbi links durch Scherenspitze. Durchtrennung der Sclera und des Corpus ciliare. Cataracta traumatica, Prolaps, der abgetragen wurde. Normaler Heilungsverlauf, jedoch gelegentlich leichte Lichtscheu und Ciliarinjektion des nichtverletzten Auges. Ich fand bei meiner ersten Untersuchung (18. XII. 23), zu der mich Herr Kollege HAESSIG in freundlicher Weise zuzog, am verletzten Auge Ciliarinjektion mäßigen Grades und einige Beschlagpunkte, Druckempfindlichkeit, Lichtprojektion prompt. Am nichtverletzten Auge war außer einer gewissen Reizbarkeit nichts Besonderes zu finden.

Mit Rücksicht darauf, daß die Reizbarkeit zunahm, *enucleierte* Herr Kollege HAESSIG 3 Tage später (21. XII. 23). Fast reizloser Verlauf. Am 27. XII. 23, 6 Tage nach der Enucleation spurweise ciliare Injektion, mit Spaltlampenmikroskop *feiner Staub im Glaskörper*. Im Laufe des nächsten Jahres meist reizlos, gelegentlich leichte Bindehautreizungen. Visus $^5/_4 - ^5/_3$, normale Akkommodation.

Nach einem Jahr, am 19. I. 25. Ciliarinjektion, Lichtscheu, im Zentrum der Hornhautrückfläche ein großes Präcipitat und feine Betauung in den unteren Partien. Iris o. B. Somit subacute Iridocyclitis. Definitive Heilung innerhalb 3 Wochen. Seither (ca. 5 Jahre) reizlos.

Über die mutmaßlich „metasympathische" Natur dieser Ophthalmie s. Text zu Abb. 455a.

5. Der 5jährige Jakob Mu. erlitt am 7. 6. 25 eine Perforatio bulbi sin. durch Messerstich. Unteres Hornhautviertel mit 5 mm langer querer Wunde, Iris und Linse perforiert. Irisprolaps.

Mit reizlosem Auge und im oberen Teil klarer Linse am 4. 7. entlassen. Wöchentliche Kontrolle. Am 15. 7. 25 kam der Knabe mit spurweise gereiztem linken (verletztem) Auge. *Das nichtverletzte Auge war reizlos*, zeigte jedoch leichten Kammerwasserstaub und nasal unten die feinen Präcipitate der Abb. 452. Über der Hornhautmitte ein weiteres sternförmiges Einzelpräcipitat (Abb. 453). Im regredienten Licht (Abb. 454) feine Tropfen und Beschläge der Hornhautrückfläche.

Trotzdem das verletzte Auge gute Lichtprojektion und etwas Sehschärfe hatte, schlug ich Enucleation vor, die sofort ausgeführt wurde. In den nächsten 14 Tagen gingen die Trübungen und Beschläge zurück, es trat dauernde Heilung ein. (Beobachtungsdauer 4 Jahre.)

Auch im vorliegenden Fall wären die winzigen, 0,04—0,06 mm messenden Beschläge und Kammerzellen ohne Spaltlampenmikroskop wohl übersehen worden.

Abb. 450 und 451. Linke Hornhautrückfläche und Vorderkammer bei beginnender sympathischer Ophthalmie.

11jähriger Lö., Text vorstehend. Man beachte in Abb. 450 die Pünktchen der Hornhautrückfläche, die in Abb. 451 im regredienten Licht als Tröpfchen imponieren (lockerer Tröpfchenteppich). Über die günstigen optischen Bedingungen zur Sichtbarmachung der Vorderkammerpünktchen s. Abschnitt Vorderkammer, Text zu Abb. 634.

Abb 452—454. Kleine Beschläge der Hornhautrückfläche bei beginnender sympathischer Ophthalmie. Ok. 2, Obj. A 2.

Abb. 454 die Beschläge im regredienten Licht, Abb. 452 im fokalen Licht, Abb. 453 Einzelbeschlag oberhalb Hornhautmitte. Fall Mu., Text vorstehend.

ε) Die metasympathische Ophthalmie.

Abb. 455a. Grauweiße Präcipitate bei metasympathischer Ophthalmie.

Der rechte Bulbus des 24jährigen vagabundierenden Hans Spa. wurde während eines Streites im Alkoholrausch durch den Schuhabsatz des Polizisten zerquetscht (5. 2. 25). Unregelmäßige Sclerarisse. *In der Bindehaut ausgetretenes uveales Pigment*, auch noch nach der 14 Tage post trauma (19. 2. 25) vorgenommenen sorgfältigen Enucleation. (Es konnte nicht alles Pigment aus der Bindehaut entfernt werden.) Entlassung mit reizlosem linken Auge 4. 3. 25, 13 Tage post enucleationem. Spaltlampenbefund negativ. Als uns Patient 9 Tage später (13. 3. 25) wieder zugeführt wird, besteht am zweiten Auge, das vorher stets reizlos und intakt gewesen war, eine schleichende Iridocyclitis mit Präcipitaten und beginnenden hinteren Synechien (Abb. 641). Glaskörper mit vielen Punkteinlagerungen. Wassermann negativ. Die Präcipitate (Abb. 455a, 12 Tage nach Abb. 641) sind rund, zum Teil etwas sternförmig gezackt und enthalten vereinzelt etwas Pigment (Zeichnung vom 25. 3. 25, 5 Wochen post enucleationem). Unter Salvarsan, Thermophor und Schmierkur nach 10 Wochen geheilt entlassen (5. 6. 29), noch 3 Präcipitatreste, Vorderkammer klar, noch Staubpunkte im Glaskörper. Am 10. 6. 25 Status idem.

Histologischer Befund des enucleierten Bulbus.

Typische Scleralruptur vom Kammerwinkel ausgehend. Starke Dislokation der beiden Enden der Sclera. Ruptur ausgefüllt von Granulationsgewebe, bestehend aus Lymphocyten, neutrophilen und eosinophilen Leukocyten, Epitheloiden, Plasmazellen und viel Pigment, durchsetzt von Blutungen. Aphakie, Hornhaut, Iris (soweit sie nicht vor der Ruptur liegt), Aderhaut, Netzhaut o. B. In der Rupturstelle liegt zusammengefaltete Linsenkapsel, außen an der Rupturstelle Irisgewebe.

Der Fall bietet insofern Interesse, als die sympathische Ophthalmie, trotz rechtzeitiger Enucleation (13 Tage post trauma) nachträglich noch auftrat.

Ich möchte diese Form der sympathischen Ophthalmie als „Ophthalmia metasympathica" gegenüber der Grundform abgrenzen. Bis jetzt sah ich diese metasympathische Form viermal*, nämlich in dem soeben beschriebenen Fall, dann in dem oben erwähnten Fall Knabe Hans Me., der allerdings insofern eine Ausnahmestellung einnimmt, als die Iridocyclitis erst ein Jahr später folgte, dann drittens bei dem 22jährigen Rich., mit Glaukoma absolutum und Totalkatarakt links nach Pfeilschußverletzung vor 10 Jahren. Letzterer wollte aus kosmetischen Gründen die Katarakt dieses Auges entfernen lassen. 14 Tage post extractionem bestanden immer noch Reizerscheinungen und Drucksteigerung (das unverletzte Auge intakt),

---

* In der Literatur sind etwa 80 Fälle mitgeteilt, in denen nach anscheinend rechtzeitiger Enucleation des verletzten Auges das zweite Auge nachträglich dennoch erkrankte. Doch ist keiner dieser Fälle mittels Spaltlampenmikroskop untersucht worden, wohl aber mit bisherigen, sehr verschiedenartigen Methoden. Es ist daher möglich, daß in diesen Fällen bereits Kammerwasser- und Glaskörperstaub und beginnende Betauung des zweiten Auges bestand (genauere Zusammenstellung der betreffenden Literatur bringt die Inaug.-Diss. HOLDENER aus meiner Klinik 1930, Schweiz. med. Wschr.).

welche uns veranlaßten, die Enucleation vorzuschlagen. Zu letzterer entschloß sich R. erst nach weiteren 14 Tagen. Bei der Entlassung nach der Enucleation war das unverletzte Auge reizlos, ohne positiven Spaltlampenbefund, ebenso bei der Kontrolle, 3 Wochen post enucleationem. Erst 5 Wochen nach der Enucleation stellten wir beginnende Iridocyclitis mit Beschlägen und diffusem Zellteppich der Hornhautrückfläche, sowie Staubtrübungen im Glaskörper fest. Nach zwei Monaten geheilt entlassen, mit RS = 1*. Seit über einem Jahr geheilt.

Der vierte Fall betrifft den 28jährigen Bauer Stu. Jakob mit Scleralriß rechts durch Kuhhornstoß (21. 7. 29). Zum Teil subconjunctivale, zum Teil offene Scleralruptur temporal, Hämophthalmus, Uvea- und Glaskörperprolaps wird abgetragen, Scleralnaht. Projektion etwas unsicher nach oben. Wegen anhaltender Reizung Enucleation 3 Wochen post trauma. Nach 10 Tagen entlassen, zweites Auge tadellos. Bei der Kontrolle am 4. IX. 1929, 3 Wochen post enucleationem stellen wir diffusen Zellteppich der Hornhautrückfläche und mehrere grauweiße Präcipitate fest, s. Abb. 455b. Vorderkammer- und Glaskörperstaub, Auge reizlos**. *Die Sehschärfe ist nicht herabgesetzt und Patient weiß von einer Erkrankung nichts.*

Die Ophthalmia metasympathica kann, wie dieser und frühere Fälle beweisen, unter Umständen latent verlaufen und *ist daher vielleicht häufiger als dies der Fall zu sein scheint.*

Charakteristisch für diese metasympathische Iridocyclitis ist

1. der in den bisherigen 4 Fällen relativ gutartige, wenige Wochen dauernde Verlauf.

2. Das Auftreten erst eine Reihe von Tagen oder Wochen*** nach der Enucleation, und zwar an einem Auge, *das am Spaltlampenmikroskop vor und auch nach einer Reihe von Tagen nach der Enucleation nicht die geringsten sympathie-verdächtigen Erscheinungen gezeigt hatte.*

Es darf wohl angenommen werden, daß die Ophthalmia metasympathica gewissermaßen die Probe aufs Exempel darstellte, wie dringend notwendig die Enucleation gewesen war. Sie ist wohl die Bestätigung dafür, daß eine echte sympathische Ophthalmie in Vorbereitung war und ohne rechtzeitige Enucleation das zweite Auge befallen hätte.

Die anatomische Untersuchung des enucleierten Bulbus braucht keineswegs schon das volle Bild der sympathischen Ophthalmie aufzuweisen. Innerhalb weniger Wochen entwickelt sich dieses Bild, wie auch GÜNSBURG betont, nicht immer vollständig (es bleibt oft bei uvealen Rundzellenhaufen) *und es darf daher aus der Ab-*

---

* Die anatomische Untersuchung des enucleierten Bulbus ergibt vereinzelte Haufen von Lymphocyten in Aderhaut und Corpus ciliare. Zahlreiche Leukocyten. Haufen von Epitheloiden fehlen, ebenso Riesenzellen. Aphakie, über und unter der Linsenkapsel zellarmes faseriges Granulationsgewebe.

** In den folgenden Tagen erhebliche Zunahme der Beschläge, bei stets reizlosem Bulbus. Nach 14 Tagen deutlicher Rückgang derselben. Nach weiteren 14 Tagen (2. 10. 29) ist noch ein einziger kleiner Beschlag von etwa 30 Mikra vorhanden, daneben feiner grauer Staub, spärlicher Staub auch im vorderen Glaskörper. Sonst Auge intakt. Geheilt entlassen.

Die Untersuchung des enucleierten Bulbus ergibt starke Lymphocyteninfiltration im Bereiche der Scleralruptur, einzelne Lymphocytenhaufen auch in der Iris und hinteren Aderhaut. Zwischen den Lymphocyten häufig Eosinophile und Epitheloide, selten Häufchen von letzteren. In der Rupturgegend Fremdkörperriesenzellen (durch die Naht?). Netzhaut intakt.

*** Im Falle Me. bestand zunächst nur Glaskörperstaub, vorübergehende Iridocyclitis erst nach einem Jahr.

wesenheit von typischen Epitheloidenhaufen und Riesenzellen in derartigen Fällen nicht auf die Abwesenheit sympathischer Ophthalmie geschlossen werden.

Abb. 455b. Beginnende Ophthalmia metasympathica.

28jähriger Stutz Jakob, Landwirt, linke Hornhautrückfläche 3 Wochen nach Enucleation des rupturierten rechten Auges. Am folgenden Tag war die Zahl der Präcipitate auf über 20 gestiegen. Im übrigen s. vorstehenden Text.

Grobe Ring- und Radbeschläge.

Abb. 456 und 457. Seltene Ring- und Radbeschläge bei sympathischer Ophthalmie.

72jährige Frau Le. Perforation der linken Hornhaut, Iris und Linse durch einen Strohhalm im Sommer 1928. Das schwerverletzte Auge blieb ein halbes Jahr unbehandelt. Dann erschien Patientin mit plastischer Iridocyclitis und Sekundärglaukom des perforierten Auges (unsichere Lichtempfindung) und mit sympathischer Ophthalmie (Präcipitate und Zellteppich der Hornhautrückfläche, Glaskörperstaub). Trotz sofortiger Enucleation des linken Auges allmähliche Steigerung der rechtsseitigen Iridocyclitis. Am 22. 8. 29, 7 Monate post enucleationem, feiner diffuser Vakuolenteppich des vorderen Epithels, besonders nach unten. Schmierige graue Präcipitate. Auffallend sind darunter die *kreisrunden Ringbeschläge* der Abb. 456 (25fache Linearvergrößerung), welche in der Zahl von 15—20 in verschiedenen Teilen der Hornhautrückfläche zu finden sind. Der Ring umschließt meistens eine zentrale Trübung, wodurch Radform entsteht (Abb. 456). Daß Beschläge der Rückfläche vorliegen, zeigt der optische Schnitt (Abb. 457).

Der Ringdurchmesser beträgt höchstens 1—1,25 mm. Bei 5—6 Uhr finden sich 4 besonders kräftige Ringe, andere bei 7 Uhr. Es besteht Tension 2 Teilstriche zu Gewicht 10 Schiötz 1924, somit Glaukom. Durch Einnahme von Kochsalzlösung nach HERTEL kann der Druck vorübergehend normalisiert werden. Die Betauung des Epithels nimmt dann ab, verschwindet jedoch nicht.

Außer den Ringen bestehen schmierige, mehr oder weniger unregelmäßige Beschläge.

Die Annahme, daß das fast tägliche Aufsetzen des Tonometers die Ringbildung provozierte, ist unwahrscheinlich, da sich die Ringe besonders auch *peripher* finden. Auch spricht der Durchmesser (Gesamtring 1 mm) eher dagegen. Immerhin kann diese Möglichkeit nicht mit Bestimmtheit abgelehnt werden (vgl. die Genese der traumatischen Ringbildungen, Text zu Abb. 518—521). Der Befund blieb innerhalb 8 Tagen ziemlich unverändert, später Ringformen nicht mehr so schön sichtbar, ein letzter, axialer Ring 4 und 5 Wochen nach Aufnahme der Abb. 456. Die Beschläge sind jetzt diffus und mehr amorph geworden.

Graue bis grauweiße, *schmierig* aussehende (weil nicht scharf begrenzte) Beschläge und Beschlagsmassen geben der Iridocyclitis meist eine üble Prognose, und ich fand sie besonders bei schwerer sympathischer Ophthalmie. Diese Beschläge konfluieren häufig und liefern manchmal ein von Tag zu Tag wechselndes Bild. Der verschwenderische Zellreichtum solcher Fälle gibt sich oft dadurch kund, daß mehrschichtige Tröpfchenteppiche die Hauptbeschläge miteinander verbinden.

Auch im eben mitgeteilten Fall von Ring- und Radbeschlägen folgte später eine solche mehr diffuse, schmierige Beschlagsmasse, welche die ganze Hornhautrückfläche überzog, bei zunehmender vakuolärer Trübung des Hornhautepithels.

Abb. 455—461. Tafel 54.

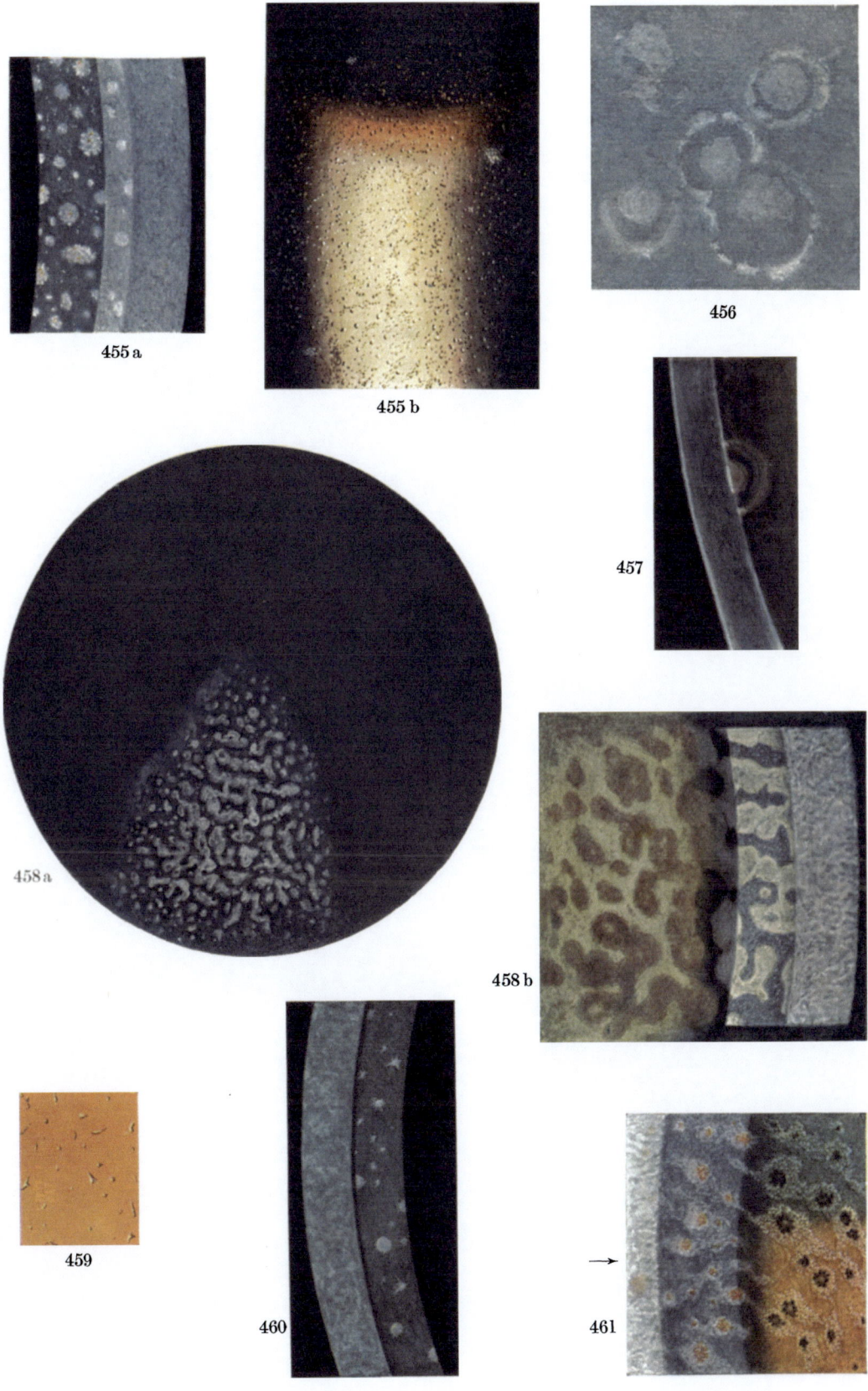

455a
455b
456
457
458a
458b
459
460
461

Vogt, Spaltlampenmikroskopie. 2. Aufl. Verlag von Julius Springer, Berlin.

ζ) Andere Beschlagformen.

Abb. 458a und b. Girlandenförmige Beschläge bei Iridocyclitis chronica.

17jähriger Schr., linkes Auge. 25fache Vergrößerung. Beidseitige chronische Iridocyclitis tuberculosa seit Monaten. Abb. 458a Übersicht der Beschläge. Während die Präcipitate im allgemeinen rund und isoliert sind, haben sie im vorliegenden Falle auf beiden Augen die Neigung, zu girlandenförmigen Gebilden zu verschmelzen, wobei Formen entstehen, die manchmal an Kerne von polynucleären Leukocyten erinnern. Abb. 458b die Beschlagsformen bei stärkerer Vergrößerung, im fokalen und regredienten Licht.

Abb. 459. Unregelmäßige, punktförmige und faserige bis fädige Beschläge bei schleichender Iridocyclitis.

26jähriger E. We. rechtes Auge Heterochromiecyclitis seit Jahren.

Derartige feine Beschlagstypen sind bei schleichender Iritis nicht selten. Sie entgehen wegen ihrer Feinheit meist der Beobachtung. Deutlicher sind sie im regredienten Licht.

Oft sah ich diese Stern- und Fasertröpfchen als einzige Reste auf der Hornhautrückfläche noch jahrelang nach scheinbar abgelaufener Iridocyclitis, oft auch nach Extraktion der zugehörigen Cataracta complicata.

Beschläge bei Heterochromieiridocyclitis.

Abb. 460. Präcipitate bei nicht sehr alter Heterochromieiridocyclitis.

Die Präcipitate bei Heterochromieiridocyclitis fand ich meistens rein weiß. Auch bei jahrelanger Dauer sind sie, im Gegensatz zu denjenigen bei Tuberkuloseiridocyclitis, selten pigmentiert, was um so auffallender ist, als eine *stärkere Depigmentierung* nicht nur des mesodermalen, sondern vor allem auch des *retinalen Irispigmentblattes* nach meinen Beobachtungen bei Heterochromieiridocyclitis die Regel ist (s. Abschnitt Iris). Häufig sind kreisrunde oder auch Sternformen (Abb. 460). Tröpfchen-Teppichbeschläge sind verhältnismäßig selten, *Kammerwassertrübungen konnte ich bei Heterochromieiridocyclitis ebensowenig finden, wie hintere Synechien.* Das in der Literatur und auch von mir mehrfach beobachtete Sekundärglaukom weist auf Verschluß der Abflußwege des Kammerwinkels hin. (24jähriger Alfred We., rechtes Auge. Ok. 2, Obj. A 2.)

Über den charakteristischen Glaskörperbefund bei Heterochromieiridocyclitis siehe Abschnitt Glaskörper.

η) Sekundäre Beschlagveränderungen und Veränderungen in der Umgebung der Beschläge.

Abb. 461. In Rückbildung befindliche, stark pigmentierte Präcipitate bei dem 28jährigen F. B.

(Subakute Iridocyclitis beiderseits seit 6 Monaten.) An Stelle der noch vor einigen Wochen runden mittelgroßen Präcipitate finden sich heute kleine, zackig begrenzte, wie angenagt aussehende unregelmäßige dunkelbraune Häufchen, hauptsächlich aus Pigment bestehend. In ihrer Umgebung im fokalen Licht ein grauweißer schleieriger Hof, der über die ganze Hornhauthinterwand eine Art Netz bildet, in welchem die Präcipitate, etwa den Knoten des Netzes vergleichbar, liegen.

Betrachtet man die grauweißen Höfe im regredienten Licht (rechts in der Abb.), so setzen sie sich aus einer Schicht gleichmäßiger feinster Tröpfchen zusammen (in der Abbildung rechts). Es liegt also ein fleckiger Beschlagsteppich vor, mit hofweiser Gruppierung um alte Präcipitate.

Abb. 462. Seltene Glaslinienhöfe um inveterierte Präcipitatreste („Glaspräcipitate").

Linkes Auge der 54jährigen Emilie Me. mit vor Jahren überstandener, jetzt geheilter Iridocyclitis chronica. Besonders im Irislicht (Abb. 462, Mitte), weniger gut im fokalen Licht (Abb. 462 prismatischer Schnitt, links), sieht man stark modifizierte Präcipitatreste. Die Präcipitatreste sind weiß *glänzend*, jeder weist nämlich ein oder mehrere glänzende Höckerchen auf (ich möchte sie als „Glaspräcipitate" bezeichnen), und, was besonders ungewöhnlich ist, sie sind in diesem Falle auch noch von einem konzentrischen oder auch mehr exzentrischen Glasring umgeben, der allerdings nur im regredienten Licht deutlich ist.

Während mir diese Glasringbildung bis jetzt unbekannt war, sah ich *inveterierte Beschläge von glänzend höckeriger* Rückfläche („Glaspräcipitate") schon mehrfach, zunächst zweimal bei alter sympathischer Ophthalmie, so daß ich zu der Annahme neigte, daß eine Besonderheit letzterer Krankheit vorliege. Ich fand aber, daß diese *„glasigen Höckerbeschläge"* * als *Dauerreste* auch bei nicht sympathischer chronischer Iridocyclitis vorkommen (z. B. bei der seit 10 Jahren an rezidivierender schleichender Iridocyclitis leidenden Frau Dr. Bau., bei der die Beschläge 0,08—0,12 mm messen). Vereinzelt konnte ich Endothelzeichnung auf der Rückfläche solcher Beschläge nachweisen, so daß der Glanz vielleicht auf ihrem Überzug mit Endothel, noch wahrscheinlicher aber auf der warzenartigen Prominenz der Descemeti beruht.

Abb. 463—465. Seltene merkwürdige beschlagähnliche Descemetitrübungen bei der 43jährigen Frl. Tur. mit seit Monaten bestehender linksseitiger akuter Skleritis (griesähnlicher Beschlagtypus).

Die runden, 20—50 Mikra messenden, dichtstehenden, grauen, meist rundlichen bis eckigen Fleckchen finden sich nur in der in Abb. 463 sichtbaren birnförmigen Zone und sind *von schräg vertikalen parallelen dunklen Aussparungsstreifen unterbrochen.* An einzelnen Stellen dichte, feine, weiße Punkte.

Abb. 464. Die Herde bei 25facher Linearvergrößerung. Abb. 465. Lage der Herde im optischen Schnitt.

Die genannten Aussparungsstreifen von 0,1 mm Breite beweisen, daß es sich nicht um gewöhnliche Beschläge handeln kann. Man könnte die Aussparungsstreifen als ursprünglich durch Descemetifaltung entstanden denken. Linkes Auge, links oben stark vascularisierter skleritischer Knoten. Ursache der Skleritis unbekannt (Tuberkulose?). Etwa 25fache Linearvergrößerung.

Abb. 466—467. Graue Höfe um Präcipitate.

Bei schleichender Iridocyclitis können in seltenen Fällen grauweiße Hofbildungen um größere Beschläge auftreten. Sie bestehen in einer grauweißen Trübung der Hornhautrückfläche, ähnlich der pannösen Trübung. Solche Höfe zeigt die

---

* Dieser Name ist zwar insofern ungenau, als es sich in Wirklichkeit mehr um *Wirkungen* von Beschlägen, als um Beschläge selber handelt. Der Unerfahrene kann diese, oft viele Jahre nach abgelaufener chronischer Iridocyclitis zurückgebliebenen Präcipitat-*Wirkungen* mit echten Beschlägen verwechseln.

32jährige Frau Kr. mit im Ablauf begriffener subakuter Iridocyclitis. Der Durchmesser der runden Höfe beträgt das fünf- und mehrfache der Präcipitate.

Interessant sind solche Höfe im Fall der Abb. 467. In den beiden unteren Beschlägen hat das Präcipitat, nachdem es durch Punktion verschwunden war, bei seiner neuen Ansiedlung den Ort etwas gewechselt, indem es an den oberen Rand des ursprünglichen Platzes rückte. Letzterer markierte sich durch einen grauen, spurweise pigmentierten Hof. Es handelt sich hier um (ausnahmsweise pigmentierte) Beschläge bei seit weit über 10 Jahre bestehender Heterochromiecyclitis, mit Drucksteigerung (50jährige Frau Er.). Durch die vor 4 Jahren vorgenommene Iridektomie verschwanden die Beschläge, kehrten aber, wie stets bei dieser Krankheit, zurück, um sich, wie Abb. 467 zeigt, exzentrisch wieder anzusetzen.

Die Höfe um die Beschläge können feine parallele Streifungen zeigen, so bei dem 20jährigen Ma. mit seit zwei Jahren bestehender Iridocyclitis tuberculosa.

Auch kreisrunde *Aussparungen im hinteren Spiegelbezirk* um die Beschläge herum sah ich bei alter chronischer Iridocyclitis, die in einem Fall (25jährige Frau) bis 0,2 mm Durchmesser hatten.

Abb. 468. Herde von amorphem Pigment der Hornhautrückfläche an Stellen, wo früher Präcipitate saßen.

40jährige Frau Lina Hi. Vor 2 Jahren jetzt abgelaufene Iridocyclitis, damals mit vielen Präcipitaten rechts. Die Beschläge ließen graue Flecken der Rückfläche zurück, auf den Flecken stationäre Pigmentdepots. Ob das Pigment ausschließlich mit den Lymphocyten oder auch frei aus dem Kammerwasser hingelangte, ist nicht entscheidbar.

Abb. 469 und 470. Umwandlung von alten amorphen Beschlägen in Pigmentsternchen.

In seltenen Fällen sah ich diese Umwandlung im Verlaufe von Monaten und Jahren vor sich gehen. Die Pigmentsternchen können, wie Abb. 469 zeigt, ganz den Sternchen der Linsenvorderfläche gleichen, die als häufigste Überreste der Membrana pupillaris zu buchen sind.

Die feinen Sternchen der Abb. 470 sah ich im Falle Ch. (Abb. 378, Keratitis parenchymatosa circumscripta) hinter der kranken Hornhautpartie aus gewöhnlichen Beschlägen sich entwickeln (37fache Vergrößerung).

In seltenen Fällen fand ich ferner umgekehrt *ringförmige Pigmentbeschläge* der Hornhautrückfläche. Die Ringe gleichen auch hier denjenigen, die ich vereinzelt nach Iridocyclitis auf der Linsenvorder- und Hinterkapsel fand (s. Kapitel Linse). Sie sind von ähnlicher Kleinheit. Eine Menge solcher ringförmiger Pigmentbeschläge auf der Hornhautrückfläche fand ich bei dem 47jährigen Herrn Al., mit Leukoma adhaerens rechts nach Perforatio corneae durch ein Eisenstück vor 42 Jahren. Anschließend an die quere, mehrere Millimeter lange Perforationsnarbe nach oben eine dicht pigmentierte Partie der Hornhautrückfläche, darin zahlreiche hellgelbbraune Pigmentringlein, neben einzelnen Punkten. Die pigmentierte Partie ist scharf gegen die übrige, nicht pigmentierte Descemeti abgesetzt.

Bräunliche Ringpräcipitate weist auch die 66jährige Marie Ka., mit seit drei Jahren bestehender schleichender beidseitiger Iridocyclitis an der rechten Hornhautrückfläche auf. Die Pigmentringe sind deutlicher im regredienten als im fokalen Licht. Offenbar ist das Pigment nach Resorption eines pigmenthaltigen Präcipitates als peripheres Depot zurückgeblieben.

Schwer deutbarer Befund.

Abb. 471. Seltene klare, sternchenförmige und linienförmige Tröpfchen bei chronischer Iridocyclitis mit beginnender bandförmiger Hornhautdegeneration.

13jähriger Hans Hu., rechtes Auge (Hydrophthalmus congenitus, rechte Hornhaut 14½ mm) nasal unten. Ok. 2, Obj. A 2. Hornhautrückfläche mit vielen punktförmigen Auflagerungen. Im prismatischen Büschel (links) das Bild der beginnenden Bandtrübung der BOWMANschen Membran. Man beachte die runden Aussparungen und die weißen Linienbildungen dieser Trübung. Auf der Hornhautrückfläche einzelne Pigmentpünktchen. Im Irislicht (rechts) die sternförmigen Tröpfchen. Das weiße Netz der rechten unteren Ecke besteht aus Randschlingen.

Diese klaren isolierten Sternchen und Linientröpfchen beobachtete ich im vorliegenden Falle zu einer Zeit (vor etwa 10 Jahren), in der ich die Tiefenlokalisation mittels dünnen optischen Schnittes noch nicht ausnahmslos verwendete, und ich finde im Text zu dieser Abbildung keine bestimmte Angabe darüber, ob die Tropfengebilde der Hornhautrückfläche angehörten. Wie ich seither fand, können bei beginnender bandförmiger Degeneration Trübungsflecken und Streifen der Membrana Bowmani im regredienten Licht ähnliche Tropfenbildungen ergeben, wie sie in Abb. 471 zu sehen sind, so daß ich im vorliegenden Fall die Frage der Lage unbeantwortet lasse.

Auf alle Fälle dürfen die Sternchen und Linientröpfchen der Abb. 471 nicht mit den viel kleineren und weniger sauberen Strich- und Tröpfchenbeschlägen verwechselt werden, welche bei chronischer Iridocyclitis häufig sind.

ϑ) Eiterzellenteppich.

Abb. 472. Eiterzellenbelag der Hornhautrückfläche

bei einer seltenen Form von rezidivierender Hypopyon-Iridocyclitis nach spontaner Amotio retinae myopica, linkes Auge, 25fache Vergrößerung. Frau Ga., 56 Jahre. Während die Präcipitate aus den spezifisch leichteren und zu Zusammenballung neigenden meist einfachkernigen Lymphzellen bestehen, sinken die schwereren polynucleären Leukocyten in den Grund der Kammer und formen das Hypopyon. Doch findet man mittels Spaltlampe nicht selten einen mehr oder weniger lockeren einschichtigen Teppich derselben auf der Hornhautrückfläche. Ein solcher gelblicher Punktteppich ist auch in Abb. 472 zu sehen. Rechts in der Abbildung fokales Licht, Fläche f h. In der Abbildung links Eiterzellen in der Vorderkammer, schwer sichtbare Tröpfchen im regredienten Licht (Irislicht). Im Laufe von Jahren kehrte diese eitrige akute, schmerzhafte Iridocyclitis mehrmals zurück. Rechts Achsenmyopie von etwa 20 D, dichte Opacitates corp. vitrei. Links Amotio retinae seit Jahren.

Abb. 473. Scheinbeschläge der Hornhauthinterwand.

Grobe runde Auflagerungsscheibchen der Hornhauthinterwand, von 40—60 Mikra Durchmesser, wie sie Abb. 473 wiedergibt, sind als nichtpathologische Gebilde selten.

Ihre Kenntnis ist von praktischer Bedeutung.

Abb. 473 zeigt ein grauweißes, vollkommen stationäres, vielleicht angeborenes derartiges Scheinpräcipitat im axialen Descemetibereich des 65jährigen Herrn O. Augen sonst außer leichter seniler Veränderungen ohne Besonderheit. Neben dem „Präcipitat" zwei kleine Pigmentpunkte. Stationärer Befund.

Abb. 462—475. Tafel 55.

Vogt, Spaltlampenmikroskopie. 2. Aufl. Verlag von Julius Springer, Berlin.

ι) Farbe der Beschläge.

Was ganz allgemein die *Farbe* der Beschläge betrifft, so geht aus unseren Beobachtungen hervor, daß *pigmentierte, braune Beschläge in der Regel als alt zu gelten haben*. Ähnliches gibt E. FUCHS (1913) an. (Eine Ausnahme sah ich bei dem 65jährigen Herrn Sche., mit rezidivierender Iridocyclitis. Nach Extraktion der Cataracta complicata konnte ich durch sorgfältige Kontrolle finden, daß in der Gegend vor dem unteren Pupillarsaum gelegentlich ein kleines *braunes* Präcipitat auftrat, das am folgenden Tage wieder verschwunden war, um später mehrmals wiederzukehren.)

Frische Beschläge sind weiß bis grauweiß, unpigmentiert. Doch beweist andererseits das Fehlen des Pigments noch nicht die Frische der Beschläge. Bei der so häufigen Heterochromiecyclitis z. B. fand ich die Beschläge bis jetzt fast stets unpigmentiert, trotzdem sie zum Teil seit sehr vielen Jahren bestanden und lebhafte Pigmentdestruktion in der Iris nachweisbar war.

Bemerkenswert ist, daß auch farblose Beschläge nach ihrer Rückbildung nicht selten Pigmentdepots zurücklassen.

Gelegentlich sieht man nach schwerer Iridocyclitis auffallend *schwarze* Beschläge zurückbleiben. Die schwarze Farbe kommt offenbar durch eine besondere Dichte und Kompaktheit des Pigments zustande. Belichtet man diese Beschläge mit spezifisch sehr hellem Licht, so zeigen auch sie einen braunen bis rötlichen Oberflächenton. Die spezifische Helligkeit des Lichtes ist eben für die Farbe entscheidend.

Auch Einfall- und Beobachterrichtung spielen eine Rolle, wie man z. B. am Pupillarpigmentsaum erkennt: Bei temporaler Lampenstellung erscheint der temporale Pigmentsaum mehr schwarz, der nasale mehr rötlich. Letzterer reflektiert in diesem Fall mehr Licht zu unserem Auge als der temporale.

Bluttingierte Beschläge finden sich bei hämorrhagischer tuberkulöser Iridocyclitis. In welcher Weise sich hierbei das Blut auf die Beschläge der Schwere nach auflagert, zeigt Abb. 474 (linkes Auge der 38jährigen Hett. einige Wochen nach Beginn der Erkrankung). F die Beschläge im fokalen, D im regredienten Licht. Es besteht die nicht seltene Verschmelzung einzelner Beschläge zu Bändern und Gyri.

Über die Form und Farbe der *Linsenpräcipitate* siehe Text zu Abb. 475—476.

Abb. 474. Bluttingierte Beschläge bei hämorrhagischer Iridocyclitis tuberculosa.

Ok. 2i Obj. A 2. Text vorstehend. Zufolge der aufrechten Kopfhaltung hat sich das Blut auf den oberen Rand der Beschläge gelagert.

ϰ) Linsenpräcipitate.

Abb. 475—476. Sog. Linsenpräcipitate.

Als solche bezeichnet man nach E. FUCHS, der sie auch anatomisch untersuchte, aus Linsenfaserresten und Zellen bestehende Beschläge der Hornhautrückfläche bei Cataracta traumatica. Man sieht sie mittels Spaltlampe nicht so selten auch nach Starextraktion, sofern kräftigere Corticalisreste zurückgeblieben sind. So handelt es sich wahrscheinlich um solche im Falle der Abb. 475 bei der 56jährigen Frau Aes., mehrere Wochen nach der Extraktion, bei *reizlosem Auge*. In der Pupille noch etwas Corticalis.

Die Beschläge messen in diesem Falle höchstens 40 Mikra, sind oft etwas unregelmäßig geformt, weiß. Neben oder in den Beschlägen sitzen Pigmentpünktchen. Es fällt die Anhäufung der Beschlagpunkte zu Gruppen auf.

Die Linsenpräcipitate sind klinisch nicht sicher von gewöhnlichen Präcipitaten zu trennen. Eine stärkere Reizung pflegt nicht vorhanden zu sein. Die Beschläge verschwinden mit der Resorption der Rinde.

Gelegentlich konnte ich in Linsenpräcipitaten bisher nicht beschriebene kreideweiße Pünktchen finden, z. B. im Falle der Abb. 476 bei dem 13jährigen Toni Ne., dem ich beiderseits den Schichtstar extrahierte. Beiderseits runde, freie Pupille, reizloser Verlauf, einige Linsenreste rechts verursachen die Präcipitate der Abb. 476, mit den weißen Kreidepünktchen. Diese weißen Pünktchen erinnern an jene zahllosen kreidigen Punkte und Punktflächen, die nach Linsenresorption besonders bei Jugendlichen in der Pupille zurückbleiben und am Nachstar haften (s. Abschnitt Linse). Sie sind nur bei sorgsamer Beobachtung und bei stärkerer Vergrößerung zu sehen. *Auf der Hornhautrückfläche sind sie nach meinen Befunden für Linsenpräcipitate charakteristisch.*

Kleinere Beschläge *nach Starextraktion* fand ich am Spaltlampenmikroskop trotz tadellosem Verlauf häufig. Es handelte sich dabei nicht immer um Linsenpräcipitate, sondern oft um echte zellige Präcipitate vorübergehender harmloser Art

Prognostisch ernster sind sehr *zahlreiche* und vor allem große, speckige Beschläge. Etwaige Corticalismassen sind in solchen Fällen möglichst rasch zu entfernen.

λ) Über die wellenförmige periphere Descemetipigmentlinie.

Mit der Spaltlampe fand ich gelegentlich Fälle, in denen die Beschläge auf eine gleichmäßig breite bandförmige periphere Zone beschränkt waren, welche den unteren, nasalen und temporalen Descemetirand einnimmt und den Limbus um etwa ½ bis 1 mm peripherwärts überragt. Es ist dies ungefähr dieselbe von mir schon früher kurz erwähnte Zone, welche ich in seltenen *nicht entzündlichen* Fällen, sowie nicht so selten nach abgelaufener, chronischer Iridocyclitis isoliert pigmentiert fand*.

Abb. 477—478. Periphere Descemetipigmentlinie bei Keratokonus. Abb. 477 Übersichtsbild, Abb. 478 optischer Schnitt. Frau Hei., 74 Jahre.

Abb. 479. Periphere Descemetipigmentlinie bei KRUKENBERG*scher Pigmentspindel. Herr He., 32 Jahre.*

Abb. 480. Periphere Descemetipigmentlinie bei geschrumpfter Heterochromiekatarakt. 38jährige Frau B. J.

Abb. 477 gibt eine solche pigmentierte, nicht entzündliche, axialwärts wellig begrenzte Descemetilinie bei der 74jährigen Keratokonus- und Starpatientin M. H. wieder, welche nie irgendeine Augenentzündung durchgemacht hat. Die Zone ist an beiden Augen nur nasal, unten und temporal zu sehen. Abb. 478 stellt einen prismatischen Hornhautschnitt dieses Falles dar. V Hornhautvorderfläche, bei P die „Keratokonuspigmentlinie", die nur unten und seitlich vorhanden ist. Bei O eine senile bandförmige, oberflächliche Hornhauttrübung, konzentrisch zum Limbus, ähnlich dem „weißen Limbusgürtel" Abb. 189, 190. R Hornhautrückfläche, mit der im fokalen Licht rot erscheinenden Pigmentlinie. D das Pigment im regredienten Licht (Irislicht).

---

* Diesen vorher nicht beschriebenen Pigmentgürtel verwechsle man nicht mit dem Pigmentring bei Pseudosklerose, dessen ganz anderes Spaltlampenbild in den Abb. 284f. wiedergegeben ist.

Der hier geschilderte Pigmentgürtel kann *leicht übersehen werden, da er sich hinter dem Limbus befindet*. Er dürfte daher häufiger sein, als die kleine Zahl der hier mitgeteilten Fälle es erscheinen läßt.

Abb. 476—483. Tafel 56.

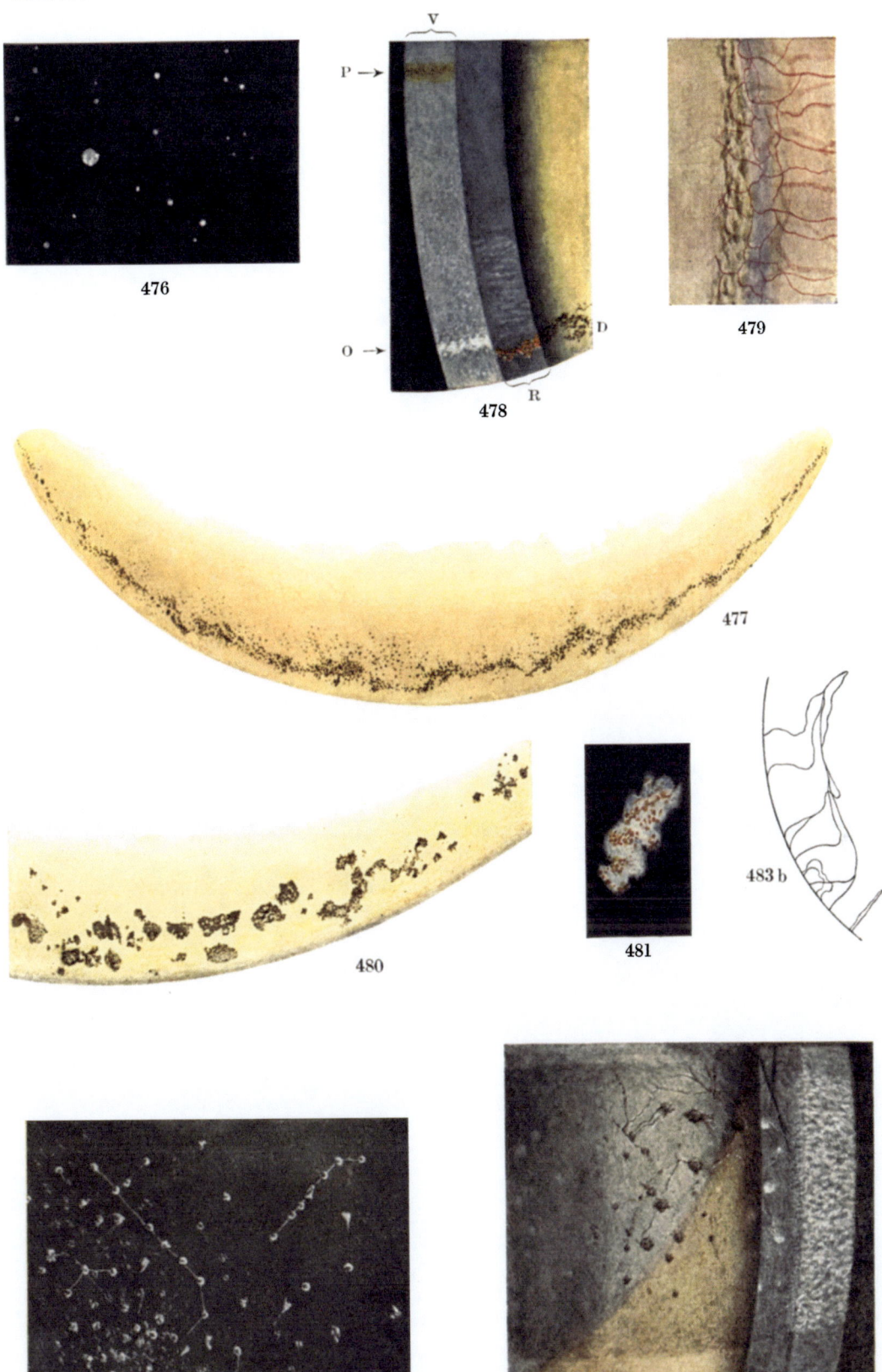

Vogt, Spaltlampenmikroskopie. 2. Aufl. Verlag von Julius Springer, Berlin.

Eine ganz ähnlich beschaffene, ebenfalls wellig begrenzte periphere Descemetipigmentlinie weist der 38jährige Hei. auf, s. Abb. 479, mit beidseitiger KRUKENBERGscher Pigmentspindel, diese letztere siehe Abb. 139. Auch dieser leicht myopische Patient hat nie ein entzündliches Augenleiden gehabt.

Ferner fand ich den Descemetipigmentgürtel bei der 35jährigen Frau R, deren angeblich posttraumatische Irisheterochromie im Abschnitt Iris geschildert werden wird, an dem verletzten Auge, und endlich, zusammengesetzt aus groben Pigmentklumpen von 0,05—0,4 mm, in einem Fall von (angeblich posttraumatischer) geschrumpfter Heterochromiekatarakt, Abb 480 (38jährige Frau B.-J.). In diesem Falle leichte Contusio bulbi dextri vor 20 Jahren. Iris heller als links, retinales Irispigmentblatt siebartig durchlöchert. Reste von feinen grauen Präcipitaten im Bereiche der übrigen Hornhaut. Breite des pigmentierten Gürtels unten 0,75, nasal 0,5 mm. Temporal ist die Pigmentierung schwächer.

Diese lineare bis gürtelförmige periphere Zone der Descemeti kann somit sowohl isoliert pigmentiert als auch isoliert von Präcipitaten betroffen sein, und es ist wahrscheinlich, daß es sich in den von uns nach schleichender Iridocyclitis beobachteten Fällen von Pigmentierung um Reste von Präcipitaten handelt. Frische, auf diese Zone beschränkte Beschläge beobachtete ich z. B. bei dem vor 8 Wochen kataraktoperierten St., der einige Wochen nach der Extraktion eine durch Starreste bedingte Bulbusreizung durchmachte. Die genannte, unten, nasal und temporal die Hornhaut begrenzende Zone ist dicht von kleinen graubraunen Präcipitaten besetzt, ohne daß sich auf der übrigen Hornhaut Veränderungen nachweisen lassen. Aber auch ohne daß nach der Extraktion irgendeine Reizung bestanden hatte, fand ich bei dem 72jährigen F. K. We. post extractionem an beiden Augen eine untere periphere Pigmentzone, ganz ähnlich derjenigen in Abb. 480 (Patient hatte post extractionem beiderseits eine Refraktion von etwa plus 5 D). Interessant war, daß das Pigment sich hier genau hinter den Enden der *Randschlingen* zu Häufchen gesammelt hatte, *zu jeder Randschlinge gehörte ein Pigmenthäufchen,* so daß zweifellos Beziehungen zwischen Randschlingennetz und Pigmentansammlung bestanden.

Auch bei der gewöhnlichen diffusen Präcipitatbildung ist die genannte periphere Randzone nicht selten bevorzugt, sie fängt also nicht nur das Pigment, sondern auch die Lymphocyten auf. Bei Iridocyclitis ist sie nicht selten durch ungewöhnlich große Beschläge von 0,3—1 mm und mehr ausgezeichnet. Die Fälle letzterer Art dürften jedem Augenarzt geläufig sein.

Während also das eine Mal Hornhautpartien gegenüber dem Pupillarsaum von den Beschlägen bevorzugt erscheinen, kann in anderen Fällen die Prädilektionszone der periphere (untere innere und äußere) Descemetigürtel sein. Und vor allem können sich dort Pigmentreste in einer charakteristischen welligen Gürtelzone ansammeln und lange halten.

μ) Anlockung der Beschläge durch Keratitis.
Hornhautbeschläge bei Keratitis parenchymatosa circumscripta.
Anlockung der Beschläge durch kranke Hornhautpartien.

Bemerkenswert ist die Gruppierung der Präcipitate bei Keratitis parenchymatosa circumscripta. Wir finden sie nämlich *häufig nur hinter der erkrankten Partie.*

So zeigt der 28jährige J. M. mit seit 7 Monaten nach angeblich traumatischem Herpes unter geringen Reizerscheinungen bestehender linksseitiger Trübungsscheibe (Fall der Abb. 400) einen frischen Nachschub weißer runder, bis 80 Mikra großer Beschläge, die alle ausnahmslos hinter der Trübung sitzen. Auge nahezu reizlos, übrige Hornhaut ohne Befund. Im Bereich der Trübungsscheibe ist die Hornhaut noch leicht verdickt (verschmälertes Büschel!). Man beachte ferner die Anlockung der Beschläge durch Keratitis parenchymatosa im Falle der Abb. 483a, ebenso nach Quetschungen (Abb. 521).

Diese Anordnung der Präcipitate legt nahe, daß von der kranken Corneastelle aus eine chemotaktische Wirkung stattfindet, welche die im Kammerwasser schwebenden Zellen anlockt. Man könnte sich aber auch vorstellen, daß das erkrankte Endothel als solches zur Ansiedlung der fremden Zellen Anlaß gibt. — In anderen Fällen derartiger Hornhautaffektionen sah ich hinter der Trübungsscheibe Fibrinnetze, an denen manchmal weiße Klümpchen (Zellkonglomerate?) hingen (s. unter Abschnitt Vorderkammer). Auch sie saßen ausschließlich hinter der kranken Partie.

ν) Linsenkapselfetzen der Hornhautrückfläche.

Abb. 481. Der Hornhautrückfläche angeklebter Fetzen der Vorderkapsellamelle bei seniler Abschilferung der Vorderkapsel (Exfoliatio senilis capsulae anterioris).

72jährige Frl. Marie Klei. mit Glaukoma chronicum capsulare. 37fache Linearvergrößerung. Beobachtung vom Jahre 1920.

Bei der senilen Exfoliation der Vorderkapsellamelle (vgl. Abschnitt Linse, wo dieser Fall mit anderen beschrieben ist) gelangt ein Teil der abgeschilferten Häutchenfetzen auf die Pupille und bleibt dort mehr oder weniger lang haften. Von diesem Pupillarsaumfilz aus, oder auch selbständig von der Vorderkapsel her, gelangen die Lamellenfetzen in das Kammerwasser, mit dessen Wärmeströmung sie transportiert werden und dann an verschiedenen Stellen der Vorderkammer haften bleiben können. So z. B. auf der noch nicht abgeschilferten Vorderkapsel der *Pupille*, auf der Irisvorderfläche, im Kammerwinkel, oder (besonders oft) auf der *Hornhautrückfläche*, in der Gegend gegenüber dem unteren Pupillarsaum, also da, wo schon die physiologischen Zellen der Vorderkammer am ehesten haften bleiben.

An dieser Stelle sitzt auch der grobe, etwas zusammengerollte 0,6 mm lange Fetzen der Abb. 481. Er hat genau die häutchenartige Beschaffenheit und die weißblaue Farbe des in diesem Falle sehr reichlich vorhandenen Pupillarsaumfilzes.

Die aufgelagerten Pigmentpunkte sind sekundär hinzugekommen.

An derselben Stelle fand ich ein wesentlich kleineres solches hellblaues Fetzchen von 0,06 mm neben einigen anderen, noch kleineren verstreuten Fetzchen auf der linken Hornhautrückfläche der 60jährigen Frl. Wink., die beiderseits an Glaukoma capsulare leidet, mit kräftigem hellblauen Pupillarfilz. Aber auch bei anderen Fällen dieser Degeneration fand ich gelegentlich kleine Fetzchen auf der Hornhautrückfläche.

ξ) Beobachtungen über Präcipitatgenese.

Über die angebliche Spezifität der verschiedenen Präcipitatformen für die sie verursachenden Krankheiten sei folgendes bemerkt.

KOEPPE fand die Beschaffenheit der Beschläge charakteristisch für die verschiedenen Krankheitsursachen: Tuberkulose, Lues, Gonorrhöe usw. Die von ihm ermittelten Unterschiede, welche für die Diagnostik von weitgehender Tragweite wären, konnte ich nicht bestätigen. Wir sind auch heute noch nicht imstande, aus dem morphologischen Verhalten der Hornhautbeschläge bestimmte Rückschlüsse auf die Krankheitsursache zu ziehen.

Dagegen sollen im folgenden einige Eigentümlichkeiten der Beschlagsbildung wiedergegeben werden, die vielleicht im Zusammenhang mit weiteren Beobachtungen geeignet sind, bei der Aufklärung gewisser noch unbekannter Vorgänge der Präcipitatbildung mitzuhelfen.

Die Präcipitate bevorzugen die medianen unteren Partien der Cornearückfläche*. Daß diese Bevorzugung eine reine Folge der Schwere sei, ist mehrfach angenommen worden. Andere Autoren schreiben auch der Schleuderung eine Bedeutung zu. Auch Veränderungen der Hornhaut können eine Rolle spielen. So bestätigte ich mehrfach die Beobachtung Fuchs', daß bei Keratitis parenchymatosa circumscripta (resp. disciformis) nicht selten Beschläge ausschließlich auf die Rückfläche bzw. den Rand der infiltrierten Hornhautpartie lokalisiert sind, vgl. Abb. 483a und 484. (Mit gewöhnlichen Methoden waren die Beschläge in den genannten Fällen wegen der Hornhauttrübung meist nicht zu sehen.) Sie können wochen- und monatelang unter unbedeutender Änderung bestehen bleiben. In solchen Fällen hat also eine kranke Hornhaut die Beschlagszellen „angelockt", bzw. sie blieben, wie Fuchs anzunehmen geneigt ist, an ausgeschiedenem Exsudat kleben. Aber auch bei schleichender Iridocyclitis findet man mittels Spaltlampenmikroskop gelegentlich umschriebene Beschläge oder Beschlagsgruppen, die ohne die Annahme einer lokal beschränkten „*Abstimmung des Gewebes*" schwer verständlich wären. Als Beispiel solcher *isolierter Beschlagsgruppenbildung* diene folgender Fall:

Die 40jährige Frau Gö. kam mit 5 zu einer Gruppe geordneten weißen, 0,02—0,12 mm messenden Präcipitaten der linken Hornhaut mit umschriebenem Sitz vor dem nasal-unteren Pupillenrand. Auf der übrigen Hornhaut ganz vereinzelte Tröpfchen und Fäserchenbeschläge. Auge reizlos, keine Irisveränderungen. Im Laufe von 3 Wochen verkleinerten sich diese Beschläge allmählich, ohne daß neue hinzutraten. In der gleichen Zeit bildete sich auf dem anderen Auge gegenüber dem temporal-unteren Pupillenrand eine makroskopisch sichtbare, runde, grauweiße Scheibe von 1—1,1 mm Durchmesser, die im Zentrum ein grobes eckiges Präcipitat von 0,12 mm Durchmesser aufwies, während der übrige Teil der Scheibe von 10 kleineren rundlich eckigen Beschlägen von 0,04—0,06 mm übersät war (Abb. 485). Zwischen den Beschlägen feinste Einzelelemente verstreut. Im regredienten Licht (Iris- und Linsenlicht) ergibt die ganze Scheibe Tröpfchenbetauung, mit den Beschlägen als Schatten. Die Trübungsscheibe ist gegen die Umgebung scharf abgegrenzt. *Übrige Hornhaut während der ganzen Beobachtungszeit frei,* wenn wir absehen von einzelnen verstreuten, isolierten Beschlagströpfchen. Iris ohne Besonderheit. Die Beschlagsgruppe bestand 2 Wochen lang. Später wurden die Beschläge spärlicher und sie waren 3 Wochen nach ihrem Auftreten bis auf einzelne Pünktchen verschwunden.

In der Rückbildungszeit traten an dem Hauptbeschlag mehrere feine glasige radiäre Ausläufer auf, deren Länge den Durchmesser des Beschlags etwas übertraf.

3 Wochen später bildete sich am anderen Auge eine ähnliche, vertikal ovale Beschlagsgruppe gegenüber der Pupillenmitte, die einen Bezirk von 1—1½ mm einnahm und aus 7 bis 0,05 mm messenden weißen Beschlägen bestand. Übrige Cornea intakt. Im Verlaufe von 14 Tagen restlose Zurückbildung.

(Die Pat. hatte schon 2 Jahre vorher eine schleichende beidseitige Cyclitis durchgemacht, welche sich damals ebenfalls nur in ein paar Beschlägen geäußert hatte, die einige Monate bestanden und im unteren Parenchym zur Bildung dünner kurzer Gefäßchen in Descemetinähe führten. Außerdem entstanden damals weiße Punkteinlagerungen in den Glaskörper, die zum Teil jetzt noch vorhanden sind. Iris intakt. Eine Neuritis n. optici sin. begleitete damals die Uveitis und hinterließ eine gewisse Abblassung der linken Papille).

Es sammelte sich also in einem Falle von schleichender Cyclitis bei stets vollkommen intakter Iris *an umschriebener scheibenförmiger Hornhautstelle von etwa 1 mm Durchmesser,* gegenüber dem unteren temporalen Pupillenrand, später am anderen Auge gegenüber der Pupillenmitte, eine *isolierte Beschlagsgruppe* an, ohne daß ein Grund hierfür weder an der Hornhaut, noch im Kammerwasser, noch an der Iris irgendwie erkennbar gewesen wäre. Die Bedingungen, die zur Attraktion der

---

* Die von verschiedenen Autoren aufgestellte Behauptung, daß die Zellenbeschläge ebenso oder ähnlich reichlich wie die Hornhautrückfläche auch die übrigen Wände der Vorderkammer, Linse und Irisoberfläche bedecken, daß sie hier nur weniger gut sichtbar seien, ist unrichtig. Zellbeschläge auf letzteren Geweben sind relativ selten. Am häufigsten noch sind sie bei sympathischer Iridocyclitis.

Zellelemente und zu ihrem Haftenbleiben gerade in jenem umschriebenen Bezirk führten, können nur lokaler Art sein und sind wahrscheinlich an der Corneařückfläche zu suchen. Spielen bei dieser Prädilektion ähnliche Ursachen eine Rolle, wie sie den oben geschilderten physiologischen Beschlägen zugrunde liegen?

Von Bedeutung ist sicher auch hier der Kältestrom. Es kann kein Zufall sein, daß sich bei *beginnender* schleichender Iridocyclitis die ersten Beschläge fast ausschließlich gegenüber dem unteren Pupillarrand finden, also etwa da, wo sich die physiologischen Zelltröpfchen ansetzen. *Auch die physiologische Tröpfchenlinie liegt nicht immer genau in der Mediane,* sondern oft seitlich verschoben.

Nicht so selten sind am Spaltlampenmikroskop jene Fälle, in denen ein *einziges, isoliertes, grobes Präcipitat* durch Wochen besteht und durch kontinuierliche Apposition beträchtliche Größe erreichen kann.

Manchmal sitzt es inmitten eines Hofes feinster Pünktchen (Abb. 448, 449), welche die umgebende Hornhautrückfläche einnehmen und im regredienten Licht als Tröpfchen erscheinen. Dieser Hof kann aber auch fehlen. Die Zu- und Abnahme des Beschlags vermögen wir mittels Okularmikrometer messend zu verfolgen. Die Zunahme geschieht durch anscheinend konzentrische Apposition*, die Abnahme durch gleichmäßigen Schwund im Bereiche der ganzen Circumferenz. (Einen zur Pilzform führenden Abbau durch Resorption an der Basis, wie ihn HARMS histologisch fand, konnte ich nicht feststellen.)

Solche *isolierte Riesenpräcipitate* pflegen manchmal mehrere Wochen zu bestehen.

So trat an der rechten Hornhaut der 45jährigen Frau E. Stu., die schon vor 2 Jahren rechts vorübergehend einige Präcipitate aufgewiesen hatte, ein zunächst 0,05, 8 Tage später 0,25 mm messendes rundliches weißes Präcipitat gegenüber dem temporal-unteren Pupillarsaum auf. Die übrige Hornhaut war, wenn wir von hin und wieder feststellbaren, ganz isolierten, nur im regredienten Licht sichtbaren Fasertröpfchen absehen, frei. Niemals trat ein zweites Präcipitat auf. Einige Tage später war der Beschlag auf 0,15 mm reduziert, und nach 1 Monat war die Cornea, ohne daß eine Behandlung stattgefunden hatte, intakt. Sie ist im Verlaufe des folgenden halben Jahres frei von jeder Veränderung geblieben. Ein Jahr später traten erneut einige Beschläge auf, die nach Wochen wieder verschwanden.

Die Genese dieser isolierten Einzelbeschläge ist vielleicht eine ähnliche, wie diejenige der vorhin geschilderten isolierten Beschlagsgruppen. Auch im mitgeteilten Fall liegt die Annahme nahe, *daß der befallenen Hornhautstelle Eigenschaften innewohnen, die zur Attraktion von Zellen führen.* Ergaben mir doch eine ganze Reihe von Beobachtungen (vgl. Abb. 467), daß nach Beseitigung von Beschlägen durch Vorderkammerpunktion, Iridektomie usw. die sich neu bildenden Beschläge wieder dieselbe ursprüngliche Stelle bezogen. Die Ursache davon ist entweder die Veränderung der Hornhautrückfläche, die der ursprüngliche Beschlag gesetzt hat, oder aber, es besteht die Ursache, die zur Bildung des ursprünglichen Beschlages an der betreffenden Stelle geführt hatte, weiter. Es wäre aber auch denkbar, daß diese Ursache nicht der Hornhaut, sondern einer ersten, ganz zufällig an die betreffende Hornhautstelle gelangten Zelle zugekommen wäre. Diese Zelle hätte also die Fähigkeit gehabt, andere Zellen anzulocken.

---

* Daß eine Konglobierung zu gröberen bis etwa 0,05 mm messenden Beschlägen auch schon im Kammerwasser stattfinden kann, konnte ich besonders deutlich und wiederholt in einem Falle von sympathischer Ophthalmie sehen. Diese, seinerzeit von STRAUB bestrittene Konglobierung im Kammerwasser ist auch schon von anderer Seite beobachtet worden (FUCHS, GILBERT u. a.).

Oft möchte man derartige Beschläge genetisch und morphologisch den *Tuberkuliden der Iris* an die Seite setzen. Es läge dann die Annahme einer *unmittelbaren bakteriellen Genese* nahe*.

In den beiden letzteren und in anderen Fällen von schleichender Cyclitis, die ich Monate, in zwei Fällen über mehrere Jahre verfolgen konnte, bestanden, wie schon oben kurz angedeutet, niemals irgendwelche Zeichen von Iritis. Weder waren der Pupillarsaum noch die Krause oder die Peripherie auch bei Verwendung stärkerer Vergrößerungen und vollbelasteter Nitralampe jemals in irgendeiner Weise verändert. Auch die Linsenkapsel blieb vollkommen intakt**. Der Glaskörper wies Punkteinlagerungen auf. Es seien diese Feststellungen im Hinblick auf Befunde, die SCHIECK erhoben hat, ausdrücklich hervorgehoben. Unsere Beobachtungen sprechen im Gegensatz zu denen SCHIECKS dafür, daß die vordere Uvea imstande ist, Beschläge zu liefern, *ohne daß irgendwelche Veränderungen der Iris im Spaltlampenmikroskop sichtbar sind.*

Die vorstehenden Beobachtungen lassen sich dahin *zusammenfassen*, daß die Faktoren, die zur Präcipitatbildung führen, sehr different und zum Teil komplexer Natur sein können. Neben der spezifischen Schwere der Lymphocyten, dem Kältestrom und den Wirbelbildungen, sowie vielleicht der Schleuderung, fallen chemische Eigenschaften von Kammerwasser, Hornhautrückfläche und Lymphocyten in Betracht, wahrscheinlich auch Klebrigkeit der Hornhautrückfläche bei exsudativen und traumatischen Prozessen, ebenso vielleicht Klebrigkeit der Lymphocytenoberfläche. Bei der Bildung isolierter Riesenbeschläge und Beschlagsgruppen, wie sie besonders auf tuberkulöser Basis vorkommen, ist an direkte bakterielle Genese der Beschläge zu denken.

(Daß auch neugebildete Blutgefäße beschlaganlockende Eigenschaften haben, wird weiter unten gezeigt werden.)

Somit haben beispielsweise die Beschläge bei exsudativen Prozessen der Hornhaut nicht dieselbe Genese, wie die gleichmäßig disseminierten Beschläge bei schleichender Iridocyclitis, und die letzteren selber sind wahrscheinlich wieder anders bedingt, als die oben geschilderten isolierten Einzelbeschläge oder Beschlagsgruppen.

Beschläge mit Verbindungsfäden.

Radiäre, meist nur im durchfallenden Licht deutliche *Ausläufer*, wie sie in dem eben geschilderten Falle an einem Präcipitat sichtbar waren, haben schon andere Autoren gesehen. Sie sind in manchen Fällen häufig. Ich fand Beschläge, deren Ausläufer nicht frei endigten, sondern einzelne Beschläge miteinander als völlig gerade Linien verbanden. So waren bei dem 20jährigen A. Sch. mit schleichender Iridocyclitis stellenweise mehrere Beschläge durch solche glasige, schnurgerade Linien miteinander verbunden (Abb. 482). Es ist kein Zufall, daß diese Linien nach den Zentren der Beschläge tendieren. Sie beweisen uns, daß die Beschläge zueinander in ganz bestimmten, noch völlig ungeklärten Beziehungen stehen. Oft hatte ich den Eindruck, daß solche Radiärlinien in der Rückbildungszeit auftraten.

---

* Vgl. A. VOGT: Graefes Arch. 111, 120 (1923).

** Es kann wohl nicht zweifelhaft sein, daß solche Fälle von völlig reizloser Iridocyclitis, die sich nach unseren Beobachtungen jahrelang ausschließlich durch das Auftreten ganz vereinzelter flüchtiger Beschläge äußern, ohne Spaltlampenmikroskopie, sowohl subjektiv als objektiv, übersehen werden. So bestanden in einem unserer Fälle (Frau Gö.) die heute vorhandenen leichtesten zeitweisen Sehstörungen schon über 8 Jahre lang, ohne daß ein Arzt aufgesucht worden wäre.

Besonders zahlreich waren die Verbindungslinien in folgenden zwei Fällen zu sehen:

Abb. 482. Verbindungslinien zwischen Präcipitaten bei Keratitis profunda. 25fach, Irislicht.

Der 20jährige Sche. Alois leidet links an einem etwa 2 mm messenden Parenchyminfiltrat unbekannter Ursache (Wassermann negativ). Dahinter eine Anzahl kleiner, runder grauweißer Beschläge, die durch gerade Linien, wie durch Telegraphendrähte verbunden sind. Diese feinen weißen Linien sind gewöhnlich im regredienten Licht (Irislicht) am deutlichsten.

Die Anordnung der Beschläge in den Maschen eines Fibrinfadennetzes der Hornhautrückfläche erinnert an die Ansammlung von Beschlägen in den Maschen des Glaskörpergerüstes. Doch sind an der Hornhautrückfläche die Fibrinfäden scheinbar stets sekundärer Natur.

Abb. 483a. Sternchenbeschläge mit fädigen Ausläufern bei beginnender Keratitis parenchymatosa metaherpetica (?), Beschläge auf die Rückfläche der kranken Partie beschränkt.

Rechts fokales Büschel, Beschläge hier weiß, dunkle Descemetilinien. Links im regredienten Licht Beschläge samt Ausläufern schwarz (Schattenwirkung).

Die kranke Hornhautpartie liegt axial und mißt 1½—2 mm. Sie liegt noch oberflächlich (im prismatischen Schnitt Abb. 483a weiß). Die Präcipitate werden durch die Keratitis lokal attrahiert, außerhalb des kranken Bezirkes keine Beschläge. Keine hinteren Synechien. H. Ch. 50 J., linkes Auge. Nach Angabe des Patienten stellt die jetzige Erkrankung ein Rezidiv dar, letzte Entzündung vor 3—4 Wochen.

Kettenbeschläge.

In genetischer Hinsicht bieten ferner Interesse zu Ketten aneinandergereihte Beschläge, wie ich sie in einem Falle von in Ausheilung begriffener Keratitis parenchymatosa e lue congenita fand. Auf der betreffenden Hornhaut waren 0,1—0,2 mm breite Einzelbeschläge zu kontinuierlichen Ketten aneinandergereiht. Ein oberhalb Hornhautmitte in horizontalem, nach unten konvexem Bogen hinziehender derartiger *Kettenbeschlag* hatte eine Länge von über 4 mm, ein zweiter, etwas kürzerer im unteren Teil der Cornea war dichotomisch verzweigt. Übrige Hornhaut bis auf 2 isolierte ovale Präcipitate beschlagsfrei. (8jährige Hed. Bi., linkes Auge, Erkrankung beiderseits vor 8 Monaten, rechte Hornhaut präcipitatfrei.) Es liegt nahe, in einem solchen Falle an der Cornearückfläche aufliegende Fibrinfäden zu denken, die zum Haftenbleiben der Beschläge Anlaß geben. (Über Fibrinstränge der Vorderkammer bei Keratitis parenchymatosa s. Abschnitt Vorderkammer. Man beachte ferner die Abb. 660b, welche einen flüchtigen Fibrinfaden der Vorderkammer wiedergibt, an den sich Beschläge kettenförmig angereiht haben.)

o) Über latente Iridocyclitis.

Im Laufe der Jahre fand ich am Spaltlampenmikroskop einige Male graue Einzelbeschläge gegenüber dem unteren Pupillarrand, welche in sonst völlig normalen Augen bestanden. Es handelte sich um Zufallsbefunde, die Betreffenden wußten nichts von einer Augenentzündung. So konsultierte mich eine 60jährige Frau Me. wegen Cataracta intumescens links. Ich hatte das Auge im Laufe der vorangegangenen Jahre zweimal wegen Cataracta incipiens untersucht. Iris und Hornhautrückfläche waren intakt gewesen. Im Stadium der Cataracta intumescens zeigten sich ein größeres 0,08 mm messendes grauweißes Hornhautpräcipitat gegenüber dem unteren Pupillarsaum und in der Nähe mehrere kleinere Punktbeschläge. Einige Tage später war von den Präcipitaten, die ich genau aufgezeichnet hatte, nichts mehr zu sehen. Ich habe bei dieser Patientin die kombinierte Extraktion vorgenommen, die Heilung verlief glatt, Entlassung am 13. Tage. Im Laufe des folgenden halben Jahres niemals irgendwelche Beschlagsbildung.

Wohl aber bestehen ziemlich zahlreiche Beschläge heute, 4 Jahre später.

In diagnostischer Hinsicht ist dieser Befund nicht unwichtig. Hätte ich vor der Extraktion die zwei Beschläge übersehen, so hätte ich die post extractionem aufgetretene Iridocyclitis, insbesondere, wenn sie bald nach der Operation entdeckt worden wäre, auf die Operation bezogen. Es handelt sich nicht um Heterochromiecyclitis.

Mehrere feine weiße Beschläge ähnlicher Art gegenüber dem unteren Pupillarsaum fand ich bei der 20jährigen gesunden kräftigen Studentin V., die mich wegen einer Brille konsultierte. Im Glaskörper bei sorgfältiger Durchmusterung 2 oder 3 graue Pünktchen. Nach einer Woche waren die Beschläge spärlicher, nach zwei weiteren Wochen spurlos verschwunden und kehrten im Laufe der folgenden vier Jahre nie mehr zurück.

Solche Fälle von vollkommen „latenter Iridocyclitis" waren bisher nicht bekannt. Im Abschnitt Iris werde ich über eine ähnlich zu bewertende ephemere Tuberkulose-(?) efflorescenz der Iris berichten, die gelegentlich eines Hornhautfremdkörpers auftrat.

Wie wir bei gewissen Personen mit Recht latente Tuberkulose, Lues oder latenten Herpes annehmen, so können wir analog in unseren Beispielen von latenter Iridocyclitis sprechen.

Es sei bei dieser Gelegenheit auf einige im Abschnitt Iris zu erörternde Fälle von schleichender Iridocyclitis *Erwachsener* verwiesen, deren Linsenvorderkapsel *kongenitale* Kapselkatarakt und Reste von offenbar kongenital durchgemachter Iridocyclitis aufweist, Fälle, die daran denken lassen, daß die Disposition zu schleichender Iridocyclitis *angeboren sein und bis ins späte Leben latent bleiben kann.*

π) Beziehungen der Präcipitatbildung zu tiefer Hornhautvascularisation.

Das Spaltlampenmikroskop deckt nicht selten Fälle von Keratitis* mit Iritis auf, bei denen nicht zu entscheiden ist, ob die primäre Affektion in der Hornhaut oder in der vorderen Uvea liegt. Relativ leicht ist die Entscheidung hierüber in jenen Fällen, in denen die Beschläge sehr zahlreich und dicht liegen und in denen die Hornhautveränderungen (Trübungen, Vascularisation) gegenüber den Beschlägen relativ zurücktreten, oder sich erst sekundär einstellen. Es gibt aber Fälle, in denen Präcipitierung und Hornhautvascularisation gleichzeitig auftreten. Eine derartige Erkrankung sah ich z. B. an dem einen Auge zweier junger Mädchen.

Im ersten Falle (Abb. 362 und 363) bestanden bei der 17jährigen O. Pi. an ganz umschriebener Stelle in der Nähe des unteren Limbus während einer Reihe von Monaten vereinzelte weiße bis speckige Präcipitate. Gleichzeitig oder doch kurz nach dem Auftreten dieser Beschläge *vascularisierten sich die tiefen Schichten der davorliegenden Cornea,* unter leichter Trübung des Gewebes. Eine ciliare Injektion war kaum nachweisbar. Im Laufe von Monaten verschwanden die Beschläge, *ohne*

---

* Vor Einführung der Spaltlampe, speziell vor Verwendung des verschmälerten Büschels, war die Feststellung unmöglich, ob und wie weit eine vor dichteren Beschlägen gelegene Hornhautschicht durch Trübung beteiligt war. Das verschmälerte fokale Büschel bringt auch hier die Verhältnisse unmittelbar zur Anschauung.

je den umschriebenen vascularisierten nasal-unteren Bezirk von 1—2 mm überschritten zu haben. Ein Rückfall trat nicht auf. Heute, 3 Jahre später, Bulbus reizlos, die Gefäßchen sind an der Spaltlampe noch nachweisbar. Wassermann stets negativ. Das zweite Auge blieb intakt.

Im dem 2. Fall (jetzt 18jähriges Mädchen) hatte im 14. Jahre beidseitige schleichende Iridocyclitis mit feinen Beschlägen während etwa 6 Wochen bestanden. Wassermann negativ. Es trat Restitutio ad integrum ein. Nach 3 Jahren leichte Injektion des linken Auges nach unten. In der Nähe des Limbus waren einige grauweiße Präcipitate von 0,05—0,1 mm zu sehen, in das davorliegende Parenchym drangen *einige Gefäßschlingen, die nicht weiter als die Beschläge reichten.* Der Prozeß dauerte nun in schleichender Weise während über eines Jahres in der Art fort, daß die ursprünglich erkrankte Stelle ausheilte, während sukzessive eine neue befallen wurde. Dabei war stets nur dieselbe, 1—2 mm breite Randzone betroffen (Abb. 483b, schematische Darstellung der Gefäße), die mittleren Hornhautpartien blieben sowohl von Beschlägen als von Gefäßen völlig frei. Das Fortschreiten des Prozesses war insofern ein kontinuierliches, als es von der ersterkrankten Stelle aus zunächst die nasal angrenzenden Partien ergriff, um dann allmählich im Laufe vieler Monate bis zum oberen Limbus zu gelangen, unter Ausheilung der früher erkrankten Stellen. Temporal oben begann dagegen der Prozeß selbständig an isolierter Stelle.

Ein besonderes Interesse hat der *Gefäßverlauf* dieses Falles. Wie erwähnt, blieben die zentralen Hornhautpartien verschont, und der zentrale Visus blieb stets intakt. (LS = 1, H 1,5.) Dieses Verschontbleiben geschah nun in eigentümlicher Weise derart, daß jede Gefäßschlinge, sobald sie eine bestimmte Grenzzone überschritten und damit eine Länge von etwa 1 mm erreicht hatte, ganz unvermittelt rechtwinkelig seitlich abbog (s. Abb. 483b). Man bekam so den Eindruck, daß die Schlinge an eine Grenze gelangte, die sie nicht zu überschreiten vermochte. Wir müssen uns ja vorstellen, daß durch abnorme Zustände im cornealen Gewebe die Gefäße angelockt werden. Es fehlen also in unserem Falle in dem zentralen, intakten Gewebe die Bedingungen, die notwendig sind, um das Eindringen jener Gefäße herbeizuführen.

Dagegen war offenbar der von dem seitlich gelegenen Gewebe auf die Gefäßschlinge ausgehende Reiz noch stark genug, um ein weiteres Vordringen der Schlinge zu veranlassen, das infolgedessen in seitlicher Richtung vor sich ging, wie ja auch der ganze Entzündungsprozeß zunächst radiär, dann aber konzentrisch zum Limbus vordrang. *Stets war die fortschreitende Zone durch vereinzelte Präcipitate charakterisiert,* die nach einigen Tagen oder Wochen wieder verschwanden, um solchen an anderer Stelle Platz zu machen.

Das befallene Gewebe trübte sich flächenhaft im Bereiche der Descemeti. Doch blieb es immerhin noch leidlich durchsichtig. An einer Stelle (nasal-unten) trat eine gefäßhaltige Trübungsschicht auch des mittleren Parenchyms auf.

Wenn auch im letzteren Falle ausgesprochene Infiltrationen der Hornhaut fehlten, so wird man trotzdem geneigt sein, *die primäre Krankheitsursache in die Hornhaut zu verlegen.* Die umgekehrte Annahme, daß die Beschläge die Gefäße herbeilockten, wird bei der geringen Zahl der ersteren unwahrscheinlich, läßt sich aber nicht sicher von der Hand weisen. In wieder anderen Fällen (Abb. 484) ließen sich enge Beziehungen zwischen Gefäßen und Präcipitaten dadurch nachweisen, daß sich hinter einem Gefäß die Präcipitate in einer einzigen Zeile in der Richtung linear und parallel zu dem Gefäß anordneten und damit seinen Weg kennzeichneten.

Solche Fälle lassen daran denken, daß das Gefäß die Beschläge anlockt und nicht umgekehrt. Das Gefäß vermittelt Stoffe, welche auf die Vorderkammerzellen anlockend wirken.

Abb. 484. Anlockung von Präcipitaten durch Gefäße.

20jährige Frl. Hulda Hal., geb. 1907, linkes Auge. Schleichende Iridocyclitis seit 2 Jahren, hintere Synechien. Die in den tiefen Hornhautschichten von unten emporziehende Gefäßschlinge der Abb. 484 verzweigt sich zweimal und erreicht ¼ der Hornhauthöhe. Die Schlinge besteht aus Arterie und Vene, die meist parallel nebeneinander verlaufen. Die in der Abbildung sichtbaren fünf Beschläge setzen sich ausnahmslos dicht hinter der Gefäßschlinge an, und zwar bevorzugen sie Gabelstellen und Enden, an einer Stelle eine Knickung der Schlinge. Die enge Beziehung zwischen tiefem Hornhautgefäß und Präcipitat kommt hier drastisch zum Ausdruck. — Beobachtung im regredienten Licht.

Derartige Beobachtungen lassen es fraglich erscheinen, ob wir bei Kombination der Iridocyclitis mit tiefer peripherer Hornhautvascularisation berechtigt sind, letztere stets als sekundär hinzustellen. Oft dürften beide Prozesse koordiniert sein, so daß der alte Ausdruck „Keratoiritis" für diese Fälle zu Recht besteht. Daß der Hornhautprozeß die Führung übernehmen und Beschläge anlocken kann, illustriert die Beobachtung Abb. 484.

Besonders deutlich sah ich ferner Beziehungen zwischen Beschlägen und Gefäßen, wenn die *Resorption tiefer Infiltrationen* verhältnismäßig rasch einsetzte, wie z. B. in der linken Hornhaut des 39jährigen Walter Bi. Hier drangen nach mehrmonatigem Bestehen einer schwersten zentralen Parenchyminfiltration unbekannter Ursache innerhalb kurzer Zeit massenhafte tiefe Gefäße von unten her in die Infiltration, die meisten dicht gefolgt von einer Kette von Präcipitaten der Hornhautrückfläche. Diese Präcipitate häuften sich vor allem hinter den Gefäß*spitzen,* also offenbar da, wo die aktuellen chemischen Prozesse sich in erster Linie abspielten. Man konnte sich hier denken, daß dieselben Stoffe sowohl die Gefäße als die Präcipitate anlockten.

Abb. 485 siehe Text Seite 223.

ϱ) Spezifische und unspezifische Präcipitate.

In ätiologischer Hinsicht sei erwähnt, daß die zelligen Präcipitate der Cornearückfläche, wie auch solche der Linse, wohl meist als Ausdruck einer infektiös bedingten Reizung der Uvea (Iritis, Cyclitis, selten und spärlich bei Chorioiditis disseminata, etwas häufiger bei Chorioretinitis juxtapapillaris) zu finden sind. Es gibt aber auch Beschläge bei nicht infektiöser Bulbusreizung, z. B. bei akutem Primärglaukom, dann die weiter oben besprochenen Linsenbeschläge der Hornhautrückfläche bei Cataracta traumatica.

Mehrere graue, bis 0,1 mm messende Beschläge saßen auf der Rückfläche der linken Hornhaut des 53jährigen Herrn Hü. (mit leichter Mikrocornea) *während eines akuten Glaukomanfalles,* der auf der Reise aufgetreten war und, wie die Rezeptur ergab, seit 3 Tagen mit Atropin behandelt wurde. Bulbus sehr hart, Hornhaut trüb, Epithel ödematös, Pupille weit. Mittels Spaltlampenmikroskop waren die Beschläge in voller Deutlichkeit zu sehen. Bei der Iridektomie verschwanden sie, um nie wieder zurückzukehren (2jährige Beobachtungsdauer). Die Pupille blieb 7 mm weit, schlecht reagierend, Iris blau, etwas heller als rechts, mit verstreutem schwarzem Pigmentstaub, Tension und Visus dauernd normal, H. 4,0 D. Am zweiten (rechten) Auge, das jetzt unter Eserin steht, flache Vorderkammer, Tension normal. Es handelt sich um einen Fall von *hereditärem* Glaukom. Die Mutter des Patienten und eine Schwester derselben sind im Alter durch Primärglaukom erblindet, zwei weitere Geschwister der Mutter blieben verschont.

Der Einwand, daß vielleicht Sekundärglaukom vorlag, ist also, auch wenn wir vom Verlauf absehen, nicht stichhaltig.

Auch in anderen Fällen von akutem Primärglaukom konnte ich vereinzelte Beschläge der Hornhautrückfläche finden.

Vielleicht aus *Tumorzellen* bestand das 0,08 mm messende Einzelpräcipitat, das ich etwas temporal von der Hornhautmitte bei dem 61 jährigen Konrad Ost. fand, dessen Auge an beginnendem Sarkom der Aderhaut und des Corpus ciliare litt. In dem braunen Beschlag konnte man nebeneinander gelagerte Zellen sehen. (Bekanntlich sind bei Glioma retinae Präcipitate aus Tumorzellen nicht selten.)

Ich verweise ferner auf die nicht infektiösen Beschläge nach frischer Contusio corneae, siehe Text zu Abb. 521.

An diese nicht infektiösen Beschläge reihen sich vielleicht diejenigen bei *Herpes zoster* (s. o. Text zu Abb. 410—413). Wir wissen zwar, daß es sich hier um eine Infektionskrankheit handelt, doch erscheint es fraglich, ob die Erreger auch die Gebiete außerhalb des Ganglion Gasseri beschlagen. Ob echte Präcipitate auch bei anderen, nicht infektiösen Reizungen der Uvea (Iridocyclitis nach Amotio retinae usw.) vorkommen, müssen weitere Beobachtungen lehren. Bei der toxischen Iridocyclitis nach Amotio nicht entzündlicher Natur sind gröbere Beschläge jedenfalls selten. Dagegen fand ich spärliche feinste Einzelbeschläge bei sog. akuter Hypotonie im Verlaufe der Netzhautablösung. In den 15 Fällen von Iridocyclitis nach Netzhautablösung, die E. Fuchs anatomisch untersuchte[*], werden Beschläge nicht erwähnt. Es erscheint daher der von anderer Seite ausgesprochene Satz unzutreffend, daß jede Iritis an der Spaltlampe Hornhautbeschläge erkennen lasse.

3. Trübe Exsudatflächen und andere entzündliche, flächenhafte Veränderungen der Hornhautrückfläche.

Die Trübungsformen der Descemetigegend bei Iridocyclitis.

Abb. 486—490. Trübungsflächen der Hornhautrückfläche mit kreisförmigen An- und Ausschnitten.

Bei schwerer schleichender Iridocyclitis pflegt sich die randständige Descemetigegend ziemlich gleichmäßig grauweiß zu trüben. Die Trübung grenzt sich axialwärts in unregelmäßig zackiger bis bogiger Linie gegen den mehr oder weniger luziden Descemetiabschnitt ab.

Bei Vascularisation der Hornhautrückfläche hat man von Pannus posterior gesprochen (WAGENMANN). Bemerkenswert ist bei derartigen Pannusbildungen die von mir häufig gemachte Beobachtung, daß vorwiegend eine untere und seitliche, fast überall gleich breite, zum Limbus konzentrische Zone betroffen wird, deren Form für manche Fälle ungefähr durch Abb. 486 wiedergegeben ist. Die Präcipitate pflegen bekanntlich umgekehrt eine kegelförmige Zone, mit Spitze gegen die Hornhautmitte, einzunehmen. Auch Exsudationen dieser Form kommen vor, wie Abb. 488 lehrt, die ich noch in einem zweiten Fall von chronischer Iridocyclitis in fast übereinstimmender Form sah. Man beachte auch hier die meist *konkavbogigen* Begrenzungen der Exsudationsschicht.

Abb. 489 gibt einen etwas anderen Typus wieder, der sich, wie auch in Abb. 487, durch kreisrunde Aussparungen auszeichnet, die auch den konkavbogigen Begrenzungen (Abb. 488) zugrunde liegen. In das gleiche Gebiet retrocornealer Trübungs-

---

[*] FUCHS, E.: Graefes Arch. 84, 280 (1913).

Abb. 484—489. Tafel 57.

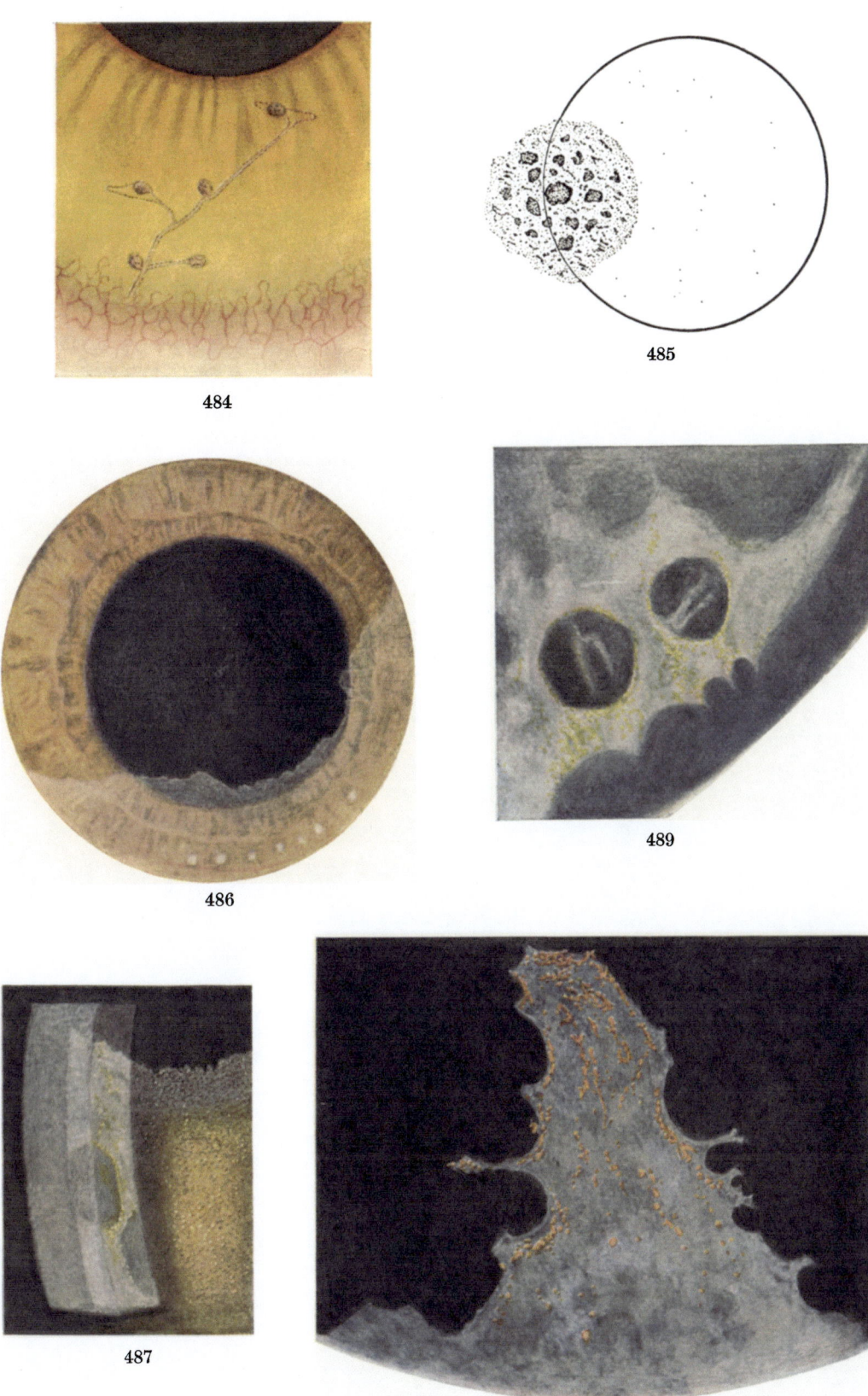

Vogt, Spaltlampenmikroskopie. 2. Aufl. Verlag von Julius Springer, Berlin.

flächen gehören die im hinteren Spiegelbezirk dargestellten runden Aussparungen der Abb. 490. — Über die Genese derartiger retrocornealer Trübungsflächen und ihrer runden Aussparungen wird noch im Abschnitt Vorderkammer zu reden sein, vgl. Text zu Abb. 646—648.

Abb. 486 und 487. Retrocorneale Trübungsfläche bei seit vielen Jahren bestehender schleichender Iridocyclitis auf tuberkulöser Basis.

30jährige Frau Bru. Rechtes Auge. Unten eine Präcipitatreihe. Besonders wenn die Gegend des hinteren Spiegelbezirkes eingestellt wird, sieht man die runden Aussparungen der Abb. 486. Man beachte die gelben Spiegellinien um die Aussparungen herum. Die Aussparungen können Stellen anderen Niveaus oder geringerer Trübung sein. Rechts im Bilde 487 sieht man eine kräftige *Betauung*, welche sich ausschließlich nur bis an die obere Grenze der Exsudationsfläche erstreckt.

Abb. 488. Retrocorneale Trübungsfläche bei inveterierter Iridocyclitis chronica.

23jährige Marta Ma., rechtes Auge. Man beachte die konkavbogigen Grenzen der Trübungszone und die Beschränkung der Pigmentanlagerung auf die letztere.

In diesen Kreisbogenbildungen liegt ein *Formierungsprinzip*, dem wir noch mehrfach begegnen (Abb. 169, 170, 174, 487—489, 490, 646. Siehe auch Abschnitt *Linse*).

Abb. 489. Retrocorneale Trübungsfläche mit kreisförmigen An- und Ausschnitten.

Das 47jährige Frl. M. mit in der Jugend überstandener beidseitiger kongenitalluetischer Keratitis parenchymatosa und (familiärer) Cataracta praesenilis zeigt mittels Spaltlampe im Descemetibereiche (wie dies oft nach Keratitis parenchymatosa der Fall ist) durchscheinende Trübungsflächen, die sich durch konkave Einschnitte und durch kreisrunde Ausschnitte auszeichnen. Bei Verwendung des verschmälerten Büschels geben die Ein- und Ausschnitte das Bild leichtester Niveaudifferenz, im Sinne einer Vertiefung gegenüber der Umgebung (doch ist darüber nicht völlige Sicherheit zu erlangen). Die Trübungsfläche erinnert somit an eine gleichmäßig dünne, mit Ausschnitten versehene, der Descemeti aufgelagerte Membran. Die Ränder nach den Ausschnitten hin sind gelblich spiegelnd.

Der hintere Spiegelbezirk pflegt im Bereich der Ein- und Ausschnitte Unebenheit aufzuweisen, so daß man auf den ersten Blick an Endothelabhebung oder -defekt denken könnte. Das verschmälerte Büschel zeigt aber, daß derartige Veränderungen nicht vorliegen.

Abb. 490. Ring- und kreisförmige Verbiegungen im Endothelbezirk.

Offenbar in das Gebiet der in Abb. 486—489 wiedergegebenen Veränderungen der Hornhautrückfläche gehört der eigentümliche Endothelspiegel der Abb. 490.

20jähriges Frl. Sch., mit linksseitiger, seit 3 Jahren bestehender, jetzt abgelaufener Keratitis parenchymatosa (mit Iridocyclitis) wahrscheinlich auf tuberkulöser Grundlage (Wassermann negativ). Ok. 2, Obj. A 3. Der obere Teil der Hornhaut, der die Unebenheiten der Endothelfläche zeigt, ist relativ klar. Die Endothelgrenzen sind fast nirgends deutlich. Je nach Lichteinfall erscheinen die runden Räume dunkel, oder aber sie weisen in der Mitte ein helles, scharfbegrenztes Feld auf (Abb. 490 oben). Manchmal kann man statt dieses Feldes eine helle Randlinie desselben sehen (vgl. die beiden mittleren Felder).

Dieses Bild zeigt mit Sicherheit eine starke Unebenheit der Hornhautrückfläche an. Die Form der Aussparungen ist durchaus diejenige der Abb. 486—489.

7 Jahre später traten heftige Rückfälle dieser linksseitigen Keratitis und Iritis auf, die zu Glaukom führten.

Abb. 491. Kreidigweiße, linear unterbrochene Trübungen der Descemetigegend.

Bei der 48jährigen E. H., mit langjähriger beidseitiger schleichender Iridocyclitis (Wassermann negativ) und anschließenden tiefen Hornhauttrübungen zeigt die linke Hornhaut im Bereiche der Descemeti eine Gruppe aus dichten schneeweißen Punkten zusammengesetzter, blattartig geordneter Herde, die durch rippenähnliche Linien klarer Substanz voneinander geschieden sind. Abb. 491, rechts fokales, links regredientes Licht. Im letzteren Lichte erscheinen die Herde dunkel, undurchsichtig. Sie liegen im Bereiche der hinteren Cornealwand und ihr Aussehen spricht für Verkalkung (Kalkablagerung im Bereiche der Descemeti ?). Nach oben verstreute kleinere Herde und zwei tiefe Blutgefäße.

e) Descemetifalten entzündlicher und traumatischer Genese.

1. Reflexlinien von Descemetifalten (Vgl. VOGT[28]).

Tritt im Bereiche der Descemeti eine Spannungsdifferenz in zwei zueinander senkrechten oder schrägen Richtungen auf, so ist eine Bedingung zu Descemetifalten gegeben. An der Faltung beteiligt sich meist auch das dicht angrenzende *Parenchym*. *Ist der Glanz der Hornhautrückfläche erhalten, so treten in der Richtung der Falten Reflexlinien auf, als Ausdruck von Konvex- und Konkavzylinderspiegelung.*

Über die Entstehung dieser Reflexlinien vgl. S. 36, sowie auch den Text zu den nachfolgenden Abbildungen. Die Natur der tieferen Hornhautstreifen als Descemetifalten hat wohl als erster ALBRECHT VON GRAEFE[129]) erkannt. Über den experimentellen Nachweis (C. v. HESS) und die weitere Literatur vgl. VOGT[28]).

Die Descemetifalten haben eine erhebliche klinische Bedeutung. Nicht nur zeigen sie einen ernsthaften Prozeß in der Hornhaut an, sondern sie sind nach meiner Erfahrung oft ein Symptom leichterer oder stärkerer *Hypotonie*. *Jedenfalls stellte ich bei Descemetifaltung niemals nennenswert erhöhte Tension fest, wohl aber regelmäßig Hypotonie oder normalen Druck, so daß bei Descemetifaltung, z. B. nach Star- und Glaukomoperationen, die Tensionsmessung unterbleiben darf**. — Daß die Falten bisher oft in das Hornhautparenchym verlegt wurden mangels genügender Lokalisationsmethoden, und dadurch zur Aufstellung besonderer Krankheitsbilder Anlaß gaben, sei beiläufig bemerkt.

2. Descemetifalten nach Operationen und Perforationen und bei Keratitis.

Abb. 492 und 493. Descemetifalten bei der vor 7 Tagen staroperierten Frau M. B., 66 Jahre.

Derartige Falten findet man bei Staroperierten kurz nach der Extraktion regelmäßig. Sie stehen senkrecht zur Wunde und gehören jenen grauen Streifen an, die

---
* Eine Ausnahme bilden die Narbenzugfalten (z. B. Abb. 504).

man schon lange unter dem Namen „streifenförmige Hornhauttrübung"[42][43] (früher Keratitis striata genannt) kannte. Die charakteristischen Reflexlinien sind von den bisherigen Beobachtern noch nicht gesehen worden. (Vgl. jedoch eine Beobachtung von DIMMER[44]).

Solche Reflexdoppellinien sind nach meinen Untersuchungen für Falten der Descemeti bezeichnend. Die Linien selber zeigen das Hornhautendothel, doch ist dies fast stets amorph. Es sind regelmäßig zwei Linien zu einem Paar geordnet. Die eine dieser Linien entspricht dem Konvex-, die andere dem Konkavzylinderspiegel der betreffenden Falte. Endwärts konvergieren die Linien und werden schmäler oder breiter, flächenhafter. Oft bestehen stellenweise Einschnürungen eines Paares (Abb. 492, 502 usw.), indem sich die beiden Linien streckenweise nähern, ja es können Unterbrechungen auftreten, die wir aber durch entsprechende Änderung der genannten Winkel wieder aufheben können.

Zum Studium der Entstehung dieser Reflexlinien eignet sich die frische Leichencornea von Mensch, Schwein, Kalb usw. (vgl. Abb. 510—516).

Auch an Modellen aus gerilltem, schwarzem oder lackiertem Glas (Abb. 509), aus Plasticin, das mit Kollodium überstrichen wird, aus schwarzem Glanzpapier usw. läßt sich die Genese dieser Linien bequem studieren. Sie entstehen immer am Abhang einer Falte und geben somit nicht etwa die Breite der letzteren wieder.

Am menschlichen Auge beobachten wir solche Reflexlinien gefalteter Grenzflächen nicht nur auf der hinteren Corneawand, sondern auch an der BOWMANschen Membran, der Conjunctivaloberfläche, der Linsenkapsel. Ferner bei Nachstar oder schrumpfendem Star und bei Kapselverletzungen, Pupillenexsudaten, endlich an der Grenze zwischen Netzhaut und Glaskörper (z. B. durch Faltung der oberflächlichen Netzhautpartien, oder der Limitans interna).

An der Hornhaut sind die Linien von diagnostischer Wichtigkeit. Sie zeigen Faltungen der Hornhauthinterfläche an bei Perforationen traumatischer und nichttraumatischer Art (Abb. 492—497), bei Narbenzug an der Descemeti, bei abklingendem Hornhautödem, bei Hypotonie usw. Bei allen Formen von Keratitis parenchymatosa sind sie ein fast regelmäßiger Befund (z. B. bei Keratitis disciformis), während sie bei oberflächlicher Keratitis seltener vorkommen.

Bei nichtfokussierter unscharfer Belichtung sind die Reflexlinien oft nicht deutlich zu sehen, die Falte gibt sich dann nur als grauer Streifen zu erkennen, was zu der früheren Bezeichnung „Keratitis striata" Anlaß gab.

Die Distanz der Faltenlinien kann nach den von mir abgeleiteten Regeln (s. o. S. 37) beliebig dadurch variiert werden, daß wir den Einfall- oder Beobachterwinkel, bzw. beide zugleich ändern. Den Beobachterwinkel können wir am Binokularmikroskop sehr bequem dadurch größer oder kleiner machen, daß wir die Linien abwechselnd bald durch das rechte, bald durch das linke Mikroskop betrachten. Wir erkennen dann ohne weiteres den Distanzwechsel, bzw. das Auftreten und Verschwinden der Linien, womit die Abhängigkeit von dem Beobachterwinkel demonstriert ist.

Über die Verbreiterung der Reflexdoppellinien, die Ursache ihrer Konvergenz, über Segmentierung und Beziehung derselben zu den Schattenlinien vgl. VOGT[28]).

Abb. 494. Unregelmäßige Descemetifaltung nach Lappenextraktion. Fräulein E. D., 70 Jahre.

Extraktion einer Cataracta senilis vor 10 Tagen, normaler Verlauf. Ok. 2, Obj. A 2. Neben regelmäßigen Falten findet sich an einer Stelle des temporalen Abschnittes ein wirtelartiges Zentrum senkrechter, querer und schräg gerichteter Falten. Im

Hauptkreuzungspunkte ist der hintere Spiegelbezirk zu sehen, welcher das Bild des amorphen Endothels erkennen läßt (gelb). Einzelne Falten zeigen segmentierte Reflexlinien, letztere zum Teil isoliert. Im Bereiche des Spiegelbezirkes werden zwei vertikale Falten von einer horizontalen „Schattenlinie" (s. u.) durchschnitten.

Abb. 495. Unregelmäßige Descemetifalten und oberflächliche Hornhautfalten neben ausgedehnter perforierender Hornhautwunde.

Ok. 4, Obj. A 2. Der 62jährige Landwirt J. B. erlitt vor 8 Tagen einen ausgedehnten Riß der rechten Cornea durch Kuhhornstoß. Abb. 495 zeigt einen Teil des unteren äußeren Hornhautabschnittes. Die gestreckte weiße Doppellinie entspricht einer linearen Einknickung der Hornhautvorderfläche. Die Hornhauthinterfläche ist in unregelmäßig gebogene Falten gelegt, deren Hauptrichtung der erwähnten Knickung parallel ist. Man beachte auch hier wieder den (nicht immer leicht zu sehenden) Schattenstreifen neben der Doppelreflexlinie. Die anatomische Untersuchung bestätigte die Falten.

Abb. 496. Parallele dichte Descemetifalten nach ausgedehnter Hornhautperforation bei dem 10jährigen Knaben F.

Ok. 4, Obj. A 2. Ausgedehnter Hornhautriß mit Irisprolaps durch Steinverletzung vor 14 Tagen. Vorderkammer teilweise aufgehoben. Die anscheinend durch Zusammenschiebung bedingten Falten schließen dicht aneinander. Rechts schiebt sich ein Faltentypus anderer Richtung ein. Die Faltenoberfläche ist teilweise matt, die Reflexlinien treten daher nicht sehr stark hervor. Der Spiegelbezirk (gelb) zeigt amorphe Körnung.

Abb. 497. Etwas verwaschene Descemetifalten durch Narbenzug bei dem 38jährigen H. V.

Perforation im nasalen Limbus. Ok. 2, Obj. A 2, fokale Belichtung.

Verletzung 5 Monate vor Aufnahme der Abbildung. Aus der Breite der (gelblichen) Reflexstreifen ist ersichtlich, daß es sich um flache Falten handelt.

Kreuz und quer durchzieht die tiefste Hornhautpartie ein Gitterwerk dunkler Linien („Schattenlinien"), wie sie bei Besprechung von Abb. 500 erwähnt und geschildert werden. Man beachte, daß diese dunklen Linien die Reflexlinien gelegentlich gleich Tintenstrichen durchschneiden, d. h. scharf unterbrechen, wodurch bewiesen ist, daß die Schattenlinien derselben optischen Fläche angehören wie die Reflexlinien. Man vergleiche in dieser Richtung auch die Abb. 501 und die Mikrophotographie Abb. 514, letztere von der Vorderfläche.

Es sind somit in diesem Falle kreuz- und quergerichtete Descemetifalten vorhanden, von denen aber nur einzelne bei der angewendeten Beleuchtungs- und Beobachterrichtung Reflexlinien zeigen. Denkbar ist, daß ein Teil der dunklen Linien tiefen Gewebsspalten entspricht.

Abb. 498 und 499. Matte Descemetifalten.

Ist die Hornhaut im Bereich der Descemeti trüb (z. B. bisweilen bei und nach schwerer Keratitis parenchymatosa oder bei diffusen iridocyclitischen Auflagerungen der hinteren Hornhautwand), so ist keine Spiegelung mehr möglich, und auch der Endothelspiegelbezirk ist nicht mehr darstellbar. Jede Falte zeigt dann eine belichtete (helle) und eine unbelichtete (dunkle) Partie. Die helle Partie reflektiert diffuses Licht.

Abb. 490—500. Tafel 58.

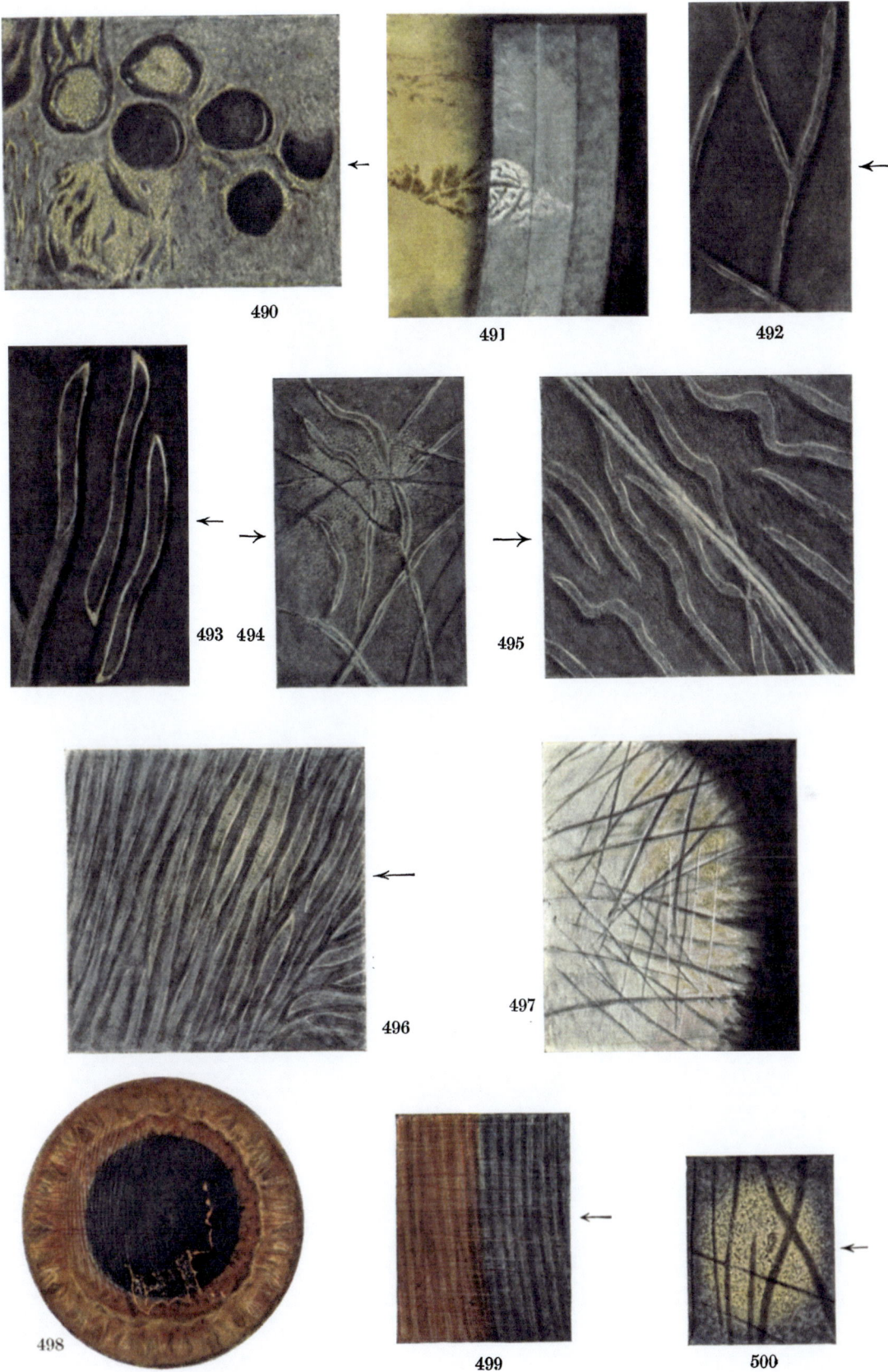

Vogt, Spaltlampenmikroskopie. 2. Aufl. Verlag von Julius Springer, Berlin.

(Will man matte und spiegelnde Falten dem Lichteffekte nach vergleichen, so kann man dazu die Falten von mattem Papier, z. B. Fließpapier und von Glanzpapier verwenden.)

Der 15jährige Knabe E. Sch. machte vor 5 und 4 Jahren beiderseits Keratitis parenchymatosa e lue congenita durch. Die tiefere Hornhautschicht ist beiderseits gleichmäßig trüb und in reichliche parallele vertikale, leicht gebogene, flache Falten gelegt*.

Abb. 498 stellt die linke Hornhaut bei schwacher Vergrößerung dar. Auf der Hornhauthinterfläche sitzt auf der ziemlich trüben Descemeti braunes Pigment in großer Menge.

Die Reflexdoppellinien sind mehrfach angedeutet. Dicht vor den Falten ziehen in dazu rechtem Winkel gestreckte Gefäße, welche in gleichmäßiger Tiefe im hintersten Parenchym liegen, hie und da dichotomisch sich verzweigend. Die Distanz der hellen Faltenrücken voneinander schwankt zwischen 0,05 und 0,1 mm. Die Täler sind offenbar relativ flach. Sie erscheinen mindestens doppelt so breit als die Firsten. Die Gefäße haben eine Breite von etwa 20 Mikra.

Abb. 499 zeigt die Falten des rechten Auges bei stärkerer (24facher) Vergrößerung (Ok. 2, Obj. A 2). Die Falten sind vielleicht zufolge Rückgang der bei Keratitis parenchymatosa oft hochgradigen Hornhautschwellung aufgetreten und den Runzeln eines Apfels vergleichbar. — Zufolge der Hornhautmaculae beträgt die Sehschärfe rechts nur 6/24, links 6/36 (ohne Glas). Kein nennenswerter vorderer Astigmatismus.

Abb. 500. Endothelspiegelbezirk und dunkle Descemetilinien (Schattenlinien) 10 Tage nach Linearextraktion einer Cataracta traumatica bei dem 25jährigen Z.

Ok. 4, Obj. A 2, fokale Belichtung.

Das Endothel (gelb) erscheint amorph körnig, der Spiegelbezirk und auch seine Umgebung sind kreuz und quer von den in Abb. 494 und Abb. 497 abgebildeten Schattenlinien durchzogen. An den Linienrändern schneidet der Endothelbezirk scharf ab, ein Beweis, daß die Linien durch eine offenbar durch Faltung entstandene Unterbrechung der Spiegelung zustandekommen. Nur über eine besonders schwache Linie kann man das Endothel stellenweise noch hinweg verfolgen. Hier ist also die Abbiegung der Membran nicht stark genug, um bei dem betreffenden Einfall- und Beobachterwinkel die Stelle dunkel erscheinen zu lassen. Links, außerhalb des Spiegelbezirkes, sieht man eine Schattenlinie auf einer Seite leicht hell gerandet. Dieser Rand beweist ebenfalls die Krümmungänderung.

Bei stärkerer Ausprägung und geeigneter Einfall- und Beobachterrichtung zeigt sich neben dunklen Linien ein paralleles Paar von Reflexlinien (vgl. Abb. 493).

Mit anderen Worten: die Schattenlinie entspricht dem nicht (in unser Auge) reflektierenden, oder gar nicht belichteten Teil der Falte, umgekehrt entsprechen die Reflexdoppellinien dem reflektierenden Konvex- und Konkavzylinderspiegel der Falte[28]).

Abb. 501. Vertikale Descemetifalten mit Reflexstreifen und quere, die Falten unterbrechende Schattenlinien,

beobachtet wenige Tage nach normal verlaufener Extraktion des Greisenstars. 37fache Vergrößerung.

* Vgl. eine ähnliche Beobachtung von DIMMER[44]).

Abb. 502. Mehr unregelmäßig verlaufende Descemetifalten wenige Tage nach Starextraktion.

74jährige Frau Lan., rechtes Auge, 10fache Vergrößerung. Im großen ganzen stehen auch hier die Falten vertikal, senkrecht zum Starschnitt.

Abb. 503. Dünner Schnitt durch eine Hornhaut mit Descemetifalten, letztere aufgetreten durch subakute Iridocyclitis seit drei Wochen, rechtes Auge.

Frau Duttw., 39 Jahre, 25fache Vergrößerung. Die Descemeti ist im Bereiche der Falten leicht nach hinten vorgebuchtet. Die Opazität ist an den vorgebuchteten Stellen lokal vermindert *(dunkle scheinbare Lücken,* Abb. 503) und dicht daneben zu weißen Flecken gesteigert. Diese Kontraste sind eine notwendige Folge der relativ regulären Reflexion der Rückfläche.

Abb. 504. Unregelmäßige Descemetifalten in einer Narbe der hinteren Hornhautwand.

Ok. 4, Obj. A2. Der 59jährige S. M. wurde vor 5 Jahren links präparatorisch iridektomiert, wobei der Operateur beim Zurückziehen der Lanzenspitze die hintere Corneawand verletzte. Es entstand eine hintere Parenchymtrübung, welche heute im regredienten Licht Pigmentstaub und Betauung zeigt. Von dieser Narbe aus strahlen nach verschiedenen Richtungen unregelmäßige Descemetifalten, welche die in Abb. 504 wiedergegebenen Reflexlinien zeigen. Nach unten ein ausgedehnter Spiegelbezirk (gelb) mit unscharfen Endothelgrenzen. Oben geht der Rand einer Reflexlinie in einen flächenhaften Endothelspiegelbezirk über. Die eigentliche Narbe ist derart dicht und weiß, daß hier die Reflexion der Corneahinterfläche nicht zur Geltung kommt. Am unteren Rand dieser Narbe etwas Pigment (braun). *Ähnlich unregelmäßig geformte hintere Spiegelbezirke, wie im vorliegenden Fall, findet man in der Umgebung aller Perforationsnarben.*

Abb. 505. Gleichzeitige Faltung von Descemet*scher und* Bowman*scher Membran. Siehe auch Abb. 627, 628!*

Sprengschußverletzung links vor 2 Jahren bei dem 31jährigen H.
Schwache Vergrößerung. Auge reizlos, Tension leicht vermindert. Die weißen umschriebenen Flecken bezeichnen Steinsplitterchen im oberflächlichen Corneaparenchym. Dichte Perforationsnarbe im nasalen Limbus (in der Abb. 505 links). Oberhalb dieser Narbe eine ausgedehnte Vorbauchung der Iris (Iriscyste, s. Abb. 628). Die Falten in der Gegend der Bowmanschen Membran zeigen nur unscharfe Reflexlinien, zum Teil stellen sie einfache Trübungsstreifen dar. In der Abb. 505 sind es die weißgehaltenen Linien, welche die Steinsplitter verbinden. Stellenweise sieht man auch hier die Doppelreflexlinien scharf.

Elegantere Formen weisen jene Linien der Descemetifalten auf, die offenbar als Traktionsfalten, bedingt durch Narbenzug, aufzufassen sind. Im Gegensatz zu den Falten nach Starextraktion, die meist mit einer leichten Trübung des Gewebes kombiniert sind (vgl. Text zu Abb. 492, 493), ist hier das letztere im Bereiche der Falten klar. Die ursprünglich wohl ebenfalls vorhandene Trübung hat sich im Laufe der Jahre aufgehellt.

Wie diese Falten im optischen Schnitt aussehen, veranschaulicht Abb. 627. Wie ersichtlich, ist unter der Hornhaut keine Spur Vorderkammer mehr vorhanden, vielmehr schließt sich die braune Iris überall dicht den Falten an.

Abb. 501—504. Tafel 59.

501

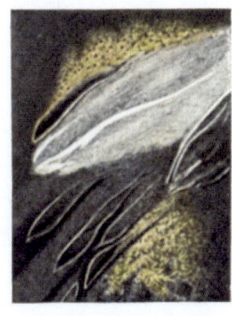

504

503

502

Vogt, Spaltlampenmikroskopie. 2. Aufl. Verlag von Julius Springer, Berlin.

Abb. 507 und 508.* Oberflächenfalten (Falten der Bowmani?) und Descemetifalten nach Explosionsverletzung der Hornhaut.

47 jähriger Georges Bo., rechtes Auge.

Abb. 507 Übersichtsbild. Abb. 508 prismatischer Schnitt. Alte Explosionsverletzung. Im temporal oberen Hornhautabschnitt ein Steinsplitterherd (Abb. 507, weiß mit Gefäßen). Davon ausstrahlende superfizielle Trübungsstreifen mit Doppelreflexlinien. In der Tiefe Descemetifalten.

Abb. 508 gibt rechts die Faltenreflexlinien im regredienten Licht wieder (Irislicht), links im fokalen Licht. Man beachte hier die doppelkonturierten Faltenlinien im Bereiche der M. Bowmani.

Stellenweise kann man im Zweifel darüber sein, ob die oberflächlichen Doppellinien Rißlinien der Membran oder Faltenreflexlinien darstellen. Für Rißlinien spricht der unregelmäßig fetzige weißgraue Kontur.

Nach schweren Hornhautverletzungen und bei Phthisis bulbi sind *Einknickungsfalten* der Hornhautvorderfläche nicht so selten.

Bei Phthisis bulbi, z. B. nach Iridocyclitis mit Amotio retinae und stark verdickter Hornhaut, fand ich manchmal in der Gegend der M. Bowmani ein bis mehrere Millimeter lange feinste grauweiße Linien, die gelegentlich dichotomisch oder dendritisch verzweigt und oft wellig gebogen waren. Um Nerven oder Gefäßreste handelte es sich mit Bestimmtheit nicht. Die Linien erinnerten etwas an diejenigen der Abb. 598, lagen aber in der Gegend der M. Bowmani. Mit Faltungen haben diese Linien nichts zu tun.

3. Mikrophotographien von Faltenreflexen.

Abb. 509—516. Mikrophotographien zur Illustration der durch Faltung spiegelnder Grenzflächen bedingten Doppelreflexlinien (vgl. S. 37).

Abb. 509a—c. Schwarzlackierte gerillte Glasplatte. Der Krümmungsradius der Firsten ist wesentlich kleiner als der der Täler. *Letzterer nimmt nach der Konkavspiegelgrenze hin ab.* Die Vertikallinien des horizontalen Papierstreifens P bezeichnen die Scheitel der Firsten. Außer den Reflexdoppellinien sieht man an gut beleuchteten Stellen die lichtschwachen sekundären Linien. (Sekundäre Reflexe, bedingt durch die Spiegelung der primären.) Die Liniendistanz wird nach links hin größer (Abnahme von $\frac{\varepsilon + \beta}{2}$), a und b zeigen die Linien rechts bei größerem, links bei kleinerem Werte von $\frac{\varepsilon + \beta}{2}$. Man beachte die durch den größeren Krümmungsradius bedingte größere Breite des Talstreifens, die im vorliegenden Fall besonders bei kleinem Werte von $\frac{\varepsilon + \beta}{2}$ zur Geltung kommen muß (vgl. Abb. 509b links).

In Abb. 509c seitlich zwei vertikale Heftpflasterstreifen, mit matten Reflexen, in der Fortsetzung der linearen des Glases.

Abb. 510. Photographie der Descemetifalten eines 60 jährigen Mannes, Leichenauge von vorn betrachtet. Stellenweise flächenhafte Reflexe. (Infolge der Hornhautkrümmung erscheinen im Bilde nur wenige Linien bei gleicher Einstellung scharf.)

Abb. 511. Reflexlinien von durch Zugwirkung entstandenen Descemetifalten. Kalbsauge, Aufnahme von hinten. Nahe beisammen gelegene parallele, schmale, gestreckte, spitz auslaufende Formen.

---

* Abb. 506 wurde nicht reproduziert.

Abb. 512. Faltenverzweigungen (Descemeti des Kalbes), zum Teil Faltenreflexe bei kleinem Werte von $\frac{\varepsilon + \beta}{2}$. Nach oben segmentierte oder Bruchfalten.

Abb. 513. Unregelmäßige, zum Teil flächenhafte Reflexe, in verschiedener Richtung verbogene Falten der Schweinsdescemeti (Aufnahme von hinten). Konfluenz der Reflexenden.

Abb. 514. Gekreuzte Falten der Corneavorderfläche (Schwein, Faltengitterung).

Abb. 515. Segmentierte Falten der Kalbsdescemeti.

Abb. 516. Reflexlinien von Fältchen der Conjunctiva bulbi (3 monatiges Kind, künstliche Anspannung der Conjunctiva).

VI. Verletzungen der Hornhaut und ihre Folgezustände.

a) Kontusionveränderungen der Hornhaut.

1. Ringförmige traumatische Hornhauttrübung.

Abb. 517 und 518. Ringförmige traumatische Hornhauttrübung, 1. Form.

Diese Trübung wird bei gewöhnlicher fokaler Beleuchtung gewiß oft übersehen. Sie tritt bei Contusio corneae circumscripta auf, besonders bei Explosionsverletzungen.

In dem Falle von Abb. 517 und 518 handelt es sich um eine Zündkapselverletzung bei einer 34 jährigen Frau K. An drei Stellen drangen kleinste Explosionspartikel in die oberflächliche Hornhaut, an einer Stelle (temporal) in den oberflächlichen Limbus (der rote Spritzer rechts oben stellt eine Bindehautblutung dar.)

Um jeden Fremdkörper hat sich eine Kreistrübung von etwa 2,5 mm Durchmesser gebildet. Größer ist der Durchmesser für die Limbusverletzung (Radius = 2 mm), doch bemerkt man bei genauerem Zusehen hier noch einen zweiten, kleinen Ring, von etwa 1,5 mm Radius, der zum ersten konzentrisch steht. Die beiden temporalen Ringe sind konfluiert, so daß eine Biscuitform zustandekommt. Die Ringbreite beträgt überall etwa 0,25 mm.

Die Ringe liegen im mittleren Parenchym (während die Fremdkörper ganz oberflächlich sitzen).

Das letztere zeigt innerhalb der Ringzone eine Streifenbildung. Diese Streifung erinnert an diejenige bei Keratokonus. Die Streifen entsprechen offenbar Gewebsspalten einer Lamellenschicht. In dem mittleren Ringe sieht man in verschiedenem Niveau liegende, sich kreuzende derartige Streifen.

Abb. 518 zeigt den mittleren Ring bei 10facher Vergrößerung. Ringdurchmesser (Lumen) 2,65 mm, Länge der Fremdkörperpartikellinie 0,5 mm. Diese Linie liegt nicht im Zentrum, sondern ist vom temporalen oberen Ringrand 0,8 mm, vom nasalen unteren 1,3 mm entfernt. In der Mitte der weißlich glänzende, oberflächlich sitzende größte Fremdkörper.

Im Laufe der auf das Trauma folgenden 14 Tage gingen die Ringbildungen allmählich vollkommen zurück. Die Parenchymstreifen erhielten sich mehrere (über vier) Wochen länger, um dann ebenfalls zu verschwinden. Die feinen Fremdkörper heilten reizlos ein.

Abb. 505, 507—511. Tafel 60.

505

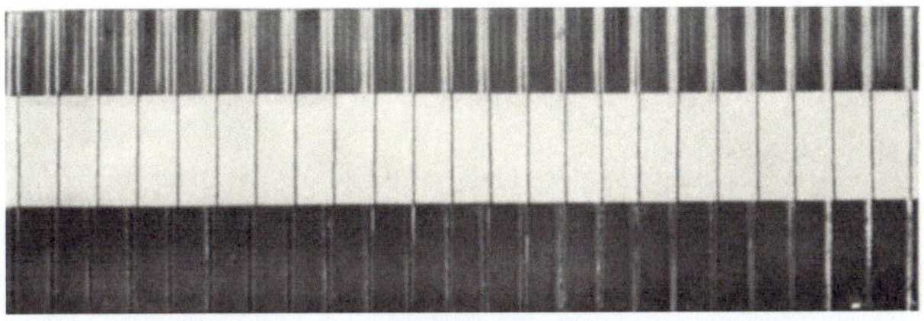

509 a P

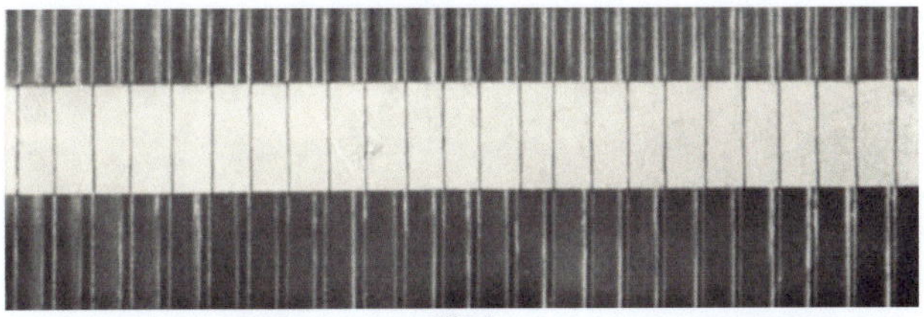

509 b P

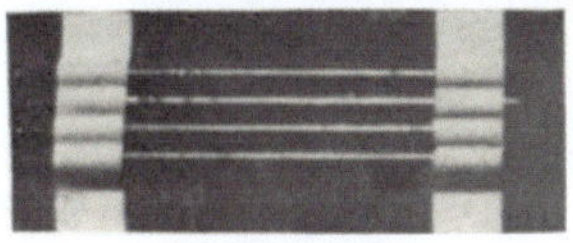

509 c

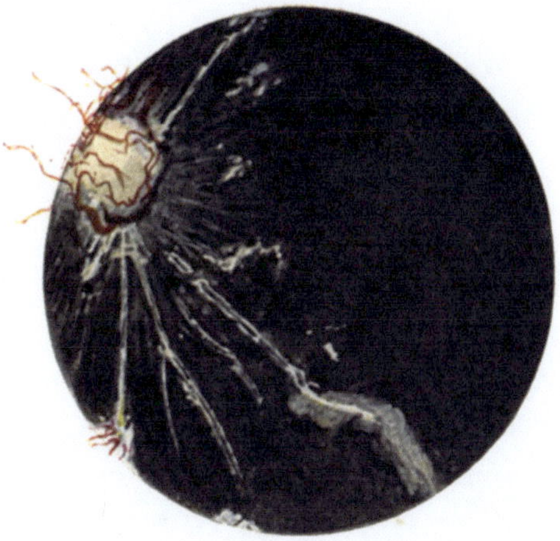

508

507

510  511

Vogt, Spaltlampenmikroskopie. 2. Aufl. Verlag von Julius Springer, Berlin.

Abb. 512—517. Tafel 61.

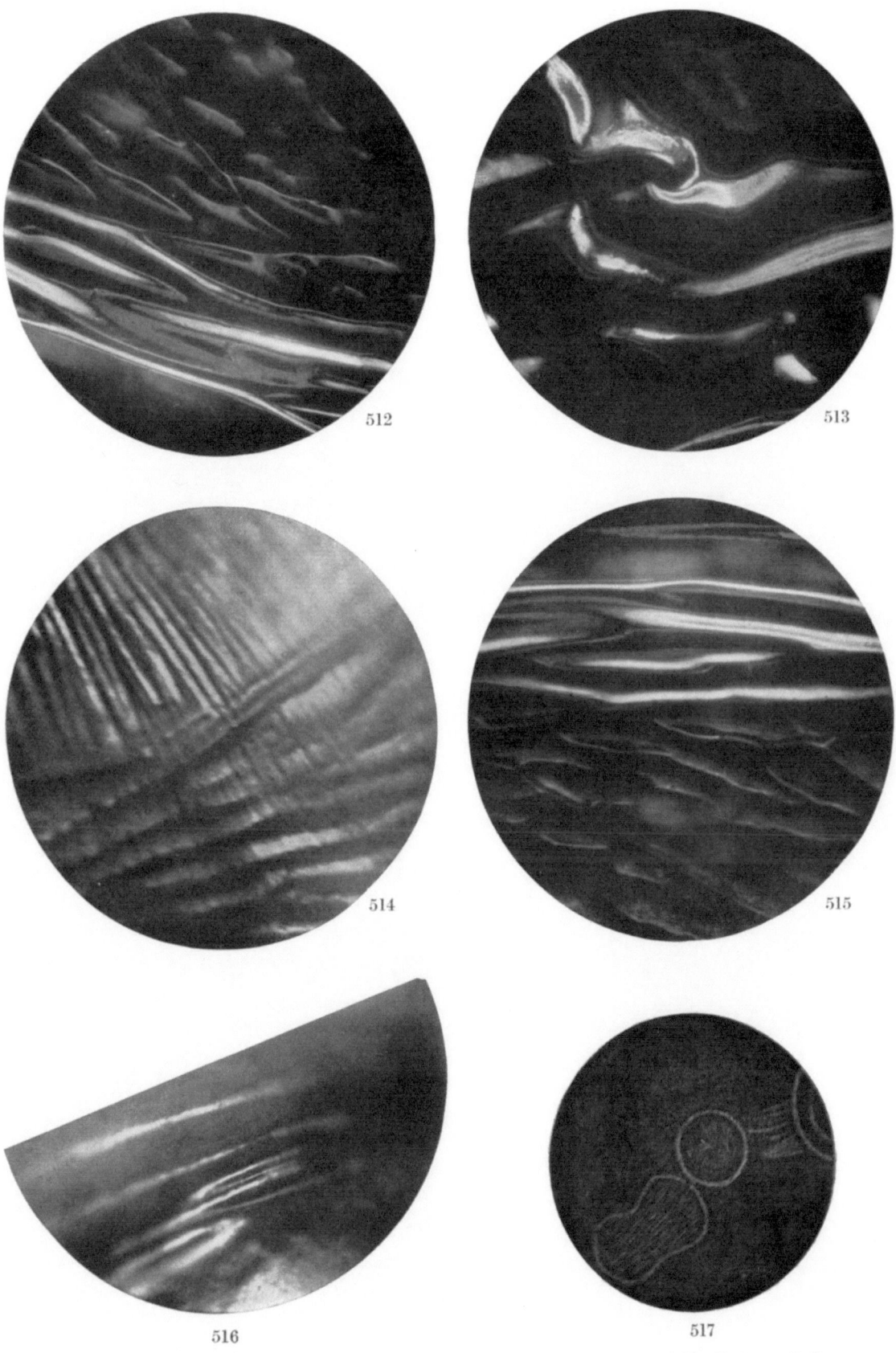

Vogt, Spaltlampenmikroskopie. 2. Aufl. Verlag von Julius Springer, Berlin.

Abb. 519 und 520. Ringförmige traumatische Hornhauttrübung, 2. Form.

Der Steinbruchvorarbeiter G. K. erlitt am 7. 5. um 14 Uhr eine Explosionsverletzung. Am 8. 5. 10 Uhr a. m. wurden an beiden Augen kleinste Steinpartikelchen im oberflächlichen Parenchym festgestellt. Um jedes Partikelchen eine meist zu ihm konzentrische kreisförmige Ringtrübung des tiefsten Parenchyms, die Descemetigegend ringförmig vorwölbend. Außerdem waren stellenweise spärliche, bräunliche Auflagerungen der Descemeti im Ringbereiche zu sehen. Der Durchmesser der Ringe betrug an der rechten Hornhaut (Abb. 519) 0,2, 0,4, 0,5, 0,8, 1,1 mm.

Die größte Trübung (2,5 mm Durchmesser) fand sich am linken Auge (Abb. 520 oben). Hier war eine kreisförmige Trübungsscheibe des tiefsten Parenchyms (bzw. der Rückfläche) zu sehen, mit einzelnen Descemetifältchen und hellen und dunklen, sich senkrecht kreuzenden Linien. Der Fremdkörper lag exzentrisch, nach oben, im oberflächlichen Parenchym.

Am folgenden Tage waren die meisten Ringe völlig verschwunden, einzelne noch schwach angedeutet. Die ausgedehnte obere Trübung des linken Auges war noch mehrere Tage erkennbar.

Diese Form 2 (Abb. 519 und 520) unterscheidet sich von der Form 1 (Abb. 517) hauptsächlich durch die verschiedene Lage der Trübungsringe, bei Form 1 im mittleren, bei Form 2 im tiefsten Parenchym. Bei der letzten Form erscheint die Descemeti dem Ring entsprechend vorgewölbt und die Trübung ist, im Gegensatz zur 1. Form, rasch vorübergehender Natur. Die Trübungen waren bei Form 2 nur bei Spaltlampenuntersuchung zu sehen. In beiden Fällen liegen die (winzigen!) Fremdkörperchen ganz oberflächlich.

In beiden Fällen kommt die Trübung wohl dadurch zustande, daß durch den heftigen, aber circumscripten Anprall eine Dellenbildung entsteht, also eine Art kreisförmiger Einknickung. Die Einknickungsstelle pflegt am stärksten zu leiden, daher dort die stärkere Trübung. Warum diese in einem Fall im mittleren, im anderen im tiefsten Parenchym sitzt, ist vorläufig nicht zu entscheiden.

Vgl. auch die Beobachtungen von MELLER[33]), CASPAR[34]), PICHLER[35]) u. a. über traumatische Ringtrübungen der Hornhaut.

Abb. 521. Traumatische Doppelringauflagerung der Hornhautrückfläche, mit Präcipitatbildung durch Explosionsfremdkörper.

Ok. 2, Obj. A 2.

Während in den Fällen Abb. 517—520 lediglich Gewebstrübungen vorlagen, finden wir hier auf der linken Hornhaut der 29 jährigen Elisabeth Lüt. 2 ringförmige graue *Exsudathäutchen der Rückfläche aufgelagert.* (Beobachtung Dr. M. HEDINGER.) Daß es sich um Häutchen handelt, geht aus der deutlichen Umkrempelung der Ränder hervor. Die Ringform erklärt sich ähnlich wie in Abb. 517—520. Das Häutchen hat sich offenbar an der durch die Kegelwelle am stärksten geschädigten Partie angelagert, und diese besitzt, wie in Abb. 517—520, Ringform. Als Ausdruck der Schädigung der Umgebung ist eine Reihe von eckigen und unregelmäßig geformten, zum Teil pigmenthaltigen Präcipitaten aufgetreten.

Weitere Formen von vorübergehenden Explosionstrübungen der Hornhaut.

Nach Explosionsverletzungen sah ich wiederholt Ringtrübungen flüchtiger Art, und zwar saßen sie stets im Bereiche der Hornhautrückfläche.

Am 8. 5. 22 morgens erlitt der Soldat Pius Be. aus 4 Meter einen blinden Schuß auf das linke Auge. Erste Untersuchung am folgenden Tage morgens: oberhalb Corneamitte ein Kreisring der Descemetigegend von $\frac{1}{2}$ mm Lumen und 0,15 mm Ringdicke, bestehend aus schneeweißen glänzenden Punkten, durchkreuzt von Descemetilinien und -falten. Vorn in der Gegend der Bowman eine kleinere diffuse Flächentrübung von unregelmäßiger Form. Kein Fremdkörper. Epithel intakt. Am Nachmittag stehen die am Morgen noch konfluenten weißen Punkte schon lockerer. Am 10. 5. 22 p. m. ist die Veränderung bis auf einige weiße Punkte verschwunden, ebenso fehlen die Linien. Oberflächliche Trübung noch deutlich, doch kleiner, flügelförmig. Am 11. 5. 22 noch 2—3 Pünktchen, vordere Trübung noch deutlich. Ganze Gegend noch spurweise hauchig trüb.

Die Kontusionsveränderung dauerte somit etwa 3 Tage. Es scheint mir am nächsten zu liegen, die Trübung als aus Fibrin und Zellelementen bestehend aufzufassen, vielleicht zufolge einer lokalen ringförmigen Einstülpung der Hornhaut im Momente der Verletzung, oder durch Fortpflanzung einer kegelförmigen Erschütterungswelle von einem Punkte der Oberfläche aus zu dem so leicht lädierbaren Endothel der Descemeti.

Vielleicht liegt eine solche Genese auch in folgendem Falle vor:

10. 3. 24, Otto Me., Schwarzpulverexplosion des Flintenlaufes gestern abend 8 Uhr beim Fastnachtsschießen. Untersuchung 12 und 14 Stunden post trauma. 4 gleichmäßige Descemetitrübungsringe waagrecht in der Lidspaltenzone. Im Zentrum jedes Ringes, aber stets in der Gegend der M. Bowmani, je ein Schwarzpulverkorn von 0,04—0,45 mm, Ringbreite 0,06—0,08 mm. Die Ringe bestehen aus einer weißlich-bläulichen Descemeti*auflagerung*.

Am 11. 3. 23 Stunden später. Es sind nur noch Bruchstücke einzelner Ringe zu sehen, die anderen sind ganz verschwunden. — Eine lokale Gewebsverdickung war weder gestern noch heute nachweisbar.

Der folgenden Beobachtung dürfte ein ähnlicher mechanischer Quetschungsprozeß der Hornhaut zugrunde liegen, der wieder zu einer umschriebenen ringförmigen Schädigung des Descemetiendothels mit Fibrinauflagerung führte, vielleicht wieder zufolge einer kegelförmig sich fortpflanzenden Erschütterungswelle, die eine Endothelläsion von Ringform zur Folge hatte.

Der 13jährige Emil Zb. erlitt heute 15 Uhr, 2½ Stunden vor der Untersuchung, eine Pulverexplosion. Jetzt auf der linken Hornhautrückfläche Ringe von aufgelagertem weißem Fibrin, das seine membranöse Natur durch seine abgelösten weißen Ränder kundgibt. Die Farbe des Ringes ist graubläulich. Im Zentrum desselben ein Pulverkorn, das aber wieder, wie im vorigen Fall, in der Gegend der M. Bowmani sitzt. Ringlumen 0,4—0,48 mm, Ringdicke 0,08—0,12 mm, etwas wechselnd.

Am rechten Auge besteht ein 2 mm großer Defekt im Epithel, in seinem Bereich ist die Cornea verdickt, die Umgebung der Verdickung ergibt die oben erläuterte Ringzylinderspiegelung (Text zu Abb. 409b).

Vorübergehende vereinzelte Beschlagspunkte der Descemeti sind im Anschluß an Explosionskontusionen der Hornhaut nicht selten (vgl. Abb. 521). Ich fand sie bei dem 26jährigen Offizier Z. nach Patronenverletzung und bei einem etwa 60 Jährigen nach Sprengschußkontusion. Perforation fehlte in beiden Fällen. Auch bei dem 23jährigen stud. chem. Bi. Hrch., dem ein Diazokörper auf der Schale explodierte und der noch braune Partikel von 0,2 mm in der *temporalen* linken Cornea aufwies, fand ich 4 Tage post trauma im *nasalen* Abschnitt Beschlagspunkte der Descemeti von etwa 0,02 mm Größe.

Hierher gehört folgende Beobachtung: Vor 21½ Stunden verletzte sich der 16½jährige Kuko. Wilhelm durch Calciumcarbidexplosion. Auf beiden Hornhäuten 3 oberflächliche braune Fremdkörperchen von 0,1—0,16 mm. Hinter diesen Fremdkörpern sitzen auf der Rückfläche der Hornhaut *10—15 kleine eckige Präcipitate*.

Abb. 518—522. Tafel 62.

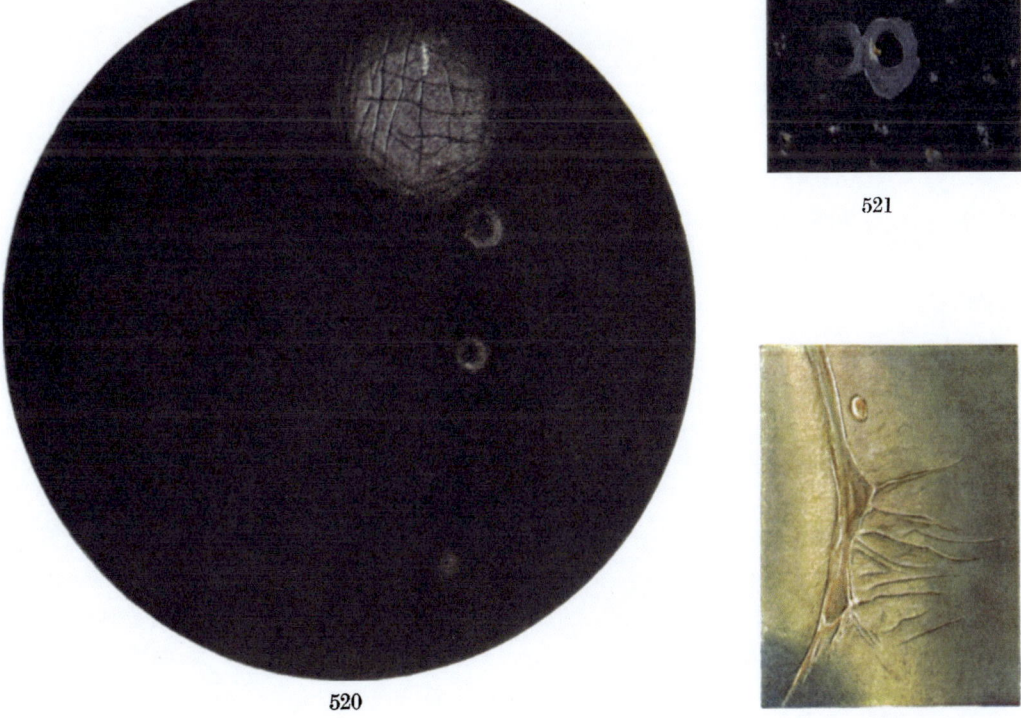

518
519 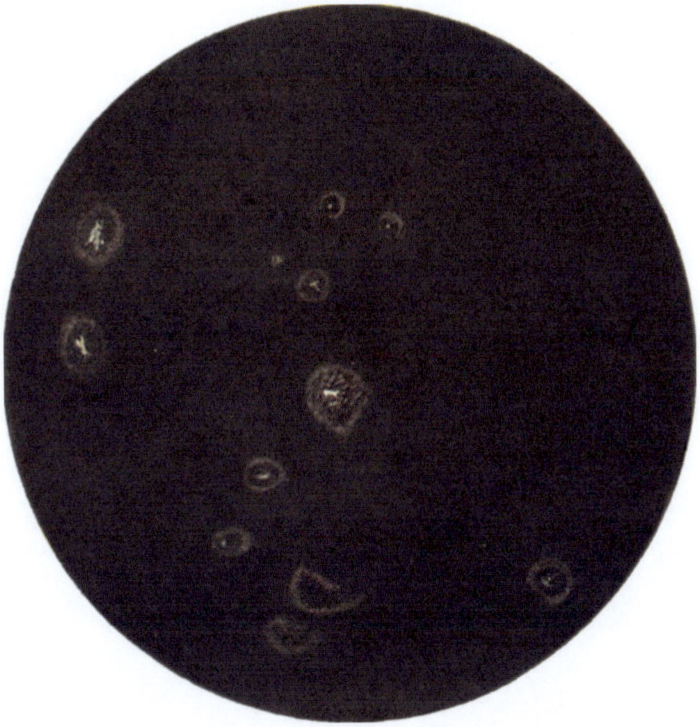
520
521
522

Vogt, Spaltlampenmikroskopie. 2. Aufl. Verlag von Julius Springer, Berlin.

Die Kontusion hat hier also wiederum nicht nur das Epithel, sondern auch die gegenüberliegende Hornhautrückfläche beschädigt und dadurch zur Auflagerung von Präcipitaten geführt.

Bei Corneaquetschung durch einen Tennisball mit 3—4 mm messender Epithelläsion im Hornhautzentrum (Frau Dr. Hir., 38 Jahre) sah ich 22 Stunden später auf der Cornearuckfläche hinter der gequetschten Partie in 3—4 mm Ausdehnung dicht gelagerte, grauweiße, gleich große Pünktchen, die in ziemlicher Zahl im Kammerwasser schwammen. Auch hier waren via Kammerwasser Zellen speziell nur an die gequetschte Partie angelockt worden. Wahrscheinlich wies die letztere eine Klebsubstanz auf, ein Exsudat, dieses wäre das Primäre, die Präcipitierung das Sekundäre. Im regredienten Licht erwiesen sich die Pünktchen als Tröpfchen (wahrscheinlich Lymphocyten). Auf 0,04 mm kamen mindestens 3 Stück, so dicht saßen sie. Folgenden Tages waren sie verschwunden.

Ein recht seltenes Explosionsbild bot am 30. 11. 23 die Hornhaut des 24jährigen stud. chem. Lo. Arthur, der 19 Stunden vorher eine Reagensglasexplosion erlitten hatte. Im oberen Hornhautdrittel ist ein oberflächliches horizontales Trübungsband zu sehen (Epithelverätzung?), das oben und unten begrenzt ist von zwei *oberflächlichen* scharfen geraden Schnittlinien. (Untersuchung hatte durch den Assistenzarzt Dr. HAEMMERLI schon ½ Stunde post trauma stattgefunden.) Heute sind genau parallel den superfiziellen Schnittlinien 2 Descemetiauflagerungslinien zu sehen, die aus Tröpfchen bestehen, wie sie ähnlich die TÜRKsche Linie aufweist (eine solche ist gleichzeitig an normaler Stelle angedeutet).

Die Distanz der beiden waagrechten Tröpfchenstreifen beträgt 0,6 mm, ihre Dicke überall gleichmäßig 0,04—0,06 mm. Die Tröpfchen sind im fokalen Licht weiß, zeigen also das Verhalten von Einzelzellen. Im Kammerwasser zirkulieren dieselben Punkte.

Es ist in diesem Falle die chemotaktische Anlockung von Einzelzellen durch die *superfiziellen lädierten* Hornhautstellen in geradezu exakter geometrischer Darstellung veranschaulicht.

Es sei hier an die in Abb. 484 dargestellte Zellanlockung durch tiefe Hornhautgefäße erinnert.

2. Risse der M. Bowmani.

Abb. 522. Risse der M. Bowmani durch Kontusion.

Isolierte derartige Risse sind sehr selten und schwer zu diagnostizieren. Es frägt sich, ob solche Risse ohne Zerreißung des Epithels und Parenchyms überhaupt vorkommen. Abb. 522 gibt Risse oder rißähnliche Linien wieder, die radiär von einer vertikalen Rißlinie ausstrahlen.

52jähriger Rudolf Bo., dem vor 7 Monaten das Heft eines Instrumentes gegen das linke Auge sprang und eine nasale und obere ausgedehnte Iridodialyse (von 8 Uhr bis 12 Uhr) hervorrief. In der temporalen Hornhaut zwei superfizielle vertikal-lineare, parallele Trübungslinien, im oberen Drittel der temporalen Hornhaut eine verdichtete Stelle, von der aus die rißähnlichen Linien (Abb. 522) strahlen. Im dünnen Schnitt ist allerdings erkennbar, daß die spaltähnlichen Linien nicht überall im Bereiche der BOWMANschen Membran, sondern zum Teil etwas tiefer liegen. Die dunklen Spalten sind in leicht trübes Gewebe gebettet. Im regredienten Licht erscheinen sie als Glaslinien. Auch in der übrigen Hornhaut einige *auffallend geradlinige* Trübungsstreifen mit Sitz in der Gegend der M. Bowmani.

Im Laufe von vier Jahren blieb dieser Befund konstant.

Im Gegensatz zu den Descemetirissen fand ich Risse der M. Bowmani ausschließlich nur nach Traumen, bei Explosionsverletzungen, dann dreimal nach Kontusion mit einem Holzstück. In den letzten Fällen standen sie mehrheitlich vertikal, waren zum Teil geknickt oder verzweigt. Sie stellten graue Streifen dar, die im regredienten Licht Glaslinienglanz gaben und die jahrzehntelang sichtbar bleiben können. (Der 40jährige Dr. Sch. z. B. erlitt als 22jähriger Student eine Holzstückkontusion seines linken Auges. Noch jetzt (9. 12. 21) Glaslinien im Bereiche der BOWMANschen Membran.)

b) Glassplitter in der Hornhaut.

Abb. 523. Glassplitterverletzung der Hornhaut.

Bei Zertrümmerung seiner Brille durch einen Transmissionsriemen drangen dem 61jährigen Johann Le. winzige Glassplitter in die rechte Hornhaut. Ein Teil der Splitter wurde sofort durch Wegwischen, dann durch Wegkratzen entfernt. Trotzdem blieben eine größere Anzahl im oberflächlichen und mittleren Parenchym stecken, die reizlos einheilten.

Wie Abb. 523 zeigt, sieht man Glassplitter am leichtesten im regredienten Licht (Irislicht und Linsenlicht). Der größte Splitter nasal (oben) mißt in der Fläche bloß 0,12 zu 0,25 mm, Dicke noch erheblich geringer. Die Splitter zeichnen sich in diesem Licht durch die scharfe Abgrenzung lichter, durchsichtiger Partien gegen dunkle Stellen ab. Im fokalen Licht sieht man gelegentlich Reflexe.

Ohne Spaltlampenmikroskop sind solche kleine Glassplitter nicht nachweisbar.

Kleine Glassplitter können reizlos in die Hornhaut einheilen. Noch bekannter ist dies von den Steinsplittern. Die „Steinhauercornea" ist meist dicht mit weißen bis farbigen Splitterchen bespickt, die oft bis ins mittlere Parenchym gehen, meist aber oberflächlich sitzen und von Blutkörperchengröße bis zu 100 Mikra und mehr variieren. Die Berufsart kann in diesen Fällen an Hand des Hornhautbefundes diagnostiziert werden.

c) Frische und geschlossene Hornhautepitheldefekte. Epithelschädigungen durch Ultraviolett.

Frische und epithelialisierte Oberflächendefekte (nach F. K.-Entfernung usw.) zeigen lebhafte Epithelbetauung, häufig grauweiße diffuse *Staubpünktcheninfiltration* des angrenzenden Parenchyms (*lockere Zellinfiltration*, vgl. Abb. 548, 549), ferner bei tieferen Verletzungen und bei Infektionen umschriebene *Parenchymverdickung* (Nachweis der letzteren mit verschmälertem Büschel), seltener lokale, gelegentlich mehrere Tage oder Wochen sichtbare *Descemetifaltung* (solche kann bei jedem tieferen Infiltrat auftreten und weit über dasselbe hinaus, ja über die ganze Cornea reichen, wodurch Sehstörungen entstehen können).

1. Epithelschädigungen durch Ultraviolett.

Abb. 524—526. Epithelschädigung durch (kurzwelliges) Ultraviolett.

24jähriger cand. med. S., mehrtägige Arbeit an der Hg-Dampflampe, bis gestern. Heute früh (16. Nov.) lebhaftes Blendungs- und Fremdkörpergefühl, Lichtscheu,

Abb. 523—530. Tafel 63.

Vogt, Spaltlampenmikroskopie. 2. Aufl. Verlag von Julius Springer, Berlin.

Tränen, gemischte Injektion beiderseits. In der oberflächlichsten Hornhautschicht im Lidspaltenbereich beiderseits zahllose unregelmäßig eckige und rundliche, grauweiße Fleckchen und Punkte, Größe 10—40 Mikra (Abb. 524—526, fokales und regredientes Licht, 524 rechtes Auge, 526 linkes Auge, 68fache Linearvergrößerung).

Im regredienten Licht sieht man massenhafte Epitheltropfen von ungleichmäßiger Größe. Sie sind dichter und zahlreicher, als den Fleckchen im fokalen Licht zu entsprechen scheint. Endothelspiegelung überall erhalten.

Mit Fluorescein allgemeine Grünfärbung der Corneaoberfläche.

Im Laufe der nächsten 4 Tage Rückgang der Veränderung. Nach 4 Tagen noch etwas Ciliarinjektion, weiße Flecken und Tröpfchen spärlicher (Abb. 525). Einige Tage später Befund negativ.

Mehrere weitere Fälle von Corneaschädigung durch das Licht eines elektrischen Stahlschmelzofens, der Hg-Dampflampe und des Hochgebirges ergaben einen ähnlichen Spaltlampenbefund.

Charakteristisch für diese Art Epithelschädigung ist, daß die Beschwerden erst mehrere Stunden nach Einwirkung der Strahlen auftreten. Als schädigende Strahlen kommen nach unseren Untersuchungen lediglich die Wellenlängen kleiner als 310 Millimikra in Betracht. (Vgl. die Arbeiten von Trümpy[243]) und von Bücklers[244]) aus meinem Institut.)

Dichtstehende graue Epithelherdchen der Hornhaut ganz ähnlicher Art, die sich mit Fluorescein lebhaft färbten, sah ich vereinzelt auch bei infektiöser akuter Conjunctivitis.

2. Artefizielle Epithelschädigungen.

Abb. 527—528. Artefizielle Epithelschädigung der Hornhaut.

Die künstliche Epithelschädigung durch Hysterische und Simulanten liegt häufig im unteren und mittleren Hornhautabschnitt und zeigt zierliche Strich-, Punkt- und Buchstabenform. Die Defekte färben sich mit Fluorescein und sind sehr vergänglich (Verschwinden unter Okklusiv-Stärkeverband).

Die 17jährige Emma Stir. behandelte ich schon früher wegen gelegentlicher Reizung beider Augen. Stets wies der untere Hornhautabschnitt zierliche graue, mit Fluorescein sich färbende Trübungsfiguren auf (Abb. 527), die von Tag zu Tag wechselten und den Verdacht auf artefizielle Erzeugung erweckten. Zeichen von Hysterie bestanden bei dem gesunden, kräftigen Mädchen nicht. Nach Jahr und Tag fühlte sie sich veranlaßt, die eigentümliche Art und Weise, wie sie diese Trübungen erzeugte, zu offenbaren. Sie selber und ihr Bruder besitzen die Fähigkeit, durch Blick nach unten und eine leichte Zusammenziehung des Orbicularius das Unterlid *willkürlich* einwärts zu rollen, so daß sämtliche Cilien desselben auf der Hornhaut schleifen. Diese Prozedur konnte die Patientin in jedem Moment vorführen, während bei normalem Blick nach unten das Unterlid und seine Cilien völlig normal standen.

Abb. 527 gibt die Hornhaut dieses Falles bei 4facher Vergrößerung wieder, Abb. 528 zeigt die Trübungspunkte und Streifen nach Fluoresceinfärbung bei 37facher Vergrößerung. Die Breite der Linien und Punkte beträgt meist 20—40 Mikra. Die runden Fleckchen entsprechen der Größe nach wohl einzelnen Epithelzellen. Sie weisen manchmal einen gewissen Glanz auf.

Abb. 529—530. Wechselnde Epithelfiguren, vielleicht artefizieller Art.

Die 20jährige ledige Emma Me. beobachteten wir mehrere Wochen lang in der Klinik wegen immer wiederkehrender zierlicher linearer Epithelstrichelung, deren Form von Tag zu Tag wechselte, und die fast ausschließlich die Lidspaltenzone einnahm.

Gelegentlich bestand leichte ciliare Reizung, stets färbten sich die Figuren lebhaft mit Fluorescein. Sensibilität normal. Abb. 529 gibt die Figuren des linken Auges bei etwa 7facher Vergrößerung, Abb. 530 bei 25facher wieder.

Nach Okklusiv-Stärkeverband war das Epithel absolut intakt, auch sonst fehlten die Veränderungen an einzelnen Tagen vollständig, so daß der Verdacht der artefiziellen Erzeugung, z. B. durch künstliche Einwärtsdrehung des Lides, sehr nahe liegt. Fremdkörperpartikel, wie sie in derartigen Fällen sonst vorkommen, z. B. Sand, Steinchen bei sog. „Conjunctivitis petrificans", Grießkörner und ähnliches waren nicht nachzuweisen.

Abb. 531. Vorübergehende Epithelschädigung durch eine auf der Hornhaut reibende Cilie bei Trichiasis.

Derartige vorübergehende, mit Fluorescein sich färbende Epithelveränderungen, wie sie in Abb. 527—530 abgebildet sind, erzeugt auch die *einzelne* auf der Hornhaut reibende Cilie, wie Abb. 531 lehrt.

Die Veränderungen nach Aufsetzen des *Tonometers* sehen manchmal ähnlich aus. Man sieht besonders deutlich den Abdruck des Gleitstabes.

d) Die rezidivierende Hornhauterosion.

Abb. 532—547. Die rezidivierende Hornhauterosion.

Diese gibt am Spaltlampenmikroskop regelmäßig ein überaus typisches Bild, auch in jenen nicht seltenen Fällen, in denen die bisherigen Methoden objektiv versagen. Charakteristisch sind *Tröpfchen und Schläuche* (Abb. 532), welche im regredienten Licht (Iris- und Linsenlicht) zutage treten. Im fokalen Licht imponieren die betreffenden Stellen als graue bis grauweiße, oft schwer sichtbare Herdchen. Fluorescein nimmt die kranke Stelle während des Rezidivs häufig, aber nicht immer, an.

Im rezidivfreien Intervall fand ich wiederholt, daß der im regredienten Licht ausgezeichnet sichtbare Tröpfchenherd *von dem Fluorescein unberührt blieb*. In der fluoresceingrünen Hornhautvorderfläche blieb dieser Herd *ausgespart, farblos*. Nach wiederholtem neuem Applizieren des Fluoresceins färbte sich dann manchmal (nach 5—10 Minuten oder später) nur eine um den Herd herum gelegene Ringzone, der Herd selber blieb ungefärbt.

So z. B. bei der 40jährigen Frau Dr. Sch., welche vor 1½ Jahren eine Fingernagelverletzung durch ein Kind erlitt, rechtes Auge, 0,1 mm breite, 0,15 mm hohe Tröpfchengruppe gegenüber dem nasalen unteren Pupillenrand, letzter Anfall vor mehreren Tagen, jetzt reizfreier Zustand. Im fokalen Licht erscheint der Herd grau, im regredienten ist er aus 10—15 Tröpfchen zusammengesetzt.

Diese Aussparung bei Fluoresceinanwendung weist auf chemische Besonderheiten des Herdes hin. Man kann an das Vorhandensein lipoidlöslicher oder ähnlich wirkender Substanzen denken, welche die Aufnahme des Fluoresceins verhindern.

Abb. 532 und 533. Rezidivierende Hornhauterosion.

48jähriges Fräulein Br. A. Verletzung vor 4—5 Jahren durch ein Lorbeerblatt im Garten. Seither in längeren Intervallen mehrfache Entzündungen, zweimal z. B. im Laufe des letzten Jahres. Seit zwei Tagen frisches Rezidiv: Fremdkörpergefühl, leichtes Lidödem, Blendung, Ciliarinjektion. Pupille im Halbdunkel im Vergleich zu der anderen etwas verengt[*]. Mit Spaltlampe bei direkter Belichtung eigentümliche, oberflächliche graue Stellen im untersten Pupillargebiet der Hornhaut, die sich mit Fluorescein grün färben (Abb. 533, Übersichtsbild) und im regredienten Licht das Tröpfchenbild der Abb. 532 ergeben, in welchem die Tröpfchen in einer streifenförmigen Zickzackzone angeordnet sind. Ausdehnung in horizontaler Richtung 2,7 mm, vertikale Streifenbreite 0,2—0,4 mm.

Die Tröpfchen (Abb. 532, Ok. 2, Obj. A 2) sind bald größer (bis 0,1 mm), bald feiner, bald mehr rund, bald länglich bis lanzettlich verzogen und vielfach zu Reihen geordnet. Doch sieht man, was besonders bezeichnend ist, auch außerhalb der eigentlichen Zone vereinzelte, ganz zerstreute Tröpfchen, Stellen entsprechend, die sich mit Fluorescein ebenfalls grün färben (Abb. 532). Es sind also ganz isolierte kranke Zellen und Zellgruppen auch noch außerhalb des eigentlichen Herdes vorhanden.

Die Abb. 532 entspricht dem Status 5 Tage nach Auftreten des Rezidivs. Die Erkrankung hatte sich im Laufe der letzten 3 Tage noch etwas ausgedehnt, ging dann unter Aristolvaselin allmählich zurück. Nach 10 Tagen nur noch vereinzelte mattgraue Stellen, die im regredienten Licht Tröpfchenbildungen zeigten.

Abb. 534. Rezidivierende Epithelerosion nach Fingernagelverletzung der Hornhaut.

Diese Verletzung ist bekanntlich besonders oft die Ursache einer rezidivierenden Erosion. Der 28jährige Herr Ul. konsultierte mich am 21. 3. 21 wegen Lichtscheu und Tränen im linken Auge. Einige Wochen vorher Fingernagelverletzung, bald nachher Heilung. 2½ mm oberhalb unterm Hornhautrand eine graue Stelle, die, wie der dünne optische Schnitt lehrt, etwas über die Umgebung prominiert. Im regredienten Licht (Abb. 534) 25fache Vergrößerung mißt die Stelle vertikal 1 mm, horizontal etwas mehr und setzt sich aus Tröpfchen und Schläuchen zusammen. Letztere bilden hauptsächlich den *Rand* der schuhförmigen Trübung.

Chlorwassereinträufelung unter *Abrasio* der kranken Partie und fortgesetzte Chlorwassernachbehandlung bringt rasch Heilung. Doch sind noch 3 Wochen später feine Punktketten zu sehen, welche ich in Abb. 535 (fokales Licht) bei 25facher Vergrößerung wiedergebe. In Abb. 536 sind diese Punkte bei 68facher Vergrößerung dargestellt, rechts im fokalen Licht als weiße Pünktchen, links im Irislicht als feine Tröpfchen. Die Punkte entsprechen der Größe nach etwa einzelnen Zellen.

Solche Punkte nach durch Abrasio geheilter rezidivierender Epithelerosion sah ich manchmal noch viele Monate, ja gelegentlich sogar über ein Jahr lang. Wiederholt konnte ich feststellen, daß sie sich mit Fluorescein grün färbten. Zeitweise können sie noch zu leichtesten Beschwerden führen, häufig aber sind die Augen beschwerdefrei.

Ich vermute in den Pünktchen kranke, zurückgebliebene Einzelzellen oder Komplexe von solchen.

Abb. 537. Rezidivierende Hornhauterosion mehrere Monate nach Verletzung der rechten Hornhaut durch einen Baumzweig.

Der 34jährige Dr. med. Lö. hatte bald nach der Verletzung keine Beschwerden

---

[*] Ein häufiges Symptom auch der leichtesten Hornhautverletzung. Mit ihm hängt die Lichtscheu zusammen.

mehr. Alle paar Wochen oder Tage traten dann, besonders morgens, schmerzhafte Anfälle mit heftigen Reizerscheinungen auf. Die rechte Hornhaut unterhalb Mitte bietet im fokalen Licht die verwaschene spindelförmige Trübung der Abb. 537, links fokales, rechts regredientes Licht, die sich nur an einer umschriebenen Stelle deutlich grün färbt. Im regredienten Licht (Irislicht) eine zierliche aus Tropfen und Schläuchen zusammengesetzte Figur (Abb. 537, 25fache Linearvergrößerung). Der obere Teil besteht in der Hauptsache aus Schläuchen, der untere aus feinen Tröpfchen. Abrasio unter Aqua chlorata recente parata (officinalis) und Nachbehandlung mit dieser Lösung brachte Heilung.

Auch in diesem Falle waren im Laufe des folgenden Jahres ganz vereinzelte, zum Teil sich färbende Epithelpünktchen zu sehen, die hin und wieder minimale Fremdkörpergefühle verursachten.

Abb. 538 und 539. Rezidivierende Erosion bei der 70jährigen Frau Lee.

Ok. 2, Obj. A 2. Verletzung links vor 2 Monaten durch den Fingernagel eines Kindes. Seither besonders nachts und morgens beim Erwachen schmerzhafte Rezidive. Man sieht im fokalen Licht die weißen Punkte und Ringlein der Abb. 538 im Epithel, Höhe unterer Pupillenrand. Im regredienten Licht die Tröpfchen der Abb. 539. Abrasio unter Chlorwasser, Heilung.

Abb. 540. Beispiel von über 16 Jahre lang rezidivierender Epithelerosion.

Der jetzt 52 Jahre alte Fürsprech K. Z. erlitt vor mehr als 16 Jahren eine Fingernagelverletzung seiner rechten Hornhaut durch ein kleines Kind. Später erfolglose Salbenbehandlung der damals auch von mir beobachteten Erosion. 1928 entschloß er sich zur Abrasio, nachdem die Erosion im Laufe der Zeit zu ziemlich ausgedehnter Trübung des angrenzenden Parenchyms und Sehstörung geführt hatte. Heilung unter Chlorwasserbehandlung. Die Trübung und der ausgesprochene *Astigmatismus corneae* bildeten sich innerhalb drei Monaten fast völlig zurück, die Sehschärfe stieg von etwa 0,3 auf 0,8. Seither beschwerdelos.

Die Diagnose der rezidivierenden Epithelerosion, die zweifellos auch heute noch vielfach nicht gestellt wird, weil die primitiven bisherigen Methoden einen objektiven Befund vermissen lassen und der Betroffene die belanglose Verletzung längst vergessen hat, ist durch die Spaltlampenmikroskopie enorm gefördert worden. Wichtig ist die Anamnese, vor allem die Meldung, daß das Fremdkörpergefühl und die Schmerzen nachts und besonders morgens früh, beim Erwachen, auftreten. Wichtig ist sodann für das Auffinden der Herde die Untersuchung im regredienten Licht. Wie erwähnt, kann die Fluoresceinfärbung versagen. Wie rätselhaft solche Fälle aussehen können, sei noch an einem Beispiel veranschaulicht.

Abb. 541—544. Multiple rezidivierende Erosionen der rechten Hornhaut bei der 51jährigen Frau de P.

Neuralgische Schmerzanfälle rechts, besonders nachts und morgens früh beim Erwachen, seit über einem Jahre. Die nervös-veranlagte Patientin ist durch diese Anfälle stark heruntergekommen. Eine Verletzung fand angeblich nie statt. Die zahlreich konsultierten Ophthalmologen nahmen in der Mehrzahl eine neuropathische Anlage, zum Teil eine toxische Ursache der Beschwerden an. Einzelnen derselben waren feine lokale Veränderungen des Hornhautepithels aufgefallen. Im fokalen

Abb. 531—545. Tafel 64.

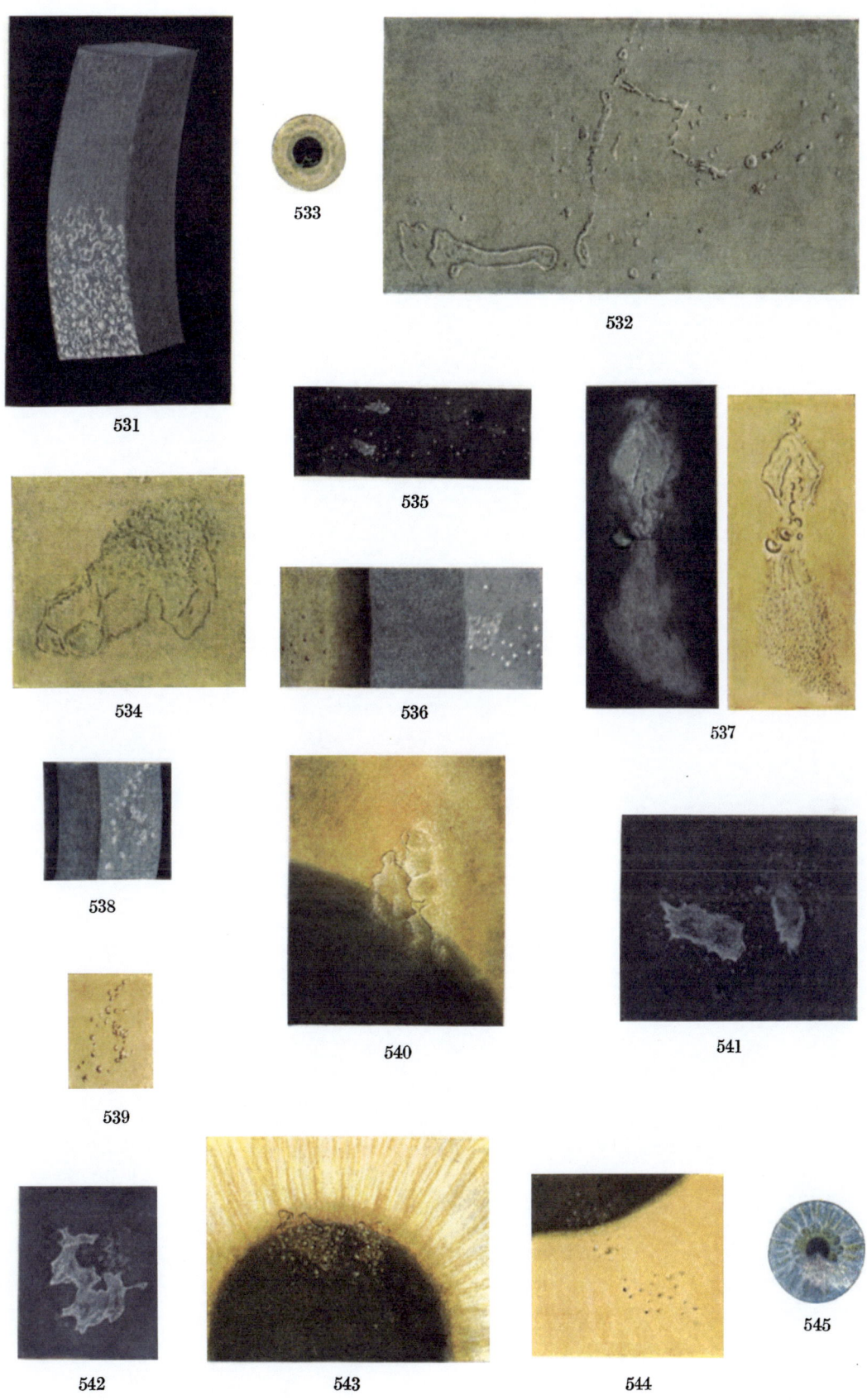

Vogt, Spaltlampenmikroskopie. 2. Aufl. Verlag von Julius Springer, Berlin.

Licht fand ich gegenüber dem *oberen* Pupillarsaum die blaßgrauen Trübungsflecken der Abb. 541, an anderen Tagen hatte die Trübung die Form der Abb. 542. In beiden Fällen gruppierten sich um die Trübung graue Punkte (Abb. 541 und 542, Ok. 2, Obj. A2). Im regredienten Licht (Abb. 543, schwache Vergrößerung) erkannte man, daß die Herde aus Tropfen, Linien und Schläuchen bestanden. Da ich trotz der negativen Anamnese rezidivierende Erosion vermutete, machte ich Abrasio unter Chlorwasser. Es trat Heilung ein. Nach Monaten kam aber die Patientin mit einem Rezidiv. Die sorgfältige Untersuchung ergab nun, daß zwar die abrasierte Stelle geheilt war, daß aber gegenüber dem *unteren* Pupillarsaum zwei Tropfengruppen bestanden (Abb. 544), die ich vielleicht bei der ersten Untersuchung übersehen hatte, oder die damals zufällig nicht sichtbar gewesen waren. Ich führte daher die Abrasio auch an dieser Stelle aus und erzielte damit dauernde Heilung, die heute seit drei Jahren besteht.

Auch im vorliegenden Fall hatte Fluorescein stets ein negatives diagnostisches Resultat gehabt. Es können bei rezidivierender Erosion neuralgische Attacken bestehen, ohne daß eine Herdfärbung zu erzielen ist.

Abb. 545—547. Schwere Epithelquetschung mit rezidivierender Erosion und nachfolgender Hornhautdystrophie.

Die 43jährige Frau Anna We. erlitt vor 6 Monaten eine starke Quetschung der linken Hornhaut durch eine von ihrem 7jährigen Buben geschleuderte, gefaltete Zeitung. Zunächst Besserung der Beschwerden, dann neuralgische Anfälle nachts und morgens früh. Meist leichte Ciliarinjektion. Sechs Monate post trauma bestand das Bild der Abb. 545 (Übersicht der Trübung). Abb. 546 Trübung bei stärkerer Vergrößerung (fokales Licht). In der bräunlichgrauen diffusen Trübung massenhafte Vakuolen, die zum Teil zu Blasen verschiedener Form konfluierten. Im Grunde einzelner Blasen grauweiße flüssige Ansammlungen (vgl. den rechten Teil der Abbildung und den Text zu Abb. 335). Im dünnen optischen Schnitt sind die Blasen als Epithelblasen kenntlich (Abb. 547), das darunter gelegene Parenchym ist getrübt und verdickt (Abb. 547). Die Tension ist meist normal, zeitweise an der oberen Grenze. Abrasio brachte bedeutende subjektive Besserung, jedoch nicht Heilung*. Zu einer Trepanation (vgl. Text zu Abb. 151, 152) konnte sich die Patientin vorläufig nicht entschließen.

Der vorstehende Fall lehrt, daß eine schwere Hornhautquetschung unter Umständen ein an die FUCHSsche Epitheldystrophie erinnerndes Bild hervorrufen kann. Cornea guttata fehlt aber im mitgeteilten Falle.

Die tiefe dauernde Parenchymschädigung, welche durch Quetschung bedingte Epithelnekrobiosen zur Folge haben können, geht schon daraus hervor, daß bei schweren Formen der rezidivierenden Erosion das Parenchym durch Fluorescein bis in die Gegend der Descemeti sich färbt. Auch wenn die Schädigung circumscript ist, so können viele Rezidive schließlich das *ganze* Epithel in Mitleidenschaft ziehen. So z. B. bei dem 49jährigen Hans Nö., mit schweren Rezidiven (Fingernagelverletzung vor 4 Jahren), bei dem das Parenchym verdickt, das Epithel bis gegen die Peripherie rauchig getrübt ist. Axial ein lappiger Epithelfetzen. Fluorescein färbt das Epithel bis gegen die Peripherie, das Parenchym bis zur Descemeti. Prompte Heilung durch Abrasio unter Chlorwasser. Heilungsdauer heute 3 Jahre.

---

* Diese Besserung besteht auch noch heute, ein Jahr später.

e) Optischer Hornhautschnitt bei Quetschung der Hornhautoberfläche.

Abb. 548—549. Optischer Hornhautschnitt bei Quetschung und Zerreißung des Hornhautepithels.

Der 25jährige Herr Schn. erlitt vor 14 Tagen (12. 8. 24) durch ein Holzstück eine Hornhautquetschung mit starker Epithelläsion, die Abrasio nötig machte. Im mittleren Hornhautabschnitt heute eine feinhauchige Parenchymtrübung, die sich aus weißen Pünktchen zusammensetzt.

Die Deutlichkeit dieser Pünktchen hängt in diesem Falle, wie ganz allgemein bei diffuser Hornhautinfiltration, von der Einfall- und Beobachterrichtung ab. Die Punkte sind viel deutlicher, wenn das Licht von den betreffenden Hornhautlamellen regulär zurückgeworfen wird (Abb. 549), also in der Nähe des Spiegelbezirkes, als wenn unter anderem Winkel beobachtet wird (Abb. 548).

Wie weiter oben (Text zu Abb. 36 und 45) erwähnt, gilt das auch für die Sichtbarmachung der Membrana Bowmani. Sie ist dementsprechend in Abb. 549 sichtbar, in Abb. 548 nicht (die Abb. 548—549 stammen vom 29. 8. 24).

f) Verbiegungen und Zerreißungen der Cornearückfläche verschiedener Genese (Astigmatismus corneae posterior).

Wird bei der Durchleuchtung der Hornhaut mittels fokussierten Büschels der hintere Spiegelbezirk an einer ungewöhnlichen Stelle, also nicht neben dem vorderen Spiegel, sichtbar, oder zeigt er Verzerrungen, so kann das eine Folge von Astigmatismus corneae posterior, von Verbiegung der Hornhautrückfläche sein, z. B. durch perforierende Narben, Keratokonus. Ich betone jedoch ausdrücklich, daß ich über eine Reihe von Beobachtungen verfüge, in denen solche Verzerrungen und Verlagerungen des hinteren Spiegelbezirkes bei intakter Hornhautrückfläche nachweisbar waren. Ist nämlich die *vordere* Hornhautfläche verbogen, so wird sie das von der Rückfläche gespiegelte Licht entsprechend ablenken und so eine Verzerrung oder Verlagerung des hinteren Spiegelbezirkes vortäuschen können. Auch optisch differente Einlagerungen in die Hornhaut können denselben Brechungseffekt haben.

Ring- und kreisförmige, sowie unregelmäßige Verbiegungen im Endothelspiegelbezirk geben z. B. die Abb. 490 und 504, 553, 554, 556 und diejenigen des Keratokonus (Abb. 263) wieder.

1. Verbiegung durch Kontusion.

Abb. 550 und 551. Umschriebene, hochgradige Hornhautverdickung mit Vorwölbung der Rückfläche nach hinten durch Contusio bulbi, mit Hyphaema der Vorderkammer.

Der 39jährige Schlosser Pfi. erlitt vorgestern eine heftige Contusio corneae dextrae durch Geißelhieb. Abb. 550 gibt bei drei- bis vierfacher Vergrößerung die Hornhaut mit ihren Descemetifalten und dem 4 mm hohen Hyphaema wieder. Abb. 551 stellt einen dünnen Hornhautschnitt im Bereiche des Hyphaemas dar. Man beachte, daß

Abb. 546—556. Tafel 65.

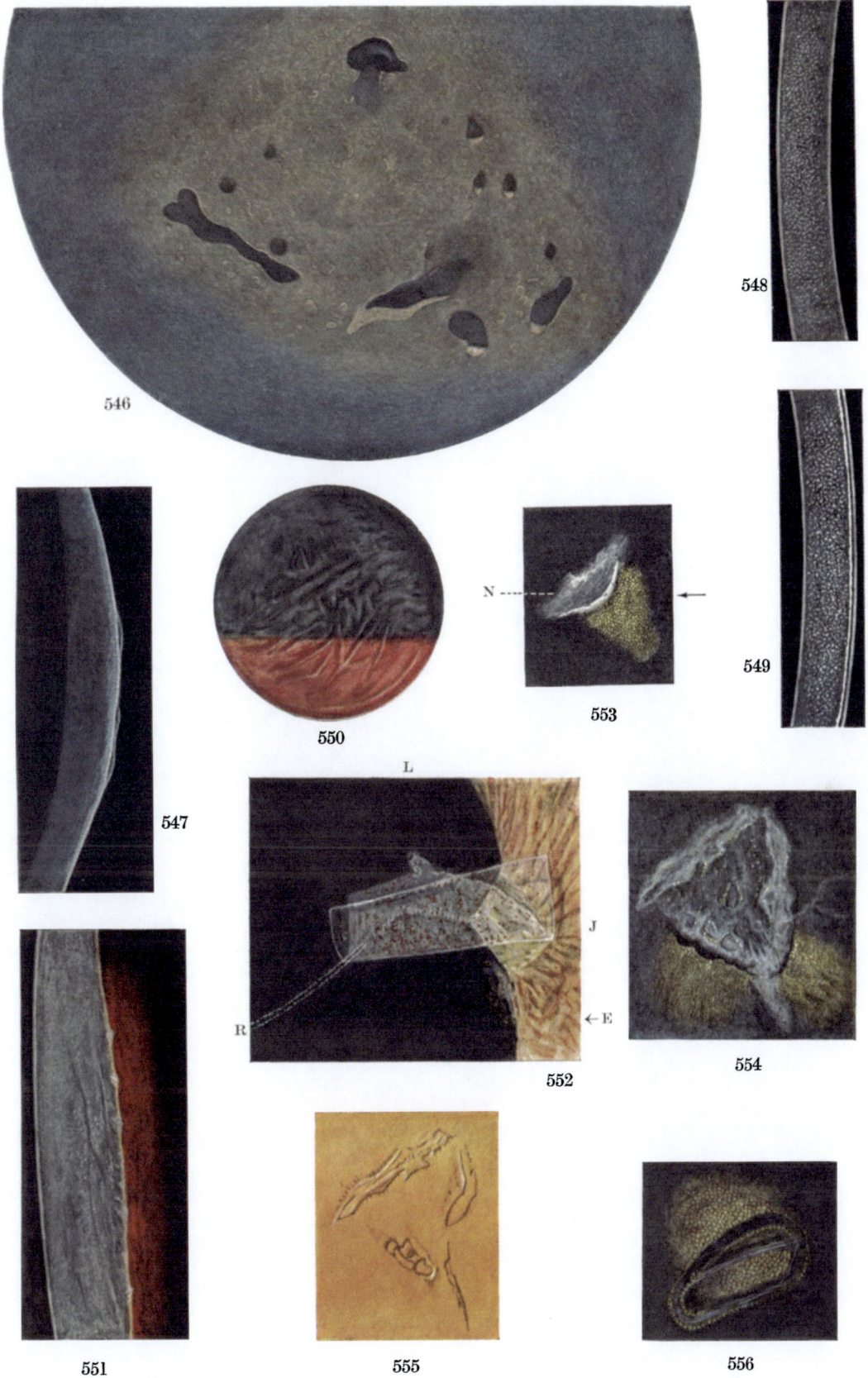

Vogt. Spaltlampenmikroskopie. 2. Aufl. Verlag von Julius Springer, Berlin.

die Verdickung kammerwärts gerichtet ist. Die weißen Stellen und leichten Prominenzen der Rückfläche sind *Faltenschnitte*. Im Parenchym einige dunkle, zum Teil verzweigte Längsspalten, dazwischen grauweiße Pünktchen.

2. Descemetiaufrollung.

Abb. 552. Aufgerollte Descemeti nach Verletzungen.

Solche Aufrollungen sind bereits klinisch und anatomisch mehrfach beschrieben. Sie werden mit der Spaltlampe besonders deutlich. Abb. 552 zeigt eine glasklare Descemetirolle, mit leichter Pigmentauflagerung, entstanden nach Trepanation bei flacher Kammer. (Künstlich lassen sich diese Ablösungen an beliebigen Tierbulbi erzeugen und an der Spaltlampe beobachten.)

J Iris, E Exsudatherdchen der Vorderkapsel, in der Mitte die mit etwas Pigment bestreute mächtige Descemetirolle, vorn an der Hornhaut, hinten an der Iris und Linse adhärent. R zwei Spiegellinien der Hornhautrückfläche. L Linse.

3. Narbenverkrümmung der Rückfläche durch Perforation.

Abb. 553. Narbenverkrümmung der hinteren Hornhautwand durch Perforatio corneae.

Die Verkrümmung erkennen wir an der verzerrten Form des hinteren Spiegelbezirkes.

Hornhautperforation vor 2 Jahren. Siderosis bulbi bei 26 Jährigem.

Schräg horizontale Perforationsnarbe N. Zufolge Verbiegung der Hornhautrückfläche tritt ein unregelmäßig geformter hinterer Spiegelbezirk auf, der sich dicht an die Narbe anschließt. Stellenweise sind die Endothelzellen in der Verkürzung zu sehen. Ok. 4, Obj. A 3. Beobachtung des Spiegelbezirkes.

Perforationsnarben enthalten häufig noch kleinste Partikel des perforierenden Körpers, was unfalltechnisch von Wichtigkeit ist. Entscheidend für die Diagnose „Perforation" ist der dünne optische Schnitt.

Abb. 554 und 555. Perforationsnarbe triangulärer Form mit hinterem Spiegelbezirk.

Die Ursache dieser zufällig entdeckten Perforationsnarbe der rechten Hornhaut des 32jährigen Herrn Kli. ist unbekannt. Abb. 554 fokales, 555 regredientes Licht. Man beachte die (schwarze) durch Niveauänderung gegebene Aussparung des Reflexes zwischen Narbe und Spiegelbezirk, Abb. 554. (Ähnliche Aussparungen des Spiegelbezirkes fand ich bei Kapselstaren, wo sie ebenfalls durch Änderung der Flächenkrümmung entstehen, s. Abschnitt Linse.)

Nach zwei Jahren Status idem. Es handelt sich wahrscheinlich um eine sehr alte Perforationsnarbe.

Abb. 556 und 557. Alte Perforationsnarbe der linken Hornhaut im fokalen und regredienten Licht.

37fache Vergrößerung, Abb. 556 zeigt die durch Eisensplitterperforation der linken Hornhaut bei dem 28jährigen Fe. Walter entstandene nasale Narbe bei Einstellung des Spiegelbezirkes (irregulärer hinterer Hornhautastigmatismus). Sehr hübsch sind einreihige Endothelzellen erkennbar, welche dem Reflexionsoptimum einer linearen Vorwölbung entsprechen (Descemetirißlinie, mit Endothel überdeckt). Die Narbe ist 0,25 mm breit und 0,6 mm lang. In Abb. 557 sieht man die Glaslinien im Irislicht. Ähnliche Befunde konnte ich bei perforierenden Hornhautnarben regelmäßig erheben. In gleicher Weise kann man den hinteren Hornhautstigmatismus regelmäßig auch bei *Keratokonus* feststellen. Bei fast beliebiger Lage von Lichtquelle und Beobachterauge ist irgendwo im Bereiche der Kegelspitze der hintere Spiegelbezirk zu sehen. Die für die Sichtbarkeit geltende optische Bedingung findet sich irgendwo im Bereiche der unregelmäßigen Krümmung verwirklicht.

4. Descemetirisse durch die Geburtszange.

Abb. 558a und b. Descemetirißlinien und Leisten durch Geburtszangenquetschung des rechten Auges.

52jährige Lina Kre. 10fache Vergrößerung, Abb. 558a fokales, Abb. 558b regredientes Licht. Rechtes Auge, Nystagmus horizontalis. Die Risse liegen im Niveau der M. Descemeti. In ihrer Umgebung bestehen unscharfe, wolkige, tiefe Gewebstrübungen (Abb. 558a, im regredienten Licht sind letztere nicht zu sehen). Im fokalen Licht erscheinen die Risse und Leisten als grauweiße scharf begrenzte Linien. Eine obere und untere Hauptleiste münden in ein mittleres graues wolkiges Trübungsgebiet, das unregelmäßige Descemetireflexe erkennen läßt. Im optischen Schnitt wellige Unebenheiten der Hornhautrückfläche, wegen des Nystagmus nicht genau lokalisierbar. Im regredienten Licht machen die leistenförmigen Unebenheiten den Eindruck von Glasleisten: Eine glänzende, lichtstarke Linie ist auf der einen Seite begleitet von einer schwarzen Schattenlinie, auf der anderen von einem grauen Band.

Hornhautdurchmesser 12 mm, Brechkraft rechts vertikal 47 D, horizontal 39 D, links 44,5:45 D.

RS = 1/60 ohne Glas,
LS = 4/60 mit − 14,0 D,
myopische Fundusdegeneration beiderseits.

Rißlinien und Leisten ähnlicher Art nach Geburtstrauma sind mehrfach beschrieben.

5. Descemetiriß durch Quetschung.

Abb. 559a und b. Querer alter Descemetiriß durch Quetschung vor vier Jahren (Stoß gegen einen Stuhl).

16jährige Emma Bru., Beobachtung durch Frl. Dr. ROHNER. Die Rißränder sind stark auseinandergewichen (Abb. 559a). *Der untere Rißrand hängt frei in die Vorderkammer*, wie der optische Schnitt Abb. 599b einwandfrei lehrt. Das braune Pigment, das man in Abb. 559a als Linie sieht, sitzt im Grund der *Tasche*, welche die abgerissene Descemeti bildet, Abb. 559b.

Ophthalmometrisch links im 175° Meridian 45 D, senkrecht dazu 46,5 D, rechts dagegen *inverser* Astigmatismus: 45:44,5 D, somit leichte Applanatio corneae im vertikalen Meridian, als Folge des queren Descemetirisses.

Bulbi und Hornhäute beiderseits von normaler Größe.
Visus rechts = 5/6, links = 6/6, annähernde Emmetropie.

6. Die kryptogene Hornhautperforation.

Ein in der Zeit vor Anwendung des fokussierten schmalen Büschels kaum bekanntes, aber unfalltechnisch wichtiges Krankheitsbild ist die *kryptogene Hornhaut-*

Abb. 557—564. Tafel 66.

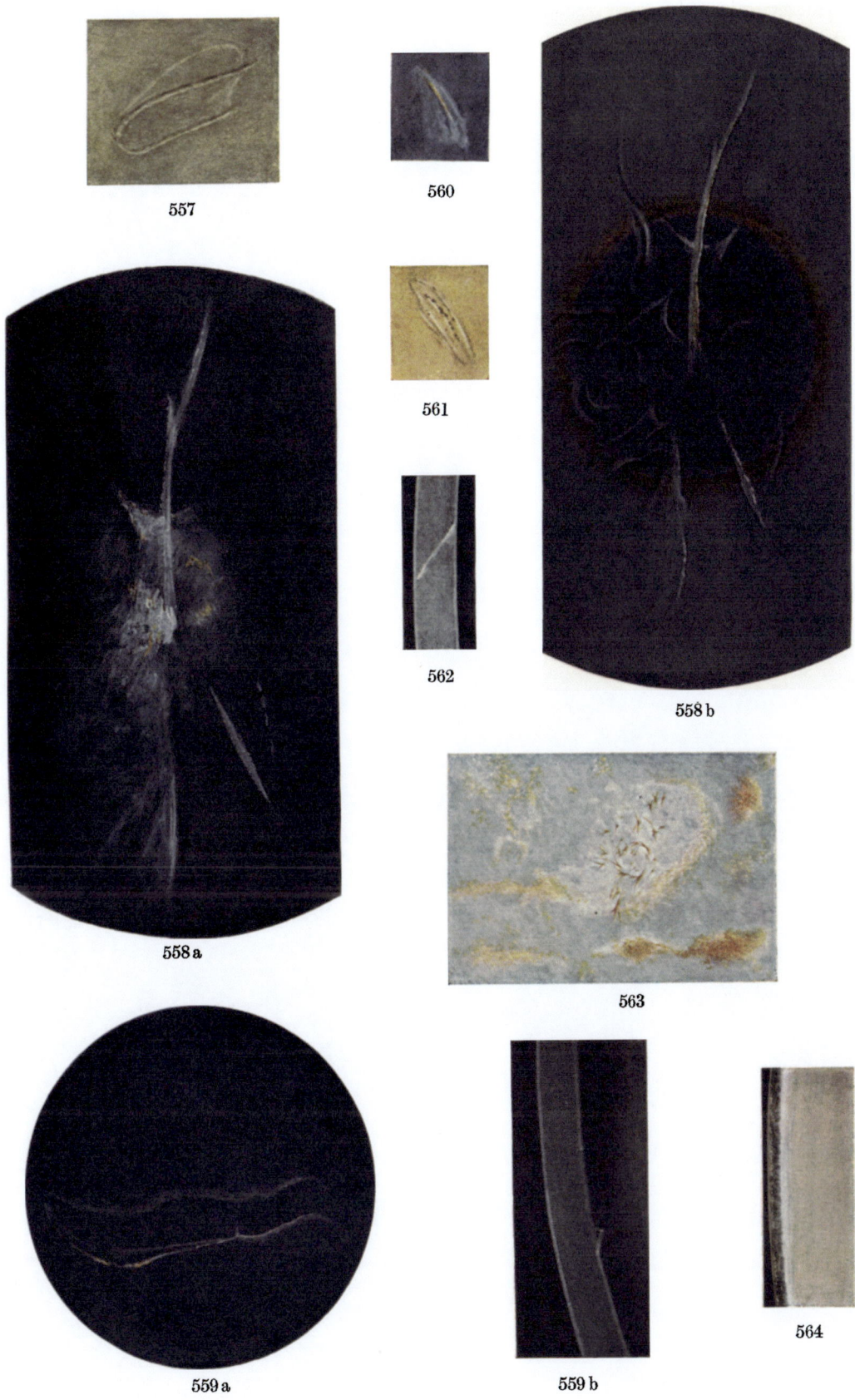

Vogt, Spaltlampenmikroskopie. 2. Aufl. Verlag von Julius Springer, Berlin.

perforation. Mit den Methoden, wie sie in der Zeit *vor* Verwendung des dünnen optischen Schnittes, also auch noch in den ersten 7 Jahren nach Erfindung der Spaltlampe, im Gebrauch waren, läßt sich die kryptogene Perforation nicht oder doch nicht mit Sicherheit feststellen. Zu ihrem Nachweis ist der dünne scharf begrenzte optische Schnitt, *der die Narbe bis in die Descemeti verfolgen läßt,* unerläßlich.

Ich fand diese dem Patienten nicht bekannte Perforation seit 1919 in nicht weniger als 15 Fällen. Meist wurde der Befund ganz zufällig erhoben. Mehrfach beschränkte sich derselbe ganz ausschließlich auf die Hornhaut. Nur einmal war die Iris an der Perforationsstelle adhärent. In 4 Fällen war die Linse verletzt und es bestand infolgedessen umschriebene oder allgemeine Katarakt. In allen anderen Fällen, die teils der Poliklinik, teils der Privatpraxis entstammen, handelte es sich um eine relativ kleine Perforationsnarbe, von etwa 0,5 bis höchstens 2,0 mm. Die Ursache der Perforation waren in zwei Fällen Eisensplitter. In sämtlichen Fällen gab der Patient an, niemals eine Verletzung erlitten zu haben, in 10 Fällen = 80% war auch objektiv kein Anhaltspunkt für die Verletzungsursache zu finden.

Der Umstand, daß der Patient sich in keinem Falle erinnert, irgend einmal eine Verletzung durchgemacht zu haben, weist darauf hin, daß die Verletzung vielfach in die Kinderjahre fällt (Verletzung mit Nadeln, Splittern oder anderen spitzen Gegenständen).

Bei der Kleinheit der Verletzung dürfte es, ähnlich etwa wie bei einer Diszission, nicht zu nennenswertem Abfluß des Kammerwassers gekommen sein, ein Umstand, der zur relativen Symptomlosigkeit beitrug. Bedenken wir, daß recht viele Patienten an der Spaltlampe umschriebene alte Hornhauttrübungen, z. B. Fremdkörpermaculae aufweisen, also Zeugen überstandener, vielleicht Tage oder Wochen dauernder Keratitis, daß sie sich aber überhaupt nicht mehr irgendeiner Augenaffektion erinnern, so wird uns die kryptogene Hornhautperforation psychologisch verständlich.

Will man die Kontinuität der Perforationsnarbe von der BOWMANschen bis zur DESCEMETschen Membran sicher ermitteln, so benütze man dazu das *streng fokussierte, stark verschmälerte Büschel* und taste mit diesem den Narbenbereich sukzessive ab. Das geschah auch im Falle der Abb. 554. Man legt auf diese Weise gewissermaßen *histologische Serienschnitte durch die Narbe* und ist in der Lage, ihre ganze Ausdehnung des genauesten zu analysieren.

Nicht streng beweisend für die Perforation sind die im regredienten Licht sichtbaren Glaslinien (Abb. 555 und 557), die ich allerdings in diesem Lichte bei Hornhautperforation nie vermißte. Es kommen aber solche Linien gelegentlich auch in der Gegend der M. Bowmani vor (vgl. Abb. 522).

Der erste Fall derartiger kryptogener Perforation ist oben in Abb. 554 beschrieben.

Die weiteren Fälle (1919—1925) sind folgende:

2) 1919. Italienischer Arbeiter Mar. Gio. Perforationsnarbe der Cornea, Patient weiß nichts von einer Augenverletzung. (Weitere Aufzeichnungen fehlen.)

3) 3. Oktober 1921. Frau Eg., 68 Jahre, Rußlandschweizerin, lineare Perforationsnarbe in der Nähe des Hornhautrandes. Descemeti im Bereiche der hinteren Perforationsstelle eingezogen. Am Rande der Einziehung sitzen 4 glasige Excrescenzen mit gestielter oder doch verjüngter Basis. Die Frau weiß nichts von Verletzung oder Erkrankung.

4) 9. 6. 22. Schu. Armand, 1902. Alte Perforationsnarbe der linken Hornhaut unten nasal, 2 mm lang, radiärgestellt, unteres Ende ¼ mm vom Limbus entfernt. Als Fremdkörperreste einige oberflächliche, feine, weiße Pünktchen. Descemeti perforiert. Weiß nichts von einer Verletzung des linken Auges.

5) 16. 12. 22. Bernhard Kö., 20 Jahre, Schmied. Links parazentral (leicht temporal) trianguläre Hornhautperforationsnarbe mit streifig unregelmäßigen Descemetireflexen. Durchmesser der Gesamtnarbe 0,7—0,8 mm. Schräg gegenüber, etwas mehr temporal, eine superfizielle Perforationstrübung der vorderen Linsenrinde, mit intensiv weißen Streifchen. Die Trübung sitzt im Abspaltungsstreifen, ist also von der Kapsel etwas abgedrängt. Um die Trübung ein schön regelmäßiger dunkler Hof, an den sich wieder eine leichte Trübung anschließt. Der Chagrin ist über dieser Trübung von höchst unregelmäßiger Zeichnung, von dunklen Bogenstreifen durchsetzt. Übrige Linse ohne Besonderheit, wenn wir von peripheren physiologischen Punkttrübungen absehen. Patient weiß nichts von einer Augenverletzung.

6) Ma. Schm., 5 Jahre. Schlechtes Sehvermögen seit einigen Tagen. Partialkatarakt. Feine lineare Perforationsnarbe der rechten mittleren Hornhaut, ebenso Vorderkapselnarbe. Später Totalkatarakt. Nach Extraktion der Katarakt werden ein normaler Glaskörper und Augenhintergrund sichtbar.

7) We. Berta Pol. 8423/1923, 43jährig. Rechts temporal lineare horizontale Perforationsnarbe der Hornhaut, bei 9 Uhr, in dichter Nähe des Limbus. Die Iris adhäriert an der Narbe. Pupille leicht temporal verzogen. Patientin weiß nichts von einer überstandenen Verletzung.

8) 5. 2. 24. Johann Sch., Wagner, 1874. Rechts unten 0,5 mm lange Perforationsnarbe, in der Descemeti 0,25 mm lang. Hatte angeblich nie eine Verletzung erlitten.

9) 18. 2. 24. Ei. Hans. Perforationsnarbe der Hornhaut, gegenüber der Perforationsstelle ein Splitter auf der Iris. Pat. weiß nichts von einer Verletzung.

10) 12. 7. 24. Kind Berta Wi., 4jährig, Totalkatarakt rechts. Die Trübung der Linse wurde von der Mutter seit einigen Tagen beobachtet. Oberhalb Hornhautcentrum eine 0,7 mm messende feine Perforationsnarbe. Ihr gegenüber eine feine Linsenkapselnarbe, mit Pigment. Als ich die Linse linear extrahierte, kam aus der hinteren Rinde ein kleiner Eisensplitter mit, umgebende trübe Rinde rostig bräunlich. Heilung mit schwarzer runder Pupille, normaler Fundus. Von einer Verletzung wußten weder Kind noch Mutter etwas.

Abb. 560—564. (11. Fall.) Kryptogene Perforatio corneae mit Katarakt.

11) 25. 7. 25. Max Ei., 9 Jahre. Schlechte Sehschärfe rechts seit einigen Wochen. Feine, etwa 5 mm messende Perforationsnarbe der Hornhaut (Abb. 560, fokales Licht). In der Narbe bräunliches, offenbar von dem perforierenden Körper stammendes Pigment. Dieses ist noch deutlicher im regredienten Licht zu sehen (die schwarze Schattenlinie in Abb. 561. Man beachte ferner die typischen Glaslinien der Descemeti). Abb. 562 gibt einen optischen Schnitt durch die Perforationsnarbe wieder. Wie ersichtlich verläuft diese schräg von unten nach oben. Linse trüb. Im regredienten Licht der Spaltlampe ist in der Linse eine dunkle Stelle im Bereiche der hinteren Rinde zu sehen. Mittels Spaltlampenmikroskop unter der Linsenvorderkapsel einige feine gelbbräunliche, auf Siderosis verdächtige Stellen (Abb. 563). Daneben Sternchenpigment der Vorderkapsel (Abb. 563). Abb. 564 gibt den optischen Schnitt durch die vordere Rinde wieder. Man erkennt die dicht subkapsuläre Lage des gelbbraunen Pigments.

Zunächst befördere ich den Eisensplitter mittels Innenpolmagneten in die Vorderkammer. Linearschnitt oben, Extraktion des Splitters mittels dünnen Stiftes des Innenpolmagneten, dann sofort Linearextraktion der Linse mit Erhaltung der runden schwarzen Pupille. Fundus ohne Besonderheit. Von einer Verletzung war dem Knaben nichts bekannt.

12) 16. 6. 25. Herr Sch. Joh., 1892. Unterhalb rechtem Corneazentrum eine kleine alte Perforationsnarbe der Hornhaut, die Descemeti durchsetzend.

Patient hat angeblich nie eine Augenverletzung erlitten.

13) 20. 8. 25. Herr R., Pfarrer, geb. 1883. 2 mm messende Perforationsnarbe der rechten Hornhaut oberhalb deren Zentrum, mit irregulärer Spiegelung des angrenzenden Descemetiendothels. Weiß nichts von einer Verletzung.

14) 11. 1. 26. Albert Ly., 1874, Altersstarpatient. Rechts unten in Limbusnähe Perforationsnarbe (wahrscheinlich durch Stich), gegenüber ein Irisloch, und (bei weiter Pupille) alte weiße Kapsel- und Corticalisnarbe der Linse. Angeblich nie Verletzung.

Aus einer Reihe weiterer derartiger Beobachtungen, die ich 1926—1929 machte, greife ich noch folgende als 15. heraus:

Abb. 565 und 566. Kryptogene Perforatio corneae, iridis et lentis, mit siderotischer Katarakt.

15) Der 29jährige A. Schi. beobachtet seit 1½ Jahren links eine fortschreitende Abnahme des Visus. Ich finde links eine dichte hintere, zum Teil auch vordere Schalenkatarakt, rechts klare Linse. Eine Ursache ist nicht zu eruieren. Die Spaltlampenuntersuchung ergibt bei 8 Uhr winzige Perforationsnarbe (Abb. 565) der Hornhaut und gegenüber dieser Narbe einen kleinen Defekt in der Iris (Abb. 566, rostgelber Fleck links). Dicht subkapsulär in der vorderen Rinde der Linse bei 2 Uhr und 5 Uhr einige typische Rostherde (Abb. 566), die hauptsächlich nach Pupillenerweiterung zum Vorschein kommen. Bei stärker erweiterter Pupille waren noch mehrere solcher Herde zu sehen. Nasal eine intensiv weiße Subkapsulärtrübung (Kapselnarbe), Abb. 566. Iris ohne deutliche Siderosis. Die Anamnese ergibt, daß dem Patienten vor einem Jahr am *anderen* Auge ein *Hornhautfremdkörper* durch einen Arzt entfernt wurde. Sonst Anamnese negativ. Im Röntgenbild kleiner tiefliegender Fremdkörperschatten*.

Unter vorstehenden 15 Beobachtungen von kryptogener Perforation bieten diejenigen Fälle, in denen eine gröbere Sehstörung (durch Katarakt) auftrat, für den Spaltlampenbeobachter weniger Interesse. Denn in diesen Fällen hätte man schon ohne optischen Schnitt, lediglich aus Analogieschluß, eine etwa vorhandene Hornhauttrübung mit einer gewissen Wahrscheinlichkeit als Perforationstrübung ansprechen können. Nicht so in den anderen Fällen, in denen nur die Hornhaut verletzt war: *Die Diagnose war hier lediglich durch den optischen Schnitt möglich.*

---

* Die Behandlung des vorstehenden Falles gestaltete sich interessant. Nach Extraktion der Linse sah man den etwa 1 mm messenden Eisensplitter einige P. D. unterhalb Macula lutea. Er war anscheinend in der Sclera eingeklemmt und auch der stärkste Magnet vermochte diesen, seit 1½ Jahren durch Exsudat fixierten Splitter nicht von der Stelle zu bewegen. Auch die von mir[221]) angegebene subconjunctivale Einführung des Magnetstiftes bis an den Splitter heran, bei der die Eröffnung des Bulbus vermieden wird, vermochte den Splitter nicht zu lockern. Da das Auge ohne Entfernung des Splitters verloren war, entschloß ich mich zu folgendem Versuch: *Unter Kontrolle des Augenspiegels im aufrechten Bilde* führte ich durch die temporale Ora serrata eine feine Diszissionsnadel bis zum Splitter, lockerte diesen letzteren mittels der Nadelspitze, welche Lockerung ein feines metallisches Geräusch erzeugte. Es gelang mir diese Lockerung ohne Läsion des angrenzenden Fundus. Jetzt kam der Splitter beim ersten Extraktionsversuch, von einer rostbraunen Gewebshülle umgeben, in die Vorderkammer und wurde dort mittels Daviellöffel geholt. Heute, nach 2 Monaten, Gesichtsfeld intakt, weiße Narbe an Stelle des Splitters. Visus 0,5, H. 16,0. Einen Monat später jedoch tiefbraune Beschläge und Amotio retinae. Enucleation.

Diese Operation, die soviel ich sehe, noch nie ausgeführt worden ist, ist technisch nicht leicht, wird aber in verzweifelten derartigen Fällen versucht werden können.

Es ist kein Zufall, sondern hängt mit der Art der Beschäftigung zusammen, daß in den mitgeteilten 15 Fällen 12, also 80%, männlichen Geschlechtes sind.

Da die kryptogene Perforation, wie die mitgeteilten, größtenteils zufällig, bei Brillenbestimmungen gemachten Beobachtungen lehren, nicht so selten ist, kann sie bei Beurteilung von inneren Augenleiden in die Waagschale fallen. So sah ich einen 50jährigen mit beidseitiger, leichter schleichender Iridocyclitis, dem ein Augenunfall angeblich nie zugestoßen war, bei dem aber einer meiner früheren Schüler mittels Spaltlampenmikroskop links nasal unten eine wahrscheinlich sehr alte, glatte Perforationsnarbe der Hornhaut gefunden hatte, ohne daß die Uvea eine Verletzung aufwies. Ein Fremdkörper war nicht nachweisbar. Der Kollege war geneigt, sympathische Ophthalmie anzunehmen. Bei der negativen Anamnese erhob sich die Frage, ob nicht kryptogene Perforation vorlag und die Iridocyclitis in diesem Falle irgendeine andere Genese hatte.

g) Siderosis corneae.
1. Xenogene Siderosis corneae.

Abb. 567—570. Siderotische Hornhaut bei alter Siderosis bulbi.

Die rechte Hornhaut des 23jährigen Theodor Gu., dessen rechtes Corpus ciliare seit 5 Jahren einen kleinen (nur mit Hilfe meiner skeletfreien Röntgenmethode nachweisbaren) Eisensplitter aufweist*, erscheint im breiten Büschel leicht gelblich verfärbt (Vergleich mit der anderen Seite). Wesentlich deutlicher ist diese Verfärbung im Bogenlicht als im Nitralicht. Das Mikroskop lehrt, daß die Verfärbung zum Teil eine diffuse ist, zum Teil aber auch durch feinste gelbliche *Pünktchen* (Abb. 569) zustandekommt.

Sechs Jahre später waren die Pünktchen nicht mehr deutlich, dafür zeigten die oberflächlichen Parenchymschichten der Hornhaut winzige Körner und bogenförmige Linientrübungen in großer Zahl, die eine Länge von vielleicht 0,05 mm aufwiesen. Abb. 567 gibt im fokalen Büschel links diese zarten Linien- und Streifchentrübungen wieder. (Die zwei groben, runden Flecken sind alte Fremdkörpermaculae.) Wie der rechte Teil der Abbildung zeigt, sind die feinen Gebilde auch im regredienten Licht als zarte Schatten sichtbar.

Abb. 568 läßt erkennen, daß diese einzigartigen Strichelungen, die wohl auf Imprägnierung mit einem Eisenderivat beruhen, in der Hauptsache nur die *vorderen* Parenchymschichten betreffen.

Es ist das um so bemerkenswerter, als die siderotischen Veränderungen sich sonst mehr in den tiefen Schichten finden, wie dies Abb. 570 an einem ähnlichen Fall veranschaulicht. (Berlinerblaufärbung der eisenhaltigen Partien, Frl. Sch., Eisensplitterperforation vor 3 Jahren.) Damals angeblich negatives Röntgenbild und fehlende Magnetreaktion. Später Iridocyclitis und sympathische Ophthalmie. Der Splitter steckte im Corpus ciliare und wäre mit skeletfreier Röntgenaufnahme nachzuweisen gewesen. Neben einer diffusen Blaufärbung des tiefen Parenchyms sieht man in Abb. 570 dichter gefärbte Saftlücken. Auch im Endothel sitzen blaue Pünktchen.

In der Lidspaltenzone des Falles der Abb. 567 bestand vor 4 Jahren eine gelbe Hornhautpigmentlinie. (Vgl. denselben Fall im Text zur senilen Hornhautpigmentlinie, Abb. 118.)

---
* Der Fall wurde 1921 publiziert (Klin. Mbl. Augenheilk. **66**, 269).

Abb. 565—573. Tafel 67.

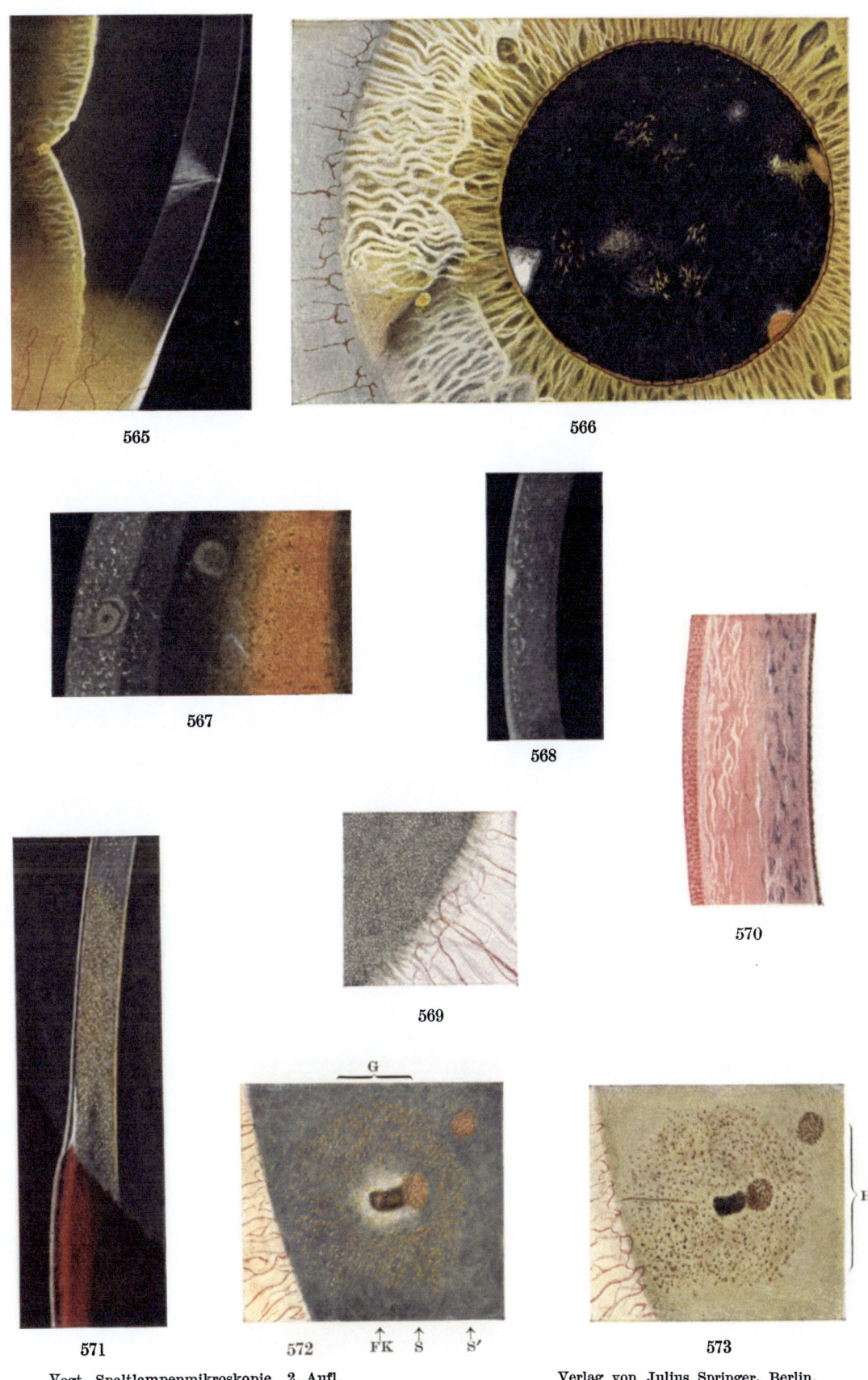

Vogt, Spaltlampenmikroskopie. 2. Aufl. Verlag von Julius Springer, Berlin.

2. Hämatogene Siderosis corneae.

Abb. 571. Hämatogene Gelbfärbung der Hornhautperipherie bei subconjunctivalem Hämatom.

Bei starkem, an den Limbus reichendem, subconjunctivalem Hämatom sah ich bisweilen eine gelbe Verfärbung des peripheren Hornhautparenchyms. So auf dem linken Auge des 54 jährigen Adolf Lu., der seit einigen Tagen ein kräftiges Hämatom der Bindehaut aufweist.

Das angrenzende Hornhautparenchym erscheint gelblich verfärbt, insbesondere die Körnchen des *Gerontoxons* zeigen eine gelbe bis orangefarbige Tönung (Abb. 571, dünner optischer Schnitt).

h) Verkupferung der Hornhaut (Chalkosis corneae).

Abb. 572 und 573. Kupferveränderungen der Hornhaut.

(Fall S. P. Von mir beschrieben*.) Im temporalen Teil der rechten Hornhaut, 1,25 mm vom Oberflächenlimbus entfernt (Abb. 572, F K.) steckt seit April 1915 (d. h. seit bald 6 Jahren) im mittleren bis tieferen Parenchym ein walzenförmig-höckeriger, an seinem vorderen Ende kupferrot glänzender Splitter, der nach der chemischen Untersuchung bei derselben Explosion eingedrungener Splitter (vgl. l. c.) aus nahezu reinem Kupfer besteht. Querdurchmesser des Splitters 0,16 mm, Längsdurchmesser etwa 0,24 mm. Der Splitter sitzt im Zentrum eines weißen gut begrenzten kreisrunden Hofes von 0,44 mm Durchmesser, G in Abb. 572, fokales Licht. Dieser Hof dehnt sich nicht nach allen Dimensionen um den Splitter herum in gleicher Weise aus, sondern beschränkt sich fast ausschließlich auf eine zur Lamellenrichtung parallele Scheibenzone, so daß er etwa einem Saturnringe vergleichbar ist. Im regredienten Licht (Abb. 573) ist dieser Hof, weil durchsichtig, fast vollkommen unsichtbar. Derartige grauweiße Höfe fand ich auch noch in zwei anderen Fällen von seit vielen Monaten in der Hornhaut steckenden Kupfersplittern, bei sonst reizlosem Bulbus, und es trifft die Angabe einzelner Autoren nicht zu, daß Kupfersplitter in der Cornea stets heftige Entzündungen erregen.

Auch das zweite Auge des hier beschriebenen Falles weist im oberen Hornhautabschnitt einen seit 6 Jahren vertragenen Kupfersplitter von 0,05 mm mit demselben weißen Hofe auf.

Was nun den vorliegenden Fall besonders auszeichnet, sind *kupfergelbrote Imprägnierungen des zugehörigen oberflächlichsten Hornhautabschnittes.*

Zunächst ist es ein aus Herdchen und Pünktchen von 0,01—0,05 mm zusammengesetzter, 2 mm Gesamtdurchmesser aufweisender Hof H der Epithelgegend und der Gegend der BOWMANschen Membran, der temporal bis zum Limbus reicht (Abb. 573). Dieser Pigmentpünktchenhof steht mit dem Splitter nirgends in direkter Berührung, da letzterer ja die Epithelzone nirgends erreicht. Der Splitter sitzt also genau hinter dem Mittelpunkt des Hofes, so daß an der Entstehung des letzteren durch den Splitter nicht gezweifelt werden kann. Bei Verwendung des verschmälerten Büschels ist ferner erkennbar, daß die Herdchen wahrscheinlich zum Teil im Epithel, in den zentralen

---

* VOGT, A.: Klin. Mbl. Augenheilk. 1921, Febr.-H., 275, ferner Graefes Arch. 106, 80 (1921).

dichtesten Partien des Hofes, jedoch auch noch im oberflächlichen Parenchym, anscheinend in der Gegend der BOWMANschen Membran, sitzen.

In diesem Pünktchenhofe sieht man zwei fast kreisrunde, kupfergelbrote Scheibchen S und S' (Abb. 572), ein oberes und ein unteres, beide vollkommen scharf, wie mit einem Trepan begrenzt, von 0,2 mm Durchmesser, in der Gegend der BOWMANschen Membran, vielleicht in dieser selbst liegend. In sagittaler Richtung sind die Scheibchen sehr dünn und es ist bei stärkerer Vergrößerung erkennbar, daß sie sich aus dichten, gelbroten Punkten zusammensetzen, die im unteren Scheibchen nach dem Splitter hin dichter werden (Abb. 573). Beide Scheibchen werfen einen scharfen zylindrischen rötlichen Schlagschatten nach hinten, bis zur M. Descemeti. Betrachtet man Pünktchen und Scheibchen im regredienten Licht, so erscheinen beide immer noch deutlich gelbrot.

Im ganzen Abschnitt des 2 mm messenden veränderten Bezirkes H ist das Corneaparenchym etwas verdickt (Nachweis mit schmalem Büschel), und zwar kommt die Verdickung durch Prominenz des Gewebes nach der Vorderkammer hin zustande. Es ist dementsprechend in der Umgebung der Prominenz der von mir beschriebene Spiegelringreflex der Hornhauthinterfläche vorhanden*.

Der Endothelbezirk im Bereiche der Prominenz hat einen lebhaften Stich ins Gelbrote (ob Eigenfärbung des Endothels oder dioptrische Wirkung der roten Herde vorliegt, läßt sich nicht sicher entscheiden).

Das Spaltbüschel, auf den gelbroten Gesamtherd geworfen, erzeugt auf der gegenüberliegenden (grauweißen) Irispartie kupfergelbrote Belichtung.

Im Verlaufe von ¾ Jahren keine Veränderung des mitgeteilten Bildes, abgesehen vielleicht von mäßiger Zunahme der roten Punkte.

Die hier geschilderte Beobachtung von Kupferveränderung der Cornea ist die erste ihrer Art. Es war bisher nur ein entzündungserregender Effekt des Kupfers auf die Hornhaut bekannt.

Eine Antwort auf die Frage der chemisch-physikalischen Natur der roten Verfärbungen und nach ihrem genaueren Zustandekommen vermögen wir heute noch ebensowenig zu geben, wie auf die Frage nach den übrigen bunten klinischen Bildern der Chalkosis.

Es liegt nahe, anzunehmen, daß der rote Farbstoff aus Kupferoxydul oder kupferoxydulhaltiger Verbindung besteht. Bei der kupferroten Färbung könnte man an eine Imprägnation bestimmter Zellen oder Zellgruppen, eventuell auch der BOWMANschen Membran, mit dem roten Kupferoxydul denken. Wie die beiden kreisrunden Scheibchen zustandekommen, dürfte ein Problem für sich darstellen.

(Über ähnliche und andere Formen von Hornhautverkupferung s. z. B. JESS [222], [223], ferner KNÜSEL [224]). Braunfärbung durch Kupferbehandlung des Trachoms sahen STEPHENSON, MASCHLER [225]), MEESMANN [171]) u. a.

i) Raupenhaare der Hornhaut.

Abb. 574—575a und b. Raupenhaare von Bombyx rubi in der linken Hornhaut des 10jährigen Fritz Me.

Verletzung durch Anschleudern eines Exemplares von Bombyx rubi Anfang September 1924. Hornhaut und Bindehaut am 11. September von Dutzenden von Raupenhaaren übersät. Ein Teil läßt sich nach Feststellung an der Spaltlampe mit

---
* VOGT, A.: Graefes Arch. 99, 323, vgl. Abb. 409b dieses Atlas.

Meißel und Lanze entfernen. Der Rest dringt im Laufe von Wochen und Monaten allmählich in die Tiefe, ein großer Teil durch die Lederhaut in den Glaskörper.

Die Wanderung ist ähnlich zu erklären, wie das Wandern einer Nadel, die bekanntlich schon innerhalb Stunden mehrere Zentimeter zurücklegen kann; bei Druckänderungen im umgebenden Gewebe, z. B. bei Reiben, Muskelkontraktion usw. verschiebt sich die Nadel, bzw. das spitze Raupenhaar in der Richtung des geringsten Widerstandes, also in der Richtung der *Spitze*. So ist die Wanderung durch Hornhaut, Iris, Corpus ciliare, Sclera zu erklären.

Man beachte in Abb. 574 (5fache Vergrößerung), die vom 11. September 1924 stammt, die grauweiße, superfizielle Trübung der ganzen Hornhautperipherie und die zahlreichen braunen Haare. Daß die trübe Partie etwas über die Umgebung prominiert, zeigt der dünne optische Schnitt Abb. 575a (25fache Vergrößerung). Prominenter weißer Streifen *oben*, im Parenchym zwei Haare im Querschnitt, Schlagschatten werfend, ferner grauweiße Descemetilinien, welche auch in Abb. 575b, 25fache Vergrößerung zu sehen sind.

Über Raupenhaare in Bindehaut, Iris und Glaskörper derartiger Fälle, siehe die betreffenden Abschnitte.

k) Radiumschädigung.

Abb. 576, 577. Flüchtige, seit Wochen auftretende Epithelblasen der Hornhautperipherie und des Limbus nach Radiumschädigung.

Das rechte Auge des 37jährigen Otto W. wurde vor 3 Monaten auswärts während 2 Wochen mit Mesothoriumnadeln, die zum Zwecke der Beseitigung eines Melanocarcinoms ins rechte Unterlid eingelegt wurden, bestrahlt. Der Tumor schwand, ebenso der befallene Teil des Unterlides (Aufnahme der Abb. 576 7 Monate nach der Radiumbestrahlung). Die Hornhaut verdickte und trübte sich in der ersten Zeit nach der Bestrahlung, starke Epithelstichelung, später hellte sie sich wieder etwas auf. Untere Conjunctiva bulbi atrophisch und gefäßarm. Episclera und Bindehaut porzellanweiß, s. Abb. 577, Partie temporal unten von der Hornhaut (vgl. auch Abschnitt Conjunctiva). Außerdem trat Iritis mit Exsudat auf, Sekundärglaukom folgte, später Totalkatarakt. In der temporal-unteren, völlig anästhetischen Hornhaut-Limbusgegend traten monatelang die indolenten Epithelblasen der Abb. 577 auf. Einzelne Blasen verschwanden oft innerhalb Stunden und erschienen dann wieder. Ok. 2, Obj. a 2.

l) Neuroparalytische Epithelschädigung.

Abb. 578—579. Neuroparalytische Oberflächentrübung in der Lidspaltenzone der Hornhaut.

Der 24jährige Chauffeur Wü. leidet seit zwei Jahren an Trigeminuslähmung links (zufolge Schädelbasisbruch). Seither von Zeit zu Zeit Keratitis neuroparalytica, die am besten unter Uhrglas-Okklusivverband heilt. Heute besteht in der Lidspaltenzone die in Abb. 578 (schwache Vergrößerung) und 579 (24fache Linearvergrößerung) wiedergegebene, aus weißen Punkten zusammengesetzte Trübung. Die Punkte sind selber wieder zu Bändern und Streifen geordnet. Fluorescein positiv. Die immer wiederkehrende Reizung wurde von mir während einer Reihe von Monaten kontrolliert.

VII. Nichttraumatische Descemetirisse*.
a) Descemetirisse bei Hydrophthalmus.

Abb. 580. Hydrophthalmus mit Descemetirissen der rechten unteren Hornhauthälfte des 16jährigen W. M.

(Das linke Auge ging in der frühen Jugend an Hydrophthalmus [?] zugrunde.) Fokale Beleuchtung. Ok. 2, Obj. F. 55. Rechter horizontaler Hornhautdurchmesser 13 mm, mittlere Distanz der Rißränder 0,6—0,7 mm. Breite des (doppelkonturierten) Randes etwa 0,04 mm. Die Hauptverlaufsrichtung ist konzentrisch zum Limbus.

Derartige Risse liegen bekanntlich den HAABschen Bändertrübungen bei Hydrophthalmus regelmäßig zugrunde[40, 41]). Später pflegen sich die Trübungen aufzuhellen, die Risse bleiben sichtbar (vgl. auch die anatomischen Untersuchungen von REIS[226]), SEEFELDER[227]), STÄHLI[41]) u. a.).

Die Risse sind diagnostisch wichtig zur Unterscheidung des Hydrophthalmus von der Megalocornea (Cornea gigas), welche oft geschlechtsgebunden-recessiv vererbt wird (KAYSER[228]), GROENHOLM[229]), in anderen Fällen aber auch dominant (VOGT[230]); GREDIG[231]).

Da Hydrophthalmus congenitus auch einseitig auftreten und spontan heilen kann, ist bei ungleicher Hornhautgröße beider Augen stets auf Descemetirisse zu fahnden. So weist z. B. der 34jährige Lehrer Hans Zo. rechts einen Hornhautdurchmesser von 13 mm, links einen solchen von 11,5 mm auf. Von einer Krankheit weiß er nichts, rechts Papille und Gesichtsfeld normal. Refraktion beiderseits etwas über $+1$.

R S = 1 ($+0,5$),
L S = 1 ($+$ cyl. 0,25 Achse horizontal).

Im unteren Drittel der rechten Hornhaut ein typischer querer *Descemetiriß* von mehreren Millimeter Länge und der Form eines liegenden S. Ophthalmometrisch: Brechkraft der linken, normalen Hornhaut horizontal = 43,75 D vertikal ähnlich, rechts jedoch = 41½ D, vertikal ähnlich. Der Hydrophthalmus setzt somit die Brechkraft durch Applanatio herab.

Abb. 581. Hinterer Spiegelbezirk im Bereich des Descemetirisses der Abb. 580.

Es ist eine in der Nähe des temporalen unteren Limbus gelegene Strecke abgebildet. Ok. 2, Obj. a3. Im Bereich der Rißränder bestehen, je nach Verhältnis von Beobachter- und Einfallwinkel, zwei oder drei Reflexlinien, der Aufrollungsstrecke angehörend. Die Reflexlinien sind vom Endothelbezirk durch eine dunkle Zone abgegrenzt, welche stets gleichmäßige Breite zeigt, links dagegen durch wellige Ausbuchtungen gekennzeichnet ist. Diese Ausbuchtungen brauchen nicht etwa einem Endotheldefekt zu entsprechen, sondern sie beruhen, wie durch Wechsel der Beleuchtungsrichtung gezeigt werden kann, auf Unebenheiten. Rechts oben im Endothelbezirk eine lokale, nach hinten gerichtete Grubenbildung, die als runde Lücke imponiert.

---
* Traumatische Descemetirisse siehe Text zu Abb. 552—559.

Abb. 574—580. Tafel 68.

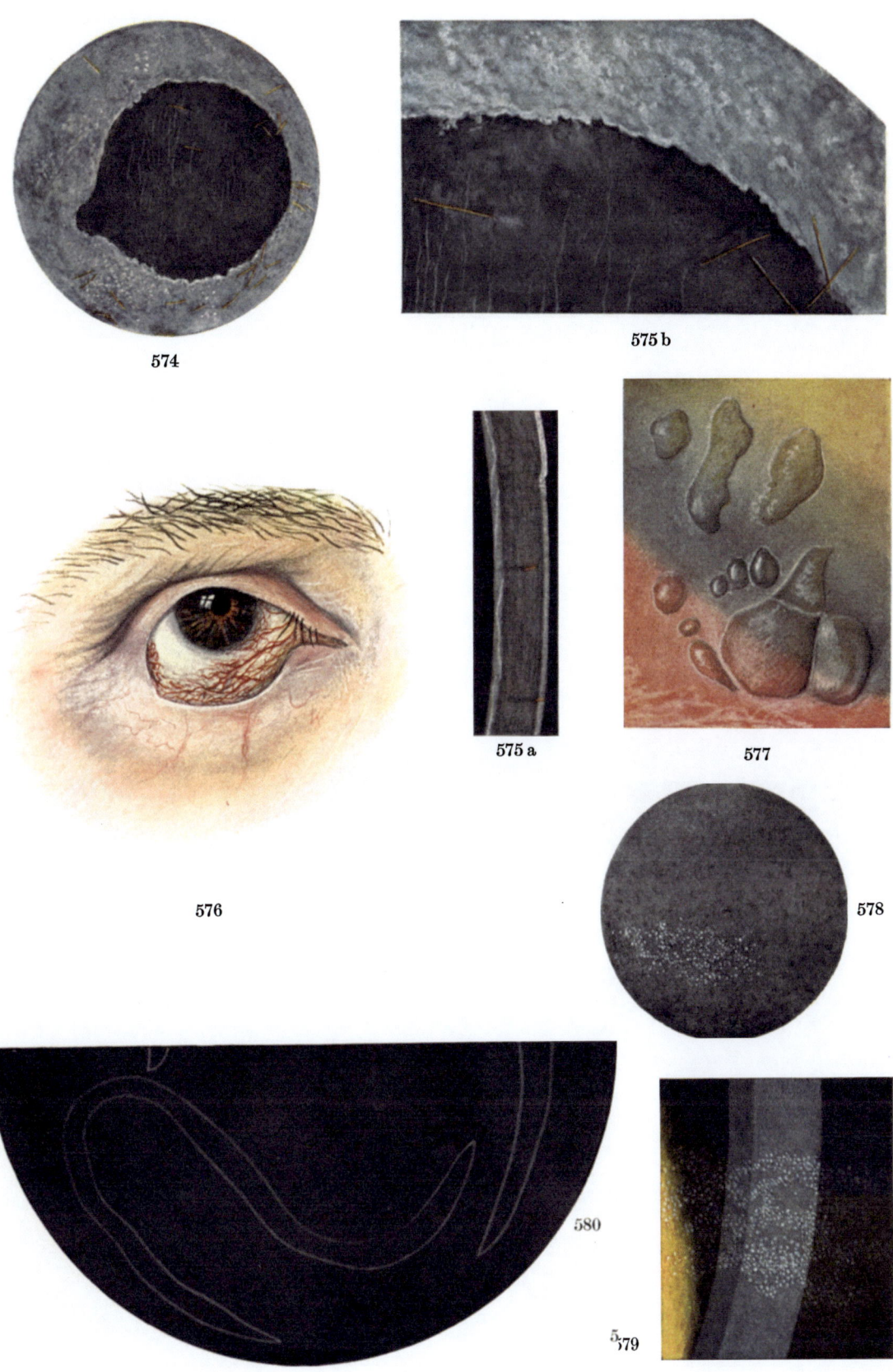

Vogt, Spaltlampenmikroskopie. 2. Aufl. Verlag von Julius Springer, Berlin.

Während das Endothel außerhalb des Risses normale Beschaffenheit zeigt, weist der zwischen den beiden Rißrändern gelegene Bezirk ziemlich amorphe Zeichnung und deutliches Farbenschillern auf.

Hier kommt, wie in der späteren Abb. 584, die durch den Riß bedingte Unebenheit der Hornhauthinterfläche im Spiegelbezirk zum Ausdruck.

Abb. 582. Eine Partie des Descemetirisses der Abbildung 580 bei etwas stärkerer Vergrößerung.

(Ok. 2, Obj. a 2) im fokalen (links) und im regredienten Licht (rechts) beobachtet.

Der Doppelkontur ist im regredienten Licht wesentlich deutlicher (rechts im Bild). Er rührt von der Aufrollung des Rißrandes her. Bei der gewählten Beobachterrichtung erscheinen die äußeren Doppellinien hell, die inneren dunkel. Aufgelagertes Pigment erscheint schwarz.

Umgekehrt im fokalen Licht (links im Bild). Hier sind die Doppellinien nicht oder kaum zu sehen. Dafür erscheint der zwischen ihnen gelegene Gewebsstreifen hell auf dunklerem Grunde und das dem Rißrand aufgelagerte Pigment erscheint in seiner natürlichen rötlichen Farbe.

b) Descemetirisse bei Keratokonus.

Siehe Abb. 271, vgl. den dortigen Text. Der nasale und temporale Descemetiriß des Keratokonusfalles K.

Ok. 2, Obj. a 2. Durchfallendes Licht. Feine Betauung in weiter Umgebung der Risse. Während vor 3 Monaten nur der obere Rißrand doppelt konturiert war, ist es heute auch der untere. Der nasale Riß ist beobachtet bei temporaler, der temporale bei nasaler Lampenstellung.

Abb. 584*. Der hintere Spiegelbezirk im Bereich des Endes des (temporalen) Descemetirisses der vorigen Abbildung.

Ok. 2, Obj. a 3. Der Endothelspiegel ist im Bereiche des Risses unterbrochen. Das die Lücke bildende Endstück läuft je nach Verhältnis von Beobachter- und Einfallwinkel (vgl. S. 37) bald mehr stumpf, bald mehr spitz aus. Paraxial sieht man eine Doppelreflexlinie, die man nicht unbeträchtlich wandern lassen kann, und die auf die Unebenheit der Hornhauthinterfläche innerhalb des Risses hinweist. Im Spiegelbezirk kommt die Unebenheit der Hornhauthinterfläche im Bereiche des Risses zum Ausdruck.

---

* Abb. 583 ist nicht reproduziert worden.

VIII. Glasleisten der Hornhautrückfläche.
a) Glasleisten als Anlagerungen.

Abb. 585—588. Glasleisten der Hornhautrückfläche. Ok. 2, Obj. A 3.

Der 39jährige Johann Tie. zeigt auf der Rückfläche seiner linken Hornhaut einen ypsilonförmigen glasigen Strang, welcher der Descemeti aufliegt. Abb. 588 gibt ein schwach vergrößertes Übersichtsbild. Mit 6—7, dann wieder mit 20 und 24 Jahren machte Patient eine Keratitis parenchymatosa e lue congenita beider Augen durch. Reste derselben in Form von tiefen Gefäßen und leichteren Parenchymtrübungen sind heute noch vorhanden.

Man beachte die im fokalen Licht glasklare Leiste Abb. 586, mit ihren Glanzrändern und endwärtigen Verzweigungen. Der optische Schnitt zeigt, daß die Leiste überall der Cornea dicht aufliegt. Breite der Leiste 0,2 mm, an der Gabelung 0,28 mm. Abb. 585 (regredientes Licht) läßt das Glasartige noch besser hervortreten. Im Verzweigungswinkel unter der Glasleiste kleine Pigmentherde, solche auch dem unteren Arm entlang. Abb. 587 gibt das untere Ende des vertikalen Hauptarmes im regredienten Licht wieder. Hier, im Bereiche der herdförmigen Endverzweigungen eine größere Pigmentansammlung. Das hier sichtbare Blutgefäß liegt vor der Descemeti.

Die hier abgebildete Glasleiste ist eine Folge der Keratitis parenchymatosa und stammt wahrscheinlich von einem damals vorhandenen Fibrinnetz der Vorderkammer ab, wie ich das im Abschnitt „Vorderkammer" an anderen ähnlichen Fällen wahrscheinlich machen werde.

Abb. 589 und 590. Glasleisten der Hornhautrückfläche nach Keratitis profunda.

Ok. 2, Obj. a 3. Die 62jährige Frau Lina Wehrli machte vor 13 Jahren eine Keratitis profunda (tuberculosa?) durch, von der noch mittlere und tiefe Gefäße der rechten Hornhaut in größerer Zahl zeugen. In den nasal-unteren, mittleren und temporal-oberen Partien der rechten Hornhautrückfläche (Übersichtsbild 590) sitzen die wirtelförmig angeordneten Glasleisten der Abb. 589. Die Glasleisten sind teils gerade, teils gestreift und laufen endwärts spitz aus. Zentral treffen sie zu einem Knäuel zusammen. Der optische Schnitt läßt wiederum erkennen, daß die Leisten der Cornea dicht aufliegen. Die Genese ist vielleicht eine ähnliche wie im vorigen Fall: Eine Vorderkammerexsudation hat sich sekundär in diese Leisten verwandelt. Gezwungener erscheint die Annahme, daß es sich um Excrescenzen der Descemeti handelt.

Abb. 591—592. Axiale Glasleisten der Hornhautrückfläche. Ok. 2, Obj. a 3.

Der 58jährige Richard Els. machte in der Jugend Keratitis parenchymatosa durch, die tiefe Hornhauttrübungen hinterließ. Seine rechte Hornhautrückfläche zeigte axial die astartig verzweigte Glasleiste der Abb. 591. Ihrem Typus nach erinnert sie an die Glasleiste Abb. 585—589. In Abb. 591 beachte man jedoch das plötzliche Aufhören der Enden, die ohne Grenze in die normale Hornhaut übergehen. Der optische Schnitt Abb. 592 lehrt, daß zwischen der Glasleiste und der Hornhaut überall Kontinuität besteht. Die Descemeti erscheint im Bereiche der Glasleiste

Abb. 581, 582, 584—591. Tafel 69.

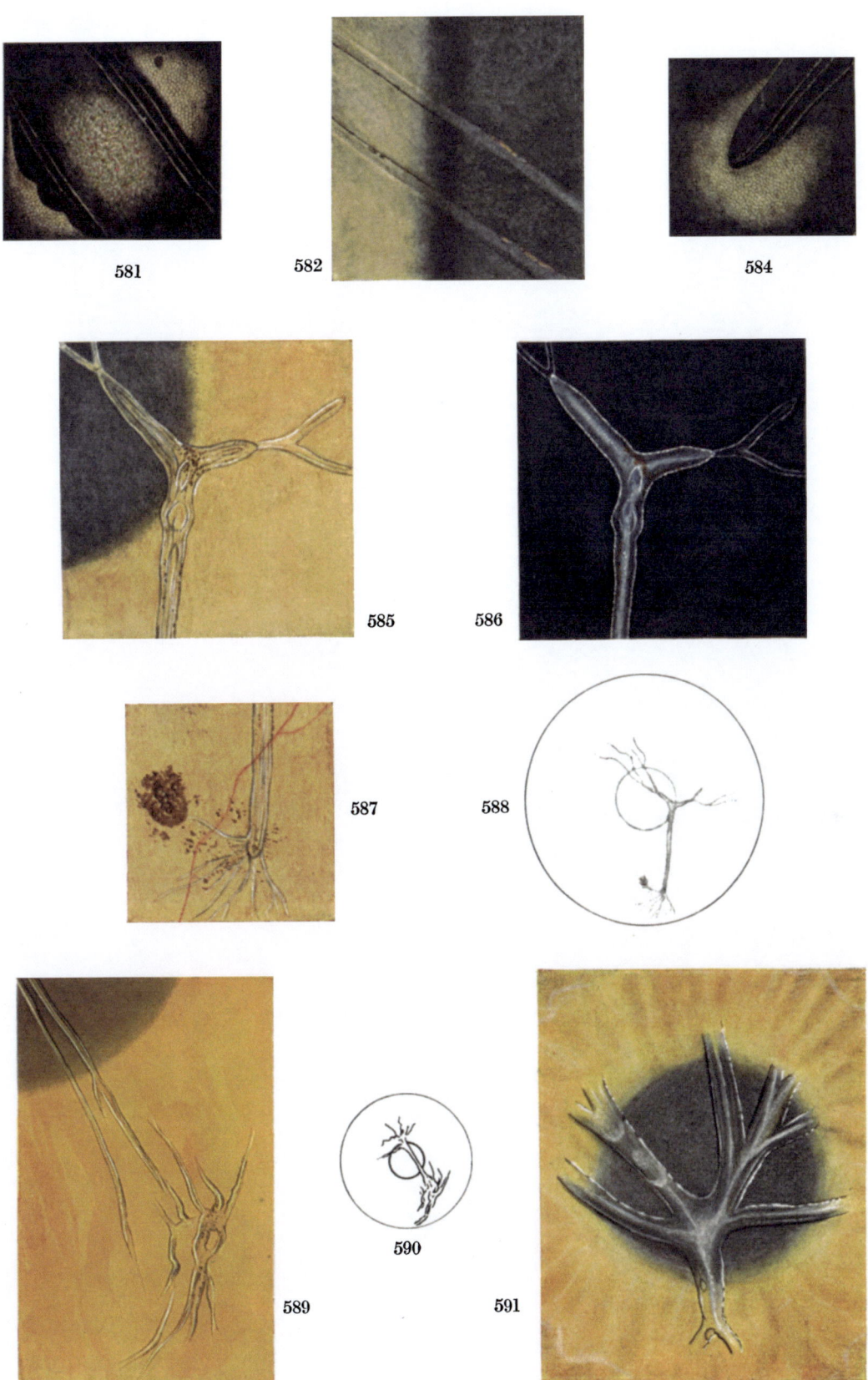

Vogt, Spaltlampenmikroskopie. 2. Aufl. Verlag von Julius Springer, Berlin.

etwas heller. Die Glasleiste selber weist sagittal eine wesentlich geringere Dicke auf, als man bei Betrachtung des Flächenbildes Abb. 591 annehmen möchte.

Die Genese dieser Bildung dürfte ähnlich derjenigen der beiden vorigen Fälle sein. Während einer Beobachtungsdauer von 4 Jahren blieben alle drei Fälle konstant.

Abb. 593a. Unregelmäßig leistenförmiger Vorsprung der Hornhautrückfläche mit Glaslinienbildung.

Der 40jährige Heinrich Sch. weist an seiner linken Hornhautrückfläche die im optischen Schnitt Abb. 493 a wiedergegebene, unregelmäßige, leistenförmige *Verdickung* auf, welche im regredienten Licht (links in der Abbildung) zu einem Bündel kräftiger, unregelmäßiger Glasleisten von gestrecktem bis leicht gewelltem Verlauf Anlaß gibt. Ursache: Perforation mit 12 Jahren durch eine Glasscherbe. Drei strahlige Perforationsnarben, Bulbus verkleinert, leicht injiziert.

Feine strahlig verzweigte Glasleisten sah ich ferner bei dem 57jährigen Johann Er. nach Hypopyonkeratitis (mittlere und temporale Partie der rechten Hornhautrückfläche). Hornhaut hochgradig verdünnt, altes Pupillarexsudat. Die Leisten sind im fokalen Licht weniger deutlich als im regredienten, in welchem sie schwach geschweifte Glaslinien darstellen.

LEHMANN [232]) fand Glasleisten der Rückfläche in 17% der Fälle von Keratitis parenchymatosa e lue congenita, meist waren sie einseitig. Nach seiner Beschreibung macht LEHMANN jedoch keinen Unterschied zwischen *persistenten Falten* der Descemeti und eigentlichen Leistenbildungen. Unter letzteren verstehe ich eine *Auflagerung*. Beide können im regredienten Licht ein ähnliches Bild geben. Im fokalen Licht, speziell im optischen Schnitt, jedoch nicht.

Persistente Falten bei abgelaufener Keratitis parenchymatosa gebe ich in Abb. 593b, c und d wieder.

b) Glasleisten als persistente Descemetifalten.

Abb. 593b—d. Persistente Descemetifalten, 9 Jahre nach abgelaufener Keratitis parenchymatosa tarda e lue congenita.

(Das rechte Auge, das die Keratitis einige Jahre früher durchmachte, hat keine Leisten. RS = 5/6, LS = 5/18, Emmetropie). Beidseits Gefäßreste in der Descemetigegend. Abb. 593b gibt nur einen Teil der persistenten Descemetifalten der linken Hornhaut wieder. Sie geben typische Faltenreflexlinien (Abb. 593b), ihr Substrat ist grau getrübt und ein Teil dieser Trübungsstreifen gibt im regredienten Licht ein ähnliches Bild, wie die echten Glasleisten (Abb. 593c). Der 10 Mikra dicke *optische Schnitt* (Abb. 593d) lehrt, daß es sich um wellige Verbiegungen der Hornhautrückfläche handelt, nicht um aufgelagerte Leisten. Wo Reflexe sind, ist die Verbiegungsstelle heller. *Es besteht somit ein prinzipieller Unterschied gegenüber echten Auflagerungen.* (31jähriger Karl Hofm., mit kongenital-luetischer Taubheit.)

c) Symmetrische Glasleisten unbekannter Ursache.

Abb. 594. Symmetrische glasähnliche Leiste der nasal-unteren Hornhautrückfläche.

Linkes Auge der stark myopen 65jährigen Frau Ro. (Fall der Abb. 134). Ok. 2, Obj. a3. Im peripheren nasal-unteren Descemetibereich sitzt die nach hinten prominente, pigmentbehangene Leiste der Abb. 594. Myopische Fundusveränderungen, starke Pigmentdestruktion der Iris, beginnender Kernstar, Pigmentierung der Hornhautrückfläche (Abb. 134).

In dem ähnlich veränderten rechten Auge *symmetrisch gelegen und verlaufend* eine ganz ähnliche Leiste. Die Patientin war, abgesehen von ihrer Myopie und späteren partiellen Katarakt, nie augenleidend.

Ob eine angeborene oder erworbene Veränderung vorliegt, läßt sich nicht entscheiden. Das Pigment dürfte sekundärer Natur sein.

IX. Erythrocytensäulen der Hornhautrückfläche.

Abb. 595—597. Blutbeschläge der Hornhautrückfläche. Parallele vertikale Beschlaglinien aus Blutkörperchen bei Hyphaema der Vorderkammer (Erythrocytensäulen).

Bei Hyphaema der Vorderkammer traumatischer oder operativer Art sah ich mehrfach parallele vertikale Blutbeschlaglinien (Erythrocytensäulen) der Hornhautrückfläche (Abb. 595). Die Blutkörperchen sind dabei in parallelen vertikalen Säulen angeordnet, die TÜRKsche Linie ist gewissermaßen in eine Reihe von vertikalen Parallellinien aufgelöst (vgl. die Lymphocytensäulen im Text zu Abb. 439—441).

Ich gebe drei Beispiele dieser, soviel ich sehe, bis jetzt unbekannten aber häufigen Erscheinung wieder:

1. Bei der 71 jährigen Marie Kle. (mit Glaukom durch Vorderkapselabschilferung, Glaukoma capsulare) wurde eine antiglaukomatöse Iredektomie ausgeführt. Einige Tage später etwa 0,5 mm hohes Hyphaema der Vorderkammer. Aus diesem steigen die acht parallelen, nach oben spurweise divergenten, aus einer roten Blutkörperchenschicht bestehenden, gelblichen Beschlagsstreifen der Skizze Abb. 595 empor. Die Einzelblutkörperchen sind erkennbar (im regredienten Licht erscheinen sie als feinste Tröpfchen, 25fache Vergrößerung). Keine Beschläge. Die Streifen sind 4—4½ mm lang und 0,06—0,08 mm breit, dazwischen liegen vereinzelte Pigmentpünktchen.

2. Der 26jährige Ernst Ho. erlitt vor 14 Tagen (4. 10. 24) links Kontusion mit Rechenstiel, an einem schon 1921 perforierten, seither zeitweise gereizten blinden Auge. Jetzt Hyphaema. Auf der Hornhautrückfläche alte Pigmentlinie und Beschläge, in der Abb. 596a sind letztere weggelassen. Acht parallele vertikale Blutstreifen (Abb. 596a) steigen vom Hyphaema ähnlich wie im vorigen Falle auf. Nach 2 Minuten Belichtung hat sich das Bild geändert: Das bukettförmige, an der Basis 0,4 mm breite Linienbüschel der Abb. 596a ist verschwunden, es sind acht parallele Säulen vorhanden, welche sich je oben an ein altes Präcipitat anschließen (Abb. 596b). Es entsteht dadurch die Vorstellung, die Präcipitate tragen an der Streifenbildung Schuld, indem sie den nach unten ziehenden Kältestrom aufhalten. Die Streifen wären also gewissermaßen als „Strömungsschatten" aufzufassen.

3. Der 62jährige Ca. Stü., mit linksseitigem kleinem Hyphaema bei Sekundärglaukom zeigt acht parallele vertikale Blutsäulen (Skizze Abb. 597). Wie ersichtlich, ist der mittlere Streifen der längste, die anderen schließen sich wie Orgelpfeifen an. Die Breite beträgt bis 0,08 mm, die Höhe 3—4 mm.

Die hier geschilderte Erscheinung ist flüchtig, und als ich sie einmal abmalen lassen wollte, war sie, als der Maler 10 Minuten später kam, wieder verschwunden.

Abb. 592—597. Tafel 70.

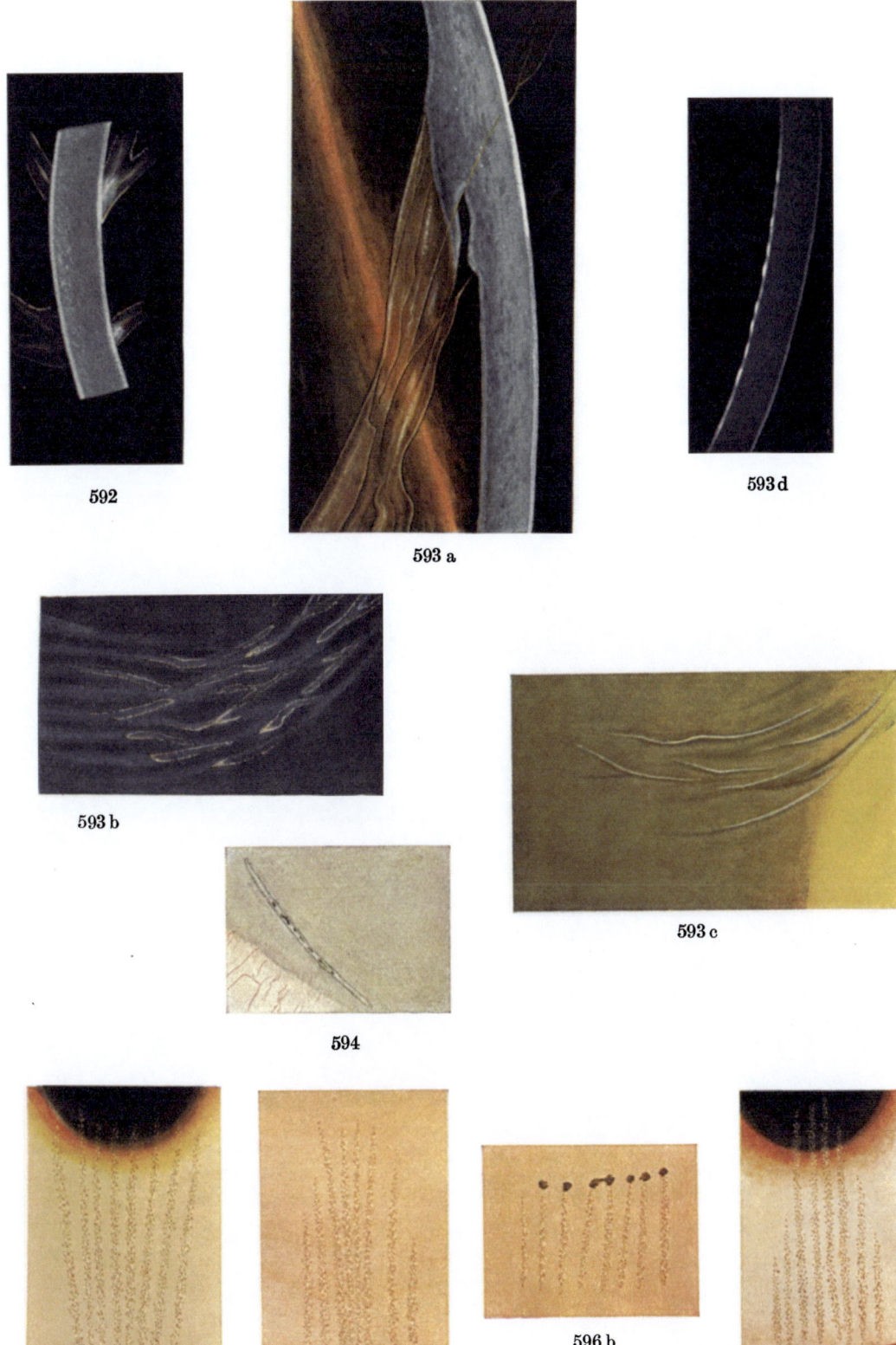

592 593a 593d
593b 593c
594
595 596a 596b 597

Vogt, Spaltlampenmikroskopie. 2. Aufl. Verlag von Julius Springer, Berlin.

Aufrechte Kopfhaltung ist für ihr Auftreten Bedingung. In Fall 2 verschwanden die Streifen nach 2 minutenlanger Belichtung, anscheinend durch die Änderung der Temperaturverhältnisse, welche die Lampe hervorgerufen hatte.

Mehrfach sah ich die Säulen nach oben garbenartig divergieren, besonders schön bei dem 23jährigen H. Du., mit Contusio corneae dextrae durch Pistolenexplosion vor 9 Tagen (kleines Hyphaema, Sphincterriß).

Auch Abb. 595 zeigt diese Divergenz.

Offenbar ist die Genese der Erythrocytensäulen eine ähnliche wie diejenige der Lymphocytensäulen (s. Text zu Abb. 439—441).

X. Nicht deutbare Hornhautbefunde.

a) Faserlinien im tiefen Parenchym.

Abb. 598—600. Seltene Linien und Streifen des Hornhautparenchyms rätselhafter Natur.

Der 62jährige Herr Drei., der mich im September 1921 wegen einer Altersbrille konsultierte, zeigt an der Spaltlampe die eigentümlichen weißen tiefen Parenchymlinien und -streifen der Abb. 598, rechtes, 599 linkes Auge (8fache Vergrößerung), welche bald mehr gestreckt, bald leicht wellig verlaufen, vereinzelt verzweigt sind. An beiden Augen ist ihre Hauptrichtung schräg vertikal, annähernd symmetrisch, von außen oben nach innen unten. Da und dort splittert sich eine Linie endwärts pferdeschweifähnlich auf. Eine solche Aufsplitterung ist in Abb. 600 bei stärkerer Vergrößerung (Ok. 2, Obj. A 2) dargestellt.

Irgendein Zusammenhang mit den Hornhautnerven ist nicht eruierbar. Die Linien liegen auch wesentlich tiefer als die Nerven. Ferner lassen sie sich nicht bis zum Limbus verfolgen, was sowohl gegen einen Zusammenhang mit Nerven, wie mit Gefäßresten spricht. Im regredienten Licht sind die Gebilde nicht zu sehen, sie können also nichts mit Gefäßen zu tun haben.

Der optische Schnitt läßt die Lage der Linien und Streifen im tiefsten Parenchym, in der Nähe der M. Descemeti oder nicht weit von derselben, feststellen.

Bei stärkerer Vergrößerung (Abb. 600) ist häufig eine Zusammensetzung der Streifen aus mindestens zwei parallelen Fasern erkennbar.

Die Hornhautbrechkraft ist normal, leichter Astigmat. rectus (1,75 D), RS und LS = 0,5 (H 1,0), Tension normal.

Die Deutung dieser Gebilde, die, solange ich den Patienten kontrollierte (während 6 Monaten), konstant blieben, ist mir nicht möglich. Am nächsten liegt die Annahme von Parenchymspalten. Irgendeine Entzündung hat Patient angeblich niemals durchgemacht.

Ähnliche, meist vertikale, feine graue Linien des tiefsten Parenchyms sah ich (innerhalb 10 Jahren noch einmal) am *linken* Auge des 50jährigen Walter Ki. (*rechte* Hornhaut durch Narbenperforation in frühester Jugend leicht getrübt). Die Linien sind auch in diesem Falle leicht faserig. Mit Nerven oder Gefäßen haben sie nichts zu tun. Dieses linke Auge war von jeher gesund, reizlos. LS = 1 (— 4,5 D). Refraktion der Hornhaut = 44 D.

Bei früheren Untersuchungen dieses Falles (vor 2 Jahren) waren diese Linien noch nicht vorhanden gewesen.

Abb. 601 und 602. Zarte horizontale weiße Faserlinien im Descemetibereich.

Die 7jährige Anna Li. leidet an angeblich nach Gelenkrheumatismus aufgetretener beidseitiger chronischer Iridocyclitis. Abb. 601 gibt einen prismatischen Hornhautschnitt des rechten Auges wieder, mit vorderem und hinterem Spiegelbezirk. In letzterem sehr unregelmäßige Endothelzeichnung und einige dunkle Spiegellücken. Dicht vor der Descemeti (oder in derselben?) liegen die eigentümlichen, oft zu Bündeln vereinigten, oft scheinbar verzweigten, weißen Horizontalfäserchen der Abb. 601. Am deutlichsten sind sie jeweilen oberhalb und unterhalb des Spiegelbezirks. Der optische Schnitt (Abb. 602) zeigt gleichmäßig tiefe Lage der rätselhaften Linien im Bereich der Descemeti.

b) Feine Glaslinien in der Gegend der M. Bowmani.

Abb. 603a und 603b. Seltene Glaslinienbildungen unbekannter Bedeutung im Bereiche der BOWMAN*schen Membran.*

Der 39jährige Zementfabrikdirektor Gottfried We. weist beiderseits einen spurweise irregulären und inversen Hornhautastigmatismus auf. Hornhautbrechkraft rechts horizontal 46½, vertikal 44¾ D, links horizontal 46½, vertikal 44¾ D. Seit Wochen Brennen und Spannungsgefühl. Leichte Ciliarinjektion. In der rechten Hornhaut eine, in der linken zwei Gruppen kleiner, kalkweißer eckiger Herdchen von 0,02—0,04 mm (Abb. 603a), die sich im regredienten Licht (Abb. 603b) aus feinsten Tröpfchen zusammensetzen. Daneben sieht man im Irislicht (Abb. 603b), besonders gegenüber dem Pupillarsaum, feine unverzweigte, glatte, glaslinienähnliche Bildungen, die, wie die Herdchen, der Gegend der M. Bowmani angehören, alle in einer Ebene liegen und einen eigentümlichen, bald mehr parallelen, bald divergenten Verlauf nehmen, wie er in Abb. 603b für das linke Auge wiedergegeben ist. (Abb. 603a, die weißen Herdchen im fokalen Licht, Abb. 603b Irislicht. Die Linien sind in Wirklichkeit noch zarter und feiner, als dies die Abbildung wiederzugeben vermag.) Die Enden dieser zarten Glaslinien verlieren sich allmählich. Den Limbus erreichen sie nirgends. Sie sind am besten in der optischen Grenzzone, d. h. gegenüber dem Pupillarsaum zu sehen. Mit Gefäßen oder Gefäßresten haben sie nach Form, Anordnung und Verlauf nichts zu schaffen, ebenso nicht mit Nerven. Im fokalen Licht sind sie schwer sichtbar, doch konnte ich sie am rechten Auge als dunkle Linien in gräulicher Umgebung in die Gegend der BOWMANschen Membran lokalisieren. Die Breite der Linien ist überall dieselbe, höchstens 10 Mikra. Sie liegen (Abb. 603a) in der Hauptsache konzentrisch zum Pupillarsaum und konvergieren zum Teil nach jener kalkkrümmelähnlichen Ansammlung hin. Eine während 14 Tagen durchgeführte mehrfache Kontrolle ergab denselben Befund. Dann traten links stärkere Reizerscheinungen (Lichtscheu, Tränen, Ciliarinjektion) auf und 14 Tage später konnte ich an diesem Auge die Linienbildungen nur noch in Spuren sehen. Sie waren aber noch in unveränderter Weise am rechten Auge sichtbar. Da Patient niemals eine Augenkrankheit durchgemacht hat (auch nicht nach Angabe seiner noch lebenden Mutter), so kann die Anamnese als negativ gelten. Ich erwähne aber, daß die Parotiden und auch die Gl. sublinguales geschwollen sind, wie bei „Mikulicz", und daß diese Schwellung schon jahrelang bestehen soll. Eine Vergrößerung der Tränendrüsen konnte ich nicht finden.

In den folgenden Jahren bestanden bei Herrn W. die leichten conjunctivalen Augenbeschwerden wieder, morgens stets etwas trockenes Sekret im Lidwinkel.

Abb. 598—605. Tafel 71.

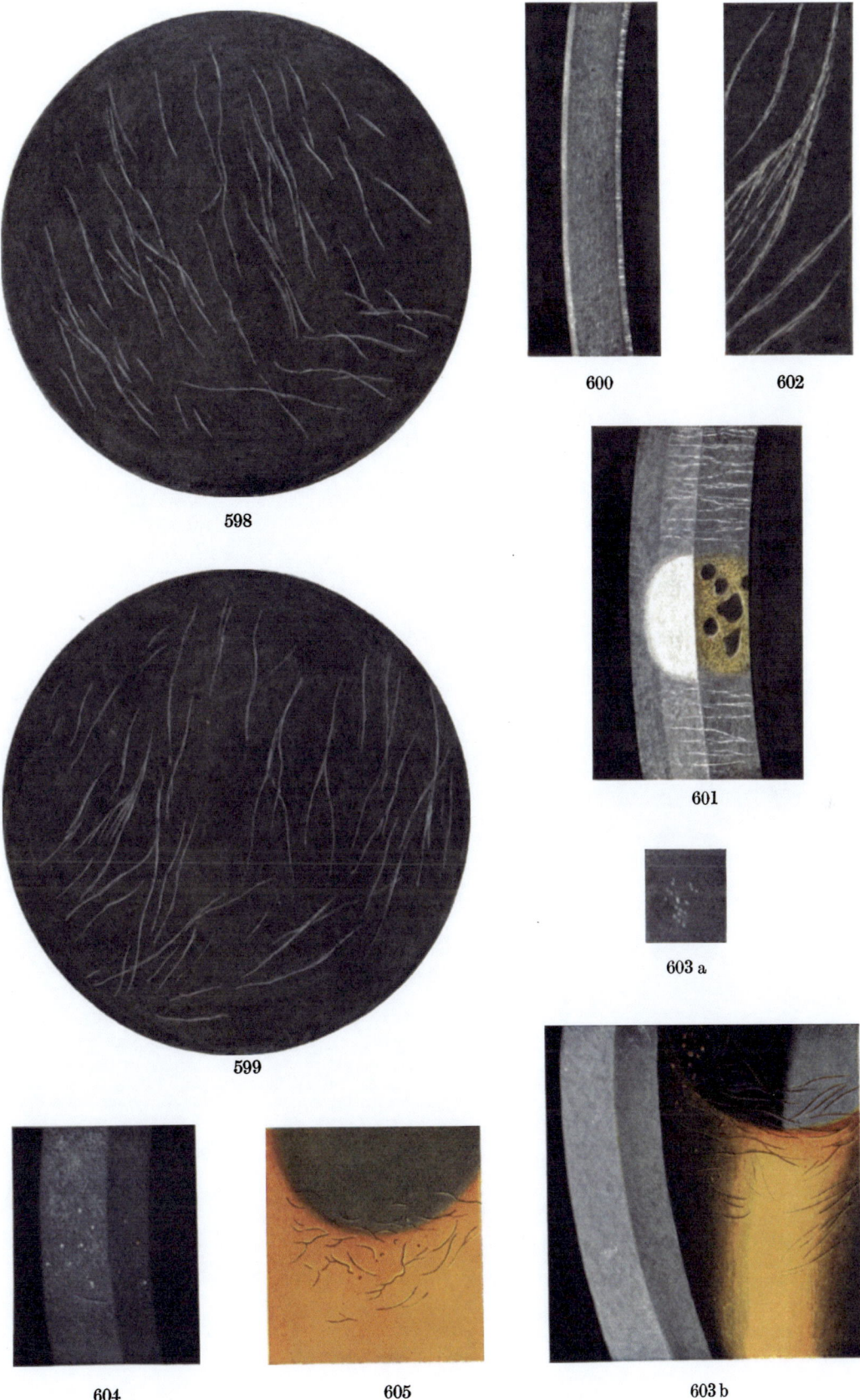

598 599 600 601 602 603a 603b 604 605

Vogt, Spaltlampenmikroskopie. 2. Aufl. Verlag von Julius Springer, Berlin.

Ich untersuchte den Fall nach 3¾ Jahren nochmals genau und fand folgendes: die an Mikulicz erinnernden Schwellungen der Speicheldrüsen, speziell der Parotiden, haben noch zugenommen. Allgemeinbefinden jedoch intakt. Die Glaslinien der rechten M. Bowmani sind noch ähnlich wie in Abb. 603b. Betrachtet man sie gegenüber dem unteren Pupillarsaum, so liegt ihr Schattenstreifen oben, ihr Lichtstreifen unten. Die weißen Herdchen haben an Zahl eher etwas zugenommen. — Links sind die Glaslinien nur in Spuren und Resten vorhanden, doch sieht man einzelne Gruppen von feinen Vakuolen (die vereinzelt auch rechts vorhanden sind). Es war mir nicht möglich, diese Vakuolen exakt zu lokalisieren, da sie nur im regredienten Licht sichtbar waren. Ich vermute, daß sie der Gegend des basalen Epithels angehören. Nach weiteren 14 Tagen unverändert. Tension stets normal.

Über das Wesen und die Bedeutung der Linien kann ich mir keine Vorstellung machen.

Später sah ich dieselben zarten geschweiften Glaslinien noch dreimal. Der 53jährige C. A. Bu., der seit Jahren über zeitweises Fremdkörpergefühl und neuralgische Augenbeschwerden klagt, zeigt drei superfizielle schwach stecknadelkopfgroße in einer Horizontalreihe liegende weiße, fluoresceinpositive Fleckchen der linken Hornhaut, die im regredienten Licht aus Tröpfchen bestehen und von denen aus ähnliche zarte Glaslinien in Bogen nach unten ziehen, wie im vorigen Fall. Ursache unbekannt. Ähnlich bei dem 72jährigen Dr. jur. Moraw., Glaucoma simplex, rechtes Auge.

Der vierte Fall ist in Abb. 604 und 605 wiedergegeben.

Abb. 604 und 605. Feine Glaslinien der Gegend der M. Bowmani,

vom Typus derjenigen der Abb. 603 a und b. Abb. 604 feine Hornhauttrübung mit weißen Punkten, fokales Licht. Abb. 605 Glaslinien im regredienten Licht. Der 62jährige leicht myope Herr Bod. zeigt an seinem stets gesunden rechten Auge bei fokaler Beleuchtung eine feinhauchige superfizielle Hornhauttrübung gegenüber dem unteren Pupillensaum. Die Trübung mißt 1—2 mm, hat glatte Oberfläche und weist vereinzelte weiße Punkte auf. Diese letzteren sind im fokalen und im regredienten Licht ganz vom Typus der in Abb. 603a und b wiedergegebenen. Und auch hier finden sich dieselben elegant gebogenen, zum Teil dichotomisch verzweigten Glaslinien. Der Unterschied besteht nur darin, daß sie hier etwas kürzer sind als im Falle Abb. 603. Man sieht diese Linien, deren Wiedergabe schwer ist (der Schattenstreifen in Abb. 605 ist zu dunkel) wieder am deutlichsten in der optischen Grenzzone, i. e. gegenüber dem Pupillarsaum. Im fokalen Licht konnte ich von den Linien nichts sicheres sehen. Doch liegen sie alle in derselben Fläche wie die Punkte, also im Bereiche der M. Bowmani. Ich hatte Gelegenheit, den betreffenden Herrn mehrere Tage hintereinander zu untersuchen. Die Linien blieben vollständig konstant. Nach 9 Monaten Befund unverändert.

c) Grauweiße Parenchymfleckchen.

Abb. 606 und 607. Feine grauweiße Hornhautfleckung unbekannter Ursache.

Abb. 606 fokales, 607 regredientes Licht. Ok. 2, Obj. a 2.

Die 26jährige Frau Lina Steinmann wurde mir von Herrn Kollegen GRAF wegen Retinitis albuminurica (zahlreiche weiße Netzhautherde) zugeschickt. Als Nebenbefund ergab sich eine feine herdweise Fleckung beider Hornhäute, periphere Partien frei. Die platten grauweißen Herdchen messen 0,04—0,12 mm und liegen meist im superfiziellen Parenchym, zum Teil jedoch in verschiedenen Tiefen (Abb. 606). Die Herde sind manchmal rundlich, dann hantelförmig oder verbogen und von sehr geringer Dicke, alle parallel zur Hornhautoberfläche gelegen. Im regredienten Licht zeigten einzelne Herde Andeutungen von feinen Tröpfchen. Ein ähnliches Bild habe ich nie gesehen.

Familiär keine Augenkrankheiten.

Einige Wochen später Status idem. Die Patientin erlag bald ihrem Nierenleiden.

XI. Pathologische und senile Limbusveränderungen*.

Abb. 608. Limbus bei Keratitis superficialis scrophulosa. 21jähriger Soldat.

Ok. 2, Obj. a 3. Vor zwei Jahren machte Patient eine oberflächliche Keratitis durch, seit 6 Wochen Rezidiv, heute Auge fast reizlos, Epithel überall glatt. In die oberflächliche Hornhautsubstanz dringen Gefäßschlingen bis zu 1 mm und mehr vor, ein enges Maschenwerk bildend, endwärts mit spitzen, vorwärtsstrebenden Schlingen. Nicht mehr alle Gefäße führen Blut, einzelne noch streckenweise. R Randschlingenzone.

Abb. 609. Unterer Limbus bei Iridocyclitis subacuta. Limbus mit Ausprägung einer Palisadenzone.

Seit einem halben Jahre bestehende subakute Iridocyclitis, mit starken braunen Präcipitaten und zeitweiser Drucksteigerung, welche beidseitige Iridektomie und zweimalige vordere Sklerotomie nötig machte, bei dem 28jährigen F. B. Fall der Abb. 461. Ok. 2, Obj. a 3. Das Randschlingennetz ist gut gefüllt und sendet stellenweise kurze weite, endwärts abgeplattete und verbogene Schlingen bis zu 0,2—0,3 mm weit in die oberflächliche Hornhautsubstanz. In das tiefste Parenchym dringen vereinzelte schmale Gefäßschlingen, davon eine unmittelbar entlang einem Nervenstamm (s. in der Abbildung links, R, die betreffende Schlinge ist 0,8 mm lang. Distanz der beiden Gefäße meist 0,03 mm).

Man beachte die sehr ausgesprochene normalerweise vorkommende, von mir oben (Text zu Abb. 71—73) beschriebene Palisadenzone des Limbus conjunctivae. Im Falle der Abb. 461 lassen einzelne Palisaden (vielleicht im Bereiche der Sklerotomienarbe ?) ihr Blutgefäß vermissen, an seiner Stelle finden sich an den Röhrchen bräunliche Pigmentbröckelchen zerstreut (s. Abb. 609 rechts unten). Es handelt sich offenbar um hämatogenes Pigment.

Abb. 610. Naevusartige Pigmentansammlung in der Palisadenzone.

28jähriger Theodor Me., rechtes Auge. Von jeher dunkelbrauner Pigmentfleck am Hornhautrand. Man beachte links die zierlichen Pigmenteinscheidungen der Palisaden. Die Wände der letzteren scheinen nicht nur von hämatogenem (Abb. 74), sondern auch von autochthonem Pigment bevorzugt zu werden. Stark eingeengt werden die Gefäßwege im rechten Teil der Abbildung, wo das Pigment bedeutend dichter ist und bis zum Rande der Hornhaut vordringt.

---

* Soweit solche nicht schon im Zusammenhang mit anderen Hornhauterkrankungen besprochen wurden.

Abb. 606—615. Tafel 72.

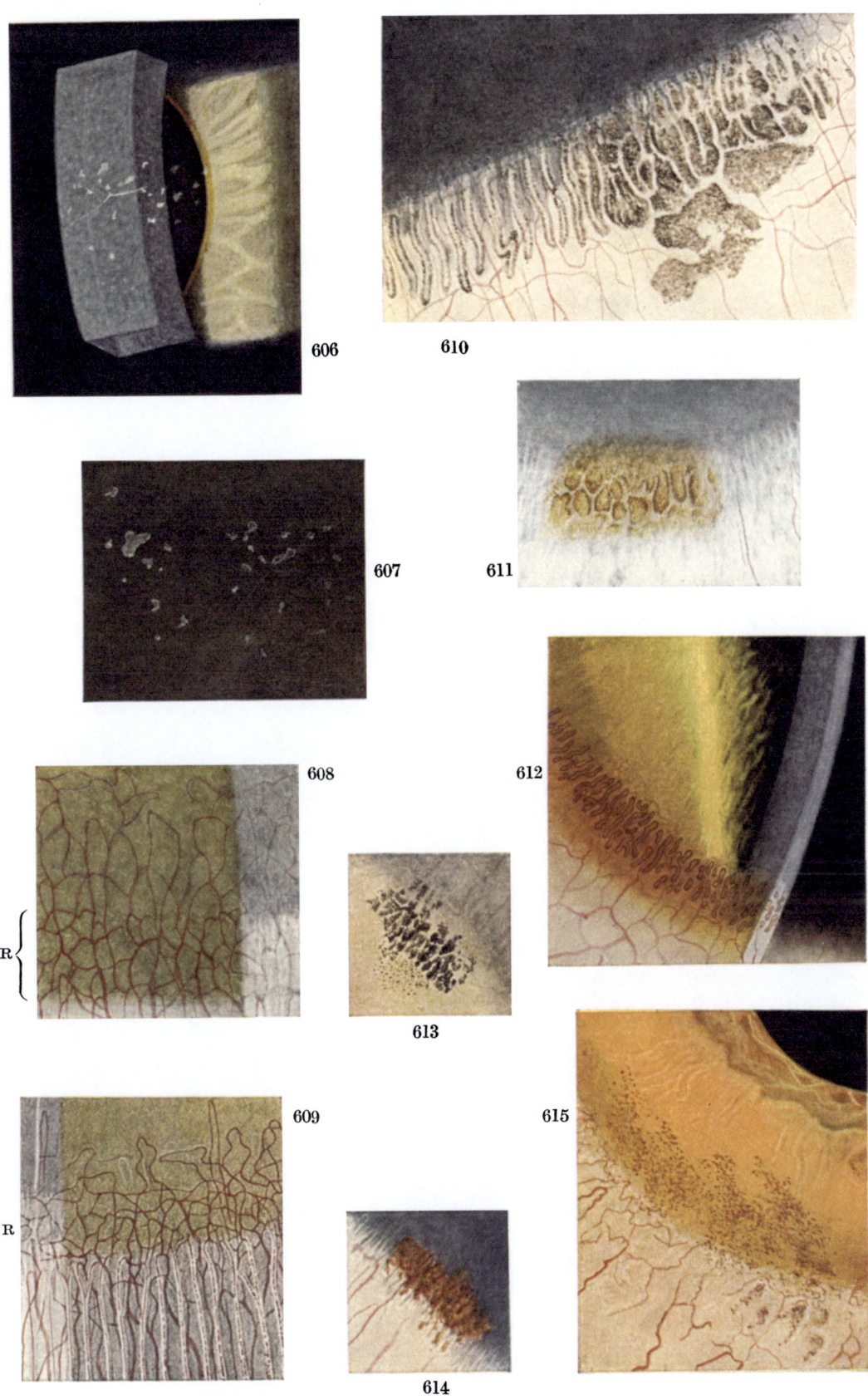

606 610
607 611
608 612
       613
609 615
     614

Vogt, Spaltlampenmikroskopie. 2. Aufl.   Verlag von Julius Springer, Berlin.

Es dürfte sich um einen angeborenen Pigmentfleck handeln. Schon normalerweise existieren bekanntlich im Limbus häufig Pigmentkörnchen der basalen und auch der übrigen Epithelien, und zwar in jedem Lebensalter (vgl. z. B. VIRCHOW[31]).

Bei dunkelpigmentierten Individuen sind Pigmentansammlungen in Limbus und Conjunctiva häufiger, bei Negern und Melanesiern gehören sie zur Regel.

Abb. 611. Pigmentfleck im Limbus corneae et conjunctivae.

23jährige Frl. Mina We. Der gelbbraune Pigmentfleck des unteren Limbus des rechten Auges bestand angeblich von jeher. In dem Pigmentfleck zierliche helle Gefäßinterstitien, soweit er im Randschlingennetz liegt. Wieder ist am Rande der Gefäße das Pigment verdichtet. In der angrenzenden Hornhaut ist das Pigment mehr diffus, läßt aber auch hier Ungleichmäßigkeiten erkennen.

Abb. 612. Auf die Randschlingengegend beschränkte Pigmentschläuche.

30jährige Frau Anna Se., linkes Auge. Das in fokalem Licht bräunlichrote Pigment (s. prismatisches Büschel, rechts in der Abbildung) beschränkt sich ausschließlich auf die dichte Nähe der Randschlingen, so daß wurstartige Bildungen entstehen. Beachtenswert ist, daß, wie schon im Falle der Abb. 610, nur die *Seitenteile* der Gefäßumgebung pigmentiert sind, vor und hinter dem Gefäß dagegen findet sich das Pigment nicht, wodurch die weiße Aussparung zustandekommt. Axial und peripher schließen sich die zwei zusammengehörigen Pigmentlinien zum Schlauche. Die Enden der Randschlingen bleiben pigmentfrei.

Abb. 613—614. Naevusähnlicher Pigmentfleck des Limbus corneae.

11jährige Hedwig Wa., linkes Auge, Ok. 2, Obj. A2. Der im fokalen Licht (Abb. 613) braunrote Pigmentfleck bestand von jeher und sitzt corneal, im Endteil der Randschlingen. Im regredienten Licht (Abb. 614) erscheint das Pigment schwarz und hier sind lineare verzweigte Aussparungen zu erkennen, die den Gefäßen entsprechen. In diesem Licht ist ferner erkennbar, daß ein aus Punkten zusammengesetzter Pigmentherd noch auf die angrenzende gefäßlose Cornea übergreift.

Bemerkenswert ist, daß die Irisoberfläche dieses Kindes mit den genau gleichfarbigen Pigmentherden bespritzt ist.

Abb. 615—616. Naevusartige Pigmentansammlung im cornealen Limbusgebiet.

Die 35jährige Frau Anna Mo. weist am rechten Auge den rostbraunen, aus zu Zügen geordneten Punktgruppen bestehenden Pigmentherd der Abb. 615 und 616 auf. Abb. 615 gibt ein Übersichtsbild im regredienten Licht. Abb. 616 zeigt das Pigment im fokalen Licht in seiner natürlichen Farbe. Man beachte, daß auch noch im Limbus conjunctivae Pigment liegt, das wieder die Gefäßnähe bevorzugt.

Abb. 617—618. Auf die untere Hornhautoberfläche beschränkter Pigmentherd.

Diese seltene Pigmentierung betrifft den 53jährigen Johann Bü., mit Andeutung von Gerontoxon (Abb. 617, Übersichtsbild, 618 prismatischer Schnitt). Wie Abb. 617 zeigt, dehnt sich das Pigment über das unterste Hornhautdrittel aus und verliert sich nach oben allmählich, etwas plötzlicher nach den Seiten hin. Es ist (Abb. 618) von gewöhnlicher rotbrauner Farbe und besteht aus feinen, in einer Ebene geordneten

Einzelpünktchen. Im Bereiche des luziden Intervalls (vgl. den Abschnitt Gerontoxon) besteht zunächst eine pigmentfreie Partie (Abb. 618), dann aber folgt eine Reihe gröberer Pigmentklümpchen (auch in Abb. 617 ist diese Reihe zu sehen.

Auf die angrenzende Conjunctiva gehen die Pünktchen nur in Spuren über. Es handelt sich also um eine ziemlich reine Hornhautpigmentierung.

Abb. 619. Senile Limbusveränderungen, mit Pigmentablagerung in den Limbus und in die angrenzende Hornhaut.

Herr B., 79 Jahre, Ok. 2, Obj. a3. Fokale Belichtung, rechter unterer Hornhautrand. Den Limbus umzieht ein weißes Maschenwerk, in dem die bei Abb. 65—75 geschilderten Palisadenbildungen erkennbar sind. In den Maschen dieses Netzwerkes liegt bräunlichgelbes Pigment. Letzteres liegt vor den Gefäßen und läßt sich bis in die Cornea hinein verfolgen. Diese zeigt ein starkes Gerontoxon, das durch ein 0,15 bis 0,2 mm breites luzides Intervall vom Limbus getrennt ist. Das Pigment setzt sich sowohl in die Oberfläche des Intervalls als auch stellenweise in das Gerontoxon fort.

Pigmentablagerung dieser und ähnlicher Art ist als senile Erscheinung häufig, doch liegt das Pigment meist in den Gefäßmaschen, nicht wie im vorliegenden Falle vor den Gefäßen. Es erscheint wahrscheinlich, daß das Pigment in diesem Falle wenigstens teilweise im Epithel liegt.

Abb. 620. Senile Limbusveränderungen, mit Pigmentablagerung zwischen die Maschen des sklerotischen Limbusgefäßnetzes.

Ok. 2, Obj. a3. Die Anordnung des Pigmentes dieses Falles scheint dafür zu sprechen, daß dasselbe lokalen, hämatogenen Ursprunges ist. Vielleicht steht diese Pigmentbildung mit der im Alter einsetzenden partiellen Verödung des Randschlingennetzes und des conjunctivalen Gefäßnetzes im Zusammenhang. Vgl. auch Abb. 74, welche den Limbus des anderen Auges desselben 68jährigen gesunden Mannes bei schwächerer Vergrößerung darstellt.

Abb. 621a und b. Limbusveränderung bei Frühjahrskatarrh.

Der 9jährige Paul Ma. kommt am 17. Mai 1920 mit einem Frühjahrskatarrhrezidiv. Leichte glasige Limbuswucherungen. Lichtscheu, im Sekret eosinophile Zellen. An die glasige Verdickung des rechten nasalen Limbus schließt sich die Veränderung der Abb. 621a, fokales Licht an: eine glasig weißliche Masse mit rundlich begrenzten unregelmäßigen Ausläufern schiebt sich vom Limbus in die oberflächliche Hornhaut vor. Daß diese Masse aus einzelnen dichteren Herdchen besteht, die durch luzidere Straßen gegeneinander abgegrenzt sind, lehrt die Beobachtung im regredienten Licht (Abb. 621b). An diese kompakteren Massen, die wohl mit TRANTAS's „Punkten", identisch sind, schließen sich viel feinere weiße Punkte an (in der Abb. 621a links), die, wie die groben Massen, im regredienten Licht (Abb. 621b) Schattenwirkung geben und 10, höchstens 20 Mikra messen. Sie können mit HARTNACKscher Lupe nicht erkannt werden und gehören, ihrer Größenordnung nach, wohl *Einzelzellen* an. Besonders wahrscheinlich macht es das regrediente Licht, daß diese Punkte ihrer Substanz nach mit der dichteren großen Trübung zu identifizieren sind, und lediglich die lockere Form der letzteren darstellen.

Auch da, wo deutliche Limbusveränderungen bei Frühjahrskatarrh fehlen, schieben sich die Limbusgefäße häufig weiter vor, als normal und es besteht eine gesteigerte Oberflächenmarmorierung des Limbus corneae.

Abb. 616—622. Tafel 73.

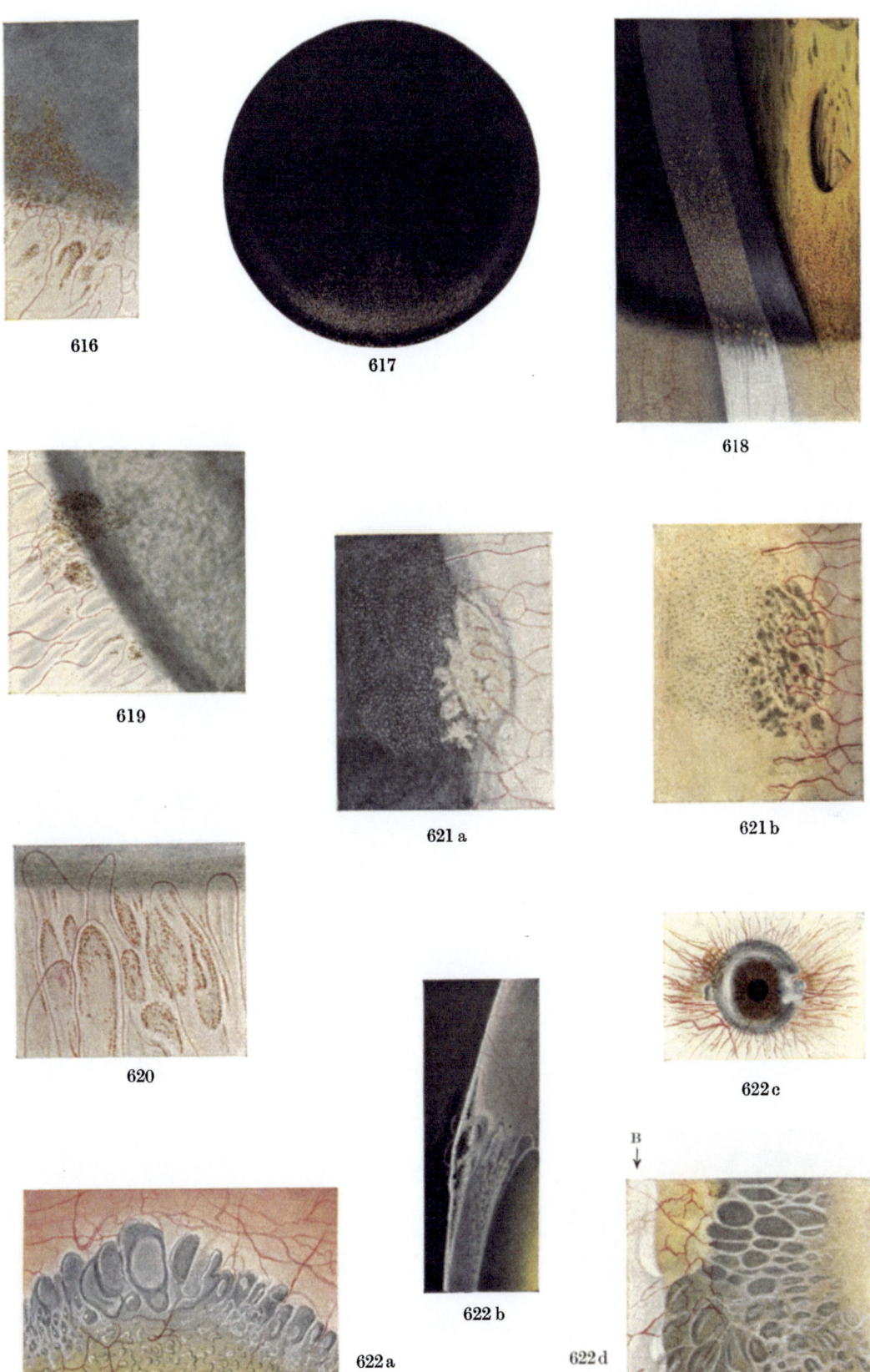

616 617 618 619 621 a 621 b 620 622 c 622 a 622 b 622 d

Vogt, Spaltlampenmikroskopie. 2. Aufl. Verlag von Julius Springer, Berlin.

Abb. 622a und b. Cystoide Bildungen im oberen Limbus corneae bei inveteriertem Frühjahrskatarrh.

30jähriger Arthur Su. Frühjahrskatarrh (Lid- und Limbusform, im Sekret reichliche eosinophile Zellen) seit 6 Jahren. Die in Abb. 622a abgebildeten dicht nebeneinander liegenden cystoiden klaren Räume sind beiderseits im Limbus zu sehen und erzeugen, wie der optische Schnitt Abb. 622b lehrt, eine leichte Prominenz. Sie liegen im Gebiet der Randschlingen. Cornealwärts schließen sich unregelmäßige Epithelvakuolen an.

Abb. 622c und d. Cystoide Limbusdegeneration bei inveteriertem Frühjahrskatarrh.

Der 53jährige Grieche Georg Pol. leidet seit der Kindheit an Augenentzündungen, die bei warmem Wetter zunehmen, bei Kälte und im Winter zurückgehen. Die Oberlidbindehaut ist beiderseits glatt und zeigt keine Zeichen von überstandenem Trachom. Die Conjunctivae palpebrae erscheinen leicht milchblau übergossen. Im Sekret reichlich eosinophile Zellen, Blutbild: Hämoglobin 83% (korr.), Rote 5 992 000, Weiße 6900. — Neutrophile 57%, Basophile 1%, *Eosinophile 5%*, Lymphocyten 37%. Vieljähriges chronisches Ekzem*. Augen ziemlich reizlos, beide Hornhäute mit ringförmiger Parenchymtrübung (Abb. 622c, rechtes Auge). Diese Ringtrübung ist wesentlich breiter und irregulärer als ein Gerontoxon und zum Teil vascularisiert. Sie durchsetzt das ganze Parenchym. Pingueculae außerdem verstärkt, nasal mit Pterygium. Rechts temporal oben ein kräftiger Pigmentnaevus. Im letzteren und in der Pinguecula *cystoide* Räume verschiedener Größe, zum Teil dicht gedrängt. *Besonders temporal setzt sich diese cystoide Degeneration in das oberflächliche Hornhautparenchym fort* (Abb. 622d). Die dicht gedrängten Cysten der Abb. 622d sitzen unmittelbar unterhalb einer gröberen Blase, sind meist queroval und haben dünnwandige Wabenzeichnung. Am besten sieht man die Cysten im indirekt-seitlichen Licht, d. h. wenn man das Lichtbüschel auf den angrenzenden Limbus sclerae fallen läßt (das weiße Band B in Abb. 622d gibt das Büschel wieder), wobei das Licht von der Nase her einfällt. In Abb. 622c ist nasal und temporal außerdem je eine gröbere Blase zu sehen. Der Inhalt der Cysten Abb. 622d ist wasserklar, farblos. Es schließt sich medial die obengenannte Hornhauttrübung an.

Trotz des positiven Sekretbefundes und der Anamnese möchte ich in diesem seltenen Fall die Diagnose „inveterierter Frühjahrskatarrh" nicht mit voller Sicherheit stellen.

---

* Patient des Herrn Prof. Dr. BLOCH, Direktor der dermatologischen Klinik Zürich.

Zweiter Abschnitt.

Die normale und die pathologisch veränderte Vorderkammer.

Die GULLSTRANDsche Spaltlampe dient der Untersuchung der Vorderkammer in zweifacher Hinsicht
1. Zur Ermittelung der räumlichen Beschaffenheit der Kammer.
2. Zur Untersuchung des Kammerwassers.

1. Die Ermittlung der räumlichen Beschaffenheit

der Vorderkammer (bei Kolobomen auch der Hinterkammer). Die Kammertiefe kann, wie GULLSTRAND sagt, mittels Spaltlampe etwa ähnlich abgeschätzt werden, wie die Pupillenweite.

Durch die scharfe Einstellung der Schnittflächen des Büschels und seiner Kanten sowie durch die Büschelverschmälerung auf 0,05 mm und weniger wird, wie von mir gezeigt wurde, S. 14, die Tiefenlokalisation im Bereiche der Vorderkammer noch weiterhin verfeinert, und es gelang mir auf diesem Wege zum ersten Male die präzise Ortsbestimmung von Elementen, die der Kammerwand (Corneaürckfläche, Iris- und Linsenvorderfläche) besonders naheliegen, so daß sie im gewöhnlichen breiten Büschel von derselben nicht mehr trennbar sind. Die normale Vorderkammer wird mit dem fokussierten Büschel abgetastet, wodurch ein viel sichereres Urteil über tiefe, mitteltiefe und abgeflachte Vorderkammer entsteht, als dies durch die bisherige Beobachtung möglich war. Mit dem Büschel werden zwei einander gegenüberliegende Stellen exakt vergleichbar: die Austrittsstelle des Büschels aus der Cornea und die Eintrittsstelle desselben in die Iris, wodurch die Möglichkeit gegeben ist, den gegenseitigen Abstand dieser beiden Stellen abzuschätzen und damit die Kammertiefe zu beurteilen (siehe S. 14).

Die *optische Leere* des Kammerwassers bedingt im Bereiche der Kammer ein dunkles Intervall. Damit wird eine exakte Diagnose der Kammerabflachung und -aufhebung möglich. *Reste der Kammer,* die bisher unsichtbar waren, werden im verschmälerten Büschel ähnlich deutlich, wie in einem Schnittpräparat, mit dem Unterschied, daß im Schnittpräparat die Feinheiten durch den Fixierungs- und Härtungsprozeß zerstört werden, während sie hier im lebenden Auge intakt vor uns liegen.

Eine sichere Unterscheidung von stark abgeflachter und aufgehobener Kammer war bisher unmöglich gewesen. Bei „aufgehobener" Kammer (nach Verletzungen, Operationen, bei Glaukom) zeigt uns die Spaltlampe Kammerreste, besonders oft im Bereiche der Pupille, *so daß wir eine völlig aufgehobene Kammer als sehr selten bezeichnen müssen.* Der Winkel zwischen Kapsel und Pupillarsaum ist sozusagen niemals kammerwasserfrei. Auch im Bereiche von Krypten und Kontraktionsfurchen lassen sich Kammerreste häufig noch nachweisen. Über die praktische Bedeutung derartiger

Befunde wird man insofern nicht im Zweifel sein können, als bei Anwesenheit einer, wenn auch sehr dünnen Flüssigkeitsschicht zwischen Cornea einerseits, Iris und Linse anderseits physiologische Verhältnisse immer noch bestehen.

Bei peripherer vorderer Synechie durch Glaukom, Napfkucheniris usw, wird es ferner für den Operateur wichtig sein, die exakte *Grenze* der Aufhebung zu kennen. Er wird die Schnittführung danach richten müssen. Ohne solche Kenntnis gefährdet das Messer Hornhaut, Iris und Linse.

Iriskolobome gewähren uns bei Verwendung des Spaltlampenmikroskops einen Einblick in die *Hinterkammer*. Die geringe Tiefe der letzteren überrascht uns namentlich bei flacher Vorderkammer (in Fällen wenigstens, in denen die Kolobomschenkel richtig sitzen), und wir verstehen es, daß eine sog. hintere Sklerotomie die Linse gefährden kann.

In dem Folgenden teilen wir einige Beobachtungen über Kammeraufhebung und Kammerreste mit.

Übersichtlicher als das breite prismatische Büschel ist hier wieder der stark verschmälerte optische Schnitt, wir tasten damit die Vorderkammer ab und erzielen optische Schnitte von einer Dünnheit, die histologischen Schnitten gleichkommt. Auf diese Weise können uns auch feinste Kammerreste nicht entgehen, wie solche in Krypten oder in der „*Pupillensaumecke*", wie wir den dreieckigen Raum zwischen Hornhaut, Vorderkapsel und Pupillarsaum nennen wollen (vgl. Abb. 623 P)*. Wir entscheiden mit vollkommener Genauigkeit, wie weit bei glaukomatöser peripherer Kammeraufhebung diese letztere in axialer Richtung reicht und wir können Änderungen dieses Zustandes, wie sie z. B. zufolge Behandlung auftreten, mit dem Okularmikrometer messend verfolgen.

Abb. 623 und *624* schematisieren häufige Vorderkammerreste nach Operationen: Abb. 623 zeigt den pupillaren Vorderkammerrest P, der aus naheliegenden Gründen nach dem Pupillarsaum S zu tiefer, nach der Linsenkuppe L zu dünner wird (*„Pupillarsaumecke"*). Er sendet einen seichten Ausläufer E in der Richtung der Iriskrause J, das heißt, des dicksten Teils der Iris. In deren Bereich ist die Kammer aufgehoben, das Relief der Krause zusammengeplattet. Peripher dieser Krause fand ich dagegen die Kammer häufig als *„peripheren Kammerrest"* P V, Abb. 623, wieder nachweisbar, wohl entsprechend der geringern Irisdicke an dieser Stelle.

Abb. 624 zeigt die Vorderkammer eines Falles von Glaukoma simplex 16 Tage nach Trepanation. Nach Irisabtragung blieb eine schmale Sphincterbrücke B zurück, die Pupille und Kolobom trennt. Vorderkammer wie in Abb. 623. Sie besteht auch über B, verengt sich aber nach oben, um nach dem oberen Kolobomabschnitt hin ganz zu verschwinden. (Somit leere Hinterkammer!) Ein solches Verhalten post operationem ist nicht selten.

Abb. 625. Vorderkammerreste bei malignem Glaukom.

Die 48jährige Frau M. aus M., mit Glaukoma absolutum rechts, wurde links auswärts im Laufe des letzten Jahres mehrfach wegen Glaukom operiert. Ciliarinjektion nach unten in der Nähe des Limbus und stark stecknadelkopfgroße, schwärzliche Scleralstaphylome, anscheinend nach Trepanation. Hornhautepithel gestichelt, Vorderkammer für gewöhnliche Beobachtung aufgehoben. Tension 60 mm Schiötz. Quantitative Lichtprojektion unsicher.

Das auf 0,05 mm verschmälerte Büschel zeigt die Kammer größtenteils aufgehoben. Abb. 625 gibt einen im Vertikalschnitt dreieckigen Vorderkammerrest R

---

* Siehe auch Abb. 20 und Text S. 14.

(schwarz) im Pupillarsaumwinkel wieder. I Iris, L Linse, C C Hornhaut. Die roten Punkte auf der Linsenvorderkapsel sind Pigment, Iris etwas atrophisch. Nach oben und unten von diesem Kammerrest liegen Linse und Iris der Hornhaut glatt an.

Abb. 626 stellt einen Kammerrest desselben Auges ebenfalls im Vertikalschnitt dar. Dieser Rest liegt peripher der Krause, wo, wie ich zeigte*, Kammerreste besonders oft zu finden sind, und zwar liegt er in der Nähe des nasalen Limbus. C C Hornhaut, R R Vorderkammerrest, J Iris, deren Oberfläche so gewellt ist, daß nach vorn gerichtete Konkavitäten mit Zacken abwechseln.

Nach erfolgreicher Glaukomiridektomie konnte ich mittels optischen Schnittes wiederholt eine *Zunahme der Vorderkammertiefe* beobachten, so z. B. bei der 58 jährigen Frau Blu., bei der beide Augen ähnlich flache Kammern hatten. Nach der Iridektomie war sie am operierten Auge schon doppelt so tief wie am anderen.

In verwandten Fällen, z. B. nach Trepanation der 60 jährigen Frau Kr. blieb die Kammer, trotz während 8 Jahren beobachteter Hypotonie, eher flacher als vor der Operation.

Bei der 61 jährigen Frau Sophie Fr., mit sehr fortgeschrittenem glaukomatösem Gesichtsfeldzerfall, vermochte die mit peripherer Iridektomie verbundene Trepanation die Tension nicht wesentlich herabzusetzen. Sie blieb erhöht. Mit optischem Schnitt konnte man eine zunehmende Verjüngung der vor der Pupille vorhandenen, flachen Vorderkammer nach dem Trepanloch hin erkennen. Schon *vor* letzterem war die Kammer aufgehoben *und die angepreßte Linse tamponierte das Loch*. Über dem Loch ein minimales flaches Filterkissen.

Bei *Cataracta intumescens*, die bekanntlich zu recht hartnäckigen Glaukomformen Anlaß geben kann, kann die Kammer vor der Pupille manchmal nur hornhautdick sein (die scheinbare Hornhautdicke eignet sich gut zu Tiefen- und Dickenvergleichen, sowohl in der Vorderkammer als auch in Linse und Glaskörper). Bei der 63 jährigen Frau Sophie Gr. war durch die Linsenschwellung die untere Kammerpartie stärker eingeengt als die obere. Über der Irisperipherie war die Kammer total aufgehoben. Die Tiefe der Kammer entsprach im unteren Teil der $4\frac{1}{2}$ mm weiten Pupille der einfachen Hornhautdicke, im oberen Teil $1\frac{1}{2}$—2 Hornhautdicken. Die Tension war zeitweise leicht erhöht.

Aufhebung der Vorderkammer bis auf Reste kann *myopische Refraktion* bedingen. So bestand bei der trepanierten 51 jährigen Frau Frieda Wydler vor der Trepanation bei mittlerer Kammertiefe leichte Hyperopie, bei bis auf einen Pupillarrest aufgehobener Kammer 9 Tage nach der Trepanation Myopie von 5,0 D.

Konfigurationsänderung der Hornhautrückfläche bei unregelmäßiger partieller und totaler Vorderkammeraufhebung.

Der 31 jährige Artillerist H. H. erlitt vor 4 Jahren anläßlich der Grenzbesetzung eine Explosionsverletzung, die ihm das rechte Auge kostete. Links nasale Limbusperforation, intracorneale Steinsplitter, nasale Iriscyste, Vorderkammeraufhebung, Iris nach der Perforation verzogen, Projektion nach oben fehlend. Leichte Hypotonie und Verkleinerung der Cornea. Siehe Abb. 505.

Mit verschmälertem Büschel Vorderkammer größtenteils aufgehoben.

Abb. 627 zeigt eine derartige aufgehobene Partie und zeigt über den größten Teil der Hornhaut sich erstreckende, radiär nach der Perforationsstelle gerichtete

---
* VOGT, A.: Z. Augenheilk. l. c.

Descemetifalten D, denen die Iris vollkommen genau anliegt, so daß ihre Oberfläche das Negativ der Descemetifalten ist. J Iris, D gefaltete Descemeti, C C' Cornea.

Abb. 628 zeigt eine andere Partie desselben Falles mit kleinen, optisch leeren Vorderkammerresten.

Z Iriscyste, J Iris, J' durchscheinende Irisvorderfläche, C C' Hornhaut. Die zwei schwarzen Lücken in der Mitte der Abbildung stellen Sagittalschnitte durch die Vorderkammer dar. Wir sehen, daß in dieser Gegend *die Cornea stark verdickt* ist und daß eine zipfelförmige Adhärenz derselben an der Cystenvorderwand die beiden Vorderkammerreste scheidet.

Abb. 628 illustriert gleichzeitig, in welcher exakten und bequemen Weise wir mit Hilfe des verschmälerten Nitra- oder Bogenlampenbüschels lokale Dickenveränderungen der Hornhaut festzustellen imstande sind.

Abb. 629. Vorderkammereinengung durch iritische saugnapfartige vordere Synechie.

Optischer Schnitt, Ok. 2, Obj. A 3. 55jährige Frau Su., beidseitige Iridocyclitis tuberculosa seit 5 Jahren, mit Pupillarsaumefflorescenzen und Parenchymknoten. Diese letzteren verlöten die Irisvorderfläche bekanntlich häufig mit der Hornhautrückfläche, wodurch, besonders oft peripher unten, wie im Falle Abb. 629, vordere Synechien entstehen. Die vordere Kammer kann dadurch auf weite Strecken eingeengt und aufgehoben werden.

Abb. 630—631. Multiple Vorderkammereinengungen durch periphere iritische vordere Synechien.

Bei der 23jährigen Martha Ma., die seit Jahren an Iridocyclitis chronica leidet, sind aus ähnlichem Grund, wie im Falle Abb. 629, zum Teil flächenhafte (Abb. 630 unten), zum Teil zipfelförmige Verlötungen der Irisvorderfläche mit der Hornhautrückfläche eingetreten. Man beachte die weißen bindegewebigen Verlötungsstellen, die oft etwas Pigment enthalten.

Abb. 631 zeigt die Verwachsungszipfel im regredienten Licht. Man sieht hier kettenartig gehäuftes Pigment im atrophischen Irisgewebe, siehe auch Abb. 630 (optischer Schnitt).

Abb. 632. Periphere Vorderkammeraufhebung durch Napfkucheniris, Sekundärglaukom.

13jährige R. Sp., sympathische Ophthalmie rechts seit etwa 9 Jahren. Nach Perforatio bulbi sinistri bestand angeblich lange Zeit Reizbarkeit des verletzten Auges. Als die Patientin wieder zum Augenarzt gekommen sei, hätte dieser Entzündung des zweiten Auges festgestellt und das verletzte Auge enucleiert. Seither von Zeit zu Zeit Entzündung rechts, letzte Zeit Napfkucheniris mit Sekundärglaukom. Es kann oben eine pupillare Zirkulationslücke festgestellt werden, die vor kurzem noch funktionierte, heute aber, wie das Spaltlampenmikroskop zeigt, durch ein feines Fadengewebe verschlossen ist (vgl. Kapitel Iris).

Man beachte in Abb. 632 die bis in die Nähe der Pupille reichende totale Vorderkammeraufhebung, welche allein schon das Glaukom verständlich macht.

Die Linsenkapsel ist exsudatbedeckt. Die an der Linse L haftende Pupille ist dorsalwärts *umgekrempelt*, zufolge der starken Vorbauchung durch das Hinterkammerwasser.

Im Moment der Iridektomie kollabierte die Iris auf ihr normales Niveau.

Abb. 633. Hochgradige Vorderkammervertiefung bei akuter Hypotonie, durch senile Amotio retinae spontanea.

Ok. 2, Obj. A 2.

(Die in Wirklichkeit vorhandene Opazität des Kammerwassers, siehe Abb. 633, ist zur übersichtlichen Darstellung der Kammerverhältnisse in diesem Bilde stark abgeschwächt dargestellt.)

Der 62jährige Herr Ca. St. hat beidseitige Myopie von kaum 2,0 D, Hornhautrefraktion horizontal 46½ D, vertikal 48 D. Es besteht somit keine abnorm lange Bulbusachse. Früher nie augenkrank, nie Trauma. Angeblich seit 9 Wochen Sehstörung links, heute (Dezember 1923) mächtige schwappende Netzhautablösung nach oben, mit triangulärem, 1 PD großem Riß, unbedeutende Glaskörpertrübungen, Auge reizlos, Vorderkammer normal tief, Tension leicht vermindert.

Urin mit Spuren von Zucker und Albumen.

Einige Wochen später bei Bettruhe plötzlich im linken Auge heftige Schmerzen, Ciliarinjektion, hochgradige Hypotonie. Auge breiweich. Durch die Kollabierung entsteht, wie meist in solchen Fällen, am Ophthalmometer nachweisbare Zunahme des Astigmatismus rectus corneae, und zwar beträgt die Brechkraft unseres Falles im vertikalen Meridian 49 D, Brechkraft horizontal 46½ D (Kollapsastigmatismus).

Die Vorderkammer ist enorm vertieft (Abb. 633, unterer Kammerwinkel). Die grüngelb verfärbte Iris bildet nämlich keine Ebene mehr, sondern zieht senkrecht von ihrer Wurzel an sagittal nach hinten (Abb. 633 WK), um dann rechtwinkelig auf die Linsenvorderfläche RV, der sie dicht anliegt, umzubiegen. Auf der Linsenvorderkapsel reichliche Pigmentverschmierung, mit der wohl auch die grüngelbe Verfärbung der vorher reinblauen Iris zusammenhängt. Zu beachten ist allerdings, daß die retroretinale Flüssigkeit, die als Ursache der Veränderung in Betracht kommt, gelb gefärbt ist. Auch der vordere Linsenchagrin erscheint im vorliegenden Falle gelb, statt weiß. P Pupillarsaum, II Alterskernfläche.

Es besteht kein nennenswertes Schlottern von Iris und Linse.

Ophthalmoskopisch: Bedeutende Zunahme des Netzhautrisses, Aderhaut in weiter Ausdehnung sichtbar. An der Spaltlampe ist das Auffälligste die enorme Steigerung der *Vorderkammeropazität*, die auf gesteigertem Eiweißgehalt beruht, und die ich nach einer Reihe von Beobachtungen als typisch für die akute Hypotonie nach Netzhautablösung bezeichnen kann (s. Abb. 635).

Die bei Hypotonie fast stets vorhandene Kammervertiefung durch Nachhintenrücken von Linse und Iris ist unter Umständen durch den gehemmten Abfluß des enorm eiweißreich gewordenen Kammerwassers bedingt, das durch die Abflußwege nicht genügend abfiltriert und so einen Überdruck in der Vorderkammer veranlaßt. Für diese Mechanik spricht die gleichmäßige Anpressung der Iris an die Linsenvorderfläche, die aus dem Spaltlampenbild hervorgeht. Wie E. FUCHS vermutet, stammt der Eiweißreichtum aus der retroretinalen Flüssigkeit, die durch den Netzhautriß nach vorne gelangt und die toxische Iritis hervorruft. Hierfür sprechen Versuche von BIRCH-HIRSCHFELD.

In einem ganz ähnlichen, genau verfolgten Fall (48jähriger Pf. Robert mit Amotio durch spontane Rißbildung bei Myopie etwa 15 D) traten wieder schmerzhafte Hypotonie und exzessive Vertiefung der Vorderkammer akut auf, wieder war die vorher blaue Iris gelbgrün verfärbt, wieder bestand Ciliarinjektion mit Iritis toxica und enormer Steigerung der Kammerwasseropazität, sowie derjenigen des Glaskörpers, ebenso wieder Pigmentverschmierung der Vorderkapsel. Interessant war in diesem Falle, daß der vordere Schenkel des Iriswinkels (in Abb. 633 der Schenkel zwischen

Abb. 623—633. Tafel 74.

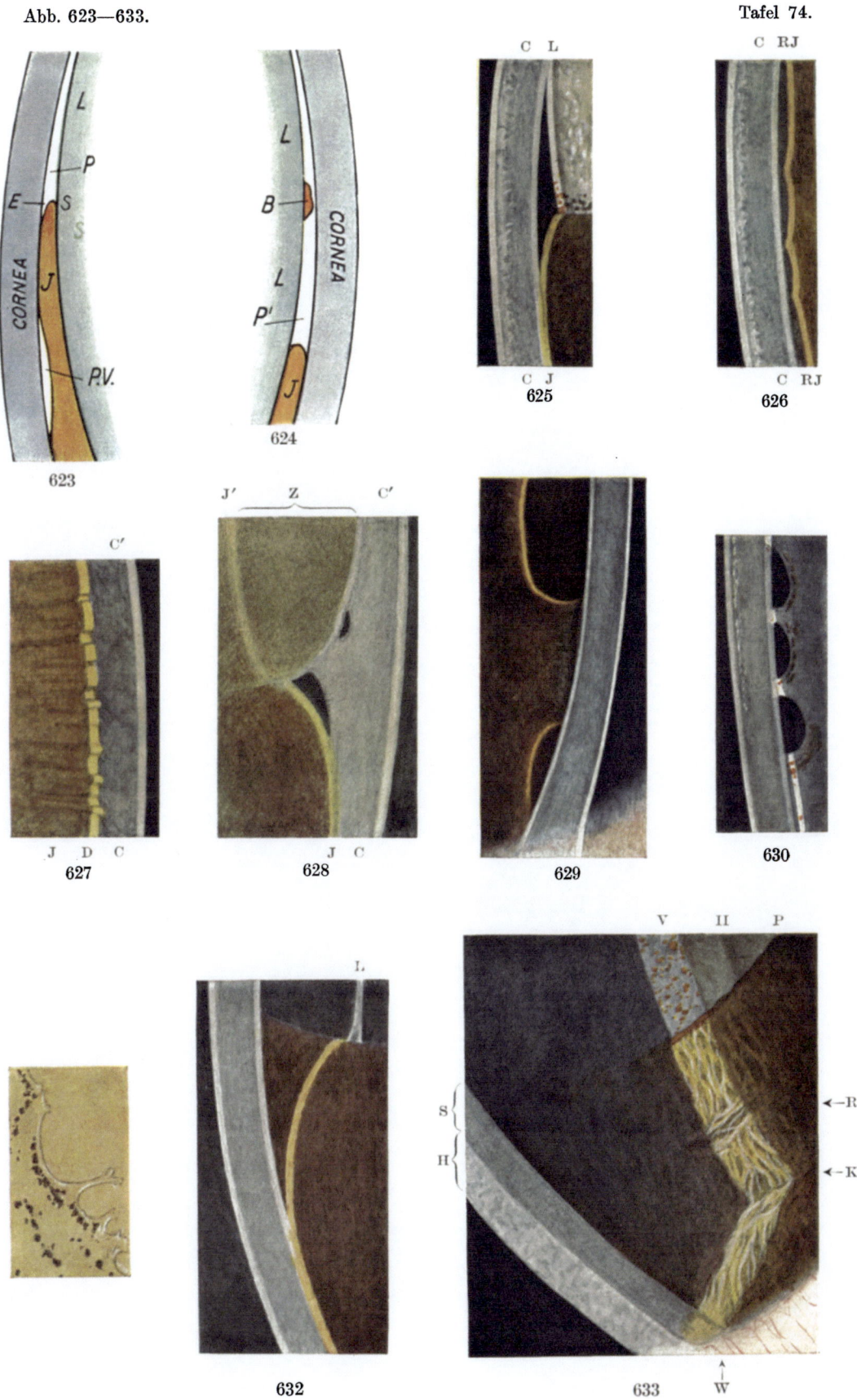

Vogt, Spaltlampenmikroskopie. 2. Aufl. Verlag von Julius Springer, Berlin.

W und K) sich derart an das Corpus ciliare anschmiegte, daß auf der Irisvorderfläche die Berge und Täler des Corpus ciliare klar zutage lagen, während der axiale Teil der Iris (der hintere Schenkel des Winkels in Abb. 633) wieder glatt an die Linsenvorderkapsel angedrückt war. Diese Beobachtung spricht ganz besonders für meine oben geäußerte Auffassung, daß durch einen *Überdruck in der Vorderkammer* die Iris und Linse nach hinten gedrückt werden.

An diesen Fall schloß sich ferner noch eine superfizielle Keratitis an, die in einer schräg vertikalen herpesähnlichen 2 mm langen Linie begann und die eine Marmorierung hinterließ, wie bei Herpes zoster. Offenbar stand sie im Zusammenhang mit der schweren Intoxikation und Ernährungsstörung des Bulbus.

Heute ist die akute Hypotonie durch rechtzeitige GONINsche Ignipunktur des Netzhautrisses in vielen Fällen verhütbar.

2. Die Untersuchung des normalen und krankhaften Kammerwassers.

a) Physiologisches.

Neben der im Vorstehenden geschilderten räumlichen Orientierung erlaubt uns das Spaltbüschel mit einer bisher nicht gekannten Exaktheit die morphologische Analyse des Kammerwassers.

Das normale Kammerwasser enthält bekanntlich nur Spuren von Eiweiß (etwa 0,01—0,03%) und Salzen. Das streng fokussierte Spaltlampenbüschel läßt die Opazität, die diese minimalen Eiweißmengen hervorrufen, unter besonderen Bedingungen erkennen.

Abb. 21. Durch die untere Hälfte der (erweiterten) Pupille *geschicktes fokales Büschel zur Veranschaulichung der physiologischen Opazität der Vorderkammer*. Wie ersichtlich (in der Abbildung etwas übertrieben) ist die vom Büschel durchstrahlte Kammerwasserpartie opaker (Tyndallphänomen) als die obere nicht durchstrahlte (der Unterschied wird undeutlicher bei ungenauer Fokussierung, ferner bei geringerer spezifischer Helligkeit der Lichtquelle).

Es kann nach meinen Beobachtungen keinem Zweifel unterliegen, daß die Deutlichkeit dieser physiologischen Opazität, die ich[233]) 1921 nachwies, individuell etwas variiert (vgl. Text Seite 14).

Die Kenntnis dieser Opazität ist von praktischer Bedeutung. Ist doch die pathologische Steigerung derselben ein diagnostisch wichtiges Symptom (iritische Reizung, Verdacht auf sympathische Ophthalmie usw.).

Das normale Kammerwasser weist nicht nur die geschilderte leichte Opazität auf, sondern enthält auch spärliche Zellelemente (Wanderzellen).

Zwei in der Vorderkammer suspendierte solche Zellpünktchen sind in Abb. 634 dargestellt.

Daß im Kammerwasser normalerweise vereinzelte Wanderzellen vorkommen, ist schon durch frühere Beobachter (s. o.) festgestellt und auch histologisch erwiesen worden. Diese Wächter der Vorderkammer sind das Substrat der im Abschnitt Hornhaut abgebildeten *physiologischen Tröpfchenlinie* (vgl. Abb. 78). Sie vermehren sich bei Beschädigungen der Hornhaut, Vorderkammer oder Iris meist schon innerhalb Stunden zur TÜRKschen Linie (Abb. 437), bei ernsten Erkrankungen zum *Tröpfchenteppich* der Hornhautrückfläche, der selbst wieder zur *Präcipitatbildung* führen kann (Abb. 443).

Die im Kammerwasser schwebenden feinen Pünktchen machen die bekannte *Wärmezirkulation* mit. Gelangen sie — aufrechte Kopfhaltung vorausgesetzt — in die Nähe der warmen Iris, so steigen sie mit der dortigen Strömung empor, um schließlich hinter der kühleren Hornhaut mit der abwärts gerichteten Strömung nach unten zu gelangen und den Aufstieg von neuem zu beginnen, sofern sie nicht irgendwo haften bleiben. Diesen Weg machen auch andere corpusculäre Elemente des Kammerwassers mit, so die besonders bei älteren Personen nicht so seltenen Pigmentpünktchen, rote Blutkörperchen nach Verletzungen, Lamellenfetzchen der Vorderkapsel bei Exfoliatio capsulae senilis usf. Auch freibewegliche fädige oder gekräuselte Pupillarmembranreste können die Wärmeströmung mitmachen (ARTHUR GLOOR).

Wie die Unterscheidung der physiologischen von der pathologischen Opazität des Kammerwassers insbesondere für den Anfänger eine Sache der Übung und Erfahrung ist, so gilt dies in ähnlichem Grade von der Differenzierung normaler und pathologischer Zellgebilde. Von der Beantwortung der Frage, ob die Zahl solcher Zellgebilde noch normal oder schon pathologisch ist, hängt die Frühdiagnose der sympathischen Ophthalmie ab. Findet man, passende Beleuchtung vorausgesetzt, eine Anzahl solcher Zellen mühelos, so darf eine pathologische Vermehrung angenommen werden. Dies natürlich besonders dann, wenn eine TÜRKsche Linie oder gar schon Beschläge vorhanden sind. Immerhin ist zu beachten, daß 20 und mehr Einzeltröpfchen noch physiologisch sein können, vgl. Text zu Abb. 78—81 und 437—442.

Beim Aufsuchen der Zellen im Kammerwasser erinnere man sich, daß auch hier die schon mehrfach erörterte „optische Grenzzone", i. e. die Gegend vor dem Pupillarsaum der der Lichtquelle entgegengesetzten Seite für das Auffinden am geeignetsten ist. Abb. 634 veranschaulicht, daß die beiden weißen Pünktchen am deutlichsten erscheinen, wenn sie sich vor dem dunklen Grund, den die Pupille liefert, befinden. Bei dieser Belichtung heben sie sich naturgemäß am besten ab, und zwar wiederum im regredienten Licht der optischen Grenzzone. (Über diese Grenzzone vide Seite 22.) Viel schwerer zu finden sind sie, wenn sie sich gegenüber der Iris befinden, insbesondere wenn letztere hell ist. Damit die optische Grenzzone bequemer zur Wirkung gelangt, vermeide man künstliche Mydriasis.

Daß sich dieser Untersuchung der Vorderkammer noch diejenige des vorderen Glaskörpers anzuschließen hat, wurde schon im Abschnitt Hornhaut erwähnt.

Ungenügende spezifisch helle Lichtquelle, wie die Nernstlampe oder die unterbelichtete, oder durch zu lange Brenndauer geschwärzte Nitralampe bereiten diesen Untersuchungen Schwierigkeiten, ebenso ungenaue Fokussierung des Büschels.

Daß diese Methoden der Untersuchung der Vorderkammer jeder Augenarzt beherrschen sollte, der Wert auf rechtzeitige Erkennung der sympathischen Ophthalmie legt, bedarf keiner Betonung.

b) Das Kammerwasser bei entzündlichem Prozeß.

Entzündliche Prozesse können sich im Kammerwasser auf zweierlei Art äußern:
1. Durch Steigerung der (nicht corpusculär bedingten) Opazität.
2. Durch Auftreten corpusculärer Elemente (Zellen, Fibrinausscheidungen).

Erhöhte Opazität.

Betrachten wir zunächst die *Opazität*. Schon normalerweise sind, wie oben erwähnt, Andeutungen einer solchen nachweisbar. Mehr oder weniger hochgradig gesteigert finden wir die Opazität (unabhängig von corpusculären Beimengungen!) bei Iridocyclitiden verschiedener Art. Da Zellelemente in solchen Fällen auch bei Verwendung maximaler spezifischer Helligkeit (Bogenlicht) und stärkster Vergrößerung fehlen können, ist die Opazität lediglich als Ausdruck des erhöhten Eiweißgehaltes des Kammerwassers zu betrachten.

Eine *Vortäuschung* gesteigerter Opazität sah ich bei diffusen, *ungleich dichten* Hornhauttrübungen. So z. B. bei der Keratitis avasculosa des Falles der Abb. 393. Durch die dichtere Trübung hindurch erschien die Kammerwasseropazität verstärkt, weil die nicht durchstrahlte Partie durch weniger dichte Stellen betrachtet wurde als die bestrahlte (zur Orientierung vgl. Abb. 21). An einwandfreien Stellen konnte erkannt werden, daß eine erhöhte Opazität nicht bestand.

Experimentell gelang mir die Erzeugung einer kräftigen Opazität der Vorderkammer beim Kaninchen durch Bestrahlung mit kurzwelligem *Ultrarot*. Bei der von mir beschriebenen Versuchsanordnung genügte meist eine Bestrahlung von einer Viertelstunde. Rascher wurde die Opazität erreicht beim pigmentierten als beim albinotischen Tier. Im ersteren Fall enthielt das eiweißreiche Kammerwasser auch noch reichlich Pigment (vgl. Abb. 671).

Ausflockungen (Vogt[166]).

Wiederholt sah ich eine starke Opazität (zufolge chronischer Iridocyclitis, besonders solcher durch sympathische Ophthalmie) von einem Tage zum anderen sich stark vermindern oder nahezu *verschwinden, gleichzeitig mit dem Auftreten von corpusculären Elementen,* die dann in mehr oder weniger großer Zahl und Dichte das Kammerwasser erfüllten. Die Größe dieser Gebilde schwankten etwa zwischen 10 und 100 Mikra (Vogt[166]).

Dabei machte ich noch eine andere merkwürdige Beobachtung. Während normalerweise corpusculäre Elemente des Kammerwassers nach dem Gesetze der Wärmezirkulation sich bewegen (s. o.), indem sie bei aufrechter Körperhaltung in der Nähe der wärmeren Iris und Linse emporsteigen, in der Nähe der kälteren Cornea aber nach unten strömen, waren sie in den genannten Fällen *bewegungslos*. Sie verharrten auch bei viele Minuten, ja Stunden dauernder Beobachtung an ein und derselben Stelle. Das galt für die Gesamtheit dieser körperlichen Gebilde, mochten sie in der Nähe der Iris, der Hornhaut, in der Mitte der Kammer oder sonstwo liegen. Um einzelne der corpusculären Gebilde bestand manchmal ein schleieriger Hof, so daß ein dichtes Zentrum und eine schleierige Hülle, die sich in die Umgebung allmählich verlor, zu unterscheiden waren.

Präcipitate brauchen in solchen Fällen nicht vorhanden zu sein.

Woraus bestehen solche corpusculäre Elemente? Warum bewegen sie sich nicht? Ihr Auftreten in einem opaken Kammerwasser macht es wahrscheinlich, daß sie Ausflockungen darstellen. Dafür spricht die Beobachtung, daß mit dem Auftreten der Gebilde die Opazität stark zurückging. Die *Wärmezirkulation* war durch den immer noch etwas hohen Eiweißgehalt des Kammerwassers behindert. Je größer die Viscosität des letzteren, um so größere Kräfte (somit Temperaturdifferenzen) werden naturgemäß nötig sein, um eine Wärmeströmung zu veranlassen.

Diese ausgeflockten Gebilde sind vergänglicher Art. Sie können nach einem oder wenigen Tagen verschwunden sein. Bald bleibt darauf die Kammer klar, bald zeigt sie Beschläge, oder sie macht erneuter Opazität Platz.

Viel beständiger, oft viele Wochen dauernd, fand ich die Opazität bei *toxischen* Iritiden, wie der diabetischen oder derjenigen bei akuter Hypotonie nach Amotio retinae.

Die geschilderten Ausflockungen bilden den Übergang zu den iridocyclitischen diffusen bis fibrinös faserigen und membranösen Exsudationen, die wieder hauptsächlich nur mit der Spaltlampe auffindbar und genauer definierbar sind und von denen wir hier einige Bilder bringen werden. Sie sind oft flüchtiger Natur, wie die am Schlusse zu erörternden traumatischen Ausscheidungen.

Pathologische Zellelemente der Vorderkammer.

Ein ebenso großes Interesse, wie die genannten amorphen beanspruchen die *zelligen Elemente* der Vorderkammer. Das physiologische Vorhandensein einzelner Wanderzellen wurde oben erwähnt, ebenso ihre rasche Vermehrung bei keratitischen und iritischen Prozessen infektiöser und traumatischer Art. Nur einmal sah ich unter anscheinend *normalen* Verhältnissen weiße Pünktchen, die dem Aussehen nach Wanderzellen entsprechen konnten, in enormer Zahl ohne erkennbaren Grund, insbesondere, ohne daß sonst irgendwelche pathologische Veränderungen nachweisbar waren, in beiden Augen der 53jährigen Frau F. Eg. (Fall Dr. KLAINGUTI). Es bestand Visus = 1. Als Nebenbefund markhaltige Nervenfasern in der Fundusperipherie. (Leider weigerte sich die Frau zur Kontrolluntersuchung zu kommen.)

Wie wichtig der Nachweis der ersten Zellvermehrung sowie der Opazitätssteigerung für die Frühdiagnose der sympathischen Ophthalmie ist, wurde bereits erörtert. In Abb. 450 und 451 des Abschnittes Cornea findet sich die pathologische Zellvermehrung der Vorderkammer in einem Falle von beginnender sympathischer Ophthalmie dargestellt.

Abb. 635. Starke Opazität der Vorderkammer bei akuter Hypotonie nach Netzhautablösung.

62jähriger St., Fall der Abb. 633, etwa 15fache Linearvergrößerung. Wie ersichtlich, ist die Opazität der Vorderkammer etwa gleich hochgradig wie diejenige der Linse. H Hornhaut, V Vorderkammer, C Linsenvorderkapsel, A vorderes Alterskernrelief, P Hinterkapsel.

Die Opazität ist eine homogene, *corpusculäre Elemente fehlen vollkommen*. Es liegt also der optische Nachweis einer enormen Erhöhung des Eiweißgehaltes des Kammerwassers vor. Durch die Opazität erscheint die Reflexion der Vorderkapsel verändert. Die Maxima der Reflexion der hinteren Embryonalkernfläche und der vorderen Alterskernfläche sind jetzt ebenso stark wie die Reflexion der Linsenvorderfläche.

Die Opazität der retrolentalen Flüssigkeit ist weniger stark, als diejenige der Vorderkammer, so daß hinter der Linse ein dunkles Intervall auftritt. Hier sieht man die, bis in die Nähe der Linse reichende Netzhaut (N), dahinter die retroretinale Flüssigkeit R.

In anderen, ähnlichen Fällen (z. B. bei dem schon oben genannten Robert Pf.) fand ich der Netzhaut ein zartes kontinuierliches, graues, pigmentbehangenes Häutchen in minimalem Abstand vorgelagert, das ihr überall folgte, also mit ihr in Verbindung stand. Offenbar handelte es sich um ein Exsudathäutchen.

Vier Wochen später ging die Opazität dieses Falles Pf. erheblich zurück, und es waren im Kammerwasser grobe, grauweiße Fibrinstränge zu sehen, die teils frei schwebten, teils mit dem einen Ende an der leicht gefalteten Hornhautrückfläche adhärierten. Die Stränge waren ganz fein bräunlich bestäubt. Auge weniger gereizt.

Eine grobe Fibrinausflockung hatte somit die Opazität erheblich herabgesetzt.

Abb. 636—638. Enorme Opazität der Vorderkammer bei diabetischer Iritis des 41jährigen Ho.

Rechtes Auge. Abb. 636 Übersichtsbild, Abb. 637 das linke, gesunde Auge. Abb. 638 Sagittalschnitt, etwa 15fach. Im Gegensatz zu Abb. 635, breiter, prismatischer Schnitt, ist hier ein sehr dünner optischer Schnitt gewählt. H Hornhaut, V Vorderkammer, L Linse, G Glaskörper, I Iris. Die Vorderkammeropazität ist derart enorm, daß sie diejenige der Linse bei weitem übertrifft*. In der Linse sind die beiden Abspaltungsflächen kräftig, übrige Flächen schwer sichtbar.

Die Iritis dauerte etwa 6 Wochen, war sehr schmerzhaft und mit Ciliarinjektionen verbunden. Die Pupille erweiterte sich mit Atropin auf maximal 6 mm (Abb. 636). Die Urinuntersuchung ergab Diabetes mellitus (6% Zucker im Urin), von dem Patient nichts gewußt hatte.

Vorderkammeropazität ist für toxische Iritis typisch (Iritis nach Amotio, bei Diabetes). Sie kommt aber auch bei infektiöser Iridocyclitis, speziell auch bei sympathischer vor. Hochgradige Opazität sah ich z. B. auch bei dem 36jährigen Schl. mit seit 14 Jahren rezidivierender, nach Gonorrhöe aufgetretener akuter Iridocyclitis, ferner bei dem 44jährigen Otto Hoff. mit rechtsseitiger akuter Iridocyclitis bei Zahnabsceß des rechten Oberkiefers usw.

Stärkere Opazität sah ich ferner wiederholt nach Contusio bulbi und nach Vorderkammerperforationen (s. unten).

Ebenso nach Trepanation, besonders nach solcher mit starker Filtration des Filterkissens. So z. B. in auffälligem Grade bei der 45jährigen Frau Kr. an beiden Augen (rechts trepanierte ich den Fall vor 7 Jahren). Die Augen blieben reizlos und hypotonisch, die vor der Operation etwas zerfallenen Gesichtsfelder blieben stationär. Pupillen mit Pigmentverschmierung und Adhärenzen, oben breite „Zirkulationslücke"**, ausgedehnte Filterkissen.

Man darf wohl annehmen, daß in diesen Fällen das Kammerwasser wegen starkem Abfluß reichlicher gebildet wird als normal. Solches Kammerwasser ist aber nach den Versuchen von HAGEN[234]) eiweißreicher. Es dürfte dieser vermehrte Eiweißgehalt die häufige Pigmentverschmierung am Pupillenrand und die hinteren Synechien*** erklären. Auch die durchschnittlich stärkere Neigung solcher Fälle zu Katarakt, besonders zu Kernstar, erklärt sich vielleicht durch die abnorme Zusammensetzung des Kammerwassers.

Abb. 639. Weißer und bräunlicher Vorderkammerstaub

bei dem 62jährigen Dr. Am., mit beidseitiger sehr schleichender Iridocyclitis (Fall der Abb. 332). Rechtes Auge, Ok. 2, Obj. A 2. H Hornhaut, V Vorderkammer, C Linsenvorderkapsel, A Alterskernrelief. Diese weißen und braunen Vorderkammerpünktchen bestehen in großer Zahl seit vielen Wochen, ähnliche Punkte sitzen im Glaskörper. Ein Teil der Vorderkammerpunkte hat sich auf die Hornhautrückfläche niedergeschlagen, ebenso in reichlichem Maße auf die Linsenvorderfläche (Abb. 639).

---

* Belichtete ich dagegen die Vorderkammer dieses Falles mit durch Uviolglas filtriertem Bogenlicht, so gab die Linse eine kräftige gelbweiße Fluorescenz, wie jede normale Linse, während die Fluorescenz der Vorderkammer minimal war. Die letztere war also in diesem Lichte viel dunkler als die Linse.

** Über diese siehe Abschnitt Iris.

*** Bei lange leer bleibender Kammer nach Trepanation kann der reiche Eiweißgehalt hin und wieder auch zu *vorderen* Synechien Anlaß geben. Ich sah solche Synechien des Pupillarsaumes bis jetzt in zwei Fällen.

Im regredienten Licht zeigt die Hornhautrückfläche Wollfäserchenbetauung. Das Pigment der Vorderkapsel ist von fädigen grauen Trübungen durchsetzt (beginnende Exsudatbildung).

Der Pupillarpigmentsaum ist grau, statt braun und von einem homogenen Filz ziemlich gleichmäßig und ringsum überzogen. Da und dort verdichtet er sich zu mehr isoliert hervortretenden Knötchen. Überall haften auf diesem Überzug Pigmentpünktchen.

Die chronische Iridocyclitis dieses Falles führte zu Sekundärglaukom und Katarakt.

Abb. 640. Durch subcutane Tuberkulinapplikation provozierte diffuse Vorderkammertrübung bei alter, stationärer Iridocyclitis.

Bei der 55jährigen Frau F. besteht beiderseits seit vielen Jahren schleichende Iridocyclitis, Chorioiditis disseminata und beginnende Cataracta complicata, mit Kerntrübung und Glaskörpertrübungen, links Präcipitatreste.

Bei vollkommen reizlosem Bulbus wurden am 12. 10. 20 vormittags 11 Uhr links 0,1 mg Alttuberkulin subcutan injiziert.

3½ Stunden später linkes, seit mehr als einem Jahr reizloses Auge stark ciliar injiziert, die vorher an der Spaltlampe klare Vorderkammer ist opak und zeigt bei 24facher Vergrößerung die weißlichen und bräunlich-weißlichen dichten Pünktchen der Abb. 640. Außerdem am temporalen Pupillenrand ein vorher nicht vorhandenes graues Irisknötchen (Iris von früher her vascularisiert, atrophisch, mit fehlendem Pigmentsaum). Im regredienten Licht Betauung. Am folgenden Tage schon waren diese Pünktchen nur noch spärlich, Injektion geringer. Dafür bestand starke Betauung der Cornearückfläche. 4 Tage nach der Injektion Bulbus reizlos, kein einziges Pünktchen mehr im Kammerwasser, dagegen hatten sich solche auf der Cornearückfläche niedergelassen. Das Pupillenrandknötchen war verschwunden. (Die in Abb. 640 auf der Cornearückfläche dargestellten weißen Herde sind nicht eigentliche Präcipitate — eine Auflagerung ist nicht zu erkennen —, sondern entsprechen den stationären, schon von KRÜCKMANN[235]) erwähnten lokalen Gewebstrübungen, die hinter lange bestehenden Beschlägen zurückbleiben können; vgl. den Abschnitt Präcipitate, Text zu Abb. 462.)

Abb. 641. Isolierte und konglobierte Vorderkammerzellen bei sympathischer Ophthalmie.

Hans Sp., Fall der Abb. 455a. Siehe dort die Anamnese. Aufnahme der Abb. 641 am Tage der ersten Feststellung der Krankheit (13. 3.), 12 Tage *vor* Aufnahme der Abb. 455a. Mittelbreites Büschel, Ok. 2, Obj. A 2. Die Opazität der Vorderkammer ist leicht erhöht. Die massenhaften corpusculären Elemente sind an vier Stellen zu fetzenartigen Gebilden konglobiert.

Im untersten Teil der Pupille eine membranartige gebogene hintere Synechie im optischen Schnitt, darüber weißes Exsudat auf der Vorderkapsel. Letztere dicht mit weißen Punkten bedeckt. H Hornhaut, V Vorderkammer, J Iris mit Synechie. L Schnitt durch die Linse.

Abb. 642—645. Das Vorderkammerbild bei Spätinfektion nach ELLIOTscher Trepanation.

Bei dem 63jährigen Landwirt Di. Joh. wurde Ende 1919 die ELLIOTsche Trepanation des rechten Auges vorgenommen, unmittelbar nach Abheilung einer mit

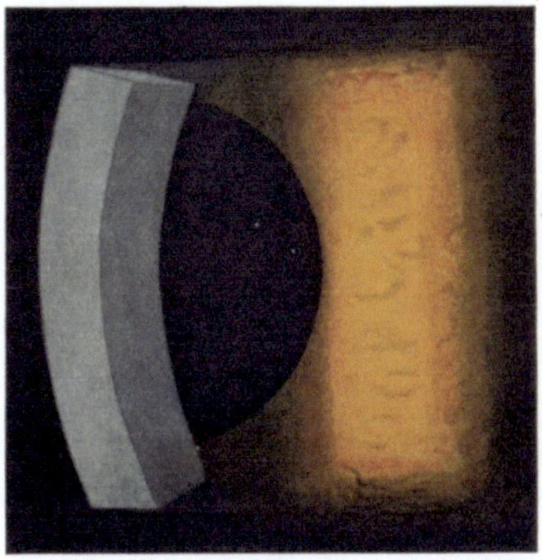

Abb. 634—641. Tafel 75.

634

639

635

640

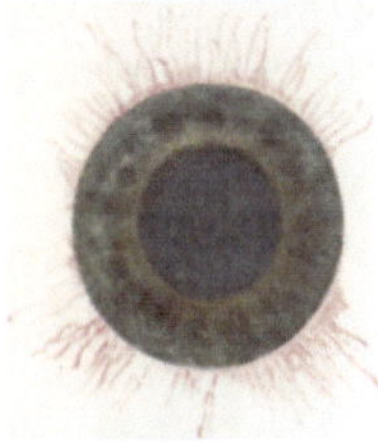

636

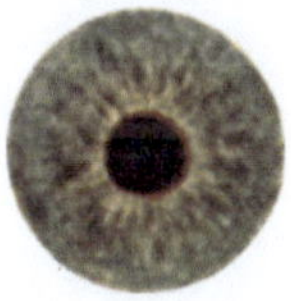

637

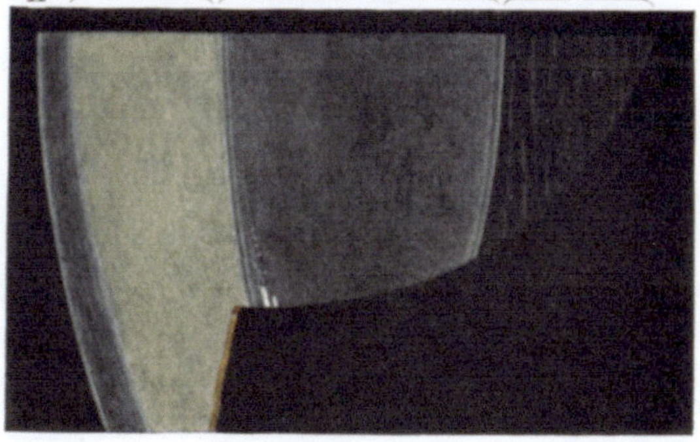

638

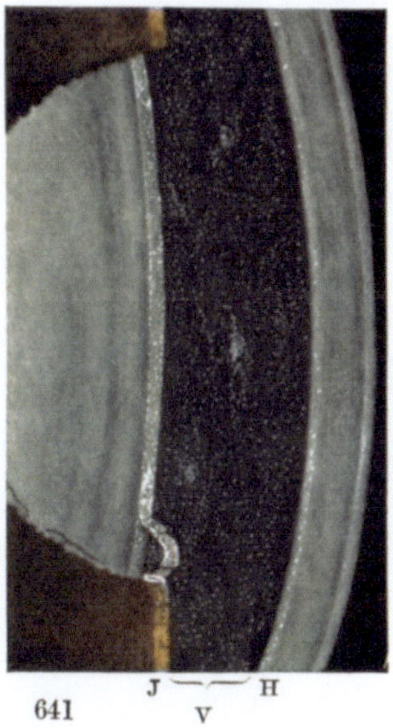

641

Vogt, Spaltlampenmikroskopie. 2. Aufl. Verlag von Julius Springer, Berlin.

Glaukoma subacutum komplizierten Hypopyonkeratitis. Eine vorausgegangene Iridektomie hatte den Druck nicht herabgesetzt. Behandlung der Hypopyonkeratitis mit Zinkjontophorese und Optochin, tägliche Tränenkanaldurchspülung. Heilung mit unbedeutender Hornhautnarbe. Im Bindehautsack während der Keratitis und auch später wieder Pneumokokken. Die Trepanation verlief glatt. Beiderseits cystoide Vernarbung. RS = 6/24 plus cyl. 4,5 Achse 110 Grad, LS = ½ Glbn.

Einige Wochen später ELLIOTsche Trepanation auch des zweiten (linken) Auges wegen unkompliziertem Glaukoma chronicum. Reizloser Verlauf. Hypotonie. Zu Hause tropfte Pat. täglich prophylaktisch Pilocarpin ein. Am 1. April 1921 erscheint Patient mit Visus links = 1/200, Pupillarexsudat, 2 mm hohem graugelbem Hypopyon (Abb. 643), *Filtrationscyste weiß getrübt,* Trepanloch nocht sichtbar, Umgebung der Cyste intensiv injiziert. Ophthalmoskopisch rotes Licht erhältlich. Pupille mittelweit. Tension anscheinend normal. Hornhautvorderfläche intakt.

Am Spaltlampenmikroskop erkennt man eine pilzförmige aus der Pupille tretende graugelbliche, durchsichtige Exsudatmasse (Abb. 643), welche in der Vorderkammer bis gegen die Peripherie sich ausbreitet und dort kreisförmige Begrenzung zeigt, oben bis gegen den Kammerwinkel, sonst ringsum nur etwas über die Krause hinausreicht (s. in Abb. 643 die feine, fast regelmäßige Kreislinie, die das Exsudat äquatorial, jenseits der Krause begrenzt). Unten erreicht dieses Exsudat das Hypopyon keineswegs.

Das schmale Büschel (Abb. 644, 24fache Linearvergrößerung) läßt erkennen, daß das Kammerwasserexsudat *nicht etwa allmählich in das Kammerwasser übergeht, sondern vollkommen scharf gegen letzteres abgegrenzt ist* (Abb. 644, G = Grenzstreifen des Exsudates E gegen das klare, nur einzelne Pünktchen aufweisende Kammerwasser J, das ein lichtleeres Intervall zwischen Cornearückfläche und Exsudat bildet). Das Exsudat ist, wie Abb. 644 lehrt, eine Ansammlung von gelblich-weißlichen Pünktchen (wahrscheinlich Leukocyten), die durch ein nicht sichtbares (offenbar fibrinöses) Substrat zusammengehalten werden. Die vordere Grenze G dieses Exsudates verläuft ziemlich genau parallel der hinteren Hornhautwand, und zwar ist die Distanz von letzterer etwa gleich der Hornhautdicke (Abb. 644). Die *Hornhautrückfläche* ist mit feinen (in der Abbildung nicht dargestellten) weißen Pünktchen ziemlich dicht besetzt. Im Hornhautparenchym einzelne dunkle, zur Oberfläche mehr oder weniger parallele Spalten (Abb. 644). Mittels gewöhnlicher Methoden hat man den Eindruck eines diffusen Pupillarexsudates. Von der geschilderten Abgrenzung desselben gegen das Kammerwasser ist nichts zu sehen.

Unter stündlicher Optochin-Pilocarpinapplikation und Zincum sulfuricum-Kompressen sowie Tränenkanaldurchspülung trat rasch Besserung ein. *Hierbei verkleinerte sich das Exsudat konzentrisch,* und 19 Stunden nach Aufnahme von Abb. 643 und 644 hatte es die in Abb. 642 zu sehende Größe, d. h. es nahm nur noch die Pupille und ihre nächste Umgebung ein. Wie Abb. 642 zeigt, hängt es sackförmig aus der Pupille, den oberen inneren Pupillarteil bereits freilassend. Der optische Schnitt (Abb. 645, schwache Vergrößerung) ergibt nun ein viel dickeres luzides Intervall zwischen Hornhaut und Exsudat. Während es vor 19 Stunden etwa Hornhautdicke hatte (Abb. 644), übertrifft es nun die letztere um das 3½fache. Des weiteren ist die Dichte des Exsudates nicht mehr eine gleichmäßige, sondern es bestehen, wie Abb. 645 zeigt, rundliche, ziemlich scharf begrenzte Aufhellungszonen. Die dichteste Partie setzt sich noch in die Pupille hinein fort. Das Hypopyon ist kleiner geworden. Am 3. 4., 3 Tage nach Beginn der Entzündung, Hypopyon verschwunden, Vorderkammer klar, tief. 4. 4. Filtrationscyste nur noch in den Randpartien weißlich, sonst klar. Am 18. 4. LS = 6/12 (wie vor der Infektion).

Es trat somit Infektion des Bulbusinneren, offenbar durch Pneumokokkeninvasion, an einem glaukomtrepanierten Auge mit Filtrationscyste 1¼ Jahr nach der Trepanation auf. (Das andere Auge desselben Patienten hatte schon vor der Trepanation eine Hypopyonkeratitis durch Pneumokokkeninfektion durchgemacht. Patient ist Pneumokokkenträger, Tränenkanal durchgängig.)

Diese Infektion ging auf energische Optochin-Zinkbehandlung prompt zurück, trotzdem sie bereits zu Hypopyon und Pupillarexsudat geführt hatte.

Es scheint, daß die Infektion nicht nur die vordere, sondern auch die *hintere* Kammer betraf. Eine periphere Iridektomie besteht zwar nicht, doch mündet das 1½ mm-Trepanloch gleichzeitig in beide Kammern. Die Infektion der Hinterkammer wird dadurch wahrscheinlich, daß das pilzförmig in der Vorderkammer sich ausbreitende Exsudat *aus der Pupille hervorzuquellen scheint*. Auch bei der Rückbildung war erkennbar, daß das Exsudat seine Basis in der Pupille hatte.

Höchst beachtenswert und bisher nicht bekannt ist seine scharfe Abgrenzung gegen das Kammerwasser. Nicht eine diffuse Vorderkammerinfiltration liegt vor uns, wie wir eine solche bei chronischen oder subakuten Prozessen (Iridocyclitis chronica, sympathica) finden, sondern es erscheint ein scharf umschriebener Teil der Vorderkammer vom Prozeß ergriffen.

Gelangen Eiterkörperchen in das Kammerwasser, so *senken sie sich* als Hypopyon, ohne zu zirkulieren. In diesen wie in anderen Fällen von Hypopyon gewann ich den Eindruck, *daß den polynucleären Leukocyten ganz allgemein ein höheres spezifisches Gewicht zukommt als den Lymphocyten, welche suspendiert bleiben.* Vielleicht hängt dieses größere spezifische Gewicht mit der Größe oder Zusammensetzung des Kernes zusammen.

Abb. 646—648*. Pigmentbedeckte schleierige Exsudatmembran der Vorderkammer, aufgetreten hinter einer Keratitis parenchymatosa metaherpetica.

A. Chr., 38 Jahre, Fall der Abb. 129, 130, 378. Ausführliche Schilderung des Falles siehe S. 178. Abb. 646 Bild der Hornhaut etwas unterhalb, Abb. 647 oberhalb Hornhautmitte. Die Membran DM hat die Gestalt eines frontal, parallel zur Hornhautrückfläche gelagerten Schleiers und besitzt einen *Kreisbogenausschnitt* MF, der im Formierungsprinzip ganz an die kreisrunden Aussparungen der Abb. 488—490 erinnert. Peripher ist die Membran an der Trübungsscheibe der Hornhaut adhärent. Sie persistierte in ziemlich unveränderter Form durch über 13 Monate. Im verschmälerten Büschel zeigte sie deutliche Netzstruktur (Abb. 378). F breites Büschel.

Es handelt sich somit um eine durch die tiefe Keratitis ausgelöste, an den Rändern angeheftete, *im übrigen frei in der Vorderkammer liegende Exsudatmembran*.

Die oft kreisrunden oder ovalen An- und Ausschnitte oder Aussparungen solcher Membranen lassen daran denken, daß die im Abschnitt Cornea Abb. 488—490 wiedergegebenen runden Aussparungen von Trübungsflächen vielleicht durch Anlagerung von zunächst in der Vorderkammer gebildeten Membranen zustande kommen.

Abb. 649—650. Locker suspendiertes Exsudatgerinnsel der Vorderkammer bei Keratitis disciformis.

Bei dem 19jährigen W. H., Fall der Abb. 403, 404 mit Keratitis disciformis rechts (temporaler fortschreitender Randring der etwa 6 mm messenden Trübungsscheibe, Epithelstichelung, Parenchymverdickung), welche unter ziemlichen Reiz-

---

* Abb. 648 ist identisch mit Abb. 378.

Abb. 642—647, 649—653. Tafel 76.

Vogt, Spaltlampenmikroskopie. 2. Aufl. Verlag von Julius Springer, Berlin.

erscheinungen und Lichtscheu sowie unter Einwachsen einiger oberflächlicher Parenchymgefäße (fünfte Woche) verlief, wurde in der vierten Woche ein netzartiges Gerinnsel, dem weißliche und bräunlichrote präcipitatähnliche Klümpchen anhafteten (Abb. 649) hinter der Trübungsscheibe beobachtet. Dieses reticuleartige Exsudat war mittels eines dünnen Stranges F, Abb. 649, nur lose befestigt, denn in der siebenten Krankheitswoche erschien es von seiner ursprünglichen Anheftungsstelle losgelöst und bedeutend nach unten gerutscht.

Heute sitzt es am unteren Rande der Trübungsscheibe und hat die Form der Abbildung 649. Bei Bewegungen des Bulbus pendelt es im Kammerwasser hin und her und verrät dadurch seine größere spezifische Schwere. Ein Vierteljahr später war aus dem Säckchen eine vollkommen klare, glasige Kugel von 0,33—0,37 mm Durchmesser geworden, Abb. 650. An dem Faden, an dem die Kugel hängt, hatten sich zwei kleinere, wasserklare (0,04—0,06 mm messende) Glaskügelchen angesiedelt (Abb. 650).

Bei Bulbusbewegungen schwankt dieser Faden mit den letzteren zwei Kügelchen träge hin und her, während die Hauptkugel mit ihrem vorderen Pole am Endothel festhaftet. Die Kugeln zeigen lebhaften farbigen Glanz, sind vollkommen klar und erinnern etwa an die ELSCHNIGschen Kugeln der Linse.

Abb. 651—652. In die Vorderkammer vorragender durchsichtiger Exsudatzapfen bei Iridocyclitis acuta. Seit einigen Tagen Entzündung links (Iridocyclitis acuta).

68 jähriger Gottlieb Kl., linkes Auge. Abb. 651 zeigt die Zapfen von der Seite, bei Blick etwas nach rechts, Abb. 652 mehr von vorn, bei Blick etwas nach links. An der breiten Basis des Zapfens sieht man einen *Pigmentkranz*, herrührend vom Pupillarsaum der bei der Entstehung des Gebildes noch nicht erweiterten Pupille. Der Zapfen selbst ist unten eingeschnürt, hat rundliche Begrenzung und weist an der Oberfläche eine feine weiße, leicht prominente Körnelung auf, die vielleicht aus Zellen und Zellklümpchen besteht.

Das Exsudatgebilde ist, wie ersichtlich, aus der nicht erweiterten Pupille entsprungen, ähnlich wie im Falle der Abb. 642—645.

In der opaken Vorderkammer weiße Punkteinlagerungen, *die nicht zirkulieren* (Fehlen jeder Wärmezirkulation). Kleine Beschläge der Hornhautrückfläche.

Dieses zapfenförmige Exsudat der Abb. 651—652 war am folgenden Tage *verschwunden*. Auf der Linsenvorderkapsel restierten weiße und braune Auflagerungen. Die Punkte im Kammerwasser zirkulierten wiederum.

Im Fundus beiderseits auf Phlebitis retinalis verdächtige Herde.

Abklingen der Reizerscheinungen nach 14 Tagen. Ursache nicht zu ermitteln (Tuberkulose?).

Abb. 653. Ephemere präpupillare Exsudatmembran und ihre Loslösung bei Iridocyclitis acuta.

Der 32 jährige Herr E. B. mit rezidivierender Iridocyclitis acuta links, aus unbekannter Ursache (Wassermann negativ), zeigte am 18. 11. 20 eine vor der Pupille im leicht getrübten Kammerwasser sitzende, an der Iris adhärente graugelbliche Exsudatmembran, die sich schon am folgenden Tage spontan loslöste und in den Grund der Vorderkammer senkte. Abb. 653 zeigt diesen Zustand des Auges, wie er am 19. 11. 20 7 Uhr abends bestand. Im Grunde der Vorderkammer die zusammengesunkene dünne Membran M. Leichte Irisatrophie, Iris mit neugebildeten hyperämischen Gefäßen, Pupillarsaum depigmentiert.

14 Stunden später, am 20. 11. 9 Uhr vormittags war die Membran bereits verschwunden, bis auf einen unbedeutenden, etwa $^1/_3$ mm messenden, knötchenförmigen Rest, der am nächsten Tage ebenfalls nicht mehr sichtbar war. Nach 4 Wochen Bulbus reizlos, LS = 1, Konkav 4,0.

In Abb. 653 ist M die zusammengesunkene Exsudatmembran.

Abb. 654 und 655. Exsudatstränge in der trüben Vorderkammer bei schwerer schleichender beidseitiger Iridocyclitis mit Hypotonie.

Die 17jährige Frl. R. aus Polen, seit einem halben Jahre an schwerster Iridocyclitis, vielleicht tuberkulöser Ätiologie leidend (Wassermann negativ), deren beide Corneae stellenweise diffus getrübt und peripher tief vascularisiert sind, hat beiderseits abgeflachte Vorderkammer, Pupillarexsudat und Hypotonie. Visus: Fingerzählen in 30 cm unsicher. In der Vorderkammer des zuletzt erkrankten Auges außer feiner Staubtrübung weißliche Exsudatstränge. Eine Partie derselben, die temporal sitzt und Irisvorderfläche mit Cornearückfläche verbindet, ist in Abb. 654 bei 24facher Linearvergrößerung wiedergegeben, 655 Übersichtsbild, e Exsudatnetz der Abb. 654.

Abb. 656 und 657. Flüchtiges, pilzförmig auf der Pupille sitzendes, in die Vorderkammer ragendes Exsudat bei diabetischer Iridocyclitis.

60jähriger August Gr., rechtes Auge, Abb. 656 Übersicht in fünffacher Vergrößerung. Abb. 657 Sagittalschnitt, etwa 15fach. Im oberen Teil der Pupille ein brauner Krausenfaden (Pupillarmembranrest). Mit diesem Faden steht das Exsudat in lockerer Verbindung. Wie der Sagittalschnitt Abb. 657 ergibt, sitzt auch diesmal das Exsudat pilzförmig auf der Vorderkapsel (vgl. Abb. 642—645, 651). Man beachte die lockere Beschaffenheit des Exsudates.

24 Stunden später war das Exsudat verschwunden, bis auf den vertikalen weißen Trübungsstreifen, der in Abb. 656 vom Exsudat nach unten zieht. V Vorderkapsel, J Iris, K Krausenfaden durch ein feines Netz mit dem Exsudat verbunden. Der Pupillenpigmentsaum weist in diesem Falle die im Abschnitt Iris zu schildernde, für schweren Diabetes typische schwammige Aufquellung auf.

Abb. 658 und 659. Hinter der Hornhautrückfläche gelegenes feines Exsudatnetz bei Iridocyclitis.

51jähriger Jakob Lauber, rechtes Auge. Abb. 658 7fache Linearvergrößerung, Abb. 659 25fach.

Das Exsudatnetz liegt retrocorneal und heftet sich mit seinen fädigen Ausläufern an die Hornhautrückfläche. Man beachte auch hier wieder die rundlich-ovalen Aussparungen, die, wie hier ersichtlich, durch die Netzstruktur bedingt sind. Links Vascularisierung des tiefen Hornhautgewebes.

Abb. 659 gibt den Schnitt durch den oberen Teil des Netzes bei stärkerer Vergrößerung wieder und zeigt die zierlichen fußförmigen Anhaftungsstellen des Netzes an der Hornhautrückfläche. Oben ein Präcipitat.

Einige Wochen später war dieses Netz etwas mehr nach abwärts verlagert und in horizontaler Richtung verschmälert. Die Lücken im unteren Teil waren größer und zahlreicher, die in Abb. 658 im unteren Teil des Netzes sichtbaren Pigmentkörner waren etwas größer.

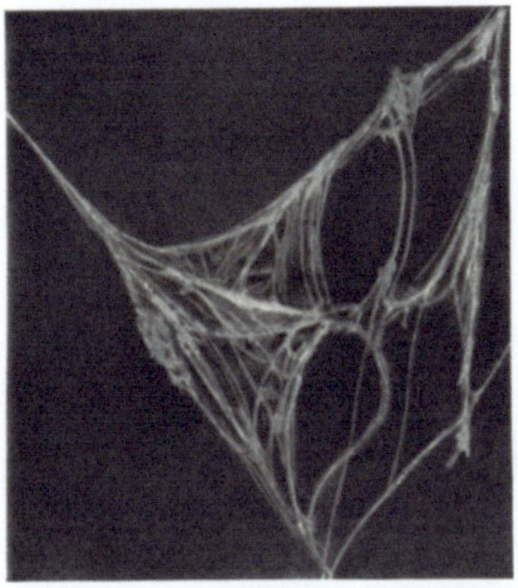

Abb. 654—660. Tafel 77.

654

Schnitt
656

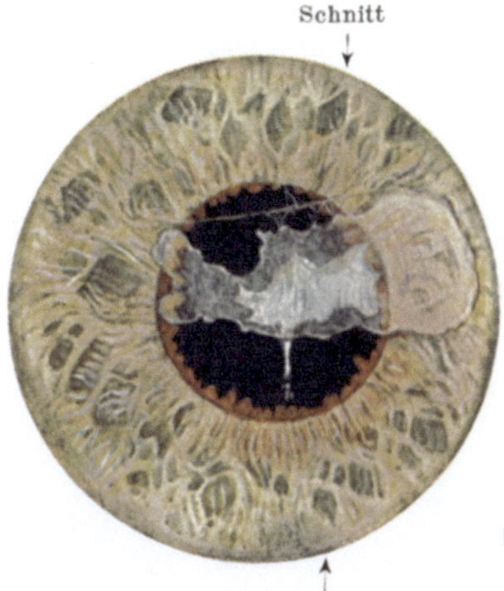

655

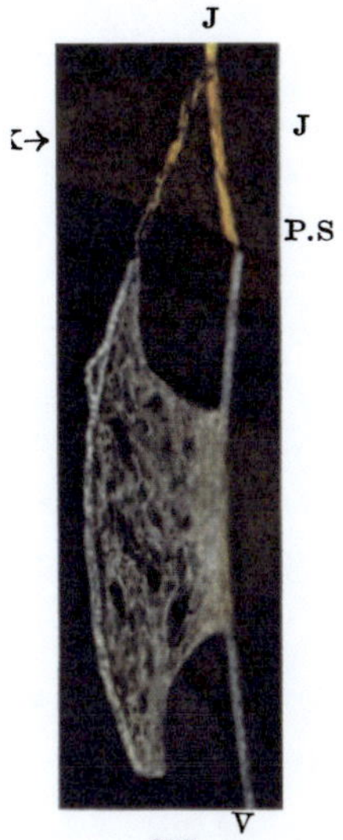

657

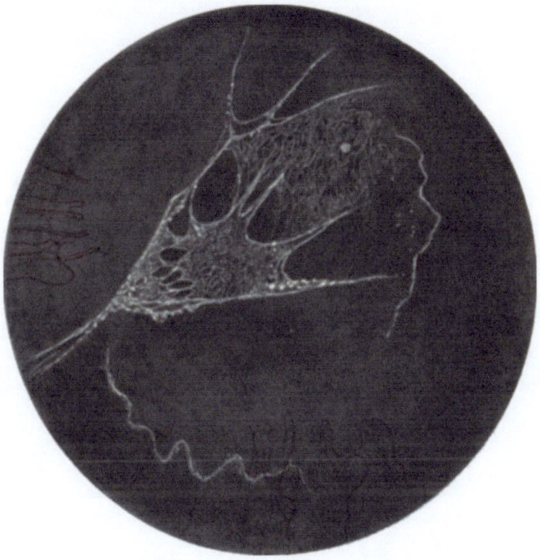

658

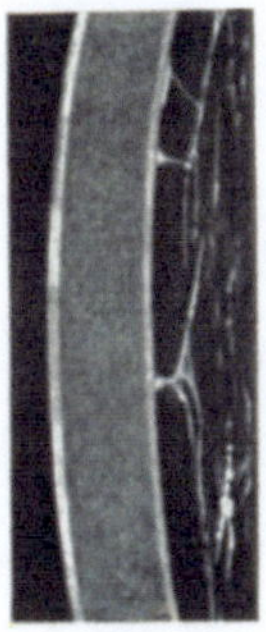

659 660a 660b

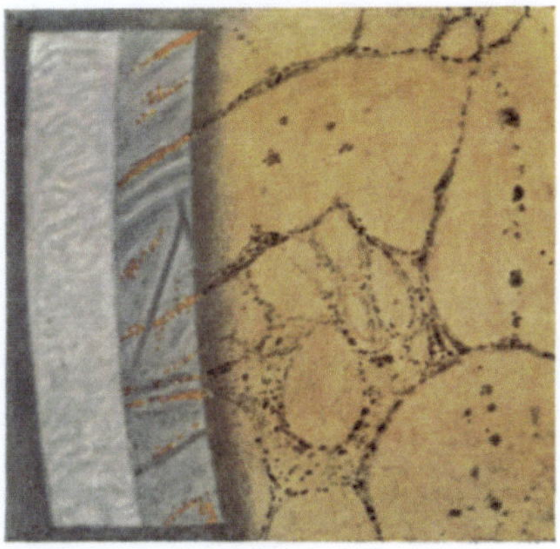

Vogt, Spaltlampenmikroskopie. 2. Aufl. Verlag von Julius Springer, Berlin.

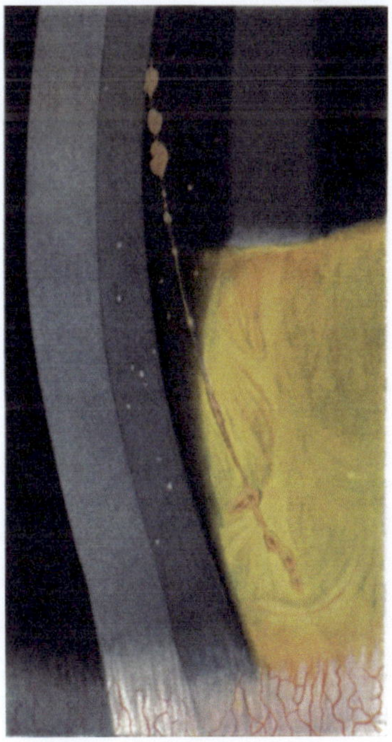

Abb. 660a. Pigmentbeladenes Exsudatnetz der Vorderkammer dicht hinter der Hornhautrückfläche.

Der 60jährige Bauer E. B. leidet seit Monaten an subakuter Keratoiritis des rechten Auges unbekannter Ursache. Tuberkulinprobe und Wassermann negativ. Abb. 660a zeigt ein zum Teil auf, zum Teil hinter der Cornearückfläche sitzendes pigmentbehangenes Exsudatnetz. Das Pigment ist im fokalen Licht ziegelrot, im regredienten schwarz.

Das Corneaparenchym erscheint mäßig verdickt, stellenweise diffus getrübt, reichliche dunkle Spalten, Descemeti-Schattenlinien und Faltenreflexlinien.

Fokales Licht links in der Abbildung, rechts das Netz im regredienten Licht. Das Epithel ist gestichelt. Nach unten graue Hornhautbeschläge, Pupillarexsudat. RS = Handbewegungen (links Cataracta senilis, LS = $1/4$).

Nachweis des retrocornealen Sitzes des Netzes mittels verschmälerten Büschels, wie im vorigen Falle.

Bei gewöhnlicher Untersuchung mit HARTNACKscher oder Binokularlupe sieht man das Netz nicht. Die Pigmentpunkte hält man für Hornhautbeschläge. Man beachte auch hier wieder die *runden Netzlücken*.

Abb. 660b. Von der Hornhautmitte zur peripheren Iris ziehender, feinfaseriger Vorderkammerfibrinstrang, bei Iritis gonorrhoica.

Keratitis parenchymatosa e lue congenita vor 15 Jahren. Heute leichte beginnende Iritis gonorrhoica. 32jähriger E. Schu., Urethralgonorrhöe zum erstenmal vor 4 Jahren, damals leichte Augenentzündung und Arthritis im linken Knie. Zum zweitenmal Urethralgonorrhöe vor 7 Wochen, sofort traten wieder Gelenkaffektionen auf (linke Hüfte, beide Knie) und seit 7 Tagen leichte iritische Reizungen, zuerst vorübergehend rechts, jetzt stärker links. — Heute leichte ciliare Injektion links, Vorderkammer ohne Vermehrung der Opazität, jedoch mit reichlichen zirkulierenden weißen Pünktchen. Linke Hornhautrückfläche mit spärlichen grauweißen winzigen Präcipitaten von 10—20 Mikra.

Der aus feinen Einzelfasern zusammengesetzte, straff gestreckte Strang der Abb. 660b, der von der linken Hornhautrückfläche schräg vertikal zur hinteren Irisperipherie zieht (Abb. 660b), ist mit braunen rundlichen Klümpchen und Klumpen besät, welche eine ziemlich glatte Oberfläche zeigen und den Strang stellenweise einhüllen. Der Strang hat meist eine Dicke von 40 Mikra, dann wiederum von 20 bis 30 Mikra. Der größte aufgelagerte Klumpen mißt in der Länge 0,12 mm.

Bekanntlich pflegen Pupillarfäden (Reste der Pupillenmembran) bei Iridocyclitis häufig Beschlagsklümpchen aufzufangen, sie sind dann mit Schneeflocken behangenen Telegraphendrähten vergleichbar. Ähnlich hat wohl hier der sehr ungewöhnliche, offenbar von der Iritis gonorrhoica herrührende Faserstrang Zellen der Vorderkammer aufgefangen, die wie an der Hornhautrückfläche zu präcipitatähnlichen Gebilden agglutinierten. Dafür spricht das Vorhandensein reichlicher Einzelzellen im Kammerwasser.

In der Pupille beiderseits altes Pupillarexsudat mit hinteren Synechien. Hornhaut mit tiefen parenchymatösen Trübungen und Gefäßresten.

Als der Patient 2 Tage später wieder untersucht wurde, war der Strang spurlos *verschwunden*.

Abb. 661a und b, 662a und b. Glasleisten der Hornhautrückfläche vortäuschendes Dauernetz der Vorderkammer, nach Keratitis parenchymatosa e lue congenita.

Abb. 661a Übersichtsbild, fokales Licht, 661b Partie im regredienten Licht bei 25facher Linearvergrößerung, Abb. 662a Beobachtung einer Netzmasche im Lochbüschel.

Die 20jährige Judith Sch., die vor zwei Jahren eine beidseitige Keratitis parenchymatosa e lue congenita durchgemacht hat (Patientin des Herrn Augenarzt Dr. A. Gloor in Solothurn), litt seither mehrfach an keratoiritischen Reizzuständen, so auch heute wieder. Rechts normale Tension, leichte Ciliarinjektion, blutführende Gefäße des unteren Hornhautabschnittes (Abb. 661a), sowohl der mittleren wie der tieferen Schichten. Noch stellenweise diffuse Parenchymtrübung. — Die Spaltlampe zeigt an der rechten Hornhautrückfläche das weiße Netz der Abb. 661a. Bei Verwendung des verschmälerten Büschels oder auch des Lochbüschels (Abb. 662a) ist jedoch in exakter Weise erkennbar, daß das weiße Netz nicht unmittelbar, sondern in einem gewissen Abstand von der Hornhaut in der Vorderkammer liegt, und daß nur einige Fäden des Netzes, die frei endenden der Abb. 661a, sich an der Cornearückfläche anheften. Besonders scharf und prägnant zeigt diese Distanz das Lochbüschel (Abb. 662a), V Hornhautvorderfläche, H Hornhautrückfläche, N beleuchteter Netzknoten, mit ziegelroten Pigmentpunkten, die auch an anderen Stellen des Netzes zu finden sind.

Im regredienten Licht ist das Netz durchsichtig (Abb. 661b), glasig, ganz von *dem Aussehen der Glasleisten der Descemeti,* z. B. Abb. 585—587, *die ja auch besonders oft nach Keratitis parenchymatosa beobachtet werden.* N Netzstränge, G Gefäße.

Die vorstehende Beobachtung macht es sehr wahrscheinlich, daß manche Formen von Glasleisten der Hornhautrückfläche aus Fibrinnetzen der Vorderkammer hervorgehen, die sich an die Cornearückfläche anlegen.

Mit Hartnackscher Lupe oder Binokularlupe sieht man das Netz nur undeutlich und verlegt es an die hintere Hornhautwand*.

Abb. 662b. *Das Vorderkammernetz der vorigen Abbildung im optischen Schnitt, 10 Jahre später.*

Zehn Jahre nach Erhebung des Befundes Abb. 661a und b und 662a war Herr Kollege Gloor so liebenswürdig, mir die Patientin nochmals zuzuweisen. Das Netz war ziemlich unverändert, und ich gebe in Abb. 662b den dünnen optischen Schnitt wieder, der wieder einwandfrei die *Distanz* des Gesamtnetzes von der Hornhautrückfläche vor Augen führt. Diese Distanz beträgt maximal die Hälfte der Hornhautdicke, also etwa 0,25 mm. Unten, bei A, eine fußförmige Ansatzstelle des Netzes an der Hornhautrückfläche, diese und andere Ansatzstellen enthalten Pigmentpunkte.

Rechts in der Abbildung sieht man die glasigen Maschen des Netzes im regredienten Licht und überzeugt sich davon, daß sie den Glasleisten völlig gleichen.

Wie schon vor 10 Jahren, so zeigt auch heute noch das andere, linke Auge der Patientin die gewöhnlichen, häufigeren, rudimentären Glasleisten der Hornhautrückfläche und Andeutungen von solchen. Die Leisten liegen der Rückfläche dicht auf. Nach der Beobachtung am anderen (rechten) Auge sind wir zu dem Schluß berechtigt, *daß diese gewöhnlichen linksseitigen Glasleisten ebenfalls aus Fibrinsträngen der Vorderkammer hervorgegangen sind.*

---

* Publikation dieses Statuts 1921, Vogt in Graefes Arch. **106**, 108 (1921).

Abb. 661—662 a—e. Tafel 78.

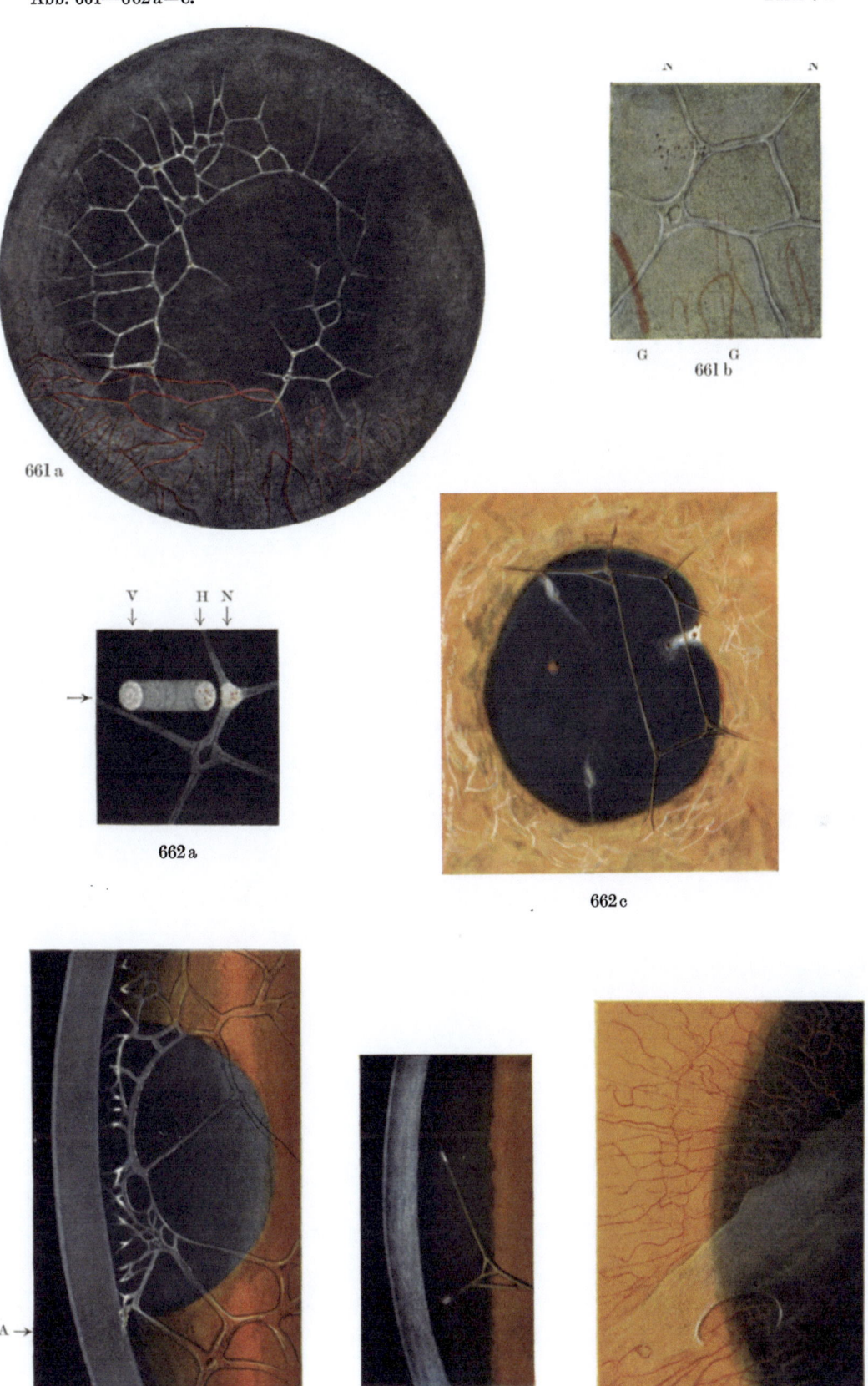

661 a

661 b

662 a

662 c

662 b   662 d   662 e

Vogt, Spaltlampenmikroskopie. 2. Aufl.   Verlag von Julius Springer, Berlin.

Abb. 662c, d und e. Glasstrangnetz der Vorderkammer beider Augen, nach vor 12 Jahren überstandener Keratitis parenchymatosa e lue congenita.

19jährige Katharina Hau. Abb. 662c gibt eine Übersicht über das hauptsächlich nasal liegende Vorderkammernetz des rechten Auges, schwache Vergrößerung (am linken Auge findet sich das Netz mehr im temporalen Kammerbezirk). Eine im vorderen Viertel der Vorderkammer ausgestreckte rechteckige Netzpartie weist 6 gestreckte Ausläufer auf, welche an der Hornhautrückfläche inserieren und endigen. Eine Masche des Netzes ist in Abb. 662d in stärkerer Vergrößerung (regredientes Licht) wiedergegeben. Die Stränge sind glasig, durchsichtig und stimmen vollkommen mit denjenigen der Abb. 661a und b und 662a und b überein. Die zwei weißen Stellen in Abb. 662d geben den optischen Schnitt durch zwei Netzstränge wieder. Diese Abbildung lehrt, daß die obere Schnittstelle um ganze Hornhautdicke, die untere um halbe *von der Hornhautrückfläche entfernt ist,* daß sich also das Netz frei in der Vorderkammer ausbreitet. (Am linken Auge beträgt die Entfernung des Netzes von der Hornhautrückfläche stellenweise 3—4 Hornhautdicken.)

Abb. 662e stellt eine alte graue Exsudat*membran* dar, welche dem *temporalen* Teil derselben (rechten) Hornhaut angelagert ist. Der *bogige Ausschnitt* im unteren Teil dieser Membran ist uns aus ähnlichen Beobachtungen von früher her geläufig (vgl. Abb. 660a u. s. w.). Hier somit temporal eine *Membran,* im Gegensatz zu den *Strängen* im nasalen Teil. Offenbar ist die Substanz von Membran und Strängen identisch. Beides sind entzündliche Ausschwitzungen.

In dieser Abbildung ist außerdem ein dichtes Netz von Gefäßen und Gefäßresten zu sehen (regredientes Licht), die fast alle Blutzirkulation zeigen und dicht vor der M. Descemeti, alle in derselben Ebene liegen.

Auf der Hornhautrückfläche sieht man ferner, sowohl rechts als links, einzelne Glasleisten, die zum Teil Fortsetzungen der Glasstränge der Vorderkammer darstellen.

Auf der Vorderkapsel der Linse (Abb. 662c) alte Pigment- und Exsudatreste.

Auch das vorliegende Beispiel demonstriert, daß echte Glasleisten der Hornhautrückfläche aus Exsudationen des Kammerwassers hervorgehen können.

Abb. 663. In diffuser Ausbreitung begriffene Pigmentwolken der Vorderkammer bei Exfoliatio capsulae senilis.

78jährige Frl. J. St. mit Exfoliatio senilis capsulae anterioris und konsekutivem Glaukoma capsulare (über dieses s. Abschnitt Linse). Eine Stunde nach Beginn der Pupillendilatation begann in diesem (wie auch in anderen von uns beobachteten gleichen Fällen) eine Pigmentwolke unter dem oberen Pupillarpigmentsaum hervorzutreten, die sich innerhalb weniger Minuten in der ganzen Vorderkammer ausbreitete und später wieder verschwand. Offenbar hatten diese Pigmentmassen schon vorher in der Hinterkammer gelagert und warteten nur auf die Dilatation der Pupille, um hervorzubrechen. Es bestand kein Diabetes. Pupillarsaum mit dem für senile Abschilferung der Vorderkapsellamelle typischen Filz*.

In diesem, wie auch in seitherigen solchen Fällen war charakteristisch, daß die sich in konzentrischen Verdichtungszonen an umschriebenen Punkten des Pupillarsaumes vorschiebenden Pigmentmassen sich zunächst flächenhaft an die Vorderkapsel hielten, an derselben quasi adhärierend, *gleich pigmentierten hinteren Synechien,* die sie auf den ersten Blick vortäuschten, um dann im Laufe weniger Minuten sich zu vergrößern und aufzulösen.

---

* Mitgeteilt ist der Fall in den Klin. Mbl. Augenheilk. 75, 1 (1925).

c) Vorderkammerveränderungen durch Contusio bulbi und perforierende Verletzungen.

Bei ernsteren Bulbuskontusionen, sowie bei perforierenden Hornhautverletzungen findet man unmittelbar und wenige Stunden nach der Verletzung ausnahmslos Veränderungen in der Vorderkammer, die mit den früheren ungenügenden Untersuchungsmethoden meist nicht nachweisbar sind.

Häufig sind unter diesen Veränderungen wieder die *gesteigerte Opazität* des Kammerwassers, dann mehr oder weniger zahlreiche rote und weiße Blutkörperchen (die roten kenntlich an ihrem leichten Glitzern, bei blaßgelber Farbe). Dann Fibringerinnsel verschiedenster Art, von leichten, nur wenige Stunden sichtbaren Trübungswölkchen (Abb. 664) bis zu groben Massen (Abb. 665—669). Die Gerinnsel inserieren oft an der *Krause,* als einem prominenten Teil der Iris und können so zur Verwechslung mit Pupillarmembranresten führen.

Solche Ausscheidungen findet man auch bei VOSSIUSscher Ringtrübung, sofern man rechtzeitig genug untersucht und das Bild nicht durch zu starke Blutung gestört ist. So zeigte der 20jährige Term. nach Fußballkontusion links noch nach 18 Stunden eine gelbbräunliche, rostige Exsudatwolke, die ringförmig *rings um die Pupille schwebte,* im Kammerwasser sich allmählich verlierend. Auch nach Pupillenerweiterung war diese Exsudation des Saumes zu sehen. Die Farbe des Exsudates rührte offenbar vom Pigment her. Es bestand VOSSIUSsche Ringtrübung.

Wer Perforationen und Kontusionen erst nach 1—2 Tagen untersucht, wird alle diese flüchtigen Gebilde selten mehr finden.

Fibrin in der Vorderkammer nach Kontusion und Perforation.

Abb. 664. Flüchtige Trübungswölkchen der Vorderkammer nach Contusio bulbi.

Der 20jährige stud. med. M. kam mit der Angabe, daß er vor 80 Minuten auf dem Fechtboden einen Säbelhieb auf das linke Oberlid erlitten habe. Leichte Hautschürfwunde und Suggillation, etwas Lichtscheu. LS = 1. Die Nitraspaltlampe zeigt in der Vorderkammer die mit spärlichen, weißlichen und gelblichen, glänzenden kleinsten Pünktchen behangenen, durchscheinenden Trübungswölkchen T der Abb. 664. Hornhaut H, Iris J. Speziell Pupillarsaum P und Linse L vollkommen intakt.

16 Stunden später wurde der Fall wieder kontrolliert. Von den Trübungswölkchen war nichts mehr zu sehen. Nach langem Suchen war ein einziges glänzendes Pünktchen zu finden.

Die glänzenden Pünktchen stellten offenbar Erythrocyten, die Trübungswölkchen aus dem Blut oder der Lymphe stammendes Eiweiß dar. Beide Gebilde waren in unserem Falle schon nach weniger als einem Tage nicht mehr nachzuweisen. H Hornhaut, J, P und L direkt belichtete Partien von Irisvorderfläche, Pupillarsaum und Linse.

Abb. 665. Fadennetz der Vorderkammer, angeheftet an der Krause, mit weißen Beschlagspunkten sowohl des Netzes als auch der Pupillenscheibe der Vorderkapsel.

Der 21jährige Ernst Schm. erlitt angeblich vor 8 Tagen beim Hämmern eine Perforatio bulbi sin. durch einen Eisensplitter. Horizontale, 1,5 mm lange Perforationsstelle im nasalen scleralen Limbus. Abb. 665 gibt die erweiterte linke Pupille in 25facher Linearvergrößerung wieder. Wie ersichtlich, bilden weiße Punkte von

Abb. 663—667. Tafel 79.

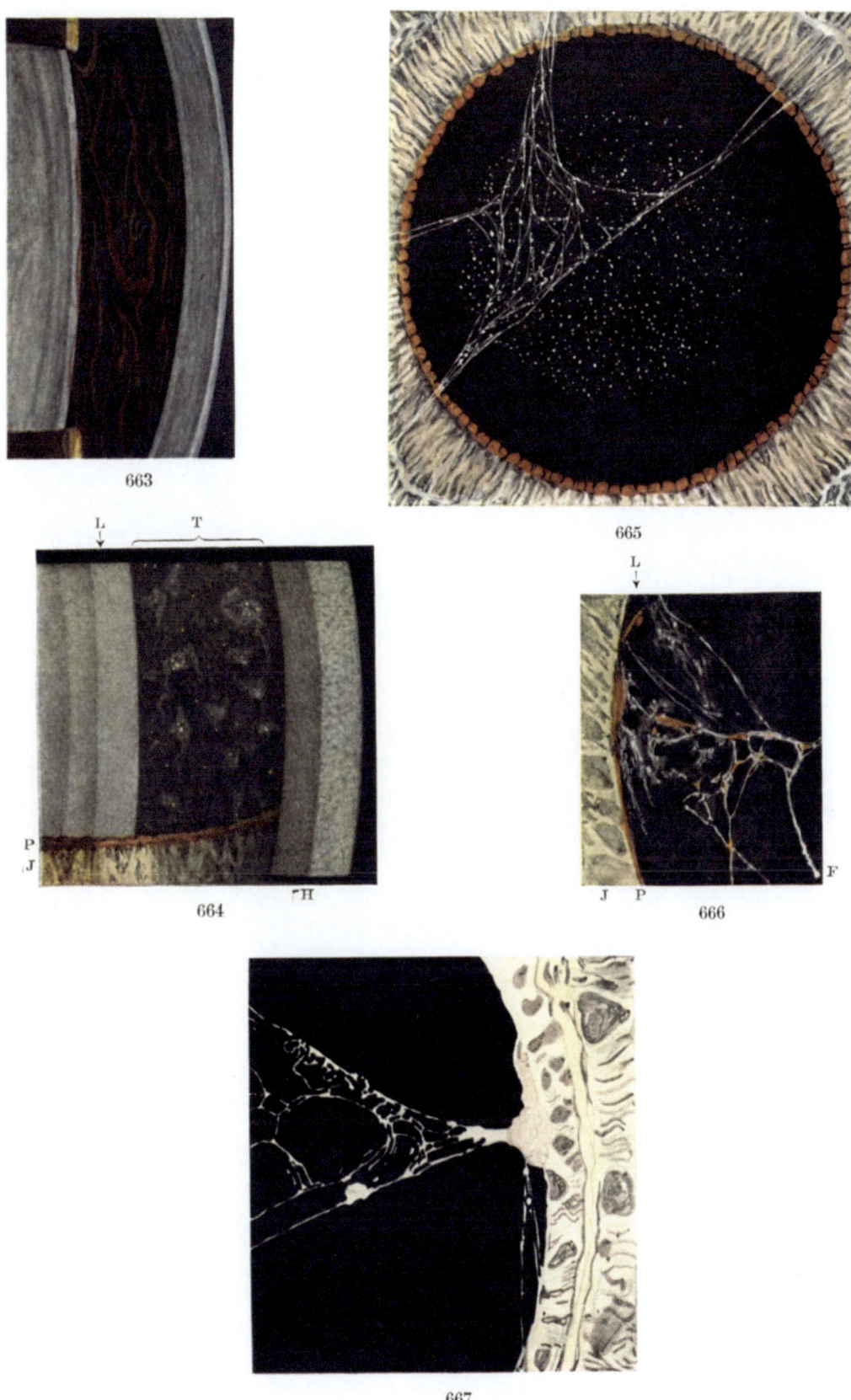

663

664

665

666

667

Vogt, Spaltlampenmikroskopie. 2. Aufl. Verlag von Julius Springer, Berlin.

10—20 Mikra auf der Vorderkapsel eine Kreisfläche, deren Grenze wahrscheinlich der Pupille zur Zeit des Traumas entspricht. Offenbar hat die Kontusionswelle nur jenen Teil der Vorderkapsel geschädigt, der nicht von der Iris bedeckt war. Auf diesen, wie auf das (stationäre) Fadennetz haben sich die Vorderkammerpünktchen sekundär abgelagert. $2^1/_2$ Wochen post trauma Punkte spärlicher, z. T. bräunlich.

Extraktion des Splitters mittels Innenpolmagnet, nach 6 Monaten Visus sin. = 6/8.

Abb. 666. Pigmentbedecktes Exsudatnetz der Vorderkammer nach Perforation. Ok. 2, Obj. A 2.

Die 46jährige Frau v. A. erlitt beim Fleischschneiden vor drei Tagen eine Messerstichperforation des rechten unteren scleralen Limbus, wobei die untere Partie eingesenkt (Kolobom) und die Zonula durchtrennt wurde. Linse etwas nach oben verlagert, *unterer Glaskörper in die Vorderkammer prolabiert*. Außerdem unregelmäßiges Loch der oberen äußeren Krausenpartie (Zerreißung). Der Pupillarsaum im Anschluß an dieses Loch defekt, zum Teil abgerissen (Abb. 666, oben), daran anschließend das in Abb. 666 gezeichnete, zum Teil pigmentbedeckte weiße Fibringerinnsel in der Vorderkammer, dessen starker Faden F sich nach vorn bis an die Hornhautrückfläche erstreckt.

In den folgenden Tagen rasche Zurückbildung des Netzes. Heute, 6 Wochen später, ist von demselben nichts mehr sichtbar, außer einiger Pigmentreste auf der Vorderkapsel und vereinzelter feiner, unter der Pupille hervortretender Fäden, an die sich nach unten der Glaskörperprolaps anschließt. Auge nahezu reizlos. J Iris, P Pupillarpigmentsaum, L ein losgelöstes Pigmentstück.

Abb. 667 und 668. Weißes Fibrinnetz auf der Vorderkapsel und in der Vorderkammer, $3^1/_2$ Stunden nach Perforatio corneae durch ein Holzstück.

18jähriger Italo R., unregelmäßige Perforatio corneae temporal unten am 19. 6. 24 vormittags 10^{45} Uhr. Um 12 Uhr, etwa $1^1/_4$ Stunden später dichtes schneeweißes Fadennetz in der 4,5 mm weiten runden Pupille (Abb. 667), auf Vorderkapsel und Pupillarpigmentsaum haftend, zum Teil frei in der Vorderkammer schwebend. (Optischer Schnitt Abb. 668b.) Vorderkammer auf die Hälfte abgeflacht, Kammerwasser nur wenig opak, noch keine Zellelemente. Zur Zeit der Aufnahme der Abbildung, $2^1/_2$—3 Stunden post trauma sind neue Fäden hinzugetreten. Man beachte die grauweißen Gerinnsel auf der Vorderkapsel und die zarten Fäden im Kammerwasser, die zum Teil bis zur Hornhaut treten.

Am folgenden Morgen 9,30 a. m., somit 23 Stunden post trauma *keine Spur mehr von dem weißen Fibrin*, dagegen Vorderkammer gelblich eitrig getrübt. Die kurz post trauma noch nicht wirksam gewesenen Bakterien haben also jetzt ein neues, ganz anderes Bild hervorgerufen. Untere Pupillenhälfte mit dickem schmutziggrauem Exsudatzapfen, der bis zur Hornhautrückfläche vorquillt. Im Zapfen ein Fibrinfadenrest. Bei stärkerer Belichtung ist erkennbar, daß graue durchlöcherte Membranen zeltförmig vom nasalen oberen und unteren Pupillarsaum aus durch die trübe Kammer zu der Wunde ziehen. Letztere eitrig durchsetzt, Vorderkammer wieder normal tief.

In der Folge Besserung unter Silbertherapie. Nach Aufhellung kommt hintere Rosettenkatarakt zum Vorschein. Visus nach 6 Monaten = 5/18, geheilt.

Abb. 669. An die Iriskrause geheftetes präpupillares Fibrinnetz eine Stunde nach Verletzung der Hornhautmitte durch ein Holzstück.

Ok. 2, Obj. A 2. 31jähriger Moritz Mü. Die Hornhaut weist axial mehrere unregelmäßig vertikal-lineare Rißwunden auf, die bis ins tiefste Parenchym reichen. In den tiefsten Schichten einige feine Holzpartikel. In der Vorderkammer die durchlöcherten Fibrinmembranen der Abb. 669, die sich durch feine Fäden an die Iriskrause heften.

Bei der Kontrolle 17 Stunden später war vom Netz keine Spur mehr zu sehen. Heilung mit linearen Hornhautnarben.

Die Genese der *runden Netzaussparungen* ist auch hier erkennbar.

Abb. 670. Gekräuselte graue Fibrinmasse der Vorderkammer, eine halbe Stunde nach Perforation der Hornhaut durch einen Kupferdraht.

Ok. 2, Obj. a 2. Linkes Auge des 5jährigen Emmerich Schl. Die jetzige gekräuselte Fibrinmasse lag im unteren Teil der Pupille und resorbierte sich bis zum folgenden Tage vollständig.

Abb. 671. Pigmentschwaden im opaken Kammerwasser eines braunen Kaninchens zehn Minuten nach Bestrahlung mit kurzwelligem Ultrarot. (Wellenlänge etwa 700—1800 Millimikra. Bogenlicht.)

Die Ultrarotbestrahlung der Iris erzeugt Pigmentdestruktion des retinalen Irisblattes. Die Pigmentschwaden des Kammerwassers erinnern an diejenigen der Abb. 663. Die Hornhautnerven sind verdeutlicht. Die Linse zeigt eine ringförmige weiße Auflagerung A, die hinter der unerweiterten Pupille entsteht, und der Vossiusschen Ringtrübung insofern vergleichbar ist, als diese weiße Auflagerung zur Prädilektionsstelle für Pigmentansammlung wird. Auch entwickeln sich hinter dieser Stelle oft Linsentrübungen. H Hornhaut, V Vorderkammer, C Vorderkapsel. (Fall aus der Dissertation Hans Müller[*].)

Abb. 672. Losgelöstes Stück der Membrana Descemeti in der Vorderkammer, an Hornhaut und Irisvorderfläche haftend.

Ok. 2, Obj. A 2. Die 53jährige Frau Eh., mit iridocyclitischem Glaukom und flacher Kammer, wurde iridektomiert, wobei die Lanzenspitze eine etwa 2½ mm lange Descemetilamelle loslöste, die nun aufgerollt in der Vorderkammer liegt. Das hintere Ende haftet an der Iris, das vordere an der Hornhautrückfläche in der Nähe des Schnittes. Zwischen den Kolobomschenkeln spannt sich waagrecht ein dünner Fibrinstrang aus. Derartige Befunde sind nicht selten (Vogt, Graefes Arch. 106, 90 (1921).

Abb. 673. Resorption eines Hyphaemas, hinter der Hornhaut einsetzend.

Das 3 mm hohe, durch Contusio bulbi entstandene Hyphaema des 8jährigen Jakob Schaub beginnt sich *hinter* der Hornhaut zu resorbieren, so daß zwischen Hornhaut und koaguliertem Blut eine breite Lücke entsteht, die in Abb. 673 zu sehen ist (die dunkle Partie zwischen Hornhautprisma und dem Lichtstreifen des Hyphaemas).

Abb. 674. Glasiger Zapfen, von der Rückfläche einer Diszissionsnarbe glaskörperwärts vorragend.

Ok. 2, Obj. A 2. Linkes Auge. An beiden Augen der 50jährigen Luise Fischer

---

[*] Hans Müller, vgl. auch Graefes Arch. **114**, 538 (1924).

Abb. 668, 669. Tafel 80.

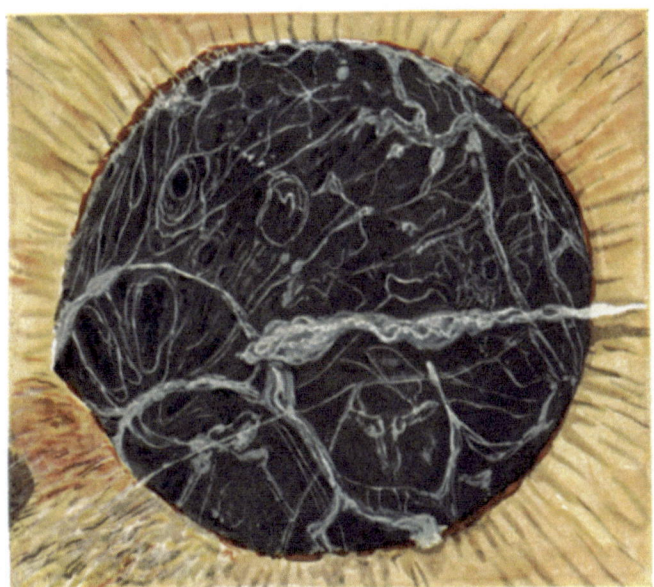

668a

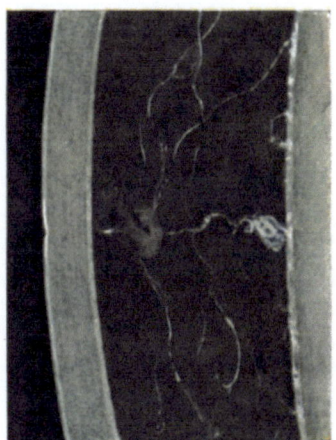

668b

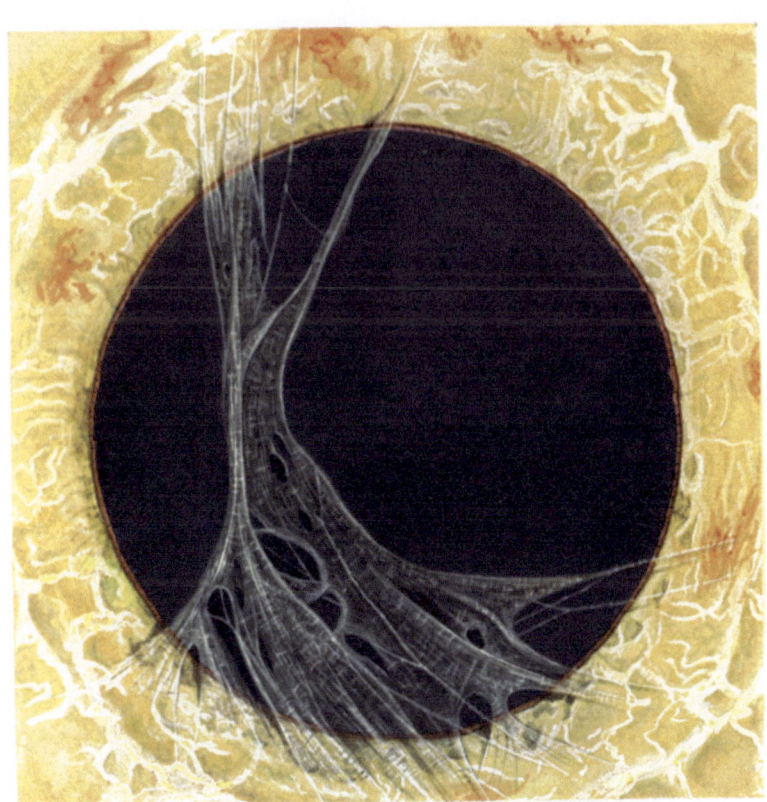

669

Vogt, Spaltlampenmikroskopie. 2. Aufl. Verlag von Julius Springer, Berlin.

Abb. 670—678. Tafel 81.

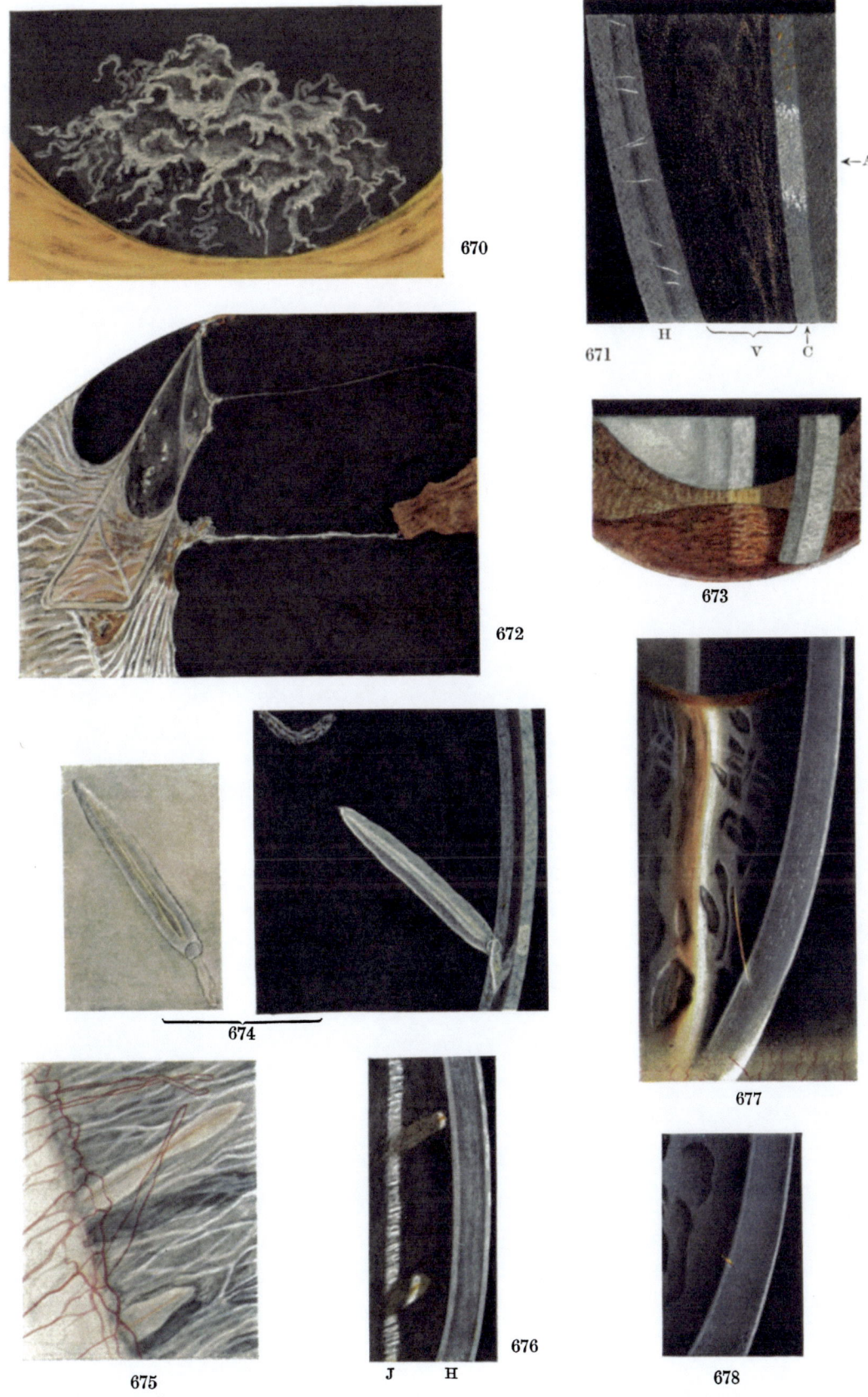

Vogt, Spaltlampenmikroskopie. 2. Aufl. Verlag von Julius Springer, Berlin.

derselbe Befund. Diszission nach Schichtstar vor 36 Jahren. Im fokalen Licht erscheint der Zapfen, der mit schmaler Basis aufsitzt, und dessen Oberfläche etwas glänzt, milchig (rechtes Bild), im regredienten Licht glasig (linkes Bild). Oben ein Glaskörperfaden (rechtes Bild).

Der Zapfen erinnert so sehr an die Glasleisten der Abb. 661—662, daß an einheitliche Entstehungsart zu denken ist.

Raupenhaare in der Vorderkammer.

Abb. 675 und 676. Eingescheidete Raupenhaare (Bombyx rubi) des Kammerwinkels und der Vorderkammer.

Die Augenverletzung durch Bombyx-Rubi-Haare ist bei uns nicht selten. Es vergeht kaum ein Herbst, ohne daß ein solcher Fall in die Züricherklinik kommt (vgl. auch Abb. 574). Die dunkelbraunhaarige, im Herbst auf Wiesenwegen gemeine Spinnerraupe rollt sich bei Berührung zusammen und wird von Kindern im Spiel geschleudert. Die Haare sind spitz, ohne Widerhacken, im Gegensatz zu den ebenso gefährlichen Haaren des viel selteneren Prozessionsspinners.

In der Hornhaut und Bindehaut des 5jährigen Walter Mo. (Abb. 675) sind die Haare, die vor 4 Monaten eindrangen, ziemlich zahlreich. Sie sind, wie aus dem Bilde ersichtlich, gelbbraun und von zapfenartigen dichten Einscheidungen umgeben. (Letztere enthalten Rund- und Fremdkörperriesenzellen.) Angrenzende Hornhaut tief vascularisiert.

Abb. 676 zeigt den optischen Querschnitt durch die beiden in die Vorderkammer ragenden Zapfen, H Hornhaut, J Iris, dazwischen eine periphere Kammerpartie. In den Zapfenschnitten das gelbbraune Haar.

Abb. 677—679. In die Vorderkammer ragendes raupenhaarähnliches Gebilde.

Ok. 2, Obj. A2. Zufälliger Befund des gelbbraunen raupenhaarähnlichen Gebildes, das mit dem dicken Ende in der Hornhautrückfläche steckt, mit dem spitzen in die Vorderkammer ragt (Frau Dr. PERNET). Linkes Auge des 56jährigen Georg Fuchsbauer, Abb. 677 dünner optischer Schnitt, Abb. 678 zeigt den Überrest des Gebildes 18 Monate später. Auf der gegenüberliegenden Irisfläche sieht man jetzt die gelbliche quere Auflagerung der Abb. 679.

Das Gebilde ist durchaus rätselhaft. Eine Verletzung hat F. an diesem Auge nie erlitten. Ein Raupenhaar hätte heftige Entzündungserscheinungen zur Folge gehabt, sowie reaktive Wucherungen (vgl. Text zu Abb. 574, 675). Auch müßte der Weg zu sehen sein, den ein solches Haar genommen hätte.

Patient hat an diesem Auge kürzlich eine leichte Keratitis e lagophthalmo durchgemacht, nach vorübergehender Facialislähmung unbekannter Ursache, Wassermann negativ.

Das andere (rechte) Auge dieses Patienten machte vor Jahren eine perforative Verletzung durch und ist seither reizlos.

Cilie in der Vorderkammer.

Abb. 680. Cilie in der Vorderkammer nach Schwarzpulverexplosion.

Ok. 2, Obj. A2, linkes Auge. Der 16jährige Christian Ruedi erlitt vor 7 Wochen eine Verletzung des linken Auges durch Schwarzpulverexplosion. In der Hornhaut eine Menge Schwarzpulver, (vascularisierte) schwarze Massen links unten. Auf Iris und Vorderkapsel mehrere Schwarzpulverkörner, auf denen sich weiße und braune Pünktchen abgelagert haben. (Die Pulverkörner führten später zur Cataracta traumatica.) In der Pupille eine vertikal gelagerte Cilie, die mit der Basis auf dem oberen Sphincter festsitzt. Das auf dem letzteren sitzende Pulverkorn dürfte die Cilie in die Vorderkammer befördert haben. Auf der Cilie ein feiner weißlicher Filz und ein weiteres Pulverkorn, sowie Reste von solchen. Zu den Pulverkörnern der Vorderkapsel ziehen von der Sphinctergegend her dunkelbehangene Fäden, wohl Fibrinfäden. Nach Eröffnung der Kammer gelang es mir, die Cilie auf die Irisvorderfläche zu schieben und von hier aus ohne Läsion von Linse und Iris zu entfernen. Vorher hatte ich künstliche Miosis erzeugt, um die Linse durch die Iris möglichst zu decken.

Operativer Glaskörperprolaps in der Vorderkammer.

Abb. 681 und 682. Bis in Hornhautnähe gelangter Glaskörperprolaps mit Pigmentierung der Glaskörpergrenzschicht.

Ok. 2, Obj. A 2 rechtes Auge. Die 30jährige Berta Stö. mit alter Cataracta traumatica dextra wurde von mir rechts intrakapsulär starextrahiert. Kein Glaskörperverlust.

Es restierte ein pilzförmiger, basal durch die Pupille eingeschnürter Prolaps des Glaskörpers in die Vorderkammer, der eine glatte vordere Grenzschicht erkennen läßt (Abb. 681), auf der an einer Stelle eine Gruppe von braunen amorphen Pigmentbröckchen sitzt. Abb. 682 zeigt die Pigmentbröckel im fokalen Licht. Daneben feine graue Fädchen und eine sternförmige grauweiße Verdichtung.

In Abb. 681 ist erkennbar, daß die Grenzschicht des Prolapses um weniger als Hornhautdicke (also um weniger als 0,4—0,6 mm) von der Hornhautrückfläche entfernt ist.

Prolapse ähnlicher Art gehören nach intrakapsulärer Starextraktion zu den regelmäßigen Befunden, während nach Diszission der Prolaps meist anders aussieht (s. Abschnitt Glaskörper).

Glaukom kann infolge Verstopfung der Abflußwege mit Glaskörpersubstanz auftreten.

Traumatischer Glaskörperprolaps in der Vorderkammer.

Abb. 683—688. Traumatische Glaskörperhernie in der Vorderkammer (HESSE[236], VOGT[237]).

Diese erst durch die Spaltlampe entdeckte, nicht seltene Folge der Contusio bulbi ist wohl immer mit einer Zerreißung der Zonula Zinnii verbunden. An irgendeiner Stelle *liegt die Pupille der Linse nicht auf*, wie durch das schmale fokussierte Büschel unschwer zu ermitteln ist. An dieser Stelle dringt die Glaskörperhernie unter der Pupille hervor und hängt in der Vorderkammer, oft nur als kleiner Prolaps, oft die Kammer mehr oder weniger ausfüllend. Ist der Prolaps pigment- oder blutbehangen, was nicht selten der Fall ist, so ist er verhältnismäßig leicht zu sehen. Häufig übersehen wird er in jenen Fällen, in denen das Gerüstwerk des Glaskörpers sehr lichtschwach ist. Hier deckt ihn am leichtesten die Mikrobogenspaltlampe auf.

Wer aber die *Fokussierung* vernachlässigt, wird ihn auch mit letzterer übersehen. Nirgends kommt die Bedeutung der Fokussierung derart zur Geltung, wie bei der Absuchung der Vorderkammer auf Glaskörpergewebe.

In den Fällen von Glaukom nach Contusio bulbi ist wohl fast stets eine Glaskörperhernie der Vorderkammer die Ursache.

Abb. 679—685. Tafel 82.

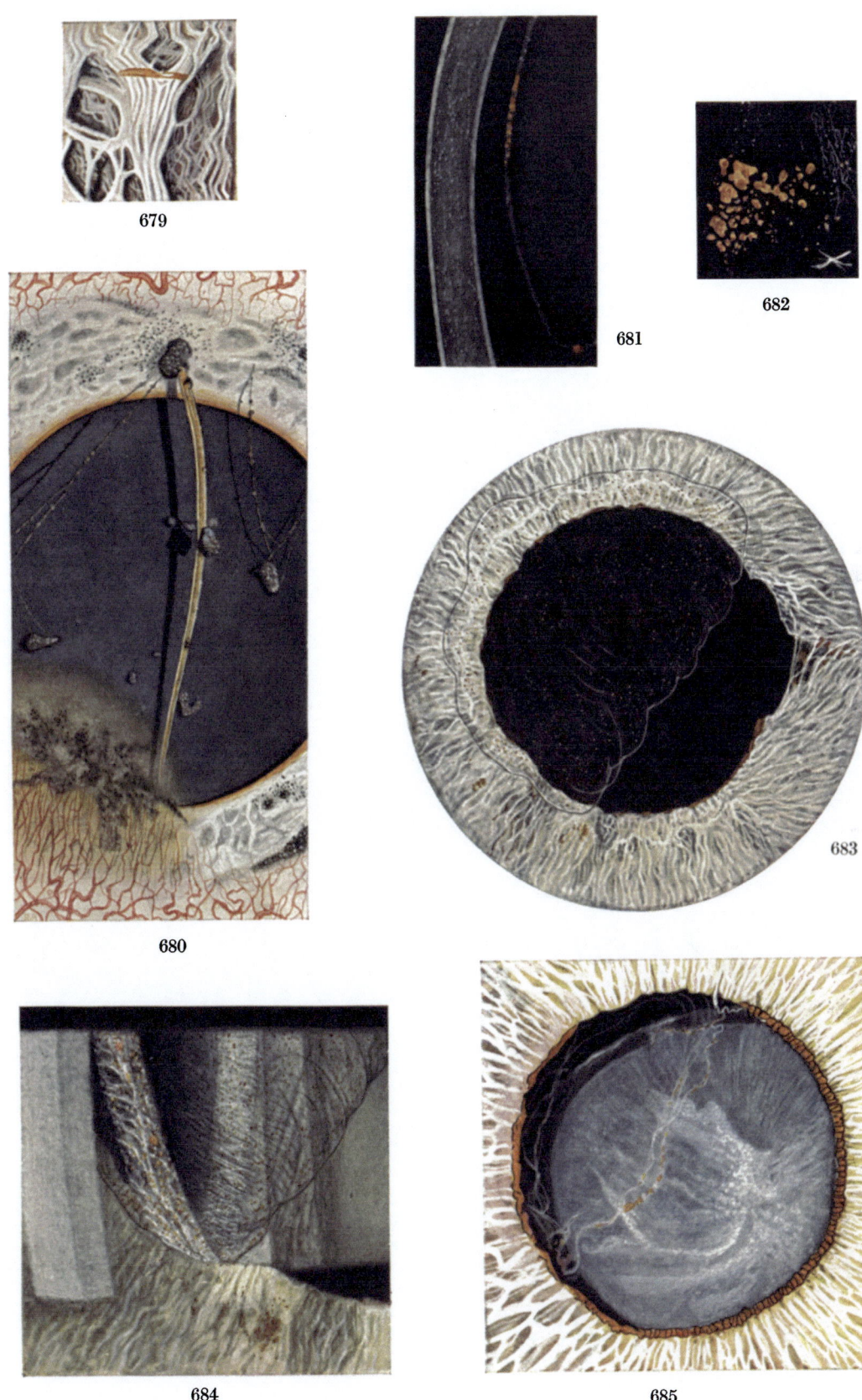

679
680
681
682
683
684
685

Vogt, Spaltlampenmikroskopie. 2. Aufl. Verlag von Julius Springer, Berlin.

Sitzt auf der Hernie Blut, so ist es meist streifenförmig und zeichnet sich durch große Resistenz gegen die Resorption aus. Bei einem 6jährigen Mädchen Z. konnte ich es noch nach über einem Jahre nachweisen. In einem anderen Falle hatte das Blut Form und Lage eines Hyphaemas innerhalb der prolabierten Hernie. Eine ähnliche Beobachtung teilte ELSCHNIG[238]) mit. (Ganz analoge Hyphämen, oft multipel, kann man bekanntlich retrolental, im vordersten Glaskörper finden. Auch im prolabierten Glaskörper der Vorderkammer nach intrakapsulärer Starextraktion konnte ich sie finden, s. Abschnitt Glaskörper.)

Abb. 683 und 684. Pigmentbedeckter Glaskörperprolaps der Vorderkammer nach Contusio bulbi.

24jähriger Louis Hä. (Bild vom 21. 2. 20.) Am 29. 1. 20 flog dem Patienten beim Schleifen ein Stück des Schleifsteins ans linke Auge. Abb. 683 traumatisch erweiterte Pupille, mehrere Sphincterrisse, großer Sphincter- und Stromariß bei 3 Uhr. Nasal oben ist die Linse von der Iris etwas abgedrängt und es quillt hier aus der Pupille ein rundlich-wellig begrenzter Glaskörperprolaps vor, dessen oberflächliche Partien, wie Abb. 684 (25fache Linearvergrößerung) zeigt, mit gröberen und feinen Pigmentbröckeln übersät sind. Leichtes Schlottern von Iris und Linse. Kurz post trauma bestand Hyphaema der Vorderkammer.

Abb. 685 und 686. Kontusionskatarakt mit Linsensubluxation und Glaskörperprolaps in der Vorderkammer.

Der 14jährige Albert Hä. erlitt vor vier Jahren durch eine Schleuder eine Contusio bulbi dextri. Linse heute getrübt, temporal oben von der Iris etwas abstehend (Abb. 685, optischer Schnitt Abb. 686). Der Äquator der zurückgesunkenen Linse wird hier sichtbar. Durch die Lücke zwischen Iris und Linse quillt in die Vorderkammer fädiges, zum Teil pigmentbehangenes Glaskörpergerüst. Traumatische Mydriasis, mehrere feine Sphincterrisse, Iris- und Linsenschlottern, Pupillarpigmentsaum oben destruiert.

Abb. 687 und 688. Glaskörperprolaps in der Vorderkammer durch Contusio bulbi. Sekundärglaukom.

Der 66jährige Kaspar Graf erlitt vor 6 Tagen eine Quetschung des rechten Auges durch Anfliegen eines Holzscheites. Traumatische Mydriasis. Von innen oben her quillt der in Abb. 687 sichtbare sackförmige Glaskörperprolaps zwischen Iris und Linse hervor. Pupille hier (wie der optische Schnitt zeigt) deutlich von der Linse abgedrängt, den Prolaps durchlassend. Letzterer ist an seiner Oberfläche blutig tingiert und durchsetzt. Unten hat sich das Blut zu einer Art Hyphaema gesenkt (Abb. 687, optischer Schnitt Abb. 688). Wie in vielen dieser Fälle, so ist auch im vorliegenden Glaukom aufgetreten. Es ließ sich im Falle der Abb. 687 durch Pilocarpin-Eserin kompensieren.

Abb. 689—692. Corpus mobile (Feldspatsplitter) der Vorderkammer.

Abb. 689 Übersichtsbild, Abb. 690 etwa 15fache, Abb. 691 25fache Linearvergrößerung, Abb. 692 skeletfreie Röntgenaufnahme. Die Diagnose bot in diesem Falle Schwierigkeiten, indem der winzige, nur 1,3:0,75:0,2 mm messende Splitter zunächst lange übersehen wurde.

Dem 28jährigen Louis Ri. drang beim Hämmern auf Granit ein Fremdkörper gegen das linke Auge. Nachher anhaltende Reizung. Magnetversuch und Röntgenbild negativ. Der behandelnde Kollege dachte schließlich an artefizielle Reizung. Die entzündlichen Erscheinungen und Schmerzen bestanden aber trotz Okklusivverband weiter.

Etwa 4 Monate post trauma wies mir der behandelnde Herr Kollege den Fall zur Beobachtung zu. Die *skeletfreie Röntgenaufnahme** (Abb. 692) ließ einen winzigen Fremdkörperschatten im vorderen Bulbusabschnitt erkennen, dessen Lage zu verschiedenen Zeiten wechselte. Unter mehreren tiefen und oberflächlichen alten *Hornhautnarben* stellte der optische Schnitt eine *perforierende* Narbe fest. Der Splitter konnte aber noch lange nicht gefunden werden, bis ihn, ganz zufällig, Herr Assistenzarzt Dr. WIESER einmal für kurze Zeit im Kammerwinkel auftauchen sah (Abb. 689, 690). Später gelang es wiederholt durch längeres Nachvorne-Kopfneigen des Patienten den Splitter zum Vorschein zu bringen. Der Splitter tauchte dabei fast jedesmal an einer anderen Stelle auf.

Zwei Entfernungsversuche blieben erfolglos, das dritte Mal konnte ich den Fremdkörper mittels eines Daviellöffels holen. Er bestand, wie Herr Prof. NIGGLI, Direktor des mineralogischen Instituts, auf optischem Wege nachwies, aus Feldspat.

Nach der Extraktion verschwanden die vorher oft enormen neuralgischen Schmerzen, das Auge wurde reizlos.

Interessant ist, daß dieser Splitter, der volle 9 Monate im Kammerwinkel und in der übrigen Vorderkammer steckte, niemals exsudativ fixiert wurde. Er blieb während der ganzen Zeit frei beweglich, wiewohl er meist im Kammerwinkel steckte.

Die Vorderkapsel wies Sternchenpigment mit auffallend langen Fäden auf. Doch bestand kein Grund, dieses Pigment nicht als angeboren aufzufassen.

---

* Über diese, in der Unfallophthalmologie unentbehrlich gewordene Methode s. VOGT [239]), HAEMMERLI [240]), WIESER [241]).

Abb. 686—692. Tafel 83.

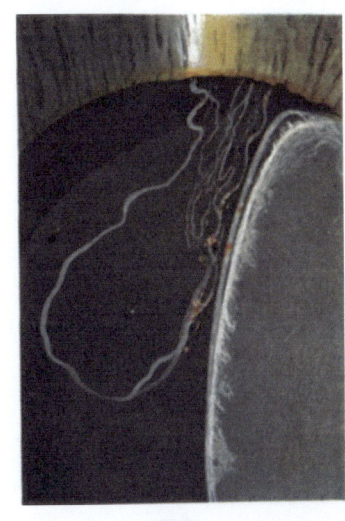
686

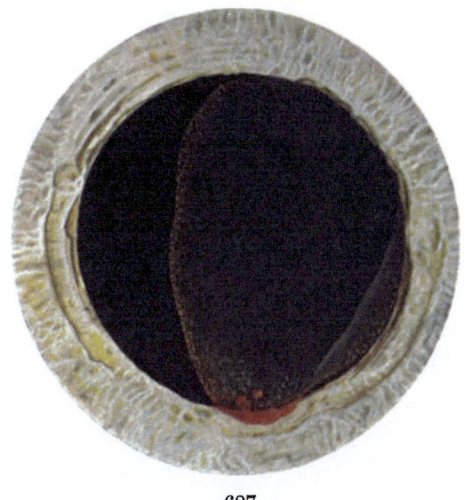
687

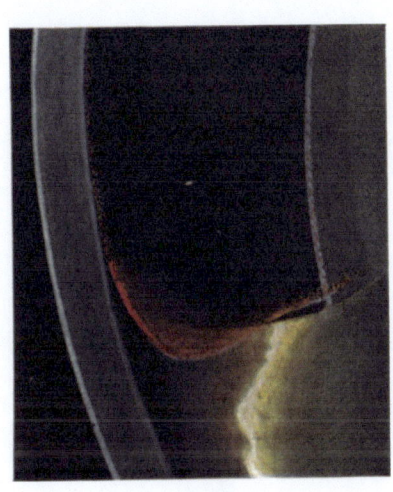
688

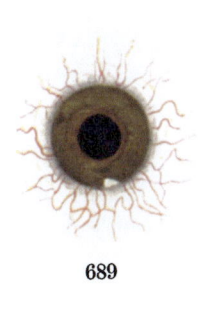
689

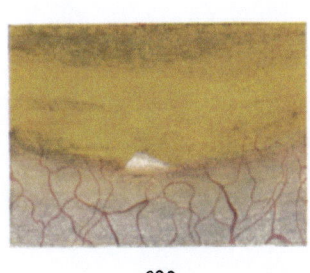
690

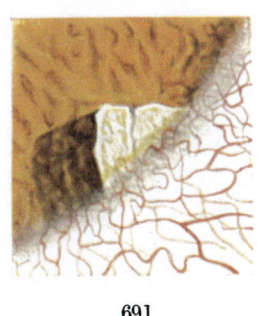
691

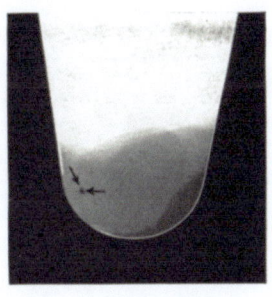
692

Vogt, Spaltlampenmikroskopie. 2. Aufl. Verlag von Julius Springer, Berlin.

Literaturverzeichnis.

1. GULLSTRAND, ALLVAR: Demonstration der Nernstspaltlampe. Verslg ophthalm. Ges. Heidelberg **1911**, 374.
2. VOGT, ALFRED: Zur Kenntnis der Alterskernvorderfläche der menschlichen Linse usw. Klin. Mbl. Augenheilk. **61**, 101 (1918).
3. KOEPPE, LEONHARD: Klinische Beobachtungen mit der Nernstspaltlampe usw. Graefes Arch. **96**, 234 (1918).
4. HENKER, O.: Ein Träger für die GULLSTRANDsche Nernstspaltlampe. Bd. 4, S. 75, 1916; vgl. auch die Kataloge der Firma Zeiß.
5. VOGT, ALFRED: Der Altersstar, seine Heredität und seine Stellung zu exogener Krankheit und Senium. Z. Augenheilk. **40**, 135 (1928).
6. HELMHOLTZ, H.: Physiologische Optik 1. Aufl. 1867.
7. STOKES, G. G.: Poggendorffs Ann. Phys. Chem. **87**, 450 (1852). Erg. **4**, 177 (1854). Philos. Trans. **1852**, 463 (zitiert nach WINKELMANN, Handbuch der Physik 1906).
8. SPRING, W.: Bull. Acad. Med. Belg. **37**, 174 (1899).
9. VOGT, ALFRED: Untersuchungen über die Blendungserythropsie der Aphakischen und Lichtexstinktion durch die Katarakt usw. Arch. Augenheilk. **78**, 93 (1914).
10. VOGT, ALFRED: Analytische Untersuchungen über die Fluorescenz der menschlichen Linse und der Linse des Rindes. Klin. Mbl. Augenheilk. **51**, 129 (1913).
11. VOGT, ALFRED: Klinische und experimentelle Untersuchungen über die Genese der VOSSIUSschen Ringtrübung. Z. Augenheilk. **40**, 213 (1918); vgl. von neueren Beobachtern TRIEBENSTEIN, SCHÜRMANN, BEHMANN.
12. STÄHLI, JEAN: Zur Augenuntersuchung mit Nernstlicht. Beitr. Augenheilk. **82**, 65 (1912). Über Betauung vgl. auch KOEPPE: Graefes Arch. **96**, 199 (1918); VOGT: Graefes Arch. **101**, 123 (1920); VOGT: Klin. Mbl. Augenheilk., Sept. **1920**.
13. STÄHLI, JEAN: Die Azoprojektionslampe (Halbwattlampe) der deutschen Auergesellschaft, ein Ersatz für Nernstlicht. Klin. Mbl. Augenheilk. **54**, 685 (1915).
14. VOGT, ALFRED: Der hintere Linsenchagrin bei Verwendung der GULLSTRANDschen Spaltlampe. Klin. Mbl. Augenheilk. **62**, 396 (1919).
15. VOGT, ALFRED: Die Sichtbarkeit des lebenden Hornhautendothels, ein Beitrag zur Methodik der Spaltlampenmikroskopie. Graefes Arch. **101**, 123 (1920).
15a. VOGT, ALFRED: Die Sichtbarkeit des lebenden Hornhautendothels. Ges. Schweiz. Augenärzte. Klin. Mbl. Augenheilk. **63**, 226 (1919).
16. SALZMANN, MAXIMILIAN: Anatomie und Histologie des menschlichen Auges. S. 39. Leipzig-Wien 1912.
17. GREEFF, RICHARD: Pathologische Anatomie des Auges. S. 117. Berlin: August Hirschwald 1906.
18. HASSAL, A.: The microscopic anatomy of the human body. London 1846.
19. HENLE: Handbuch der systematischen Anatomie 1866.
20. HESS, C. v.: Pathologie und Therapie des Linsensystems. Handbuch von GRAEFE-SAEMISCH, 2. u. 3. Aufl. 1905 u. 1911.
21. VOGT, ALFRED: Das vordere Linsenbild bei Verwendung der GULLSTRANDschen Nernstspaltlampe usw. Klin. Mbl. Augenheilk. **59**, 514 (1917).
22. VOGT, ALFRED: Der menschliche Linsenchagrin und die Chagrinkugeln. Klin. Mbl. Augenheilk. **54**, 194 (1915).
23. SCHÜRMANN, JOSEF: Weitere Untersuchungen über die Linsenchagrinierung usw. Z. Augenheilk. **22**, 11 (1917) u. Inaug.-Diss. Basel 1917.
24. VOGT, ALFRED: Über Farbenschillern des vorderen Rindenbildes der menschlichen Linse. Klin. Mbl. Augenheilk. **59**, 518 (1917).
25. PURTSCHER, O.: Ein interessantes Kennzeichen der Anwesenheit von Kupfer im Glaskörper. Z. Augenheilk., März-April **1918**; vgl. auch die einschlägigen Arbeiten von GOLDZIEHER, HILLMANNS, ZUR NEDDEN, ERTL, JESS, PICHLER u. a.

26. VOGT, ALFRED: Das Farbenschillern des hinteren Linsenbildes. Klin. Mbl. Augenheilk. 62, 582 (1919).
27. VOGT, ALFRED: Die Untersuchung der lebenden menschlichen Linse mit GULLSTRANDscher Spaltlampe usw. 41. Verslg ophthalm. Ges. Heidelberg 1918, 286.
28. VOGT, ALFRED: Reflexlinien durch Faltung spiegelnder Grenzflächen im Bereiche von Cornea, Linsenkapsel und Netzhaut. Graefes Arch. 99, 296 (1919).
29. KOEPPE, LEONHARD: Klinische Beobachtungen mit der Nernstspaltlampe usw. Graefes Arch. 99, 1 (1919).
30. KOEPPE, LEONHARD: Klinische Beobachtungen mit der Nernstspaltlampe usw. Graefes Arch. 97, 1 (1918).
31. VIRCHOW, HANS: Mikroskopische Anatomie der äußeren Augenhaut und des Lidapparates. Handbuch von GRAEFE-SAEMISCH, 2. Aufl. 1910.
32. STÄHLI, JEAN: Über den FLEISCHERschen Ring beim Keratokonus und eine neue typische Epithelpigmentation der normalen Cornea. Klin. Mbl. Augenheilk. 60, 721 (1918).
33. MELLER, J.: Über traumatische Hornhauttrübungen. Graefes Arch. 85, 172 (1913) Ferner: Über die posttraumatischen Ringtrübungen der Hornhaut. Klin. Mbl. Augenheilk. 59, 62 (1917).
34. CASPAR, L.: Subepitheliale Trübungsfiguren der Hornhaut nach Verletzung. Klin. Mbl. Augenheilk. 57, 385 (1916).
35. PICHLER, ALEXIUS: Die CASPARsche Ringtrübung der Hornhaut. Z. Augenheilk. 36, 311.
36. AXENFELD, TH.: (Herabsetzung der Sensibilität der Keratokonusspitze.) Diskussion zu dem Vortrag A. SIEGRIST: „Zur Ätiologie des Keratokonus." 38. Verslg ophthalm. Ges. Heidelberg 1912, 193.
37. KOEPPE, LEONHARD: Graefes Arch. 93, 215 (1917).
38. STREBEL und STEIGER: Über Keratokonus. Klin. Mbl. Augenheilk. 51, 284 (1913), vgl. ferner A. VOGT: Graefes Arch. 99, 296 (1919) u. A. VOGT: Zitat Nr. 76.
39. AXENFELD, THEODOR: Zur Kenntnis der isolierten Dehiscenzen der Membrana Descemeti. Klin. Mbl. Augenheilk. 43, 157 (1905).
40. HAAB, OTTO: Das Glaukom und seine Behandlung. Slg. Abh. 4 (1902); vgl. auch Protokollauszug in ARNOLD: Die Behandlung des infantilen Glaukoms usw. Beitr. Augenheilk. 1891, 16. Ferner: HAABs Atlas der äußeren Augenerkrankungen.
41. STÄHLI, JEAN: Klinik, Anatomie und Entwicklungsmechanik der HAABschen Bändertrübungen im hydrophthalmischen Auge. Arch. Augenheilk. 79, 141 (1915).
42. HESS, C.: Klinische und experimentelle Studie über die Entstehung der streifenförmigen Hornhauttrübung nach Starextraktion. Graefes Arch. 38, 1 (1892). Ferner: C. HESS: Arch. Augenheilk. 33, 204 (1896).
43. SCHIRMER, O.: Über die Faltungstrübungen der Hornhaut. Graefes Arch. 42, 1 (1896); vgl. auch TREUTLER: Z. Augenheilk. 3, 484 (1900).
44. DIMMER, F.: Eine besondere Art persistierender Hornhautveränderung (Faltenbildung) nach Keratitis parenchymatosa. Wien. klin. Wschr. 1905, 635 u. Z. Augenheilk. 13, Erg.-Heft 635 (1905).
45. HESS, C.: Beobachtungen über den Akkommodationsvorgang. Klin. Mbl. Augenheilk. 42, 310 (1904); s. a. GRAEFE-SAEMISCH: Handbuch 2. u. 3. Aufl.
46. VOGT, ALFRED: Klinischer und anatomischer Beitrag zur Kenntnis der Cataracta senilis usw. Graefes Arch. 88, 329 (1914). Ferner: Zur Frage der Kataraktgenese usw. Klin. Mbl. Augenheilk. 62, 111 (1918).
47. HENLE: Handbuch der Anatomie. Bd. 2, S. 682. 1866.
48. BARABASCHEW: Beitrag zur Anatomie der Linse. Graefes Arch. 38, 1 (1892).
49. VOGT, ALFRED: Ein embryonaler Kern der menschlichen Linse. Korresp.bl. Schweiz. Ärzte 1917, Nr 40. Ferner: Der Embryonalkern der menschlichen Linse und seine Beziehungen zum Alterskern. Klin. Mbl. Augenheilk. 59, 452 (1917).
50. SZILY, A. v.: Die Linse mit zweifachem Brennpunkt. Klin. Mbl. Augenheilk. 41, 44 (1903); s. dort die Literatur: LEOP. MÜLLER (1894), DEMICHERI-TSCHERNING (1895), BERLIN (1898).
51. HESS, C.: Über Linsenbildchen, die durch Spiegelung am Kerne der normalen Linse entstehen. Arch. Augenheilk. 51, 375 (1905).
52. VOGT, ALFRED: Die vordere axiale Embryonalkatarakt der menschlichen Linse. Z. Augenheilk. 41, 125 (1919).
53. MEYER, G.: Die Diskontinuitätsflächen der menschlichen Linse. Pflügers Arch. 1920, 178.
54. RABL, C.: Über den Bau und die Entwicklung der Linse. Leipzig 1900.
55. VOGT, ALFRED: Die Spaltlampenmikroskopie des lebenden Auges. Münch. med. Wschr. 1919, Nr 48, 1369.

56. ARNOLD, J.: Beiträge zur Entwicklungsgeschichte des Auges. Heidelberg 1874.
57. LÜSSI, ULRICH: Das Relief der menschlichen Linsenkernvorderfläche im Alter. Klin. Mbl. Augenheilk. **59**, 1 (1917).
58. VOGT, A. und U. LÜSSI: Weitere Untersuchungen über das Relief der menschlichen Linsenkernoberfläche. Graefes Arch. **100**, 157 (1919).
59. KOEPPE, LEONHARD: Die Ursache der sog. genuinen Nachtblindheit. Münch. med. Wschr. **1918**, Nr 15, 392. KOEPPE, LEONHARD: Z. Augenheilk. **38**, 89 (1917).
60. BRÜCKNER, A.: Über Persistenz von Resten der Tunica vasculosa lentis. Arch. Augenheilk. **56**, Erg.-H. (1907).
61. KOEPPE, LEONHARD: Klinische Beobachtung an der Nernstspaltlampe usw. Graefes Arch. **96**, 233 (1918), gleichzeitig Habil.schr.
62. VOGT, ALFRED: Der physiologische Rest der Art. hyaloidea der Linsenhinterkapsel und seine Orientierung zum embryonalen Linsennahtsystem. Graefes Arch. **100**, 328 (1919); vgl. auch Nachtrag zu dieser Mitteilung, ibidem **101**, H. 2/3.
63. BACH und SEEFELDER: Atlas der Entwicklungsgeschichte des menschlichen Auges. Leipzig 1911.
64. VOGT, ALFRED: Die Untersuchung der lebenden menschlichen Linse mittels Spaltlampe usw. Verslg ophthalm. Ges. Heidelberg **1918**.
65. KESSLER: Zur Entwicklung des Auges der Wirbeltiere. Leipzig 1877.
66. VIRCHOW, H.: Glaskörpergefäße und gefäßhaltige Linsenkapsel bei tierischen Embryonen. Sitzgsber. physik.-med. Ges. Würzburg **1879**.
67. KÖLLIKER: Lehrbuch der Entwicklungsgeschichte des Menschen und der höheren Säugetiere. 2. Aufl. 1879.
68. SCHULTZE, O.: Zur Entwicklungsgeschichte des Gefäßsystems im Säugetierauge. Festschrift für KÖLLIKER. Leipzig 1892.
69. VOGT, ALFRED: Beobachtungen an der Spaltlampe über eine normalerweise den Hyaloidearest der Hinterkapsel umziehende weiße Bogenlinie. Graefes Arch. **100**, 349 (1919).
70. SEEFELDER, R.: Beiträge zur Histogenese und Histologie der Netzhaut, des Pigmentepithels und des Sehnerven. Graefes Arch. **73**, 527 (1910).
71. STÄHLI, JEAN: Über Flocculusbildung der menschlichen Iris. Ges. Schweiz. Augenärzte **1920**. Klin. Mbl. Augenheilk. **65**, 107 (1920).
72. VOGT, ALFRED: Die Diagnose der Cataracta complicata bei Verwendung der GULLSTRANDschen Spaltlampe. Klin. Mbl. Augenheilk. **62**, 593 (1919).
73. HESSE, R.: Zur Entstehung der Kontusionstrübung der Linsenvorderfläche (VOSSIUS). Z. Augenheilk. **39**, 195 (1918).
74. FUCHS, E.: Über traumatische Linsentrübung. Wien. klin. Wschr. 1888, Nr 3 u. 4; vgl. auch LANDSBERG, GUNN u. a.
75. MEIER, ERNST ALBERT: Experimentelle Untersuchungen über den Macerationszerfall der menschlichen und der tierischen Linse. Z. Augenheilk. **39** (1918) u. Inaug.-Diss. Basel 1918.
76. VOGT, ALFRED: Zu den von KOEPPE aufgeworfenen Prioritätsfragen, zugleich ein kritischer Beitrag zur Methodik der Spaltlampenmikroskopie. Klin. Mbl. Augenheilk. **1920**.
77. VOGT, ALFRED: Neue Beobachtungen über die Altersveränderungen der menschlichen Linse, insbesondere über die Entwicklung der Alterskatarakt. Ges. Schweiz. Augenärzte, Korresp.bl. Schweiz. Ärzte **1917**, Nr 16 u. Klin. Mbl. Augenheilk. **58**, 579 (1917).
78. WEISSENBACH, KARL: Untersuchungen über Häufigkeit und Lokalisation von Linsentrübungen bei 411 männlichen Personen im Alter von 16—26 Jahren. Klin. Mbl. Augenheilk. **59** (1917 Nov.-Dez.) Inaug.-Diss. Basel 1917.
79. KRENGER, OTTO: Untersuchungen über Häufigkeit und Lokalisation von Linsentrübungen bei 401 Personen von 7—21 Jahren. Ein Beitrag zur Kenntnis des Kataraktbeginnes. Klin. Mbl. Augenheilk. **60** (1918, Febr.), Inaug.-Diss. Basel 1918.
80. HORLACHER, JAKOB: Das Verhalten der menschlichen Linse in bezug auf die Form von Alterstrübungen bei 166 Personen im Alter von 41—83 Jahren. Z. Augenheilk. **40** (1918) u. Inaug.-Diss. Basel 1918.
81. VOGT, ALFRED: Faltenartige Bildungen in der senilen Linse, wahrscheinlich als Ausdruck lamellärer Zerklüftung. Klin. Mbl. Augenheilk. **60**, 34 (1918).
82. VOGT, ALFRED: Vergleichende Untersuchungen über moderne fokale Beleuchtungsmethoden. Schweiz. med. Wschr. **1920**, Nr 29, 613.
83. SCHEER, J. M. VAN DER: Cataracta lentis bei mongoloider Idiotie. Klin. Mbl. Augenheilk. **62**, 155.
84. PEARCE, F. R. RANKINE and A. ORMOND: Notes on twenty-eight cases of mongolian Imbeciles. B. M. J. **2**, 187 (1910, Juli).

85. FLEISCHER, B.: Über die Sichtbarkeit der Hornhautnerven. Verslg ophthalm. Ges. Heidelberg **1913**, 232.
86. LEEPER, M.: Mongols Review of Neurology and Psychiatry. Vol. 10, p. 11 (1912).
87. VOGT, ALFRED: Der Altersstar nach HANDMANN. Klin. Mbl. Augenheilk. **63**, 397 (1919).
88. HIPPEL, E. V.: Über experimentelle Erzeugung von angeborenem Star bei Kaninchen usw. Graefes Arch. **65** (1907).
89. VOGT, ALFRED: Experimentelle Untersuchungen über die Durchlässigkeit der durchsichtigen Medien des Auges für das Ultrarot künstlicher Lichtquellen. Graefes Arch. **81**, 155 (1912).
90. VOGT, ALFRED: Einige Messungen der Diathermansie des menschlichen Augapfels und seiner Medien, sowie des menschlichen Oberlides, nebst Bemerkungen zur biologischen Wirkung des Ultrarot s. Graefes Arch. **83**, 99 (1912).
91. REICHEN, JÜRG: Experimentelle Untersuchungen über Wirkung der ultraroten Strahlen auf das Auge. Z. Augenheilk. **31** (1914) u. Inaug.-Diss. Basel 1914.
92. VOGT, ALFRED: Experimentelle Erzeugung von Katarakt durch isoliertes kurzwelliges Ultrarot, dem Rot beigemischt ist. Ges. Schweiz. Augenärzte. Klin. Mbl. Augenheilk. **63**, 230 (1919). Ferner: Schädigungen des Auges durch kurzwellige ultrarote Strahlen, denen äußeres Rot beigemischt ist. Verslg Schweiz. naturforsch. Ges. Lugano **1919**.
93. VOGT, ALFRED: Experimentelle Depigmentierung der lebenden Iris (Pigmentstreuung in die Vorderkammer) durch isoliertes kurzwelliges Ultrarot, dem Rot beigemischt ist. Ges. Schweiz. Augenärzte. Klin. Mbl. Augenheilk. **63**, 232 (1919).
94. AUGSTEIN, CARL: Pigmentstudien am lebenden Auge. Klin. Mbl. Augenheilk. **50**, 1 (1912). Ferner: Verslg dtsch. Naturforsch. Breslau **1904**.
94a. VOSSIUS, A.: Über Pigmentverstreuung auf der Iris, Hornhaut und Linse usw. Zbl. prakt. Augenheilk. **1910**, 257.
95. AXENFELD, TH.: Über besondere Formen von Irisatrophie, besonders über die hyaline Degeneration des Pupillarsaumes usw. 37. Verslg ophthalm. Ges. Heidelberg **1911**, 255. Ferner: ibidem 39. Verslg **1913**.
96. HÖHMANN: Über den Pigmentsaum des Pupillarrandes, seine individuellen Verschiedenheiten und vom Alter abhängigen Veränderungen. Arch. Augenheilk. **72**, 60.
97. KOEPPE, LEONHARD: Über die Bedeutung des Pigments für die Entstehung des primären Glaukoms und über die Glaukomfrühdiagnose mit der GULLSTRANDschen Nernstspaltlampe. Graefes Arch. **92**, 341 (1916). Ferner: Weitere Erfahrungen über die an der Nernstlampe zu beobachtende glaukomatöse Pigmentverstäubung im Irisstroma usw. Graefes Arch. **97**, 34 (1918).
98. SOEWARNO, M. G.: Drei Formen von Irisdepigmentierung. Klin. Mbl. Augenheilk. **63**, 285 (1919).
99. ELSCHNIG und LAUBER: Über die sog. Klumpenzellen der Iris. Graefes Arch. **65** (1907).
100. VOGT, ALFRED: Die Tiefenlokalisation in der Spaltlampenmikroskopie. Z. Augenheilk. **43**, 393 (Festschrift für KUHNT), (1920).
101. SEEFELDER, R.: Kammerbucht. Handbuch GRAEFE-SAEMISCH. 2. Aufl.
102. ERGGELET, H.: Klinische Befunde bei fokaler Beleuchtung mit der GULLSTRANDschen Nernstspaltlampe. Klin. Mbl. Augenheilk. **53**, 449 (1914). Ferner: Bemerkungen über die Wärmeströmungen in der vorderen Augenkammer. Ibidem **55**, 229 (1915).
103. VOGT, ALFRED: Die Diagnose partieller und totaler Vorderkammeraufhebung mittels Spaltlampenmikroskop. Z. Augenheilk. **1920**.
104. KOEPPE, LEONHARD: Zitat 61. Ferner Graefes Arch. **97**, 198 (1918).
105. KOBY, F. ED.: Recherches cliniques sur le corps vitré au moyen du microscope binoculaire avec éclairage de GULLSTRAND. Rev. gén. Ophtalm. April **1920**, 160.
106. FUCHS, ERNST: Zur pathologischen Anatomie der Glaskörperblutungen. Graefes Arch. **99**, 202 (1919).
107. FUCHS ERNST: Zur Anatomie der Pinguecula. Graefes Arch. **37**, 143.
108. FUCHS, ERNST: Erkrankung der Hornhaut durch Schädigung von hinten. Graefes Arch. **92**, 145 (1916). Ferner: Über Faltung und Knickung der Hornhaut. Ibidem **96**, 315 (1918).
109. LIEBREICH: On defects of vision in painters. Macmillans magazine April 1872. Nature **5**, 404, 506. Brit. med. J. 1, 271, 296 u. 318.
110. HESS, C.: Messende Untersuchungen über die Gelbfärbung der menschlichen Linse usw. Arch. Augenheilk. **63** u. **64** (1909).
111. VOGT, ALFRED: Herstellung eines gelbblauen Lichtfiltrates usw. Graefes Arch. **84**, 293 (1913).

112. SAEMISCH, TH.: Im Handbuch GRAEFE-SAEMISCH. 2. Aufl. Erkrankungen der Lider und der Conjunctiva.
113. VOGT, ALFRED: Reflexlinien und Schattenlinien bei Descemetifaltung. Ges. Schweiz. Augenärzte 1920. Klin. Mbl. Augenheilk. 65, 102 (1920).
114. VOGT, ALFRED: Eversion des retinalen Irisblattes. Ges. Schweiz. Augenärzte 1920. Klin. Mbl. Augenheilk. 65, 102 (1920).
115. STARGARDT, K.: Über Pseudotuberkulose und gutartige Tuberkulose des Auges. Habil.-schrift Kiel. Leipzig: Wilhelm Engelmann 1903.
116. SCHLEICH, G.: Sichtbare Blutströmung in den oberflächlichen Gefäßen der Augapfelbindehaut. Klin. Mbl. Augenheilk., März 1902, 177.
117. COATS: Varicose veins of the conjunctiva. Trans. ophthalm. Soc. 1908, 73.
118. AUGSTEIN, KARL: Gefäßstudien an der Hornhaut und Iris. Z. Augenheilk. 8, 317 (1902).
119. COCCIUS, ADOLF: Über die Ernährungsweise der Hornhaut und die serumführenden Gefäße im menschlichen Körper. S. 165 u. 166. Leipzig 1852.
120. DONDERS, F. C.: Über die am Augapfel äußerlich sichtbaren Blutgefäße. Verslg ophthalm. Ges. Heidelberg 2, vgl. ferner 3. Jber. Utrecht. Augenklinik.
121. FRIEDENWALD: Der sichtbare Blutstrom in neugebildeten Hornhautgefäßen. Zbl. prakt. Augenheilk. 1888, 32.
122. ELSCHNIG, ANTON: Über den Keratokonus. Klin. Mbl. Augenheilk. 32, 25 (1894).
123. KRÜCKMANN, E.: Die Erkrankungen des Uvealtractus. GRAEFE-SAEMISCHs Handbuch 1907.
124. UHTHOFF, W.: Über einen Fall von Keratokonus mit Sektionsbefund. Klin. Mbl. Augenheilk. Beilageh. 1909, 41.
125. HEDINGER und VOGT: Klinische und anatomische Beobachtungen über Faltung der Hornhaut, der Linsenkapsel und der Retinaoberfläche. Graefes Arch. 102, 354 (1920).
126. HIRSCHBERG, JULIUS nannte die menschliche Flocculusbildung Ectropium uveae congenitum. Vgl. ANCKE, Augenheilk. 1885, 311—313 u. ibidem J. HIRSCHBERG 1903: „Über angeborene Ausstülpung des Pigmentblattes der Regenbogenhaut." Vgl. auch COLSMANN: Klin. Mbl. Augenheilk. 1869, 53 HOLMES, E. O., Chicago med. J., Juni 1878 u. a.
127. STÄHLI, JEAN: Über Flocculusbildung der menschlichen Iris. Klin. Mbl. Augenheilk. 65, 349 (1920).
128. GULLSTRAND, ALLVAR: Die Dioptrik des Auges. Handbuch der physiologischen Methodik von TIGERSTEDT. 1914.
129. GRAEFE, ALBRECHT VON: Über essentielle Phthisis bulbi. Graefes Arch. 12, 261 (1866).
130. GILBERT, W.: Über chronische Uveitis und Tuberkulide der Regenbogenhaut. Arch. Augenheilk. 82, 179 (1917).
131. STOCK, W.: Tuberkulose als Ätiologie der chronischen Entzündungen des Auges usw. Graefes Arch. 66 (1907).
132. IGERSHEIMER, JOSEF: Die ätiologische Bedeutung der Syphilis und Tuberkulose. Graefes Arch. 76 (1910).
133. HIPPEL, E. v.: Über tuberkulöse, sympathisierende und proliferierende Uveitis unbekannter Ätiologie. Graefes Arch. 92, 421 (1917).
134. KOEPPE, LEONHARD: Graefes Arch. 92, 115 (1916). (Über Iritis tuberculosa nebst Bemerkungen über therapeutische Erfolge durch Bestrahlung mit der Lampe.)
135. STREIFF, J.: Zur methodischen Untersuchung der Blutzirkulation in der Nähe des Hornhautrandes. Klin. Mbl. Augenheilk. 53, 395 (1914).
136. BAJARDI, P.: Sull esame microscopio della circolazione dei vasi della congiuntiva umana. Congr. Oftalm. Palermo 1892.
137. BAJARDI, P.: Ancora sull esame microscopico dei vasi della congiuntiva nel vivo. 10. Congr. Oftalm. Lucerna 1904.
138. KOEPPE, LEONHARD: Graefes Arch. 97, 9f. (1918).
139. KOEPPE, LEONHARD: Graefes Arch. 93 (1917).
140. ELSCHNIG, ANTON: Klinisch-anatomischer Beitrag zur Kenntnis des Nachstars. Klin. Mbl. Augenheilk. 49, 444 (1911).
141. GJESSING, G. A. HARALD: Kliniske Linsestudier, Drammen 1920.
142. FLEISCHER, B.: Über Myotonia atrophicans und Katarakt. Verslg ophthalm. Ges. Heidelberg 1916; vgl. auch J. G. GREENFIELD: Rev. of Neur. 9, 169, J. HOFFMANN: Graefes Arch. 81, 512 (1912), A. HAUPTMANN: Klin. Mbl. Augenheilk. 60, 576 (1918).
143. TSCHERNING: Optique physiologique 1898, 41.
144. FRIDENBERG, P.: Über die Figur des Linsensterns beim Menschen und einigen Vertebraten. Arch. Augenheilk. 31, 293 (1895) u. Arch. of Ophthalm., April 1895 (The lens star figure

of man and the vertebrates). Vgl. auch KARL GROSSMANN: Internat. Ophthalm.-Kongr. Luzern **1904**.
145. GOLDBERG, HUGO: Pigmentkörperchen an der Hornhauthinterfläche. Arch. Augenheilk. **58**, 324 (1907).
146. KRAUPA, ERNST: Studien über die Melanosis des Augapfels. Arch. Augenheilk. **82**, 67 (1917).
147. VERDERAME, PH.: Visibilité des nerfs cornéens à l'état pathologique. Rev. gn. Ophtalm. **34**, 505 (1920).
148. HENKER: Das vereinfachte große GULLSTRANDsche Ophthalmoskop. Z. ophthalm. Opt. **1920**, 109.
149. STREULI: Beleuchtungstechnik der Spaltlampe. Klin. Mbl. Augenheilk. **65**, 769 (1920).
150. SCHNYDER, F. W.: Eine einfache Bogenspaltlampe und theoretische Ausführungen über das neue Beleuchtungsprinzip der Spaltlampe und dessen Bedeutung. Z. Augenheilk. **46**, 328 (1921).
151. HARTINGER: Zur Photometrie der GULLSTRANDschen Spaltlampe. Z. ophthalm. Opt. **11**, 9 (1923).
152. GULLSTRAND: Lampe-diaphragme pour l'ophtalmologie. Arch. d'Ophtalm. **39**, 354 (1922).
153. VOGT: Vergleichende Messungen der spezifischen Helligkeit von Nernst-, Nitra- und Bogenspaltlampe bei alter und neuer Abbildungsweise. Z. Augenheilk. **46**, 1 (1921).
154. BIRKHÄUSER: Eine neue Beleuchtungsvorrichtung mit Bogenlicht (Bogenlicht-Fokallampe) für die Untersuchung des vorderen Bulbusabschnittes sowie für die Ophthalmoskopie mit rotfreiem Licht. Klin. Mbl. Augenheilk. **66**, 240 (1921).
155. STREULI: Beleuchtungstechnik der Spaltlampe. Klin. Mbl. Augenheilk. **65**, 769 (1920).
156. SCHNYDER, F. W.: Eine einfache Bogenspaltlampe und theoretische Ausführungen über das neue Beleuchtungsprinzip der Spaltlampe und dessen Bedeutung. Z. Augenheilk. **47**, 328 (1921).
157. VOGT: Zur Frage der Kataraktgenese, insbesondere der C. VON HESSschen Hypothese und seiner Lehre vom subkapsulären Beginn des Rindenstars. Klin. Mbl. Augenheilk. **61**, 102 (1918).
158. VOGT: Atlas der Spaltlampenmikroskopie. 1. Aufl. 1921.
159. ARRUGA: Ein neuer Linsenhalter für die GULLSTRANDsche Spaltlampe. Klin. Mbl. Augenheilk. **74**, 453.
160. BARTELS: Der Einfluß der Lichtempfindlichkeit und des Fixierens auf die Entstehung des Dunkelzitterns. Klin. Mbl. Augenheilk. **70**, 452 (1923).
161. VOGT: Weitere Ergebnisse der Spaltlampenmikroskopie des vorderen Bulbusabschnittes. Graefes Arch. **109**, 180 (1922).
162. GALLATI: Die relativen Dickenwerte von Rinde und Kern der menschlichen Linse in verschiedenen Lebensaltern. Diss. Basel 1923 u. Z. Augenheilk. **51**, 133 (1923).
163. VOGT: Die Sichtbarkeit des lebenden Hornhautendothels. Graefes Arch. **101**, 123 (1920).
164. SCHANZ u. STOCKHAUSEN: Über die Wirkung der ultravioletten Strahlen auf das Auge. Graefes Arch. **69**, 452 (1909).
165. KOEPPE: Die Ursache der sogenannten genuinen Nachtblindheit. Münch. med. Wschr. **1918**, 392.
166. VOGT: Über Vererbung von Augenleiden. Schweiz. med. Wschr. **1923**, Nr 7.
167. KOEPPE: Klinische Beobachtungen mit der Nernst-Spaltlampe und dem Hornhautmikroskop. Graefes Arch. **96**, 199 (1918).
168. KOEPPE: Die Gittertheorie des glaukomatösen Regenbogenfarbensehens im Lichte der stereomikroskopischen Erforschung der lebenden Augenmedien an der GULLSTRANDschen Nernstspaltlampe. Klin. Mbl. Augenheilk. **65**, 556 (1920).
169. TSCHERNING: Optique physiologique. p. 41. **1898**,
170. STÄHLI: Die moderne klinische Untersuchung des vorderen Bulbusabschnittes, ihre Technik und ihre Resultate. Münch. med. Wschr. **1918**, 833.
171. MEESMANN: Atlas der Spaltlampenmikroskopie. S. 35, 1927.
172. FISCHER: Über die Darstellung der Hornhautoberfläche und ihrer Veränderungen im Reflexbild. Arch. Augenheilk. **98**, Erg.-H. (1928).
173. VOGT: Weitere Ergebnisse der Spaltlampenmikroskopie des vorderen Bulbusabschnittes. Graefes Arch. **106**, 102 (1921). Ferner VOGT: Über Keratitis bullosa bei Cornea guttata. Z. Augenheilk. **69**, 262 (1929).
174. SCHNYDER: Herpetiforme Erkrankung der Hornhautrückfläche. Klin. Mbl. Augenheilk. **73**, 385 (1924).

175. Knüsel: Über Narben und bläschenartige Gebilde auf der Hornhautrückfläche. Klin. Mbl. Augenheilk. 75, 318 (1925).
176. Hess, v.: Beiträge zur Frage nach der Entstehungsweise des Altersstars. Arch. Augenheilk. 83, 41 (1918).
177. Koeppe: Klinische Beobachtungen mit der Nernstspaltlampe und dem Hornhautmikroskop. Graefes Arch. 92 (1916).
178. Purtscher: Ein interessantes Kennzeichen der Anwesenheit von Kupfer im Glaskörper. Zbl. prakt. Augenheilk. 1918, 33.
179. Knüsel: Vitale Färbungen am menschlichen Auge. Z. Augenheilk. 50, 23 (1923).
180. Knüsel u. Vonwiller: Die Sichtbarmachung des menschlichen Hornhaut- und Bindehautepithels durch vitale Färbung. Schweiz. med. Wschr. 1921, 1145.
181. Lehner: Die Zirkulation im Randschlingennetz des menschlichen Auges bei reizfreiem und entzündlichem Bulbus. Graefes Arch. 113, 16 (1924).
182. Ricker u. Regendanz: Beiträge zur Kenntnis der örtlichen Kreislaufstörung. Virchows Arch. 231 (1921).
183. Vogt: Fehldiagnosen am Spaltlampenmikroskop mit besonderer Berücksichtigung von Trugbildern. Graefes Arch. 105, 511 (1921).
184. Fleischer: Über den Hämosiderinring im Hornhautepithel bei Keratokonus und über den Pigmentring in der Descemetschen Membran bei Pseudosklerose und Wilsonscher Krankheit. Klin. Mbl. Augenheilk. 68, 41 (1922).
185. Meesmann: Zur Frage der Entstehung des Fleischerschen Hämosiderinringes bei Keratokonus. Klin. Mbl. Augenheilk. 70, 740 (1923).
186. Krukenberg: Beiderseitige angeborene Melanose der Hornhaut. Klin. Mbl. Augenheilk. 37, 254 (1899).
187. Stock: Ein weiterer Beitrag zur doppelseitigen angeborenen Melanose der Cornea. Klin. Mbl. Augenheilk. 39, 770 (1901).
188. Weinkauff: Zur doppelseitigen Melanose der Hornhaut. Klin. Mbl. Augenheilk. 38, 345 (1900).
189. Goldberg: Pigmentkörperchen an der Hornhauthinterfläche. Arch. Augenheilk. 58, 324 (1907).
190. Wüstefeld: Persistierende Pupillarmembran mit Adhärenz an der Cornea. Z. Augenheilk. 4, 590 (1900).
191. Zur Nedden: Ein Fall von angeborener Melanosis corneae in Verbindung mit einem Pigmentnetz in der vorderen Kammer und auf der Iris. Klin. Mbl. Augenheilk. 41, 2, 342 (1903).
192. Fehr: Pigmentbeschläge auf Iris und Decemeti als Frühsymptom eines Aderhautsarkoms. Zbl. Augenheilk. 1902, 129.
193. Purtscher: Zur Erkennung von Aderhautsarkom. Zbl. Augenheilk. 1906, 139.
194. Augstein: Demonstration starker Vergrößerungen des Hornhautmikroskopes bei Beleuchtung mit einer Nernstlampe. Verh. Ges. dtsch. Naturforsch. 76. Verslg II, 2, 329.
195. Augstein: Pigmentstudien am lebenden Auge. Klin. Mbl. Augenheilk. 50, 1 (1912).
196. Vossius: Über Pigmentverstreuung auf der Iris, Hornhaut und Linse und über Cholestearinkrystalle auf der Iris. Zbl. Augenheilk. 1910, 257.
197. Hess, v.: Pathologie und Therapie des Linsensystems. Graefe-Saemisch, 2. u. 3. Aufl. 1905 u. 1911.
198. Strebel u. Steiger: Korrelation der Vererbung von Augenleiden (Ectopia lentium cong., Ectopia pupillae, Myopie) und sog. nicht angeborenen Herzfehlern. Arch. Augenheilk. 78, 236 (1915).
199. Kraupa: Studien über die Melanosis des Augapfels. Arch. Augenheilk. 82 (1917).
200. Vogt: Atlas der Spaltlampenmikroskopie. 1. Aufl. 1921, ferner Vogt: Weitere Ergebnisse der Spaltlampenmikroskopie des vorderen Bulbusabschnittes. Graefes Arch. 106, 91 (1921).
201. Moeschler: Untersuchungen über Pigmentierung der Hornhautrückfläche bei 395 am Spaltlampenmikroskop untersuchten Augen gesunder Personen. Z. Augenheilk. 48 195, (1922).
202. Oeller: Über erworbene Pigmentflecke der hinteren Hornhautwand. Arch. Augenheilk. 48, 293 (1903).
203. Brückner: Über Persistenz von Resten der Tunica vasculosa lentis. Arch. Augenheilk. 56, Erg.-H. (1907).
204. Thomson and Ballantyne: Ophthalm. Rev. 1903, 230.
205. Koby: Pathogénie de la pigmentation fusiforme de la face postérieure de la cornée. Rev. gén. Ophtalm. 1927, 53.

206. CARDELL: Fall von KRUKENBERGschen Spindeln. Proc. roy. Soc. Med., sect. ophthalm. 1925.
207. SEISSIGER: Weitere Beiträge zur Kenntnis der AXENFELD-KRUKENBERGschen Pigmentspindel. Klin. Mbl. Augenheilk. 77, 37 (1926).
208. VONTOBEL: Untersuchung über die Vererbung der myopischen Fundusdegenerationen. Graefes Arch. 122, 311 (1929).
209. KRAEMER: Ein neuer Beitrag zur angeborenen Hornhautpigmentierung. Zbl. prakt. Augenheilk. 1906, 136.
210. VOGT: Hornhautendothelpigmentlinie. Klin. Mbl. Augenheilk. 65, 102 (1920).
211. VOGT: Weitere Ergebnisse der Spaltlampenmikroskopie des vorderen Bulbusabschnittes. Graefes Arch. 106, 102; ferner VOGT: Neuere Ergebnisse der Spaltlampenmikroskopie. Schweiz. med. Wschr. 1923, Nr 43; ferner VOGT: Über Keratitis bullosa bei Cornea guttata. Z. Augenheilk. 69, 262 (1929). Vielleicht gehören STÄHLIs Fälle von „stationärer Betauung" hierher. Klin. Mbl. Augenheilk. 65, 106 (1920).
212. FUCHS: Dystrophia epithelialis corneae. Graefes Arch. 76, 478 (1910).
213. UHTHOFF: Anatomische Untersuchung zur Hornhaut- und Bindehautdegeneration. Verslg ophthalm. Ges. Heidelberg 1920, 308.
214. GALLEMAERTS: Examen microscopique de la cornée au moyen de la lampe à fente. Paris: Masson & Co. 1926.
215. FRIEDMANN: KRUKENBERGs Spindle, a fusiforme pigmentation of the cornea. Arch. of Ophthalm. 1929 I, 590.
216. HANSSEN: Über Hornhautverfärbung. Klin. Mbl. Augenheilk. 71, 399 (1923).
217. KOROBOAE: Zur Frage der Ätiologie der KRUKENBERGschen Spindel. Russ. ophthalm. J. 9, 476 (1929).
218. WEVE: Über Keratitis urica. Verslg ophthalm. Ges. Heidelberg 1924.
219. LÜSSI: Hornhautverdünnung mit und ohne Ektasie. Klin. Mbl. Augenheilk. 65, 905 (1920).
220. KAYSER: Ein Fall von erworbener AXENFELD-KRUKENBERGscher Hornhautspindel und von erworbenem juvenilen Hornhautbogen bei Megalocornea. Klin. Mbl. Augenheilk. 83, 322 (1929).
221. VOGT: Verfeinerte Magnet-Extraktionsmethode des intraocularen Eisensplitters. Klin. Mbl. Augenheilk. 77, 711 (1926).
222. JESS: Kupfertrübung der Hornhaut. Klin. Mbl. Augenheilk. 69, 837 (1922).
223. JESS: Das histologische Bild der Hornhautverkupferung. Verslg ophthalm. Ges. Heidelberg 1924, 251.
224. KNÜSEL: Ein neuer Spaltlampenbefund bei Chalkosis der Hornhaut. Graefes Arch. 113, 282 (1924).
225. MASCHLER: Ein Fall von Kupferveränderung der Hornhaut. Klin. Mbl. Augenheilk. 70, 246 (1923).
226. REIS: Untersuchungen zur pathologischen Anatomie und zur Pathogenese des angeborenen Hydrophthalmus. Graefes Arch. 60, 1 (1905).
227. SEEFELDER: Über Hornhautveränderungen im kindlichen Auge infolge Drucksteigerung. Klin. Mbl. Augenheilk. 1905 II, 321.
228. KAYSER: Megalocornea oder Hydrophthalmus. Klin. Mbl. Augenheilk. 52, 226 (1914).
229. GROENHOLM: Über die Vererbung der Megalocornea nebst einem Beitrag zur Frage des genetischen Zusammenhanges zwischen Megalocornea und Hydrophthalmus. Klin. Mbl. Augenheilk. 67, 1 (1921).
230. VOGT: Vorstellung einer Familie mit vererbter Megalocornea. Vereinsbericht der Gesellschaft der Ärzte in Zürich. Schweiz. med. Wschr. 1926, 427.
231. GREDIG: Eine neue Vererbungsart der Megalocornea. Arch. Klaus-Stiftg 2 (1926).
232. LEHMANN: Beiträge zur Kenntnis der Glasleistenbildung an der Hornhauthinterfläche bei abgelaufener Keratitis parenchymatosa. Z. Augenheilk. 62, 230 (1927).
233. VOGT: Neuere Ergebnisse der Spaltlampenmikroskopie. Schweiz. med. Wschr. 1923, 989.
234. HAGEN: Weitere Untersuchungen über die Regeneration des Kammerwassers im menschlichen Auge. Klin. Mbl. Augenheilk. 66, 493 (1921).
235. KRÜCKMANN: Die Erkrankungen des Uvealtraktus. GRAEFE-SAEMISCH. 1907.
236. HESSE: Über Vorfall von Glaskörper in die Vorderkammer. Z. Augenheilk. 42, 191 (1919).
237. VOGT: Glaskörperprolaps in die Vorderkammer nach Kontusion. Klin. Mbl. Augenheilk. 65, 102 (1920).
238. ELSCHNIG: Hyphaema in Glaskörperhernien der Vorderkammer. Klin. Mbl. Augenheilk. 80, 200 (1928).

239. Vogt: Skeletfreie Röntgenaufnahme des vorderen Bulbusabschnitts. Schweiz. med. Wschr. 1921, Nr 7.
240. Haemmerli: Weitere Erfahrungen mit der skeletfreien Röntgenaufnahme des vorderen Bulbusabschnittes. Klin. Mbl. Augenheilk. 76, 681 (1926).
241. Wieser: Weitere Mitteilungen über die skelettfreie Röntgenaufnahme des vorderen Bulbusabschnittes nach Prof. Vogt. Klin. Mbl. Augenheilk. 81, 234 (1928).
242. Igersheimer: Syphilis und Auge. 2. Aufl. S. 138. 1928.
243. Trümpy: Experimentelle Untersuchungen über die Wirkung hochintensiven Ultravioletts und Violetts zwischen 314 und 435,9 $\mu\mu$ Wellenlänge auf das Auge unter besonderer Berücksichtigung der Linse. Graefes Arch. 115, 495 (1924).
244. Bücklers: Experimentelle und histologische Untersuchungen über den Einfluß von hochkonzentriertem Ultraviolett auf das Kaninchenauge. Graefes Arch. 121, 73 (1928).
245. Lodato: Congr. Soc. Ottalm. Palermo 1911.
246. Siegrist: Zur Ätiologie des Keratokonus. Verslg ophthalm. Ges. Heidelberg 1912, 187.

Sachverzeichnis.

Von

DR. HANS SCHLÄPFER, 1. Assistenzarzt.

(Die Zahlen bedeuten die Seiten.)

Abbildungsweise der Lichtquelle nach GULLSTRAND 4, 21; nach VOGT 4, 5.
Abblendungsrohr 7.
Abhebungen, scheinbare, des Hornhautendothels 33.
Abrasio bei rezidivierender Erosion 245.
Abschilferung der Linsenvorderkapsel, senile, Kapselfetzen an Hornhautrückfläche 222.
Acne corneae, Narben 190.
Albedo des Lichts (Weiße) 5.
— Steigerung in der Hornhaut 53.
Amöboide Bewegungen der Zellelemente in Beschlagslinien 203.
Amorphe Elemente im Kammerwasser 277.
Amorphes Endothel bei Keratokonus 52.
— — seniles 31, 33.
— Pigment auf Hornhautrückfläche 217, 219.
Amotio retinae, Vertiefung der Vorderkammer 274.
— — Opacität des Kammerwassers 278.
Anlagerungen an der Hornhautrückfläche, Glasleisten 260.
Anlockung von Beschlägen auf Hornhautrückfläche durch kranke Hornhautpartien 221, 224.
— von Gefäßen durch Präcipitate 228.
— von Präcipitaten durch Gefäße 229.
— von Zellen auf Hornhautrückfläche durch Oberflächenläsionen 240.
An- und Ausschnitte, kreisförmige, in Trübungsflächen der Hornhautrückfläche 230.
Apparatur 3.
Applanatio corneae nach ulcerösen und parenchymatösen Prozessen 179.
Appositionen an Präcipitatreste 224.
Arcus senilis corneae 65.
Argyrosis der Membrana Descemeti bei Pseudosklerose 144.
— — andere Formen 162.
Artefizielle Epithelschädigungen 243.
Astigmatismus, hinterer, der Hornhaut 248.
— rectus, excessiver, Hornhautpigmentlinie 140.
— schiefer Büschel 5, 18.
Atrophie des retinalen Irisblattes, senile 27.
Aufhebung der Vorderkammer durch Konfigurationsänderung der Hornhautrückfläche 272.
— — durch Napfkucheniris 273.
Aufhellungsstreifen in Narben 199.

Auflagerungen auf Hornhautrückfläche, physiologische 64.
— — entzündliche 201.
Aufrollung der Descemeti nach Verletzung 249.
Augenmedien, vordere, Vergrößerung durch 9.
Ausbuckelungen der Hornhautrückfläche bei abgelaufener Keratitis parenchymatosa 201.
Ausflockungen des Kammerwassers 277.
Ausläufer an Beschlägen 226.
Außentemperatur, Einfluß auf Tröpfchenlinie der Hornhautrückfläche 208.
Aussparungen im hinteren Spiegelbezirk um Präcipitate 217.

Bändertrübungen 111.
Bandförmige superfizielle Hornhautdegeneration 111.
— Degeneration bei Kaninchen mit hereditärem Hydrophthalmus 112.
Bandtrübung, vorgetäuscht durch Kalkverätzung 114.
Belastung der Lichtquellen 6.
Beleuchtungsarm 3.
Beleuchtungslinse, Brennweite 7.
— Linsenhalter für Höhenverschiebung 3, 7.
— verschmälerte nach VOGT 3, 7.
Beleuchtungsprinzip 4.
Belichtungsmethoden 10.
— fokale direkte seitliche, incidente 10, *11*.
— indirekte Durchleuchtung, regredientes Licht 10, *21*.
— Beobachtung im Spiegelbezirk, direkte Belichtung spiegelnder Grenzflächen 10, *27*.
— indirekt-seitliche Belichtung 10, *38*.
— fokales Licht und regredientes Licht, Vergleich 20.
Beobachtungstechnik, Erlernung 42.
Beschlagsähnliche Descemetitrübungen 216.
Beschläge, Anlockung durch kranke Hornhautpartien 221, 224.
— Ausläufer 225.
— im Beginn der Keratitis parenchymatosa 181.
— verschiedene Formen 215.
— Farbe der Beschläge 219.
— physiologische 24, 202.
— Scheinbeschläge 218.
— sekundäre Veränderungen 215.
— Veränderungen der Umgebung 215.

Sachverzeichnis.

Beschläge, mit Verbindungsfäden 225.
Betauung der Hornhautrückfläche 24, 26, 206.
— vordere, des Epithels 23, 63.
Bewegung der Erythrocyten in Hornhautgefäßen 26, 61.
— der Punkte im Kammerwasser 276.
— der Zellelemente in Beschlaglinien 203.
Bildchen der normalen Hornhaut 49.
Bildschärfe zur Tiefenlokalisation im regredienten Licht 22, 185.
Binokularmikroskop 3.
Blasen, Epithelblasen, Veränderungen 173.
Blende vor der Spalte 3.
Blut auf Glaskörperhernie in Vorderkammer 293.
Blutbeschläge der Hornhautrückfläche 262.
Blutgefäße siehe Gefäße.
Blutzirkulation im regredienten Licht 26, 61.
Bogenlicht, Vorteile und Nachteile 6.
Bombyx rubi, Haare in der Hornhaut 256.
— — — in der Vorderkammer 291.
BOWMANsche Membran und Gegend derselben:
    Falten 236.
    Fleckung, senile 120.
    Glasleisten 112.
    Glaslinien 264.
    Krokodilchagrin, seniler 120.
    Liniensystem bei Herpes zoster 196.
    Risse durch Kontusion 241.
    rißähnliche Spalten bei veraltetem Glaukom 117.
    Trübung, seltene netzförmige sekundäre der Gegend 113.
    Trübungsfläche, glatte, konkavbogig begrenzte 109.
    — weiße ephemere 119.
    Verkalkung 111, 197.
Brennweite der Beleuchtungslinse 7.
Buckel der Hornhautoberfläche, PAULsche, zur Pockenfrühdiagnose 174.
Buckelbildung des Endothels bei Keratitis parenchymatosa 182.
— vorübergehende, des Hornhautendothels 34, 201.
Bukettform bei Limbusherpes 176.
Bullöse Keratitis bei Glaucoma absolutum 24, 180.
Büschelverschmälerung 17.

Cataracta complicata, Farbenschillern des hinteren Spiegelbezirkes 36.
— intumescens, Vorderkammer bei 272.
— traumatica, Farbenschillern des vorderen Spiegelbezirkes 36.
Chagrin des hinteren Hornhautbildes 31, 33.
— vorderer der Linse 35; hinterer 36.
Chagrinkugeln der Linse 35.
Chagrinierung, straßenpflasterähnliche, im Bereiche der Descemeti 142.
Chalkosis corneae 255.
— — mit umschriebener Verdickung des Hornhautparenchyms und Ringreflex 256.
Chemische Untersuchung von Descemeti, Leber, Nieren und Milz bei Pseudosklerose 157.

Cilie in Vorderkammer 291.
Contusio bulbi mit Opacität des Kammerwassers 279.
— — Vorderkammerveränderungen 288.
Cornea farinata 106.
— guttata 25, 33, *99*.
— — Beziehungen zu FUCHSscher Epitheldystrophie 103.
— — senile Veränderungen 65.
Corpus mobile in Vorderkammer 293.
Cystoide Bildungen am Limbus bei Frühjahrskatarrh 269.
— Veränderungen von Hornhautnarben 198.

Degenerationen der Hornhaut 107.
— — multimakuläre, superfizielle, mit Herdbildung in Descemeti 121.
Degenerationszone, vordere vakuoläre bei chronischem Glaukom 116.
Degeneratio corneae superficialis disseminata 121.
— parenchymatosa crystallinea 125.
Deposita in Vakuolen 173.
Descemeti, abgelöstes Stück in Vorderkammer 290.
— Argyrose bei Pseudosklerose 144.
— andere Formen der Argyrose 155.
— tiefliegender Krokodilchagrin 142.
— Silberimprägnierung 149.
Descemetiaufrollung nach Verletzung 249.
Descemetieinziehung nach parenchymatösen Hornhautprozessen 179.
Descemetifalten 37, 232.
— persistente nach Keratitis parenchymatosa 261.
Descemetigegend, kreidigweiße linear unterbrochene Trübungen 232.
Descemetileisten 250.
Descemetilinien, dunkle, Endothelspiegelbezirk 235.
Descemetipigmentlinie, periphere 220.
Descemetipigmentring bei Pseudosklerose 144, 158.
— Genese der Farbenerscheinungen 156.
Descemetirisse bei Hydrophthalmus 258.
— bei Keratokonus 139, 194, 259.
— Spiegelbezirk des Endothels 259.
— traumatische 249.
— nichttraumatische 258.
Descemetitrübung im Beginn von Keratitis parenchymatosa 181.
— seltene, beschlagähnliche 216.
Descemetiwarzen, tropfige, senile 25, 33, 52.
Dickenänderungen der Hornhaut, Nachweis 178.
Direkte Belichtung 11.
Diskontinuitätsflächen der Linse, Spiegelbezirk 36.
Diszission, Epithelödem der Hornhaut 166.
Diszissionsnarbe, glasiger Zapfen an Rückfläche 290.
Doppelarm 3.
Doppelobjektiv 3.
Doppelringauflagerungen, traumatische auf Hornhautrückfläche 239.

Druse auf Hornhautnarbe 200.
Dunkle Streifen im Parenchym im Bereich der senil getrübten Descemeti 70.
Dunkelfeldbeleuchtung 21, 39.
Durchfallendes Licht, Beleuchtungsmethode 10, 21.
Durchleuchtung 10, 21.
Dystrophia epithelialis corneae 25, 103, 107.

Einengung der Vorderkammer durch vordere Synechie 273.
Einlagerungen der superfiziellen Hornhautschichten, vakuolenartige 116.
Einscheidung der Nerven, physiologische periphere 56.
Einstellung der Beleuchtung 5, 48.
— der Lichtquelle 48.
— des Mikroskops 3.
Eiterzellteppich 218.
Ektasie der Cornea 179.
— der Hornhaut nach Keratitis 189.
Endothel, amorphes bei Keratokonus 52.
— der Hornhaut, Spiegelbezirk 31.
— — Untersuchungstechnik 34.
— — Zellauflagerungen 32.
Endothelbetauung bei sympathischer Opthalmie 207.
Endothelbezirk, Ring- und Kreisverbiegungen 231.
Endothelbuckel 34, 183, 201.
Endothelspiegel der Hornhaut bei Senilen 33.
— — bei abgelaufener Keratitis parenchymatosa 201.
Endothelspiegelbezirk und Schattenlinien der Descemeti 235.
Entzündliche Hornhautveränderungen 165.
— — des Parenchyms 178.
Epithel der Hornhaut 54.
— — entzündliche Veränderungen 165.
Epithelblasen, flache bei Keratitis parenchymatosa circumscripta metaherpetica 193.
— Veränderungen 173.
Epitheldefekte der Cornea, traumatische 243.
Epitheldystrophie 25, 103, 107.
Epithelödem der Hornhaut 23, 30, 165.
Epithelprominenzen der Hornhaut bei schleichender Iridocyclitis 172.
Epithelschädigung, artefizielle 243.
— der Hornhaut, neuroparalytische 257.
— — durch Radium 257.
— — durch Tonometer 244.
— — durch Trichiasis 244.
Erlernung der Beobachtungstechnik 42.
Erosion, rezidivierende Hornhaut 244.
— — der Hornhaut, Abrasio 245.
— — der Hornhaut, Diagnose 246.
— — Schläuche der Hornhautoberfläche 244.
— — Tröpfchen der Hornhautoberfläche 244.
Erythrocyten, Blutzirkulation 26, 61.
— Farbe 19.
Erythrocytensäulen der Hornhautrückfläche 262.
Exfoliatio capsulae anterioris lentis, Pigmentwolken in Vorderkammer 287.
— senilis capsulae anterioris lentis, Fetzen auf Hornhautrückfläche 222.

Exsudat der Vorderkammer bei Iridocyclitis 280.
Exsudatflächen der Hornhautrückfläche 230.
Exsudatgerinnsel in Vorderkammer bei Keratitis disciformis 282.
Exsudatmasse im Kammerwasser 282.
Exsudatmembran, schleierige, in Vorderkammer 282.
Exsudatnetz der Vorderkammer bei Perforatio bulbi 288.

Fadenbild, Inhomogenitäten 5.
Fädchenkeratitis 172.
Fädige Beschläge 215.
Falten der BOWMANschen Membran 236.
— der Descemeti, siehe Descemetifalten 37, 232.
— der Hornhautoberfläche 234.
— der vorderen Linsenkapsel 38.
Faltenreflexe, Mikrophotographie 237.
Faltung spiegelnder Grenzflächen, Reflexlinien 36, 232, 237.
Farben der Beschläge 219.
— durch Diffraktion bedingte 19.
— Interferenzfarben im vorderen Hornhautspiegelbezirk 31.
— bei Untersuchung im regredienten Licht 22.
Farbenerscheinungen, Genese, bei Descemetipigmentring 156.
Farbensäume am Fadenbild 5.
Farbenschillern des vorderen und hinteren Spiegelbezirks 36.
Farbensehen, Regenbogenfarbensehen bei Glaukom 24, 166.
Farbige Gläser im Lichtbüschel 7.
Färbung der Hornhautvakuolen, von Epitheldefekten und des Parenchyms mit Fluorescein 165.
— der Hornhaut durch Kupfer 255.
Faserlinien im tiefen Parenchym 263.
Faserige Beschläge 215.
Faserzeichnung der Linse 35.
Fehldiagnose und Täuschungen durch:
   Abhebungen des Hornhautendothels 33.
   Fehler des Glühfadens 7.
   Glasleisten der Hornhautrückfläche, vorgetäuscht durch Dauernetz in der Vorderkammer 286.
   Kalkverätzung, Vortäuschung von Bandtrübung 114.
   scheinbare Opacität des Kammerwassers 277.
   optische Wirkung von oberflächlichen Hornhautvakuolen im Parenchym und auf der Descemeti 167.
   scheinbare Prominenz der Hornhautrückfläche oder Vertiefungen 39.
   Scheinbeschläge 218.
   Scheinverdickung der Cornea peripher 178.
   falsche Stellung der Beleuchtungslinse 5.
   Scheinverdünnung der Hornhaut 188.
   Verunreinigungen 5, 19.
Feldspatsplitter der Vorderkammer 293.
Fibrin in der Vorderkammer nach Perforation und Kontusion 288.

Fibrinnetz in der Vorderkammer, Glasleisten der Hornhautrückfläche vortäuschend 286.
— — bei akuter Iridocyclitis 284.
Fibrinstrang in Vorderkammer bei Iritis gonorrhoica 285.
Fistel der Hornhaut 197.
Flächenhafte Veränderungen der Hornhautrückfläche 230.
Flecken, grauweiße, im Hornhautparenchym 265.
Fleckung, senile in Gegend der Membrana Bowmani 120.
Fluorescenz der durchsichtigen Medien 11.
Fokale Beleuchtung als Prinzip der Spaltlampe 11; als Methode 10, 11.
Fokussieren 4, 15, 17.
Form des Endothelspiegelbezirkes 32.
Fremdkörper der Vorderkammer 293.
Frühjahrskatarrh, Limbusveränderungen 268.

Gefäße, Anlockung durch Präzipitate 228.
— nach abgelaufener Hornhauttuberkulose 187.
— tiefe, der Hornhautrückfläche bei Keratitis parenchymatosa 184.
— nach Keratitis scrophulosa 266.
— obliterierte, und Nerven der Hornhaut, Differentialdiagnose 186.
Gefäßeinscheidungen, weiße, kalkähnliche 197.
Gefäßlose Keratitis parenchymatosa 191.
Gefäßreste bei Keratitis parenchymatosa 184.
Gefäßschlingen in Hornhaut 186.
Gerontoxon 65.
— „Hick" 69.
— juveniles 70.
— sekundäres provoziertes 68, 191.
Geschichtete Trübungen des Hornhautparenchyms bei Keratitis parenchymatosa, scrofulöser Keratitis und Hypopyonkeratitis 187.
Girlandenförmige Beschläge 215.
Glasiger Zapfen an Rückfläche einer Diszissionsnarbe 290.
Glaskörper bei beginnender sympathischer Ophthalmie 208.
Glaskörperprolaps in Vorderkammer 292.
Glasleisten der BOWMANschen Membran 112.
— Entstehung 286.
— der Hornhautrückfläche 260.
— bei Hypopyonkeratitis 261.
— symmetrische 261.
— vorgetäuscht durch Dauernetz in Vorderkammer 286.
Glaslinie des Gerontoxon 73.
— seltene im Bereiche der Membrana Bowmani 264.
Glaslinienhöfe um inveterierte Präzipitatreste „Glaspräzipitate" 216.
Glassplitter in Hornhaut 242.
Glaukom, chronisches, vorderer Spiegelbezirk, Epithelödem 165.
— chronisches, vacuoläre vordere Degenerationszone 116.
— Regenbogenfarbensehen 24, 166.

Glaukom, rißähnliche Spalten in der Gegend der BOWMANschen Membran 117.
Glaukoma absolutum, stationäre Vakuolen 118.
— secundarium durch Glaskörperprolaps in Vorderkammer 293.
— — Vorderkammeraufhebung durch Napfkucheniris 273.
Granulomähnliche Hornhautgeschwulst, Degeneratio parenchymatosa crystallina an ihrem Rande 128.
Grenzflächen, gefaltete, Reflexlinien durch 36, 232, 237.
— spiegelnde, Beleuchtungsmethode 10, 27.
Grenzzone, optische, bei Beobachtung im regredienten Licht 22, 276.
Griesähnlicher Beschlagstypus 216.

Hautkrankheiten, Beziehungen zu Keratitis epithelialis vesiculosa superficialis punctata 170.
Helligkeit, spezifische 5, 6.
Herpes corneae simplex 174.
— — Keratitis parenchymatosa metaherpetica, Narben 192.
— — am Limbus, Bukettform 176.
— — posterior 33, 141.
— posttraumaticus 174.
— zoster ophthalmicus, Parenchymerkrankungen 195.
Herpesähnliche Hornhautulceration bei Mycosis fungoides 177.
Heterochromie-Iridocyclitis, Beschläge 215.
— Katarakt, periphere Descemetipigmentlinie 220.
„Hick" des Gerontoxon 69.
Hintergrund, Mikroskopie 3.
Hinterkammer bei Iriskolobom 271.
Histologischer Befund bei Cornea guttata 102.
— — bei metasympathischer Ophthalmie am sympathisierenden Auge 212.
— — bei Descemetipigmentring der Pseudosklerose 150.
— — bei seniler Hornhautpigmentlinie 81.
Höckerbeschläge, glasige 216.
Höfe, graue um Präzipitate 216.
Höhenverstellung, Beleuchtungslinse 3, 7.
— Objekttisch 3.
Honiggelber Tropfengürtel 116.
Hornhaut 47.
— Endothel 31, 50.
— entzündliche Veränderungen 165.
— senile Randfurche 72.
— Spiegelbezirk 30, 49.
— hinterer Spiegelbezirk bei Keratitis parenchymatosa 195.
Hornhautbildchen, normale 49.
Hornhautdegeneration 107.
— bandförmige, superfizielle 111.
— knötchenförmige 122.
— mit Herdbildung in Descemeti, multimaculäre superfizielle 121.
Hornhautfistel 197.
Hornhautlinie, senile, superfizielle 73.
— bei Entzündungen 78.
— superfizielle senile, anatomischer Befund 81.

20*

Hornhautlinie, provoziert bei Jugendlichen 78.
— bei Siderosis bulbi 78.
— scheinbar spontane 73.
Hornhautnarben, optische Schnitte und Tiefenlokalisation 180.
Hornhautoberflächenparenchym, entzündliche Veränderungen 165.
Hornhautparenchym, normales 53.
— dunkle Streifen im Bereich der senil getrübten Descemeti 71.
Hornhautrückfläche, Auflagerung, physiologische 64.
— — und entzündliche Veränderungen 201.
— Fetzen der Linsenkapsel bei Exfoliatio senilis 222.
— Konfigurationsveränderung durch Vorderkammeraufhebung 272.
— Mehlbestäubung 106.
— Zellteppich, diffuser 205.
— Pigmentierungen 84.
Hornhautvascularisation, tiefe 184, 227.
Hydrophthalmus, Descemetirisse 258.
— Differentialdiagnose gegen Megalocornea 258.
— hereditärer, bei Kaninchen 112.
Hyphaema, Resorption 290.
Hypopyonkeratitis, Glasleisten 261.
— geschichtete Trübungen nach 187.
Hypotonie bei Amotio retinae, Vertiefung der Vorderkammer 274.
— Descemetifalten bei 232.

Indirekte Belichtung, Präcipitate 205.
Indirektseitliche Belichtung 10, *38*.
Infektion, Vorderkammer bei Spätinfektion nach ELLIOTscher Trepanation 280.
Inhomogenitäten am Lichtfadenbild 5.
— durchsichtiger Medien 20.
Innere Reflexion 13.
Interferenzfarben im vorderen Spiegelbezirk 31.
Intervall, luzides, am Limbus corneae 54.
Iridocyclitis acuta, Exsudat in der Vorderkammer 283.
— chronica mit Degeneratio parenchymatosa crystallinea corneae 127.
— — Exsudat in Vorderkammer 280.
— — Tröpfchensäule, Tröpfchenteppich 205.
— Epithelprominenzen der Hornhaut 172.
— latente 226.
— schleichende, hinterer Spiegelbezirk 207.
— subacuta, Palisadenzone am Limbus 266.
— vorderer Spiegelbezirk, Epithelödem 165.
Iris, anliegend an Descemetifalten 273.
— im regredienten Licht 27.
Irislicht 10.
Irissugillationen 27.

Justierung der Mikrobogenspaltlampe 41.
— der Nitraspaltlampe 40.
Juvenile Pigmentierung der Hornhautrückfläche 85.
Juveniles Gerontoxon 70.

Kalkartige Veränderungen der Hornhaut 196.
Kalkverätzung, Vortäuschung von Bandtrübung 114.
Kammer, aufgehobene 272.
Kammerreste 14, 271.
Kammertiefe 270.
Kammerwasser, Opacität, siehe Opacität des Kammerwassers.
— physiologisches 275.
— Wanderzellen 278.
— Zirkulation 277.
Kammerwinkel, Mikroskopie 3.
Kegelspitzenschwellung, akute, bei Keratokonus 194.
Keratitis bullosa 24.
— disciformis, Exsudat in Vorderkammer 282.
— Epithelbetauung bei 166.
— epithelialis 167.
— — Beziehungen zu Herpes corneae febrilis 177.
— — diffusa 177.
— — einseitige bei Mikrocornea 168.
— — filamentosa 172.
— — bei Iridocyclitis 172.
— — marmorata 171.
— — in Ringform 170.
— — vesiculosa superficialis punctata 168.
— parenchymatosa, Ausbuckelungen der Hornhautrückfläche 201.
— — avasculosa 191.
— — Beschläge und Präcipitate im Beginn 181.
— — Betauung der Hornhautrückfläche 181.
— — circumscripta mit Exsudatmembran in der Vorderkammer 178, 282.
— — persistente Descemetifalten 261.
— — Descemetiwarzen 201.
— — tiefe Gefäße der Hornhautrückfläche 184.
— — Glasleisten 261.
— — Hornhautverdickungen 178.
— — e lue congenita, Beginn 180.
— — — — Exsudatmembran in Vorderkammer 286.
— — Limbusverdickungen 184.
— — metaherpetica 176, 192.
— — — mit Exsudatmembran in Vorderkammer 282.
— — Parenchymspalten 192.
— — hinterer Spiegelbezirk 182.
— profunda luetica purulenta 190.
— — tuberculosa, Glasleisten 260.
— provoziertes Gerontoxon 68.
— scrophulosa, Gefäße der Hornhaut 266.
— — Hornhautverdickungen bei 178.
— — superficialis, Gefäßeinscheidungen, weiße kalkähnliche 197.
— tuberosa superficialis 193.
Keratokonus, Astigmatismus rectus 141.
— Descemetirisse bei 137, 194, 259.
— amorphes Endothel 52.
— Hornhautverdickungen und Verdünnungen 178.
— akute Kegelspitzenschwellung 194.
— nach Keratitis 179.
— Pigmentlinie 131.

Keratokonus, Spaltlinien 131.
— Streifen 131.
— wellenförmige periphere Descemetipigmentlinie 220.
Keulenförmige Trübungen, seltene Keratitisform mit 177.
Kinnstütze 3.
Kleintransformator für Lampe 7.
Knötchenförmige Hornhautdegeneration 122.
— — ihr ähnliches Krankheitsbild 121.
Kollektorsystem 3.
— Verunreinigungen 5.
Kondensorlinse nach Vogt 3, 7.
— Höhenverstellung nach Arruga 3, 7.
Kontusion und Perforation der Hornhaut 238.
— mit Verdickung des Parenchyms 248.
— Verbiegungen der Hornhautrückfläche mit Verdickung 248.
Kreidige Veränderungen der Hornhaut 196, 232.
Kreuzschlitten 3.
— Vorteile 7.
Krokodilchagrin, seniler, der Membrana Bowmani 120.
Krokodillederchagrin, tiefliegender der Descemetigegend 142.
Krystallinische Parenchymdegeneration 125.
— Veränderungen einer Hornhautnarbe 199.
Kugeln, ölgelbe, bei Pinguecula 117.
Kupfer im Auge, Farbenschillern des vorderen und hinteren Linsenspiegelbezirkes 36.
Kupferfärbung der Hornhaut 255.
Kupferkatarakt bei Pseudosklerose 146, 153.

Lampe 3.
Lederchagrinierung mit Rißbildung der Membrana Bowmani 120.
Leisten der Descemeti 250.
Lichtquellen 4, 6.
— Belastung 6.
— Bogenlicht, Vorteile und Nachteile 6.
— Fehler des Glühfadens 5.
— Verunreinigung der Glashülle 5.
Limbus corneae bei Frühjahrskatarrh 268.
— — normal 60.
— — senile Pigmentablagerung 268.
— Herpes corneae des, Bukettform 176.
Limbusgefäße, Lymphscheiden der 64.
— Schlagschatten 64.
Limbusgürtel, weißer 114.
Limbusveränderungen, pathologische und senile 266.
Limbusverdickung bei Keratitis parenchymatosa 181.
Linea corneae senilis 73.
— — — anatomischer Befund 81.
— — — bei Entzündungen 78.
— — — bei Jugendlichen 78.
— — — bei Siderosis bulbi 78.
Linie im Parenchym 263.
— pathologische Tröpfchenlinie der Hornhautrückfläche 24, 203.
— physiologische Tröpfchenlinie der Hornhautrückfläche 24, 64, 203, 275.
Linienförmige klare Tröpfchen 218.

Liniensystem in Gegend der Bowmanschen Membran bei Herpes zoster 196.
Linse, Chagrin 35.
— Faserzeichnung, Nahtzeichnung 35.
— im regredienten Licht 27.
— Spiegelbezirk 35.
Linsenkapsel, vordere, Falten 38.
— — Punktbeschläge bei sympathischer Ophthalmie 211.
Linsenkapselfetzen an Hornhautrückfläche bei seniler Abschilferung 222.
Linsenlicht 10.
Linsenpräcipitate 219.
Linsensubluxation und Glaskörperprolaps in Vorderkammer 293.
Linsensystem 3.
Literaturverzeichnis 295.
Lochbüschel 4, 17, 49.
Lokalisation der Präcipitate, Ursache der 223.
Lucides Intervall, Hornhautepithel 54.
Lymphocytensäule der Hornhautrückfläche 205.
Lymphocytenteppich auf der Hornhautrückfläche 32.

Markscheiden, isolierte der Hornhautnerven 56.
Material, Sichtung 43.
Megalocornea, Differentialdiagnose gegen Hydrophthalmus 258.
Mehlbestäubung der Hornhautrückfläche 106.
Membran-, Exsudat-, in der Vorderkammer 282.
Meßokular 8.
Metasympathische Ophthalmie 212.
Methodik 10.
Mikrobogenspaltlampe 6.
Mikrocornea, Keratitis epithelialis bei 168.
Mikroskop, Einstellung 3.
Mosaikpigmentierung der Hornhautrückfläche 96.
Mycosis fungoides corneae 177.
Myopie durch flache Vorderkammer 272.
— Pigment auf Hornhautrückfläche 85, 203.

Nachstar, Farbenschillern 36.
Nahtzeichnung der Linse 35.
Napfkucheniris, Aufhebung der Vorderkammer 273.
Narbe, perforierende, der Hornhaut, Diagnose 251.
Narben bei Acne corneae 190.
— der Hornhaut, Pigmentlinie 198.
— — optische Schnitte 180.
— — Tiefenlokalisation 180.
Narbenaufhellungsstreifen 199.
Narbenbildung des Parenchyms 178.
Narbenfläche, konkavbogig begrenzte weiße superfizielle der Hornhaut 110.
Narbengewebe, lucides, nach Keratitis 189.
Narbenveränderungen, sekundäre in Hornhaut 198.
Nerven und obliterierte Gefäße der Hornhaut, Differentialdiagnose 186.

Nerven und obliterierte Gefäße der Hornhaut,
— isolierte Markscheide 57.
— des Hornhautparenchyms, physiologische periphere Einscheidung 56.
Nervenfasern der Hornhaut, Vitalfärbung 59.
Nervenfaserzeichnung der Hornhaut, verdeutlichte 58.
Neuroparalytische Hornhautepithelschädigung 257.
Nitralampe 4.
Normal, Begriff des Normalen 43.
— biologische Definition 43.
— morphologische Definition 44.

Objektiv 3, 8.
Objekttisch 3.
Ödemtröpfchen der Hornhaut 23.
Ölähnliche Tropfen in der superfiziellen Hornhaut 117.
Okular 3, 8.
— Meßokular 8.
Opacität durchsichtiger Medien 12, 15, 20.
— des Kammerwassers 274.
— — bei Amotio retinae 274.
— — bei Verletzungen 288.
— — experimentelle 277.
— — physiologische 275.
— — bei Tuberkulinapplikation 280.
Operationen, Descemetifalten nach 232.
— Hornhautverdickungen und Verdünnungen 180.
Ophthalmie, sympathische 207, 279.
— — Endothelbetauung 208.
— — Punktbeschläge auf Linsenvorderkapsel 211.
— — Ringbeschläge, Radbeschläge 214.
— metasympathische 212.
Optische Grenzzone bei Beobachtung im regredienten Licht 22, 276.
— Leere durchsichtiger Medien 11.
— Regenerationsfähigkeit der Hornhaut 197.
— Schnitte in Hornhautnarben 180.
— Wirkung oberflächlicher Hornhautvakuolen im Parenchym und auf der Descemeti 167.
Optischer Schnitt 6, 14, 17, 47.
— — der Hornhaut nach Quetschung der Oberfläche 248.
Optisches Verhalten der Epithelprominenzen bei schleichender Iridocyclitis 173.
Orientierung im breiten homogenen Büschel, Abbildung der Lichtquelle 21.

Palisadensystem am Limbus corneae 61, 64.
Palisadenzone, Pigmentansammlungen (nävusartig) 64, 266.
Parenchym der Hornhaut, Entzündungen 178.
— — Faserlinien im tiefen 264.
— — Parenchymflecken, grauweiße 265.
— — Parenchymlinien und Streifen 263.
— — Narbenbildungen 178.
— — Spalten bei Keratitis parenchymatosa 183, 192.
— — Trübungsschichten 187.
Perforatio bulbi, Vorderkammerveränderungen 288.

Perforation der Hornhaut mit Descemetifalten 232.
— — kryptogene 250.
Perforierende Hornhautnarben, Verkrümmung der Hornhautrückfläche 249.
— — Diagnose 251.
Physiologische Tröpfchenlinie 275.
Pigment, Ablagerungen am Limbus corneae, senile 266.
— der Hornhautrückfläche, amorph an Stelle früherer Präcipitate 217.
— — Herde, Umwandlung in Pigmentsternchen 217.
— — mosaikförmige Pigmentierung 96.
— — myopische Pigmentierung 85.
— — ringförmige Beschläge 88.
— — senile und juvenile Pigmentierung 85.
— — Spindel 89.
— — — bei Myopie 85.
— — — mit peripherer Descemetipigmentlinie 220.
— — Sternchen 217.
— in der Vorderkammer auf Glaskörperprolaps 293.
— — auf Exsudatnetz 289.
— Wolken in Vorderkammer 287, 290.
Pigmentlinie bei Astigmatismus rectus 140.
— in Hornhautnarben 198.
— bei Keratokonus 131.
— senile 73.
— bei Siderosis bulbi 254.
— wellenförmige periphere der DESCEMETschen Membran 220.
Pigmentring, der DESCEMETschen Membran bei Pseudosklerose 144, 158.
Pinguecula, ölgelbe Kugeln 117.
Pilzförmiges Exsudat in Vorderkammer bei Iridocyclitis 284.
Pocken, Frühdiagnose, Epithelbuckel 174.
Pointolitelampe 5.
Präcipitat 202, 227.
— Anlockung durch Gefäße 229.
— Apposition 224.
— Aussparungen im hinteren Spiegelbezirk 216.
— im Beginn von Keratitis parenchymatosa 181.
— Genese 222.
— graue Höfe 216.
— bei Herpes zoster ophthalmicus 196.
— bei indirektseitlicher Belichtung 207.
— aus Linsensubstanz 219.
— bei sympathischer Ophthalmie 211.
Präcipitatbildung, Beziehung zur tiefen Hornhautvascularisation 227.
Präcipitatreste mit Glaslinienhöfen 216.
Präsenile und senile Veränderungen am Hornhautendothel 52.
Prinzip der Spaltlampe 4.
Prismatischer Schnitt 16, 47.
Prolaps von Glaskörper in die Vorderkammer 293.
Prominenzen der Hornhautrückfläche 24.
Pseudosklerose 144.
Punktbeschläge auf vorderer Linsenkapsel bei sympathischer Ophthalmie 211.

Punkte, weiße auf Hornhautrückfläche bei Myopie 203.
— zirkulierende im Kammerwasser 276.
Pupillensaumecke 271.

Quetschung der Oberfläche, optischer Schnitt der Hornhaut 248.

Radiumschädigung des Hornhautepithels 257.
Randfurche, senile der Hornhaut 72.
Randschlingennetz 60.
Raupenhaar in Hornhaut 256.
— in Vorderkammer 291.
Raupenhaarähnliches Gebilde in Vorderkammer 291.
Reflexion, innere 13.
Reflexlinien von Descemetifalten 232.
— durch Faltung spiegelnder Grenzflächen 36, 232, 237.
Reflexmaxima in gesonderten Trübungsschichten bei Keratitis 188.
Regenbogenfarbensehen bei Glaukom 166.
Regenerationsfähigkeit der Hornhaut, optische 197.
Regredientes Licht als Beleuchtungsmethode 10, *21*.
— — und fokales Licht, Vergleich 22.
Resorption eines Hyphäma 290.
Reste der Kammer 271, 272.
Riesenpräcipitate 224.
Ringauflagerungen, traumatische auf Hornhautrückfläche 239.
Ringbeschläge, Radbeschläge 214.
Ringförmige Keratitis epithelialis vesiculosa superficialis punctata 170.
— Pigmentbeschläge 217.
Ringreflex der Hornhautrückfläche bei umschriebenen Verdickungen 277.
Ring- und Kreisverbiegungen der Hornhaut 231.
Rißbildung bei Lederchagrinierung 120.
Risse der Membrana Bowmani durch Kontusion 241.
Rosacea corneae, flachbucklige Vorwölbungen der Hornhaut 190.
Rückfläche der Hornhaut, Auflagerungen, physiologische 64.
— — Betauung 24, 26, 206.
— — Blutbeschläge 262.
— — entzündliche Veränderungen und Auflagerungen 201.
— — Erythrocytensäulen 262.
— — flächenhafte Veränderungen 230.
— — Gefäße bei Keratitis parenchymatosa 184.
— — Glasleisten 260, 286.
— — Kapselfetzen bei seniler Abschilferung der Linsenvorderkapsel 222.
— — Konfigurationsänderung durch Aufhebung der Vorderkammer 272.
— — Punkte, weiße und Tröpfchenlinie bei Myopie 203.

Schattenlinien der Descemeti und Endothelspiegelbezirk 235.

Scheinbeschläge 218.
Schlagschatten der Limbusgefäße 64.
Schläuche der Hornhautoberfläche bei rezidivierender Erosion 244.
Schleierige Exsudatmembran in Vorderkammer 282.
Schmierig aussehende Beschläge bei sympathischer Ophthalmie, Prognose 214.
Schnitt, optischer 6.
— — Technik 14, 17, 48.
— prismatischer 16, 47.
Schnitte, optische, in Hornhautnarben 180.
Seitliche Belichtung, direkte 10, *11*.
— — indirekte 10, *38*.
Senile Veränderungen:
 Abschilferung der Linsenvorderkapsel, Kapselfetzen an Hornhautrückfläche 222.
 Atrophie des retinalen Irisblattes 27.
 Descemetitrübung 71.
 Descemetiwarzen, tropfige 25, 33, 52.
 Endothel der Hornhaut 31, 33, 52.
 Fleckung der Gegend der BOWMANschen Membran 120.
 Limbusveränderungen 266.
 Linie, superfizielle, senile 73.
 — — — anatomischer Befund 81.
 — — — bei Entzündungen 78.
 — — — bei Jugendlichen 78.
 — — — bei Siderosis bulbi 78.
 Opacitätssteigerung der durchsichtigen Medien 13.
 Pigmentablagerung am Limbus corneae 266.
 Pigmentierung der Hornhautrückfläche 85.
 Sulcus marginalis corneae 72.
Siderosis bulbi, Pigmentlinie der Cornea 254.
— corneae, hämatogen 255.
— — xenogen 254.
Silber in Membrana Descemeti 144, 149, 158.
— — elastica chorioideae 161.
Sonnenblumenkatarakt bei Pseudosklerose 146, 153.
Spalte 3.
— parallele Ränder 19.
— Verschmälerung 7.
— Verunreinigungen 5, 19.
Spalten, rißähnliche, in Gegend der BowMANschen Membran bei chronischem Glaukom 117.
Spaltbildungen im Hornhautparenchym bei Keratitis parenchymatosa metaherpetica 192.
Spaltlampe, Prinzip 4.
Spaltlampenarm 3.
Spaltlinien bei Keratokonus 131.
Spätinfektion in Vorderkammer nach ELLIOTscher Trepanation 280.
Spezifische Helligkeit 5, 6.
Spiegelbezirk, Beleuchtungsmethode 10, *27*.
— der Hornhaut, normal 31, 49.
— Einstellung 34.
— hinterer, bei Descemetirissen 259.
— bei Narbenverkrümmungen 235, 248.
— bei Iridocyclitis chronica 207.
— bei Keratitis parenchymatosa 182, 201.
— um Präcipitate, Aussparungen 217, 231.

Spiegelbezirk, vorderer 30.
— — bei Epithelödem 165.
Spiegelbildchen, normale, der Hornhaut 49.
Spiegelbilder, allgemein 27.
Spiegelnde Grenzfläche, Reflexlinien durch Faltung 36, 232, 237.
Staphyloma corneae 179.
Starextraktion, Degeneratio parenchymatosa crystallinea nach 125.
Staub in der Vorderkammer 210, 279.
Steigerung der Albedo im Hornhautparenchym 53.
Sternchenförmige klare Tröpfchen 218.
Stichelung der Hornhautvorderfläche 23, 30, 165.
Stirnstütze 3.
Straßenpflasterähnliche Chagrinierung im Bereiche der DESCEMETISchen Membran 142.
Streifen im Hornhautparenchym 263.
— — bei Keratokonus 131.
— dunkle, im Parenchym im Bereiche der senil-getrübten DESCEMETISchen Membran 71.
Subcapsuläre vordere Vakuolenfläche der Linse 27, 39.
Subluxation der Linse und Glaskörperprolaps in die Vorderkammer 293.
Sulcus marginalis senilis corneae 72.
Superfizielle multimaculäre Hornhautdegeneration mit Herdbildung in der DESCEMETIschen Membran 121.
Sympathische Ophthalmie *207*, 279.
Synechien, vordere, Vorderkammereinengung 273.

Täuschungen siehe Fehldiagnose.
Temperatureinfluß auf Tröpfchenlinie der Hornhautrückfläche 203.
Teppich aus Eiterzellen 218.
Tiefe Gefäße der Hornhaut 184, 227.
— der Vorderkammer 14, 271.
Tiefenlokalisation in Hornhautnarben 180.
— im optischen Schnitt 6, 14, 17, 48.
— im Spiegelbezirk 30.
— im regredienten Licht 22, 185.
— in Vorderkammer 271.
Tonometer, Epithelschädigungen der Hornhaut 244.
Transformator zur Lampe 7.
Traumatische Epitheldefekte 243.
Trauma als auslösendes Moment von Augentuberkulose 175.
Trauma, Herpes corneae nach 175.
Traumatische Descemetiaufrollung 249.
— Descemetirisse 249.
Trepanation bei Cornea guttata und Epitheldystrophie 104.
— Vorderkammer bei Spätinfektion nach ELLIOTscher 280.
Trichiasis, Epithelschädigung 244.
Tröpfchen der Hornhautoberfläche bei rezidivierender Erosion 244.
— linienförmige, klare 218.
— sternchenförmige, klare 218.

Tröpfchenlinie auf Hornhautrückfläche, physiologische 24, 64, 203, 275.
— pathologische 24, 203.
— weiße Punkte auf Hornhautrückfläche bei Myopie 203.
Tröpfchensäule, Tröpfchenteppich bei chronischer Iridocyclitis 205.
Tröpfchenteppich der Hornhautrückfläche 24, 205.
Tropfen, ölähnliche, der superfiziellen Hornhaut 117.
Tropfengürtel, honiggelber 116.
Tropfige Descemetiwarzen 25, 33, 52, 99.
Trübung, seltene netzförmige sekundäre der Gegend der Membrana Bowmani 113.
Trübungen des Hornhautparenchyms bei Keratitis 178.
— superfizielle der Hornhaut bei Herpes zoster 195.
— keulenförmige, bei seltener Keratitisform 177.
— kreideweiße, linear unterbrochene, der Descemetigegend 232.
Trübungsfläche, glatte, konkavbogig begrenzte im Bereiche der Membrana Bowmani 109.
— der Hornhautrückfläche mit kreisförmigen Ausschnitten 230.
— weiße, ephemere der Gegend der Membrana Bowmani 119.
Trübungshülle um Vakuolen 23.
Trübungsschichten des Hornhautparenchyms 187.
Trugbilder, siehe Fehldiagnosen.
Tuberkulinapplikation, Vorderkammertrübung 280.
Tuberkulose der Hornhaut, abgelaufene 187.
Tubus der Lampe 3.
— mit Linsensystem 3.

Übereinstimmung zur Tiefenlokalisation im regredienten Licht 22, 185.
Überdruck in Vorderkammer 271.
Ulceration, herpesähnliche, bei Mycosis fungoides 177.
Ultramikroskopie 3.
Ultrarotbestrahlung, Pigmentschwaden in Vorderkammer bei Kaninchen 290.
Ultraviolett, Epithelschädigung der Hornhaut 242.
Unfall als auslösendes Moment von Augenkrankheiten 175.
Untersuchungstechnik 10.
— Erlernung 42.
— Hornhautendothel 34.

Vakuoläre vordere Degenerationszone bei chronischem Glaukom 116.
Vakuolen, Beobachtungstechnik 23.
— Deposita in 173.
— der Hornhautrückfläche 24.
— stationäre bei Glaucoma absolutum 118.
— — Trübungshülle um 23.
— in Wasserspalten der Linse 27.

Vakuolen, oberflächliche der Hornhaut, optische Wirkung im Parenchym und auf der Descemeti 167.
Vakuolenähnliche Gebilde der Hornhautrückfläche 24, 141.
Vakuolenansammlung auf Hornhautoberfläche, seltene Form, stationäre 171.
Vakuolenartige Einlagerungen vorderer Hornhautschichten 116.
Vakuolenfärbung mit Fluorescein 165.
Vakuolenfläche, vordere subcapsuläre, der Linse 27, 35.
Vaskularisation, tiefe, der Hornhaut, Beziehungen zur Präcipitatbildung 227.
Veränderungen der Hornhautrückfläche, entzündliche 201.
Verbiegungen des Endothelbezirkes, ring- und kreisförmige 231.
— der Hornhaut nach Keratitis 189.
— der Hornhautrückfläche durch Kontusion 248.
Verbindung, fixe, von Lampe und Mikroskop, Nachteile 42.
Verdeutlichte Nervenfaserzeichnung 58.
Verdickung durch Kontusion 248.
— — bei Chalkosis 256.
— akute, des Hornhautparenchyms durch Descemetiriß bei Keratokonus 194.
— umschriebene, der Hornhaut, innerhalb verdünnter Narbe 194.
— der Hornhaut mit Vorderkammeraufhebung 273.
— des Hornhautparenchyms, Ringreflex 194.
— des Limbus bei Keratitis parenchymatosa 184.
Verdickungen und Verdünnungen der Hornhaut 178, 189.
Vergrößerungen 8.
— durch die vorderen Augenmedien 9.
Verkalkung der Membrana Bowmani 111, 197.
Verkrümmung der Hornhautrückfläche durch Perforationsnarben 249.
Verletzungen der Hornhaut 238.
— der Hornhautrückfläche, Verdickungen der Hornhaut bei 180.
— der Hornhautvorderfläche 178.
— Opacität der Vorderkammer 288.
Verschiebung der Beleuchtungslinse 3, 7.
Verschmälerung des Büschels 7, 17.
Vertiefung der Vorderkammer durch akute Hypotonie bei Amotio retinae 274, 278.

Verunreingung der Glashülle der Lampe 5.
— des Kollektorsystems 5.
— der Spalte 5.
Vitalfärbung der Nervenfasern 59.
Vorderkammer, Aufhebung durch Napfkucheniris 273.
— bei Cataracta intumescens 272.
— nach Contusio bulbi 288.
— Exsudatmembran bei Keratitis parenchymatosa 178, 282.
— normale und pathologische 270.
— pathologische amorphe Elemente 278.
— Raupenhaar 291.
— Tiefe 14, 271.
— Überdruck in 271.
Vorderkammerstaub 210, 279.
Vorwölbung, flachbucklige der Hornhaut bei Keratitis disseminata tuberosa 193.
— flachbucklige der Hornhaut bei Acne corneae 193.

Wabenähnliche Veränderungen einer Hornhautnarbe 199.
Wanderzellen im Kammerwasser 278.
Wärmezirkulation des Kammerwassers 276.
Warzen der Descemeti nach Keratitis parenchymatosa 201.
— — senile 25, 33, 52, 99.
Weiße des Lichts (Albedo) 5.
Widerstand der Lampe 7.
Winkelmesser 3, 9.
Wölkchenförmige superfizielle Trübungen bei Herpes zoster 195.

Zapfen, glasiger, auf Rückfläche der Diszissionsnarbe 290.
Zellelemente der Vorderkammer, pathologische 278.
Zellen, Anlockung auf Hornhautrückfläche durch Oberflächenläsionen 240.
— der Vorderkammer bei sympathischer Ophthalmie 280.
Zellteppich der Hornhautrückfläche aus Eiterzellen 205.
Zirkulation des Blutes im regredienten Licht 26, 60.
— des Kammerwassers 276.
— der Punkte im Kammerwasser 276.
Zirkulationssäulen, Erythrocyten 24.
— Lymphocyten 24.
Zosterflecken der Hornhaut 195.

VERLAG VON JULIUS SPRINGER / BERLIN

Photoreceptoren. (Bildet Band XII vom „Handbuch der normalen und pathologischen Physiologie".)
Erster Teil. Mit 238 Abbildungen. X, 742 Seiten. 1929. RM 69.—, gebunden RM 77.—
Allgemeines und Dioptrik. Einfachste Photoreceptoren ohne Bilderzeugung und verschiedene Arten der Bilderzeugung. Bedeutung der Bilderzeugung, der Auflösung der lichterregbaren Schicht und der optischen Isolierung. Von R. Hesse-Berlin. — Phototropismus und Phototaxis der Tiere. Von A. Kühn-Göttingen. — Phototropismus und Phototaxis bei Pflanzen. Von E. Nuernbergk-München. — Lochcamera-Auge. Von R. Hesse-Berlin. — Das musivische Auge und seine Funktion. Von R. Hesse-Berlin. — **Das Linsenauge.** Dioptrik des Auges. Refraktionsanomalien. Augenleuchten und Augenspiegel. Von G. Groethuysen-München. — Die Akkommodation beim Menschen. Von C. v. Hess-München. (Abgeschlossen und ergänzt durch G. Groethuysen-München.) — Vergleichende Akkommodationslehre. Von C. v. Hess-München. (Abgeschlossen und ergänzt durch G. Groethuysen-München.) — Pupille. Von C. v. Hess-München. (Abgeschlossen und ergänzt durch G. Groethuysen-München.) — Chemie der Linse. Presbyopie. Star. Von A. Jess-Gießen. — Pharmakologische Wirkungen auf Iris und Ciliarmuskel. Von E. Grafe-Frankfurt a. M. — Receptorenapparat und entoptische Erscheinungen. Von U. Ebbecke-Bonn. — Die objektiven Veränderungen der Netzhaut bei Belichtung. Von R. Dittler-Marburg. — **Licht- und Farbensinn.** Licht- und Farbensinn. Von A. Tschermak-Prag. — Die Abweichungen des Farbensinnes. Von H. Koellner†-Würzburg. Mit Nachträgen ab 1924 von E. Engelking-Freiburg. — Photochemisches zur Theorie des Farbensehens. Von F. Weigert-Leipzig. — Theorie des Farbensehens. Von A. Tschermak-Prag. — Zur Lehre von den dichromatischen Farbensystemen. Von J. v. Kries-Freiburg i. Br. — Die „Farbenkonstanz" der Sehdinge. Von A. Gelb-Frankfurt a. M. — Zur Theorie des Tages- und Dämmerungssehens. Von J. v. Kries-Freiburg i. Br. — Dämmerungstiere. Von R. Hesse-Berlin. — Farbenunterscheidungsvermögen der Tiere. Von A. Kühn-Göttingen. — Sachverzeichnis.
Zweiter Teil. Mit etwa 200 Abbildungen. Erscheint Ende 1930
Sehraum und Augenbewegungen. Sehschärfe (zentrale und periphere). Von H. Guillery-Köln-Lindenthal. — Die Sehgifte und die pharmakologische Beeinflussung des Sehens. Von W. Uhthoff†-Breslau. Mit Nachträgen ab 1923 von E. Metzger-Frankfurt a. M. — Optischer Raumsinn. Von A. Tschermak-Prag. — Augenbewegungen. Von A. Tschermak-Prag. — Der Sehakt bei Störungen im Bewegungsapparate der Augen. Von A. Bielschowsky-Breslau. — Vergleichendes über Augenbewegungen. Von M. Bartels-Dortmund. — Die Wahrnehmung von Bewegung. Von K. Koffka-Northampton, Mass. — **Die Schutzapparate des Auges.** Von O. Weiss-Königsberg i. Pr. — Wasserhaushalt des Auges. Von W. Baurmann-Göttingen. — **Elektrische Erscheinungen am Auge.** Von A. Kohlrausch-Tübingen. — Anhang: Die Störungen der Adaptation des Sehorgans. I. Allgemeine Störungen. Von W. Dieter-Kiel. II. Lokale Störungen. Von E. Metzger-Frankfurt a. M. — Sachverzeichnis.
Jeder Band des Handbuches ist einzeln käuflich, jedoch verpflichtet die Abnahme eines Teiles eines Bandes zum Kauf des ganzen Bandes.

Pathologische Anatomie und Histologie des Auges. (Bildet Band XI vom „Handbuch der speziellen pathologischen Anatomie und Histologie".) Fachherausgeber K. Wessely-München.
Erster Teil. Mit 628 zum Teil farb. Abb. XIII, 1042 Seiten. 1928. RM 264.—, geb. RM 268.—
1. Bindehaut von W. Löhlein-Jena. — 2. Hornhaut. Von E. v. Hippel-Göttingen. — 3. Uvea. Von S. Ginsberg-Berlin. — 4. Netzhaut. Von F. Schieck-Würzburg. — 5. Sehnerv. Von G. Abelsdorff-Berlin. — 6. Glaskörper (Corpus vitreum). Von R. Greeff-Berlin. — 7. Glaukom. Von A. Elschnig-Prag. — Namen- und Sachverzeichnis.
Zweiter Teil. In Vorbereitung.
Linse. Von A. v. Szily-Münster. — Sklera. Von K. Wessely-München. — Bulbus als Ganzes. (Wachstum, Altersveränderungen, Refraktionsanomalien). Von K. Wessely-München. — Lider. Von R. Kümmell-Hamburg. — Tränenorgane. Von E. Seidel-Heidelberg. — Orbita. Von A. Peters-Rostock. — Verletzungen. Von E. Hertel-Leipzig. — Mißbildungen. Von E. v. Hippel-Göttingen.
Jeder Band ist einzeln käuflich, jedoch verpflichtet die Abnahme eines Teiles eines Bandes zum Kauf des ganzen Bandes.

Die Mikroskopie des lebenden Auges. Von Professor Dr. Leonhard Koeppe, Privatdozent für Augenheilkunde an der Universität Halle a. S., Professor h. c. für Augenheilkunde der Universität Madrid.
Erster Band: **Die Mikroskopie des lebenden vorderen Augenabschnittes im natürlichen Lichte.** Mit 62 Textabbildungen, 1 Tafel und 1 Porträt. IX, 310 Seiten. 1920. RM 23.—
Zweiter Band: **Die Mikroskopie der lebenden hinteren Augenhälfte im natürlichen Lichte** nebst Anhang: Die Spektroskopie des lebenden Auges an der Gullstrandschen Spaltlampe. Mit 42 zum Teil farbigen Textabbildungen. VI, 122 Seiten. 1922. RM 8.40

(B) **Stereoskopischer Atlas der äußeren Erkrankungen des Auges** nach farbigen Photographien. Für Studium und ärztliche Fortbildung. Mit begleitendem Text. Von Karl Wessely, Professor in München. In etwa 6 Lieferungen.
Erste Lieferung. Bild 1—10. 1930. In Mappe RM 12.—
Zweite Lieferung. Bild 11—20. 1930. In Mappe RM 12.—

Das mit (B) bezeichnete Werk ist im Verlage von J. F. Bergmann, München erschienen.

VERLAG VON JULIUS SPRINGER / BERLIN

Kurzes Handbuch der Ophthalmologie.

Bearbeitet von zahlreichen Fachgelehrten. Herausgegeben von Geheimrat Professor Dr. F. Schieck, Direktor der Universitäts-Augenklinik in Würzburg, und Professor Dr. A. Brückner, Direktor der Universitäts-Augenklinik in Basel.

In 7 Bänden. Jeder Band ist einzeln käuflich. Das Handbuch liegt 1932 vollständig vor.

Als erste Bände liegen vor:

Erster Band: **Anatomie, Entwicklung, Mißbildungen, Vererbung.** Bearbeitet von Professor Dr. P. Eisler-Halle a. d. S., Dr. A. Franceschetti-Basel, Professor Dr. phil. et med. R. A. Pfeifer-Leipzig, Professor Dr. R. Seefelder-Innsbruck. Mit 423 zum Teil farbigen Abbildungen. XVI, 882 Seiten. 1930. RM 134.—, gebunden RM 138.60

Dritter Band: **Orbita, Nebenhöhlen, Lider, Tränenorgane, Augenmuskeln, Auge und Ohr.** Bearbeitet von Professor Dr. M. Bartels-Dortmund, Professor Dr. A. Birch-Hirschfeld-Königsberg i. Pr., Professor Dr. R. Cords-Köln, Professor Dr. A. Linck-Greifswald, Professor Dr. W. Löhlein-Jena, Professor Dr. W. Meisner-Greifswald. Mit 454 zum Teil farbigen Abbildungen. XV, 745 Seiten. 1930. RM 134.—, gebunden RM 138.60

Fünfter Band: **Gefäßhaut, Linse, Glaskörper, Netzhaut, Papille und Opticus.** Bearbeitet von Professor Dr. W. Gilbert-Hamburg, Professor Dr. A. Jess-Gießen, Dozent Dr. H. Rönne-Kopenhagen, Geheimrat Professor Dr. F. Schieck-Würzburg. Mit 466 meist farbigen Abbildungen. XIV, 774 Seiten. 1930. RM 134.—, gebunden RM 138.60

Übersicht über die weiteren Bände:

Zweiter Band:

Ernährungs- und Zirkulationsverhältnisse des Sehorgans. Von Professor Dr. O. Weiß-Königsberg i. Pr. — Raumsinn. Von Professor Dr. R. Dittler-Marburg a. L. — Lichtsinn. Von Professor Dr. W. Comberg-Berlin. — Farbensinn. Von Dr. med. R. Helmbold-Danzig. — Veränderungen der Netzhaut bei Belichtung. Von Professor Dr. R. Dittler-Marburg a. L. und Privatdozent Dr. K. vom Hofe-Leipzig. — Elektrische Erscheinungen am Auge. Von Professor Dr. A. Kohlrausch-Tübingen. — Physikalische Optik (Brillenlehre). Von Professor Dr. H. Erggelet-Jena. — Untersuchungsmethoden. Von Professor Dr. A. Brückner-Basel. — Medikamente. Von Professor Dr. E. Frey-Göttingen. — Chemotherapie. Von Privatdozent Dr. H. Steidle-Würzburg. — Physikalische Therapie. Von Professor Dr. W. Comberg-Berlin. — Hygiene. Blindenwesen. Von Professor Dr. G. Lenz-Breslau. (Blindenwesen unter Benutzung einer Abhandlung von Blindenlehrer Otto-Halle.)

Vierter Band:

Die Erkrankungen der Bindehaut, Hornhaut und Lederhaut. Von Geheimrat Professor Dr. F. Schieck-Würzburg. — Bakteriologie. Von Professor Dr. M. zur Nedden-Düsseldorf. — Verletzungen. Von Geh. Sanitätsrat Dr. E. Cramer†-Kottbus. Ergänzt von Geheimrat Professor Dr. F. Schieck-Würzburg. — Sympathische Ophthalmie. Von Professor Dr. W. Reis-Bonn. — Glaukom, Flüssigkeitswechsel und Druck. Von Professor Dr. R. Thiel-Berlin. (Glaukom: Mit Benutzung eines Manuskriptes von Professor Dr. H. Köllner†-Würzburg.)

Sechster Band:

Pathologische Anatomie der Hirnbasis. Von Professor Dr. Fr. Wohlwill-Hamburg. — Physiologie und Pathologie der Pupille. Von Professor Dr. R. Bing-Basel und Dr. A. Franceschetti-Basel. — Sehbahn. Von Professor Dr. C. Behr-Hamburg. — Höhere Zentren. Von Professor Dr. C. Behr-Hamburg. — Gehirn. Von Professor Dr. F. Quensel-Leipzig. — Nervenkrankheiten. Von Professor Dr. F. Best-Dresden. — Entzündliche Nervenkrankheiten. Von Professor Dr. H. Erggelet-Jena. — Neurosen. Von Professor Dr. L. W. Weber†-Chemnitz und Stadtobermedizinalrat Professor Dr. W. Runge-Chemnitz.

Siebenter Band:

Stoffwechselkrankheiten. Nephritis. Von Professor Dr. L. Lichtwitz-Altona. — Erkrankungen der Gefäße. Von Professor Dr. R. Kümmell-Hamburg. — Tuberkulose und Syphilis. Von Professor Dr. J. Igersheimer-Frankfurt a. M. — Infektionskrankheiten. Von Professor Dr. M. Zade-Heidelberg. — Vergiftungen. Von Professor Dr. C. H. Sattler-Königsberg i. Pr. — Die auf das Auge übergreifenden Hautkrankheiten. Von Professor Dr. C. Grouven-Halle a. S. — Basedowsche Krankheit. Von Professor Dr. H. Zondek-Berlin. — Immunität. Von Medizinalrat Professor Dr. H. Dold-Kiel und Geheimrat Professor Dr. F. Schieck-Würzburg. — Tropenkrankheiten. Von Dr. C. Bakker-Batavia/Java.

MIX
Papier aus verantwortungsvollen Quellen
Paper from responsible sources
FSC® C105338

If you have any concerns about our products,
you can contact us on
ProductSafety@springernature.com

In case Publisher is established outside the EU,
the EU authorized representative is:
**Springer Nature Customer Service Center GmbH
Europaplatz 3, 69115 Heidelberg, Germany**

Printed by Libri Plureos GmbH
in Hamburg, Germany